# Lexikon der Geologie, Minerale und Gesteine

Rudolf Graubner

# Lexikon der Geologie, Minerale und Gesteine

mit 16 Farbtafeln und einem ausführlichen Tabellenanhang

Emil Vollmer Verlag GmbH · München

Für die Abbildung der Fossilien sowie einzelner Minerale wurden freundlicherweise aus den naturwissenschaftlichen Sammlungen des Museums Wiesbaden geeignete Objekte zur Verfügung gestellt. Die übrigen abgebildeten Minerale und Gesteine stammen aus der Sammlung des Autors.

Fotos: Rudolf Graubner, Wiesbaden
Einbandfoto Vorderseite: Rauchquarz
Rückseite: Gipskristalle

**Emil Vollmer Verlag GmbH, München**

Printed in Germany

ISBN 3-87876-327-1

# Einführung

Dieses Buch will Mineralien- und Gesteinsfreunden, Pädagogen allgemeinbildender und weiterführender Schulen sowie Studierenden verschiedener Fachrichtungen als Nachschlagewerk dienen. Es behandelt und erläutert die Terminologie der allgemeinen Geologie, Mineralogie und Petrographie, soweit es sich um Begriffe handelt, deren sich die Fachliteratur übereinstimmend bedient.

Den Wissenschaftszweigen wurde gleichrangige Bedeutung beigemessen, wodurch sich dieses Buch von anderen Nachschlagewerken zum gleichen Thema unterscheidet. Meist wird – je nach wissenschaftlichem Standort des Verfassers – nur einem der Fachbereiche besonderer Vorrang eingeräumt, während den übrigen ein geringerer Stellenwert zukommt. Wer sich beispielsweise ernsthaft mit Mineralen beschäftigt, wird ohne umfassende Kenntnis der Gesteine, ihrer Entstehungsweise und Zusammensetzung, in der Praxis sicherlich benachteiligt sein, da doch die Art der angetroffenen Gesteine auf mögliche Mineralfunde hinweist. Auf der anderen Seite sind die Bildungsbedingungen der Gesteine und Minerale in unmittelbarem Zusammenhang mit geologischen Vorgängen (Orogenese, Tektonik u. a.) zu sehen, so daß sich eine enge Verflechtung des Themenkatalogs fast zwangsläufig ergibt. Freilich sind diesem Buch – wie auch anderen allgemeinverständlich verfaßten Fach- oder Sachbüchern dort Grenzen gesetzt, wo zum Verständnis und in der Anwendung spezieller Fachbereiche ein intensives Studium vorausgesetzt werden muß und Begriffe sich nur in Form umfangreicherer Abhandlungen erläutern lassen. Im vorliegenden Falle trifft dies besonders für die Kristallographie zu, eine der Grunddisziplinen der Mineralogie. Detaillierte kristallographische Angaben zu den einzelnen Mineralen z. B. würden beim Leser ein fundiertes Wissen vom Gitterbau der Kristalle und die Kenntnis der gesetzmäßigen Zuordnung aller Kristallflächen, -kanten und -winkel sowie deren Kennzeichnung und Identifikation erfordern.

Die Paläontologie hat sich zu einer selbständigen Wissenschaft entwickelt, deren Begriffsdefinitionen ein separates Lexikon erfordern; trotzdem wird auch diese Thematik im vorliegenden Buch am Rande gestreift, da die unmittelbare Beziehung zur Sedimentpetrographie dies für zweckmäßig erscheinen läßt.

Im Rahmen der Schwarzweißabbildungen wurde dem Formenreichtum häufig vorkommender und im wesentlichen gesteinsbildender Minerale besondere Bedeutung beigemessen. Die Erfahrung hat gezeigt, daß es dem Nichtwissenschaftler oft schwerfällt, bei abweichender Kristallform, z. B. des Calcits, die Identität zu erkennen. Als Vergleichsobjekt bei der Bestimmung von Mineralen eignen sich zweidimensionale Abbildungen jedoch in den seltensten Fällen, auch die farbige Wiedergabe – Farbe ist ein äußerst variables Identitätsmerkmal – ändert daran kaum etwas. Das Gleiche trifft auch für die Abbildung von Gesteinen zu. Aufnahmen von Dünnschliffen, wie sie gelegentlich in der Fachliteratur Verwendung finden, sind für den Wissenschaftler recht informativ, bieten dem Laien jedoch keine Vergleichsmöglichkeit, es sei denn, er wäre mit einem Polarisationsmikroskop und den Gerätschaften zur Herstellung solcher Gesteinsproben ausgestattet. Zum Erkennen von Gefügemerkmalen bzw. des Anteiles heller und dunkler Gemengeteile bietet jedoch unter Umständen schon das Schwarzweißfoto eine recht brauchbare Handhabe.

Ebensowenig, wie es die fotografische Darstellung vermag, kann auch die textliche Aussage eines Nachschlagewerks die eigentliche Bestimmungsliteratur ersetzen. Dagegen bietet die lexikalische Form eine Fülle zusätzlicher Informationen und die Antwort auf viele Fragen. Darüber hinaus empfiehlt sich der Anhang dieses Buches als übersichtliche Informationsquelle.

# Abkürzungen und Zeichen:

| | | |
|---|---|---|
| Abb. | = | Abbildung |
| (f) | = | femininum, weiblich |
| (m) | = | masculinum, männlich |
| (n) | = | neutrum, sächlich |
| (pl) | = | plural (Mehrzahl) |
| s. | = | siehe |
| X-System | = | Kristallsystem |
| → | = | Texthinweis, bzw. Stichworthinweis |
| □ | = | Abbildungshinweis |

# A

**Aa-Lava**, auch *Schlacken-Lava* genannt, Bezeichnung einer Lava mit rauher, schlackiger Oberfläche, die an gebrannte Klinker erinnert. Im Gegensatz dazu besitzt die *Pohoehoe*- oder *Seillava* eine glatte Oberfläche.

**Abbau**, Gewinnung von Erzen und Gesteinen sowie die Ausbeutung von Lagerstätten. Dies geschieht oberirdisch (→ *Tagebau*) bei Braunkohle, Steinen und einigen nahe an der Oberfläche gelagerten Erzen, oder in Bergwerken, Gruben und Stollen (*unter Tage*), u. a. bei Steinkohle und vielen Erzen.

**Abblasung**, s. auch → *Deflation*, Gesteins- und Bodenabtrag durch Windeinwirkung.

**Abdachung**, Gefällerichtung einer Hangfläche oder richtungsorientierte Höhenabnahme der Gipfellagen eines Gebirges zur Ebene hin.

**Abdruck**, die Füllung von Hohlräumen, die durch Verwesung eingeschlossener Organismen entstanden sind, mit Sedimenten oder Mineralanlagerungen. Der A. ist zugleich der häufigste Erhaltungszustand von Fossilien, unter weitgehender Wahrung der äußeren Form.

**Abgrusung**, Verwitterungsvorgang, bei dem das Gestein in kleine kantige Bruchstücke zerfällt.

**abiotisch**, unbelebt, Bezeichnung für die frühen Phasen der Erdgeschichte ohne jegliche Lebensformen.

**Abkühlungsspalte**, in magmatischen Gesteinsmassen bei der Abkühlung durch Minderung des Volumens und Spannungen entstandene Spalte, die gelegentlich mit Erzen ausgefüllt ist.

**Ablagerung** → *Sedimentation*

**Ablation** (f), Abschmelzen, Verdunstung und Abtrag von Gletschereis und Firn an der Oberfläche durch Sonneneinstrahlung, Wärme und Wind.

**Abplattung**, Bezeichnung für die durch schnelle Rotation eines Himmelskörpers entstandene Verkürzung des Poldurchmessers gegenüber dem Äquatordurchmesser. Sie wird in Teilen des Äquatordurchmessers angegeben. Die A. der Erde beträgt $^1/_{297}$.

**Abrasion** (f), Abtrag von Gesteinsmassen durch die Meeresbrandung (marine Erosion). Bei diesem Vorgang werden die unteren Teile einer Felsküste ausgehöhlt, so daß eine Auskragung entsteht, die später nachstürzt. Damit wird eine steile Küstenform gebildet. Vor der Steilwand, dem *Kliff*, entsteht durch die schleifende Wirkung der Brandung eine Strandplatte, *Abrasionsplatte*, auch *Schorre* genannt. □

**Abrasionsküste** → *Abrasion*

**Abraum**, wertloses oder geringwertiges Gesteinsmaterial, das bei der

Ausbeutung von Lagerstätten anfällt, zunächst auf Halden gelagert und später z. T. zum Verfüllen von Hohlräumen wiederverwendet wird.

**Abraumhalden**, oberirdische Lagerung von → *Abraum*.

**Abraumsalze**, beim Abbau von Steinsalz (→ *Halit*) anfallende Kalium- oder Magnesiumsalze, die als Abraummaterial gefördert und heute vielfach der industriellen bzw. landwirtschaftlichen Nutzung zugeführt werden.

**Abrißnische**, Bezeichnung für die durch Bergsturz oder Bergrutsch entstandene Aushöhlung eines Steilhanges.

**absaigern**, das Absinken von Feststoffen in Flüssigkeiten bzw. von Kristallen in der Schmelze oder Lösung. Durch ungleiche Sinkgeschwindigkeit erfolgt, bei gleichem spezifischem Gewicht, eine Trennung von gröberen und feineren Teilchen.

**Absatz**, gleichbedeutend mit → *Sedimentation*.

**Absatzgesteine** → *Sedimentgesteine*

**abscheren**, Loslösen und seitliches Verschieben einer Gesteinsmasse von ihrer Unterlage, ohne Deformierung derselben, infolge tektonischer Bewegung. Dies geschieht auf sogenannten *Abscherungsflächen* bzw. parallel zum *Abscherhorizont* im Bereich einer den Gleitvorgang begünstigenden Gesteinsschichtung.

**Abschuppung** → *Desquamation*

**Absonderung**, Unterteilung einer Gesteinsmasse durch Schrumpfung und Rissebildung, bei magmatischen Gesteinen während der Abkühlung, bei Sedimentgesteinen häufig durch Austrocknung. Auch tektonische Vorgänge können eine A. bewirken. Man unterscheidet plattige, bankige, würfelförmige (Granit), säulige (Basalt) und kugelige A. In Steinbrüchen orientiert man sich weitgehend an dem Fugenverlauf der A.

**Absorption** (f), u. a. die Schwächung von Energiestrahlung (z. B. Licht und Wärme) beim Durchgang durch Materie (spez. Kristalle). Farbe und Glanz eines Minerales sind von A. und Reflexion bestimmter Wellenlängen des Lichtes abhängig.

**Abspülung**, Flächenabtrag des Bodens durch Niederschläge. Die A. ist abhängig von Niederschlagsmengen, Hangneigung und Vegetationsdecke, s. auch → *Denudation*.

**Abteilung**, Unterabschnitt einer *geologischen* Formation.

**Abtragung**, Abtransport des von Verwitterung gelösten Gesteinsmateriales und von Bodenmassen durch Wasser, Luft und Eis. Die A. ist u. a. vom Gefälle abhängig, bewirkt einen Ausgleich von Höhenunterschieden und ist somit der *Orogenese* entgegengerichtet.

**abyssisch** (bed.: in der Tiefe gebildet) 1. in großer Tiefe eingedrungene magmatische Schmelze. 2. in der Tiefsee angelagerte Sedimente.

**abyssische Sedimente** → *abyssisch*

**Acanthoceras**, → *Ammonit* der Oberkreide, mittelgroß bis groß, weitnabelig, mit schwachem, von Knotenreihen begleitetem Kiel und geraden Rippen.

**Acer**, eine seit dem Paläozän fossile Pflanzenart, deren heute anzutreffende Formen Feldahorn und Sykomore sind.

*Alunit, Kristallzüchtung auf Gips – farblos, durchsichtig.*

**Achat** (m), in Lagen verschieden gefärbte Varietät des → *Chalcedon*, kommt in Blasenräumen von *Effusivgesteinen* vor, z. B. in *Melaphyr*, ist u. a. in Idar-Oberstein, St. Wendel/Saar, Südtirol und verschiedenen Staaten Südamerikas anzutreffen. → *Geoden* enthalten neben A. häufig auch Amethyst. A. wird zu Schmucksteinen verarbeitet und findet in der Industrie Verwendung. Der Name ist vom Fluß Achates in Sizilien abgeleitet. □

**Achondrit** (m), Stein- → *Meteorit* von massiger, grobkörniger Beschaffenheit, jedoch ohne kugelige Einschlüsse, wie sie die → *Chondrite* aufweisen.

**Achroit** (m), eine Varietät des → *Turmalin*.

**Achropora**, seit dem Eozän vorkommende Korallenart mit verästelten Kolonien.

**Achse**, 1. → *Kristallsymmetrie*, 2. Faltenachse, Linie der Gesteinsfaltung. → *Faltung*.

**Acrosalenia**, Seeigelart der Kreide mit abgeflachtem Gehäuse und großen Warzen, in Europa und Afrika als Fossilien anzutreffen.

**Actaeonella**, Gastropodengattung (Schnecken) der Kreide, hauptsächlich in Nordamerika als Fossilien vorkommend.

**Adamin** (m), $Zn_2AsO_4(OH)$, ein relativ seltenes Zink-Arsenat, kommt vor allem als Verwitterungsprodukt in der Oxidationszone von Zinklagerstätten vor, meist in kleinen Kristallen oder radialstrahligen Aggregaten. H 3,5, D 4,3, X-System: rhombisch. A. ist durchscheinend, gelblichgrün bis rötlichbraun.

**Ader**, 1. wasserführende Schicht im Gestein, 2. schmales Band von Erz, Mineralanhäufungen oder andersartigem Gestein.

**Adinol** (m), *Desmosit*, durch Kontaktmetamorphose mit Mineralneubildung aus Tongesteinen entstandenes, graugrünes bis rötliches Gestein; enthält Quarz und Feldspat als Hauptgemengeteile.

**Adsorption** (f), die Anlagerung gelöster Stoffe oder Gase an der Oberfläche fester Körper.

**Adular** (m), ein → *Kalifeldspat*, kommt als Mineral alpiner Klüfte nur in aufgewachsenen Kristallen vor, ist durchsichtig bis durchscheinend, farblos, weiß, mit Glas- oder Seidenglanz. Schöne Exemplare mit bläulichem, perlartigem Schimmer, → *Mondstein*, sind selten. A. ist an der einfachen Kristallform – prismatische Kristalle oder Kombinationen von Prismen – zu erkennen und häufig von Quarz begleitet. □

**Aegirin** (m), $NaFeSi_2O_6$, ein Silikat der → *Pyroxen*-Gruppe H 6, D 3,5, X-System: monoklin. Form: schlankprismatische Kristalle, radialstrahlige Aggregate oder körnig. Die Kristalle sind dunkelgrün bis nahezu schwarz, durchscheinend bis undurchsichtig und besitzen Glasglanz. Als Mineral der Pyroxengruppe weist A. nach zwei Richtungen Spaltbarkeit auf, die rechtwinklig zueinander verlaufen. A. kommt in natriumreichen Eruptivgesteinen, vor allem in Skandinavien, Portugal, Nord- und Südamerika vor.

**aerisch**, durch Windeinwirkung gebildet.

**Agglomerat** (n), bei Vulkanausbrüchen ausgeschleudertes kantiges Material, das mit der feineren

Grundmasse des Gesteins nur wenig verfestigt ist.

**Aggregat** (n), bezeichnet 1. im allgem. ein aus gleich- oder verschiedenartigen Bestandteilen zusammengefügtes Ganzes; 2. im bes. ein aus vielen Kristallen, → *Kristalliten* oder Körnern bestehendes Mineralgefüge mit z. T. typischen Formen. Man unterscheidet folgende Aggregatformen: *faserig, lamellar, körnig, traubig, stalaktitisch, blättrig, baumförmig, dendritisch, radialstrahlig, stengelig* oder *nadelig.* A.e lassen sich nach der Art ihres Gefüges gelegentlich recht gut zerteilen (nicht spalten!). Strukturlose Mineralanhäufungen werden als massig oder dicht bezeichnet.

**Aggregatformen** → *Aggregat* □

**Aggregatzustand,** jeweiliger physikalischer Zustand der Materie, gasförmig, als Plasma, flüssig oder als fester Körper nach der inneren Ordnung der Moleküle, Atome oder Ionen. Im festen A. sind Gestalt und Volumen gleichbleibend, im flüssigen bleibt nur das Volumen erhalten, im gasförmigen A. ändern sich Volumen und Gestalt. Plasma ist ein ionisiertes Gas. Jeder Stoff kann durch Änderung von Temperatur und Druck, bei Aufnahme bzw. Abgabe von Energie, nacheinander in die verschiedenen Aggregatzustände überführt werden.

**Agmatit** (m), ein → *Migmatit* mit brekzienähnlichem Aussehen.

**A-Horizont**, *Oberboden*, die oberste Schicht eines → *Bodenprofiles*, in der Regel aus → *Feinerde* bestehend, mit unterschiedlichen Anteilen an eingestreutem gröberem Material, dem sog. → *Bodenskelett.*

**Akanthit** (m), rhombische Niedertemperatur-Modifikation des Silber-

*Abrasion; zerstörende Wirkung der Brandung.*

glanzes, eines Silbersulfids, *s.* → *Argentit*.

**Akaustobiolithe** → *Biolithe*

**Akkumulation** (f), 1. im allgem. gleichbedeutend mit → *Sedimentation*; 2. im bes. Aufschüttung von vulkanischen Lockermassen oder von Gesteinsmaterial durch bewegte Medien; 3. reichhaltige Vorkommen von Erdöl an besonderen Stellen der Erdkruste.

**Akratopege** (f), Quelle mit einer Temperatur unter 20° C, die arm an Mineralstoffen ist – weniger als 1 g auf 1 l Wasser.

**Akratotherme** (f), Quelle mit einer Temperatur über 20° C, die arm an Mineralstoffen ist – weniger als 1 g auf 1 l Wasser.

**akroorogen**, tektonische Bewegungen, die eine Hebung der gefalteten Gesteinsmassen bewirken, besonders ausgeprägt u. a. in den Westalpen.

**Aktinolith** $Ca_2(Mg,Fe)_5Si_8O_{22}(OH)_2$ (m), *Strahlstein*, der Amphibolgruppe zugeordnetes Silikat, H 5–6, D 3,2, X-System: monoklin. A. kommt in Form langer prismatischer Kristalle, strahliger Aggregate, faserig oder massig vor, ist grün, durchsichtig bis durchscheinend und besitzt Glasglanz. Zwei Spaltrichtungen, die sich unter ca. 120° C kreuzen, zeichnen die Amphibole aus und unterscheiden sie von der Gruppe der Pyroxene mit rechtwinklig zueinander verlaufenden Spaltrichtungen. A. kommt in kristallinen Schiefern, u. a. auch in den Zentralalpen, vor. → *Nephrit* ist eine dicht verfilzt auftretende Varietät des A. und besitzt eine gewisse Ähnlichkeit mit → *Jadeit*. □

**Aktinolithschiefer**, metamorphes Gestein der → *Epi*- bis → *Mesozone*

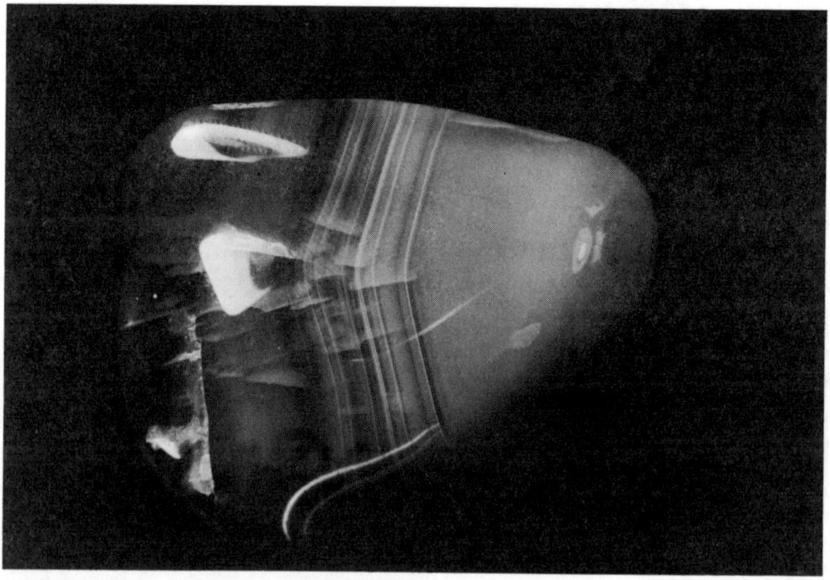

*Achat, geschliffen (Brasilien) – rot-weiß, durchsichtig.*

mit strahligen Aggregaten von Aktinolith, die dem kristallinen Schiefer ein typisches Aussehen verleihen. Vorkommen im Alpenraum u. a. in den Zillertaler Alpen. □

**Aktualismus** (m), Lehre, die geologische Vorgänge früherer erdgeschichtlicher Epochen in Übereinstimmung mit den gegenwärtigen Abläufen sieht. Der A. verdrängte u. a. die → *Katastrophentheorie*. In der Gegenwart wird der A. insoweit eingeschränkt, als man der fortschreitenden Entwicklung geologischer Kräfte eine besondere Bedeutung beimißt.

**Akzessorien** (pl), Bezeichnung für die Nebengemengeteile eines Gesteins, oft mit weniger als 1% Anteil. Die A. werden u. a. für eine differenzierte Kennzeichnung von Gesteinsarten und petrologische Charakterisierung in Ansatz gebracht. Auch wirtschaftlich sind A. zuweilen interessant, wie beispielsweise Diamant in → *Kimberlit*.

**akzessorisch** → *Akzessorien*

**Alabandin** (m), MnS, *Manganblende*, kommt als relativ seltenes Sulfid in Form kleiner würfeliger oder oktaedrischer, undurchsichtiger, dunkelbrauner bis schwarzer Kristalle mit halbmetallischem Glanz vor. H 3,5, D 4, Strichfarbe: schwärzlichgrün, X-System: kubisch.

**Alabaster** (m), feinkörnige, dichte Massen von durchscheinendem bis undurchsichtigem → *Gips*, in der Toskana und in einigen Gegenden Spaniens verbreitet. Seit dem Altertum sind Vorkommen in Ägypten bekannt – Name von der altägyptischen Stadt Alabastra abgeleitet. A. wird zu Kunst- und Gebrauchsgegenständen verarbeitet, Zentrum des Kunsthandwerkes ist Volterra, eine etruskische Gründung in der Toskana. Auch besonders feinkörnige Travertine und andere Kalksteine werden gelegentlich als A. bezeichnet.

**Alaunstein** → *Alunit*

**Alb**, *Albien*, Stufe der unteren → *Kreide*.

**Albedo** (f), Maß für das Reflexionsvermögen eines Körpers.

**Albit** (m), Natriumfeldspat und Endglied der Mischkristallreihe, die unter dem Sammelnamen → *Plagioklase* alle Kalknatronfeldspäte umfaßt. A. ist Hauptgemengeteil von Plutoniten und kristallinen Schiefern, kommt in Form aufgewachsener, durchscheinender, weißer bis gelblicher Kristalle nur in Klüften und Spalten u. a. des Alpenraumes vor.

**Albitgesetz**, typische → *Zwillingsbildung* von → *Albit*.

**Albitschiefer**, graues, grünliches oder bräunliches metamorphes Gestein mit → *Porphyroblasten* von Albit. Weiterer Mineralbestand: Chlorit, Epidot, Biotit oder Granat u. a.

**Albitzwillinge** → *Zwillingsbildung*

**Alexandrit** (m), durch Chromgehalt grün gefärbte Edelsteinvarietät des → *Chrysoberyll*, bei Tageslicht grün, bei Kunstlicht rot erscheinend. Der A. ist nach dem russischem Zaren Alexander II. benannt. Frühere Vorkommen vor allem im Ural, heute meist aus Brasilien, Rhodesien, Ceylon u. a. importiert.

**Algonkium** (n), geologisches Zeitalter zwischen Archaikum und Kambrium.

**Alkaligesteine**, magmatische Gesteine mit relativ hohem Kalium- und Natriumgehalt im Verhältnis zu den Calciumanteilen. Bei einigen A.n besteht eine deutliche Unterbilanz an Kieselsäure, was zur Bildung von → *Feldspatvertretern* (Foiden) führt. Bei ausgeglichenem Verhältnis der Kalium-Natriumanteile entsteht als Hauptgemengeteil → *Nephelin*; ein Kaliumüberschuß führt zur Bildung von → *Leucit*.

**alkalische Quellen**, Heilquellen mit relativ hohem Gehalt an Natriumcarbonat. Beispiel: Bad Ems oder Fachingen an der Lahn.

**Allanit** → *Orthit*

**Allite** (pl), Sammelbezeichnung für die Aluminiumhydroxide und -oxidhydrate Hydrargillit, Diaspor, Böhmit sowie das amorphe Alumogel (Kliachit). A. sind Hauptbestandteile des → *Bauxit*.

**allochromatisch** sind an sich farblose Minerale, die durch Beimengung farbig erscheinen; so ist der farblose Beryll durch Chrombeimengung grün (→ *Smaragd*), durch Eisenbeimengung blau (→ *Aquamarin*) gefärbt. Die Strichfarbe bleibt davon unberührt. Gegensatz zu a.: → *idiochromatisch*.

**allochthon**, nicht am Fundort entstanden, durch Gletschereis, Wasser oder tektonische Vorgänge verfrachtet. Gegensatz: → *autochthon*.

**Allotherien**, älteste, kleine fossile Säugetiere, die bereits in der Trias vorkamen.

**Allotropie** (f), bezeichnet die Eigenschaft einiger Elemente und Verbin-

*Adular, aufgewachsene Kristalle (Alpen/Hohe Tauern) – weiß, durchscheinend.*

dungen, sich in verschiedenen → *Modifikationen* zu verfestigen und dabei unterschiedliche physikalische Werte wie Härte, Dichte und X-System aufzuweisen. Ein extremes Beispiel stellt der Kohlenstoff dar, als Diamant H 10, als Graphit H 1.

**Alluvialböden**, aus aufgeschwemmtem Material gebildete Böden, wie Marschböden u. a.

**Alluvium** (n), veraltete und deshalb nicht mehr gebräuchliche Bezeichnung für → *Holozän.*

**Almandin** (m), ein roter bis rotbläulicher → *Granat*, bildet → *Dodekaeder* oder → *Ikositetraeder* im kubischen X-System und kommt meist eingewachsen, durchsichtig bis durchscheinend, bevorzugt in kristallinen Schiefern vor. Fundstätten des Alpenraumes sind u. a. die Zillertaler und Ötztaler Alpen. A. in Edelsteinqualität wird vielfach aus Indien importiert. □

**Alpaka** → *Neusilber*

**Alpiden** (pl), Faltengebirgssystem der → *alpidischen Faltung,* das neben den Alpen auch die Pyrenäen, Apenninen, Dinariden, Helleniden und Karpaten umfaßt. □

**alpidische Faltung**, die jüngste, im Mesozoikum eingeleitete, hauptsächlich jedoch im Tertiär sich vollziehende Faltungsära, die neben den europäischen → *Alpiden* auch das Atlasgebirge in Afrika und den Himalaja in Asien erstehen ließ.

**alpinotyp**, von Geosynklinalräumen ausgehende Gebirgsbildung (z. B. Alpen). Gegensatz: → *germanotyp.*

*Aggregatform; stengeliger Calcit (Jugoslawien) – farblos, weiß, durchscheinend.*

**Alstonit**, (Ca,Ba) $CO_3$, ein Calcium-Barium-Carbonat der Aragonitmodifikation, mit H 4–4,5 härter als Calcit, sonst nur schwer von anderen Carbonaten zu unterscheiden; D 3,6, X-System: rhombisch. A. kommt in Form spitzer, pyramidaler, kurzsäuliger Kristalle vor, durchscheinend und von weißer, grauer oder gelblicher Farbe mit Glas- oder Fettglanz. Außerdem ist A. auch körnig, faserig und derb anzutreffen und wird von Witherit und Galenit begleitet.

**Altaiden** (pl), während der kaledonischen und variskischen Faltung entstandene Faltengebirge Asiens, mit Altai, Tarbagatei-Gebirge, Tienshan und Kuenlun.

**Altersbestimmung** der Gesteine erfolgt aufgrund radioaktiver Zerfallsprozesse, die unabhängig von Druck und Temperatur ablaufen. Die angewendeten Methoden stützen sich dabei auf Zerfallsreihen, Zerfallsprodukte und Halbwertzeit (→ *Radioaktivität*). Mit der *Uran-Blei-Methode* lassen sich $10^9$ Jahre überbrücken, die → *Radio-Carbon-Methode*, mit C 14, wird bei organischen Substanzen jüngerer geologischer Epochen angewendet. Außerdem werden noch die Zerfallsreihen von Thorium und Aktinium zur A. herangezogen. In ähnlicher Weise wird das Alter von Meteoriten bestimmt. Aus der Gesetzmäßigkeit des radioaktiven Zerfalls lassen sich neben pflanzlichem und tierischem Alter vorgeschichtlicher Funde auch frühe Produkte menschlicher Tätigkeit zeitlich einordnen.

**Altmoräne** (f), vor der → *Würmeiszeit* abgelagerte → *Moräne*, u. a. im Alpenvorland und in Norddeutschland. Infolge Abtrag sind die ursprünglichen Formen nur noch undeutlich zu erkennen.

**Aluminit** (m), ein Aluminium-Sulfat mit H 1–2, ist erdig, schuppig oder knollig in Tonen, Mergeln, Gipsgesteinen und Kreide anzutreffen.

**Aluminiumsilikate** (pl), *Alumosilikate*, kieselsaure Minerale, bei denen Silicium teilweise durch Aluminium ersetzt ist. Zu den A.n gehören wichtige gesteinsbildende Minerale wie → *Feldspäte* und → *Glimmer*, aber auch Zeolithe u. a.

**Alumocalcit** (m), veraltete und überflüssige Bezeichnung für einen verunreinigten → *Opal*.

**Alumosilikate** → *Aluminiumsilikate*

**Alunit** (m), $KAl_3(SO_4)_2 \cdot 12\ H_2O$, wasserhaltiges Kalium-Aluminium-Sulfat, H 3,5–4, D 2,7, X-System: trigonal. Die seltenen Kristalle sind rhomboedrisch oder würfelig, als Züchtung jedoch auch oktaedrisch und verzwillingt. In der Regel kommt A. als Zersetzungsprodukt kalium- und aluminumreicher vulkanischer und sedimentärer Gesteine in massig dichter Form vor, u. a. auch im Alaunschiefer des Rheinischen Schiefergebirges. A. ist durchsichtig bis durchscheinend, farblos, weiß, grau, rötlich oder gelb, durch Beimengung jedoch auch andersfarbig und besitzt Glas- bis Seidenglanz bei guter Spaltbarkeit. Pulverisiert und in Wasser gelöst eignet sich A. hervorragend zur experimentellen → *Kristallzüchtung*. □

**Alunogen** (n), ist ein wasserhaltiges Aluminium-Sulfat, H 1–2, das in haarigen, nadeligen Kristallen oder nierigen, faserigen, schuppigen und körnigen Aggregaten, aber auch krustig auf Erzgängen, Kohlenhalden, in Tonen vorkommt und eine weiße oder gelbliche Farbe besitzt.

**Alveolaria**, eine aus zylindrischen Röhrchen bestehende Bryozoenart (Moostierchen), Oligozän – Pliozän, in Europa, Nordamerika und Asien fossil anzutreffen.

**Amalgam** (n), HgAg, Sammelbezeichnung für die Minerale → *Kongsbergit* und → *Landsbergit* (Moschelandsbergit), die sich durch den jeweiligen Quecksilber- bzw. Silbergehalt unterscheiden; H 3, D 13,7–14,8, X-System: kubisch. A. kommt auf Zinnoberlagerstätten und Erzgängen in flächenreichen Kristallen, derb, eingesprengt oder plattig, silberweiß und metallisch glänzend vor. Fundstätten u. a. in Spanien, Ungarn und Chile.

**Amaltheus**, → *Ammonit* des Lias mit schlankem Windungsquerschnitt und einem Durchmesser von in der Regel 7–15 cm. A. ist ein → *Leitfossil* der nördlichen Hemisphäre.

**Amazonenstein** → *Amazonit*

**Amazonit** (m), *Amazonenstein*, grüne, in der Regel undurchsichtige Varietät des *Mikroklin* (→ *Kalifeldspat*), wird zu Schmucksteinen verarbeitet. Der Name leitet sich vom Amazonas ab, wo der A. in Rollstücken gefunden wurde. Der Mikro-

**Amphibolite,** Hornblendeschiefer, Eklogite
Vergleich des Mineralbestandes

| Gesteinsart | Quarz | Plagioklas | Amphibole | Pyroxene | Glimmer | Granat | Epidot | Chlorit |
|---|---|---|---|---|---|---|---|---|
| Amphibolit | (x) | xx | xxx | | | | 1) | x |
| Granat-Amphibolit | x | xx | xxx | | x | xx | | |
| Zoisit-Amphibolit | | x | xxx | x | | xx | xx | |
| Gabbroider Hornblendeschiefer | | **xx** | **xx** | **xx** | | | | |
| Eklogit-Hornblendeschiefer | (x) | | **xx** | **xx** | (x) | **xx** | (x) | |
| Zoisit-Hornblende-Eklogit | x | | **xx** | **xx** | (x) | **xx** | xx | |
| Hornblende-Eklogit | x | | xx | **xx** | x | **xx** | (x) | |
| Eklogit | x | | (x) | xxx | (x) | **xx** | (x) | |
| zum Vergleich: Prasinit (Grünschiefer) | | xx | | | xx | | **xx** | **xx** |

1) Epidot oder Zoisit
Zeichenerklärung: (x) = evtl. geringe Anteile, x = 0–7%, xx = 8–20%, **xx** = mehr als 20%, xxx = mehr als 50%.

klin ist als Gemengeteil in magmatischen Gesteinen verbreitet, die grüne Varietät tritt jedoch sehr selten auf. Fundstellen u. a. in den USA.

**Amblygonit** (m), AlLi [F,(OH|$PO_4$)], ein Phosphat. H 6, D 3–3,1, X-System: triklin. A. ist in Form wenig deutlich ausgebildeter Kristalle mit teilweise rauher Oberfläche, jedoch auch derb anzutreffen, besitzt Glas- bis Fettglanz, ist durchscheinend und von weißer, gelblicher, blaßgrüner, bläulicher oder rötlicher Farbe. Die Spaltbarkeit ist in zwei Richtungen gut ausgeprägt, Bruchflächen sind uneben. A. kommt in Granitpegmatiten zusammen mit anderen Lithiummineralen vor.

**Amethyst** (m), blau- bzw. rötlichviolette Varietät des → *Quarzes*, kommt in Form kristalliner Aggregate hauptsächlich in Blasenräumen basaltischer Gesteine, sogenannten → *Geoden* vor, gelegentlich zusammen mit → *Achat* oder gemeinem → *Chalcedon*. Besonders klare Kristalle werden zu Edelsteinen geschliffen. Fundorte in Europa sind u. a. Idar-Oberstein und Südtirol. Die dunkel gefärbten Exemplare werden heute meist aus Brasilien importiert. Der A. ist u. a. auch in Madagaskar, Ungarn, Mexiko und Pennsylvanien (rotgraue Varietät) verbreitet. Gebrannt erhält er eine gelblich-braune Farbe und wird dann fälschlich als → *Goldtopas* bezeichnet.

**Amianth** (m), auch → *Hornblendeasbest* genannt, feinfaserige bis asbestartige Varietät des → *Aktinolith* (Strahlstein). A. ist seit dem Altertum bekannt und wurde bereits damals als Material für feuerfestes Gewebe erwähnt.

*Aggregatform; radialstrahliger Aragonit – braun, durchsichtig.*

**Ammonalaun** → *Tschermigit*

**Ammoniten**, *Ammonshörner*, wichtige Leitfossilien vom Devon bis zur Kreide, arten- und formenreiche Kopffüßer (→ *Cephalopoden*) mit gekammertem, schneckenartig gewundenem Gehäuse. □

**Ammonshörner** → *Ammoniten*

**amorph** (bed.: gestaltlos), 1. Zustand fester Substanzen ohne gesetzmäßige Anordnung von Atomen oder Molekülen; 2. Bezeichnung für Minerale in nichtkristallisiertem Zustand, Gegensatz → *kristallin*. Beispiel: → *Opal*, amorphe Form von $SiO_2$.

**Amosit** (m), $(Fe, Mg)_7Si_8O_{22}(OH)_2$, asbestartige Varietät der → *Cummingtonit*-Reihe. Ein zu den → *Amphibolen* gehöriges Silikat. H 5–6, D 3,1, X-System: monoklin. Form: feinnadelige, haarige Kristalle, parallelgeordnete, filzige Aggregate. Farbe: graugrün, grau, hellgrün, braun, auch nahezu weiß. Durchscheinend; Perlglanz, Seidenglanz. Gute Spaltbarkeit, Bruch etwas spröde. A. ist von anderen schlankprismatischen oder faserigen Amphibolen ohne besondere wissenschaftliche Methoden kaum zu unterscheiden. Er kommt in regionalmetamorphen Gesteinen vor.

**Amphibole** (pl), *Amphibolgruppe, Hornblende* im weitesten Sinne, Sammelbegriff für eine Gruppe gesteinsbildender Minerale, die als Kettensilikate (→ *Silikate*) hauptsächlich in Eruptivgesteinen oder Metamorphiten vertreten sind. Zu den A.n gehören: Anthophyllit, Cummingtonit, Tremolit, Aktinolith, Hornblende, Glaukophan und Riebeckit.

**Amphibolit** (m), schwarzes, dunkel-

*Aktinolith, aufgewachsene Kristalle (Zillertaler Alpen) – grün, durchscheinend.*

grünes oder graues metamorphes Gestein (→ *Metamorphite*), mittel- bis grobkörnig, mit überwiegendem Bestand an → *Amphibolen* (→ *Hornblende*, → *Aktinolith*, → *Tremolit* u. a.). Feldspäte sind in der Regel nur als → *Plagioklase* vertreten, mit Anteilen unter 50%. Gelegentlich treten auch Porphyroblasten von → *Granat* hinzu. Ausgangsgesteine können sowohl sedimentären als auch magmatischen Ursprungs sein. A.e. nehmen unter den kristallinen Schiefern des Alpenraumes eine hervorragende Stelle ein. Hornblendeschiefer ist dem A. verwandt und unterscheidet sich im wesentlichen durch geringere Anteile an Amphibolen und Hinzutreten von Chlorit, Epidot oder Pyroxen u. a. als möglichen Bestandteilen. (Tab. S. 19) □

**Analcim** (m), $NaAlSi_2O_6 \cdot H_2O$, ein Silikat. H 5,5, D 2,2, X-System: kubisch. Form: Kristalle meist → *Ikositetraeder*; auch derb. Farbe: weiß, farblos, gelblich, rötlich. Durchscheinend bis undurchsichtig; Glasglanz. Schlechte Spaltbarkeit, Bruch muschelig. Erkennen: Kristallform wie → *Leucit*, A. tritt jedoch meist in Gruppen auf. Kommt in Blasenräumen kieselsäurearmer Ergußgesteine, aber auch in anderen Eruptivgesteinen vor. Fundorte im Harz sowie in Tongeoden von Buingen bei Hannover, Fassatal und Seiser Alm/Dolomiten, in der Gipfelregion des Pollux (Zermatt/Schweiz), Sizilien.

**Analyse** (f), die Zerlegung eines Stoffes in seine Bestandteile, um die Zusammensetzung zu ermitteln. Die *qualitative A.* dient der Feststellung von Anzahl und Art der Bestandteile, die *quantitative A.* ermittelt außerdem die mengenmäßige Zusammensetzung. Mit der → *Spektralanalyse* läßt sich der Nachweis kleinster Mengen eines Stoffes erbringen. Für die analytische Untersuchung einer Gesteinsart werden → *Dünnschliff* und → *Anschliff* hergestellt.

**Anatas** (m), $TiO_2$, Modifikation des Titanoxids. H 5,5–6, D 3,9, X-System: tetragonal. Form: bipyramidale, säulige, dicktafelige Kristalle, nur aufgewachsen. Farbe: variabel von gelb, braun bis schwarz, auch dunkelblau und rötlich. Durchscheinend bis undurchsichtig; Diamantglanz. Nahezu vollkommene Spaltbarkeit, Bruch muschelig, spröde. Erkennbar an der Form der meist kleinen Kristalle und an der Härte. A. kommt in Eruptivgesteinen und Metamorphiten vor, wo er sich aus anderen Titanmineralen sekundär durch hydrothermale Lösungen bildet. Fundorte u. a. in alpinen Klüften kristalliner Schiefer und im Fichtelgebirge.

**Anatexis** (f), teilweises bis vollständiges Aufschmelzen von Gestein bei der Metamorphose infolge hoher Temperaturen (→ *Katazone*), führt zur Bildung hochmetamorpher Gesteine mit Um- oder Neukristallisation der Minerale. Eine vollständige Aufschmelzung (→ *Palingenese*) führt zur Magmatisierung und bildet Gesteine mit granitischem Gefüge und mittel- bis grobkörniger Struktur.

**Anatexite** (pl), durch intensive → *Anatexis* entstandene metamorphe Gesteine.

**Ancylussee**, nacheiszeitliches Entwicklungsstadium der Ostsee (reines Binnenmeer), aus dem → *Yoldiameer* entstanden; namentlicher Bezug zu einer Süßwasserschnecke.

**Andalusit** (m), $Al_2SiO_5$, ein Aluminiumsilikat. H 6,5–7,5, D 3,1–3,2,

*Alpiden; Montblanc, höchster Berg der Alpen und Europas.*

X-System: rhombisch. Form: prismatische, stengelige, pseudotetragonale Kristalle, oft mit quadratischem Querschnitt, auch derb. Farbe: rötlich, grau, braun oder grünlich. Durchscheinend bis undurchsichtig; Glasglanz. Spaltbarkeit gut bis undeutlich. Bruch uneben. Erkennbar an der prismatischen Form mit quadratischem Querschnitt und der Härte. A. kommt in metamorphen Gesteinen (häufig in Glimmerschiefer), auch in Pegmatitstufen vor. Fundorte: bei Gefrees/Fichtelgebirge, Lisens/Österreichische Alpen, Schweiz und Spanien (benannt nach Vorkommen in Andalusien). Besonderheit: Kohlige Einschlüsse lassen im Querschnitt gelegentlich ein dunkles Kreuz erkennen. Diese Varietät nennt man → *Chiastolith*.

**Andalusit-Cordierit-Hornfels**, feinkörniges, schwarzes, graues, bläuliches oder grünliches Gestein, oft durch dunkel gefärbte Porphyroblasten gefleckt. A. ist immer im Kontakthof eines Plutons gebildet und geht nach außen in niedriger metamorphe Gesteine, wie Fleckschiefer, über. Die Andalusitanteile stellen sich in der Regel als rechteckige Prismen mit quadratischem Querschnitt dar.

**Andesin** (m), ein Kalknatronfeldspat der Mischreihe → *Plagioklase* mit etwa gleichem Gehalt an Natrium und Calcium. A. ist Gemengeteil in → *Dioriten* und → *Syeniten* und in Form tafeliger Kristalle, meist jedoch körnig anzutreffen.

**Andesit** (m), → *Effusivgestein* (Ergußgestein) mit feinkörnigem, porphyrischem Gefüge und Einsprenglingen von Oligoklas, Andesin, Hornblende, Biotit und Pyroxen, die auch Bestandteile der kristallinen, seltener glasigen Grundmasse bilden. Die Farbe wechselt zwischen hellgrau, dunkelgrau und rötlich-braun. A. ist vor allem an den Pazifikküsten, aber auch im Westerwald und in der Eifel anzutreffen. → *Diorit* weist als Plutonit den gleichen Mineralbestand auf.

**Andradit** (m), ein grüner, brauner oder schwarzer Kalk-Eisen- → *Granat*, selten farblos, kommt u. a. in alpinen Klüften in Form aufgewachsener Kristalle (→ *Dodekaeder*) vor. Die stark glänzende, grüne oder grünlichgelbe, seltene Varietät → *Demantoid* ist als Edelstein hoch geschätzt.

**anemogen** bezeichnet durch den Wind zusammengetragene Sedimente.

**anfahren**, bergmännischer Ausdruck für 1. Einfahren in ein Bergwerk; 2. das Auffinden und Erreichen einer Lagerstätte durch eine Bohrung oder eine vorgetriebene Strecke (Stollen).

**Anflüge**, Mineralstaubablagerungen, dünnste Schichten oder Krusten eines Minerales. A. sind häufig als fremde Mineralanlagerungen auf Kristallen festzustellen.

**Angaraland, Angaria**, Urkontinent (*Urkraton*) des → *Präkambriums*, im Gebiet des heutigen Sibiriens, nach dem Fluß Angara benannt.

**Angiospermen**, *Bedecktsamer*, höchstentwickelte Gruppe der Pflanzen, Unterabteilung der Samenpflanzen, in Ein- und Zweikeimblättrige gegliedert; A. sind erst von der Kreidezeit an nachgewiesen.

**Anglesit** (m), $PbSO_4$, Bleisulfat (*Vitriolbleierz*). H 3, D 6,2, X-System: rhombisch. Form: kurzprismatische, tafelige oder säulige Kristalle, auch derb oder körnig. Farbe: farblos, weiß, grau bis nahezu schwarz, auch grünlich. Durchsichtig bis durchscheinend; Diamantglanz, bei Verwitterung fettartig. Strichfarbe weiß. A. besitzt gute Spaltbarkeit und ist am hohen spezifischen Gewicht, am starken Glanz und an der Strichfarbe zu erkennen. Von den Carbonaten unterscheidet sich A. außerdem durch fehlende Säurereaktion. Vorkommen: als sekundäres Mineral in der Oxidationszone von Bleilagerstätten, häufig von Galenit begleitet. Besondere Fundstellen auf Sardinien und in Namibia (Südwestafrika).

**Ångström, Å**, Maßeinheit für die Wellenlängen des Lichtes, 1 Å entspricht dem zehnmillionsten Teil eines Millimeters. Das aus verschiedenen Farben zusammengesetzte sichtbare Licht hat Wellenlängen zwischen 4000 und 7500 Å. Kurzwellige ultraviolette unsichtbare Strahlung liegt unterhalb 4000 Å, die Schwelle zur langwelligen Infrarotstrahlung, die sich hauptsächlich als Wärmestrahlung äußert, bei 7500 Å.

**Anhydrit** (m), $CaSO_4$, ein Calciumsulfat. H 3–3,5, D 3, X-System: rhombisch. Form: selten tafelige, kurzsäulige oder würfelähnliche Kristalle, meist derb, spätig, körnig. Farbe: farblos, weiß, gelegentlich mit bläulichem, rötlichem oder grauem Farbton. Durchsichtig bis durchscheinend; Glasglanz oder Perlglanz. Sehr gute Spaltbarkeit, Bruch uneben. A. ist härter als der verwandte Gips und schwerer als Calcit, kommt als typisches Mineral von Salzlagerstätten zusammen mit → *Gips*, einem wasserhaltigen Calciumsulfat, und → *Halit* (Steinsalz) vor, ist in den obersten, gelegentlich auch in den

*Aktinolithschiefer (Zillertaler Alpen) – dunkelgrün und weiß.*

untersten Partien von Salzdomen sowie untergeordnet in Erzgängen anzutreffen. □

**Anion** (n), negativ geladenes → Ion. Nichtmetall- oder Hydroxidionen sind Anionen.

**Anis** (n), Stufe der alpinen → *Trias* zwischen *Skyth* und *Ladin*.

**Anisotropie** (f), Richtungsabhängigkeit physikalischer Eigenschaften bei festen Stoffen, bei den Kristallen durch ihre → *Kristallsymmetrie* bestimmt. Die A. der Kristalle äußert sich in richtungsorientiert unterschiedlichem Verhalten bezüglich Spaltbarkeit, Härte, Lichtbrechung, Wärmeleitfähigkeit u. a. So weist beispielsweise Disthen (→ *Cyanit*) in zwei rechtwinklig zueinander verlaufenden Richtungen unterschiedliche Härte auf. Gegensatz zu A.: → *Isotropie*. Kristalle des kubischen X-Systems verhalten sich optisch isotrop.

**Ankerit** (m), $Ca(Mg,Fe,)(CO_3)_2$, ein Carbonat, das mit Dolomit eine stufenlose Mischreihe darstellt, wobei das Magnesit des Dolomits in zunehmendem Maße durch Eisen ersetzt wird. H 3,5–4, D 3,2, X-System: trigonal. Form: rhomboedrische Kristalle oder körnige Massen. Farbe: weiß, gelb, braun, mit zunehmendem Eisengehalt dunkler. Durchscheinend; Glasglanz. Strichfarbe weiß. Die Vorkommen von A. sind in der Regel die gleichen wie bei → *Dolomit*, vorzugsweise jedoch als Gangmineral, das Eisenerz begleitet.

**Anlagerung** → *Kristallwachstum*.

**Anlauffarben** entstehen meist als Oxidationsprodukte von Mineralen, die gelegentlich als dünnste Überzüge auch die Kristallflächen fremder Minerale zieren und zu optisch falscher Bestimmung führen können. A. sind charakteristisch für bestimmte Minerale.

**Annabergit** (m), $Ni_3(AsO_4)_2 \cdot 8\,H_2O$, *Nickelblüte*, ein wasserhaltiges Nickelarsenat. H 1,5–2, D 3, X-System: monoklin. Form: prismatische blättrige Kristalle, auch nierenförmige Massen, meist erdig, pulvrig und als Überzüge. Farbe: grün, grünlichweiß. Durchscheinend bis undurchsichtig; matt bis glänzend. Strichfarbe hellgrün. Bei fester Form gute Spaltbarkeit. Die Fundorte sind an die Oxidationszone von Nickellagerstätten gebunden, da A. ein Verwitterungsprodukt ist. Besondere Vorkommen in Europa sind u. a. im Kinzigtal/Schwarzwald, im Harz und Erzgebirge registriert.

**Anodonta**, eine Süßwassermuschel mit länglicher Schale und deutlich ausgebildeten Wirbeln, fossil von der Kreidezeit an verbreitet.

**Anomalie** (f), Abweichung im Erdmagnetismus eines begrenzten Gebietes vom Normalwert, z. B. über Erzlagerstätten. *Schwere-Anomalie*, vom Normalwert abweichende Schwere in Gebieten intensiver Erdbebentätigkeit.

**anorganogen**, *minerogen*, bezeichnet ohne Beteiligung lebender Organismen gebildete Sedimente; Gegensatz: → *organogen*.

**Anorthit** (m), ein Kalkfeldspat, Endglied der → *Plagioklase*, kommt meist als Gesteinsgemengteil in metamorphem Kalkstein, Dolomitgestein, und auf Erzgängen vor. Tafelig aufgewachsene, farblose bis weißgrünliche Kristalle sind selten, meist ist A. körnig oder dicht anzutreffen.

**Anorthoklas** (m), Mischbildung von

Kali- und Natronfeldspat mit triklinen Kristallen; meist zeichnet sich eine beginnende Entmischung ab.

**Anorthosit** (m), → *Intrusivgestein, Plutonit* mit mittel- bis grobkörniger Textur und gelegentlich violett-grauer Farbtönung. Plagioklas (Bytownit bis Andesin) bildet den primären Bestand, Pyroxene sind als dunkle Gemengeteile vertreten. Der Name bezieht sich *nicht* auf das Mineral Anorthit (s. auch → *Gabbrogruppe*).

**Anreicherung**, 1. vermehrtes Vorkommen von Erz in einer bestimmten Richtung eines Erzganges; 2. durch Aufbereitung von Fördergut erzielter größerer Mengenanteil eines bestimmten Minerales; 3. vermehrtes Vorkommen eines Minerales durch *pneumatolytische* oder *hydrothermale* Vorgänge bei der Gesteinsbildung.

**Anschliff**, Schleifen und Polieren eines Teiles der Oberfläche an einem kryptokristallinen Aggregat oder Gesteinsstück, um Bänderungen, Struktur und Textur deutlicher hervortreten zu lassen.

**anstehend**, Gesteine am Ort ihrer Entstehung („gewachsener Fels"), die weder durch Verwitterung verändert, noch durch Medien bewegt wurden.

**Antezedenz** (f), Talbildung durch den Einschnitt eines Flusses während der langsamen Hebungsphase eines Gebirges; Beispiel: Rheintal bei Bingen, Grand Canyon/USA.

**Anthophyllit** $(Mg,Fe)_7Si_8O_{22}(OH)_2$, (m), ein Silikat der → *Amphibol*-Gruppe H 5-6, D 3, X-System: rhombisch. Form: nadelige, faserige, tafelige Kristalle. A. ist durchscheinend, bräunlich oder grau, besitzt gute Spaltbarkeit und weist Glasglanz auf, gelegentlich etwas metallisch schillernd. Radialstrahlig-faserige, schalenförmige Aggregate werden auch *„Glimmerkugeln"* genannt. Die Vorkommen sind auf → *Metamorphite* beschränkt, im Gegensatz zu → *Cummingtonit*, einem verwandten Mineral, das auch in Magmatiten anzutreffen ist.

**Anthracotheren**, ausgestorbene Huftiere, den Schweinen verwandt, fossil im Oligozän.

**Anthrazit** (m), harte, glänzende, tiefschwarze Steinkohle mit ca. 95% Kohlenstoffgehalt und dem höchsten Heizwert aller → *Kohlen*. A. ist schwer entzündlich (800°) und verbrennt rauch- und rußlos. Vorkommen im Ruhrgebiet, in Südwales, Belgien, USA und China.

**Antigorit** (m), blättrige, schuppige Form des → *Serpentin*.

**Antiklase** (f) durch seitliches Auseinanderweichen gebildete und mit Gesteinsschutt ausgefüllte Spalte im Gestein.

**Antiklinale** (f), ein durch Faltung entstandener Sattel (Aufwölbung).

**Antiklinaltal**, in eine → *Antiklinale* eingesenktes Tal.

**Antimon** (n), gediegen, Sb, Element, H 3,5, D 6,6, X-System: trigonal. Form: selten tafelige oder würfelähnliche Kristalle, meist derb, blättrig, körnig. Farbe: zinnweiß bis bleigrau. Undurchsichtig; metallisch glänzend oder matt. Strichfarbe bleigrau. Vollkommene Spaltbarkeit, Bruch spröde. Erkennbar an der Härte, den blättrigen Formen und daran, daß es vergesellschaftet mit Silber oder Arsen in hydrothermalen Gängen vorkommt. Fundorte: St. Andreasberg/Harz, Portugal, Borneo und Kanada.

**Antimonblende** → *Kermesit*

**Antimonblüte** → *Valentinit*

**Antimonide** (pl), aus nur zwei Grundstoffen bestehende antimonhaltige Minerale, z. B. $Ag_3Sb$ (Dyskrasit).

**Antimonit** (m), $Sb_2S_3$, *Antimonglanz, Stibnit*, ein Sulfid. H 2, D 4,5, X-System: rhombisch. Form: langprismatische, spießige Kristalle, gelegentlich gebogen; büschelige, strahlige Aggregate. Farbe: bleigrau, auch mit bräunlichen Überzügen. Undurchsichtig; Metallglanz, bei Verwitterung matt. Strich grau. Vollkommene Spaltbarkeit in Längsrichtung, Bruch uneben. Erkennbar an der Kristallform; schmilzt bereits in einer Streichholzflamme. Kommt in hydrothermalen Gängen in Verbindung mit Quarz vor; Paragenese mit anderen Sulfiden. Fundorte: Westfalen, Harz, Fichtelgebirge, Burgenland, Jugoslawien, Japan.

**Antimonnickel** → *Breithauptit*

**Antimonnickelglanz** → *Ullmannit*

**Antimonocker** → *Romeit*

**antithetisch**, entgegen der Hauptbewegung verlaufende Krustenbewegung; gleichgerichtete Krustenbewegung wird *homothetisch* genannt.

**äolisch**, alle durch Windeinwirkung geschaffenen Erscheinungen; *ä.e. Sedimente*, vom Wind abgetragene, transportierte und angelagerte Sedimente, wie Sand u. a.

**Apatit** (m), $Ca_5(PO_4)_3(F, Cl, OH)$, ein Phosphat. H 5, D 3,1–3,3. X-System: hexagonal. Form: Kristallform häufig als sechsseitige Prismen oder Ta-

*Almandin (Granat) in Glimmerschiefer (Zillertaler Alpen) – rot, durchscheinend.*

feln, kurzsäulig bis nadelig (grobstengeliger A. wird *Spargelstein* genannt), auch körnig derb. Farbe: meist grünlich bis graugrün, jedoch auch in nahezu allen Farbtönen. Durchsichtig bis durchscheinend; Glasglanz, auch harzig. Strichfarbe weiß. Unvollständige, schlechte Spaltbarkeit, Bruch muschelig. A. wird von Quarz und Beryll durch die geringere Härte unterschieden. Als Nebengemengeteil kommt A. in vielen magmatischen Gesteinen, gelegentlich auch in kristallinen Schiefern vor und ist in Form großer Kristalle in Pegmatitstufen anzutreffen. Bekannte Fundorte liegen in der Eifel, im Fichtelgebirge, in den Alpen, vor allem jedoch in Mexiko und Kanada.

**Aplit** (m), helles, feinkörniges Ganggestein, das hauptsächlich aus Quarz und Feldspat besteht, gewöhnlich ohne dunkle Gemengeteile. A. ist in der Regel nach dem entsprechenden Intrusivgestein benannt, wie Syenit-A. u. a. Fehlt der Beiname, so ist das gleichbedeutend mit Granit-A. (Tab. S. 30)

**Apophyllit** (m), $KFCa_4Si_8O_{20}\cdot 8H_2O$, ein Silikat. H 4,5–5, D 2,3, X-System: tetragonal. Form: Die Kristalle sind sehr unterschiedlich ausgebildet, meist Kombinationen von Prisma, Bipyramide und Pinakoid. Farbe: farblos, weiß, gelblich, rötlich und violett. Durchsichtig bis durchscheinend; Glasglanz, Perlglanz. Sehr gute Spaltbarkeit, Bruch uneben. Erkennbar an Härte, Spaltbarkeit und dem Nebeneinander glatter und zernarbter Flächen. A. kommt in Hohlräumen basaltischer Gesteine, auf Erzgängen und in Magnetitlagerstätten vor. Bekannte Fundstellen liegen im Schwarzwald, am Kaiserstuhl, im Siebengebirge, in den Alpen u. a.

**Apophyse** (f), von einem gang- oder stockförmigen Hauptkörper ausgehende Verästelung und Verzweigung in das Nebengestein.

**Aporrhais**, Gastropodengattung, Jura – Neuzeit, heute im Nordatlantik lebende Meeresschnecke mit dornförmigen Fortsätzen am Mundrandflügel.

**Apt** (n), *Aptien,* Stufe der unteren → *Kreide.*

**Aquamarin** (m), durch geringfügige Eisenbeimengung bläulich oder bläulichgrün gefärbte Edelsteinvarietät des → *Beryll.* Die intensive Blaufärbung einiger im Handel erhältlicher Exemplare wurde meist durch Erhitzen von gelblichem oder grünem Beryll erzeugt. A. wird überwiegend aus Brasilien oder Madagaskar importiert, auch in den USA sind Fundorte bekannt.

**aquatisch**, Bezeichnung für geologische Vorgänge im Wasser oder für die im Wasser angesiedelten Lebensformen.

**Äquipotentiallinie**, Linie gleichen Potentials; Abweichungen vom Normalverlauf solcher Linien geben Hinweise auf Lagerstätten. *Ä.n-Methode,* geophysikalisches Verfahren zur Erkundung von Lagerstätten.

**Aquitan** (n), *Aquitanien,* unterste Stufe des → *Miozäns.*

**Aragonit** (m), $CaCO_3$, Modifikation des Calciumcarbonats. H 3,5–4, D 2,9, X-System: rhombisch. Form: stengelige oder tafelige Kristalle, durch Zwillingsbildung häufig pseudohexagonal; auch faserige, stalaktitische Massen und Krusten, Sinterbildung. Farbe: farblos, grau, weiß, bräunlich oder gelblich. Durchsichtig bis durchscheinend; Glasglanz, als Krusten auch matt. Undeutliche Spaltbarkeit, Bruch muschelig. A. ist härter als Calcit, nicht in Rhomboedern spaltbar, kommt in der Oxidationszone von Erzlagerstätten und in Sedimenten vor, wo er zusammen mit Ton, Gips, Schwefel oder Halit anzutreffen ist. In Thermalquellen werden sog. *Sprudelsteine* oder *Erbsensteine* gebildet. Der Name ist von der spanischen Provinz Aragón (bedeutende Fundstätten) abgeleitet. □

**Araucaria**, Nadelholzgewächs, dessen rundlich dichte Zapfen mit Schuppen in spiraliger Anordnung als fossile Pflanzenteile der Kreide besonders in Südamerika anzutreffen sind.

**Arca**, verbreitete, 5–10 cm große, längliche Meeresmuschel vom Jura bis zur Gegenwart.

**Archäiden** (pl), im → *Archaikum* entstandene Gebirge.

**Archaikum** (n), auch *Archäikum* oder *Azoikum*, Erd-Urzeit, älteste geologische Formation, erstreckt sich von der Bildung der festen Erdkruste bis zum → *Algonkium*.

**archäisch**, das älteste Zeitalter der Erde betreffend, zum → *Archaikum* gehörig.

**Archäophytikum** (n), *Eophytikum, Algophytikum*, bis zum Ende des → *Ordoviziums* währende Urzeit der Pflanzenentstehung, im Auftreten von Algen repräsentiert.

**Archaeopterix** (bed.: Urvogel), fossile Vogelart des Jura, etwa taubengroß, mit Krallen an den Flügeln und Zähnen im Schnabel.

**Aplite**
Vergleich des Mineralbestandes

| Gesteinsart | Quarz | Kali-Feldspat | Plagioklas | Foide | Pyroxene | Amphibole | Biotit | Sonst. |
|---|---|---|---|---|---|---|---|---|
| Granit-Aplit | **xx** | **xx** | **xx** | | | | x | |
| Rapakiwi | **xx** | xxx | x | | | | x | x |
| Granodiorit-Aplit | **xx** | xx | **xx** | | | | xx | |
| Quarzdiorit-Aplit | **xx** | | xxx | | | | x | x |
| Syenit-Aplit | x | xxx! | | | | | | x |
| Monzonit-Aplit | (x) | **xx** | **xx** | | x | x | x | |
| Diorit-Aplit | xx | xx | xxx | | | x | x | x |
| Gabbro-Aplit | | | xxx! | | | xx | | |
| Nephelin-Syenit-Aplit | | xxx | | **xx** | | | | x |
| Essexit | | **xx** | xxx | **xx** | (x) | | | x |

Zeichenerklärung: (x) = evtl. geringe Anteile, x = 0–7%, xx = 8–20%, **xx** = mehr als 20%, xxx = mehr als 50%, xxx! = mehr als 80%.

**Archimedes,** Bryozoenart (Moostierchen), Karbon bis Perm, aus einer zentralen Achse mit spiralig verlaufenden Kämmen bestehendes Fossil. A. ist leicht zu identifizieren.

**Arctica**, Meeresmuschel von der Kreide bis zur Neuzeit mit konzentrischen Rippen und ungezähnten Klappenrändern.

**Arfvedsonit** (m), ein Silikat der → *Amphibol*-Gruppe, kommt in Nephelinpegmatiten und Syeniten in Form schwarzblauer bis schwarzer, glasglänzender, dick- oder langsäuliger, tafeliger Kristalle, meist jedoch stengelig, derb oder körnig vor.

**Argentit** (m), $Ag_2S$, *Silberglanz*, ein Sulfid, H 2–2,5, D 7,3, X-System: kubisch. Form: meist würfelige oder oktaedrische Kristalle, auch Parallelverwachsungen. Farbe: bleigrau bis schwarz. Undurchsichtig; Metallglanz, läuft aber sehr schnell matt an. Undeutliche Spaltbarkeit, Bruch muschelig. Strichfarbe glänzend schwarz. Erkennbar an der Farbe und daran, daß man ihn mit einem Messer schneiden kann. Kommt auf hydrothermalen Gängen, auch als Verwitterungsprodukt anderer sulfidischer Silberminerale vor. Fundorte im Kinzigtal/Schwarzwald sowie Freiberg/Sachsen, Schneeberg/Erzgebirge, CSSR, Norwegen, USA. Die rhombische Tieftemperaturmodifikation des Silberglanzes ist → *Akanthit*. Silberglanz ist ein wichtiges Silbererz.

**Argyrodit** (m), ein Silbersulfid, rhombisch, in Form pseudokubischer, würfelähnlicher kleiner Kristalle, aber auch nierig, traubig, von bräunlichgrauer oder schwarzer Farbe, metallisch glänzend bis matt, kommt zusammen mit Galenit, Sphalerit, Pyrargyrit und Siderit auf Silbererzgängen vor.

**arid**, trockenes Klima, bei dem die Verdunstung größer ist als die durch episodische Niederschläge zugeführte Feuchtigkeit. Vegetation ist allenfalls recht spärlich vorhanden, fehlt jedoch meist ganz. Erosion und Abtrag sind besonders geartet.

**Arietes,** → *Ammonit* und Leitfossil des *Arietenkalkes* (Lias) der Schwäbischen Alb.

**Arkose** (f), rötliches oder graues, sandsteinartiges Sedimentgestein, aus dem Verwittungsmaterial von Intrusivgesteinen und Gneisen gebildet, weist mittelkörnige Textur bei mehr oder weniger deutlicher Schichtung auf und enthält hohe Feldspat- und Quarzanteile, daneben Calcit, Eisenoxide, Kaolin und gelegentlich etwas Muskovit oder Biotit.

**Armkiemer** → *Brachiopoden*

**Armorikanisches Gebirge**, westlicher Teil des im Karbon aufgefalteten Gebirges, ersteckte sich von Irland über die Bretagne (römischer Name Armorica) bis zum französischen Zentralmassiv. Der östliche Teil des bis auf den Rumpf abgetragenen Gebirges wird als → *Variskische Gebirgsbildung* bezeichnet.

**Arnioceras**, Jura- → *Ammonit* des Lias, zeichnet sich durch kräftige Rippen und deutlich hervortretenden, von Furchen begleiteten Kiel aus.

**Arsen** (n), gediegen, As (*Scherbenkobalt*), Element. H 3, D 5,7, X-System: trigonal. Form: gerundete, schalige Massen, derb, knollig, plattig. Farbe: zinnweiß, bleigrau, schwarz anlaufend; metallisch matter Glanz. Strichfarbe schwarz. Vollkommene Spaltbarkeit, Bruch schalig spröde. Erkennbar an Spaltbarkeit, Härte, Form. A. kommt auf hydrothermalen Gängen in Metamorphiten und Eruptivgesteinen vor, vergesellschaftet mit Silber-, Kobalt- oder Nickelerzen.

**Arsenate** (pl), Minerale der $AsO_4$-Verbindungen, in der → *Klassifikation der Minerale* der Klasse 7 zugeordnet. Zu den A.n gehören u. a. Erythrin, Mimetesit, Annabergit, Skorodit, Adamin und Olivenit.

**Arsenblüte** → *Arsenolith*

**Arsenide** (pl), Verbindungen, die aus Arsen und einem Metall bestehen, wie die Minerale Nickelin, Skutterudit, Chloanthit u. a.; s. auch → *Klassifikation der Minerale.*

**Arsenit** → *Arsenolith*

**Arsenkies** → *Arsenopyrit*

**Arsennickel** → *Nickelin*

**Arsennickelglanz** → *Gersdorffit*

**Arsenolith** (m), $As_2O_3$, *Arsenblüte.* H 2, D 3,7, X-System: kubisch. Form: sehr kleine, oktaedrische Kristalle, Ausblühungen und haarig-mehlige Substanzen. A. entsteht durch Umwandlung anderer Arsenminerale, ist farblos, weiß oder gelblich, matt, durchscheinend und kommt u. a. im Erzgebirge vor.

**Arsenopyrit** (m), FeAsS, *Arsenkies,* bergmännisch auch *Mißpickel* genannt, ein Sulfid mit H 5,5–6, D 6,0, X-System: monoklin, kommt in Form prismatischer Kristalle mit gestreiften Flächen, auch körnig oder dicht vor. A. ist grau bis silberweiß, oft mit bräunlichem Überzug, metallisch glänzend bis matt, undurchsichtig, weist undeutliche Spaltbarkeit mit unebenen Bruchflächen und grauschwarze Strichfarbe auf, ist an Kri-

*Ammonit aus dem Jura Süddeutschlands.*

stallform und Farbe zu erkennen und tritt in Gesellschaft von Zinn-, Wolfram- und Silbererzen auf. Verstreut ist A. auch in Gneis, Dolomit- und Kalkgestein anzutreffen. Fundorte: Harz, Erzgebirge, Kärnten, Binnatal/Schweiz, Cornwall/England, Ural.

**Arterit** (m), andere Bezeichnung für Ader- → *Gneis.*

**Asbest** (m), sehr feinfaserige Minerale im allgemeinen, besonders aber → *Chrysotil*, die feinfaserige Varietät des → *Serpentin*. Daneben können jedoch auch Amianth, Anthophyllit, Krokydolith und Hornblenden in asbestartig feinfaseriger Form auftreten. A. ist feuerbeständig, dient zur Herstellung von Geweben für Schutzkleidung und wird mit Bindemitteln zu Bauplatten, Dachplatten, Rohren u. a. verarbeitet.

**Asche**, feinzerstäubte vulkanische Auswurfmasse als Lockerprodukt aus glasiger Lava und Schlotwandbestandteilen in sand- bis staubfeinen Partikeln; wird bei Vulkanausbrüchen ausgeschleudert und über weite Entfernungen transportiert; s. auch → *Tuffit.*

**Ascheneruption** (f), Vulkanausbruch, bei dem nur Asche gefördert wird.

**Aschentuff** (m), verfestigte, in Schichten abgelagerte vulkanische Asche.

**aschist** nennt man Ganggesteine, die in der chemischen Zusammensetzung mit dem Muttergestein übereinstimmen und nur im Gefüge von diesem abweichen.

**Asphalt** (m), braunes bis tiefschwarzes Oxidationsprodukt des Erdöls, Gemisch aus → *Bitumen* und anderen Mineralstoffen. *Natur-A.* kommt in Gängen, als Imprägnation von Sanden und in sogenannten *A.-Seen* vor und ist meist in der Nähe von Erdöllagern anzutreffen. Bereits in frühen Kulturen fand A. Verwendung, wird heute jedoch weitgehend aus Rückständen der Kohledestillation gewonnen und besitzt für Straßenbau und Feuchtigkeitsisolierung hervorragende Bedeutung. Natur-A. weist ein besonderes Bruchverhalten mit muscheligen Bruchflächen auf.

**Assimilation** (f), von Aufschmelzen begleitete Aufnahme fremden Gesteinsmaterials (Nebengestein) im Magma. Durch Mischung mit den Bestandteilen des Magmas erfolgt eine → *Hybridisierung.*

**Asterismus** (m), sternförmig gebündelte Lichtfigur bei Edelsteinvarietäten, vorwiegend des → *Korund (Sternsaphir/-sapphir)*, entsteht durch vielfache Reflexion und Beugung des Lichtes infolge feinster Einschlüsse im Kristall. Durch sorgfältig richtungsorientierten Cabochonschliff wird der A. besonders hervorgehoben. Einer der berühmtesten Sternsaphire (-sapphire) ist der 330karätige *Star of Asia.*

**Asteroceras**, mittelgroßer Jura- → *Ammonit*, ∅ bis etwa 10 cm, mit rasch an Größe zunehmenden Windungen, sonst → *Arnioceras* ähnlich.

**Asteroidea**, *Seesterne*, Klasse der Stachelhäuter (→ *Echinodermen*); seit dem Ordovizium bekannt, fossil selten als vollständige Exemplare anzutreffen, am Ort solcher Funde jedoch gelegentlich in größerer Anzahl vertreten.

**Astroblem** (n), Aufschlagstelle eines Meteoriten, wird durch einen Meteoritenkrater markiert. Charakteristisch sind Funde von → *Coesit* in der unmittelbaren Umgebung.

**Astrophyllit** (m), ein fast ausschließlich in Nephelin-Syenite eingewachsen vorkommendes, relativ seltenes Silikat in Form tafeliger Kristalle oder blättriger, schuppiger, rosettenförmiger Aggregate von brauner bis goldgelber Farbe, metallischem Glasglanz und vollkommener Spaltbarkeit. Die Kristalle sind durchscheinend und besitzen H 3–4, D 3,4, X-System: triklin. Begleitminerale sind Amphibole, Glimmer, Zirkon u. a.

**Ästuar** (n), *Ästuarium*, durch Gezeiteneinwirkung trichterförmig erweiterter Mündungsbereich eines Flusses, so z. B. die Elbemündung.

**asturische Phase**, Entstehungsphase bei der → *variskischen Gebirgsbildung.*

**aszendent**, im spez. Sprachgebrauch für aufsteigende Gesteinsschmelze, im Boden aufsteigendes Wasser u. a.

**Atacamit** (m), $Cu_2Cl(OH)_3$, wird zu den → *Halogeniden* gerechnet. H 3–3,5, D 3,8, X-System: rhombisch. Farbe: hell- bis dunkelgrün; Strichfarbe grün. Vollkommene Spaltbarkeit, Bruch muschelig. Erkennbar an Form, Farbe und am starken Glanz. A. kommt als Mineral sekundärer Entstehung zusammen mit Cuprit und Malachit in der Oxidationszone von Kupfererzen vor. Bedeutende Fundstätten in Chile und Australien.

**Athleta**, fossile Meeresschnecke, Kreide – Oligozän, ähnlich heute noch lebender Arten mit kantigen Windungen.

*Amphibolit/Hornblendeschiefer (Zillertaler Alpen) – schwarz und grünlichweiß.*

**Athyris**, fossile Brachiopodengattung, Devon – Trias, in ehemals weltweiter Verbreitung.

**Atlantikum** (n), von ozeanischem Klima und Eichenmischwäldern geprägter Abschnitt der nacheiszeitlichen Erdgeschichte, entspricht in etwa der mittleren Steinzeit (ca. 5500–2500 v. Chr.).

**atmophil**, im spez. Sprachgebrauch für die in der Erdatmosphäre angereicherten Elemente, wie Wasserstoff, Kohlenstoff, Stickstoff, Sauerstoff und Edelgase.

**Atmosphäre** (f), Gashülle eines Himmelskörpers, im besonderen jedoch die Lufthülle der Erde, die aus 1/5 Sauerstoff, ca. 4/5 Stickstoff und aus geringen Mengen von Argon, Neon, Helium, Krypton, Xenon, Kohlendioxid, Wasserstoff, Ozon, ferner Rauch, Staub, Ruß, Wasserdampf u. a. besteht. In der A. werden folgende Schichtfolgen unterschieden: Troposphäre, Zone der Wettererscheinungen, 0–12 km (17 km), Stratosphäre bis etwa 80 km, Thermosphäre (auch Ionosphäre) bis ca. 400 km und darüber, bis etwa 1000 km Höhe, die Exosphäre.

**Atoll** (n), ringförmiges Korallenriff, umschließt eine Lagune und entsteht durch allmähliche Absenkung des Meeresbodens und gleichzeitiges Nachwachsen der Korallenbänke an der Oberseite.

**Atom** (n), kleinstes Teilchen mit den Eigenschaften eines chemischen Elementes, im Unterschied zum Molekül, dem kleinsten Teilchen mit den Eigenschaften einer chemischen Verbindung. Jedes A. besteht aus einem positiv geladenen Kern

*Anhydrit, körnig (Salzbergwerk Bad Friedrichshall) – grau, durchscheinend.*

und einer Hülle aus negativ geladenen Elektronen. Das gesamte A. ist elektrisch neutral. Der Kern setzt sich aus ungeladenen Neutronen und positiv geladenen Protonen zusammen, wobei mit wachsendem Atomgewicht die Neutronen zunehmend überwiegen. Die Ordnungszahl eines A.s entspricht der Protonenzahl; Protonen und Neutronen zusammen ergeben die Massenzahl. A.e mit gleicher Ordnungszahl, jedoch unterschiedlicher Massenzahl werden Isotope genannt. Nur bei festen Stoffen sind die A.e an geregelte Lagen gebunden; in der Flüssigkeit gleiten sie ungeregelt umeinander, ohne jedoch ihre Abstände zu ändern; bei Gasen bewegen sie sich regellos durcheinander.

**Atombindung** → *Kristallbau*

**Atomgitter**, Kristallgitter, das aus Atomen aufgebaut ist, im Unterschied zum Aufbau aus Molekülen; → *Kristallbau.*

**attische Phase**, Phase der → *alpidischen Faltung.*

**Atrypa**, fossile Brachiopodengattung in Silur und Devon, zeichnet sich durch besonders ausgeprägten Wulst auf der Armklappe aus.

**Ätzfiguren**, Vertiefungen in der Oberfläche von Kristallen (→ *Ätzverhalten*), die je nach Kristallsystem des entsprechenden Minerales bestimmte Formen aufweisen und Zwillingsbildungen deutlich erkennen lassen.

**Ätzverhalten**. Die Oberfläche von Kristallen wird nur von Lösungen angegriffen, in denen das jeweilige Mineral löslich ist, meist sind es Säuren verschiedener Art. Sowohl die Konzentration als auch die Einwirkungsdauer von Lösungen sind ausschlaggebend für das Ä. und führen zu sogenannten → *Ätzfiguren*, die Rückschlüsse auf das Kristallsystem des Minerales zulassen.

**Aublysodon**, fleischfressender → *Dinosaurier*, Jura – Kreide; fossile Funde, besonders von Zähnen, in Nordamerika.

**aufgewachsen**, Bezeichnung für Kristalle, die sich in Hohlräumen von Gesteinen (Spalten, Klüften, Blasenräumen) ungehindert bilden konnten und deutliche Formen aufweisen, im Gegensatz zu *eingewachsenen* Kristallen, deren Wachstum durch allseitig angrenzende Kristalle oder Fremdminerale behindert wurde. Gruppen aufgewachsener Kristalle als Hohlraumauskleidungen werden auch → *Drusen* genannt.

**Aufleuchten** → *Lumineszens*

**Auflichtmikroskopie** (f), mikroskopische Untersuchungsmethode bei Mineralen, Erzen und Gesteinen, die keine Transparenz aufweisen und sich deshalb nicht für eine Durchleuchtung eignen. Für die A. genügt ein → *Anschliff* des zu untersuchenden Objektes, während für die → *Durchlichtmikroskopie* sogenannte → *Dünnschliffe* hergestellt werden müssen.

**aufschließen**, 1. bergmännisch für aufbereiten; 2. Zugang zu Lagerstätten schaffen durch Anlegen von Schächten und Stollen, bzw. durch Einbringen einer Bohrung beim Erdöl; 3. Chemie: Überführung schwer löslicher Stoffe in wasser- oder säurelösliche Verbindung unter Verwendung sogenannter *Aufschlußmittel.*

**Aufschluß**, Ort, der für die Beobachtung und Untersuchung der Lagerungsverhältnisse von geologischen

Formationen und Gesteinen sowie deren Beschaffenheit und Verband zugänglich ist, z. B. Steinbrüche, Stollen, aber auch Bohrungen.

**Aufschmelzung** → *Anatexis*

**Auftauboden**, die oberflächennahe Bodenschicht von Dauerfrostböden, die im Sommer auftaut und aufgrund mangelnder Versickerungsmöglichkeit stark wasserdurchtränkt ist.

**Augengneis** (m), kristalliner Schiefer, bei dem gerundete oder linsenförmige Aggregate von Feldspat, gelegentlich auch Granat, den optischen Eindruck einer augenähnlichen Textur vermitteln. Die bis einige cm großen Aggregate werden von den eingeregelten feinkörnigen und blättrigen Bestandteilen, wie Quarz, Glimmer u. a., umschlossen. A. ist gelegentlich auch im Alpenraum anzutreffen.

**Augit** $(Ca,Mg,Fe,Ti,Al)(Al,Si)_2O_6$, (m), ein Silikat der → *Pyroxen*-Gruppe. H 5–6, D 3,5, X-System: monoklin. Form: kurzsäulige, schlanke oder dicktafelige Kristalle, körnig, derb. Farbe: schwarz, grünlich oder bräunlich. Durchscheinend bis undurchsichtig; Glasglanz. Gute Spaltbarkeit, Bruch muschelig. Erkennbar an der rechtwinkligen Spaltrichtung (im Unterschied zu 120° bei der Hornblende). A. ist in Eruptivgesteinen weitverbreitet. Fundorte u. a. Laacher See/Eifel (einzelne Kristalle), Kaiserstuhl.

**Aulopora**, fossile Korallenart des Devons, weltweit verbreitet. Der Korallenstock besteht aus einem Netzwerk dünner Röhrchen, die flach auf dem Untergrund ausgebreitet sind.

**Aureole** (f), *metamorphe Aureole, Kontakthof*, das Gebiet metamor-

*Aragonit, Kristallzwillinge (Spanien) – grau und braun, durchscheinend.*

pher Gesteine, das einen Intrusionskörper (→ *Pluton*) umschließt.

**Aurichalcit** (m), *Messingblüte*, ein Kupfer-Zink-Carbonat. H 2, D 3,6, X-System: rhombisch. Form: kleine nadelige oder blättrige Kristalle; faserig, körnig, dicht, als Ausblühungen. Farbe: hellblau, grünlichblau. A. besitzt eine ausgezeichnete Spaltbarkeit und kommt in der Oxidationszone von Kupfer-Zink-Lagerstätten vor.

**Auripigment** (n), $As_2S_3$, ein arsenhaltiges Sulfid, auch *Rauschgelb* genannt. H 1,5–2, D 3,4, X-System: monoklin. Form: selten kleine Kristalle, meist blättrige, säulige Aggregate, auch derb oder erdig. Farbe: gelb, bräunlich oder rötlichgelb. Durchscheinend; Perlglanz oder harzig. Strichfarbe gelb. Sehr gute Spaltbarkeit, schneidbar. Erkennbar an Härte, Farbe, Spaltbarkeit. A. kommt auf Erzgängen, an Vulkanen, in Tonen und Mergeln, oft gemeinsam mit → *Realgar* vor. Fundorte: Harz, Kärnten, CSSR, Südkaukasus, Nevada/USA.

**Ausbiß** (m), Auslaufen eines Ganges an der Erdoberfläche, s. auch → *Ausgehendes*.

**Ausblühungen**, Aggregatformen von Mineralen, die an der Oberfläche gebildet werden, nachdem sie als gelöste Bestandteile von Erzen oder anderen chemischen Verbindungen aus dem Untergrund dorthin gelangt sind.

**Ausbruchbeben**, *vulkanische Beben,* durch Vulkanausbrüche verursachte → *Erdbeben.*

**Ausgangsgestein** Ursprungsgestein der → *Metamorphite*, kann sowohl sedimentär als auch magmatisch gebildet sein (s. auch → *Metamorphose*).

**Ausgehendes** (n), *Ausstreichendes*, das Hervortreten einer tieferen Gesteinsschicht an die Erdoberfläche.

**Ausgleichsfläche**, *isostatische A.*, tief unter der Erdoberfläche gelegene Zone, auf der überall der gleiche Gesteinsdruck lastet (→ *Isostasie*).

**Ausgleichsküste**, durch Strandverschiebungen entstandene Küstenform.

**Auskeilung**, Zuspitzung einer Gesteinschicht bzw. eines Ganges.

**Auskolkung**, durch Strudel fließender Gewässer hervorgerufene Vertiefung in der Flußsohle.

**auskristallisieren**, ungestörter Kristallisationsvorgang.

**Auslaugung**, im spez. Sprachgebrauch Herauslösung wasserlöslicher Substanzen aus dem Gestein, besonders aus Kalk- und Gipsgesteinen. An der Erdoberfläche werden dadurch geschlossene Hohlformen gebildet.

**ausschlägeln**, Aushöhlen der Unterseite eines mit → *Cabochon*-Schliff versehenen Schmucksteines, um damit eine bessere Transparenz zu erreichen.

**Ausstreichendes** → *Ausgehendes*

**Australite** (pl), in Südaustralien, auf Tasmanien und den vorgelagerten Inseln aufgefundene → *Tektite.*

**austrische Phase**, altalpidische Gebirgsbildungsphase im Übergang von der unteren zur oberen Kreide, ist gleichbedeutend mit dem Beginn der Alpen-Faltung.

**Auswitterung,**, eine besondere Art der Verwitterung in → *aridem* Klima, verbunden mit einer Anreicherung von Salzen und Hydroxiden an der

Erdoberfläche, die durch kapillar aufsteigende Lösungen dorthin gelangt sind und sich nach Verdunstung der Lösungsflüssigkeit anlagerten.

**Auswürfling** (m), vom Gasausbruch eines Vulkans nach außen geschleudertes Gesteinsbruchstück der Schlotwandung oder Schlotfüllung von recht unterschiedlichen Ausmaßen.

**autochthon**, an der Stelle des Auffindens entstanden und im ursprünglichen Verband befindlich, Gegensatz: → *allochthon; a.es Gestein*: am Ort der Entstehung verbliebenes Gestein, das bei der Gebirgsbildung im Verband zwar angehoben sein kann, jedoch nicht verfrachtet oder weit verschoben wurde.

**Autunit** $Ca(UO_2)_2(PO_4)_2 \cdot 10\text{–}12\ H_2O$, (m), ein uranhaltiges Phosphat. H 2–2,5, D 3,1, X-System: tetragonal. Tafelige, oft quadratische Kristalle, blättrige, schuppige Aggregate, auch erdig, dicht. Farbe: gelb bis grünlichgelb. Durchscheinend; Glasglanz. Sehr gute Spaltbarkeit, Bruch mild. A. läßt sich nur schwer von anderen sekundär gebildeten Uranmineralen unterscheiden, weist Fluoreszenz auf und kommt in Klüften von Plutoniten sowie als sekundäre Bildung auf Uranerzgängen vor. Fundorte: Erzgebirge, Vogtland, Portugal u. a.

**Aventurinfeldspat** (m), ein Feldspat der Gruppe → *Plagioklase*, der durch eingelagerte Glimmer- oder Hämatitschüppchen farbig schillert; wird auch *Sonnenstein* genannt.

**Aventurinquarz** (m), grüne oder rötliche Varietät des → *Quarzes* mit eingewachsenen Glimmer- oder Hämatitblättchen, die ihm ein schillerndes Aussehen verleihen.

*Aragonit, Aggregatform aus den Sideritlagerstätten bei Eisenerz/Österreich.*

**Axinit** $Ca_2(Fe,Mn)Al_2[BO_3OH|Si_4O_{12}]$, (m), ein Silikat. H 6,5–7, D 3,4, X-System: triklin. Form: scharfkantige, tafelige, keilförmige Kristalle, auch körnig, derb. Farbe: meist nelkenbraun, auch grau, gelblich, violett, grünlich. Durchsichtig bis durchscheinend; Glasglanz. Gute Spaltbarkeit in einer Richtung, Bruch muschelig. Erkennbar an der scharfkantigen Kristallform, an Farbe und Härte. A. kommt in kontaktmetamorphen Kalkgesteinen sowie in Klüften von Granit und kristallinen Schiefern vor. Fundorte u. a. im Harz und in den Alpen.

**Azoikum** (n), anderer Name für → *Archaikum*.

**Azurit** (m), $Cu_3(OH|CO_3)_2$, *Kupferlasur*, ein Kupfercarbonat. H 3,4–4, D 3,9, X-System: monoklin. Form: kurzprismatische, tafelige, meist kleine Kristalle, radialstrahlige Aggregate, auch dicht. Farbe: azurblau (ausschlaggebend für den Namen). Durchscheinend bis durchsichtig; Glasglanz. Gute Spaltbarkeit, Bruch muschelig. Erkennbar an der Farbe und der Löslichkeit in verdünnter Salzsäure unter Aufbrausen. A. kommt nur in der Oxidationszone von Kupferlagerstätten zusammen mit Malachit vor, jedoch weit weniger häufig als dieser. Fundstellen bei Calw, Hauptvorkommen in Südwestafrika.

# B

**Baculites**, ein → *Ammonit* der Oberkreide mit einem länglichen, geraden Gehäuse, das nur am Anfang 1 bis 2 Windungen aufweist und so von der verbreiteteren Ammonitenform deutlich abweicht.

**Baddeleyit** (m), ein Zirkondioxid, kristallisiert monoklin in kleinen tafeligen Kristallen von gelber, brauner oder schwarzer Farbe und kommt vereinzelt am Vesuv, häufiger jedoch auf Ceylon und in Brasilien vor; H 6–7, D 5,5–6.

**Balanus**, *Seepocken*, Rankenfüßer, vom Eozän an als Fossilien weltweit verbreitet.

**Balme** (f), *Balm*, unter einer überhängenden Felswand befindliche Aushöhlung im Gestein, durch Verwitterung weicherer Gesteinsschichten entstanden.

**Baltischer Schild**, *Fennoskandia*, Festlandskern, der von der Halbinsel Kola über Ostkarelien, Finnland bis zu den westskandinavischen Gebirgen reicht und aus kristallinem Präkambrium und paläozoischen Schichten besteht.

**Bänderton** (m), *Warventon*, aus regelmäßigen hellen und dunklen Schichten bestehender Ton, der als Sedimentablagerung eiszeitlicher Gletscherseen entstanden ist.

**Bank**, 1. von Schichtfugen begrenzte Gesteinsschicht; 2. Schwelle aus Lockersedimenten in Gewässern, wie Sand-B. oder Schotter-B.

**Bankung**, dickplattige →*Absonderung* bei Effusiv- oder Sedimentgesteinen.

**Barchan** (m), andere Bezeichnung für Sichel-→*Düne*.

**Bärlappgewächse** →*Lycopodiinen*

**Barockstein**, spez. Bezeichnung für einen unregelmäßig geformten, meist in einer Trommel geschliffenen und polierten Schmuckstein.

**Barranco** (m), Erosionsrinne in einem Vulkankrater.

**Barrandit** (m), $(Al,Fe)PO_4 \cdot 2H_2O$, ein wasserhaltiges Phosphat, H 4,5, D 2,5, X-System: rhombisch, kommt in Form von Krusten oder gerundeten Aggregaten, weiß, gelb oder grünlich, in Klüften sedimentärer Gesteine vor; B. ist undurchsichtig, matt.

**Barre** (f), im Meer vor Flußmündungen, in Strömen unterhalb der Einmündung von Nebenflüssen gebildete Sand- oder Kiesbank.

**Barren** (m), Gußform für Gold und Silber.

**Barysphäre** (f), *Siderosphäre*, bezeichnet den Erdkern (s. auch → *Erde*). Die Vorstellungen über den Aufbau sind sehr verschieden. So wird einerseits ein Nickel-Eisen-Kern (Nifekern) vermutet, während man andererseits von reiner Solarmaterie ausgeht.

**Baryt** (m), $BaSO_4$, *Schwerspat*, ein Bariumsulfat, H 3–3,5, D 4,4, X-System: rhombisch. Form: tafelige, verschiedentlich auch prismatische Kristalle, faserig, blättrig, derb. Farbe: farblos, weiß, auch verschiedene Farbtönungen – gelb, braun, blau, grün oder rötlich. Durchsichtig, durchscheinend; Glasglanz. Vollkommene Spaltbarkeit, Bruch uneben. Erkennen: hohes spez. Gewicht, Kristallform, unlöslich in Salzsäure. Kommt häufig auf Erzgängen und in manchen → *Verdrängungslagerstätten* im Kalk vor. Man findet ihn u. a. bei Baumholder, Meggen (Lenne), im Schwarzwald und beim Rammelsberg im Harz, als blättrige Aggregate (Sand- oder → *Wüstenrose*) in der Sahara. □

**Barytocalcit** (m), $BaCa(CO_3)_2$, ein relativ seltenes Carbonat, H 4, D 3,7, X-System: monoklin. Form: kleine Kristalle in Hohlräumen, als Aggregate körnig, stengelig. Farbe: weiß, gelb, grau, grünlich. Strich weiß. Durchsichtig, durchscheinend; Glasglanz. Sehr gute Spaltbarkeit, Bruch spröde. Erkennbar an Härte und Form. B. kommt auf Erzgängen mit Baryt, Fluorit, Galenit vor und ist u. a. im Schwarzwald anzutreffen.

**Basalkonglomerat** (n), geröllreiche Sedimentschicht, gewöhnlich erste Ablagerung bei einer → *Transgression* (Landabsenkung).

**Basalt** (m), grünlichschwarzes oder grauschwarzes, feinkörniges, dichtes oder porphyrisches → *Effusivgestein*, gelegentlich mit Blasenräumen. Bestandteile sind: Kalifeldspat (Orthoklas), Plagioklase, Augit, Olivin, Hornblende, Nephelin. Dazu kommen Einsprenglinge vorgenannter Minerale, die in die feinkörnig–dichte Grundmasse eingebettet sind. Blasenräume sind in der Regel mit Calcit, Zeolithen und Chalcedon ausgefüllt. Den feldspathaltigen *Tholeiitbasalten* stehen foidführende *Basaltoide* der Alkaligesteinsreihe gegenüber, zu denen der sog. *Sonnenbrennerbasalt* (Nephelinbasalt) zu rechnen ist. Körnig ausgeprägter B. wird *Dolerit* genannt. Melaphyr, Diabas und Spilit sind ebenfalls B.-Gesteine, die u. a. auch in Deutschland anzutreffen sind. Die säulige → *Absonderung* des Basaltes beruht auf Schrumpfungsvorgängen während der Abkühlung. B. ist das häufigste Effusivgestein und bildet Kuppen, Decken, Ströme, Gänge und Schlotfüllungen. (Tab. S. 44 u. 50) □

**Basanit** (m), graues bis schwarzes → *Effusivgestein* mit feinkörnig-dichter Grundmasse aus Plagioklasen, Pyroxen, Nephelin, Olivin und Einsprenglingen von Plagioklas, Pyroxen oder Olivin. (Tab. S. 50)

**basisch**, Bezeichnung für: 1. relativ kieselsäurearme magmatische Gesteine (Gegensatz: saure Gesteine); 2. kieselsäureärmere Feldspäte der Mischreihe → *Plagioklase*.

**Basit** (m), (Sammelbezeichnung), ein basisches magmatisches Gestein.

**Bastkohle** (f), faserige Braunkohle.

**Batholith** (m), großer Intrusionskörper (→ *Pluton*) mit nach unten sich weitenden Flanken und nicht zu lokalisierender unterer Begrenzung. Der B. entsteht durch in höhere Schichten aufsteigendes Magma.

**Bathrotomaria**, Gastropodengattung, vom Jura bis zur Kreide weltweit verbreitet, zeichnet sich durch eine deutlich ausgeprägte Spiralkante des gedrungenen, rillig ornamentierten Gehäuses aus.

**bathyal**, lichtarmer Bereich der

*Bergkristall (Madagaskar) – farblos, durchsichtig.*

Meere in einer Tiefe von etwa 200 bis 800 m.

**Bathytoma**, Gastropodengattung, von der Kreide bis zur Neuzeit weltweit verbreitete Schnecke mit schlankem, doppelt kegelförmigem Gehäuse – die letzte Windung nimmt etwa die Hälfte der gesamten Länge ein.

**Bau**, Bezeichnung für eine Bergwerksanlage.

**bauwürdig**, *abbauwürdig*, sind Lagerstätten, die unter Berücksichtigung aller Risiken wirtschaftlich ausgebeutet werden können.

**Bauxit** (m), ein überwiegend aus Aluminiumhydroxiden, Diaspor, Böhmit, Hydrargillit u. a. bestehendes Gestein und zur Aluminiumgewinnung wichtigster Rohstoff. B. ist porös bis dicht, weiß oder je nach Eisenanteilen gelblich bis rötlich gefärbt und bildet sich als Verwitterungsprodukt feldspat-, foid- oder tonführender Gesteine durch relative Aluminiumanreicherung, die aufgrund besonderer klimatischer Bedingungen erfolgt. Der Name ist von dem provenzialischen Ort Les Baux in Südfrankreich abgeleitet. Geringere Vorkommen u. a. auch in der Rhön, im Westerwald und Vogelsberg.

**Bavenoer Zwillinge** → *Zwillingsbildung*

**Becken**, Bezeichnung für: 1. allseitig geschlossene Einsenkung der Erdoberfläche mit flachen Hängen; 2. größerer, rundum geschlossener Ablagerungsraum von Sedimenten.

**Bediasite** (pl), → *Tektite* aus dem Gebiet von Texas, USA.

**Beimengungen**, Einschlüsse oder gleichmäßig verteilte Partikel fremder Minerale, die zur Verfärbung (→ *allochromatisch*), Trübung oder Minderung der Transparenz führen können.

**Belemniten**, ausgestorbene Kopffüßer (→ *Cephalopoden*) mit zylindrischem, kegelförmig endendem Rostrum, einem Innenskelett, das meist allein noch fossil erhalten ist. B. waren hauptsächlich im Jura und in der Kreide verbreitet. □

**Belemnitella**, Belemnitengattung

**Basalte**
Vergleich des Mineralbestandes

| Gesteinsart | Plagioklas | Pyroxene | Olivin | Sonst. |
|---|---|---|---|---|
| Basalt | **xx** | **xx** | (x) | x |
| Olivinbasalt | xxx | **xx** | xx | x |
| Hawaiit | **xx** | **xx** | **xx** | x |
| Tholeit | xxx | **xx** | xx | x |
| Melaphyr | xxx | **xx** | x | x |
| Diabas | xxx | **xx** | (x) | x |

Zeichenerklärung: (x) = evtl. geringe Anteile, x = 0–7%, xx = 8–20%, **xx** = mehr als 20%, xxx = mehr als 50%.

der Kreide mit meist über 10 cm langem Rostrum.

**Bellerophon**, Gastropodengattung, eine Meeresschnecke, Silur – Trias, mit deutlichem Wulst um den mittleren Wirbel, dem sich ausgeprägte Wachstumslinien anschließen. Die letzte Gehäusewindung verdeckt alle übrigen.

**Benitoit** (m), $BaTi(Si_3O_9)$, ein seltenes Silikat, H 6,5, D 3,6, X-System: trigonal. Form: einzelne eingewachsene pyramidenähnliche Kristalle; keine Aggregatbildung. B. ist bläulich bzw. blaugrau, undurchsichtig, nicht spaltbar, weist Glasglanz auf und kommt eingewachsen in → *Natrolith* vor. Der Name ist vom Fundort San Benito in den USA abgeleitet.

**Bennettitales**, fossile Nacktsamer (→ *Gymnospermen*), Karbon – Kreide, mit farnähnlichen Blättern und blütenähnlichen Fortpflanzungsorganen. B. sind für Juraformationen charakteristisch.

**Bentonit** (m), *Bleicherde*, ein weiches Tongestein (H 1–2), das vorwiegend aus → *Montmorillonit* besteht, wechselnden Chemismus aufweist und aus vulkanischen Tuffen entstanden ist. Die Grundfarben sind weiß, grau, gelblich oder bräunlich. B. bildet das Rohmaterial für feuerfeste Tonprodukte.

**Berenicea**, Moostierchen (→ *Bryozoen*), Ordoviz – Neuzeit; Kolonien dünnkrustig, kreisförmig ausgebildet, etwa pfenniggroß.

**Berg**, Bodenerhebung, die sich deutlich von ihrer Umgebung abhebt, kann durch Aufschüttung (Vulkan), Abtrag der Umgebung (Restberg, Tafelberg) oder durch tektonische Bewegung entstanden sein.

**Bergbau**, bergrechtlich geregelter → *Abbau* von Lagerstätten im Tagebau und unter Tage.

**Berge** (pl), bergmännische Bezeichnung für das beim Abbau von Lagerstätten anfallende taube Gestein (s. auch → *Abraum*).

**Bergemittel**, bergmännische Bezeichnung für linsen- oder bandförmige Einlagerungen von taubem Gestein in nutzbaren Schichten.

**Bergkristall** (m), farblose, wasserklare, durchsichtige Varietät des → *Quarzes*, kommt in Form sechsseitiger, länglicher, prismatischer Kristalle mit pyramidenähnlichen Endungen vor allem in alpinen Spalten und Klüften, weitaus seltener im deutschen Mittelgebirgsraum vor. Heutige Importe stammen meist aus Madagaskar oder Brasilien. Unverzwillingter B. findet auch als *Schwingquarz* in der Elektronik Verwendung. Im Altertum galt B. als unschmelzbares Eis (griech.: *kristallos*). □

**Bergrutsch**, Massenbewegung von Erd- oder Gesteinsmassen an Steilhängen. Auslösende Fakten können u. a. übermäßige Niederschläge, Schneeschmelze oder Lawinenabgänge sein.

**Bergschrund**, Abrißspalte eines Gletschers von dem am Fels angefrorenen unbewegten Eis. Der B. verläuft in geringem Abstand parallel zur Bergrahmung des Gletschers.

**Bergsturz**, Massenbewegung gelöster Felsmassen an Steilwänden. Das abgelöste Gestein hinterläßt am Berghang sogen. Abrißnischen. Der B. wird meist durch Spaltenfrost oder tektonische Beben ausgelöst.

**Bergteer**, Bezeichnung für Asphalt

oder Bitumen, die in Gesteinsadern eingelagert sind.

**Bergwachs** → *Erdwachs*

**Bergwerk**, unterirdische Anlage zur Erschließung und Ausbeutung von Bodenschätzen.

**Bernstein** (m), *Amber*, sedimentär verfestigtes, fossiles Harz, das einer Kiefernart des Frühtertiärs entstammt und an verschiedenen Stellen der Ostseeküste, besonders in Ostpreußen, in Rollstücken angetroffen wird. Zahlreiche Einschlüsse von Insekten und Kleinlebewesen geben Auskunft über die damalige Fauna und Flora. B. findet als Schmuckstein Verwendung, weist H 2–2,5 auf, ist brennbar, in Alkohol löslich und lädt sich elektrisch auf. *Birmit* und *Burmit* sind rötlich getönte, bernsteinähnliche Harze aus Asien. Der rotbraune *Simetit* findet sich am Ufer des Simetos in Sizilien.

**Berthierit** (m), ein seltenes Antimon-Eisen-Sulfid, kommt in nadeligen, haarigen Kristallen oder faserigen, stengeligen Aggregaten auf Silbererzgängen vor. H 2–3, D 3,9–4,3, X-System: rhombisch; Farbe: bläulich-grau, gelegentlich bunt anlaufend.

**Beryll** (m), $Be_3Al_2Si_6O_{18}$, ein Silikat, H 7,5–8, D 2,6–2,8, X-System: hexagonal, kommt in Form sechsseitiger, prismatischer, meist eingewachsener Kristalle, jedoch auch derb vor. Die Farbe ist sehr variabel, grün, blau, gelb, rosa, gewöhnlicher B. ist jedoch farblos. B. besitzt Glasglanz und weist nur eine undeutliche Spaltbarkeit bei muscheliger Bruchfläche auf. Dem Erkennen dienen die häufig längsgestreifte Kristallform und die Härte. Farbige, durchsichtige Varietäten werden als Edelsteine gehandelt und sind hoch bewertet: grün →

*Baryt, Aggregatform (Spessart) – weiß, durchscheinend.*

*Smaragd*, blau → *Aquamarin*, gelb → *Heliodor*, rötlich → *Morganit*. B. kommt als Nebengemengeteil in Intrusivgesteinen sowie als Kristalle in Pegmatiten, Glimmerschiefern und anderen kristallinen Schiefern vor. Fundorte: Bayerischer Wald, Oberpfalz, Kärnten, Habachtal in den Hohen Tauern (Smaragd), Schweden, UdSSR (Smaragd), Indien (Smaragd), Madagaskar und Brasilien (Aquamarin).

**Beudantit** $PbFe_3[(OH)_6|SO_4AsO_4]$, (m), ein Sulfat, wird in Form kleiner, würfelähnlicher, rhomboedrischer Kristalle von dunkelgrüner bis braunschwarzer Farbe mit starkem Glanz in der Oxidationszone von Eisenerzlagerstätten angetroffen. B. kommt als *Dernbachit* im Westerwald vor.

**Beugung**, *Diffraktion*, Abweichung von der geradlinigen Wellenausbreitung (Licht-, Schall-, Wasserwellen und elektromagnetische Wellen) in der Nähe scharf begrenzter Hindernisse. Beugungserscheinungen treten auch im Durchlaß eines Spaltes auf, wenn dieser die gleiche Größe der auftreffenden Wellenlänge aufweist oder kleiner ist; dabei gleichzeitige → *Interferenz*.

**Beugungsbilder** → *Röntgenstrukturanalyse*

**Beugungsgitter** s. → *Röntgenstrukturanalyse*

**B-Horizont**, *Unterboden*, die untere Bodenschicht eines → *Bodenprofiles*, bildet die Übergangszone zum – noch unverwitterten – Muttergestein.

**Bimsstein**, vulkanisches Lockerprodukt, schaumigporöses Gesteinsglas, entsteht bei dem explosionsartigen Ausbruch eines Vulkanes durch in die Luft geschleudertes,

*Baryt, Kristallgruppe (Taunus) – farblos, weiß, durchscheinend.*

gasdurchsetztes Magma, das unter Aufblähen schnell erkaltet und sich verfestigt. B. ist extrem leicht (schwimmt auf dem Wasser) und wird in Stücken im cm- bis dm-Bereich angetroffen, u. a. in der Umgebung der Eifelmaare. Farbe: weiß bis grau. B. weist den gleichen Mineralbestand wie der schwere, schwarze → *Obsidian* auf. Der künstlich hergestellte Baustein enthält *Bimstuff* als Zuschlagstoff. B. eignet sich hervorragend als Schleif- und Poliermittel. □

**biogen**, aus lebenden Organismen entstanden.

**Biolithe** (pl), *biogene* bzw. *organogene Sedimente*, aus tierischen (zoogenen) oder pflanzlichen (phytogenen) Organismenresten entstandene Gesteine. Brennbare B. werden *Kausto-B.*, nicht brennbare *Akausto-B.* genannt. Zu den Akausto-B. werden die aus Korallen, Muscheln u. a. hervorgegangenen Kalkgesteine gerechnet, Kausto-B., wie Kohle und Torf, sind pflanzlichen Ursprungs.

**Biosphäre** (f), Bezeichnung für die Zone der → *Erde*, die lebende Organismen beherbergt (*Hydrosphäre* und Teil der *Atmosphäre*).

**Biostratigraphie** (f), geologische Altersbestimmung mit Hilfe eingelagerter Fossilien.

**Biotit** (m), $K(Mg, Fe)_3AlSi_3O_{10}(OH,F)_2$, ein der Glimmergruppe zugeordnetes Silikat (*Eisenglimmer*). H 2,5–3, D 2,8–3,2, X-System: monoklin. Form: meist tafelige, pseudohexagonale Kristalle und blättrige Aggregate. Farbe: goldgelb bis schwarz; goldfarben verwitterter B. wird als *Katzengold* bezeichnet. Durchscheinend; Glasglanz, metallähnlich, perlmuttartig. Vollkommene blättrige Spaltbarkeit, elastisch. B. ist wie alle Glimmer an der blättrigen Form gut zu erkennen und unterscheidet sich von *Muskovit* durch die dunklere Farbe. Er kommt in vulkanischen Auswürflingen, in Effusivgesteinen und Metamorphiten vor und ist Gesteinsgemengeteil in Intrusivgesteinen.

**Biotit-Granit** (m), ein → *Granit*, der als Glimmeranteil ausschließlich Biotit enthält, im Unterschied zu *Muskovit-Granit* oder *Muskovit-Biotit-Granit*.

**Biotitschiefer**, ein *Glimmerschiefer*, der überwiegend aus Biotit besteht.

**Bipyramide** (f), doppelseitige Pyramide, Kristallform mit Doppelpyramide auf gemeinsamer Basis (Beispiel: Oktaeder).

**Bireflexion** (f), Helligkeits- bzw. Farbveränderung eines Minerales im reflektierten polarisierten Licht, dient u. a. zur Bestimmung von Mineralien.

**Birmit** (m), ein bernsteinähnliches fossiles Harz (s. → *Bernstein*).

**Bismuthinit** (m), $Bi_2S_3$, *Wismutglanz*, ein Sulfid. H 2, D 6,8, X-System: rhombisch. Form: meist strahlig dicht, selten nadelige Kristalle. Farbe: hellgrau, bleigrau. Undurchsichtig; metallisch glänzend. Spaltbarkeit gut, Bruch uneben. Erkennen: Mit dem Messer schneidbar und weniger biegsam als Antimonit. B. kommt in Eruptivgesteinen zusammen mit Pyrit, Magnetit, Chalkopyrit, Zinn- und Wolframerzen vor.

**Bittersalz** → *Epsomit*

**Bitterspat** → *Magnesit*

**Bitumen** (n), (*pl Bitumina*), natürliches, brennbares Kohlenwasserstoffgemisch, meist mit geringem Gehalt an Sauerstoff, Schwefel oder Schwefelverbindungen. Farbe: braun bis schwarz. B. ist durch Zersetzung von Eiweiß- und Fettstoffen niederer Organismen entstanden. B.-haltig sind Erdöl, Erdwachs, Erdharz, Ölschiefer, Asphalt und Asphaltit.

**bituminös**, *bitumenhaltig* → *Bitumen*.

**Bivalven**, *Zweischaler*, *Lamellibranchiata*, *Muscheln*, eine Klasse der Weichtiere (→ *Mollusken*), weisen im Unterschied zu den → *Brachiopoden* mit einigen Ausnahmen Schalensymmetrie auf. B. sind seit dem Kambrium bekannt und erreichen in der Kreide besonderen Formenreichtum.

**Blasenräume**, durch Gasblasen entstandene Hohlräume in Effusivgesteinen, teilweise oder ganz mit Mineralen, wie Achat, Chalcedon, Quarz, Calcit oder Zeolithen ausgefüllt, werden auch → *Geoden* oder → *Mandeln* genannt. □

**Blastese** → *Metablastese*

**Blastoidea**, *Knospenstrahler*, ausgestorbene Stachelhäuter (→ *Echinodermen*; Ordovizium – Perm.

**Blätterkohle**, Bezeichnung für 1. *Papierkohle*, *Dysodil*, ein feinschichtiges Faulschlammgestein, 2. dünnschichtige Braunkohle, aus Blattresten gebildet.

**Blättertellur** → *Nagyagit*

**Blätterzeolithe** → *Zeolithe*

**Blattgold**, zu dünnsten Schichten geschlagenes Gold.

**Blattsilikate** → *Silikate*

**Blaueisenerz** → *Vivianit*

*Basaltgestein mit Hohlraumauskleidungen (Nahegebiet) – Grundmasse grau.*

**Blaue Erde**, durch Glaukonitanteile grau bis dunkelgrün gefärbte, tonreiche und bernsteinführende Sande des Samlandes in Ostpreußen.

**Blaugrund**, *Blue ground*, Bezeichnung für den blaugrauen bis grünbläulichen → *Kimberlit*, das Muttergestein südafrikanischer Diamanten, in unverwittertem Zustand.

**Blauschlick**, mariner Schlamm der Ozeanböden und Kontinentalabhänge, durch Zersetzungsprodukte von Sulfiden und organischen Resten blaugrau gefärbt.

**Blauspat** → *Lazulith*

**Blei** (n), Pb, als Element in gediegener Form selten. H 1,5, D 11,4, X-System: kubisch. Form: überwiegend

**Basaltoide** (basaltähnliche Gesteine)
Vergleich des Mineralbestandes

| Gesteinsart | Plagioklas | Foide | Olivin | Pyroxene | Amphibole | Biotit | Gesteinsglas | Sonst. |
|---|---|---|---|---|---|---|---|---|
| Nephelintephrit | **xx** | xx | | **xx** | | | | xx |
| Augitit | | | | **xx** | | (x) | xxx | x |
| Leucittephrit | **xx** | **xx** | (x) | **xx** | | | | x |
| Vesuvit | xx | **xx** | x | **xx** | | | | |
| Nephelinbasanit | **xx** | xx | xx | **xx** | (x) | (x) | xx | |
| Limburgit | | | xx | **xx** | | | xxx | x |
| Leucitbasanit | xx | xx | xx | **xx** | | x | | x |
| Sodalithbasanit | **xx** | xx | xx | **xx** | | | | xx |
| Nephelinit (Nephelinbasalt) | | **xx** | (x) | **xx** | | | xx | xx |
| Nephelindolerit | | **xx** | (x) | **xx** | | | **xx** | x |
| Leucitophyr | | xxx | | xx | | | | x |
| Leucitit | x | **xx** | (x) | xxx | | | (x) | |
| Haüynophyr | (x) | xxx | | **xx** | | | | xx |
| Haüynit | | **xx** | | xxx | | | | xx |
| Melilithit | | xxx | | **xx** | | | | xx |
| Melilithitbasalt | | xxx | **xx** | xx | | | | xx |

Foide (Feldspatvertreter): Leucit, Nephelin, Sodalith u. a.
Zeichenerklärung: (x) = evtl. geringe Anteile, x = 0–7%, xx = 8–20%, **xx** = mehr als 20%, xxx = mehr als 50%.

als Bleche, Platten, Körner. Farbe: grau, schwärzlich anlaufend. Undurchsichtig; matt. Künstliche Bleikristalle und -aggregate sind leicht herzustellen. B. kommt kristallin in Schweden vor, in losen Körnern u. a. in Rumänien, USA, UdSSR und Korea.

**Bleiantimonspießglanz** → *Jamesonit*

**Bleicherde**, *Grauerde*, *Podsol*, Bodentyp des kaltfeuchten Klimas, besteht aus einer Humusdecke mit darunterliegender ausgebleichter Bodenschicht, die ihrerseits einem mit Eisen angereicherten *B-Horizont* auflagert. Zwergsträucher sind dominierende Wachstumsformen.

**Bleicherde**, spez. Bezeichnung für einen durch Säuren aktivierten → *Bentonit* (weiches Tongestein).

**Bleiglanz** → *Galenit*

**Bleihornerz** → *Phosgenit*

**Bleilasur** → *Linarit*

**Blenden** (pl), Bezeichnung für schwefelhaltige Minerale, die sich durch starken Glanz (Diamantglanz, Glasglanz) und nichtmetallisches Aussehen auszeichnen; Beispiel: → *Sphalerit*, ZnS, (Zinkblende).

**Blockdiagramm** (n), perspektivische Darstellung eines Ausschnittes der Erdkruste mit Aufschlüsselung des Aufbaues und geologischer Vorgänge, wie Faltung, Verwerfung, Vulkanismus u. a.

**Blocklehm**, durch Gletscher gebildetes Sediment (→ *Grundmoräne*).

**blue ground** → *Blaugrund*

**Blue John** (m), Bezeichnung für einen intensiv blauviolett gefärbten → *Fluorit*.

**Blutstein** → *Hämatit*

**Boden**, oberste Verwitterungsschicht der Erdrinde, entsteht durch Erosion und Verwitterung der Gesteine sowie durch biogene Vorgänge wie Humusbildung. Der B. wird in verschiedene → *Horizonte* unterteilt, die im → *Bodenprofil*, einem vertikalen Schnitt durch die einzelnen B.-Schichten, dargestellt werden. Aufgrund bodenbildender Faktoren und klimatischer Einwirkungen (Niederschlag, Durchfeuchtung) unterscheidet man verschiedene → *Bodentypen*.

**Bodenabtrag** → *Bodenerosion*

**Bodenerosion** (f), Abtrag von Bodenbestandteilen durch Wasser und Wind, ist bei Fehlen einer geschlossenen Vegetationsdecke besonders ausgeprägt.

**Bodenkunde,** *Pediologie,* Wissenschaft, die sich mit Eigenschaften, Bestandteilen, Einteilung, Entstehung und Verbreitung der Böden und mit der Bodenkultur befaßt.

**Bodenmechanik**, Lehre von den physikalischen Eigenschaften der Böden und physikalischen Einwirkungen, wie beispielsweise Veränderungen des Grundwasserspiegels, Rutschungen, Versetzungen u. a.

**Bodenprofil**, Vertikalschnitt durch die Bodenschichtungen (s. auch → *Boden*) mit Darstellung der teilweise mehrfach untergliederten *Bodenhorizonte*.

**Bodenreaktion**, chemische Reaktion (sauer, alkalisch oder neutral) des Bodens. Sie wird durch die im Bodenwasser befindlichen Wasserstoffionen bestimmt.

**Bodenschätze**, alle nutzbaren und durch wirtschaftliche Ausbeutung von → *Lagerstätten* und anderen Vorkommen gewinnbaren Bestandteile der Erdkruste, wie beispielsweise Kohle, Erdöl, Erdgas, Erze, Salze und andere Minerale, Steine und Erden. Im weiteren Sinne sind aber auch Thermal- und Mineralwässer zu den B.n zu rechnen.

**Bodenskelett**, Bezeichnung für die Bestandteile der Böden von mehr als 2 mm Durchmesser.

**Bodentypen**, Gliederung der Böden aufgrund klimatischer Verhältnisse und bodenbildender Faktoren.

**Bodenuntersuchung**, *Bodenanalyse*, erstreckt sich auf → *Bodenreaktion*, Nährstoffgehalt, Korngröße und -verteilung, Luft- und Wasserhaushalt, Bodenorganismen und Kohlensäureproduktion. Die B. stützt sich auf verschiedene chemische und physikalische Verfahren.

**Bodenwasser**, alles im Boden vorhandene Wasser, *Haftwasser* und *Sickerwasser*.

**Böhmit** (m), AlO(OH), ein Aluminiumhydroxid. H 3,5–4, D 3,1, X-System: rhombisch; kommt in Form kleinster Kristalle, erbsenförmiger Aggregate, dicht oder in einzelnen Körnern zusammen mit Gibbsit, Diaspor und Kaolinit vor und ist ein wichtiger Bestandteil des → *Bauxit*.

**Böhmischer Granat** → *Pyrop*

**Bohnerz** (n), rundliche, oft längliche Konkretionen aus Limonit in oolithischen Kalken, tritt auch zusammen mit Ton und Lehm als Spaltenfüllung auf.

**Bohrprobe**, Gesteinsprobe aus Bohrlöchern, gibt als *Bohrkern* Auskunft über Zusammensetzung und Schichtung der Gesteine in der jeweiligen *Bohrtiefe*.

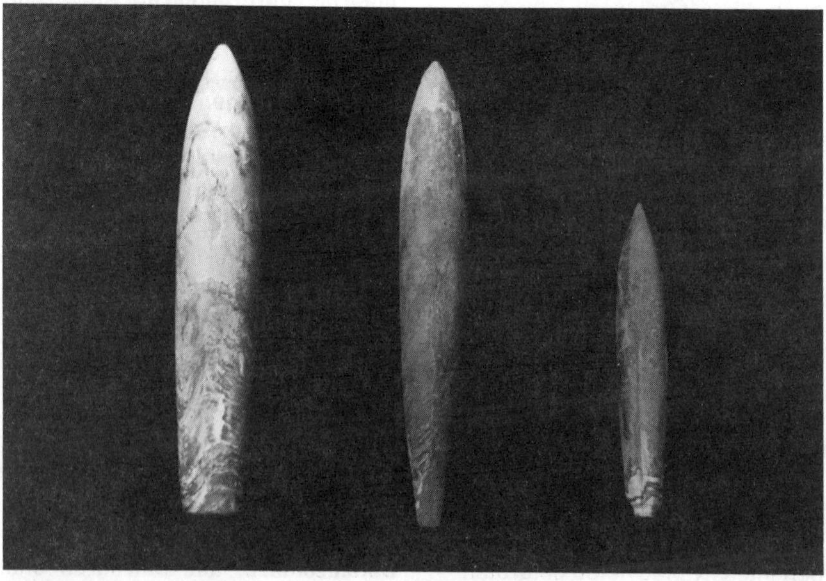

*Belemniten aus der Kreide bei Hannover.*

**Boleit** (m), den Halogeniden zugeordnetes Zersetzungsprodukt auf Kupfererzlagerstätten, blei-, silber- und kupferhaltig, kristallisiert tetragonal in würfelähnlicher, pseudokubischer Form. H 3,5, D 4,8–5,1, Farbe: blau. B. ist durchscheinend, ausgezeichnet spaltbar und weist Perlglanz auf.

**Bombe**, *vulkanische B.*, abgerundetes, spindelförmiges, blasenreiches vulkanisches Lockerprodukt, wurde als Lavabrocken beim Ausbruch eines Vulkanes ausgeschleudert und erhielt während des Fluges die charakteristische Form. Die vulkanische B. kann Kopfgröße erreichen.

**Boracit** (m), $Mg_6Cl_2B_{14}O_{26}$, ein Magnesiumborat. H 7, D 2,9, X-System: rhombisch, pseudotetragonal. Form: würfelähnliche, eingewachsene Kristalle; auch derb und in Knollen. Farbe: farblos, grau, gelblich, grünlich, bläulich. Durchscheinend; Glasglanz bis Diamantglanz, auch matt. Keine Spaltbarkeit, Bruch muschelig. B. kommt in Kalisalzlagerstätten zusammen mit Gips und Anhydrit vor.

**Borate** (pl), Salze der Borsäure. Hierzu gehören u. a. Borax, Boracit, Colemanit, Ulexit (s. auch → *Klassifikation der Minerale*).

**Borax** (m), *Tinkal,* $Na_2B_4O_7 \cdot 10\ H_2O$, ein wasserhaltiges Natriumborat, das sich beim Eindunsten von Wasser an Salzseen bildet. Kristallisiert monoklin in säuliger oder tafeliger Form; auch derb, erdig. H 2–2,5, D 1,8. B. ist farblos bis gelblich, durchsichtig oder durchscheinend, deutlich spaltbar, wasserlöslich und weist Glasglanz bzw. Harzglanz auf. Bedeutende Vorkommen an den Boraxseen Tibets, Südamerikas und der USA. B. findet in der Industrie als

*Bimsstein, Auswürfling (Niedermendig/Eifel).*

Bestandteil von Düngemitteln Verwendung.

**Boreal** (n), zweite postglaziale (nacheiszeitliche) Wärmeperiode.

**Bornit** (m), $Cu_5FeS_4$, *Buntkupferkies*, ein Sulfid. H 3, D 5,1, X-System: kubisch. Form: meist massig, Kristalle würfelig, rhombendodekaedrisch. Farbe: rötlichbraun, überzieht sich mit schillernden Anlauffarben. Undurchsichtig; Metallglanz. Strichfarbe: blauschwarz. Keine Spaltbarkeit, Bruch uneben, muschelig. Erkennen: schillerndes Farbenspiel; etwas weicher als Chalkopyrit. Vorkommen: B. ist ein verbreitetes Kupfermineral auf hydrothermalen Gängen, primär auch in Eruptivgesteinen. Fundorte: Mansfelder Kupferschiefer, Österreich, Schweiz sowie in den meisten kupferhaltigen Erzlagerstätten vor allem der USA und UdSSR.

**Botryogen** (n), ein wasserhaltiges Magnesium-Eisen-Sulfat, kommt in kurzsäuligen, tiefrot gefärbten Kristallen, meist jedoch körnig oder derb auf Erzgängen in der Verwitterungszone vor, ist durchsichtig bis durchscheinend, glasglänzend und von ausgezeichneter Spaltbarkeit. H 1,5–2, D 2,1, X-System: monoklin.

**Boulangerit** (m), $Pb_5Sb_4S_{11}$, ein Sulfid. H 2,5–3, D 5,7–6,3, X-System: rhombisch. Form: nadelige, langsäulige, prismatische Kristalle; faserige, strahlige Aggregate, auch derb. Farbe: blei- bis dunkelgrau, gelegentlich mit gelben Flecken. Undurchsichtig; metallischer Glanz. Strichfarbe rotbraun. Deutliche Spaltbarkeit, biegsam, Bruch spröde. Sehr schwer von Antimonit oder Jamesonit zu unterscheiden. Kommt zusammen mit Antimonit, Galenit, Sphalerit auf hydrothermalen Gängen vor. Fundorte im Harz, in Böhmen, Jugoslawien, Schweden.

**Bournonit** (m), *Rädelerz*, $PbCuSbS_3$, ein Sulfid, kommt in Form tafeliger, kurzsäuliger Kristalle, häufig hahnenkammförmig verzwillingt, oder in körnigen Aggregaten vor. H 2,5–3, D 5,7–5,9, X-System: rhombisch. Farbe: bleigrau bis schwarz; metallisch glänzend. B. weist nur undeutliche Spaltbarkeit bei muscheliger Bruchfläche auf. Vorkommen: Siegerland, Harz, Sachsen, Erzgebirge und anderenorts.

**Brachiopoden**, *Armkiemer*, *Armfüßer*, eine Klasse der Weichtiere (→ *Mollusken*); muschelähnliche Zweischaler, einst weit verbreitet, heute nur noch in wenigen Arten vertreten; fossil vom Kambrium an. □

**Brachiosaurus** (m), ein → *Dinosaurier*.

**brackisch**, Bezeichnung für den Grenzbereich, in dem eine Vermischung von *Süßwasser* und *Salzwasser* bzw. eine Zunahme des Salzgehaltes im Wasser infolge starker Verdunstung oder Zufluß einer → *Sole* stattfindet. Mit dem Anstieg des Salzgehaltes entsteht →*Brackwasser*, in dem sich unter bestimmten Umständen spezielle Lebensformen entwickeln können.

**Brackwasser**, durch →*Verbrackung* (s. auch →*brackisch*) gebildetes Wasser mit unterschiedlichem Salzgehalt: *oligohaline* Wässer mit 0,1 bis 1 ‰ Salz, *mesohaline* Wässer mit 1,0 bis 10‰ Salz und *polyhaline* Wässer mit mehr als 10‰ Salz.

**Braggsche Gleichung**, Grundlage für die Auswertung von Röntgenfeinstrukturuntersuchungn (→ *Röntgenstrukturanalyse*); mit ihr lassen sich die Gitterkonstanten eines Kristalles bestimmen (s. auch → *Bragg-Verfahren*).

**Bragg-Verfahren**, von den britischen Physikern W.H. und W.L. Bragg (Nobelpreis 1915) entwickeltes Verfahren der → *Röntgenstrukturanalyse*, Grundlage verschiedener moderner *Drehkristallverfahren*.

**Branchiosaurus**, kleiner, salamanderähnlicher Panzerlurch des Perms.

**Brandenburger Stadium**, äußerste Eisrandlage der → *Weichseleiszeit*, hinterließ eine über Brandenburg verlaufende Stirnmoräne.

**Brandung**, an der Küste auftreffende Meereswellen, bewirkt u. a. die → *Abrasion*. Die B. ist abhängig von den Gezeiten, von Windrichtung und -stärke. □

**Brasilianer Zwilling** → *Zwillingsbildung* bei → *Quarz*.

**Braunbleierz** → *Pyromorphit*

**Brauneisenerz** → *Limonit*

**Braunerden**, durch Eisenoxide braun gefärbte, humusreiche Sand- bis Tonböden, → *Bodentyp* des gemäßigten Klimas West- und Mitteleuropas mit 500 mm bis 700 mm Jahresniederschlagsmenge.

**Brauner Glaskopf** → *Limonit*

**Brauner Jura**, *Dogger*, mittlere Stufe der Juraformation (s. → *Jura*)

**Braunit** (m), $3Mn_2O_3 \cdot MnSiO_3$, ein Silikat. H 6–6,5, D 4,8, X-System: tetragonal. Form: pyramidale, oktaederähnliche Kristalle, auch derb, körnig, krustig. Farbe: dunkelgrau, schwarzbraun, schwarz. Undurchsichtig; metallischer, teils fettiger Glanz. Deutliche Spaltbarkeit, Bruch spröde. Erkennbar an der schwärzlichen Farbe und daran, daß er sich in Salzsäure löst unter Zurückbleiben von Kiesel-

*Blasenräume; Quarz mit Epidot aus einem Lava-Hohlraum.*

säure. B. kommt u. a. auf hydrothermalen Gängen vor; Fundorte: Harz, Thüringer Wald, Schweden, Texas in USA, Südamerika.

**Braunkohle**, braune bis schwarze, z. T. faserige oder erdige, überwiegend tertiäre Kohle mit geringerem Inkohlungsgrad als die Steinkohle. B. ist durch Zersetzung pflanzlicher Substanz unter Luftabschluß auf einem sich langsam senkenden Untergrund entstanden und wird meist im Tagebau gewonnen. Je nach Beschaffenheit unterscheidet man: Lignit, Pech-, Wachs- und Blätterkohle. Hauptvorkommen: Mitteleuropa, UdSSR, USA und China.

**Braunmanganerz** → *Manganit*

**Braunstein** ist die Bezeichnung für ein Gemenge verschiedener Manganoxide ($MnO_2$): u. a. Pyrolusit, Psilomelan, Polianit.

**Breccie** → *Brekzie*

**Brechungsindex** (m), *Brechungskoeffizient*, *Brechzahl*, Maß der Lichtbrechung in dichteren Medien als Luft; bezeichnet das Verhältnis der Lichtgeschwindigkeit in durchleuchteten Stoffen zur Lichtgeschwindigkeit in Luft ($n = 1,0$) und wird durch die Beziehung des Einfallswinkels zum Brechungswinkel ermittelt, da diese der Ausbreitungsgeschwindigkeit des Lichtes entspricht. Der B. (n) beträgt bei: Bergkristall 1,63, Diamant 2,41–2,42, Anatas 2,48–2,56, Wasser 1,33. Der B. ist je nach Wellenlänge (Farbe) des Lichtes verschieden. Bei geschliffenen Edelsteinen werden Glanz und Brillanz mit vom B. bestimmt.

**Breithauptit** (m), NiSb, *Antimonnickel*. H 5,5, D 8,2, X-System: hexagonal. Form: Kristalle selten, meist

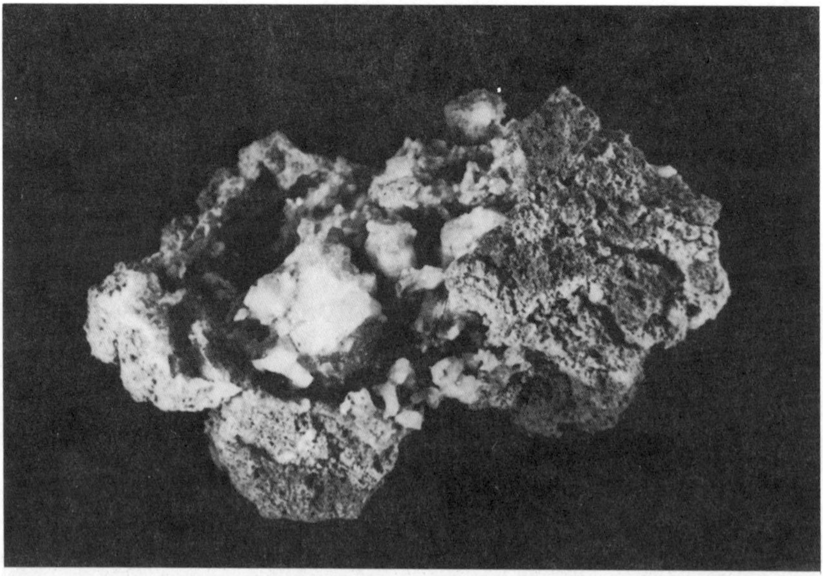

*Blasenräume; blasenreiche Lava mit Zeolith und Epidot als Blasenraumauskleidung.*

tafelige, gestreifte Formen; auch feinkörnig. Farbe: rötlich, mit schwach violetten Anlauffarben. Metallglänzend, undurchsichtig. B. wird gelegentlich auch als Hüttenprodukt angetroffen und kommt u. a. auf Erzgängen im Harz sowie auf Sardinien vor.

**Brekzie** (f), ein *klastisches Sedimentgestein*, bestehend aus scharfkantigen Gesteinsbruchstücken und vereinzelten Mineralaggregaten mit einer Korngröße über 2 mm, die in eine feinkörnige Grundmasse aus Silt oder Sand – durch Calcit oder Kieselsäure verkittet – eingebettet sind. Viele B.n repräsentieren verfestigten Hangschutt mit kurzem Transportweg. Das aus gerundeten Geröllen bestehende klastische Sedimentgestein wird als → *Konglomerat* bezeichnet.

**bretonische Phase**, nach der Bretagne benannte Faltungsphase in Devon und Karbon; Phase der → *variskischen* Faltung.

**Breunnerit**, veraltete Bezeichnung für → *Mesitinspat.*

**Brillant** (m), bezeichnet im engeren Sinne eine → *Schliffart* von Edelsteinen, ist jedoch auch gebräuchlich für → *Diamant*, der mit B.-Schliff versehen und gefaßt ist.

**Brockentuff** (m), *Aschentuff*, ein → *Tuff* mit Bruchstücken aus kristallisiertem Gesteinsmaterial, in der Zusammensetzung wie beispielsweise Rhyolith, Trachyt oder Andesit. Bestehen die Bruchstücke aus Gesteinsglas, so spricht man von *Glastuff.*

**Brodelboden**, artspezifische Bezeichnung für → *Frostböden.*

*Brachiopode (Rhynchonella) aus dem Jura Süddeutschlands.*

**Brontosaurus**, über 20 m langer → *Dinosaurus* der unteren Kreide Nordamerikas mit kleinem Schädel und langem Hals.

**Bronzit** (m), $(Mg,Fe)SiO_3$, ein Silikat der Pyroxengruppe. H 5–6, D 3,2–3,5, X-System: rhombisch. Form: prismatische Kristalle selten, meist tafelige, körnige, blättrige Aggregate. Farbe: braun mit bronzeartigem Schimmer. Durchscheinend bis nahezu undurchsichtig; Glas- oder Perlglanz, halbmetallisch. Spaltbarkeit gut, blättrige Absonderung. B. ist an den zwei in rechtem Winkel zueinander verlaufenden Spaltrichtungen von den Amphibolen zu unterscheiden und kommt in Basalten sowie als Gemengeteil in Gabbro vor. Fundorte u. a. im Fichtelgebirge, bei Bad Harzburg und in der Steiermark.

**Brookit** (m), $TiO_2$, ein Titanoxid. H 5,5–6, D 3,9–4,2, X-System: rhombisch. Form: oft tafelige oder plattige Kristalle. Farbe: gelb, rötlichbraun bis schwarz. Durchsichtig bis durchscheinend; Diamantglanz bis metallisch. Spaltbarkeit undeutlich, Bruch uneben. Erkennbar an der Form und der schlechten Spaltbarkeit. Kommt hauptsächlich in alpinen Klüften von Eruptivgesteinen und Metamorphiten vor sowie in hydrothermalen Gängen. Fundorte: Amsteg/Schweiz, Prägraten/Osttirol, Arkansas/USA.

**Brookvalia**, fossile Fischart der Trias, in Australien angetroffen.

**Bruch**, bezeichnet das Verhalten eines Minerals bei mechanischer Belastung durch Druck oder Schlag außerhalb möglicher Spaltrichtungen, die nach Art der Minerale verschieden sind. Minerale, die keine → *Spaltbarkeit* aufweisen, lassen sich u. a. durch ihr Bruchverhalten und die Beschaffenheit der Bruchflächen

*Brandung; das Auflaufen einer Brandungswoge.*

(hakig, uneben, muschelig oder splittrig) näher bestimmen.

**Brückenkontinent**, vermutete Landbrücke früher Perioden der Erdgeschichte zwischen den Kontinenten. Hierzu werden *Nordatlantis* (zwischen Nordamerika und Europa), *Gondwanaland* (zwischen Südamerika, Afrika und Antarktis), sowie *Pazifischer Kontinent* (zwischen Australien und Südamerika) gerechnet. Die Existenz solcher B.e ist wissenschaftlich nicht belegt.

**Bryozoen**, *Moostierchen*, moosähnliche, kolonienbildende Meerestierchen, die vom Ordovizium an fossil in Kalken anzutreffen und in einigen Arten auch heute noch vertreten sind. B. gelten als wichtige Fossilien.

**Buccinum**, *Wellhornschnecke*, vom Pliozän an vertretene, heute noch lebende Gattung der Meeresschnecken mit weit ausladendem, spindelförmigen Gehäuse.

**Bühlstadium**, Vorstoßphase der Alpengletscher am Ende der → *Würmeiszeit*.

**Bumastus**, ein → *Trilobit*, Ordoviz-Silur, mit etwa gleichgroßem Kopf und Schwanz, Thorax 8–10 Segmente.

**Bündelzeolith** → *Desmin*, →*Zeolithe*

**Buntbleierz** → *Pyromorphit*

**Buntkupferkies** → *Bornit*

**Buntsandstein**, unterste Abteilung der germanischen → *Trias*, eine bis 1000 m mächtige Ablagerung von buntem Sandstein, bunten Tonen und Konglomeraten.

**Burmit** (m), bernsteinähnliches, fossiles Harz (s. auch → *Bernstein*).

**Byssolith** (m), feinfaseriges Mineral der Amphibolgruppe mit ähnlichen physikalischen und chemischen Eigenschaften wie Aktinolith, kommt in Form langnadeliger, haariger Kristalle und faseriger, filziger Aggregate in Metamorphiten und alpinen Klüften vor. Funde: u. a. im Gebiet des Großvenedigers.

**Bytownit** (m), ein Kalknatronfeldspat, s. → *Plagioklase*.

# C

**C14**, radioaktives → *Isotop* des Kohlenstoffes, wird zur → *Altersbestimmung* von Gesteinen (→ *Radio-Carbon-Methode*) ausgewertet.

**Cabochon** (m), → *Schliffart* bei Edel- und Schmucksteinen, gewölbte, runde oder ovale Schlifform, wird gewöhnlich bei undurchsichtigen Steinen, z. B. Türkis, oder bei durchscheinenden Mineralen angewendet.

**Calamites**, Schachtelhalmgewächse, Karbon-Perm, bis 12 m hoch, steinkohlebildend; fossil als Abdruck des Stamminnern mit Wülsten und Knoten erhalten.

**Calcit** (m), $CaCO_3$, *Kalkspat*, Calciumcarbonat. H 3, D 2,7, X-System: trigonal. Form: C. kristallisiert in einem Formenreichtum, wie ihn kein anderes Mineral aufzuweisen hat. Die eigentlich typischen Formen bei ungestörtem Wachstum sind das Skalenoeder und Kombinationen aus steilen und flachen Rhomboedern. Zwillingsbildung verbreitet. Kristallbildungen in der natürlichen Form des Spaltrhomboeders sind selten. Häufig kommen kristalline Aggregate, stengelig gestreckt oder gedrungen, mit den verschiedensten Endungen vor. In dichten Formen ist C. ebenso verbreitet wie als Gestein, in Stalaktiten- und Stalagmitenform. Farbe: Ebenso variabel wie die Form ist die Palette der Farben, die nahezu alle Farbtönungen bis schwarz umfaßt. C. ist durchsichtig bis durchscheinend und von unterschiedlichem Glanz, der von Glas- bis Seidenglanz reicht. Unabhängig von der Kristallform gibt es eine vollkommene Spaltbarkeit ausschließlich in Rhomboedern; dies ist eines der wichtigsten Erkennungsmerkmale, abgesehen von der guten Löslichkeit – unter Aufbrausen – in verdünnter Salzsäure, die jedoch auch einigen anderen Carbonaten zu eigen ist. Vorkommen: C. ist – auch in kristalliner Form – so verbreitet, daß sich detaillierte Angaben erübrigen. Besonderheiten: Eine Varietät, der sehr klare Isländische *Doppelspat*, läßt an einem Spaltstück deutlich das Symptom der → *Doppelbrechung* erkennen, die sich beispielsweise im doppelten Schriftbild einer untergelegten Zeile äußert. Eine Reihe von Kalkgesteinen besteht ganz oder überwiegend aus C. □

**Calciumcarbonat** (n), $CaCo_3$, ist in zwei Modifikationen anzutreffen: 1. trigonaler → *Calcit* mit H 3 und vollkommener Spaltbarkeit, 2. rhombischer → *Aragonit* mit H 3,5–4 und undeutlicher Spaltbarkeit. Beide Modifikationen bilden zusammen mit anderen → *Carbonaten* eine Mischreihe.

**Caldera** (f), Bezeichnung für den *Kraterkessel* eines Vulkanes. Ergänzende Kennzeichnungen sind für *Explosions-C.*, *Einsturz-C.* und *Erosions-C.* gebräuchlich.

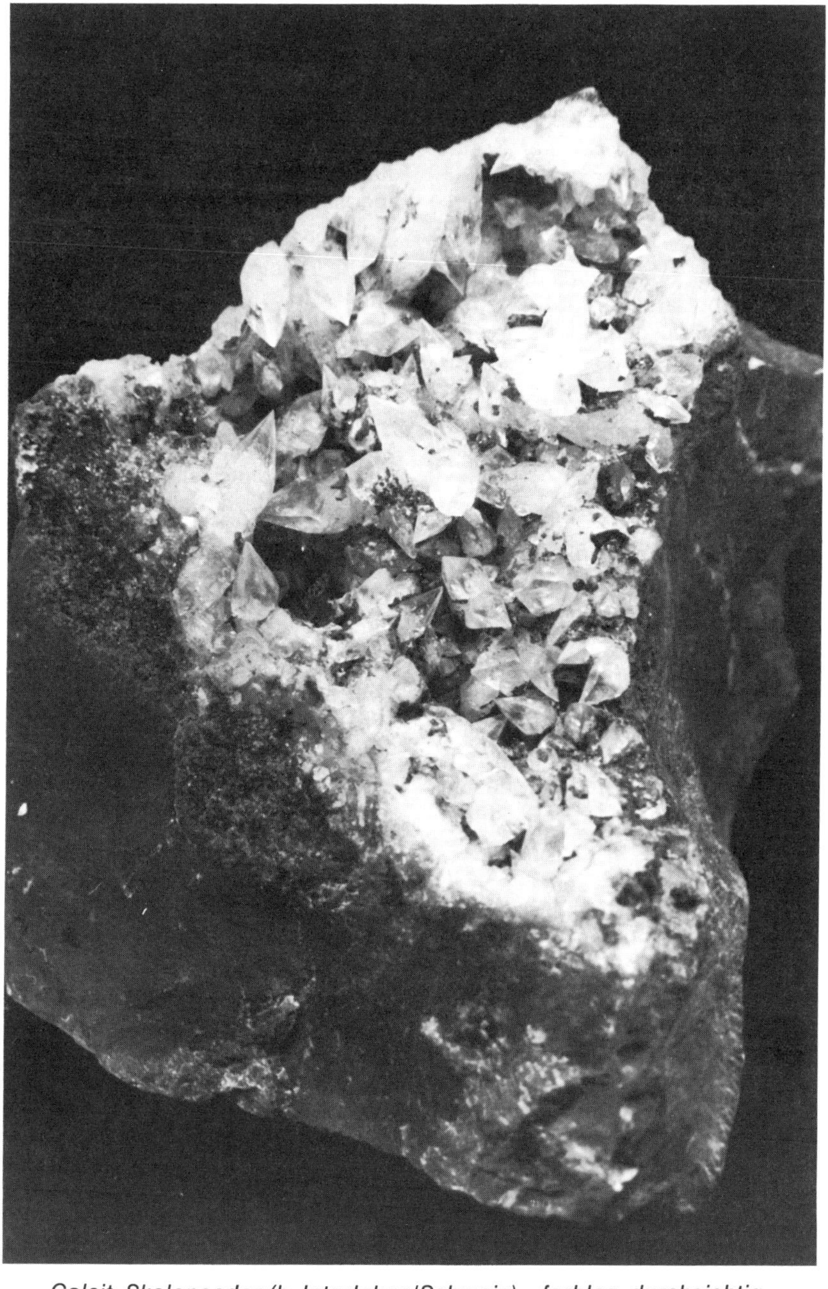

*Calcit, Skalenoeder (b. Interlaken/Schweiz) – farblos, durchsichtig.*

**Calliderma**, fossile Seesterne (→ *Asteroidea*), Kreide – Oligozän, mit kurzen Armen und relativ großer Scheibe, in Europa ziemlich verbreitet.

**Calliostoma**, eine Kreiselschnecke, weltweit verbreitet, von der Kreide an als Fossil vertreten, zeichnet sich durch die spitzkegelige Form des Gehäuses aus.

**Callovien** (n), *Callovian*, die obere Stufe des braunen → *Jura* (Dogger), nach Callovium, dem lat. Namen des englischen Ortes Kellaway benannt.

**Calymene**, → *Trilobit*, vom Silur bis zum Devon weltweit vertreten; das Fossil zeigt eine deutlich konische Form.

**Calyptraea**, Vertreter einer heute noch vorkommenden Schneckenart, von der Kreide an fossil; rundliches Gehäuse, letzte Windung verhältnismäßig groß.

**Campanien** (n), mittlere Teilstufe des *Senon* in der oberen → *Kreide*.

**Caninia**, röhrenförmige, zylindrische Koralle, als relativ große Einzelkoralle vereinzelt auch kolonienbildend, im Karbon und Perm.

**Cañon** (m), *Canyon*, eine durch einen Fluß tief eingeschnittene, von nahezu senkrechten Wänden flankierte Schlucht mit vorwiegend horizontaler Schichtlagerung; großartigstes Beispiel der bis 2000 m tief eingeschnittene Grand Canyon des Colorado in den USA. C. ist aber auch die Bezeichnung für die untermeerische Fortsetzung einer Flußmündung, in Form einer Rinne im Schelf.

**Carbonate** (pl), Salze der Kohlensäure $CO_3$, eine umfangreiche Gruppe von Mineralen, die in Salzsäure gut bis wenig gut löslich sind, s. auch → *Klassifikation der Minerale*. C. bilden gelegentlich stufenlose Mischreihen (Beispiel: Dolomit/Ankerit).

**Carbonicola**, Süßwassermuschel des Karbons mit Ornamentierung aus konzentrischen Streifen und glatten Klappenrändern, mittelgroß, abgeflacht oder ausgebuchtet.

**Carcharodon** (n), ein Haifisch, Paleozän – Pleistozän; häufigste fossile Überreste sind die großen spitzen Zähne mit gezähnten Kanten und dreieckiger Form (breite Wurzel). Funde sind weltweit verstreut.

**Cardioceras**, Jura- → *Ammonit*, dessen Rippenornamentierung auf der Anfangswindung stark ausgeprägt ist, zum Ende hin jedoch abnimmt; fossil in Nordamerika, Europa und Asien.

**Cardiola**, kleine Muschel (Herzmuschel), Silur – Devon, mit kräftigen radialen Rippen und konzentrischen Furchen (Gitterskulptur).

**Carnallit** (m), $KMgCl_3 \cdot 6\,H_2O$, wird zu den Halogeniden gerechnet. H 2, D 1,6, X-System: rhombisch. Die seltenen Kristalle sind pseudohexagonal, dicktafelig, C. tritt jedoch meist in grobkörnigen, dichten oder faserigen Massen auf. Farbe: farblos, weiß, grünlich, gelb, braun, rötlich; durchsichtig bis durchscheinend; Strichfarbe weiß. Nicht spaltbar, Bruch muschelig. Wasserlöslich. Erkennbar an der fehlenden Spaltbarkeit. Kommt in Steinsalzlagern zusammen mit Anhydrit, Kainit u. a. vor. C. ist das technisch wichtigste Kalisalz und wird für Düngemittel verwendet.

**Carneol** (m), rote bis rötlichbraune Varietät des → *Chalcedon*, findet als Schmuckstein, meist mit Cabochonschliff versehen, Verwendung.

**Carnotit** (m), ein Vanadat, sekundär gebildetes Uranmineral, kommt als Imprägnation in Kalk- und Sandstein vor; kristallisiert monoklin in tafeliger oder blättriger Form, ist jedoch meist pulvrig, erdig oder als Überzug anzutreffen. C. ist gelblich, durchscheinend, matt, sehr gut spaltbar und besitzt Härte 4.

**Carpocrinus**, eine Seelilie (→ *Crinoidea*) des Silurs mit dicken Armen.

**Cassiterit** (m), $SnO_2$, *Zinnstein*, Zinnoxid, H 6–7, D 7, X-System: tetragonal. Form: pyramidenähnliche oder kurzprismatische Kristalle, auch derb. Körnige, nierige oder faserige Massen werden auch *Holzzinn* genannt. Farbe: braun bis schwarz. Undurchsichtig; Strich grau; starker Metallglanz. Spaltbarkeit undeutlich prismatisch, Bruch uneben. Erkennbar am hohen spez. Gewicht, starken Glanz, hellen Strich. Kommt in pneumatolytischen Bereichen in der Nähe von Granitintrusionen pegmatitischen Gefüges vor. Zinnstein ist eines der wenigen Zinnminerale und das wichtigste Erz dieses Metalls. Fundorte u. a. im Fichtelgebirge.

**Cedaria**, ein → *Trilobit* des Kambriums, unterscheidet sich von anderen Trilobiten dieser geologischen Formation durch die Anzahl (7) der Thorax-Segmente. Funde in Nordamerika.

**Cenoman** (n), unterste Stufe der oberen → *Kreide*, wird in Deutschland durch Ablagerungen von Sandsteinen, Kalken und Mergeln repräsentiert. Im C. fand weltweit eine → *Transgression* statt. Der Name leitet sich von Cenomanum, dem lat. Namen von Le Mans ab.

*Calcit, Kombinationen Skalenoeder u. Rhomboeder (England) – gelblich, durchsichtig.*

**Cephalaspiden**, Familie von Panzerfischen, Silur – Devon, mit großem Panzerschild.

**Cephalopoden**, *Kopffüßer*, eine Klasse der Weichtiere (→ *Mollusken*); zu den heute noch lebenden Arten gehören die Sepien, Kalmare, Kraken und der Nautilus; ausgestorben und als Fossilien vertreten sind → *Ammoniten* und *Belemniten*.

**Ceratites**, → *Ammonit* der Trias mit charakteristischer Form der Lobenlinie, die der gesamten Gruppe Ceratitacea zu eigen ist. C. nodosus ist → *Leitfossil* im oberen Muschelkalk.

**Ceratodus**, ein Lungenfisch, heute noch lebende Art in Flüssen Australiens anzutreffen; ausgestorbene nahe Verwandte sind fossil aus der Trias bekannt, jedoch sind meist nur die Zähne erhalten.

**Cerussit** (m), $PbCO_3$, *Weißbleierz*, ein Carbonat. H 3,5, D 6,5, X–System: rhombisch. Form: prismatische oder tafelige Kristalle, gelegentlich pseudohexagonale → *Zwillingsbildung;* auch stengelig, körnig, dicht. Farbe: weiß oder grau, auch dunklere Tönung. Durchscheinend, durchsichtig; Strich weiß; Diamantglanz. Deutliche Spaltbarkeit, Bruch muschelig. Erkennbar am hohen spez. Gewicht, an Form, Härte und Säurelöslichkeit. C. kommt als sekundär gebildetes Mineral in der Oxidationszone von Bleilagerstätten vor, zusammen mit Galenit, Pyromorphit u. a. Bleimineralien. Fundorte im Harz, bei Bad Ems/Lahn und anderenorts.

**Ceylonit** → *Pleonast*

**Chabasit** $(Ca, Na_2)Al_2Si_4O_{12} \cdot 6\,H_2O$, (m), Würfel- → *Zeolith*, H 4,5, D 2, X-System: trigonal. Form: würfelähnliche Kristalle, Durchdringungszwillinge. Farbe: weiß, gelblich, rötlich. Durchsichtig, durchscheinend; Glasglanz. Strich weiß. Die Spaltbarkeit ist unterschiedlich, die Bruchfläche uneben. Ch. kommt in Blasenräumen basaltischer Gesteine, in alpinen Klüften und auf Erzgängen vor. Fundorte: Vogelsberg, Westerwald, Idar-Oberstein u. a. □

**Chalcedon** (m), $SiO_2$, → *kryptokristalline* Form von Siliciumdioxid (Quarz), H 7, D 2,6, X-System: trigonal. Der kristalline Aufbau der schaligen, nierigen, traubigen, als Hohlraumfüllungen auch kompakten Massen ist nur unter dem Mikroskop zu erkennen. Gemeiner Ch. ist meist grau oder bläulichgrau, durchscheinend bis undurchsichtig und besitzt Glasglanz bzw. matten Seidenglanz. Varietäten in nahezu allen Farbschattierungen werden zu Schmucksteinen geschliffen. Ch. besitzt keine Spaltbarkeit, weist sich durch muschelige Bruchflächen aus und kommt vorzugsweise in Hohl- und Blasenräumen von Effusivgesteinen vor. Schmucksteinvarietäten sind: → *Achat*, lagenförmig verschiedengefärbter Ch.; → *Onyx*, schwarz oder schwarzweiß; → *Carneol*, rot bis rotbraun; → *Sarder*, hell- bis dunkelbraun; → *Jaspis*, meist undurchsichtig rot, gelb, grün oder braun; → *Heliotrop*, dunkelgrün mit kleinen roten Flecken; *Mokkastein*, milchig weiß mit brauner dendritischer Zeichnung; → *Chrysopras*, hellgrün. *Silex* und *Feuerstein*, auch *Flint* oder *Hornstein* genannt, sind undurchsichtige Ch.-Varietäten von schmutziggrauer bis schwarzer Farbe.

**Chalkanthit** (m), $CuSO_4 \cdot 5H_2O$, *Kupfervitriol*, ein Sulfat. H 2,5, D 2,2, X-System: triklin. Form: prismatische Kristalle, derb, stalaktitisch, faserig. Farbe: blau. Durchsichtig, durchscheinend; Glasglanz. Strich weiß, unvollkommene Spaltbarkeit, Bruch muschelig. Erkennbar an Farbe, Härte, Strich. Ch. kommt als sekundäres Mineral in der Oxidationszone von Kupfererzen vor; Fundorte u. a. im Harz.

**chalkophil** bezeichnet → *Elemente* (vorwiegend Metalle), die in der → *Chalkosphäre* angereichert und hauptsächlich in sulfidischer Verbindung am Aufbau der Erdkruste beteiligt sind. Hierzu gehören Eisen (in beschränktem Maße), Kupfer, Zink, Blei, Antimon, Quecksilber, Wismut, Selen, Schwefel und andere.

**Chalkophyllit** (m), *Kupferglimmer*, ein seltenes Kupferarsenat mit wechselnden $H_2O$-Anteilen, kommt als Verwitterungsprodukt auf Erzgängen vor, in Form dünntafeliger Kristalle, blättriger Aggregate oder dicht. H 2, D 2,4–2,6, X-System: trigonal, Farbe: smaragdgrün; durchsichtig bis durchscheinend; Perlglanz. Ch. besitzt sehr gute Spaltbarkeit und ist von Azurit, Malachit und Chalkopyrit begleitet.

**Chalkopyrit** (m), $CuFeS_2$, *Kupferkies*, ein Sulfid. H 3,5–4, D 4,2, X-System: tetragonal. Form: tetraederähnliche Kristalle, oft gestreift; auch feinkörnig. Zwillingsbildung. Farbe: messinggelb, oft bunt anlaufend. Undurchsichtig; metallischer Glanz. Spaltbarkeit undeutlich, Bruch uneben. Strichfarbe schwarz mit grünlicher Tönung. Erkennen: Weicher als Pyrit, Anlauffarben. Ch. ist verbreitet und trotz relativ geringer Kupferanteile ein wichtiges Kupfererz, kommt primär in Magmatiten und auf hydrothermalen Gängen, jedoch auch in kristallinen Schiefern und kontaktmetamorphen Gesteinen

*Calcit, Hohlraumauskleidung (Lahn-Dill-Gebiet) – farblos, weiß, durchscheinend.*

vor. Fundorte u. a.: Siegerland, Lahn-Dill-Gebiet, Harz, Schwarzwald und Alpen. □

**Chalkosin** (m), $Cu_2S$, *Kupferglanz*, ein Sulfid. H 2,5–3, D 5,5–5,8, X-System: rhombisch. Form: meist dichte Massen oder Anflüge; die seltenen Kristalle sind prismatisch oder tafelig. Zwillingsbildung zu pseudohexagonaler Struktur. Farbe: dunkelgrau mit schwärzlichen Anlauffarben. Undurchsichtig; metallischer Glanz. Spaltbarkeit deutlich bis undeutlich, Bruch muschelig. Ch. kommt zusammen mit gediegenem Kupfer oder Cuprit in Bereichen sekundärer Sulfidanreicherungen vor. Fundorte: Ostharz, Kärnten, Sardinien, Jugoslawien, UdSSR, Montana/USA und anderenorts.

**Chalkosphäre** (f), zwischen Erdkern (→ *Barysphäre*) und → *Lithosphäre* befindliche und mit → *chalkophilen* Elementen – z. T. in sulfidischen Verbindungen oder als Oxide – angereicherte Schale der → *Erde*.

**Chalkotrichit** (m), nadelige bzw. haarförmige, leuchtendrote, durchscheinende Varietät des → *Cuprit*.

**Chamosit** (m), ein Silikat, dichtes, körniges, oolithisches Eisenerz sedimentärer Lagerstätten, grau bis schwarz mit H 3, kommt u. a. in Thüringen, Lothringen, Polen und der Schweiz vor.

**Chatoyance** → *Cymophan*

**Cheilostomata**, Ordnung nachpaläozoischer Moostierchen (→ *Bryozoen*) mit heute noch lebenden Vertretern; als Fossilien sind u. a. erhalten: Membranipora (Miozän), Onychocella (Kreide), Lunulites (Kreide).

**Cheirurus**, ein → *Trilobit*, Ordoviz – Devon, mit etwa 11 Thorax-Segmenten und gegenüber anderen Arten etwas gedrungenerer Form.

**chemische Elemente**, *chemische Grundstoffe*, die durch kein chemisches Verfahren in einfachere Stoffe zerlegt werden können. Von den heute (1973) bekannten 105 ch.n. E.n kommen einige in der Natur nicht vor. Etwa 72 ch. E. sind Metalle, die übrigen Nichtmetalle. Die Metalle sind mit Ausnahme des Quecksilbers bei gewöhnlichen Temperaturen in festem stofflichem Zustand, die Nichtmetalle teils fest, teils gasförmig; lediglich Brom ist bei gewöhnlichen Temperaturen flüssig. Häufigste ch. E. der festen Erdkruste sind: Sauerstoff, 46,2%; Silicium, 27,72%; Aluminium, 8,13%; Eisen, 5%; Calcium, 3,63%; Natrium, 2,8%; Kalium, 2,6%; außerdem Magnesium, Wasserstoff u. a. (s. Tabelle S. 67).

**chemische Formel**. Die in der Mineralogie angewendete *Bruttoformel* (Summenformel) gibt Art und Anzahl der Atome in einem Molekül an; Beispiel Quarz: $SiO_2$ bedeutet 1 Atom Silicium, zwei Atome Sauerstoff. Außerdem gibt es noch die *Strukturformel*, in der die Anordnung der Atome im Molekül dargestellt ist, und die *Gruppenformel* als Zwischenlösung und Ausdruck charakteristischer Atomgruppen in der organischen Chemie.

**chemische Zuordnung d. Minerale** → *Klassifikation der Minerale*

**Chemismus der Gesteine**. Die Anzahl der am chemischen Aufbau der Gesteine beteiligten Elemente ist gering. Eine Gesteinsanalyse erstreckt sich mindestens auf den Gehalt an: Kieselsäure, Tonerde (Aluminium),

**Die chemischen Elemente.**

| Name: | Zeichen: | relative Atommasse: | Ordnungszahl |
|---|---|---|---|
| Actinium | Ac | (227) | 89 |
| Aluminium | Al | 26,9815 | 13 |
| Americium | Am | (243) | 95 |
| Antimon (Stibium) | Sb | 121,75 | 51 |
| Argon | Ar | 39,948 | 18 |
| Arsen | As | 74,9216 | 33 |
| Astat[in] | At | (210) | 85 |
| Barium | Ba | 137,34 | 56 |
| Berkelium | Bk | (247) | 97 |
| Beryllium | Be | 9,0122 | 4 |
| Blei (Plumbum) | Pb | 207,19 | 82 |
| Bor | B | 10,811 | 5 |
| Brom | Br | 79,909 | 35 |
| Cadmium | Cd | 112,4 | 48 |
| Caesium | Cs | 132,905 | 55 |
| Calcium | Ca | 40,08 | 20 |
| Californium | Cf | (251) | 98 |
| Cer | Ce | 140,12 | 58 |
| Chlor | Cl | 35,453 | 17 |
| Chrom | Cr | 51,996 | 24 |
| Curium | Cm | (245) | 96 |
| Dysprosium | Dy | 162,5 | 66 |
| Einsteinium | Es | (254) | 99 |
| Eisen (Ferrum) | Fe | 55,847 | 26 |
| Erbium | Er | 167,26 | 68 |
| Europium | Eu | 151,96 | 63 |
| Fermium | Fm | (253) | 100 |
| Fluor | F | 18,9984 | 9 |
| Francium | Fr | (223) | 87 |
| Gadolinium | Gd | 157,25 | 64 |
| Gallium | Ga | 69,72 | 31 |
| Germanium | Ge | 72,59 | 32 |
| Gold (Aurum) | Au | 196,967 | 79 |
| Hafnium | Hf | 178,49 | 72 |
| Hahnium | Ha | (261) | 105 |
| Helium | He | 4,0026 | 2 |
| Holmium | Ho | 164,93 | 67 |
| Indium | In | 114,82 | 49 |
| Iridum | Ir | 192,2 | 77 |
| Jod | J | 126,9044 | 53 |
| Kalium | K | 39,102 | 19 |
| Kobalt | Co | 58,9332 | 27 |
| Kohlenstoff (Carboneum) | C | 12,01115 | 6 |
| Krypton | Kr | 83,8 | 36 |
| Kupfer (Cuprum) | Cu | 63,54 | 29 |
| Kurtschatowium | Ku | (260) | 104 |
| Lanthan | La | 138,91 | 57 |
| Lawrencium | Lr | (257) | 103 |
| Lithium | Li | 6,939 | 3 |
| Lutetium | Lu | 174,97 | 71 |
| Magnesium | Mg | 24,312 | 12 |
| Mangan | Mn | 54,9381 | 25 |
| Mendelevium | Md | (256) | 101 |
| Molybdän | Mo | 95,94 | 42 |

| Name: | Zeichen: | relative Atommasse: | Ordnungszahl |
|---|---|---|---|
| Natrium | Na | 22,9898 | 11 |
| Neodym | Nd | 144,24 | 60 |
| Neon | Ne | 20,183 | 10 |
| Neptunium | Np | (237) | 93 |
| Nickel | Ni | 58,71 | 28 |
| Niob[ium] | Nb | 92,906 | 41 |
| Nobelium | No | (254) | 102 |
| Osmium | Os | 190,2 | 76 |
| Palladium | Pd | 106,4 | 46 |
| Phosphor | P | 30,9738 | 15 |
| Platin | Pt | 195,09 | 78 |
| Plutonium | Pu | (244) | 94 |
| Polonium | Po | (210) | 84 |
| Praseodym | Pr | 140,907 | 59 |
| Promethium | Pm | (145) | 61 |
| Proactinium | Pa | (231) | 91 |
| Quecksilber (Hydrargyrum) | Hg | 200,59 | 80 |
| Radium | Ra | (226,05) | 88 |
| Radon | Rn | (222) | 86 |
| Rhenium | Re | 186,2 | 75 |
| Rhodium | Rh | 102,905 | 45 |
| Rubidium | Rb | 85,47 | 37 |
| Ruthenium | Ru | 101,07 | 44 |
| Samarium | Sm | 150,35 | 62 |
| Sauerstoff (Oxygen[ium]) | O | 15,9994 | 8 |
| Scandium | Sc | 44,956 | 21 |
| Schwefel (Sulfur) | S | 32,064 | 16 |
| Selen | Se | 78,96 | 34 |
| Silber (Argentum) | Ag | 107,87 | 47 |
| Silicium | Si | 28,086 | 14 |
| Stickstoff (Nitrogen[ium]) | N | 14,0067 | 7 |
| Strontium | Sr | 87,62 | 38 |
| Tantal | Ta | 180,948 | 73 |
| Technetium | Tc | (99) | 43 |
| Tellur | Te | 127,6 | 52 |
| Terbium | Tb | 158,924 | 65 |
| Thallium | Tl | 204,37 | 81 |
| Thorium | Th | 232,038 | 90 |
| Thulium | Tm | 168,934 | 69 |
| Titan | Ti | 47,9 | 22 |
| Uran | U | 238,03 | 92 |
| Vanadium | V | 50,942 | 23 |
| Wasserstoff (Hydrogen[ium]) | H | 1,00797 | 1 |
| Wismut (Bismutum) | Bi | 208,98 | 83 |
| Wolfram | W | 183,85 | 74 |
| Xenon | Xe | 131,3 | 54 |
| Ytterbium | Yb | 173,04 | 70 |
| Yttrium | Y | 88,905 | 39 |
| Zink | Zn | 65,37 | 30 |
| Zinn (Stannum) | Sn | 118,69 | 50 |
| Zirkonium | Zr | 91,22 | 40 |

Eisenoxid, Calcium, Magnesium, Kalium und Natrium. Von großer Bedeutung für die chemische Zuordnung – besonders der *Magmatite*, ist der Gehalt an Kieselsäure. So sind Gesteine mit einem geringeren Kieselsäuregehalt als 50% *basisch* zu nennen, solche mit mehr als 65% $SiO_2$ werden als *saure* Gesteine bezeichnet. Dazwischen liegen die *intermediären* Gesteine. Unterhalb eines Schwellenwertes von 45% $SiO_2$ spricht man von *ultrabasischen Gesteinen*.

**Chemolumineszenz** → *Lumineszenz*

**Chenendopora**, ein Schwamm (→ *Spongien*) der Kreide von becherartiger Form mit deutlich poriger Oberfläche, ist fossil in Europa anzutreffen.

**Chiastolith** (m), eine durch kohlige Einschlüsse im Querschnitt kreuzförmig gezeichnete Varietät des → *Andalusit*.

**Chilesalpeter** → *Nitronatrit*

**Chlamys**, eine Muschel-Gattung, Trias – Neuzeit, sieht der lebenden gemeinen Kammuschel ähnlich, besitzt kräftig ausgebildete radiale Rippen und gewellten Schalenrand. Ch. ist weltweit verbreitet.

**Chloanthit** (m), $NiAs_3$, *Weißnickelkies*, ein Arsenid. H 5,5–6, D 6,4–6,9, X-System: kubisch. Form: meist derb, feinkörnig, die seltenen Kristalle sind würfelig. Farbe: zinnweiß bis grau. Undurchsichtig; metallischer Glanz. Strichfarbe grauschwarz. Spaltbarkeit undeutlich, Bruch uneben. Erkennbar an der Härte; löslich in Salpetersäure. Kommt auf Silber-, Kobalt- und Nickelerzgängen vor. Fundstätten: Erzgebirge, Schwarzwald, Marokko.

*Calcit, rhomboedrische Kristalle (b. Dehrn/Lahn) – farblos, durchsichtig.*

Besonderheit: Mit → *Skudderudit* $CoAs_3$ unbeschränkte Mischbarkeit.

**Chlorammonium** → *Salammoniak*

**Chlorargyrit** (m), AgCl, *Hornsilber*, wird zur Gruppe der Halogenide gerechnet. H 1,5–3, D 5,5, X-System: kubisch. Form: würfelige, oktaedrische Kristalle; derb, in Krusten. Farbe: grau, gelb, bräunlich bis schwarz, verfärbt sich unter Lichteinwirkung dunkel (durch Silbergehalt). Ch. weist Diamantglanz auf, ist durchsichtig oder durchscheinend, nicht spaltbar, jedoch mit dem Messer schneidbar und besitzt weißgraue Strichfarbe. Als Zersetzungsprodukt kommt Ch. auf Silbererzgängen u. a. in den Anden vor und ist für die Silbergewinnung von Bedeutung.

**Chloride** (pl), Salze der Chlorwasserstoffsäure und Verbindungen von Nichtmetallen mit Chlor, den → *Halogeniden* zugeordnete Minerale, s. auch → *Klassifikation der Minerale*.

□

**Chloritgruppe**, im Chemismus wie in den Eigenschaften stark wechselnde → *Silikate* mit den Hauptvertretern → *Klinochlor* und → *Thuringit*.

**Chloritschiefer**, vorwiegend grünliches, aber auch graues metamorphes Gestein, fein bis mittelkörnig, gelegentlich deutliche Schieferung, mit Chlorit als Hauptbestandteil und Nebengemengeteilen von Feldspat, Epidot, Talk, Glimmer, Magnetit, Granat u. a.; Ch. kommt auch zusammen mit → *Phyllit* vor und ist u. a. im Alpenraum anzutreffen.

**Chlorquecksilber** → *Kalomel*

**Chondrit** (m), Stein- → *Meteorit*, dessen Zusammensetzung in der Regel ca. 30% Pyroxen, 40% Olivin, 10% Plagioklas, 5–20% Nickeleisen und 6% Troilit (ein Sulfid) aufweist. Etwa 90% aller Steinmeteorite sind Chondrite.

**Chonetes**, zu den *Orthiden* gerechnete → *Brachiopoden*-Gattung des Devons mit feinen radialen Rippen und Furchen an der Gehäuseoberfläche, als Fossil weltweit verbreitet.

**C-Horizont**, bezeichnet im → *Bodenprofil* das Muttergestein, aus dem der Boden gebildet wurde.

**Chromate** (pl), Salze der Chromsäure $CrO_4$ und deren Verbindungen wie → *Krokoit* u. a. (s. auch → *Klassifikation der Minerale*).

**Chromeisenstein** → *Chromit*

**Chromit** (m), $FeCr_2O_4$, *Chromeisenstein*, ein Oxid. H 5,5, D 4,1–5,0, X-System: kubisch. Form: meist derbe, körnige Massen, oktaedrische Kristalle selten. Farbe: bräunlichschwarz bis schwarz. Undurchsichtig; Glasglanz, halbmetallisch. Erkennen: Nur die braune Strichfarbe und die sehr schwache magnetische Eigenschaft unterscheiden C. von Magnetit. Vorkommen: in nestartiger Verteilung basischer Eruptivgesteine, in denen Serpentine auftreten. Fundorte: Norwegen, Griechenland, Türkei, Rhodesien, Kuba, UdSSR, Indien. C. ist das einzige wichtige Chromerz. Flächenreiche Kristalle sind in Meteoriten gefunden worden.

**Chrysoberyll** (m), $BeAl_2O_4$, ein Oxid, H 8,5, D 3,5–3,8, X-System: rhombisch. Form: tafelige Kristalle. Vielfache Zwillingsbildung bewirkt ein pseudohexagonales Aussehen. Farbe: gelb, gelbgrün, smaragdgrün. Durchsichtig bis durchscheinend; Glasglanz. Erkennbar an Farbe, Härte, Kristallform. Durchsichtige Kristalle sind als Edelsteine geschätzt, vor allem aber die Varietäten → *Alexandrit* und → *Cymophan*. C. kommt in Granitpegmatiten und Glimmerschiefern vor. Fundorte: ČSSR, UdSSR, Norwegen, Brasilien; als lose Körner auf Ceylon.

**Chrysokoll** (m), $CuSiO_3 \cdot n\ H_2O$, *Kieselkupfer*, in der Oxidationszone von Kupferlagerstätten auftretendes, kryptokristallines Silikat. H 2–4, D 2,0–2,2. Form: traubig, derb, in Krusten. Farbe: grün, blaugrün; mattglänzend; durchscheinend bis undurchsichtig. Keine Spaltbarkeit, Bruch muschelig. Erkennbar an der matten, traubigen Ausbildung. Fundorte: Halbach/Baden, Harz, Ungarn, UdSSR, Kalifornien, Mexiko, Chile. Ch. wird auch zu Schmucksteinen geschliffen.

**Chrysolith** (m), durchsichtige, gelbgrüne Edelsteinvarietät des → *Olivin*.

**Chrysopras** (m), durch Nickeleinlagerungen kräftig grün eingefärbte, durchscheinende Varietät des → *Chalcedon*, wird zu Schmucksteinen verarbeitet. Ch. besitzt gelegentlich eine rindenartige Randstruktur.

**Chrysotil** (m), $Mg_3Si_2O_5(OH)_4$, → *Asbest*, Faserserpentin, Varietät des → *Serpentin*, ein Silikat. H 3–4, D 2,5, X-System: monoklin. Form: kurz- bis langfaserige Aggregate. Farbe: grau, braun und verschiedene Abstufungen grünlicher Tönung. Ch. ist durchscheinend bis undurchsichtig und weist seidigen Glanz auf. Gute Spaltbarkeit wird durch faserige Absonderung vorgetäuscht. Erkennbar an der Form und der geringen Härte. Kommt in Klüften und Aderfüllungen von Serpentiniten vor, entsteht aus hydrothermal zersetztem Olivin. Ch. wird gelegentlich zu Schmucksteinen und im Kunstgewerbe verarbeitet und ist Rohstoff für bestimmte Baumaterialien. Fundorte liegen im Fichtelgebirge, in den Österreichischen und Schweizer Alpen. Besonderheit: Vorsicht! Asbeststaub, wie er z. B. beim Schleifen entsteht, ist erwiesenermaßen krebserregend.

**Cinnabarit** (m), HgS, *Zinnober*, ein Sulfid. H 2–2,5, D 8–8,2, X-System: trigonal. Form: rhomboedrische, dicktafelige Kristalle, meist jedoch derb, körnig. Farbe: rot bis bräunlichrot mit silbrig schimmernden Einschlüssen von Quecksilber. Durchscheinend bis undurchsichtig; Diamantglanz, metallisch, auch matt. Vollkommene Spaltbarkeit, Bruch uneben. Erkennbar an Farbe, roter Strichfarbe, hohem spez. Gewicht. Kommt auf Klüften von Sedimentgesteinen in der Nähe vulkanischer Aktivität vor. C. ist das verbreitetste und wichtigste Quecksilbererz. Fundorte: Toskana (Italien), Jugoslawien; früher in geringen Mengen am Donnersberg in der Pfalz. Hauptvorkommen: Mexiko, Peru, USA.

**Citrin** (m), gelbe bis goldbraune, durchsichtige Varietät kristallinen → *Quarzes*. Name aus dem Französischen für zitronengelb. C. ist in der Natur äußerst selten, kommt in Drusen vor allem in Südamerika vor und wird zu Schmucksteinen verarbeitet. Viele – fälschlicherweise als *Goldtopas* bezeichnete – dunkle Kristallgruppen des Handels wurden aus geringwertigem Amethyst gebrannt.

**Cirrus**, Meeresschnecke, Trias – Jura, fossil in Südamerika anzutreffen, weist als besonderes Merkmal ein linksgewundenes Gehäuse auf, was bei Gastropoden ungewöhnlich ist.

**Clavilithes,** Meeresschnecke, Eozän-

*Calcit, blättrige Kristalle (b. Dehrn/Lahn) – farblos, weiß, durchsichtig.*

Pliozän, mit länglichem, entlang der Windungen deutlich abgetrepptem Gehäuse, fossil in Europa, Nordamerika und Asien anzutreffen.

**Clausthalit** (m), PbSe, *Selenblei*, ein seltenes Mineral, das nur derb oder feinkörnig auf hydrothermalen Erzgängen vorkommt. H 2,5–3, D 7,7, X-System: kubisch. Name vom Fundort Clausthal im Harz abgeleitet.

**Cliona**, ein kleiner Bohrschwamm (→ *Spongien*), Devon – Neuzeit, dessen heute noch lebender Vertreter *C. celata* ist.

**Clymenia**, entwicklungsgeschichtlich alte → *Ammoniten* (Oberdevon) mit flachem, weitgenabeltem, feingestreiftem Gehäuse; wichtiges → *Leitfossil*.

**Clypeaster**, ein Seeigel (→ *Echinoidea*), Eozän bis Neuzeit, weltweit verbreitet. Das deutlich oval geformte Gehäuse ist ein Unterscheidungsmerkmal.

**Cobaltin** (m), CoAsS, *Kobaltglanz*, Sulfid. H 5,5, D 6,0–6,3, X-System: kubisch. Form: Kristalle würfelig oder als Pentagondodekaeder, Kombinationen dieser Formen sowie körnig derbe Massen. Farbe: silberweiß bis grau mit rötlichem Schimmer. Undurchsichtig; metallischer Glanz. Strichfarbe grauschwarz. Vollkommene würfelige Spaltbarkeit, Bruch uneben. Spaltbarkeit und silberweiße Farbe unterscheiden C. von Pyrit. Kommt auf hydrothermalen Lagerstätten zusammen mit Arsenopyrit und Skutterudit vor, auch verstreut als Körner in metasomatischen Kontaktbereichen. C. ist ein wichtiges Kobalterz und kommt u. a. auch im Siegerland, Harz und in Hessen (Richelsdorf) vor. Größere Lagerstätten befinden sich in Schweden, UdSSR, Marokko, Kanada und anderenorts.

**Coelestin**, $SrSO_4$, ein Strontiumsulfat. H 3–3,5, D 4, X-System: rhombisch. Form: prismatische oder tafelige Kristalle, auch nadelig oder körnig. Farbe: farblos bis himmelblau, auch rötlich. Durchsichtig bis durchscheinend; Glasglanz. Gute Spaltbarkeit, Bruch uneben. Erkennen: Hohes spez. Gewicht, jedoch leichter als Baryt. Keine Reaktion mit verdünnter Salzsäure, färbt im Unterschied zu Baryt die Flamme rot. C. kommt in schönen Stufen in Hohlräumen sedimentärer Gesteine vor sowie in Evaporiten zusammen mit Anhydrit; oft in Gesellschaft von Dolomit und Baryt. Der Name ist aus dem lateinischen *coelestis* (himmlisch) abgeleitet, was sich auf die vorwiegend „himmelblaue" Farbe beziehen mag. Fundorte: Sizilien (auf Schwefel), Spanien, England, Südwestafrika. Vereinzelte Fundstellen auch in Deutschland: Nordrhein-Westfalen, z. B. Giershage bei Stadtberge, Berlin-Rüdersdorf, Fischbach am Inn.

**Coelopleurus**, ein Seeigel (→ *Echinoidea*), Eozän bis Neuzeit, mit grob-warzig ausgebildetem Gehäuse; als Fossil weltweit verbreitet.

**Coenites**, blattähnlich dichte oder verästelte Korallen, Silur bis Devon, als Fossilien in Europa, Nordamerika und Australien anzutreffen.

**Coesit** (m), Hochdruck- und Hochtemperatur-Modifikation von $SiO_2$ (Kieselsäure), wird in der Natur nur in der Nähe von Meteoritenkratern (Arizona) angetroffen. Synthetische Herstellung an hohe Temperaturen und extreme Druckverhältnisse gebunden.

**Colemanit** (m), $Ca_2B_6O_{11} \cdot 5\,H_2O$, ein wasserhaltiges *Calciumborat,* H 4–4,5, D 2,4, X-System: monoklin. Form: meist prismatische Kristalle, jedoch sehr variabel; auch körnig, dicht. Farbe: farblos, weiß, gelblich, grau. Durchsichtig bis durchscheinend; Glasglanz. Vollkommene Spaltbarkeit in einer Richtung, Bruch uneben. Erkennen: Kristallform, schmilzt leicht, Härte. Kommt zusammen mit Borax hauptsächlich in Hohlräumen von Sedimenten vor.

**Columbit** (m), lückenlose Mischungsreihe von *Niobit* $(Fe,Mn)Nb_2O_6$ und *Tantalit* $(Fe,Mn)Ta_2O_6$, den *Oxiden* zugeordnet. H 6, D 5,3–8,1, X-System: rhombisch. Form sehr verschieden, niobreiche Glieder der Mischungsreihe sind meist tafelig oder kurzprismatisch ausgebildet. C. ist braunschwarz bis schwarz, durchscheinend bis undurchsichtig, deutlich spaltbar mit unebener Bruchfläche und weist Diamantglanz oder fettigen Glanz auf. Die Kristalle sind meist eingewachsen und an der Härte zu erkennen. C. kommt vorwiegend in Granitpegmatiten vor, Fundorte in Bayern, der Oberpfalz, Skandinavien, Nigeria, UdSSR und USA.

**Conchidium**, → *Brachiopoden*-Gattung (Pentameriden), Silur bis Devon, fossil weltweit verbreitet, ist an der nach innen gebogenen Vorderseite und den konzentrischen Rippen zu erkennen.

**Coniferales**, *Coniferen*, *Nadelhölzer*, *Zapfenträger*, treten im Oberkarbon erstmals auf und sind fossil häufig vertreten; eine Ordnung der → *Gymnospermen*.

**Conodonten**, millimetergroße, kegelförmige, durchscheinende Lebe-

*Calcit, gemischte Kristallformen (b. Dehrn/Lahn) – weiß, durchscheinend.*

wesen, sind wegen ihres Artenreichtums und der Verbreitung in den frühen geologischen Epochen von Bedeutung.

**Conus**, *Kegelschnecke*, heute noch weltweit verbreitet, ist von der Kreide an auch als Fossil anzutreffen.

**Cordaianthus** → *Cordaitales*

**Cordaitales**, *Cordaiten*, hohe verzweigte Bäume des Karbons und Perms mit bandförmigen, parallelnervigen Blättern (Cordaites) und kätzchenförmigen Blütenständen (Cordaianthus); eine Ordnung der → *Gymnospermen*.

**Cordaites** → *Cordaitales*

**Cordierit** (m), $Mg_2Al_4Si_5O_{18}$, *Dichroit*, ein Silikat. H 7–7,5, D 2,6, X-System: rhombisch. Form: kurzsäulige, pseudohexagonale Kristalle, meist eingewachsen; auch körnig. Zwillingsbildung häufig. Farbe: blau, grünlichblau, grau, auch violett. Durchsichtig bis durchscheinend; fettiger Glasglanz. Spaltbarkeit wenig deutlich, Absonderung gut, Bruch muschelig. C. weist einen schon mit dem bloßen Auge wahrnehmbaren → *Pleochroismus* auf, zusammen mit Härte und Kristallform wichtiges Erkennungsmerkmal. C. ist ein wesentlicher Gemengeteil mancher Gneise, kommt außerdem in Pegmatiten und anderen Eruptivgesteinen vor. Fundorte: am Laacher See/Eifel in Auswürflingen, bei Bodenmais/ Bayer. Wald; Ceylon, Burma, Madagaskar. Besonders schöne, durchsichtige Kristalle werden zu Edelsteinen verschliffen, z. B. der violette *Iolith*.

**Cornwallit** (m), *Erinit*, ein Kupferarsenat, wird in Form nadeliger Sphä-

*Chabasit (Nahegebiet) – farblos, durchsichtig.*

rolithen oder nierenförmiger, schaliger Aggregate in der Oxidationszone von Kupferlagerstätten angetroffen. H 4,5–5, D 4, X-System: monoklin, Farbe: dunkelgrün; matt; durchscheinend bis undurchsichtig. Der Name ist von den Vorkommen in der englischen Grafschaft Cornwall abgeleitet.

**Cosmoceras**, → *Ammonit* des oberen braunen Jura, wichtiges Leitfossil.

**Cotylosaurier**, frühe, primitive Gattung der Landsaurier, Karbon – Trias, mit geschlossener Schädeldecke.

**Coronadit** (m), $Pb_2Mn_8O_{16}$, ein bleihaltiges Manganoxid, H 4,5–5, D 5,4, X-System: tetragonal, kommt meist in Form nieriger, traubiger Aggregate in der Verwitterungszone von Manganerzlagerstätten vor, ist schwarz, halbmetallisch glänzend und ohne Spaltbarkeit.

**Covellin** (m), CuS, *Kupferindig*, ein Sulfid, das als Verwitterungsprodukt auf Kupfererzgängen vorkommt, kristallisiert hexagonal in blättriger, dünntafeliger Form; meist jedoch dicht, knollig, pulvrig. H 1,5–2, D 4,6. C. ist bläulich bis schwarz, weist metallischen bzw. fettigen Glanz und sehr gute Spaltbarkeit auf; u. a. auch zusammen mit → *Chalkopyrit* und → *Chalkosin* anzutreffen.

**Creodonta**, ausgestorbene tertiäre Raubtiere, Eozän – Miozän.

**Crinoidea**, *Seelilien*, artenreiche Klasse der Stachelhäuter (→ *Echinodermen*), fossil vom Ordovizium bis zur Kreide von Bedeutung. Die Kalkskelette treten auch als Gesteinsbildner in Erscheinung (s. → *Crinoidenkalk*),

**Crinoidenkalk**, aus Kalkskeletten und Stielgliedern von Seelilien (→ *Crinoidea*) entstandener Kalkstein, hauptsächlich Devon und Karbon.

**Crioceras**, → *Ammonit* der unteren Kreide, wichtiges Leitfossil mit einem zur offenen Spirale gewundenen Gehäuse, das deutlich ausgeprägte Querrippen und stachelförmige Auswüchse aufweist.

**Cristobalit** (m), tetragonale und kubische Modifikation von $SiO_2$, eine Hochtemperaturmodifikation, die in schnell erstarrten Effusivgesteinen als würfelige oder oktaedrische Kristallbildung, trüb, milchigweiß anzutreffen ist. Fundorte u. a. bei Niedermendig/Eifel und Eschwege. Der Name ist vom Fundort San Cristóbal in Mexiko abgeleitet.

**Cronstedtit** (m), ein eisenhaltiges Silikat, H 3,5–4, D 3,4, X-System: monoklin, auch trigonal, kommt in Form pseudohexagonaler, pyramidaler Kristalle oder kugeliger bzw. nieriger Aggregate von schwarzer Farbe auf Erzgängen vor.

**Crossopterygii**, *Quastenflosser*, fossile Gruppe der *Knochenfische* mit Gliedmaßen ähnelnden und quastenförmig endenden Flossen, im Devon verbreitet. Die C. werden als Vorfahren und frühe Entwicklungsstufe der vierfüßigen Landwirbeltiere angesehen.

**Cryptolithus**, → *Trilobit* des Ordoviziums mit großem Kopfteil, kurzem Schwanz und aus ca. 6 Segmenten bestehendem Thorax.

**Cryptostomata**, Ordnung der Moostierchen (→ *Bryozoen)*, sind als Fossilien ausschließlich im Paläozoikum vertreten.

**Cummingtonit** $(Fe,Mg)_7Si_8O_{22}(OH)_2$,

(m), ein Silikat der → *Amphibolgruppe*. H 5–6, D 3,1–3,6, X-System: monoklin. Form: selten Einzelkristalle, meist faserige Aggregate. Farbe: bräunlich. Durchscheinend. C. ist von anderen hellen Amphibolen nur schwer zu unterscheiden und kommt vorzugsweise in Metamorphiten mit hohem Eisengehalt und geringem Calciumbestand vor.

**Cuprit** (m), $Cu_2O$, *Rotkupfererz*, ein Oxid. H 3,5–4, D 5,8–6,1, X-System: kubisch. Form: oktaedrische, würfelige Kristalle; auch nadelig, zumeist feinkörnig. Farbe: rot, gelegentlich fast schwarz. Durchscheinend bis undurchsichtig; Diamantglanz bis metallisch glänzend. Strichfarbe bräunlichrot. Nicht spaltbar, Bruch uneben. C. ist weicher als *Hämatit* und härter als *Cinnabarit* (Erkennungsmerkmal), kommt in der Oxidationszone von Kupferlagerstätten vor, begleitet von Malachit, Azurit und Chalkosin. Fundorte: bei Lyon in Frankreich, in USA, Chile, Südwestafrika, UdSSR u. a. C. ist ein Kupfererz.

**Cuprosklodowskit** (m), ein *Silikat* und Zersetzungsprodukt von Uranerzen, H 1–2, D 3,5, X-System: monoklin; kommt in Form nadeliger oder blättriger Kristalle, radialstrahliger Aggregate oder krustig, erdig und in pulvrigen Überzügen vor. Farbe: grün; Perlglanz bis matt glänzend, gute Spaltbarkeit.

**Curit**, ein seltenes bleihaltiges *Uranhydroxid*, H 4–5, D 7,2, X-System: rhombisch, kommt als gelbes bis bräunliches, stark glänzendes Umwandlungsprodukt von Uranerzen in Form säuliger, nadeliger Kristalle, meist jedoch derb, körnig oder dicht vor.

**Cyanit**, $Al_2SiO_5$, *Disthen*, ein Alumosilikat, H unterschiedlich, in Längs-

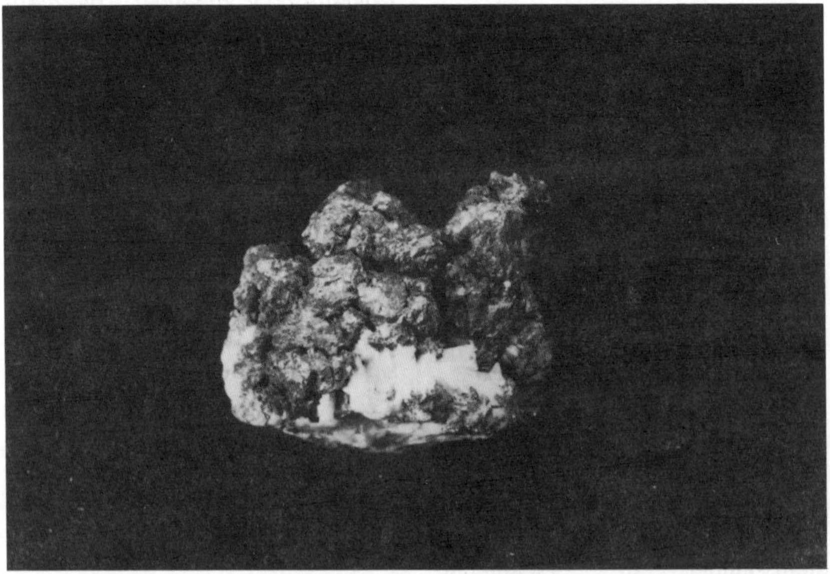

*Chalkopyrit (Siegerland) – gelb, Metallglanz, undurchsichtig.*

richtung 4–5, quer 6–7, D 3,5–3,7, X-System: triklin; kommt in Form plattstengeliger Kristalle oder blättriger, radialstrahliger Aggregate vor. Farbe: weiß bis blau, oft unregelmäßig gefärbt. C. ist durchsichtig bis durchscheinend, weist Glasglanz und eine ausgezeichnete Spaltbarkeit in zwei Richtungen auf. Vorkommen: in Metamorphiten, Pegmatiten und Quarzgängen. Fundorte u. a.: Spessart, Österreichische und Schweizer Alpen. □

**Cyanitschiefer**, mittel- bis grobkörniges, graues, bläulich geflecktes, schiefriges bis gneisartiges metamorphes Gestein. Die blauen Cyanit-Einsprenglinge weisen oft eine beachtliche Größe auf und sind parallel eingeregelt. C. besitzt gelegentlich auch eine bräunliche oder rötliche Farbtönung und kommt u. a. im Alpenraum vor.

**Cyanotrichit** (m), *Kupfersamterz*, ein sehr weiches (H 1) Verwitterungsprodukt von blauer Farbe, kommt in feinfaserigen, nadeligen Kristallen, büscheligen, kugeligen Aggregaten oder samtigen Krusten auf kupferhaltigen Erzgängen vor.

**Cyathophyllum**, Gattung fossiler Korallen, Silur bis Karbon, Einzelkoralle oder kolonienbildend.

**Cyathocrinites**, mittelgroße Form fossiler Seelilien (→ *Crinoidea*), Silur bis Perm, mit relativ hohem Kelch und gegabelten, abstehenden Armen.

**Cyclolites**, scheibenförmige Einzelkorallen, Kreide bis Eozän, mit tiefer länglicher Einkerbung im Zentrum und konzentrischen Wülsten und Furchen an der Unterseite (typisch für die Gattung).

**Cyclostomata**, Ordnung der Moostierchen (→ *Bryozoen*), vom Ordovizium bis zur Neuzeit vertreten.

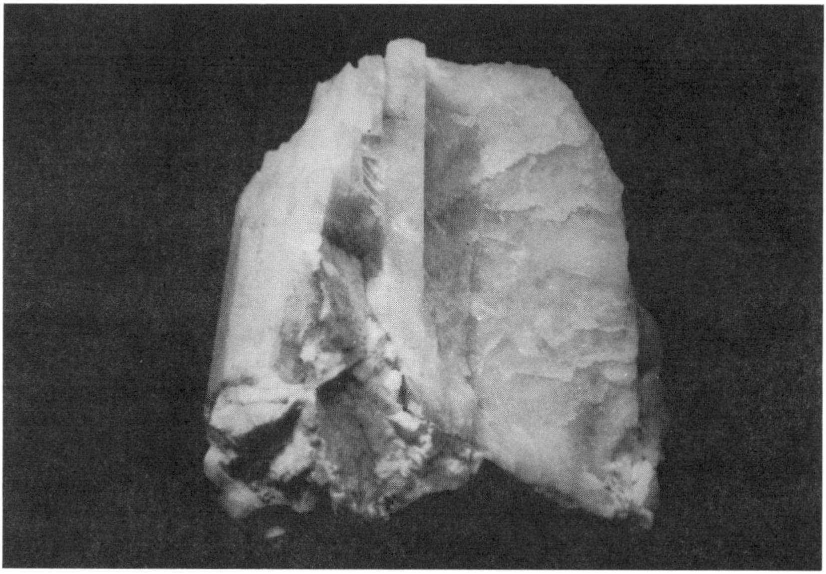

*Cyanit (Disthen) – bläulichweiß gezont, durchscheinend.*

**Cylindroteuthis**, → *Belemnit*, Jura bis Kreide, mit bis 15 cm langem Rostrum, breitoval mit abgeflachten Seiten und unterseitig langer Furche.

**Cymophan** (m), durchscheinende, grünliche Varietät des → *Chrysoberyll* mit der als *Chatoyance* bezeichneten Reflexerscheinung, auch Katzenauge genannt. C. ist äußerst selten.

**Cypraea**, *Kaurischnecke*, von der Kreide bis zur Neuzeit weltweit verbreitet. Die Mündung nimmt die gesamte Länge des Gehäuses ein (Merkmal).

**Cyprin** (m), eine blaue Varietät des → *Vesuvian*.

**Cyrtia**, → *Brachiopoden*-Gattung, Silur bis Devon, mit einem dreieckigen Vorsprung an der Stielklappe und einem glatten oder durch feine Rippen ornamentierten Gehäuse.

# D

**D**, Abkürzung und Symbol für →*Dichte*

**Dach**, *Hangendes*, spezielle Bezeichnung für die über einer Lagerstätte gelegene geologische Schicht.

**Dachfläche**, spezielle Bezeichnung für die obere Grenzfläche einer geologischen Schicht.

**Dachschiefer**, blau- oder schwarzgrauer *Tonschiefer* mit dünnplattiger →*Absonderung*, wird zum Eindecken von Hausdächern verwendet.

**Dactylioceras**, Jura-→ *Ammonit* des mittleren Lias mit fast kreisförmigem Windungsquerschnitt und deutlich ausgeprägten, gegabelten Rippen; als Fossil weltweit verbreitet.

**Dakeit** →*Schröckingerit*

**Dalmanella**, → *Brachiopoden*–Gattung, Ordoviz – Silur, mit feiner, unterschiedlicher Rippenzeichnung des Gehäuses und Wachstumslinien am Klappenrand; als Fossil weltweit verbreitet.

**Dalmanites**, ein → *Trilobit*, Silur – Devon, Kopf und Schwanz etwa gleichgroß, Thorax mit etwa 11 Segmenten; als Fossil weltweit verbreitet.

**Danburit** (m), $CaB_2(SiO_4)_2$, ein Silikat. H 7–7,5, D 3, X-System: rhombisch. Form: säulige Kristalle; derb. Farbe: farblos, gelblich, grau, dunkelbraun. Durchsichtig bis durchscheinend; Glasglanz, fettig. Undeutliche Spaltbarkeit, Bruch muschelig. Erkennbar an der Härte. D. kommt in Gneis und anderen Metamorphiten, u. a. in alpinen Klüften vor, aber auch in Dolomitgestein und vulkanischen Auswürflingen.

**Danien** (n), *Dan*, auch *Dänische Stufe* genannt, die jüngste Stufe der oberen → *Kreide*.

**Daniglazial** (n), Abschnitt der → *Weichseleiszeit*, Rückzugsphase des Inlandeises vom baltischen Raum nach Mittelschweden.

**Dänische Stufe** → *Danien*

**Dasberg** (n), Stufe des oberen → *Devons*.

**Datolith** (m), $CaB(OH|SiO_4)$, ein Silikat. H 5–5,5, D 3, X-System: monoklin. Form: kurzsäulige, dicktafelige Kristalle; körnig, dicht. Farbe: farblos, weiß, gelblich, grau. Durchsichtig bis durchscheinend; Glasglanz, fettig. Undeutliche Spaltbarkeit, Bruch muschelig. Dem Erkennen dient ein Härtevergleich, die flächenreiche Aggregatform und die Art des Muttergesteins. D. kommt in Hohlräumen basischer Magmatite und auf Erzgängen vor. Fundorte: Schwarzwald, Seiseralm und bei Klausen in Südtirol.

**Dauerfrostboden**, der bis in größere Tiefe ohne jahreszeitlich bedingte Unterbrechung ständig gefrorene Boden (s. auch → *Frostböden*).

**Dauertypen**, spezielle Bezeichnung für Pflanzen und Tiere, die sich von älteren Perioden der Erdgeschichte bis zur Gegenwart kaum verändert haben. Hierzu gehören beispielsweise die Farne und Seelilien.

**Daunstadium** (n), Rückzugsphase der → *Würmeiszeit* mit Stillstand der Alpengletscher; klimatische Schneegrenze ca. 400 m tiefer als heute.

**Dauphinéer Zwilling**, Kristallform des → *Quarzes* durch → *Zwillingsbildung*, Durchdringung zweier Linksquarze; vermehrtes Auftreten dieser Kristallform bei Bergkristall in der Dauphiné.

**Dazit** (m), hellgraues bis braunrötliches → *Effusivgestein* mit porphyrischem Gefüge und Einsprenglingen von Quarz und Plagioklas, die in eine feinkörnige bis glasige Grundmasse eingebettet sind. D. weist eine ähnliche Zusammensetzung wie der → *Andesit* auf, hat jedoch geringeren Natriumgehalt. Das Äquivalent unter den Plutoniten ist der *Quarzdiorit*. Bedeutende Vorkommen des D.s liegen in Rumänien (römische Provinz Dazien).

**Debye-Scherrer-Verfahren**, röntgenographisches Verfahren der Mineralidentifizierung, von dem Niederländer Debye und dem Schweizer Scherrer entwickelt. Von dem → *Bragg-Verfahren* unterscheidet sich die Methode insofern, als pulverförmige Substanzen statt einzelner Kristalle untersucht werden (s. auch → *Röntgenstrukturanalyse*).

**Decapoda**, zehnarmige Kopffüßer (→ *Cephalopoden*), die vom Muschelkalk an die Meere bevölkern (z. B. Sepia, Kalmare).

**Decke**, 1. aus breiten Lavaströmen entstandene, große Flächen überdeckende Effusivgesteine; 2. durch tektonische Vorgänge gebildete Schichtung in einem Faltengebirge, → *Überschiebungsdecke*.

**Deckenlehre**, Lehre, nach der Faltengebirge (z. B. die Alpen) aus verschiedenen übereinandergelagerten → *Überschiebungsdecken* aufgebaut sind. Bei der → *Orogenese* (Gebirgsbildung) wurden u. a. auch ältere Decken – bis zu 100 und mehr km von ihrem Ursprungsort (Wurzelzone) entfernt – auf jüngere überschoben, andere verblieben am Ort ihrer Entstehung (autochthon). Die D. ist unentbehrlich für die Entschlüsselung des recht komplizierten Gebirgsaufbaus und der einzelnen Entstehungsphasen eines Faltengebirges und wird durch die → *Plattentektonik* ergänzt und aktualisiert.

**Deckenschotter**, im Verlauf der Eiszeiten u. a. im Alpenvorland abgelagerte und hochgelegene Terrassen bildende Schotterschichten.

**Deckfalte**, eine liegende, den Untergrund abdeckende, von seitlichen Drücken herrührende Falte (s. auch → *Faltung*).

**Deckgebirge**, das über einer Lagerstätte oder einem metamorph veränderten Untergrund lagernde und häufig → *Diskordanz* aufweisende geologisch jüngere Gestein.

**Deflation** (f), Abtrag von Lockermaterial durch Windeinwirkung, *Winderosion*, findet vorzugsweise an vegetationsarmen Stellen statt und ist in Trockengebieten die dominierende Form der → *Abtragung*.

**Deformation** (f), Veränderung der Gestalt eines Körpers durch Druck- oder Zugbeanspruchung. Die D. kann zeitlich begrenzt sein, während der Beanspruchung, dann spricht man von elastischem Verhalten (Pla-

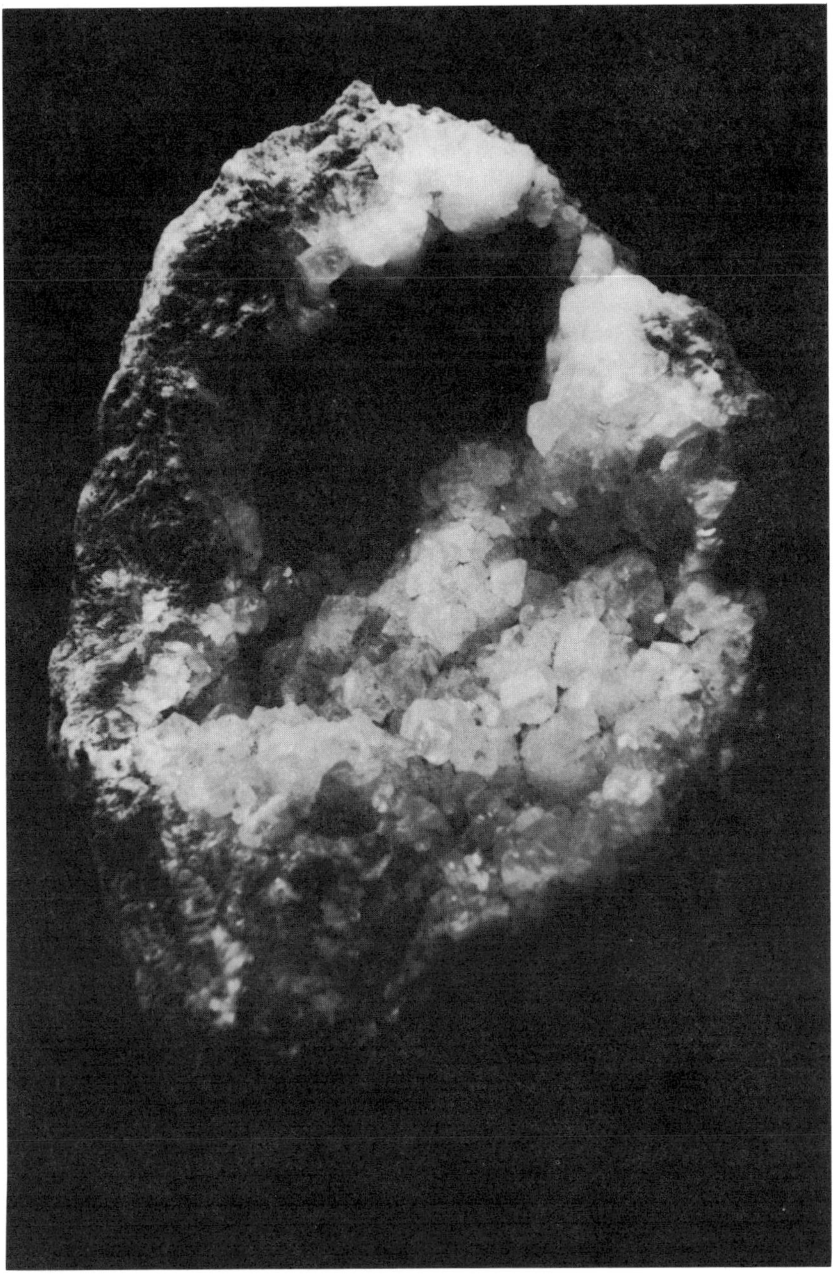

*Druse mit Calcitkristallen (Lahn-Dill-Gebiet) – farblos, weiß, durchscheinend.*

stizität); s. auch → *Gleitbiegung*, → *Translation*. Überbeanspruchung oder die Belastung unelastischer Körper führt zum Bruch und somit zur Zerstörung der Gestalt.

**Degradation** (f), *Degradierung*, Veränderung des Bodenprofiles und des Bodentyps im A-Horizont durch veränderte Bedingungen der Bodenbildung (Klima, Durchfeuchtung, Vegetation u. a.).

**Deklination** (f), im speziellen Sprachgebrauch: 1. Winkelabstand eines Gestirns vom Himmelsäquator; 2. Abweichung der Kompaßnadel von der wahren Nordrichtung (*Mißweisung*); entsteht durch abweichende Lage des magnetischen vom geographischen Nordpol.

**Delle**, muldenförmige Vertiefung an einem Hang ohne fließendes Gewässer, als Folge von *Massenbewegungen*.

**Deltoid** (n), auch Drachenviereck genannt, viereckige Fläche mit einer Diagonale als Symmetrieachse.

**Deltoiddodekaeder** (n), von 12 gleichen → *Deltoiden* begrenzter Körper, eine *Kristallform* des kubischen X-Systems.

**Deltoidikositetraeder** (n), Körper mit 24 → *Deltoiden*, *Kristallform* des kubischen X-Systems; typische Kristallform des → *Leucit*, deshalb auch → *Leucitoeder* genannt.

**Delvauxit** (m), ein Eisenphosphat, kommt in der Verwitterungszone von Eisenerzlagerstätten vor, tritt amorph in kugeligen, nierigen Knollen auf, orangefarben oder bräunlichschwarz, weist fettigen Glanz auf und ist nicht spaltbar.

**Demantoid** (m), ein Kalk-Eisen- → *Granat*, Varietät des → *Andradit*, durchsichtig, leuchtend grün oder grüngelb, mit starkem Glanz. Der D. ist nach dem Uwarowit einer der wertvollsten Granate und gilt als Edelstein. Vereinzelte Fundstellen u. a.: im Fichtelgebirge, in den Walliser und Italienischen Alpen.

**Dendriten** (pl), durch Eindringen von Mangan- oder Eisenlösungen in Gesteinsporen oder -fugen entstandene Mineralablagerungen, die auf Spalt- oder Fugenflächen eine moos- oder bäumchenförmige Zeichnung hervorrufen, von Laien oft für pflanzliche Versteinerungen gehalten. D. sind jedoch keine Fossilien, sondern rein anorganische Substanzen. □

**Dendrograptus**, ein Vertreter der → *Graptolithen*, Kambrium – Karbon; die verzweigten Kolonien haben ein pflanzenähnliches Aussehen.

**Denudation** (f), Bezeichnung für den Bodenabtrag von Lockermaterial im allgemeinen; im besonderen jedoch die mit Ausgleich von Höhenunterschieden verbundene flächenhafte Abtragung durch Massenbewegungen jeglicher Art. Voraussetzung für die D. ist ein ausreichendes Gefälle. Ebenen, an denen die Massenbewegung zum Stillstand kommt, werden als unteres Denudationsniveau bezeichnet.

**Depression** (f), im speziellen Sprachgebrauch für: 1. Einsenkung, Vertiefung; 2. unter dem Meeresspiegel gelegene Landsenke; 3. durch Saugwirkung der Ventilatoren bei der Grubenbewetterung entstehender Unterdruck.

**Dernbachit** →Beudantit

**Desmin**(m), $Ca(Al_2Si_7O_{18})\cdot 7H_2O$, *Stilbit*, Bündel- → *Zeolith*. H 3,5–4, D 2,1, X-System: monoklin. Form: strahlige, blättrige, bündelförmige Aggregate, Durchkreuzungszwillinge. Farbe: farblos, weiß, gelblich, bräunlich, selten rot. Glasglanz, Perlglanz. Spaltbarkeit nahezu vollkommen, Bruch uneben. Durchsichtig, durchscheinend. Erkennen: Form, Vorkommen; bläht sich, wie alle Zeolithe, bei schnellem Erhitzen durch Wasserabgabe auf. D. kommt in Blasenräumen von Effusivgesteinen vor. Fundorte u. a. im Westerwald, bei Idar-Oberstein, im Fassatal/Dolomiten.

**Desquamation** (f), Abschuppung, Art der → *Insolationsverwitterung*, durch Loslösung dünner Blättchen gekennzeichnet, im Gegensatz zur schaligen Verwitterung, bei der bis zu 20 cm starke Schalen des Gesteins (meist massiges Gestein) losgelöst werden.

**Detersion** (f), *Gletscherschliff*, Abrieb vom Gestein durch bewegtes Eis der Gletscher, eine Erscheinung der *Glazialerosion*.

**Detraktion** (f), das Ausbrechen von Gesteinsbrocken aus dem Untergrund durch Gletschereis, eine Form der *Glazialerosion*.

**detritogen**, durch Gesteinsschutt organischer Herkunft entstanden, so beispielsweise die Ablagerung von Kalk in Rifflücken.

**Detritus** (m), im speziellen Sprachgebrauch für: 1. Gesteinsschutt organischer Herkunft; 2. Schwebe- und Sinkstoffe in Gewässern, deren Hauptanteil abgestorbene Mikroorganismen bilden.

**Devillin** (m), (Herrengrundit), ein Sulfat; Verwitterungsprodukt auf Kupfererzgängen. Kristalle monoklin, blättrig nadelig, auch als blättrige, fächerförmige Aggregate. Dun-

*Dendriten in Grünschiefer (Lahn-Dill-Gebiet).*

kelgrün, H 2,5, Glas- oder Perlglanz, sehr gut spaltbar, durchscheinend.

**Devon** (n), → *geologische Formation* zwischen Silur und Karbon – nach der engl. Grafschaft Devonshire benannt – Dauer ca. 50 Millionen Jahre, in Unter-, Mittel- und Oberdevon gegliedert. Das D. ist u. a. geprägt von starkem Vulkanismus und vom Beginn der → *variskischen* Faltung mit Entstehung des Rheinischen Schiefergebirges. Auch die Lagerstätten des Roteisenerzes im Lahn-Dill-Gebiet und die Sideritgänge im Siegerland wurden im D. gebildet. In Fauna und Flora dominieren u. a. Korallen, Muscheln, Schnecken, Seelilien, Trilobiten, Panzerfische, Bärlappgewächse, Schachtelhalme und Farne.

**Diabas** (m), körniges, basisches → *Effusivgestein* von schwarzbrauner bis grünlicher Farbe, im Devon recht häufig. Hauptgemengeteile sind: Plagioklas, Augit (vielfach in Chlorit umgewandelt – grüne Farbe), Olivin oder Quarz. D. ist als Einlagerung in devonischen Schichten u. a. irn Fichtelgebirge und Harz anzutreffen; bedeutende Vorkommen auch in Schweden.

**Diagenese** (f), die Verfestigung von Sedimenten zum Sedimentgestein sowie alle Vorgänge vom Zeitpunkt der Ablagerung an, wie Entwässerung durch Druckbelastung, Stoffwanderung, Umkristallisation, Bildung von Konkretionen sowie Verkittung durch in chemischen Lösungen enthaltene Bindemittel. Der Vorgang der D. ist zur Metamorphose hin deutlich abgegrenzt.

**Diaklase** (f), Bezeichnung für eine Gesteinsfuge, s. auch → *Lithoklase*.

**Diallag** (m), ein dem → *Augit* chemisch verwandtes Silikat der → *Pyroxen*-Gruppe. Entgegen der Spaltbarkeit der üblichen Pyroxene eher blättrige Ablösung. D. ist ein Gemengeteil basischer Intrusivgesteine wie Gabbro u. a., tritt dort meist eingewachsen in körniger, spätiger oder schaliger Form auf, weist eine grünlichgraue bis bräunlichschwarze Farbe auf und schillert gelegentlich wie → *Bronzit*. H 4, D 3,2–3,3, X-System: monoklin.

**Diorite**

Vergleich des Mineralbestandes

| Gesteinsart | Quarz | Kali-Feldspat | Plagioklas | Pyroxen | Amphibole | Glimmer | Sonst. |
|---|---|---|---|---|---|---|---|
| Diorit | x | x | xxx | | **xx** | xx | x |
| Quarzdiorit | **xx** | x | **xx** | | xx | xx | x |
| Tonalit | xx | x | **xx** | | **xx** | **xx** | x |
| Gabbrodiorit | x | | xxx | **xx** | x | | x |

Glimmer: Biotit oder Muskovit oder beide.
Zeichenerklärung: (x) = evtl. geringe Anteile, x = 0–7%, xx = 8–20%, **xx** = mehr als 20%, xxx = mehr als 50%.

**Diamant** (m), C, ein Element, kubische Modifikation des Kohlenstoffes, H 10, D 3,5, kommt in Form einzelner oktaedrischer, würfeliger oder dodekaedrischer Kristalle mit meist gerundeten Kanten vor. Farbe: farblos, gelb, braun bis schwarz, seltener blau. Der D. ist durchsichtig, weist Diamantglanz oder fettigen Glanz und eine vollkommene Spaltbarkeit nach dem Oktaeder auf und besitzt die größte Härte, die von keinem anderen Mineral erreicht wird. Er kommt eingewachsen in → *Kimberlit*, einem basischen Effusivgestein vor, wird jedoch nach Verwitterung des Muttergesteins auch in Flußsanden und auf → *Seifen* angetroffen. Fundstellen liegen in Südwestafrika, Sibirien, Simbabwe (Rhodesien), Zaire (bedeutende Vorkommen, jedoch nur Industriediamanten), Sierra Leone. Lupenreine D.en mit einem leichten Hauch von Blau sind die begehrtesten → *Edelsteine*, stark eingefärbte werden *Fancies*, Phantasiediamanten, genannt; minderwertige Ware findet als Industriediamanten Verwendung (Bohrkronen, Schleif-, Poliermittel u. a.). Der Roh-D. ist recht unscheinbar. Erst durch den Schliff entfaltet sich das „Feuer", das auf hohen Brechungsindex, Dispersion und Glanz zurückzuführen ist.

Der größte Diamant, der jemals gefunden wurde, war der *Cullinan* aus Südafrika mit 3106 Karat (ct) bzw. 621,5 g. Aus ihm wurden 9 große Steine und eine große Anzahl kleinerer hergestellt, die alle zu den britischen Kronjuwelen gehören.

Weitere berühmte D.en, nach ihrem Rohgewicht geordnet, sind (St. = geschliffene Steine):

*Excelsior*, Südafrika, 995,2 ct (22 St.)
*Großmogul*, Indien, 807,17 ct (ergab den *Koohinor*, heute 109 ct)
*President Vargas*, Brasilien, 726,6 ct
*Jonker*, Südafrika, 726 ct (12 St.)
*Jubilee*, Südafrika, 650,8 ct (243,3 ct)
*Goiás*, Brasilien, 600 ct
*De Beers*, Südafrika, 575,83 ct
*Premier*, Südafrika, 426,5 ct

**diaphan** bedeutet *durchscheinend*, im Gegensatz zu → *opak* (undurchsichtig).

**Diaphthorese**, retrograde (rückschreitende) → *Metamorphose*; hoch metamorphes Gestein wird in einer zweiten Metamorphose in geringer metamorphes zurückgewandelt. So entstehen z. B. Phyllite aus Gneisen der → *Kata-* oder → *Mesozone*.

**Diapir** (m), Gesteinskörper, der im Rahmen einer Gebirgsfaltung in höhere Schichten gepreßt wurde. Dieser Vorgang setzt jedoch eine gewisse Plastizität der Gesteinsmassen voraus, z. B. Salzgesteine (→ *Halit* u. a.).

**diaschist** nennt man Ganggesteine, die eine andere chemische und mineralogische Zusammensetzung als das Muttergestein aufweisen.

**Diaspor** (m), AlO(OH), ein Aluminiumhydroxid, H 6,5–7, D 3,2–3,5, X-System: rhombisch. Form: tafelige Kristalle, meist jedoch blättrige, gekrümmte oder stengelige Aggregate. Farbe: farblos, weiß, grau, bräunlich, bläulich oder rosa, z. T. gezont. D. ist durchscheinend, weist Glasglanz (Perlglanz auf Spaltflächen) und vollkommene Spaltbarkeit in einer Ebene auf, die Bruchflächen sind muschelig. Dem Erkennen dienen Form und Spaltbarkeit. D. kommt in kristallinen Schiefern, als Gemengeteil von Bauxit und in Bereichen der Kontaktmetamorphose vor.

**Diatexis** (f), Vorgang bei starker Metamorphose; infolge fortschreitender → *Anatexis* (Aufschmelzung) entstehen Gesteine mit granitartiger Struktur und Textur.

**Diatomeen** (pl), *Kieselalgen*, einzellige gelbbraune Algen mit kieseliger Zellhaut, gesteinsbildend (→ *Kieselgur*).

**Diatomeenerde** → *Kieselgur*

**Diatomeenschlamm**, kieselsäurereiche, vorwiegend aus Diatomeenresten aufgebaute Ablagerungen der Tiefsee, besonders in den antarktischen Meeren und im Pazifik.

**Dibranchiata**, *Zweikiemer*, Unterklasse der Kopffüßer (→ *Cephalopoden*); umfaßt → *Octopoda* und → *Decapoda*.

**Dichroismus** (m), Eigenschaft vieler doppelbrechender Kristalle, Licht nach zwei Richtungen in verschiedene Farben zu zerlegen. Ändern sich die Farben in zwei oder mehr Richtungen des Lichteinfalles, so spricht man auch von *Pleochroismus*.

**Dichroit** → *Cordierit*

**Dichte**, *Abk.*: *D*, ist gleichbedeutend mit dem *spezifischen* Gewicht eines Stoffes und bezeichnet das Gewicht der Volumeneinheit ($g/cm^3$). Da 1 $cm^3$ Wasser bei 4°C genau 1 g wiegt, gibt der Zahlenwert der Dichte oder des spezifischen Gewichtes zugleich an, um wieviel ein Stoff (Mineral) schwerer als die volumengleiche Menge Wasser ist.

**Dicoelosia**, → *Brachiopoden*-Gattung, Ordoviz – Devon, mit deutlicher Einbuchtung an der vorderen Randseite der Klappen.

**Dielasma**, → *Brachiopoden*-Gattung, Karbon – Perm, länglich tropfenförmig, mit glatten Klappen.

**Differentiation** (f), *magmatische D.*, die Trennung des Magmas in mehrere Teilmagmen mit unterschiedlichem Chemismus, führt bei der Gesteinsbildung zur Entstehung verschiedener Arten von → *Magmatiten* (Eruptivgesteinen). Besondere D.en sind auch bei der Vermischung zweier Eruptivgesteine und bei der Aufschmelzung sedimentären Materials in magmatischem zu verzeichnen (Mischgesteine oder → *Migmatite*).

**Diffluenz** (f), bezeichnet im speziellen Sprachgebrauch die Teilung eines Gletschers in zwei Teilströme. Am Ort der Teilung entstehen infolge verminderter → *Glazialerosion* Gefällestufen, sogenannte *D.–stufen*.

**Digyre** (f), zweizählige Symmetrieachse, s. auch → *Kristallsymmetrie*.

**Diktyogenese** (f), Bewegung in der Erdkruste, die großräumig Schwellen, Becken oder Wölbungen erzeugt, ohne die Gesteinsmassenschichtung wesentlich zu verändern. Die Aufwölbung im Bereich von Schwarzwald und Vogesen mit dem Einbruch des Oberrheingrabens weist beispielsweise die Merkmale einer D. auf.

**diluvial**, im Diluvium, (→ *Pleistozän*) gebildet.

**Diluvium** (n), (latein. Überschwemmung, Sintflut) veraltete Bezeichnung für das → *Pleistozän*. Früher hielt man die Ablagerungen aus dieser Zeit für Folgeerscheinungen der Sintflut.

**Dimorphie** (f), bezeichnet die Eigenschaft chemisch gleicher Stoffe, zwei → *Modifikationen* zu bilden, die sich im X-System, gelegentlich aber auch in der Härte deutlich unterscheiden. Beispiel: Das Element Kohlenstoff C kristallisiert hexagonal als Graphit mit Härte 1 und kubisch als Diamant mit Härte 10; s. auch → *Polymorphie*

**Dinariden** (pl), südöstlich an die Alpen grenzende und weit nach Süden sich erstreckende Gebirgszüge; Teil der → *alpidischen Faltung*, die sich nach Süden in den Helleniden fortsetzt.

**Dinosaurier**, Gruppe *mesozoischer* Landsaurier mit fleisch- und pflanzenfressenden Arten; zu den D.n gehören u. a. der über 20 m lange *Brachiosaurus*, der 14 m lange *Tyrannosaurus* und weitere bekannte D., wie *Brontosaurus*, *Iguanodon* und *Stegosaurus*, bis hin zum *Hypsilophodon*, ca. 1 m hoch. Ganze Skelette von D.n sind ebenso als Fossilien erhalten wie einzelne Zähne dieser nach der Kreide ausgestorbenen Landtiere.

**Diopsid** (m), $CaMgSi_2O_6$, ein Silikat der → *Pyroxen*-Gruppe. H 5,5–6,5, D 3,3, X-System: monoklin. Form: Kristalle als gedrungene Prismen; blättrige, körnige, strahlige Aggregate. Farbe: grauweiß bis hellgrün, eine violette Varietät wird auch *Violan* genannt. D. ist durchsichtig bis undurchsichtig, weist Glasglanz und gute Spaltbarkeit auf und besitzt gegenüber dem Augit eine hellere Farbe; kommt in alpinen Klüften, in kristallinen Schiefern mit hohen Calcium- und Magnesiumanteilen sowie in kontaktmetamorphen Kalken vor, ist aber auch als Gemengeteil basischer Eruptivgesteine vertreten. Fundorte u. a. in den Zillertaler Alpen und den Hohen Tauern. Selten schöne Exemplare von Ceylon, Madagaskar oder Brasilien werden zu Edelsteinen geschliffen.

**Dioptas** (m), $Cu_6Si_6O_{18} \cdot 6H_2O$, ein Kupfersilikat. H 5, D 3,3, X-System:

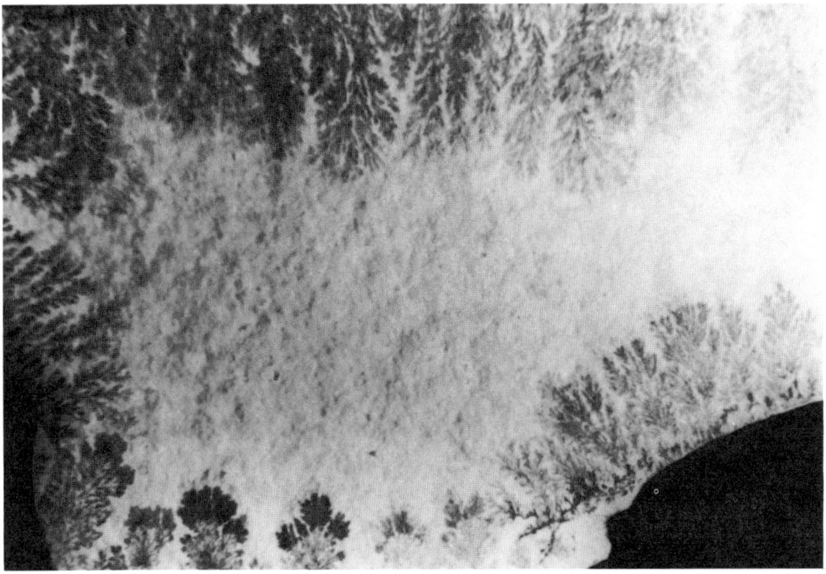

*Dendriten in Kalkstein aus dem Jura Süddeutschlands.*

trigonal. Form: meist kurzprismatische Kristalle oder Rhomboeder; auch massig-dicht. D. ist smaragd- bis dunkelgrün, weist Glasglanz und gute Spaltbarkeit auf, ist an Kristallform sowie Härte zu erkennen und kommt in der Oxidationszone von Kupferlagerstätten, besonders im Gebiet des Kongo und in Südwestafrika vor. Schöne Kristallgruppen sind selten und erreichen im Handel ein hohes Preisniveau.

**Diorit** (m), mittel- bis grobkörniges, schwarzweiß gesprenkeltes → *Intrusivgestein*, gelegentlich mit Farbtönen von dunkelgrün oder rosa. Mineralbestand im wesentlichen Plagioklas (Andesin oder Oligoklas) und Hornblende sowie gelegentlich Biotit oder Pyroxen. Alkalifeldspat und Quarz (Quarz-Diorit) können im Übergang zu Granodiorit auftreten. Als Nebengemengeteile sind in der Regel Apatit, Titanit und Eisenoxide vertreten. D. bildet selbständige Stöcke und Gänge, kann jedoch auch als lokal abgegrenzte Variante eines Granitmassives angetroffen werden oder unmerklich in Gabbro übergehen (Tab. S. 84).

**Diplograptus**, ein Vertreter der → *Graptolithen*, kolonienbildender planktonischer Tiere. D. ist fossil im Ordovizium und Silur anzutreffen und dort weltweit verbreitet.

**Diprotodon**, als *Marsupialier* dem Känguruh, Koala und Opossum verwandtes Säugetier des Pleistozäns, dessen fossile Überreste in Australien angetroffen werden.

**Disdodekaeder** (n), von 24 unsymmetrischen Flächen begrenzte *Kristallform* des kubischen X-Systems; durch die unsymmetrischen viereckigen Flächen unterscheidet sich der D. vom → *Deltoidikositetraeder*.

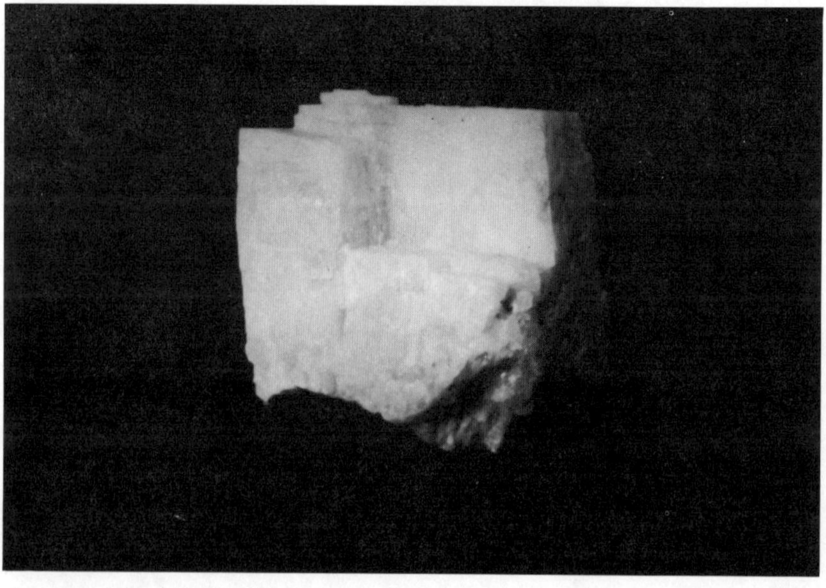

*Dolomit, Rhomboeder (Nördl. Kalkalpen) – farblos, weiß, durchscheinend.*

**Diskontinuität** (f), bezeichnet im speziellen Sprachgebrauch die Unstetigkeit von Grenzflächen im Erdinnern; Bereiche, in denen Erdbebenwellen reflektiert werden.

**Diskordanz** (f), 1. *Winkeldiskordanz*, ungleichförmige Lagerung zweier Gesteinsverbände, z. B. die horizontale Ablagerung eines Verbandes auf einem schrägliegenden; 2. *Erosionsdiskordanz*, Unterbrechung in der räumlichen und zeitlichen Kontinuität einer Sedimentfolge durch Erosion.

**Dislokation** (f), Lagerungsstörungen oder -änderungen von Gesteinsverbänden, wie Verwerfungen, Verschiebungen oder bruchlose Verbiegungen.

**Dislokationsbeben**, durch tektonische Vorgänge hervorgerufene → *Erdbeben*.

**Dislokationsmetamorphose** (f), vorwiegend mechanische Veränderung von Gesteinen durch hohe richtungsorientierte Druckbelastung (Streß).

**Dispersion** (f), 1. feinste Verteilung eines Stoffes in einem anderen; 2. Abhängigkeit der Fortpflanzungsgeschwindigkeit u. a. des Lichtes von der jeweiligen Wellenlänge.

**Disthen** → *Cyanit*

**Dodekaeder** (n), von 12 gleichen Flächen begrenzter Körper, eine Kristallform des kubischen X-Systems. Die Flächen können Fünfecke sein, Rhomben oder Deltoide.

**Dodo**, ausgestorbene Vogelart des Pleistozäns.

**Dogger** (m), *Brauner Jura*, die mittlere Abteilung der → *Juraformation*; s. auch → *geologische Formationen*.

**Dolerit** (m), → *Effusivgestein* mit kör-

*Dolomit, Aggregat (Binnatal/Schweiz) – farblos, gelblich, durchsichtig.*

nigem Gefüge, schwarz, dunkelgrau oder grünlich, kann auch hell-dunkel gesprenkelt sein oder ophitische Textur aufweisen. Phänokristalle aus Olivin, Pyroxen oder Plagioklas sind in eine aus den gleichen Mineralen aufgebaute Grundmasse eingebettet. Eisenoxide, bisweilen etwas Quarz, Hornblende oder Biotit können ebenfalls hinzutreten.

**Dolinen** (pl), trichter- oder schüsselförmige Bodenvertiefungen in Karstgebieten mit einem Durchmesser bis 1 km und einer Tiefe bis zu 300 m. Nach der Art ihrer Entstehung werden *Karren-D.*, *Einsturz-D.* u. a. unterschieden. Durch die Vereinigung mehrerer D. entstehen unregelmäßig geformte Hohlräume (sog. *Uvalas*). D. sind verbreitete und typische Karsterscheinungen.

**Dolomit** (m), CaMg $(CO_3)_2$, ein Calcium-Magnesium-Carbonat, H 3,5–4, D 2,8–2,9, X-System: trigonal; Kristallform: Rhomboeder, teilweise mit gekrümmten Flächen. D. ist farblos, weiß, gelblich oder bräunlich, durchsichtig bis durchscheinend, besitzt Glasglanz und eine ausgezeichnete Spaltbarkeit. Die größere Härte und die geringere Löslichkeit in kalter Salzsäure unterscheiden D. von Calcit. D. bildet mit → *Ankerit* eine stufenlose Mischreihe, wobei Mg durch Fe ersetzt wird, und kommt gesteinsbildend in D.-Gestein sowie auf Erzgängen vor. Fundorte u. a. im Siegerland, im Lahn-Dill-Gebiet und verbreitet im Alpenraum. □

**Dolomitgestein**, vorwiegend aus Dolomit aufgebautes, gelbes bis rötliches, körniges oder dichtes Sedimentgestein, durch Zufuhr von Magnesium aus Kalkstein entstanden. Vorkommen verbreitet in den nördlichen Kalkalpen, in den Dolomiten und anderenorts.

**Dom** (m), pilzförmige Aufwölbung eines plastischen und leichteren Gesteinskörpers in Schwachstellen des Nebengesteins, das zu den Flanken hin verdrängt und mit aufgewölbt wird. Dombildung ist bei Salzgesteinen und -lagerstätten häufig.

**Doma** (n), Kristallfläche, die zwei Kristallachsen schneidet.

**Donaueiszeit**, noch nicht nachgewiesene fünfte pleistozäne → *Eiszeit*, wird vor der → *Günzeiszeit* vermutet.

**Doppelbrechung**, die Eigenschaft optisch anisotroper Stoffe und der Kristalle (mit Ausnahme jener des kubischen X-Systems), einen einfallenden Lichtstrahl in zwei polarisierte Strahlen zu zerlegen, einen „*ordentlichen*" und einen „*außerordentlichen*". Diese Eigenschaft besitzen die Kristalle jedoch nicht in allen Richtungen. Bei Kristallen des tetragonalen, hexagonalen und trigonalen Systems (optisch einachsig) findet in Richtung der optischen Achse, die stets mit der Längsrichtung des Prismas zusammenfällt, keine Doppelbrechung statt; rhombische, monokline und trikline Kristalle (optisch zweiachsig) weisen in zwei Richtungen keine Doppelbrechung auf. Die D. läßt sich beim durchsichtigen Rhomboederkristall des Calcit, „Doppelspat", mit dem unbewaffneten Auge deutlich erkennen. Ein unterlegtes Schriftbild erscheint hier doppelt. Das D.sverhalten ist von Fall zu Fall verschieden und die Abweichung der außerordentlichen Strahlen kann positiv oder negativ sein. □

**doppelendig** werden Kristalle bezeichnet, deren Endungen voll ausgebildet sind, d. h., daß sie an den Enden weder angewachsen noch abgespalten sind. Doppelendig ausgebildete Quarzkristalle weisen beispielsweise an beiden Enden den pyramidenähnlichen Abschluß auf. Solche Kristalle sind entweder als Einzelkristalle entstanden oder an ihrer Längsseite angewachsen.

**Doppelspat** (m), andere Bezeichnung für → *Calcit*–Rhomboeder, die deutlich die Eigenschaft der → *Doppelbrechung* erkennen lassen.

**Doryderma**, ein verästelter, pflanzenähnlicher Schwamm (→ *Spongien*), Karbon bis Kreide.

**Douvilleiceras**, Kreide- → *Ammonit*, dessen Gehäuserippen mit zahlreichen Knötchen besetzt sind (Merkmal), fossil weltweit verbreitet.

**Dravit** (m), magnesiumhaltige, braune bis schwarze Varietät des → *Turmalin*.

**Drehachse** → *Kristallsymmetrie*

**Dreikanter** (m), *Windkanter*, durch Einwirkung von Flugsand in Form einer dreiseitigen Pyramide abgeschliffenes Gestein.

**Drifttheorie** → *Kontinentaldrift*

**Drumlin** (m), (*pl Drumlins*), Rückenberg, elliptische Aufschüttung in Gletscherrandgebieten, aus Grundmoränenmaterial bestehend. D.s sind im deutschen Alpenvorland, in Großbritannien und Nordamerika häufig anzutreffen.

**Druse** (f), ein mit aufgewachsenen Kristallen ausgekleideter Hohlraum im Gestein, besonders in Magmatiten und Metamorphiten. Runde Aus-

*Dolomit, Kristalle auf Feldspat (Binnatal/Schweiz) – gelblich, durchscheinend.*

kleidungen und Füllungen von Blasenräumen in Effusivgesteinen werden auch → *Geoden* genannt. □

**Dryaszeit** (nach der Silberwurz, *Dryas octopetala*), spät- bzw. nacheiszeitlicher, von Tundrenvegetation geprägter Klimaabschnitt.

**Dublette** (f), aus einem Edelsteinspaltstück oder -splitter und geringerwertigem Material zusammengeschmolzenes oder verkittetes Doppelstück für Ringe und anderen Schmuck. Eine D. mit ausgesuchten und zueinander passenden unterschiedlichen Materialien wird gelegentlich auch zur Erzielung eines besonderen optischen Effektes (Lichtbrechung u. a.) hergestellt.

**Duktilität** (f), Dehnbarkeit, Streckbarkeit, Verformbarkeit eines Stoffes.

**Dumortierit** (m), $(Al,Fe)_7BSi_3O_{18}$, ein Silikat. H 7, D 3,4, X-System: rhombisch. Form: selten Kristalle, meist faserige, radialstrahlige Aggregate. Farbe: grünlichblau, violett, rosa. Durchscheinend bis nahezu durchsichtig; Glas- oder Seidenglanz. Spaltbarkeit deutlich. Erkennbar an Farbe und der faserig strahligen Form. D. kommt in Pegmatiten und pneumatolytischen Verdrängungen vor, u. a. im Riesengebirge, in Südwestafrika und USA.

**Düne**, Anhäufung von feinem Sand (Quarzsand) durch den Wind an flachem See- oder Meeresstrand (*Küsten-D.*) sowie in Trockengebieten (*Binnen-D.*). Man unterscheidet u. a. *Längs-, Quer-* sowie nach der Form *Sichel-D.* und *Bogen-D.* Ursachen für die Entstehung der D. sind geringe Unebenheiten des Bodens oder Hindernisse anderer Art. Alle D.n werden mit der Zeit in Windrichtung ver-

*Doppelbrechung; doppeltes Schriftbild bei Doppelspat (durchsichtiger Calcitrhomboeder).*

lagert (Wander-D.n). Dem Wandern der D.n begegnet man mit Anpflanzung und Aufforstung. Die durch Vegetation zum Stillstand gebrachten D.n werden auch *fossile* D.n genannt.

**Dunit** (m), sattgrünes, feinkörniges → *Intrusivgestein*, das fast ausschließlich aus Olivin besteht und allenfalls geringe Gemengeteile von Chromit enthalten kann; D. ist eine Gesteinsvarietät des → *Peridotit*.

**Dünnschliff**, ein geschnittenes und bis auf eine Reststärke von 0,02 bis 0,04 mm geschliffenes, hauchdünnes Gesteins- oder Mineralblättchen, wird für Gesteins- bzw. Mineraluntersuchungen mittels → *Durchlichtmikroskopie* benötigt. In dieser geringen Stärke sind praktisch alle gesteinsbildenden Minerale durchsichtig.

**Durchdringungszwillinge** → *Zwillingsbildung*

**Durchkreuzungszwillinge** → *Zwillingsbildung*

**Durchlichtmikroskopie** (f), mikroskopische Untersuchungsmethode transparenter Objekte, z. B. kleine Kristalle oder Mineral- bzw. Gesteins- → *Dünnschliffe*. In der Mineralogie wird hierzu polarisiertes Licht und ein → *Polarisationsmikroskop*, das jedoch auch Auflichtmikroskopie gestattet, verwendet.

**Durchschlagsröhre** → *Pipe*, runder oder ovaler, senkrechter Vulkanschlot, der bei explosionsartigem Entweichen des Magmas entstand und mit vulkanischem Lockermaterial, mit → *Kimberlit* oder Eruptivbrekzie ausgefüllt ist, oben meist trichterförmig erweitert.

**Dy** (m), *Torfmudde*, dunkelbrauner organischer Schlamm, besteht aus pflanzlichem Detritus mit Algenresten und ausgeflocktem Humus.

**Dyas** (f), alte Bezeichnung für das → *Perm*; s. auch → *geologische Formationen*.

**Dynamometamorphose** → *Dislokationsmetamorphose*

**Dynamotheorie**, von Bullard und Elsasser entwickelte Theorie der Entstehung u. a. des Erdmagnetfeldes durch elektrische Ströme im Erdkern.

**Dyskrasit** (m), $Ag_3Sb$, *Antimonsilber*, H 3,5, D 9,3, X-System: rhombisch, kommt in Form säuliger, pyramidaler Kristalle, auch derb oder körnig auf Silbererzgängen vor. Farbe: silberweiß bis hellgrau. D. ist undurchsichtig, weist Metallglanz und z. T. vollkommene Spaltbarkeit auf. Als verbreitetes Silbererz ist D. u. a. im Harz und im Schwarzwald anzutreffen; bedeutende Vorkommen in Kanada.

**Dysodil** → *Blätterkohle*

# E

**Ebene**, ausgedehnte, flache Landfläche ohne nennenswerte Höhenunterschiede, im Unterschied zum → *Flachland*, das eine bewegtere Oberfläche aufweist. E.n in geringer Höhe über dem Meeresspiegel werden als *Tiefebenen*, höher gelegene (z. T. schon ab 200 m) als *Hochebenen* bezeichnet. Nach der Art ihrer Entstehung unterscheidet man *Aufschüttungsebenen* und *Abtragungsebenen*.

**Echinodermen**, *Stachelhäuter*, ein Stamm wirbelloser Meerestiere mit kalkigem Skelett der Unterhaut und typischem Wassergefäßsystem (Ambulakral-System). Fossil sind vor allem die Seesterne (Asteroidea), Seelilien (Crinoidea) und Seeigel (Echinoidea) von Bedeutung. Vorkommen seit dem Ordoviz.

**Echinoidea**, *Seeigel*, eine Klasse der Stachelhäuter (→ *Echinodermen*), kugelige, abgeflachte oder herzförmige Tiere, deren meist von den Stacheln entblößte Gehäuse fossil anzutreffen sind. Gliederung in *reguläre* Seeigel (Mund und Anus zentral, fünfstrahlige Symmetrie; seit dem Ordoviz) und *irreguläre* Seeigel (Mund zentral oder nach vorn verschoben, Anus dezentral, zweiseitige Symmetrie; seit dem Jura).

**Echinolampas**, Seeigel (→ *Echinoidea*) mit abgeflachtem, fünfseitigem Körper und sternförmig angeordneten Porenreihen (Ambulakren); Eozän – Neuzeit.

**Echinopora**, vom Miozän an verbreitete Korallenart, bildet blatt- oder krustenförmige Kolonien.

**Edelsteine**, unscharf abgegrenzte Gruppe besonders schöner, harter und durchsichtiger Minerale. War der Begriff früher nur für Diamant, Smaragd, Saphir, Rubin, Edel- und Feueropal sowie Chrysoberyll und wenige andere gebräuchlich, so bezeichnet man heute, da der Begriff *Halbedelstein* nicht mehr geläufig ist, alle seltenen, durchsichtigen und besonders schönen Kristalle – in der Regel mit H 7 und darüber – als E., während durchscheinende und undurchsichtige, von besonderer Farbigkeit und Beständigkeit gekennzeichnete Minerale als *Schmucksteine* gelten (s. auch Tabelle S. 97). Die besondere Schönheit der E. entfaltet sich erst durch die verschiedenen → *Schliffarten*, zeigt sich jedoch auch schon in Glanz, Lichtbrechung u. a. der natürlichen Kristalle. Der Wert der E. wird darüber hinaus von der Seltenheit ihres Vorkommens und ihrem Gewicht (nach Karat, ct.) bestimmt. Ganz seltene E. haben besondere Namen (s. → *Diamant*).

**Edelsteinkunde**, *Gemmologie*, ein Zweig der Mineralogie, befaßt sich mit Herkunft und Eigenschaften der → *Edelsteine*.

**Edrioasteroidea**, eine Gruppe fossiler Stachelhäuter (→ *Echinodermen*), bes. im Ordovizium, mit seesternähnlicher Zeichnung des Ge-

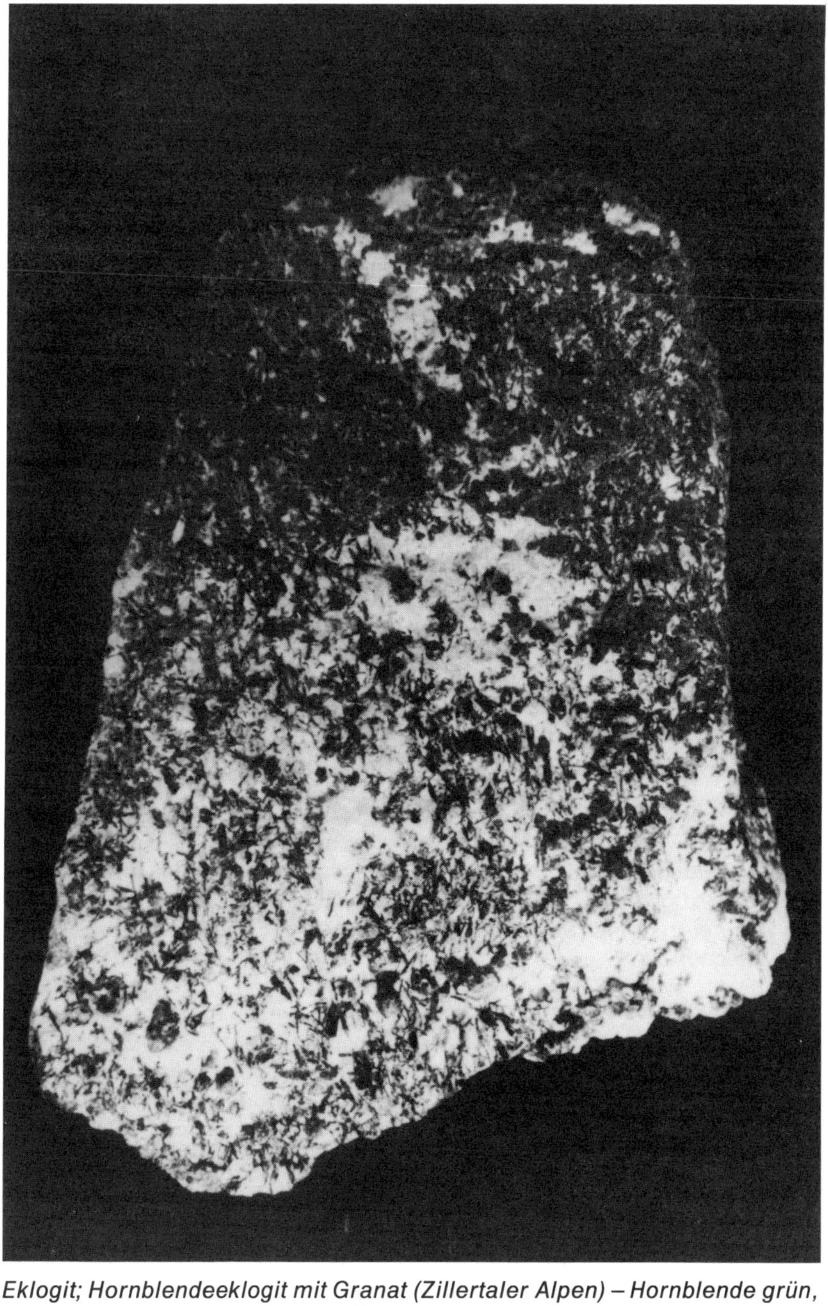

*Eklogit; Hornblendeeklogit mit Granat (Zillertaler Alpen) – Hornblende grün, Granat rot.*

häuses, das aus zahlreichen, unterschiedlich großen Platten besteht.

**Eem-Meer**, Meer im letzten nordischen → *Interglazial* (Zwischeneiszeit) mit vorwiegend sandigen Sedimentablagerungen. Reste einer wärmeliebenden Fauna repräsentieren ein wärmeres Klima als heute.

**Effusion** (f), Lavaerguß bei einem Vulkanausbruch.

**Effusiva** → *Effusivgesteine*

**Effusivgesteine**, *Effusiva, Ergußgesteine, Vulkanite,* Bezeichnung für alle Gesteinsarten, die als Magma an die Erdoberfläche gelangt und dort erkaltet sind. Die rasche Abkühlung führte zu einem feinkörnigen Gefüge oder glasiger Beschaffenheit der Grundmasse, in die Einsprenglinge eingebettet sein können. Magmatische Gesteine, die in der Tiefe eingedrungen und dort erkaltet sind, bei unterschiedlicher Textur jedoch den gleichen Chemismus aufweisen, werden → *Intrusivgesteine, Plutonite* oder *Tiefengesteine* genannt. □

**Egeran** (m), strahlige Varietät des → *Vesuvian.*

**Egesenstadium**, letzte nachweisbare Rückzugsphase während der → *Würmeiszeit* mit Stillstand der Vergletscherung.

**Eindampfungsgesteine** → *Evaporite*

**Einfallen** → *Fallen*

**eingewachsen**, Bezeichnung für ringsum von Gestein oder Mineralen umschlossene Kristalle. In der Regel sind dem Wachstum und der Ausbildung der Kristalle Grenzen gesetzt, so daß sie selten „ideale" Formen erreichen, im Gegensatz zu → *aufgewachsenen* Kristallen, die in Hohlräumen anzutreffen sind.

**Einkieselung**, das Eindringen gelöster Kieselsäure in Porenräume eines Sedimentes führt zur Verkittung bzw. Verfestigung der Bestandteile (s. auch → *Silifizierung*).

**Einkristall**, ein einzelner Kristall, im Gegensatz zu Kristallstufen, kristallinen Aggregaten oder kryptokristallinem Gefüge.

**Einregelung**, Bezeichnung für die lageorientierte Anordnung von Mineralen im Gesteinsgefüge, abhängig von strömungs- oder druckmechanischen Einflüssen, vorwiegend bei metamorphen Gesteinen; gelegentlich auch für Gerölle und Organismenreste in Sedimentgesteinen gebraucht.

**Einschlüsse** 1. in Kristalle während des Wachstums eingelagerte Gasbläschen, Flüssigkeitströpfchen oder feste Stoffe (z. B. Rutilnädelchen), die Farbe und Transparenz des umschließenden Minerales beeinträchtigen können; 2. Fremdkörper oder frühe Ausscheidungen aus der Schmelze in Magmatiten.

**Einsprenglinge**, größere, zuerst ausgeschiedene Einzelkristalle, die langsamer auskristallisieren konnten als die sie umgebende Grundmasse des Effusivgesteins. E. sind in der Regel voll entwickelte Kristalle (idiomorph).

**Einsturzbeben**, durch Einsturz unterirdischer Hohlräume hervorgerufene → *Erdbeben.*

**Eis**, fester Aggregatzustand des Wassers, $H_2O$, entsteht bei einer Temperatur, die 0° C unterschreitet und kristallisiert im hexagonalen X-System. Mit der geringeren Dichte von nur 0,916 weist das E. ein größeres Volumen auf als die gleiche

**Die bekanntesten Edelsteine**

| Bezeichnung | Härte | Farbe |
|---|---|---|
| Diamant | 10 | zartblau/farbl. |
| *Korund:* | | |
| Rubin | 9 | rot |
| Saphir (Sapphir) | 9 | blau |
| *Beryll:* | | |
| Smaragd | 7,5–8 | grün |
| Aquamarin | 7,5–8 | blau |
| Heliodor | 7,5–8 | gelb/gelblichgrün |
| Morganit | 7,5–8 | rosa |
| Spinell | 8 | alle Farben |
| Zirkon | 7,5 | versch. Farben |
| Topas | 8 | versch. Farben |
| Turmalin | 7–7,5 | mehrfarbig |
| Alexandrit (Chrysoberyll) | 8,5 | Tageslicht: grün Kunstlicht: rot |
| *Granat:* | | |
| Uwarowit | 7,5 | grün |
| Demantoid | 7,5 | grün/grünlichgelb |
| Pyrop | 7,5 | blutrot |
| Almandin | 7–7,5 | rot/rotviolett |
| *Olivin:* | | |
| Chrysolith/ Peridot | 6,5–7 | gelbgrün |
| *Spodumen:* | | |
| Hiddenit | 6,5–7 | gelb/blaßgrün |
| Kunzit | 6,5–7 | violett/rosa |
| *Quarz:* | | |
| Rauchquarz/ Rauchtopas | 7 | rauchgrau/braun |
| Morion | 7 | dunkelbraun/ schwarz |
| Citrin | 7 | hellgelb/goldgelb |
| Amethyst | 7 | violett |
| Bergkristall | 7 | farblos |
| Rosenquarz | 7 | rosa |
| Sagenit | 7 | farblos mit nadel. Einschlüssen |
| Edelopal | 6–6,5 | Farbenspiel |
| Feueropal | 6–6,5 | rot |
| Lapis Lazuli | 5,5–6 | blau |
| Türkis | 5–6 | bläulichgrün |
| Amazonit | 6 | bläulichgrün |

Durchscheinende und undurchsichtige Minerale werden als Schmucksteine bezeichnet.

Menge Wasser (D 1). Beim Schmelzen lockert sich die Struktur zunächst nur auf, erst bei 4° C zerfällt der Gitterverband.

**Eisboden** → *Frostböden*

**Eisen, gediegen** (n), Fe, ein Element, kommt nur in Form von tellurischem Eisen, einem seltenen Mineral vor und ist in Tropfenform, in Klumpen oder verstreuten Körnern nach vulkanischer Aktivität und deren Einwirkung auf Kohlenflöze anzutreffen, u. a. in Basalten. Einer besonderen Form von natürlichem Eisen begegnet man im NiFe (Nickeleisen) der Meteorite.

**Eisenalaun** → *Halotrichit*

**Eisenblüte** → *Aragonit*

**Eisenglanz** → *Hämatit*

**Eisenglimmer** → *Biotit*

**Eisenkies** → *Pyrit*

**Eisenkiesel** (pl), durch Eisenoxid gelb oder rot eingefärbte, meist undurchsichtige oder durchscheinende Varietät des → *Quarzes.*

**Eisenmeteorite** (pl), unregelmäßig geformte und eine Schmelzkruste aufweisende → *Meteorite*, die fast ausschließlich aus Nickeleisen, NiFe, bestehen. An der geätzten Schnittfläche zeigen sich in den Taenitlamellen (hoher Nickelanteil) und Kamazitlamellen (niedriger Nickelanteil) sogenannte → *Widmannstättensche Figuren.*

**Eisennickelkies** → *Pentlandit*

**Eisenoolith** (m), aus Limonitkügelchen zusammengesetztes Sedimentgestein (→ *Oolithe*), z. B. → *Minette* in Lothringen, als Eisenerz wirtschaftlich von Bedeutung.

**Eisenquellen**, Quellen, die Wasser mit relativ hohem Gehalt an gelöstem Eisen fördern.

**Eisenrose**, Bezeichnung für rosenförmig-blättrige Aggregate des → *Hämatit*.

**Eisensäuerling**, *Stahlquelle*, eine Quelle, die Mineralwasser mit relativ hohem Gehalt an gelöstem Eisencarbonat fördert.

**Eisensinter** (M), Sammelbezeichnung für ehemals gelige Eisenphosphate; entsteht u. a. durch Zersetzung von → *Arsenopyrit* (Arsenkies).

**Eisenspat** → *Siderit*

**Eiserner Hut**, Bezeichnung für die Oxidationszone über Eisenlagerstätten, u. a. aus Brauneisenmineralen bestehend, die teilweise Verwitterungsrückstände sulfidischer Verbindungen darstellen.

**Eisernes Kreuz** → *Zwillingsbildung* von → *Pyrit.*

**Eiskeile**, durch Kontraktion entstandene Spalten in Frostböden, die sich mit Eis füllen und durch dessen Ausdehnung stark erweitern. In ehemaligen → *Periglazial*-Gebieten sind E. mit Lockermaterial ausgefüllt. (Lößkeile, Lehmkeile).

**Eisrandlage**, die durch glaziale Ablagerungen gekennzeichnete Lage der Randgebiete der Vergletscherung und des Inlandeises, vor allem eiszeitlicher Vorstöße.

**Eiszeit**, *Glazialzeit, Glazial*, ausgeprägte Kälteperioden in einzelnen Abschnitten der Erdgeschichte, verbunden mit gewaltigen Vorstößen des Inlandeises und ausgedehnter Vergletscherung der Hochgebirgsräume, infolge eines allgemeinen Temperaturrückganges um 10–12° C gegenüber heutigen Werten. Frühe E.en sind u. a. aus dem Algonkium, Devon und Permokarbon bekannt.
Bedeutend für die derzeitigen Formen der Erdoberfläche waren vor allem die quartären E.en des Pleistozäns, die vor ca. 600 000 Jahren eingeleitet wurden und im *Postglazial* (Nacheiszeit) vor etwa 12 000 Jahren endeten. Der Ablauf dieser E.en erfolgte im Wechsel mit Warmzeiten (Zwischeneiszeiten, Interglaziale).
In den E.en waren ganz Nordeuropa, Teile Englands, Norddeutschland bis zur Mittelgebirgsschwelle und weite Teile Rußlands vom nordischen Inlandeis bedeckt. Die Alpenvergletscherung reichte bis weit ins nördliche und südliche Alpenvorland. Gletscherbildungen fanden auch in den hohen Lagen des deutschen Mittelgebirgsraumes statt. Mit der Vergletscherung erfolgte der Abtrag des Hochgebirges und die Anlagerung des Abtragungsmateriales im Vorland.

**Eiszeiten und Interglaziale**
Gliederung des Pleistozäns

| Jahre in 1000 | Benennung |
|---|---|
| seit 12 | Nacheiszeit |
| 120–12 | Würmeiszeit (Weichsel-E.) |
| 180–120 | Riß-Würm-Zwischeneiszeit |
| 240–180 | Rißeiszeit (Saale-E.) |
| 420–240 | Mindel-Riß-Zwischeneiszeit |
| 480–420 | Mindeleiszeit (Elster-E.) |
| 540–480 | Günz-Mindel-Zwischeneiszeit |
| 600–540 | Günzeiszeit |
| nicht nachgewiesen: | |
| 640–600 | Donau-Günz-Zwischeneiszeit? |
| 720–640 | Donaueiszeit (Hamburger E.)? |

**Ekanit** (m), ein radioaktives Silikat mit H 6,5 und grünlicher Farbe. E. ist durchsichtig und zeigt gelegentlich → *Asterismus* mit einem vierstrahligen Stern.

**Eklogit** (m), grünliches, rötliches, mittel- bis grobkörniges metamorphes Gestein, besteht hauptsächlich aus dem grünen Pyroxen Omphacit und rötlichem Granat. Cyanit kann ebenfalls enthalten sein. Die → *Paragenese* Granat – Pyroxen ist einmalig und sicherstes Erkennungsmerkmal. E. kommt in Form von Linsen und Blöcken in metamorphen Gesteinen und Magmatiten vor. Er tritt zusammen mit Peridotiten und Serpentiniten, gelegentlich auch als Fremdgesteinseinschluß in Serpentiniten und Kimberliten auf. Die besondere Art des Vorkommens führt zu der Annahme, daß E. aus großen Tiefen, wahrscheinlich sogar aus den obersten Bereichen des Erdmantels emportransportiert wird. Diese Annahme wird auch durch die große Dichte dieses Gesteins unterstützt. E. ist u. a. in kristallinen Schiefern des Alpenraumes und Fichtelgebirges anzutreffen. □

**Eläolith** → *Nephelin*

**Elbait** (m), lithiumhaltige, farblose, rosa oder grüne Varietät des → *Turmalin*. E. findet oft als Edelstein Verwendung. Der Name ist von der Insel Elba abgeleitet; bei San Piero findet man sogen. *Mohrenköpfe* (helle Kristalle mit dunklen Enden).

**Elbeeiszeit**, vermutlich der *Günzeiszeit* entsprechend; auf Ablagerungen in Norddeutschland bezogen (s. → *Eiszeit*).

**elektrische Eigenschaften der Kristalle**, für die Mineralbestimmung von untergeordneter Bedeutung, wichtig jedoch für die technische Verwendung. Metalle (gediegen) zeichnen sich durch *elektrische Leitfähigkeit* aus. Einige Minerale finden als *Halbleiter* oder *Transistoren* Verwendung. *Piezoelektrische* Eigenschaften weisen u. a. unverzwillingte Einzelkristalle des Quarzes auf, als Schwingquarze gewährleisten sie eine ausgeprägte Konstanz der Frequenzen. Die isolierenden bzw. *nichtleitenden* Eigenschaften von Mineralen, wie Glimmer u. a., gestatten ihre industrielle Nutzung.

**Elektron** (n), Elementarteilchen mit negativer elektrischer Ladung, kommt gebunden in der Elektronenhülle der Atome und frei beweglich im Elektronengas der Metalle oder der Elektronenröhren vor.

**Elementarzelle**, in der Kristallographie die kleinste vollständig entwickelte Einheit des Kristallgitters mit allen Symmetrieeigenschaften. Durch die Aneinanderreihung von E.n in den drei Richtungen räumlicher Ausdehnung wird der Kristall gebildet.

**Elemente** → *chemische Elemente*, → *Klassifikation der Minerale*

**Elrathia**, mittelgroßer → *Trilobit* des Kambriums mit großem Kopfteil, etwa 13 Thorax- und 5 Schwanz-Segmenten, fossil in Nordamerika anzutreffen.

**Elstereiszeit**, durch Ablagerungen in Thüringen, Sachsen und im Harz nachgewiesene Eiszeit, entspricht der *Mindeleiszeit* des Alpenvorlandes (s. → *Eiszeit*).

**Eluvialhorizont**, bezeichnet die durch versickerndes Wasser ihrer Nährstoffe beraubte obere Bodenschicht des → *A-Horizontes*.

**Eluvium** (n), autochthoner Verwitterungsschutt oder Lehmboden, aus dem die feinkörnigen Bestandteile ausgewaschen sind.

**Emersion** (f), Anstieg des Festlandes aus dem Meer aufgrund von Meeresspiegelsenkungen oder epirogenetischen Vorgängen.

**Emscher** (n), nach dem Fluß E. benannte mittlere Stufe der oberen → *Kreide*, s. auch → *geologische Formationen.*

**Emser Tönnchen**, nach dem Vorkommen bei Bad Ems benannte Kristallform des → *Pyromorphit* bzw. → *Mimetesit.*

**Enantiotropie** (f), wechselseitige Überführbarkeit eines Stoffes von einer Zustandsform in eine andere, z. B. von rhombischem Schwefel in monoklinen Schwefel.

**Enargit** (m), $Cu_3AsS_4$, ein Sulfid. H 3, D 4,4, X-System: rhombisch. Form: kleine tafelige oder prismatische Kristalle; derb, körnig, blättrig und säulig. Farbe: grau bis schwarz. Undurchsichtig; metallisch glänzend; Strichfarbe schwarz. Gute Spaltbarkeit, Bruch uneben. Erkennen: Farbe; schmilzt leicht. E. kommt zusammen mit Chalkosin, Bornit, Covellin auf oberflächennahen Lagerstätten vor.

**Encrinurus**, → *Trilobit*, Ordoviz – Silur, mit kopfseitig stark verbreitertem Körper, Thorax und Schwanz insgesamt 16–22 Segmente; als Fossil weltweit verbreitet.

**Encrinus**, ausgestorbene Seeliliengattung (→ *Crinoidea*), besonders in der Trias anzutreffen.

**Endmoräne** (f), stirnseitig der Gletscherzunge vorgelagerte → *Moräne*, kann sowohl auf Gletschervorstoß als auch auf -rückzug deuten.

**endogen**, im speziellen Sprachgebrauch: von Kräften im Erdinnern erzeugt; äußert sich u. a. in den Bewegungen der Erdkruste und in vulkanischen Erscheinungen. So sind Erdbeben, Vulkanismus, Epirogenese und Orogenese endogene Vorgänge.

**Endrumpf**, ebene bis flachwellige Fläche als Ergebnis der Abtragung von Gebirgen. *Primär-* oder *Trugrümpfe* entstehen, wenn Teile der Erdoberfläche bereits während langsamer Hebung wieder abgetragen werden.

**Enstatit** → *Hypersthen – Enstatit*

**Eodiscus**, kleiner → *Trilobit* des Kambriums, Kopfteil mit geschwungenen Wangenbereichen, Thorax mit nur zwei oder drei Segmenten; fossil in Nordamerika.

**Eohippus**, auch *Hyracotherium*, ausgestorbenes, etwa hundegroßes Urpferd, Paleozän – Eozän; fossile Reste in Europa und Nordamerika.

**Eolith** (m), irrtümlich als vorgeschichtliches Werkzeug angesehener Feuerstein mit deutlichen Kanten; stammt aus dem Tertiär oder Pleistozän. Aufgrund solcher Funde wurden das vorgeschichtliche Zeitalter *Eolithikum* genannt.

**Eophytikum** → *Archäophytikum*

**Eozän** (n), Abteilung des Alt- → *Tertiärs* mit den Stufen Ypern, Lutet, Auvers, Barton und Lud; s. auch → *geologische Formationen.*

**Eozoikum** (n), *Proterozoikum*, andere Bezeichnung für das → *Algonkium.*

**Epeirophorese** (f), die horizontale Bewegung von Schollen oder Platten der Erdkruste; s. auch → *Kontinentalverschiebung.*

**Epidot** (m), $Ca_2(Al,Fe)_3Si_3O_{12}(OH)$, ein Silikat. H 6–7, D 3,2–3,5, X-System: monoklin. Form: langgestreckte, prismatische Kristalle, strahlige, säulige, faserige Aggregate, auch derb. Farbe: gelbgrün bis dunkelgrün, bräunlich und schwarz. Nahezu durchsichtig, durchscheinend und undurchsichtig; Glasglanz. Sehr gute Spaltbarkeit, Bruch muschelig. Durch die gute Spaltbarkeit unterscheidet sich E. von Turmalin. Als typomorphes Mineral der Epizone kommt E. in bestimmten metamorphen Gesteinen vor und ist in schönen Kristallstufen u. a. in Kärnten, den Hohen Tauern, den Zillertaler Alpen, in der Schweiz und in Piemont anzutreffen. Die pistaziengrüne Varietät wird auch *Pistazit* genannt. □

**epigenetisch**, im speziellen Sprachgebrauch für 1. Lagerstätten und Minerale, die jünger als das Nebengestein sind; 2. den unveränderten Verlauf eines Flußtales trotz Veränderungen in den gegenwärtigen Abdachungsverhältnissen der Umgebung.

**Epirogenese** (f), langsame, weiträumige und geologisch langandauernde Hebungen und Senkungen von Teilen der Erdkruste ohne Bruchbildungen oder Störungen des Schichtenverbandes. Die E. bewirkt u. a. größere Flächenausdehnung des Festlandes, Schwellenbildung sowie im entgegengesetzten Sinne Überflutungen und die Entstehung von Meeresbecken. In ihrem Verlauf unterscheidet sich die E. deutlich von der → *Tektonik.*

**Epizentrum** (n), der unmittelbar über einem Erdbebenherd (Hypozentrum) gelegene Ort an der Erdoberfläche; allgemein der Ort der größten Erdbebenstärke.

*Effusivgestein; Melaphyr (Nahegebiet) – graue Grundfarbe.*

**Epizone** (f), *Epistufe*, Zone oder Stufe der schwächsten → *Metamorphose*, durch hohen gerichteten Druck (Streß) bei relativ niedrigen Temperaturen gekennzeichnet. → *Typomorphe* Minerale der E. sind u. a. Albit, Sericit, Talk, Chlorit, Aktinolith, Anatas und im Übergang Epidot, Granat, Hornblende und Biotit. Typisches Gestein der E. ist der Phyllit.

**Epsomit** (m), $MgSO_4 \cdot 7\ H_2O$, *Bittersalz*, ein Sulfat. H 2–2,5, D 1,7, X-System: rhombisch. Form: selten nadelige Kristalle, meist traubige, krustenförmige Massen mit faseriger Struktur. Farbe: farblos, weiß. Durchsichtig, durchscheinend; Glasglanz. Gute Spaltbarkeit in einer Richtung. Dem Erkennen dienen die geringe Härte, die faserige Struktur der Aggregate und die Wasserlöslichkeit. In ariden Gebieten ist E. in der Oxidationszone von Pyritlagerstätten anzutreffen, sonst gewöhnlich im Nebengestein aktiver Bergwerke.

**Erbsenstein** → *Aragonit*

**Erdaltertum** → *Paläozoikum*, s. auch → *geologische Formationen.*

**Erdbeben**, Erschütterungen der Erdkruste und an der Erdoberfläche, oft von Geräuschen, der Bildung von Erdspalten und Erdrutsch begleitet. Der Entstehungspunkt (Herd, Hypozentrum) liegt in der Regel 5–50 km (Flachbeben) unter der Erdoberfläche, seltener bis 300 km (Zwischenbeben) oder gar bis 700 km (Tiefbeben). Der Ort der größten Erdbebenstärke (Epizentrum) liegt senkrecht über dem Hypozentrum. E. in diesem Bereich werden Ortsbeben genannt. Mit zunehmender Entfernung unterscheidet man Nahbeben (bis zu einigen hundert Kilometern) und Fernbeben.

Nach der Entstehung werden *tektonische E.* oder *Dislokationsbeben* (etwa 90% aller E.), *Ausbruchbeben* und *Einsturzbeben* unterschieden. Tektonische Vorgänge erzeugen in der Erdkruste Spannungen, die zu Bruchverformungen führen und Erschütterungen in Form *tektonischer E.* verursachen. *Ausbruchbeben* begleiten einen Vulkanausbruch oder gehen diesem voraus. *Einsturzbeben*, Folgen eines Einsturzes größerer Hohlräume, haben meist nur eine begrenzte Reichweite. Bei sogenannten *Seebeben* liegt der Herd unter dem Meeresboden. Sie erzeugen zudem meist hohe Flutwellen, die in nahegelegenen Küstenorten erhebliche Verwüstungen hervorrufen können. Von der Vielzahl jährlich auftretender E. sind etwa 500 fühlbar und weniger als 100 führen zu größeren Schäden oder Zerstörungen. E. treten vermehrt an Schwachstellen der Erdkruste auf, so u. a. an der Westküste Amerikas, an der Ostküste Asiens und am Rande geologisch junger Gebirge. Die Stärke von E. wird nach der zwölfteiligen Mercalli-Skala registriert. Mit dem relativ dichten Netz von Seismographen in allen Kulturländern der Erde lassen sich geringste Erschütterungen registrieren und Erdbebenherde mit großer Genauigkeit lokalisieren. Die seismographischen Meßwerte lassen aber auch Rückschlüsse auf die Dichte im Schalenaufbau der Erde (→ *Erde, Aufbau*) zu. Durch die nach allen Richtungen sich ausbreitenden E.-Wellen kommt es zu kurzperiodischen elastischen Verformungen der Gesteine und der Materie im Erdinnern, wobei die Masseteilchen hin und her schwingen, sowohl in Fortpflanzungsrichtung (Longitudinalwellen) als auch rechtwinklig dazu (Transversalwellen). Mit Hilfe der

*Erz; Galenit (Bleiglanz), Blei- und Silbererz.*

Seismographen lassen sich drei *Wellentypen* mit unterschiedlichen Fortpflanzungsgeschwindigkeiten registrieren: 1. *P-Wellen* (undae primae), schnelle Longitudinalwellen (13 km/sec.), die ihren Weg durchs Erdinnere nehmen; 2. *S-Wellen* (undae secundae), Transversalwellen mit etwa der halben Geschwindigkeit der vorgenannten und diesen auf dem gleichen Wege folgend; 3. *L-Wellen* (undae longae), Oberflächenwellen, sowohl mit longitudinalen als auch transversalen Anteilen, die sich langsam ausbreiten und mit großen Schwingungsweiten die eigentlichen Schäden hervorrufen.

**Erde, Aufbau**. Mit der Auswertung von Seismogrammen (Aufzeichnungen von Erdbebenwellen) gelang der Wissenschaft nicht nur der Nachweis über den *schalenförmigen Aufbau* der Erde, vielmehr konnte ein einheitliches und zutreffendes Bild von den Dichteverhältnissen der Materie in den einzelnen Schichten entstehen. Über die Zusammensetzung und den stofflichen Zustand der Materie in den tieferen Schichten gibt es, auch heute, nur Vermutungen.
Durch den sprunghaften Geschwindigkeitsanstieg der ins Erdinnere vordringenden → *Erdbeben*-Wellen sowie die Reflexion dieser Wellen in Tiefen von ca. 35 km und 2900 km unter der Erdoberfläche, werden drei in Beschaffenheit und Dichte unterschiedliche Schichtungen abgegrenzt: *Erdkern, Erdmantel* und *Erdkruste*. Weniger stark ausgeprägte Unstetigkeitsflächen zwischen den Grenzzonen lassen eine nochmalige Unterteilung in obere und untere bzw. äußere und innere Teilbereiche zu.
*Erdkruste*, äußere, feste Hülle der Erde, 5–50 km stark – im Festlandsbereich stärker als unter dem Meer – Temperatur bis auf 800° C ansteigend. Der Temperaturanstieg um 1° C erfolgt unterschiedlich (geothermische Tiefenstufe), in jungen Vulkangebieten je 10 m Tiefe, in alten Kontinentalbereichen mitunter über 100 m, in Mitteleuropa recht unterschiedlich, im Mittel jedoch je 33 m.
*Obere Erdkruste*, D 2,7, vorherrschende Elemente, neben Sauerstoff, Silicium und Aluminium – *Sial*.
*Untere Erdkruste*, D 3,0, vorherrschend Silicium und Magnesium – *Sima*.
*Erdmantel*, zwischen Erdkruste und Erdkern gelegene Schale, von ca. 35 km bis 2900 km Tiefe, Temperaturanstieg von 1000° C bis auf 2000° C, D 3,3 bis 5,7, vorherrschend vermutlich Oxide von Silicium, Eisen und Magnesium – Sifema, in einer Zusammensetzung, die etwa dem Mineral Olivin entspricht.
*Erdkern*, Barysphäre, Siderosphäre, Tiefe 2900 km bis 6370 km, Temperaturanstieg von 3000° C bis 5000° C (?). Über die Zusammensetzung gibt es zwei Vermutungen von Bedeutung: 1. Nickeleisenverbindung – Nife, ähnlich der Zusammensetzung von Eisenmeteoriten, jedoch von größerer Dichte; 2. reine Solarmaterie.
*Äußerer Erdkern*, D 9,4–11,5, stofflicher Zustand flüssig (?).
*Innerer Erdkern*, D 15,0, stofflicher Zustand fest (?).

**Erdgas**, ungiftiges Gas, Gemisch aus Kohlenwasserstoffen, hauptsächlich Methan ($CH_4$), entsteht bei der Bituminierung und Inkohlung von Faulschlamm, in der Regel zusammen mit → *Erdöl*, teilweise in diesem gelöst, teils von ihm getrennt in höheren, zuweilen auch in tieferen Schichten. E. hat einen hohen Heizwert (7000–9000 kcal/Nm³) und findet außer zu Heizzwecken auch in der petrochemischen Industrie Verwendung.

**Erdgeschichte**, die Entwicklung der Erde seit ihrer Entstehung; s. auch → *geologische Formationen.*

**Erdgezeiten**. Unter dem Einfluß des Mondes und der Sonne erfolgen nicht nur Niveauschwankungen des Meeresspiegels, auch die feste Erdkruste ist Schwingungen unterworfen, ± 15 cm; s. auch → *Gezeiten.*

**Erdkern** → *Barysphäre*, → *Erde, Aufbau*

**Erdmagnetismus,** *Geomagnetismus*, die magnetischen Eigenschaften des Erdkörpers, der einem riesigen Magneten vergleichbar ist – mit dem magnetischen Nordpol in der Antarktis und dem magnetischen Südpol in der Arktis. Die magnetischen Pole ändern ihre geographische Lage, die nicht mit der Lage der Erdpole identisch ist, mit der Zeit. Die Abweichung, die sich auch in der von der Nordrichtung abweichenden Anzeige der Kompaßnadel ausdrückt, wird *Deklination* oder *Mißweisung* genannt.
Geophysikalische und geologische Untersuchungen haben den Beweis erbracht, daß im Laufe der Erdgeschichte wiederholt Umpolungen (Wechsel von magnetischem Nord- und Südpol) eingetreten sind – die letzte vor etwa 700 000 Jahren. Ausgehend von den magnetischen Polen ist die Erde von einem Magnetfeld umgeben, das den Planeten u. a. vor tödlichen Strahlen des Sonnenwindes schützt. Das erdmagnetische Feld eines jeden Ortes auf der Erde läßt sich anhand von Meßdaten (Horizontal-, Vertikal- und Totalintensität) bestimmen. Über die ursächlichen Zusammenhänge des E. gibt es heute nur Theorien, dabei muß der sogenannten → „Dynamotheorie", durch neuere wissenschaftliche Erkenntnisse ergänzt, die größere Wahrscheinlichkeit eingeräumt werden.

**Erdmantel** → *Erde, Aufbau*

**Erdmittelalter** → *Mesozoikum*, s. auch → *geologische Formationen.*

**Erdnaht** → *Lineament*

**Erdneuzeit** → *Neozoikum*, s. auch → *geologische Formationen.*

**Erdöl, Naphtha, Rohöl,** natürlich vorkommendes Gemisch verschiedener, im Wasser unlöslicher Kohlenwasserstoffverbindungen. Der Entstehungsnachweis (organisch oder teils anorganisch) ist bis heute nicht erbracht. E. ist in der Regel in sekundären Lagerstätten angereichert und durch geologische Besonderheiten, wie Aufwölbung, stratigraphische Fallen, Salzstock, Verwerfung u. a., am Entweichen gehindert. Nahezu 80% aller Erdölreserven befinden sich in Tiefen von 1000–3000 m unter der Erdoberfläche und nur 17% darüber. Zum Aufspüren möglicher E.-Fallen bedient man sich u. a. gravimetrischer, magnetometrischer und seismischer Methoden. Die Förderung des E.es erfolgt mittels Einbringen von Bohrungen, durch den natürlichen Druck des freien Erdgases über der Lagerstätte oder durch Pumpen.

**Erdorgeln** → *geologische Orgeln*

**Erdpech** → *Asphalt*

**Erdpyramiden**, durch auflagernde Gesteine vom Abtrag durch Niederschläge geschützte und aus dem Lockermaterial u. a. von Moränen herausmodellierte säulen- oder pfeilerförmige Gebilde. Berühmte E. bei Euseigne im Wallis/Schweiz, weiterhin am Ritten bei Bozen und in der Dauphiné.

**Erdrutsch**, Massenbewegung erdigen Materials an Hängen, durch Witterungseinflüsse oder Erdbeben ausgelöst.

**Erdströme**, schwache, jedoch weitreichende und sich unterirdisch fortpflanzende elektrische Ströme, durch Erdmagnetismus hervorgerufen. Künstliche E. werden in der Lagerstättensuche angewendet.

**Erdurzeit**, vor dem → *Archäikum* einzuordnende Entwicklungsphase in der Erdgeschichte.

**Erdwachs,** *Bergwachs, Ozokerit,* natürliches festes Gemisch von Kohlenwasserstoffverbindungen, gelb bis schwarz, wachsweich bis hart, entsteht bei der Oxidation von Erdöl. E. kommt u. a. an der Saale und in Galizien vor.

**Ergußgesteine** → *Effusivgesteine*

**Erinit** → *Cornwallit*

**Erosion** (f), geologisch im weiteren Sinne für die Zerstörung und den Abtrag von festen Gesteinsverbänden durch Niederschläge, fließendes Wasser, Eis, Wind, aber auch durch Meeresbrandung, Gletscherschliff und Gezeiten. Die von Wasser und Wind mitgeführten Stoffe verstärken die Wirkung der E. Der Gesteinsabtrag ist abhängig von Geländegestalt, Klima, Windstärke und Wassermenge. □

**erratischer Block,** *Findling*, während der Eiszeit vom Gletschereis über weite Strecken, z. B. von Skandinavien nach Norddeutschland transportierter Gesteinsblock.

*Epidot, stengelige Aggregate mit Aktinolith (Epidot links) – hellgrün, durchsichtig.*

**Erstarrungsgesteine** → *Magmatite*, bes. → *Effusivgesteine*

**Eruption** (f), im speziellen Sprachgebrauch für 1. *Oberflächeneruption*, den Ausstoß von Magma, Asche oder Lockerprodukten bei einem Vulkanausbruch; 2. *Tiefeneruption, Intrusion*, das Eindringen von Magma in tiefere Schichten der Erdkruste und Bildung eines Plutons.

**Eruptivgesteine**, andere Bezeichnung für → *Magmatite.*

**Erythrin** (m), $Co_3(AsO_4)_2 \cdot 8\ H_2O$, *Kobaltblüte*, ein Arsenat; gleicht in seinen physikalischen Eigenschaften → *Annabergit* (Nickelblüte) und kommt in der Oxidationszone von Kobalterzen vor. Farbe: rosa bis karminrot (Annabergit ist grün). Fundort u. a. Wolfach/Schwarzwald.

**Erzader**, ein schmaler → *Erzgang.*

**Erzberg**, Name eines nur aus Siderit (Spateisenstein) bestehenden Berges bei Eisenerz/Steiermark in Österreich.

**Erze**, im engeren Sinne metallhaltige Minerale, im weiteren Sinne alle mineralischen Wertstoffe, die wirtschaftlich gewonnen werden können. Durch Verhüttung und Aufbereitung werden aus den Erzen u. a. Metalle gewonnen. E. kommen in Lagerstätten vor, die als Gänge oder Stöcke von Nebengestein umgeben sind. Häufig tritt zusammen mit dem Erz die sogenannte *Gangart* auf, taube Gesteine, von denen das Erz bei der Aufbereitung befreit werden muß. □

**Erzgang**, ein mit Erz gefüllter Gang im Nebengestein.

**Erzhut**, Bezeichnung für die über einer Erzlagerstätte befindliche Oxidationszone, z. B. → *Eiserner Hut.*

**Erzlager**, linsen- oder lagenförmige Vorkommen von Erzen.

**Erzlagerstätten**, abbauwürdige Vorkommen von Erzen bzw. deren Anreicherung in der Erdkruste, gegliedert nach Erzinhalt und Entstehung (s. auch → *Lagerstätten*).

**Erzmittel**, Bezeichnung für Erz im Verband der Lagerstätte.

**Erzparagenese** (f), das gesetzmäßige gemeinsame Auftreten verschiedener Erzminerale.

**Essexit** (m), dunkelgraues → *Intrusivgestein* der Alkalireihe mit Bestand an Augit, Plagioklas, Orthoklas und z. T. noch einem Feldspatvertreter, ist ein Intrusivgesteinsäquivalent basaltähnlicher Effusiva und kommt u. a. bei Rongstock an der Elbe und in Südnorwegen vor.

**Euchroit** (m), $Cu_2(OH|AsO_4) \cdot 3H_2O$, ein Arsenat. H 3,5, D 3,4, X-System: rhombisch. Form: dicktafelige, kurzsäulige Kristalle mit Streifung; auch Krusten. Farbe: smaragdgrün, lauchgrün. Durchscheinend; Glasglanz. Spaltbarkeit undeutlich, Bruch uneben. Erkennbar an Härte, Farbe, Form. E. kommt zusammen mit Malachit und Azurit in der Oxidationszone von Kupferlagerstätten, in Glimmerschiefern, als Drusenauskleidung vor. Fundorte bei Lyon/Frankreich und in der ČSSR.

**Eudidymit** (m), $NaBe(OH|Si_3O_7)$, ein Silikat. H 6, D 2,5, X-System: monoklin – Form: tafelige Kristalle mit Streifung, Zwillingsbildung. Farbe: farblos, weiß. Durchsichtig bis durchscheinend; Glasglanz, Perlglanz. Sehr gute Spaltbarkeit. Erkennbar an Härte und Form. E. kommt zusammen mit Zeolithen in Klüften von Eruptivgesteinen vor.

**Eukairit** (m), $Ag_2Se \cdot Cu_2Se$, ein selenhaltiges Kupfer- bzw. Silbermineral, den Sulfiden zugeordnet, H 2–3, D 7,6–7,8, X-System: rhombisch, pseudotetragonal; kommt körnig oder krustig auf Erzgängen vor, ist undurchsichtig, silberweiß, grau anlaufend, weist Glasglanz auf. E. ist nicht spaltbar, läßt sich jedoch schneiden.

**Euklas** (m), $BeAlSiO_4(OH)$, ein seltenes Silikat, H 7,5, D 3,1, X-System: monoklin. Form: prismatische Kristalle. Farbe: farblos bis hellblaugrünlich. Durchsichtig bis durchscheinend; Glasglanz. Vollkommene Spaltbarkeit. Erkennbar an Härte und Spaltbarkeit. E. kommt zusammen mit anderen Berylliummineralen in Pegmatiten, u. a. im Fichtelgebirge vor. Besonders schöne Kristalle, beispielsweise aus Brasilien, werden als Edelsteine bewertet.

**Eurypteriden**, ausgestorbene Gruppe von Gliederfüßern (Arthropoden), den Skorpionen verwandt, im Paläozoikum von Bedeutung (Devon – Karbon). Einige E. wiesen eine Größe von mehr als einem Meter auf. Vollständige Exemplare sind selten, Bruchstücke als fossile Reste dagegen häufiger. Vorkommen in Europa, Nordamerika und Asien. *Pterygotus* war mit etwa 3 m Länge der größte bekannte Arthropode.

**Eurypterus** → *Eurypteriden*

**eustatische Schwankungen**, Meeresspiegelschwankungen infolge Veränderungen im Wasserhaushalt der Erde. Glazialeustasie, durch die Bindung von Wassermengen in Inlandeis und Vergletscherungen sowie deren Abschmelzen in den Eis- und Zwischeneiszeiten hervorgerufen, wurde in Strandterrassen nachgewiesen.

*Erosion durch Brandung und Wind.*

**Euxenit** (m), (*Polykras*), Hydroxid und Mischkristallbildung mit recht unterschiedlicher chemischer Zusammensetzung, H 5,5–6,5, D 4,6–5,9, X-System: rhombisch. E. kommt selten in Form stengeliger, prismatischer Kristalle, meist körnig oder in fächerartigen Aggregaten vor. Farbe: braun bis nahezu schwarz, Rinde gelblich. Undurchsichtig bis durchscheinend; Fettglanz (auch halbmetallisch). E. ist nicht spaltbar bei muscheliger Bruchfläche und kommt in Pegmatiten vor. Fundorte u. a. auf Madagaskar, in Norwegen und den USA.

**euxinische Sedimentation**, in sauerstoffarmen Meeresbezirken stattfindende Faulschlammbildung mit Entwicklung von Schwefelwasserstoff, begleitet von einer anaeroben (ohne Sauerstoff lebensfähigen) Bakterienflora. Euxinische Gesteine sind bitumenhaltige Gesteine wie der Mansfelder Kupferschiefer.

**Evansit** (m), $Al_3[(OH)_6|PO_4] \cdot 6H_2O$, ein Phosphat. H 3,5–4, D 1,9, amorph; Form: kugelig-traubige, nierige Schalen. Farbe: farblos, weiß, gelblich, bläulich, braun. Undurchsichtig bis durchscheinend; Glasglanz bis matt. Keine Spaltbarkeit, jedoch schalige Absonderung, Bruch muschelig. E. kommt vorzugsweise in Hohlräumen von Limonitlagerstätten vor.

**Evaporite** (pl), *Eindampfungsgesteine*, durch Verdunsten wäßriger Lösungen (Meerwasser u. a.) entstandene Sedimentgesteine, wie Salzgesteine, Gips und Anhydrit, die sowohl dünne Schichten als auch mächtige Lager bilden. Die Ausscheidung der einzelnen Minerale erfolgt in gesetzmäßiger Folge, je nach Löslichkeit. □

*Evaporite; Salzgestein. Gemenge von Halit und Anhydrit.*

**Exaration** (f), Form der → *Glazialerosion*, bezeichnet die auspflügende Tätigkeit des Gletschereises.

**Exhalation** (f), Ausströmen von Gasen und Dämpfen (Fumarolen) aus Vulkanen oder Spalten.

**exogen**, bezeichnet im speziellen Sprachgebrauch die von außen auf die Erdoberfläche einwirkenden Kräfte, so z. B. der Sonne und des Mondes, sowie klimatische Einflüsse. E.e Vorgänge sind vor allem Verwitterung, Abtrag und Verfrachtung von Gesteinen und Lockermaterial. Sie sind auf den Ausgleich von Höhenunterschieden ausgerichtet. Gegensatz: → *endogen.*

**Expansionstheorie.** Die E. führt tektonische Vorgänge in der Erdkruste auf deren Ausdehnung infolge innerer Erwärmung zurück.

**Extrusion** (f), das Ausströmen von Magma aus Vulkanen. Gegensätzliche Bedeutung: → *Intrusion*, in der Tiefe eindringendes Magma.

**Extrusiva** (pl), → *Extrusivgesteine*, → *Effusivgesteine.*

**Extrusivgesteine,** *Extrusiva*, andere Bezeichnung für → *Effusivgesteine, Vulkanite,* von → *Extrusion* abgeleitet.

**Exzeptionalismus** (m), Lehre, die für geologische Vorgänge der Vergangenheit andere wirksame Kräfte und Bedingungen voraussetzt, als dies heute der Fall ist. Gegensatz: → *Aktualismus.*

# F

**Fabulit** → *Kristallzüchtung*

**Facettenschliff** → *Schliffarten*

**Facies** → *Fazies*

**Fahlband**, bandförmige, mit sogenannten Kiesen, bes. Pyrit (Schwefelkies) und Chalkopyrit (Kupferkies) imprägnierte Zone in metamorphen Gesteinen.

**Fahlerze**, Bezeichnung für graue, schwach metallisch glänzende sulfidische Erze, wie Tetraedrit (Antimonfahlerz), Freibergit (Silberfahlerz), Schwazit (Quecksilberfahlerz) u. a.

**Falkenauge**, bläulich schimmernde Varietät von verkieseltem → *Krokydolith.*

**Fallen,** *Einfallen*, Neigung einer geologischen Fläche, wie Gesteinsschicht, Kluft oder Gang, gegen die Horizontale; rechtwinklig zur Fallrichtung verläuft die Streichrichtung (→ *Streichen*).

**Fallrichtung** → *Fallen*

**Falte**, wellenartige Verformung einer Gesteinsschicht oder Schichtgruppe, gelegentlich auch im Handstück eines Gesteins erkennbar, durch → *Faltung* hervorgerufen, mit *Faltensattel* (Antiklinale) und *Mulde* (Synklinale). Die der Krümmung (Sattel, Mulde) sich anschließenden Teile werden als *Schenkel* bezeichnet; die Ebene, die den Winkel zwischen den Schenkeln halbiert, wird *Achsenebene* genannt. Ebenso wie die Überschiebung ist auch die Falte eine tektonische Einengungsform. Nach der F.n-Form unterscheidet man *Fächer-, Pilz-, Koffer-, Rund-, Spitz-* und *Zickzackfalte.* Verlaufen die Schenkel parallel, so wird von einer *Isoklinalfalte* gesprochen. Nach der Richtung der Achsenebene werden *stehende* (aufrechte), *schiefe* (vergente), *überkippte* und *liegende* F.n unterschieden.

**Faltengebirge**, im Verlauf einer Orogenese durch → *Faltung*, Überschiebung und Hebung von Decken, Deckenteilen und Gesteinsschichten entstandenes Gebirge, z. B. die Alpen.

**Faltenzug**, in Richtung des → *Streichens* ausgedehnte → *Falte.*

**Faltung**, während der Gebirgsbildung (→ *Orogenese*) stattfindende Verformung von Gesteinsschichten infolge seitlich gerichteten Druckes (s. auch → *Falte*). Durch die langen Zeiträume und den hohen Gebirgsdruck können auch an sich spröde Gesteine gefaltet werden. Wenn nicht verformbares Material bei der F. zerbricht, entsteht eine *Bruch-F.*, auf Biegung beanspruchbares Material bildet *Schlepp-* oder *Flexurfalten.* Die Kammlinie der stärksten Heraushebung wird Sattelachse, die Muldenlinie auch Muldenachse genannt.

**Faltungsphase** (f), im geologischen Zeitabschnitt und regional begrenzter Faltungsvorgang von unterschiedlicher Intensität als Teil der Faltengebirgsbildung.

**Fanglomerat** (n), *Schlammbrekzie*, in Trockengebieten anzutreffende sedimentäre Ablagerung, die durch Überflutung infolge heftiger, jedoch kurzzeitiger Niederschläge hervorgerufen werden. Das F. besteht u. a. aus unsortiertem, kantigem, durch Verwitterung gelöstem Gesteinsmaterial.

**Farbe**, auffälliges Merkmal der Minerale und Gesteine, das nur insoweit mit zur Bestimmung herangezogen werden kann, als es sich um die auf dem regulären Chemismus beruhende *Eigenfarbe* der Minerale handelt (→ *idiochromatisch*). Durch Fremdbeimengung verfärbte Minerale (→ *allochromatisch*) sind ausschließlich nach anderen Kriterien, wie beispielsweise Kristallform und Härte zu beurteilen. Bei Edelsteinen ist die F. ein hochbewerteter Schönheitseffekt, der jedoch auch modischen Einflüssen unterliegt.

**Farbenspiel**, das Erscheinungsbild mehrerer Farben an einem Mineral ist auf die besonderen optischen Eigenschaften, wie Lichtbrechung, Dispersion und Reflexion zurückzuführen. Das F. wird bei Edelsteinen durch verschiedene Schliffarten besonders hervorgehoben.

**Farbzahl**, neben Korngröße, Textur und Struktur wichtiges Unterscheidungsmerkmal magmatischer Gesteine. Die F. gibt den Anteil von dunklen (mafischen) Mineralen eines Gesteins in Prozenten an und reicht deshalb von 0 bis 100.

**Farne,** *Farngewächse* und farnähnliche Gewächse, Klasse der *Pteridophyten*, erscheinen im Mitteldevon und gelangen im Karbon und Perm zu reicher Entfaltung (Kohlebildung). Nach ihrer Form werden vor allem die fossilen F. des Oberkarbons in vier Gruppen untergliedert: Sphenopteris (keilförmiger Blättchenumriß), Pecopteris (parallelrandige Blättchen), Althopteris (ähnlich Pecopteris) und Neuropteris (herz- bzw. zungenförmige Blättchen).

**Faserdiagramm** (n), Diagramm (nach Debye-Scherrer) von amorphen Stoffen und Kristallen mit faserförmiger Anordnung der Moleküle.

**Faserkiesel** → *Sillimanit*

**Faserkohle**, in Steinkohlenflözen lagenförmig auftretende, seidig glänzende und zerreibbare Kohle.

**Faserserpentin** → *Chrysotil*

**Fassait** (m), eine aluminiumreiche, hellgrüne, durchscheinende Varietät des → *Augit*. F. tritt gelegentlich in gutausgebildeten Kristallen in Hohlräumen kontaktmetamorpher Gesteine auf, so im Fassatal in den Dolomiten (Ableitung des Namens). □

**Fastebene,** *Peneplain, Rumpffläche,* morphologisches Endergebnis der Abtragung und nahezu vollständige Einebnung eines Landschaftsreliefs.

**faul** werden durch Verwitterung brüchig gewordene Gesteine bezeichnet.

**Faulschlamm,** *Sapropel*, unter Sauerstoffabschluß gebildetes Meeressediment (seltener in stehenden Binnengewässern), graue bis tiefschwarze Masse, aus den Resten abgestorbener Organismen entstanden. F. wird als Vorstufe der Erdölbildung angesehen und ist in verfestigter Form als Ölschiefer und unter Mergelbeimengung u. a. als Kupferschiefer anzutreffen.

*Fluorit, würfelige Kristalle (England) – gelb, durchsichtig.*

**Faulschlammkohle**, aus → *Faulschlamm* entstandene Kohle.

**Favia**, kolonienbildende Koralle, von der Kreide an weltweit verbreitet, bildet säulenförmige Anhäufungen und Krusten.

**Favosites**, zur Ordnung der *Tabulata* zählende, ausgestorbene Koralle mit prismatischen Coralliten, vom Silur bis zum Devon weltweit verbreitet.

**Fayalit** (m), Varietät des → *Olivin* und Endglied, $Fe_2(SiO_4)$, der Olivin-Mischreihe, kommt vorzugsweise in Pegmatiten und auf Zinnerzgängen vor. Das andere Endglied der Olivingruppe ist → *Forsterit*, $Mg_2(SiO_4)$.

**Fazies** (f), 1. ursprünglich nur bei Sedimentgesteinen gewählte Bezeichnung für das Erscheinungsbild von Gesteinen nach petrographischem Aufbau (Lithofazies) oder Fossilieninhalt (Biofazies); auch zur Bezeichnung bestimmter Ablagerungsgebiete, wie terrestrische F. (kontinentale F., Festlands-F.), limnische F. (Süßwasser-F.) oder marine F. (Meeres-F.) verwendet. 2. heute auch als Bezeichnung von metamorphen Gesteinen mit typischen Mineral- → *Paragenesen* aufgrund eines von Druck und Temperatur gesteuerten Gleichgewichtes, z. B. Amphibolit-F., gewählt.

**Feinerde,** *Feinsand,* Bestandteile des Bodens mit geringerer Korngröße als 0,2 mm.

**Feingehalt,** in Tausendsteln ausgedrückter Anteil an Edelmetallen, bes. in Gold- und Silberlegierungen, wurde früher auch in-*Karat* angegeben. Beispiel: Schmuckgold mit einem Feingehalt von 585 enthält 58,5% reines Gold.

**Feldspäte** (pl), wichtigste Gruppe *gesteinsbildender Minerale*, entsprechend ihrer chemischen Zusammensetzung in zwei Untergruppen → *Kalifeldspäte* und *Kalknatron-Feldspäte* (→ *Plagioklase*) unterteilt. Während die Plagioklase eine isomorphe Mischungsreihe mit unterschiedlichem Gehalt an Calcium und Natrium bilden, weisen die Kalifeldspäte gleichen Chemismus in teils monoklinem, teils triklinem X-System auf. Durch Verwitterung von F.n entstehen tonige Substanzen, Kaolinit und Calciumcarbonat.

**Feldspatoide** → *Feldspatvertreter*

**Feldspatvertreter**, *Feldspatoide, Foide,* gesteinsbildende Kalium-Natrium-Alumosilikate, die einen geringeren Gehalt an Kieselsäure als die → *Feldspäte* aufweisen, kommen vor allem in kieselsäurearmen magmatischen Gesteinen vor. Zu den F.n gehören u. a. → *Leucit*, → *Nephelin*, → *Sodalith* und → *Haüyn.* Die → *Skapolith*-Gruppe und → *Lasurit* kommen in Metamorphiten vor.

**felsisch,** *salisch*, die sauren, hellen Gesteinsgemengeteile (Quarz) oder die Alkali- und Erdalkaliminerale (Feldspäte, Feldspatvertreter u. a.) magmatischer Gesteine (Gegensatz: → *femisch*).

**Felssturz**, das Abstürzen von Felsblöcken an Steilhängen, eine Massenbewegung, die in der Größenordnung zwischen Steinschlag und Bergsturz einzustufen ist.

**femisch,** *mafisch*, die eisen- und magnesiumreichen, meist dunklen gesteinsbildenden Minerale (Pyroxene, Amphibole, Biotit, Olivin u. a.) als Gemengeteile magmatischer Gesteine (Gegensatz: → *felsisch*).

**Fenestella** → *Bryozoen*-Gattung

(Moostierchen), Ordoviz-Perm; Kolonien netzähnlich ausgebildet; fossil in Europa anzutreffen.

**Fennosarmatien,** *Fennosarmatia*, Urgebirgsblock, auch Urkontinent in Nord- und Osteuropa, etwa den Baltischen Schild und die Russische Tafel umfassend.

**Fennoskandien,** *Fennoskandia*, andere Bezeichnung für → *Baltischer Schild*.

**Fenster**, Lücke in einer Überschiebungsdecke, durch die darunter liegende Deckenteile an der Oberfläche sichtbar werden; besondere F. in den Alpen sind u. a. das Tauernfenster im Bereich der Hohen Tauern und Zillertaler Alpen sowie das Engadiner Fenster zwischen Silvretta und Ötztaler Alpen.

**Ferberit** (m), $FeWO_4$, ein Wolframat, H 4,5–5, D 6,8–7,5, X-System: monoklin. Form: kurzprismatische, tafelige Kristalle, körnig, dicht. Farbe: schwarz, dunkelgrau. Undurchsichtig; halbmetallischer, matter Glanz. Gute Spaltbarkeit, Bruch uneben. Erkennbar an Härte, Spaltbarkeit und fehlender Transparenz. F. kommt auf hydrothermalen Gängen und Zinnerzlagerstätten vor.

**Fergusonit** (m), $YNbO_4$, ein Oxid. H 5,5–6,5, D 5,1–6,3, X-System: tetragonal. Form: spitze, bipyramidale Kristalle, körnig. Farbe: braunschwarz. Undurchsichtig; Glasglanz, halbmetallisch. Keine Spaltbarkeit, Bruch muschelig. Erkennbar an Kristallform und Härte. F. kommt in Granitpegmatiten und auf Seifen vor.

**Fernbeben**, ein → *Erdbeben*, das in einer Entfernung von mehr als 1000 km vom → *Epizentrum* noch wahrgenommen wird.

*Fassait, aufgewachsene Kristalle (Fassatal/Dolomiten) – graugrün, undurchsichtig.*

**Ferner** → *Gletscher*

**Fernling**, Bezeichnung für einen die Rumpffläche überragenden *Restberg*, der im Gegensatz zu seiner Umgebung noch nicht abgetragen ist. In Karstgebieten wird der F. auch *Mosor* genannt.

**Ferromagnesit** → *Mesitinspat*

**Fettkohle**, eine an flüchtigen Bestandteilen besonders reiche → *Steinkohle*, für die Gas- und Koksgewinnung hervorragend geeignet. Wichtige Kohle des Ruhrgebietes.

**Feuchtböden**, Böden des humiden Klimabereiches. Sickerwässer führen Mineralsalze aus dem Boden ab.

**Feuerstein,** *Flint*, vorwiegend aus → *Chalcedon* bestehend, u. a. als Knollen in Kreide eingelagert. □

**Feuersteinlinie**, eine gedachte Verbindungslinie zwischen den südlichsten Fundstellen der durch das Inlandeis verfrachteten Feuersteine; markiert zugleich die eiszeitliche Eisrandlage.

**Fibrolith** → *Sillimanit*

**Ficus** (f), *Feigenschnecke*, eine Schnecke mit spindelförmigem, deutlich ornamentiertem Gehäuse, Eozän bis Neuzeit.

**Fiederklüfte,** *Fiederspalten*, in gestaffelter Anordnung auftretende Zug- und Scherrisse im Gestein und an Felswänden, sind an den Scherzonen sich aneinander vorbei bewegender Gesteinspartien entstanden.

**Finiglazial** (n), letzter Abschnitt und Rückzugsphase der Spätglazialzeit im Norden Europas vor ca. 10 000 Jahren.

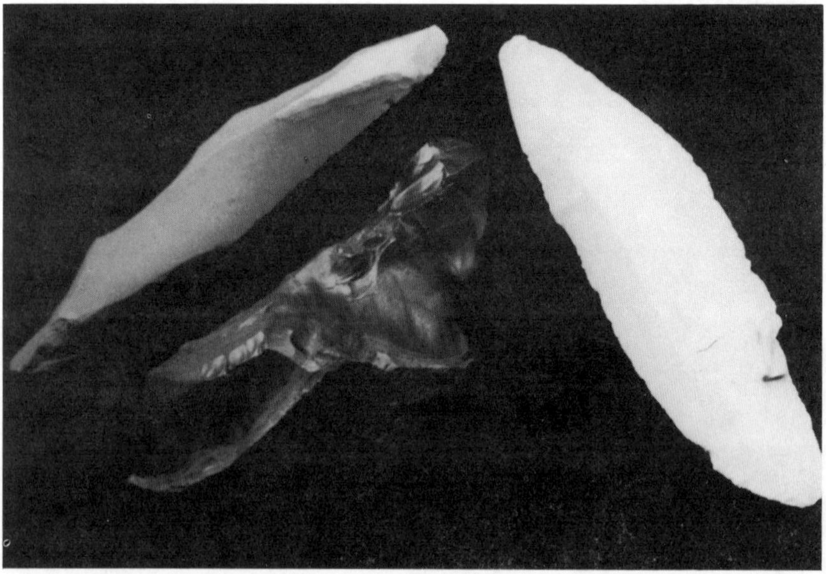

*Feuerstein-Werkzeuge aus dem alten Ägypten.*

**Firn**, oberhalb der Schneegrenze durch Schmelzen und Wiedergefrieren von Schnee entstandene Bedeckung, bildet im stofflichen Zustand eine Zwischenstufe zwischen Schnee und Gletschereis (s. auch → *Gletscher*).

**Firnlinie**, die Grenze zwischen Nähr- und Zehrzone der → *Gletscher*.

**First**, 1. andere Bezeichnung für Sattel oder Scheitel; 2. bergmännischer Ausdruck für hangende Schichten eines Hohlraumes unter Tage.

**Fischechsen** → *Ichtyosaurier*

**Fissidentalium**, eine Zahnschnecke, Kreide – Neuzeit, zu den *Scaphopoden*, einer größeren Molluskenklasse gerechnet, zeichnet sich durch das längliche, an beiden Enden offene, konisch verlaufende und leicht gebogene Gehäuse aus.

**Fistulipora**, zur Ordnung der Cyclostomata gerechnete Moostierchen (→ *Bryozoen*), Silur – Perm, mit variablen Wachstumsformen als Krusten, Äste oder Schichten; große, von kleineren Poren umgebene Öffnungen; fossil in Europa und Nordamerika.

**Fjord** (m), Küstenform, tief landeinwärts führende, schmale Meeresbucht, Trogtal mit steilen Bergwänden, häufig in ehemals vergletscherten Gebieten.

**Flächenspülung**, durch flächenhaft abfließendes Niederschlagswasser verursachte Form der Abtragung (→ *Bodenerosion*).

**Flachland**, von geringen Höhenunterschieden geprägter Teil der Erdoberfläche. Nach der Höhenlage werden Tiefland, bis 200 m über dem

*Fossilien; Ammonit („Goldschneckli") aus dem Jura Süddeutschlands – goldfarben.*

Meeresspiegel, und Hochland unterschieden.

**Flachsee**, der bis 800 m tiefe Bereich des Meeres, gegliedert in Schelf (neritischer Bereich), bis 200 m, und bathyalen Bereich, 200 bis 800 m.

**Flammkohle** → *Steinkohle* mit hohem Anteil an flüchtigen Bestandteilen (bis 50%)

**Flasergabbro** (m), Bezeichnung für metamorphosierte Gabbrogesteine, die somit den kristallinen Schiefern und nicht mehr den Intrusivgesteinen zugeordnet sind.

**Flasergneis** (m), → *flaserig* ausgebildeter Gneis mit faserigem Gefüge und gelegentlich linsenförmigen Einschlüssen körniger Mineralaggregate.

**flaserig**, Bezeichnung für muskelfaserähnliches Gefüge bei Gesteinen.

**Flaserung** → *flaserig*

**Fleckschiefer,** *Fruchtschiefer, Knotenschiefer*, kontaktmetamorph veränderter toniger Schiefer, rundlich bis kantig dunkel gefleckt, geht zum Intrusionskörper hin in Andalusit- bzw. Cordierit-Hornfels über.

**Flexur** (f), *Monoklinalfalte*, knie- oder s-förmige Verbiegung von Gesteinsschichten; Vorstufe einer Abschiebung, durch Verschiebung von Schollen ohne Bruchbildung entstanden.

**Flexurfalte,** *Schleppfalte* → *Faltung.*

**Fließerde**, ein wassergesättigter Boden, der schon bei geringer Hangneigung in Bewegung gerät.

**Fließgefüge,** *Fluidaltextur*, die im Gefüge von Effusivgesteinen anhand eingeregelter Kristalle, Gasbläschen oder Schlieren erkennbare Fließrichtung des Magmas im Augenblick der Erstarrung.

**Flint** (m), andere Bezeichnung für → *Feuerstein,* eine → *Chalcedon*-Varietät.

**Flinz** (m), Sammelbezeichnung für: 1. im Devon entstandene dunkle, an Versteinerungen arme Schiefer und Plattenkalke; 2. tertiäre (Miozän) Ablagerungen der sarmatischen Stufe im Alpenvorland mit fossilen Resten.

**Flöz** (n), Gesteinsschicht mit wirtschaftlich verwertbaren Bestandteilen, wie beispielsweise Kohle, Erz. F.e weisen eine bedeutende horizontale Ausdehnung bei geringer Mächtigkeit auf.

**Flugsand**, feiner, loser, durch den Wind transportierter Sand, häufiger Bestandteil von → *Dünen.*

**Flugsaurier,** *Flugechsen, Pterosaurier,* ausgestorbene Echsen des Mesozoikums, mit Flughäuten versehen, zu denen u. a. der riesige *Pteranodon* (Flügelspannweite ca. 6 m) zählt. Reste von F.n wurden auch in Europa gefunden.

**Fluh** (f), ursprünglich schweizerische Bezeichnung für: Fels, Felswand; häufig Teil von Bergnamen.

**Fluidalgefüge** → *Fließgefüge*

**Fluidaltextur** → *Fließgefüge*

**Fluoreszenz** (f), Eigenschaft einiger Minerale, bei Bestrahlung mit (unsichtbarem) ultraviolettem Licht aufzuleuchten. Fluorit, bei dem die Eigenschaft der F. zuerst festgestellt wurde, besitzt außerdem noch Thermo- → *Lumineszenz.*

**Fluorit** (m), $CaF_2$, *Flußspat*, wird zur Gruppe der Halogenide gerechnet. H 4, D 3–3,2, X-System: kubisch. Form: würfelige, oktaedrische Kri-

*Fluorit, Kristallstufe (Alpen/Hohe Tauern) – zartgrün, durchsichtig.*

stalle, körnig, spätig. Farbe: farblos, gelb, blau, rosa, violett, grün, in der Verwitterung und bei radioaktiver Zersetzung schwarz. F. ist durchsichtig bis durchscheinend, weist Glasglanz und → *Fluoreszenz* auf, ist an der Härte, der vollkommenen Spaltbarkeit in Oktaedern und der würfeligen Kristallform zu erkennen. Bevorzugte Vorkommen sind u. a. alpine Gesteinsklüfte und Erzgänge. Fundorte: Harz, Oberpfalz, Kinzigtal, Fichtelgebirge, Göschenen/Schweiz, Frankreich, Österreich, Spanien u. a. In Großbritannien werden berühmte Kristallstufen, so auch der amethystfarbene „Blue John", angetroffen. Im Altertum war F. ein begehrter Schmuckstein. Industrielle Verwendung heute zur Herstellung von Flußsäure und für optische Linsen. □

**Fluortest**, Form der Altersbestimmung fossiler Knochenreste aufgrund des Fluorgehaltes.

**Flußspat** → *Fluorit*

**Flußtrübe,** *Schweb*, feinstes Gesteinsmaterial, das von Flüssen schwebend mitgeführt und als toniges Sediment abgelagert wird.

**fluviatil**, bezeichnet Vorgänge, Erscheinungen und Bildungen in fließenden Gewässern, z. B. f.e Sedimente.

**fluvioglazial**, durch Zusammenwirken von Gletschereis und fließenden Gewässern entstanden, f.e Sedimente sind Schmelzwasserablagerungen wie Moränenschutt u. a.

**Flysch** (m), aus Abtragungsmaterial während der Orogenese entstandenes, klastisches Sedimentgestein mit wechselndem Bestand an Sandsteinen, Kalken, Mergeln und Tonschiefern. F. bildet eine breite Zone, die u. a. von den französischen Alpen bis Wien im nördlichen Alpenvorland anzutreffen ist und während der alpidischen Faltung von der Kreide bis zum Oligozän gebildet wurde.

**Foide** → *Feldspatvertreter*

**Foraminiferen**, einzellige Lebewesen des Meeres und im Süßwasser mit gekammertem Gehäuse aus Chitin oder Kalk, das in der Gestalt recht unterschiedlich ist: kugelig, scheiben-, röhren-, stab- oder flaschenförmig. F. sind z. T. wichtige Leitfossilien, vom Ordovizium an sicher nachgewiesen. In der Kreide und im Tertiär erreichen die F. einen großen Formenreichtum (z. T. bis 10 cm groß). Leitfossilien u. a.: Orbitulinen, Alveolinen, Globigerinen, Nummuliten, Orbitoiden.

**Förde** (f), tief ins Land einbindende Meeresbucht an flachen Küsten, beispielsweise die Kieler F. an der Ostsee.

**fördern**, aus der Tiefe hervorbringen, bei Vulkanen, Quellen (auch beim Abbau unter Tage im Sprachgebrauch).

**Forellenstein**, andere Bezeichnung für → *Troktolith*, wegen des gefleckten Aussehens, das dem einer Bachforelle gleicht.

**Formation** (f), Bezeichnung für eine Gesteinsschicht oder Schichtengruppe sowie für eine Periode der Erdgeschichte, → *geologische Formationen.*

**Forsterit**, $Mg_2(SiO_4)$, ein Silikat, reines Mg-Endglied der Olivinreihe (→ *Olivin*; → *Mischungsreihe*), kristallisiert rhombisch in prismatischer, kurzsäuliger Form; auch dicht, körnig oder knollig. Gelbweiß, grau oder grün mit Glas- bis Fettglanz, durchscheinend, nahezu durchsichtig. H 6–7, D 3,3. F. kommt u. a. am Monte Somma (Vesuv) vor. Das andere Endglied der Olivin-Mischreihe ist → *Fayalit*, $Fe_2(SiO_4)$.

**fossil**, allgemeine Bezeichnung für Erscheinungen oder Bildungen der geologischen Vergangenheit, also keinesfalls auf Versteinerungen beschränkt. Die geologische Gegenwart wird als → *rezent* bezeichnet; Zwischenstufe ist *subfossil*.

**Fossilien** (pl, Einzahl: Fossil); *Petrefakten, Versteinerungen*, alle Reste vorzeitlicher Tiere und Pflanzen sowie Spuren ihrer Lebensvorgänge. Es werden *Körperfossilien* und *Spurenfossilien* unterschieden. Nur mikroskopisch erkennbare F. werden als *Mikrofossilien* bezeichnet. Ein sehr dichtes und gehäuftes Vorkommen nennt man *Fossilpflaster*. F. sind meist dort anzutreffen, wo zeitweilig eine rasche Sedimentation stattfand, im Flachmeer, in Mooren oder durch Flugsand. Sie dokumentieren nicht nur die eigene Lebensgeschichte, sondern sind als Grundlage zur Entzifferung, Einordnung und Datierung der Erdgeschichte wie ganzer Gesteinsschichtungen von ausschlaggebender Bedeutung. *Leitfossilien* sind für bestimmte Schichten und Epochen charakteristisch. □

**Fossilisation** (f), die Entstehung von → *Fossilien* aus den Resten vorzeitlicher Lebewesen. Dabei verwesen die Weichteile abgestorbener Organismen sehr rasch; die Hartteile (Schalen, Knochen u. a.) werden jedoch in das Sediment eingebettet, durch die → *Diagenese* verändert

*Fossilien; Handstück mit freiliegenden Kammern zweier Ammoniten aus dem Lias.*

und sind so in den verschiedenen *Erhaltungszuständen* heute noch anzutreffen. Die Reste können unverändert sein, eine chemische Umwandlung (Beispiel: Pyritisierung) erfahren haben oder einen anderen stofflichen Bestand aufweisen, unter Beibehaltung der äußeren Form. Wird ein Organismenrest aufgelöst, die äußere Form jedoch im umgebenden Gestein abgebildet, so spricht man von einem → *Abdruck*. Auch die Silifizierung (Verkieselung) ist ein häufig anzutreffender Erhaltungszustand, beispielsweise bei *versteinertem Holz.*

**Foyait** (m), ein → *Nephelinsyenit*, bei dem Alkalifeldspat im Bestand deutlich vorherrscht.

**Franklinit** (m), (Zn, Mn)$Fe_2O_4$, ein Oxid. H 6–7, D 4,6–5, X-System: kubisch. Form: oktaedrische Kristalle, körnig, derb, dicht. Farbe: schwarz. Undurchsichtig; halbmetallisch bis metallisch glänzend. Spaltbarkeit undeutlich, Bruch muschelig. Erkennbar an der Kristallform und der Ähnlichkeit mit → *Magnetit*, jedoch ist F. nur schwach oder gar nicht magnetisch. F. kommt auf Zinklagerstätten in metamorphem Kalkstein bei Franklin in New Jersey/USA vor.

**Freibergit** (m), *Silberfahlerz*, (→ *Fahlerze*), kupfer-, silber- und antimonhaltiges Sulfid, kristallisiert kubisch in tetraedrischer, würfeliger, dodekaedrischer Form; auch derb, körnig. Farbe: bleigrau mit metallischem Glanz, undurchsichtig. H 3–4, D 4,5–5, ohne erkennbare Spaltbarkeit. F. kommt auf hydrothermalen, silberhaltigen Erzgängen, z. B. in Freiberg/Erzgebirge, vor.

**Friedelit** → *Pyrosmalith*

**Frittung** (f), teilweise mit Aufschmel-

*Fossilien; Abdruck zweier Trilobiten aus dem Kambrium Böhmens.*

zung verbundener Vorgang bei der Kontaktmetamorphose; führt bei Sandstein und Tongesteinen zu einer Härtung.

**Frostböden**, Bezeichnung für dauernd (Dauerfrostböden), langanhaltend oder häufiger kurzfristig gefrorene Böden. Dauerfrostböden, die in Alaska und im nördlichen Sibirien bis in Tiefen von über 100 m gefroren sind, tauen in den Sommermonaten nur oberflächig auf. Beim Gefrieren des im Boden enthaltenen Wassers findet Frostschub und Frosthebung statt; bei geschichtetem Material bewirkt der Frostschub u. a. sogenannte *Brodelböden.*

**Fruchtschiefer**, besondere Bezeichnung für → *Fleckschiefer.*

**Fuchsit** (m), ein chromhaltiger → *Glimmer* von blaß- bis smaragdgrüner Farbe, dem → *Muskovit* verwandt.

**Fukoiden** (pl), in Ton oder Sandstein anzutreffende Lebensspuren von tangähnlichem Aussehen; wahrscheinlich Gänge mariner Würmer. F. werden häufig im kambrischen Sandstein (F.-Sandstein) des Baltischen Schilds angetroffen.

**Fumarole** (f), Gas- oder Wasserdampfaustritt aus tätigen Vulkanen oder Spalten mit Temperaturen von 200 bis 800° C. Je nach Temperatur werden unterschiedliche Mengen von HCl, Cl, $SO_2$, $H_2S$, $CO_2$ und $H_2O$ ausgestoßen. Vulkane, deren Tätigkeit ausschließlich auf die Aushauchung von Gasen beschränkt ist (bes. Schwefelwasserstoff bzw. schweflige Säuren), werden → *Solfataren* genannt.

**Fundort**, durch sogenannte Belegstücke (Minerale oder Gestein) ausgewiesene Fundstelle. Die F.-Angabe sagt nichts über Umfang und Bedeutung von Vorkommen aus.

**fündig** bedeutet den erfolgreichen Abschluß einer Versuchsbohrung oder Schürfung und das Auffinden einer Lagerstätte. Auch der erfolgreiche Abschluß einer Suche nach bestimmten Mineralen wird so bezeichnet.

**Fußfläche**, andere Bezeichnung für → *Pedion.*

# G

**Gabbro** (m), mittel- bis grobkörniges → *Intrusivgestein* von meist grauer Farbe, verbreitetster Gesteinstyp der → *Gabbrogruppe*, kommt in Deutschland u. a. am Brocken im Harz, im Odenwald und Schwarzwald vor (s. auch → *Gabbrogruppe*). □

**Gabbrodiorit** (m), mittelkörniges, zum Teil schlierig ausgebildetes graues bis dunkelgraues → *Intrusivgestein*, das sich vom → *Diorit* durch das Vorherrschen basischer Plagioklase und Augite unterscheidet; mitunter treten Abarten mit überwiegenden Anteilen von Hornblende auf. G. ist ein Übergangsgestein zur → *Gabbrogruppe*, durch Differentiation in Gabbroschmelzen entstanden, und kommt als Lagen und Schlieren in Gabbroverbände eingeschaltet vor.

**Gabbrogruppe,** umfangreiche und bedeutende Gruppe basischer → *Intrusivgesteine*, die sich chemisch und in der Mineralzusammensetzung deutlich von den → *Graniten*, → *Syeniten* und → *Dioriten* unterscheidet. Wichtigste Merkmale sind das Fehlen von Quarz (allenfalls geringe Anteile in Ausnahmefällen) sowie hohe Anteile an Plagioklas (Enstatit, Bronzit, Hypersthen und Diallag). Außerdem kommen Olivin und in seltenen Fällen Hornblende vor. Zu der G. werden u. a. *Gabbro, Gabbrodiorit, Hornblende-* und *Olivingabbro, Troktolith, Hyperit, Norit, Eukrit* u. a. gerechnet. Grobkörnige, fast monomineralisch zusammengesetzte Plagioklasgesteine (Labradorit, Bytownit u. a.) werden *Anorthosite* genannt (Tab. S. 138).

**Gadolinit** (m), $Y_2FeBe_2(O|SiO_4)_2$, ein Silikat. H 6,5–7, D 4–4,7, X-System: monoklin. Form: kurzsäulige, tafelige Kristalle; derb eingewachsen. Farbe: schwarz, bräunlichschwarz. Undurchsichtig; Glasglanz, fettig. Gute Spaltbarkeit, Bruch muschelig. G. ist erkennbar an Härte, Spaltbarkeit und Kristallform, kommt vorzugsweise in alpinen Klüften von Granitpegmatiten vor und ist u. a. im Harz, Riesengebirge und Alpenraum anzutreffen.

**Gagat** (m), *Jett*, Bezeichnung für eine wachsglänzende, zähe, aber nicht spröde → *Steinkohle*, die gelegentlich als Schmuckmaterial Verwendung findet und in kleinen Vorkommen u. a. in Süddeutschland anzutreffen ist.

**Gahnit** (m), Bezeichnung für eine zinkhaltige → *Spinell*-Varietät, dunkelgrün.

**Galenit** (m), PbS, *Bleiglanz, Bleischweif* (dünnschichtig), ein Sulfid. H 2,5, D 7,4–7,6, X-System: kubisch; kommt in Form würfeliger oder oktaedrischer Kristalle, jedoch auch körnig, derb und in Schichten in hydrothermalen Gängen, häufig zusammen mit → *Sphalerit* vor. G. ist bleigrau, metallisch glänzend (an der Luft bald schon matt), undurchsichtig, besitzt vollkommene Spaltbarkeit nach dem Würfel und enthält

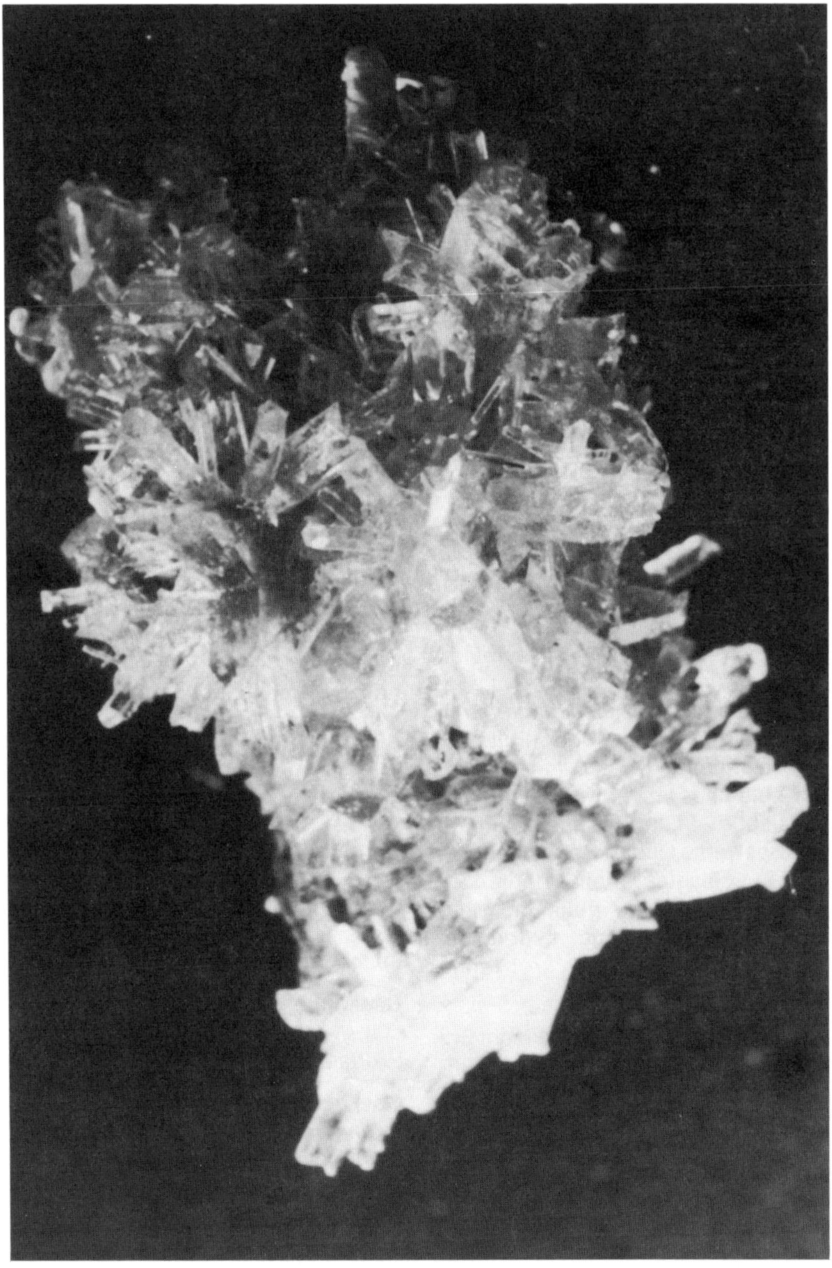

*Gips, Kristallstufe (Salzbergwerk Altaussee/Salzburg) – farblos, durchsichtig.*

bis zu 0,5%, selten 1% Silber. G. ist deshalb nicht nur ein wichtiges Bleierz, sondern spielt auch bei der Silbergewinnung eine bedeutende Rolle. Bedeutende Fundorte: Braubach/Rhein, Bad Ems/Lahn, Siegerland, Harz, Eifel, Bleiberg/Kärnten, Südspanien. □

**Galeodea,** eine ausgestorbene, jedoch lebenden Gattungen recht ähnliche Meeresschnecke (→ *Gastropoden)* des Eozäns mit kegelförmig gewundenem Gehäuse und dornenförmigen Fortsätzen, fossil in Nordamerika, Europa und Asien anzutreffen.

**Galmei** (m), alte, heute nicht mehr gebräuchliche Bezeichnung für Zinkerze (Carbonate und Silikate), wie → *Smithsonit* (Zinkspat) und → *Hemimorphit* (Kieselgalmei).

**Gang,** eine mit Mineralen oder Gestein ausgefüllte Spalte. *Intrusivgänge* sind mit → *Ganggesteinen* oder *Erzmineralen* (Erzgang) ausgefüllt, wobei das Erz die *Gangfüllung*, die Begleitminerale oder Füllmassen (Gangmittel) die *Gangart* sind. Der seitliche Rand wird als *Salband* bezeichnet. Mineralgänge enthalten vorzugsweise Quarz, Baryt oder Calcit. Ein schichtparallel verlaufender G. wird *Lagergang* genannt. Mehrere parallele Gänge bilden ein *G.-System (G.-Zug)*, sich kreuzende ein *G.-Netz.*

**Gangart,** Bezeichnung für die ein Erz begleitenden Minerale oder Füllmassen in einem → *Gang.*

**Ganggesteine,** vielfältig ausgebildete magmatische Gesteine aus Restschmelzen, die plattenartig in vorgebildeten Spalten erstarrten. Sie haben meist die gleiche chemische Zusammensetzung wie der Magmatit, dessen Nachschub sie sind (aschiste G.), gelegentlich aber auch eine abweichende (diaschiste G.). G. sind körnig oder porphyrisch – grobkörnig (Pegmatit) oder feinkörnig (z. B. Aplit).

**Gangmittel,** die ein Erz begleitende Füllmasse der Gänge *(→ Gang).*

**Ganoiden,** Gruppe ursprünglicher Knochenfische (Chondrostei, Holostei), wurden im Laufe des Mesozoikums durch die echten Knochenfische (Teleostei) immer mehr verdrängt.

**Garbenschiefer,** nicht einheitlich gebrauchte Bezeichnung für metamorphe Gesteine mit garbenförmig ausgebildeten dunklen Mineralaggregaten, beispielsweise von Aktinolith oder Cordierit.

**Garnierit** (m), nickel- und magnesiumhaltiges Silikat, auch *Noumeait, Nickelchrysotil.* Verwitterungsprodukt von nickelhaltigen Olivingesteinen in Serpentiniten, als dichte kryptokristalline Massen, Krusten, mit Bänderung in grüner bis blaugrüner Farbe und mattem Glanz. Undurchsichtig, nicht spaltbar, H 2–4. G. kommt u. a. im Vogtland, in der UdSSR und in den USA vor.

**Gasflammkohle,** Bezeichnung für eine → *Steinkohle* mit 35 bis 40% flüchtiger Bestandteile.

**Gaskappe,** über einer Erdöllagerstätte gelegene Ansammlung von Erdgas.

**Gaskohle,** Bezeichnung für eine → *Steinkohle* mit 28 bis 35% flüchtiger Bestandteile.

**Gastrioceras,** ein → *Ammonit* des Oberkarbons in kugeliger bis abgeflachter Form mit deutlich hervortretender Rippenornamentierung, weltweit verbreitet.

**Gastropoden,** *Schnecken,* eine Klasse der Weichtiere (→ *Mollusken)*; Wasser- oder Landbewohner von großem Arten- und Formenreichtum. G. sind vom Kambrium an als Fossilien vertreten, zeigen aber erst im Jura starke Entwicklung und Verbreitung, die im Tertiär ihren Höhepunkt erreichen.

**Gault** (n), Stufe der Unterkreide, umfaßt *Apt* und *Alp*; s. auch → *geologische Formationen.*

**Gaylussit** (m), $Na_2Ca(CO_3)_2 \cdot 5\ H_2O$, Natrocalcit, ein Carbonat. H 2–3, D 1,9, X-System: monoklin. Form: tafelige, säulige Kristalle mit rauhen, unebenen Flächen. Farbe: farblos, weiß, gelblich, grau. Durchsichtig bis durchscheinend; Glasglanz, auch matt. Sehr gute Spaltbarkeit, Bruch muschelig. Erkennbar an den unebenen Kristallflächen; wasserlöslich. G. entsteht in Salzseen, kommt jedoch auch als eingewachsene Kristalle in Tonen vor.

**Gebirge,** ausgedehnte und reich gegliederte Erhebungen der Erdoberfläche, die einen Wechsel zwischen zusammenhängenden Höhen (Bergen und Hochflächen) und Tiefen (Täler) aufweisen. Die Gliederung der G. erfolgt nach verschiedenen Gesichtspunkten, so u. a. nach der Form der Gipfel (Kamm-, Ketten- oder Kuppen-G.), der Höhe (Mittel- und Hoch-G.) oder der Entstehung (vulkanische G., tektonische G. und Abtragungs-G.). *Vulkanische G.* entstehen durch eine Anzahl von Vulkanen, die sich als Vulkanberge aneinanderreihen, wie beispielsweise das Siebengebirge. *Abtragungs-G.* werden unterschieden nach Erosionsgebirgen und Denudationsgebirgen. *Tektonische Gebirge* stellen Großschollen der Erde mit in sich einheitlichem Bau dar und werden gegliedert in: 1. *germanotype G.*, mit einfachem Bau und dem Vorherrschen von Bruchformen, entstanden in tektonisch schon verfestigten Gebieten. Hierzu gehören *Schollengebirge* (Blockgebirge), *Bruchschollengebirge.* 2. *alpinotype G.*, kompliziert gebaute, räumlich geschlossene Gebirgseinheiten (Orogen) mit vorherrschender Einengung durch Faltung. Hierzu gehören *Faltengebirge* mit mäßiger Einengung durch Falten und nur gelegentlichen Überschiebungen (Rheinisches Schiefergebirge) sowie *Deckengebirge* mit starker bis sehr starker Einengung durch Faltung und großen Überschiebungen, die zur Entstehung großer Deckensysteme führen (Alpen). Daneben gibt es noch sogenannte *Bruchfaltengebirge*, bei denen die Falten mit Brüchen durchsetzt sind. Im Sprachgebrauch des Bergbaus wird G. auch als Bezeichnung für die anstehenden Gesteinsverbände und Gesteine verwendet.

**Gebirgsbildung** → *Orogenese,* → *Gebirge.*

**Gebirgsfeuchtigkeit,** *Bergfeuchte,* das unter normalen Umständen im Gestein enthaltene Wasser.

**Gebirgsknoten,** Kreuzungspunkt verschiedener Gebirgszüge.

**Gebirgsschlag,** Bezeichnung im Bergbau für das plötzliche Auftreten von Spannungen im Gestein, verbunden mit z. T. heftigen Erschütterungen und Druckwellen.

**Geburtsstein** → *Monatsstein.*

**gediegen,** Bezeichnung für Minerale, soweit sie als Elemente, vor allem Metalle, z. B. Silber, Gold, Kupfer, Eisen, Blei in reiner Form angetroffen werden. Auch einige Nichtmetalle kommen in der Natur in reiner Form vor.

**Gefälle,** der Höhenunterschied von einem höheren Punkt der Erdoberfläche zu einem tiefer gelegenen oder die Neigung eines Hanges bzw. einer schiefen Ebene, wird in Prozenten oder im Verhältnis zur horizontalen Streckenlänge angegeben. Beispiel: Gefälle 1:20 bedeutet 1 m Gefälle auf 20 m Entfernung (5%). Gelegentlich wird auch der Neigungswinkel (Abweichung von der Horizontalen) angegeben. Beispiel: ein Gefälle von 45° entspricht 100% oder 1:1.

**Gefällekurve,** Darstellung des Gefälleverlaufs eines Geländes oder Flusses in einem *Profil*. Dabei werden Teilabschnitte einer Strecke mit unterschiedlichem Gefälle aneinandergereiht.

**Gefrornis** → *Frostböden*

**Gefüge,** der Aufbau eines Gesteins und die Anordnung der Bestandteile, charakterisiert durch *Struktur* (Größe, Form und Kristallentwicklung der Minerale) und *Textur* (räumliche Anordnung und Verteilung). Beispiele: Die Struktur eines Gesteins kann fein-, mittel- oder grobkörnig, porphyrisch, glasig sein; die Textur richtungslos, schiefrig, fluidal (Fließgefüge) u. a.

**Geigerzähler,** Vorläufer des von Geiger und Müller entwickelten Zählrohres, dient zum Nachweis und Erkennen u. a. von radioaktiver Strahlung (Gammastrahlen).

**Geisir** → *Geysir*

**Geisterquarz** (m), Bezeichnung für durchsichtige Quarzkristalle, in denen sich einzelne Wachstumsphasen abzeichnen *(→ Quarz).*

**Gekriech** (n), Bezeichnung für lang-

*Gabbro (grobkörnig), Handstück aus Skandinavien.*

sam wandernden Gehängeschutt sowie für die Massenbewegung selbst (→ *Solifluktion)*, Bewegung ca. 3–5 cm pro Jahr.

**Gel** → *Hydrogel*

**Gelbbleierz** → *Wulfenit*

**Gelbeisenerz,** Bezeichnung für eine Zwischenstufe der Eisenhydroxide → *Limonit* und → *Goethit*, auch unter dem veralteten Namen Xanthosiderit bekannt.

**Gelberden,** durch Eisenoxidverbindungen infolge Humusarmut gelb gefärbte Böden unterschiedlicher Herkunft.

**Gelbnickelkies** → *Millerit*

**Gemengeteile,** die einzelnen Bestandteile der Gesteine, gegliedert in: *Hauptgemengeteile,* die mengenmäßig hervortretenden Minerale, die für die Charakterisierung der Gesteine von Bedeutung sind; die *Nebengemengeteile,* Akzessorien, nehmen dagegen eine untergeordnete Stellung ein (häufig unter 1%).

**Gemme** (f), Schmuckstein mit vertieft (Intaglie) eingeschliffener oder erhaben (Kamee) herausgearbeiteter bildlicher Darstellung.

**Gemmologie** → *Edelsteinkunde*

**Gemmoskop** (n), Bezeichnung für ein binokulares Mikroskop zur Untersuchung von Edelsteinen und Mineralen; das G. gestattet ein räumliches Sehen, das für das Erkennen kleinster Kristalle von besonderer Bedeutung ist.

**Geo . . .,** Vorsilbe, bedeutet: die Erde betreffend.

**Geoantiklinale** (f), *Geantiklinale,* die einer Geosynklinale benachbarte epirogene Aufwölbungszone der Erdkruste (Gegensatz: → *Geosynklinale*).

**Geochemie,** die Wissenschaft vom chemischen Aufbau der Erde und der Atmosphäre. Die G. befaßt sich mit Anteil und Art der Elemente sowie den zur Bildung und Umwandlung von Gesteinen führenden chemischen Prozessen.

**Geochronologie** (f), spezielle Bezeichnung für die Auszählung der zeitlichen Abfolge bei schichtenförmig ausgebildeten Sedimenten, beispielsweise von Sommer- und Winterlagen im → *Bänderton.*

**Geode** (f), teilweise oder ganz mit Mineralen ausgefüllte Blasenräume (auch → *Mandeln*) in → *Effusivgesteinen*. G.n, deren kugelige äußere → *Chalcedon*-Rinde (Achat) mit Kristallen (Amethyst, Quarz) ausgekleidet sind, werden als Halbschalen mit schönen Kristallstufen von Sammlern besonders hoch eingeschätzt. Daneben kommen häufig noch Calcit und Zeolithe als G.n-Auskleidungen vor. Fundstellen im europäischen Raum sind vor allem bei Idar-Oberstein (Achat, Amethyst, Zeolithe) und in Südtirol (Achat, Amethyst) gelegen. Die Ausweitung des Begriffes auf Konkretionen ist verschiedentlich gebräuchlich, jedoch irreführend. □

**Geodepression** (f) s. auch → *Oszillationstheorie.*

**Geognosie** (f), veraltete Bezeichnung für → *Geologie.*

**Geoid** (n), Bezeichnung für die wirkliche Gestalt der Erde, die vom idealen Rotationsellipsoid etwas abweicht.

**Geoisotherme** (f), kurvenförmig verlaufende Linie, die Punkte gleicher Temperatur im Erdinnern verbindet.

**geokratisch,** *geokrat,* Bezeichnung für Perioden der Erdgeschichte, in denen aufgrund von Meeresregression das Festland vorherrschte, und für Bewegungen, die eine solche Zeit einleiten. Gegensatz: thalattokratisch, thalattokrat.

**Geologenkompaß,** Meßgerät zur Richtungsbestimmung (→ *Streichen* und → *Fallen*) von Schicht-, Schieferungs- und Verwerfungsflächen, vereinigt Kompaß und Klinometer.

**Geologie,** (Natur-)Wissenschaft vom Aufbau und der Entwicklung der Erde. Die *allgemeine* oder *dynamische* G. umfaßt Gebirgsbildung, Vulkanismus, Erdbeben, Wirksamkeit von Wasser, Eis und Wind; *Geotektonik* behandelt den Aufbau der Erdkruste in den geologischen Zeiträumen, *Stratigraphie* die Aufeinanderfolge der Schichten und Formationen. Die *historische* G. befaßt sich mit dem Ablauf geologischer Ereignisse und der Entstehung der Erde. Die Nutzung der G. für Wirtschaft und Technik stellt sich in der *angewandten* G. dar. Wissenschaftliche Zweiggebiete der G. sind: *Petrographie* (Gesteinskunde), *Mineralogie* und *Kristallographie, Paläontologie* (Fossilienkunde, Rekonstruktion der Entwicklung von Pflanzen und Tieren). Durch die enge Verknüpfung biologischer Entwicklungsvorgänge ist die Paläontologie zur selbständigen Wissenschaft geworden. Geochemie und Geophysik stehen in enger Beziehung zur G. und sind verwandte Wissenschaftszweige. Geschichtliches: Vor Jahrtausenden schon waren zahlreiche Mineralien als Bestandteile der festen Erdkruste bekannt: Schmucksteine, Erzmineralien, gediegene Metalle (auch die Verbindung von Kupfer und Zinn zu Bronze). Etwa 1000 v. Chr. gelang die Gewinnung elementaren Eisens aus Erzen. Ein erster Höhepunkt des Fachwissens war durch die Gesteins- und Mineralbeschreibung des Aristoteles (384–322 v. Chr.) und Theophrast (372–288 v. Chr.) erreicht. Albertus Magnus (1193–1280) faßte in einem großangelegten Werk die damaligen Kenntnisse über Mineralien zusammen. Georg Agricola (1494–1555) verfaßte zahlreiche Schriften über Bergbaukunde und Hüttenwesen. Der Mineraloge und Geologe Abraham Gottlob Werner (1749–1817) unterschied in einem neuen System die Mineralien aufgrund chemischer Charakteristika. 1669 wurde durch Nils Stensen am Quarz die Konstanz der Flächenwinkel *(→ Winkelkonstanz)* erkannt. Chr. S. Weiß (1780–1856) war der Begründer der geometrischen Kristallographie, E. Mitscherlich (1794 bis 1863) der Entdecker von Isomorphie und Polymorphie. W. C. Röntgen (1845–1923), der Entdecker der Röntgenstrahlen, untersuchte u. a. die physikalischen Eigenschaften der Kristalle wie auch Pierre Curie (1859–1906), der 1883 zusammen mit seiner Frau Marie die radioaktiven Elemente Radium und Polonium entdeckte. V. M. Goldschmidt (1888–1947) entwickelte das Gesetz der Kristallchemie und wurde der Begründer der modernen Geochemie. Durch regionale Untersuchungen von Buch, A. v. Humboldt, Freiesleben, Plaifair, Cuvier entstand das Grundgerüst der geologischen Wissenschaft. Oppel und Quenstedt verbesserten die Grundlagen der Stratigraphie. Naumann, Rosenbusch und Zirkel entwickelten die petrographische Geologie.

**geologische Formationen,** Perioden der Erdgeschichte und die darin entstandenen größeren stratigraphischen Einheiten; g. F. sind Teilabschnitte der geologischen Zeitalter und umfassen zwei bis drei Abteilungen sowie mehrere Stufen (s. auch Tabelle S. 132/133).

**geologische Karten,** maßstabgetreue Karten von Gebieten und Gebietsteilen, in denen die geologischen Verhältnisse farbig und in Signaturen dargestellt sind. Böden, die das Gestein (gewachsener Fels) überdecken, bleiben dabei meist unberücksichtigt. Da die flächenhafte Darstellung nur in beschränktem Maße Eintragungen von Mächtigkeit und Schichtfolge zuläßt, müssen zur Verdeutlichung der Verhältnisse noch Vertikalschnitte, sogenannte → *Profile* angefertigt werden.

**geologische Orgeln,** *Erdorgeln,* Vertiefungen im ausgehenden bzw. anstehenden Gestein (Kalkgestein), die durch die auslaugende Tätigkeit eindringender Sickerwässer entstanden sind und zylindrische, kessel- oder schachtförmige Gestalt aufweisen; teilweise mit Lockermaterial ausgefüllt.

**geologische Thermometer,** bestimmte Minerale, deren Vorhandensein Rückschlüsse auf die Bildungstemperaturen der jeweiligen Gesteinsart zuläßt; s. auch → *typomorphe Minerale,* → *Indexminerale.*

**geologische Zeitalter,** Perioden der Erdgeschichte, die mehrere → *geologische Formationen* umfassen.

**geologischer Zyklus** → *Zyklen*

**Geomagnetismus** → *Erdmagnetismus*

**Geometrie** → *Kristallgeometrie*

**Geomorphologie** (m), Zweig der allgemeinen Geologie, befaßt sich mit den Oberflächenformen der Erde, die sie beschreibt und systematisch ordnet, sowie mit deren Entstehung und Entwicklung (Morphogenese). In der dynamischen oder analytischen G. werden die formbildenden (endogenen und exogenen) Kräfte und deren Einwirkungen auf die Oberflächengestalt (Epirogenese, Orogenese, Denudation, Erosion u. a.) untersucht.

**Geophon** (n), *Seismophon,* Gerät, mit dem Schallwellen im Boden aufgenommen werden, z. B. bei der Suche nach Bodenschätzen, wie Erdöl, Erze, Kohle u. a.

**Geophysik,** Wissenschaft von den physikalischen Eigenschaften der Erde (einschl. Meer und Lufthülle). Zur Erfassung der Eigenschaften und des Aufbaues der Erde bedient sich die G. vielerlei Methoden, so u. a. der *Seismik* und der *Magnetik.*

**Georgia-Tektite** (pl), *Georgiaite,* → *Tektite,* die im Gebiet von Georgia/ USA gefunden wurden.

**Geopotential** (n), Maß für die potentielle Energie der Masseneinheit in einem über dem Meeresspiegel gelegenen Punkt der Atmosphäre.

**Geosynklinale** (f), großräumige, trogförmige, epirogene Senkungszone der Erdkruste, bildet einen gewaltigen Sedimentationsraum und ist eine Vorstufe der Gebirgsbildung (Orogenese), besonders alpinotyper Gebirge (Eugeosynklinale). G.n sind z. T. mit Vulkanismus verbunden. Die *Miogeosynklinale* ist eine Restgeosynklinale im halbstarren Krustenbereich ohne Magmatismus. *Parageosynklinalen* sind meist unregelmäßig geformte Becken mit geringer Absenkung. Gegensatz: *Geoantiklinale.*

Geologische Formationen

| Zeitalter | Jahre | Formation | Abteilung | | Stufe | | Geotektonische Ären |
|---|---|---|---|---|---|---|---|
| Känozoikum (Neozoikum) | 15 000 | Quartär | Holozän | | | | |
| | 1 Mill | | Pleistozän | | | | |
| | | Tertiär | Jungtertiär (Neogen) | Pliozän | (s. auch Tab. S. 380) | | |
| | | | | Miozän | | | 01 |
| | | | Alttertiär (Paläogen) | Oligozän | | | |
| | | | | Eozän | | | |
| | 70 Mill | | | Paleozän | | | 02 |
| Mesozoikum | | Kreide | Oberkreide | | Dan | (Westfalen) | |
| | | | | | Maastricht | | |
| | | | | | Campan | Senon | |
| | | | | | Santon | | |
| | | | | | Coniac | Emscher | |
| | | | | | Turon | | |
| | | | | | Cenoman | | |
| | | | Unterkreide | | Alb | Gault | Alpidische Ära |
| | | | | | Apt | | |
| | | | | | Barrême | Neokom | |
| | | | | | Hauterive | | |
| | | | | | Valendis | | |
| | 135 Mill | | | | Infra-valendis | Wealden | |
| | | Jura | Malm (Weißer J.) | | Portland | | |
| | | | | | Kimmeridge | | 04 |
| | | | | | Oxford | | |
| | | | Dogger (Brauner J.) | | Callovium | | |
| | | | | | Bathonium | | |
| | | | | | Bajocium | | |
| | | | | | Aalenium | | |
| | | | Lias (Schwarzer J.) | | Toarcium | | |
| | | | | | Pliensbachium | | |
| | | | | | Sinemurium | | |
| | 180 Mill | | | | Hettangium | | |
| | | Trias | Keuper (Obertrias) | | (Germanisch) Oberer K. | (Alpin) Rät | 05 03 |
| | | | | | Mittlerer K. | Nor | |
| | | | | | Unterer K. | Karn | |
| | | | Muschelkalk (Mitteltrias) | | Oberer | Ladin | |
| | | | | | Mittlerer | | |
| | | | | | Unterer | Anis | |
| | | | Bunt-sandstein (Untertrias) | | Oberer | Skyth | |
| | | | | | Mittlerer | | |
| | 225 Mill | | | | Unterer | | 06 |

01 jungalpidisch
02 mittelalpidisch
03 altalpidisch
04 jungkimmerische Phase
05 altkimmerische Phase
06 pfälzische Phase

| Zeitalter | Jahre | Formation | Abteilung | Stufe | Geotektonische Ären |
|---|---|---|---|---|---|
| Paläozoikum | 225 Mill | Perm | Zechstein (Oberperm) | Oberer | Variskische Ära |
| | | | | Mittlerer | |
| | | | | Unterer | |
| | | | Rotliegendes (Unterperm) | Oberrotliegendes | |
| | 270 Mill | | | Unterrotliegendes | |
| | | Karbon | Oberkarbon (Pennsylvanium) | Stefan | |
| | | | | Westfal | |
| | | | | Namur | |
| | | | Unterkarbon (Mississippium) | Visé | |
| | 350 Mill | | | Tournai | 07 |
| | | Devon | Oberdevon | Dasberg | |
| | | | | Hemberg Famennium | |
| | | | | Nehden | |
| | | | | Adorf Frasnium | |
| | | | Mitteldevon | Givet | |
| | | | | Eifel | |
| | | | Unterdevon | Ems | |
| | | | | Siegen | |
| | 400 Mill | | | Gedinne | Kaledonische Ära |
| | | Silur (Gotlandium) | | Ludlow | 08 |
| | | | | Wenlock | |
| | 440 Mill | | | Llandovery | |
| | | Ordovizium | | Ashgill | |
| | | | | Caradoc | |
| | | | | Llandeilo Lanvirn | |
| | | | | Arenig | |
| | 500 Mill | | | Tremadoc | |
| | | Kambrium | Oberkambrium | | 09 |
| | | | Mittelkambrium | | |
| | 600 Mill | | Unterkambrium | | |
| Eozoikum | | Präkambrium | Algonkium (jüngeres Präkambrium) | Jüngeres | |
| | | | | Älteres | |
| Azoikum | Mehr als 3000 Mill | | Archäikum (älteres Präkambrium) | | |

07 bretonische Phase
08 jungkaledonische Phase
09 altkaledonische Phase

**Geosynklinorium** (n), ein muldenförmiges Großfalten-System, ist manchmal nur mit Hilfe eines Faltenspiegels zu erkennen.

**Geotektonik** → *Tektonik*

**geothermisch,** die zum Erdinnern hin zunehmende Erdwärme betreffend; *g.e Tiefenstufe,* die Tiefe, in der ein Temperaturanstieg um jeweils 1° C zu verzeichnen ist (durchschnittlich 30–35 m).

**Geotumor** → *Oszillationstheorie*

**Germanisches Becken,** durch ein Flachmeer gebildeter nachvariskischer Sedimentationsraum in Deutschland mit wechselnder Ausdehnung, erstreckte sich auch über Gebietsteile Englands und Frankreichs; in Deutschland erfolgte eine Gliederung in süddeutsches und nordwestdeutsches Becken.

**Germanit** (m), $Cu_3(Fe,Ge)S_4$, ein den Fahlerzen ähnliches Sulfid, kubisch, feinkörnig, derb. H 2,5–3, D 4,5. Farbe: rötlichgrau, violett, braunrot. Undurchsichtig mit metallischem Glanz. G. kommt lokal begrenzt zusammen mit Chalkosin vor, besonders in Südwestafrika, und dient u. a. als Rohstoff zur Gewinnung von Germanium.

**germanotyp,** Bezeichnung für die besondere Art von Gebirgen mit einfachem Bau, in tektonisch verfestigten Gebieten als Schollen- oder Bruchschollengebirge entstanden (s. auch → *Gebirge*).

**Geröll,** durch fließende Gewässer transportiertes, abgerundetes Gesteinsmaterial.

**Gersdorffit** (m), NiAsS, *Graunickelkies, Arsennickelglanz,* ein Sulfid. H 5–5,5, D 5,6–6,2, X-System: kubisch. Form: körnig, derb. Farbe: silberweiß bis stahlgrau. Undurchsichtig; metallischer Glanz. Strichfarbe grauschwarz. Sehr gute Spaltbarkeit, Bruch spröde. Erkennbar an Spaltbarkeit und Farbe. G. kommt eingewachsen oder auf Drusen von Sideritgängen im Siegerland und im Harz vor sowie bei Salzburg, in Kärnten, Steiermark, Schweden.

**Gerüstbildung** → *Diktyogenese*

**Gerüstsilikate** → *Silikate*

**Gervillella,** bis 25 cm große, längliche Muschel, Trias – Kreide, mit stark gekrümmtem Vorderende, als Fossil weltweit verbreitet.

**Geschiebe** (n, pl), Gesteinsbrocken, die durch Gletschereis transportiert, abgeschliffen, an den Kanten abgerundet und in den Grundmoränen angelagert wurden. G. weisen oft Schrammen und Kratzer auf.

**Geschiebelehm,** kalkfrei verwitterter → *Geschiebemergel.*

**Geschiebemergel,** als Grundmoräne abgelagertes, ungeschichtetes Gemenge von mergeligem Material verschiedener Größe, mit → *Geschiebe* durchsetzt.

**Gesenk** (n), im Bergbau Bezeichnung für einen Blindschacht, der von oben nach unten abgeteuft (niedergebracht) wurde.

**Gesteine,** das verfestigte, aus natürlichem Mineralgemenge bestehende Material der Erdkruste, das sowohl in der Entstehungsart als auch in der Zusammensetzung erhebliche Unterschiede aufweist. Die G. sind das Produkt geologischer Vorgänge und bilden mehr oder weniger ausgedehnte Einheiten. Die wichtigste Gliederung der G. erfolgt nach der Art ihrer Entstehung in: *Magmatite* (Intrusiv-, Gang- und Effu-

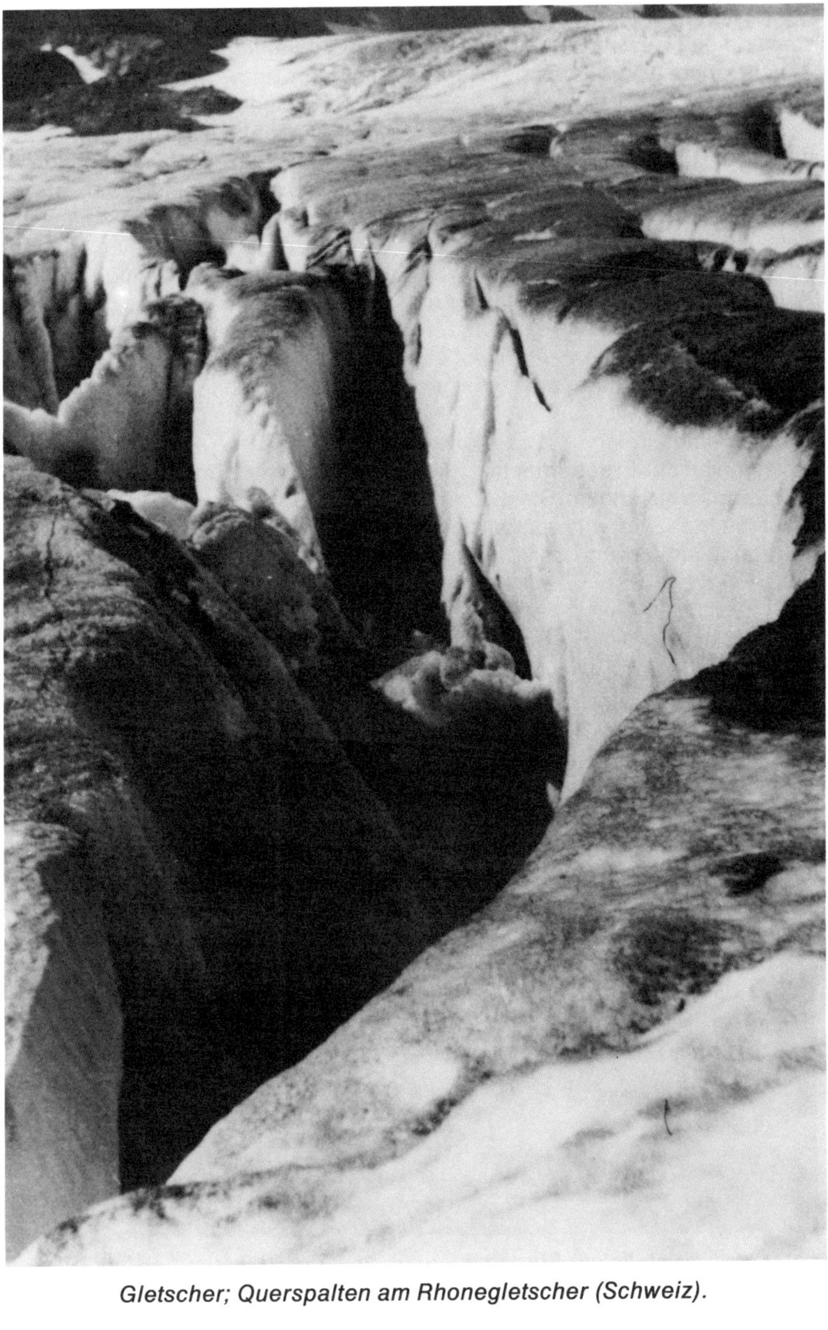

*Gletscher; Querspalten am Rhonegletscher (Schweiz).*

sivgesteine), *Sediment-G.* (klastische, chemische und biogene Sedimente) und *Metamorphite*, durch Umwandlung sowohl aus Magmatiten als auch aus Sedimenten entstandene G.

→ *Magmatite* sind direkt aus magmatischer Schmelze durch Abkühlung und Erstarrung entstanden. Erfolgt diese Gesteinsbildung in der Tiefe, so bezeichnet man diese G. als → *Intrusivgesteine,* Intrusiva, Plutonite oder Tiefengesteine. An der Erdoberfläche aus dem Magma entstandene G. werden → *Effusivgesteine,* Ergußgesteine oder Vulkanite genannt.

→ *Sedimentgesteine* sind aus Ablagerungen an der Erdoberfläche bzw. in Meeren entstanden. Sie können aus Trümmer-, Verwitterungs- oder Abtragungsmaterial anderer G. gebildet *(klastische Sedimente),* aus Organismen (*biogene* oder *organogene* Sedimente) hervorgegangen und schließlich aus Lösungen entstanden sein *(chemische Sedimente).* Sedimente können Reste von Pflanzen und Tieren oder deren Abdrücke *(→ Fossilien)* enthalten.

→ *Metamorphite* sind durch Druck- und Temperatureinflüsse umgewandelte G., die sich sowohl im Mineralbestand als auch im Gefüge deutlich vom jeweiligen Ausgangsgestein sedimentären oder magmatischen Ursprungs unterscheiden. Vorgänge der Gebirgsbildung, die zur Umwandlung von Gesteinen führen, werden als → *Regionalmetamorphose* bezeichnet und weisen verschiedene Stufen oder Zonen der Metamorphose auf (Epi-, Meso- und Katazone). Erfolgt die Umwandlung

*Galenit, Kristallstufe (Bad Ems/Lahn) – silbriger Metallglanz, undurchsichtig.*

in Verbindung mit eingedrungenem Magma, so spricht man von → *Kontaktmetamorphose.*

**gesteinsbildende Minerale,** Minerale, die als Gemengeteile wesentlich am Aufbau der Gesteine beteiligt sind. Die wichtigsten g.n M. sind:
*Elemente:* Graphit
*Sulfide:* Pyrit, Chalkopyrit
*Halogenide:* Halit (Steinsalz), Fluorit
*Oxide:* Quarz, Magnetit, Hämatit, Ilmenit, Limonit, Korund, Spinelle, Rutil
*Carbonate:* Calcit, Dolomit, Siderit, Magnesit
*Sulfate:* Gips, Anhydrit
*Silikate:* Feldspäte, Leucit, Nephelin, Sodalithgruppe, Pyroxene, Amphibole, Glimmer, Olivin, Serpentin, Talk, Chlorite und Sprödglimmer, Skapolith, Kaolin, Montmorillonit, Epidot, Granate, Titanit, Zirkon, Cordierit, Andalusit, Sillimanit, Disthen, Staurolith, Topas, Turmalin, Zeolithe u. a.
Die Anteile der wichtigsten g.n M. in der Summe aller Gesteine betragen nach Ramdohr-Klockmann-Strunz: Feldspäte 58%, Pyroxene, Amphibole, Olivine 16,5%, Quarz 12,5%, Glimmer 3,5%, Tonminerale 1%, Eisenoxide 3,5% und Calcit 1,5%.

**Gesteinsfamilie,** Bezeichnung für eine Gruppe *magmatischer Gesteine* (Intrusiv-, Gang- und Effusivgesteine), die trotz unterschiedlicher Gefügemerkmale (Struktur und Textur) und Erstarrungszonen (in der Tiefe oder an der Erdoberfläche) gleichen Chemismus und Mineralbestand aufweisen.

**Gesteinsgefüge** → Gefüge

**Gesteinsgläser,** glasig erstarrte → *Effusivgesteine,* deren Abkühlung so rasch vonstatten ging, daß sich keine Kristalle bilden konnten. Zu den G.n gehören u. a. Obsidian und Bimsstein.

**Gesteinskunde** → *Petrographie*

**Gesteinsmagnetismus,** die magnetische Eigenschaft von Gesteinen, die einen besonders hohen Anteil an bestimmten Mineralen (Magnetit) aufweisen und deshalb ein sekundär induziertes Feld bilden.

**Gesteinsmetamorphose** → *Metamorphose*

**Geyserit** (m), *Kieselsinter,* eine durch Ablagerung an Geysiren und Thermalquellen gebildete → *Opal*-Varietät.

**Geysir** (m), *Geisir, Geiser,* heiße Springquelle, die in periodischen Abständen durch vulkanische Wärme überhitztes Wasser und Dampf ausstößt und emporschleudert. Im Wasser gelöste Stoffe lagern sich dabei als Sinter (krustig ausgebildete Mineralvarietäten, wie → *Geyserit*) in der nahen Umgebung ab.

**Gezeiten,** Niveauschwankungen des Meeres und der festen Erdkruste, durch die Anziehungskraft des Mondes und der Sonne hervorgerufen.

**G-Horizont,** der ständig unter Grundwassereinfluß stehende Bodenhorizont, Teil des → *Bodenprofils.*

**Gibbsit** → *Hydrargillit*

**Gigantopteris,** *Pteridophyllen*-Gattung (farnlaubige Pflanzen), Permokarbon, im Aussehen gezähnten Laubblättern ähnlich.

**Gigantostraken** → *Eurypteriden*

**Ginkgoales,** *Ginkgogewächse,* eine Ordnung der → *Gymnospermen* (Nacktsamer). Vorkommen vom Rotliegenden an, heute noch durch die

Art Gingko biloba vertreten. Als Fossilien werden die Blattorgane angetroffen.

**Gips** (m), $CaSO_4 \cdot 2H_2O$, wasserhaltiges Calciumsulfat. H 2, D 2,3, X-System: monoklin. Form: Kristalle tafelig, oft mit gekrümmten Flächen; nadelig, faserig, körnig, dicht. Zwillingsbildung häufig (Schwalbenschwanzzwillinge). Farbe: farblos, weiß und verschiedene Tönungen von gelb bis rot. Durchsichtig bis durchscheinend; Glasglanz, Perlglanz. Vollkommene bis gute Spaltbarkeit. Erkennbar an der Spaltbarkeit und der geringen Härte. G. kommt zusammen mit Halit (Steinsalz) und Anhydrit in geschichteten Lagerstätten vor sowie in sehr geringen Mengen an aktiven Vulkanen. Die durchsichtige, farblose, kristalline Varietät wird *Selenit*, faserigseidige Aggregate werden *Seidenspat* genannt. Feinkörnige Massen, → *Alabaster*, kommen u. a. in der Toskana vor. □

**Gipskeuper** (m), andere Bezeichnung für *Nor*, die mittlere Stufe des → *Keupers*.

**Gismondin** (m), ein den Faser-→ *Zeolithen* zugeordnetes Silikat, rhombisch, scheinbar tetragonal; bildet wasserklare, äußerlich etwas getrübte Kristalle, meist jedoch halbkugelige, garbenförmige Aggregate. H 4,5, D 2,2. G. kommt in Hohlräumen basaltischer Gesteine vor, z. B. in Schiffenberg bei Gießen, Homberg bei Kassel, am Vesuv, auf Sizilien.

**Gitter,** *Kristallgitter,* die gesetzmäßige räumliche Anordnung der Bausteine (Atome, Ionen, Moleküle) im Kristall, s. auch → *Kristallbau.*

**Gitterbaufehler,** Abweichungen vom regelmäßigen Kristallgitterbau *(→ Kristallbaufehler).*

**Gitterkonstanten** → *Kristallbau*

**Gittertypen,** vier *Strukturtypen* im Gitter der Kristalle: *Ionengitter,*

**Gabbrogruppe**
Vergleich des Mineralbestandes

| Gesteinsart | Plagioklase Labradorit | Plagioklase Bytownit | Olivin | Pyroxene Orthopyrox. | Pyroxene Klinopyrox. | Amphibole | Sonst. |
|---|---|---|---|---|---|---|---|
| Gabbro | xxx | | xx | | **xx** | | x |
| Gabbrodiorit | xxx | | | | **xx** | x | x |
| Hornblendegabbro | | xxx | | | | **xx** | x |
| Olivingabbro | **xx** | | **xx** | (x) | **xx** | | xx |
| Troktolith | xxx | | **xx** | | xx | x | x |
| Hyperit | xxx | | x | xx | xx | | xx |
| Norit | **xx** | | | **xx** | | | x |
| Eukrit | | **xx** | xx | | **xx** | | x |

Zeichenerklärung: (x) = evtl. geringe Anteile, x = 0–7%, xx = 8–20%, **xx** = mehr als 20%, xxx = mehr als 50%.

*Atomgitter, Metallgitter* und *Molekülgitter.* Zwischen den vier Typen gibt es Übergänge, wie beispielsweise die *Schichtgitter* bei Glimmer.

**Glanz,** durch Reflexion des Lichtes an der Oberfläche von Körpern, im besonderen an den Kristallflächen von Mineralen hervorgerufen, dient in den verschiedenen Abstufungen als Bestimmungsmerkmal. Nach der Intensität unterscheidet man: Diamantglanz, Glasglanz, Metallglanz (bei undurchsichtigen Mineralen), halbmetallischen Glanz, Fettglanz, Seidenglanz, Harzglanz. Perlmuttglanz ist vor allem auf Spaltflächen, beispielsweise von Gips oder Muskovit anzutreffen. Bei einigen Mineralen weisen verschiedene Flächen eines Kristalls unterschiedlichen G. auf.

**Glanze** (pl), bergmännische, in der Mineralogie veraltete Sammelbezeichnung für metallisch glänzende sulfidische Erze von Blei, Silber, Kupfer u. a., wie beispielsweise Bleiglanz (Galenit), Kupferglanz (Chalkosin), Silberglanz (Argentit).

**Glanzkohle,** *Vitrit,* glänzende Streifen in der → *Steinkohle*, im Wechsel mit matten Streifen, *Mattkohle,* auch *Durit* genannt.

**Glas** → *Gesteinsgläser*

**Glaserit** (m), ein Kalium-Natrium-Sulfat, trigonal, tafelige Kristalle, weiß oder bläulich; ein Exhalationsprodukt von Vulkanen (Vesuv), kommt auch in Salzlagerstätten vor (bei Hannover, Douglashall/England).

**glasig** → *hyalin*

**Glaskopf,** veraltete Bezeichnung für die Minerale Limonit (brauner G.), Hämatit (roter G.) und Psilomelan (schwarzer G.), die häufig als stalaktitisch bzw. kugelig geformte Aggregate in Erscheinung treten. □

**Glasmeteorite,** irreführende Bezeichnung für → *Tektite.*

**Glauberit,** $Na_2Ca(SO_4)_2$, ein Sulfat. H 2,5–3, D 2,7–2,8, X-System: monoklin. Form: Kristalle tafelig oder prismatisch; nierige und schalige Aggregate. Farbe: blaßgelb oder grau. Durchscheinend bis durchsichtig; Glasglanz. Gute Spaltbarkeit, Bruch muschelig. Erkennbar an den schlanktafeligen, dünnen Kristallen; teilweise wasserlöslich. G. kommt in Salzlagerstätten bei Hallein, Bad Ischl, Hallstatt und an vielen anderen Orten vor.

**Glaubersalz** → *Mirabilit*

**Glaukonit,** ein der → *Glimmer*-Gruppe *zugeordnetes Eisen-Aluminium-Silikat mit 2–15% $K_2O$*-Gehalt; kommt in marinen Sedimenten als kleine, gerundete, grüne Aggregate oder auch körnig vor. Fundort u. a. im „Essener Grünsand“.

**Glaukophan,** $Na_2Mg_3Al_2(OH)_2Si_8O_{22}$, ein Silikat der → *Amphibolgruppe,* (Natronhornblende). H 5–6, D 3–3,1, X-System: monoklin. Form: prismatische Kristalle, selten mit Endflächen, nadelig, faserig. Farbe: grau, graublau, lavendelblau. Durchsichtig bis durchscheinend; Glasglanz. Deutliche Spaltbarkeit, Bruch uneben. G. ist an der Farbe zu erkennen und kommt als Gemengeteil natriumreicher kristalliner Schiefer u. a. an verschiedenen Stellen des Alpenraumes vor, so bei Zermatt/Schweiz und im Aostatal/Italien.

**Glaukophanschiefer,** dunkel gefärbtes, fein- bis mittelkörniges metamorphes Gestein mit wenig deutlich ausgeprägter Schiefrigkeit. Auffälliges Merkmal ist die kräftig dunkelblaue Farbe der Glaukophannädelchen, die oft parallel angeordnet sind. Außerdem kommen noch Quarz, Albit, Jadeit, Granat und Chlorit vor. G. ist ein relativ seltenes Gestein, kommt jedoch an verschiedenen Stellen bes. des Alpenraumes vor.

**Glazial** (n), andere Bezeichnung für → *Eiszeit.*

**glazial,** bezeichnet alle mit Gletschern zusammenhängenden oder von diesen ausgehenden Erscheinungsformen.

**Glazialerosion** (f), *Gletschererosion,* der Abtrag von Gestein durch Einwirkung von Gletschereis, wie Schleifen des Untergrundes (Detersion), Aufreißen und Pflügen (Exaration) oder Herausbrechen größerer Blöcke (Detraktion). Dabei entstehen Gletscherschliffe oder Gletscherschrammen an den Gesteinsflächen durch mitgeführte Gesteinsbrocken. Felspartien werden zu Rundhöckern abgeschliffen, vorhandene Täler zu Trogtälern mit U-förmigem Taltrog und darüberliegendem flacherem Hangteil (Trogschulter) umgeformt. Auch Karbildung und Gletschertöpfe sowie Gletschermühlen (Aushöhlungen im Gestein) sind Formen der G.

**glaziale Serie,** Sammelbezeichnung für die sedimentären Formen ehemals vergletscherter Gebiete, beispielsweise des Alpenvorlandes.

**Glazialformen** → *Glazialerosion*

**Glaziallandschaft,** durch eiszeitliche Vergletscherung gebildete Landschaftsform (Altmoränenlandschaft).

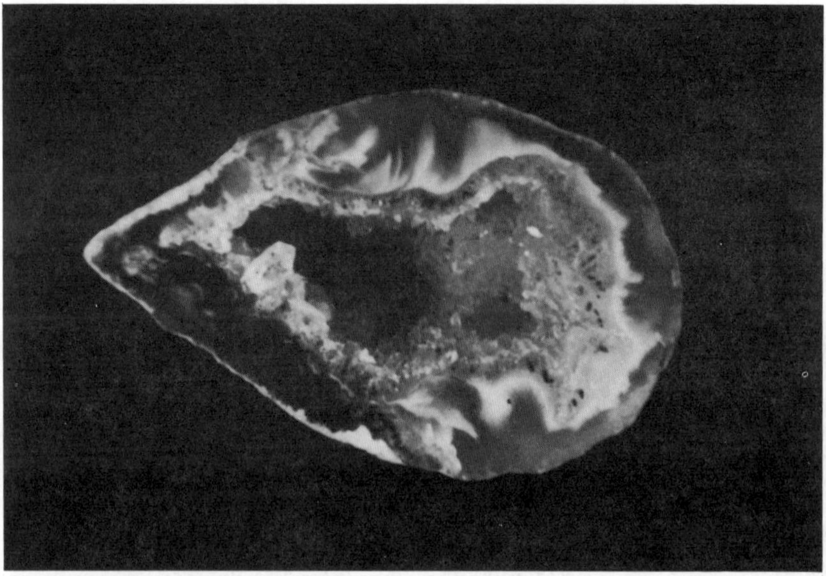

*Geode mit angeschliffener Achatrinde und Quarzkristallen (Brasilien).*

**Glazialwannen,** durch Gletscher gebildete, längliche Vertiefungen; meist Seen.

**Glazialzeit** → *Eiszeit*

**glaziäolisch,** durch das Zusammenwirken von Eis und Wind entstandene Ablagerungen, z. B. → *Löß.*

**glaziär** → *glazigen*

**glazifluvial** → *fluvioglazial*

**glazigen,** vom Eis gebildete Ablagerungen.

**Glaziologie,** *Gletscherkunde*, befaßt sich mit der Erforschung der Gletscher und des Inlandeises sowie den hieraus resultierenden Erscheinungen.

**Gleiboden,** *Gley*, von Staunässe bei hohem Grundwasserstand stark beeinflußter Bodentyp.

**Gleitbiegung** → *Translation*, Verformung von Kristallkörpern verschiedener Minerale ohne Bruch oder Spaltung.

**Gleitfaltung,** durch subaquatische (untermeerische) Rutschung oder andere nicht tektonische Vorgänge hervorgerufene Verkrümmung, Verbiegung oder Verknetung sedimentärer Schichten.

**Gleitfläche** → *Translation*

**Gleithang,** das flacher geneigte Ufer einer Flußkrümmung, an dem sich infolge langsamerer Fließbewegung des Wassers mitgeführtes Material anlagert; Gegensatz: *Prallhang*, das steilere Ufer, infolge schneller Fließbewegung einer aushöhlenden Wirkung des Wassers ausgesetzt.

**Gletscher,** *Ferner, Kees*, in Gleit-

*Gips (Marienglas), tafelige, durchsichtige Aggregatform (Werragebiet) – farblos.*

Fließbewegung befindliche Eismasse, die aus (zu Firn verfestigtem) Schnee oberhalb der Schneegrenze gebildet und durch Niederschlag sowie Lawinenabgänge genährt wird. Die Bewegung wird durch Druck, Schub und die Neigung des Untergrundes ausgelöst und beeinflußt. Oberhalb der Schneegrenze befindet sich die *Nährzone*; wo das Eis zu schmelzen beginnt, die *Zehrzone*, die in der *Gletscherzunge* mit dem *Gletschertor* als Austrittsöffnung der Schmelzwässer *(Gletscherbach)* endet. Unterschiedliche Neigung und Unebenheiten des Untergrundes sowie unterschiedliche Bewegungsgeschwindigkeit (Reibung an den Seiten und am Grunde) erzeugen Spannungsrisse, die als Spalten offen zutage treten. Die quer zur Bewegungsrichtung verlaufenden *Querspalten* (nach der sich nach unten verengenden Form auch V-Spalten genannt) treten als sogenannte *Randspalten* zum Gletscherrand hin vermehrt in Erscheinung. *Längsspalten*, parallel zur Fließrichtung, weisen eine sich nach unten verbreiternde Form (A-Spalten) auf. An der Gletscherzunge entstehen die *Radialspalten*. Ein unvermittelt nach unten abknickendes Gefälle der Sohle führt zum *Gletscherbruch* mit einer Häufung von Querspalten und der Ausbildung von Eistürmen *(Séracs)*. Am oberen Gletscherrand entsteht durch Abriß des in Bewegung geratenen Eises der *Bergschrund*, der sich an den Seiten in der *Randkluft* fortsetzt, die zusätzlich durch Wärmeabstrahlung des begleitenden Felses beeinflußt wird. Das durch Abrieb und Schleifwirkung des Eises *(→ Glazialerosion)* gelöste und mitgeführte Gesteinsmaterial wird an den Seiten *(Seitenmoräne, Ufermoräne)*, in der Mitte *(Mittelmoräne*, meist die Vereinigung von Seitenmoränen zweier Gletscherströme), am Ende *(Stirnmoräne)* und am Grunde *(Grundmoräne)* abgelagert. Der größte Alpengletscher ist der Aletschgletscher im Schweizer Kanton Wallis mit mehr als 20 km Länge. □

**Gletschergarten,** ein begrenztes Gebiet mit zahlreichen vom Gletschereis geschaffenen Erosionsformen.

**Gletscherkunde** → *Glaziologie*

**Gletschermilch,** durch feinstes Gesteinsmaterial milchig getrübte Schmelzwässer der Gletscher.

**Gletschermühlen,** vom Schmelzwasser am Gletscherboden mit Hilfe von Rollsteinen ausgeschliffene Strudellöcher im Gestein.

**Gletscherschliff,** Schleifspuren an anstehendem Gestein, die von der Bewegung des Gletschereises und des mitgeführten Materiales herrühren, eine Form der → *Glazialerosion.*

**Gletschersturz,** Abbrechen und Abstürzen mächtiger Eismassen eines Gletschers an einem Steilhang, die durch Gleit-Fließbewegung und nachrückendes Eis ausgelöst werden.

**Gletschertische,** auf Eissäulen über der Gletscheroberfläche ruhende Gesteinsbrocken. Das darunter befindliche Eis wird dadurch vor der schmelzenden Wirkung von Sonneneinstrahlung und Regen geschützt.

**Gley** → *Gleiboden*

**Glimmer** (m), Gruppe von Schichtsilikaten im monoklinen X-System mit vollkommener Spaltbarkeit, meist pseudohexagonale, blättrige Aggregate bildend. G. sind wichtige gesteinsbildende Minerale in Magmatiten und Metamorphiten, kommen jedoch auch in Sedimentgesteinen vor. Zu den G.n gehören u. a. → *Muskovit,* → *Biotit,* → *Glaukonit,* → *Lepidolith.*

**Glimmerkugel** → *Anthophyllit*

**Glimmer-Lamprophyre** (pl), Sammelbezeichnung für Ganggesteine (→ *Lamprophyre)* mit Einsprenglingen und relativ hohem Anteil an Biotit, z. B. Kersantit, 24%, Minette, 12% (nicht zu verwechseln mit dem Sedimentgestein Minette) oder Malchit, 7%.

**Glimmerschiefer,** Sammelbezeichnung für metamorphe Gesteine mit ausgeprägter Schiefrigkeit und hohen Anteilen an Glimmer, vor allem Muskovit. Der geringere Feldspatgehalt und das grob- bis feinschuppige Gefüge unterscheiden die G. von den Gneisen. Hohe Anteile an Quarz oder Calcit führen zur besonderen Kennzeichnung als *Quarz-* bzw. *Kalkglimmerschiefer.* Ansonsten werden je nach Zusammensetzung und höherem Anteil von Nebengemengeteilen unterschieden: z. B. *Muskovit-G., Muskovit-Biotit-G., Paragonit-G., Granat-G., Disthen-G., Staurolith-G.* Die Vielfalt dieser metamorphen Gesteine tritt besonders in den G.n des Alpenraumes in Erscheinung. □

**Globigerina,** *Globigerinen* → *Foraminiferen*

**Globigerinenschlamm,** kalkreiches bräunliches oder rötliches Tiefseesediment, das aus den kugeligen Kalkschalen der Globigerinen besteht.

**Globulite** → *Mikrolithe*

**Glockenberge** → *Inselberge*

*Glimmerschiefer, Kalk-G., (Alpen/Hohe Tauern) – farblos, silbrigweiß.*

**Glossopterides,** *Zungenfarne,* Farne mit einfachen, länglichen, zungenförmigen Wedeln, als Fossilien vor allem für die tieferen Gondwana-Schichten des Permokarbons charakteristisch.

**Glutfluß,** ältere Bezeichnung für Gesteinsschmelze, *→ Magma.*

**Glutwolke,** Ansammlung vulkanischer Gase, vermischt mit glühender Asche, Staub und Lavatröpfchen, die nicht aufsteigt, sondern mit großer Geschwindigkeit hangabwärts strömt und dabei unter Umständen große Verwüstungen anrichtet.

**Glycymeris,** kleine bis mittelgroße, fast kreisrunde Muschel, Kreide bis Neuzeit, weltweit verbreitet, mit gezähntem unterem Klappenrand und glatter bzw. radial gerippter und mit konzentrischen Furchen versehener Oberfläche.

**Glyptocrinus,** kleine Seelilie *(→ Crinoidea),* Ordoviz – Silur, mit hohem Kelch, der aus zahlreichen kleinen Platten besteht; Arme zart mit federähnlichen Pinnulae (Seitenzweigen).

**Glyptodon,** in der Würmeiszeit ausgestorbenes Gürteltier; fossile Funde in Südamerika.

**Gneise**
Vergleich des Mineralbestandes

| Gesteinsart | Quarz | Kali-Feldspat | Plagioklas | Biotit | Muskovit | Granat | Cordierit | Sillimanit | Sonst. |
|---|---|---|---|---|---|---|---|---|---|
| Granodioritgneis | **xx** | xx | **xx** | xx | | | | | xx |
| Graugneis | **xx** | x | **xx** | xx | xx | | | | x |
| Biolit-Plagioklasgneis | **xx** | x | **xx** | xx | xx | | | | x |
| Quarz-Augengneis | **xx** | xx | **xx** | x | xx | | | | x |
| Aplitgneis | **xx** | xx | **xx** | | xx | | | | x |
| Plattiger Paragneis | xx | | **xx** | xx | **xx** | x | | | x |
| Zweiglimmergneis | xx | | **xx** | **xx** | xx | x | | | x |
| Metatektischer Graugneis | **xx** | x | xxx | x | x | x | | | x |
| Cordierit-Sillimanit-Gneis | xx | xx | x | **xx** | xx | x | xx | xx | x |

Zeichenerklärung: (x) = evtl. geringe Anteile, x = 0–7%, xx = 8–20%, **xx** = mehr als 20%, xxx = mehr als 50%.

**Gmelinit** (m), ein Würfel- → *Zeolith* von gelblichweißer bis rötlicher Farbe, H 4,5, D 2,1. Form: rhomboedrisch mit pseudohexagonalen, pyramidenähnlichen Endungen.

**Gneise** (pl), Gruppe metamorpher Gesteine; G. sind mittel- bis grobkörnige, schiefrig ausgebildete und Paralleltextur aufweisende kristalline Schiefer mit Feldspat, Quarz und Glimmer als Hauptgemengeteilen. Nach den Glimmeranteilen unterscheidet man *Muskovit-G.*, *Biotit-G.* und *Zweiglimmer-G.* Höhere Anteile an Nebengemengeteilen führen zu besonderen Bezeichnungen, wie *Hornblende-G.*, *Pyroxen-G.*, *Cordierit-G.*, *Sillimanit-G.*, *Granat-G.* u. a. *Flaser-*, *Stengel-* und *Augengneis* kennzeichnen besondere Gefügemerkmale. Nach der Entstehungsart des Ausgangsgesteins werden *Orthogneise* (aus magmatischen Gesteinen) und *Paragneise* (aus Sedimentgesteinen) unterschieden. Der Übergang vom Intrusivgestein zum Gneis ist gelegentlich nur wenig ausgeprägt. (Tab.) □

**Goethit** (m), FeO(OH), *Nadeleisenerz*, H 5–5,5, D 3,3–4,3, X-System: rhombisch. Form: Kristalle selten, stengelig, nadelig, prismatisch, meist jedoch dichte, stalaktitische, traubige Massen mit faseriger, radialstrahliger Struktur. Farbe: dunkelbraun bis schwarz. Durchscheinend; starker Glasglanz bis Seidenglanz. Spaltbarkeit vollkommen in einer Richtung. Strichfarbe bräunlichgelb. Erkennbar an Farbe, Strich, Spaltbarkeit. G. kommt in der Oxidationszone von Gängen eisenhaltiger Minerale vor. Fundorte: verbreitet im Siegerland und in Böhmen. G. wurde nach Johann Wolfgang von Goethe benannt, der auch ein eifriger Mineraliensammler war.

**Gold** (n), Au, ein Element, H 2,5 – 3, D 19,3 und geringer, X-System: kubisch. Form: würfelige oder oktaedrische Kristalle sind äußerst selten, im allgemeinen kleinste Körnchen oder dendritische bzw. gerundete Formen, feinste Blättchen und sogenannte „Nuggets" (Klumpen). Farbe und Strichfarbe sind goldgelb. G. ist mit Ausnahme dünnster Schichten undurchsichtig, weist Metallglanz auf, besitzt keine Spaltbarkeit, zeigt hakiges Bruchverhalten bei ausgezeichneter Dehnbarkeit und Schmiedbarkeit. Man unterscheidet zwei Arten von Goldvorkommen: 1. *Berggold* in primären Lagerstätten, meist zusammen mit Quarz; 2. *Seifengold*, sekundär in Flußsanden etc. Berggold wird heute noch aus goldhaltigem Gestein im Valle Anzasca in den italienischen Alpen gewonnen. Bedeutende Vorkommen wurden in der Vergangenheit auch in den Hohen Tauern (Tauerngold) ausgebeutet. Diese Gold- und Silbergruben sind jedoch lange schon stillgelegt. Das südafrikanische Gold wird aus verfestigten Quarzkonglomeraten und Seifen gewonnen. Südafrika und Simbabwe (Rhodesien) erbringen zusammen den größten Anteil an der Weltproduktion, gefolgt von der UdSSR, Kanada und den USA. G. ist als Edelmetall sehr weich und wird mit Kupfer, Silber oder Zink zu Gelb- bzw. Rotgold, mit Nickel oder Palladium zu Weißgold legiert und zu Schmuck verarbeitet, zu Münzen geprägt. G. findet auch im Kunstgewerbe verbreitet Anwendung und dient als Währungsreserve.

**Goldberyll** (m), goldgelbe bis gelbgrüne Varietät des → *Beryll*, kommt vor allem in Brasilien und auf Ceylon (Sri Lanka) vor, wird als Edelstein im Wert jedoch weniger hoch eingeschätzt als Smaragd und Aquamarin, andere Varietäten des Beryll.

**Goldseifen,** Verwitterungsmaterial, das Gold in Form von Körnchen, Blättchen oder Staub enthält; sekundäre Lagerstätten.

**Goldtopas** (m), irreführender Handelsname für → *Citrin*, eine Quarzvarietät, die in diesem Falle durch Brennen von Amethyst gewonnen wird.

**Goldwäsche,** das Ausschlämmen von Goldseifen als Lockermaterial in Form von Flußsanden u. a.

**Gondwanaland,** Bezeichnung für eine hypothetische Landmasse, die im jüngeren Paläozoikum Südafrika mit Vorderindien verband und als Charakteristikum eine einheitliche Flora und Wirbeltierfauna aufweist. Daneben wird auch der riesige Südkontinent als G. bezeichnet, der vom Devon bis Jura von Südamerika über Afrika und Indien bis Australien gereicht haben soll. Der Name Gondwana ist von einer Landschaft in Indien abgeleitet.

**Goniatites** → *Ammonit* des Unterkarbons, in der nördlichen Hemisphäre verbreitet; Gehäuse dick und engnabelig.

**Goniometer** (n), Meßgerät zur Ermittlung der Winkel, die Kristallflächen untereinander aufweisen. Diese Flächenwinkel sind bei ein und demselben Mineral immer konstant, welche Kristallform auch immer vorherrscht, und gelten als sicheres Bestimmungsmerkmal. Die einfachste Ausführung des G.s ist das Anlege- oder Kontakt-G., das allerdings nur bei relativ großen Kristallen Verwendung finden kann. Dagegen bietet das Reflex-G. die Möglichkeit, die Winkel mit Hilfe der Lichtreflexion auch bei kleinen Kristallen zu ermitteln.

**Goniorhynchia** → *Brachiopoden* des Jura, Klasse: Inarticulata; Ordnung: Rhynchonellida; Gehäuse breiter als lang, mit kräftigen, scharfkantigen Rippen.

**Goslarit** (m), $ZnSO_4 \cdot 7H_2O$, *Zinkvitriol*, ein Zinksulfat, kommt isomorph mit *Epsomit* in nadelförmigen, körnigen Aggregaten vor; auch Überzüge. Weiß, gelbweiß oder grau. H 2–2,5. Gute Spaltbarkeit, in Wasser leicht löslich. G. entsteht sekundär als Verwitterungsprodukt aus Zinkblende.

**Gotiden** (pl), Faltungszug in Schweden, streichen in Nord-Süd-Richtung und sind vor ca. 800 Millionen Jahren im Algonkium entstanden.

**Gotiglazial** (n), Rückzugsstadium der → *Weichseleiszeit* von Süd- nach Mittelschweden.

**Gotlandium** (n), veraltete und kaum noch gebräuchliche Bezeichnung für → *Silur*.

**Gotokareliden** (pl), Faltungskomplex in Skandinavien, umfaßt als Faltungszüge die → *Gotiden* und die → *Kareliden*.

**Goyazit,** *Hamlinit* (m), ein Strontium-Aluminium-Sulfat. H 4,5, D 3,2, glasglänzend, harzig; bildet kleine, honiggelbe, rhomboedrische Kristalle. G. kommt im Binnatal der Walliser Alpen auf Dolomit und in diamantführenden Sanden Brasiliens vor.

**Graben,** ein langgestreckter, durch Verwerfung abgesenkter Krustenteil; Beispiel: Oberrheingraben zwischen Schwarzwald und Vogesen, Teil eines Grabensystems, das in unterbrochener Folge von Afrika bis Norwegen verläuft. Gegensatz: → *Horst*.

*Gletscher; Gletscherzunge des Rettenbachferners (Ötztal) mit Auszehrungserscheinungen.*

**Grabenbruch,** *Grabensenke,* andere Bezeichnung für → *Graben.*

**Grahamit** (m), Bezeichnung für den in Oklahoma/USA, Mexiko, Argentinien und auf Trinidad vorkommenden natürlichen → *Asphalt.*

**Granat** (m), Silikat, Gruppe gesteinsbildender Minerale mit verschiedener chemischer Zusammensetzung, aber gleichem Kristallsystem (→ *Isomorphie)*; selten reine Endglieder. Grundformel: $X_3Y_2Si_3O_{12}$, X steht hier meist für Ca, Mn, Mg oder $Fe^{2+}$, Y stellvertretend für Al, Cr, $Fe^{3+}$. H 6 – 7,5, D 3,6 – 4,3, X-System: kubisch. Kristallform: Rhombendodekaeder, Ikositetraeder oder Kombinationen von beiden. Keine Spaltbarkeit, Bruch muschelig bis splittrig. → *Pyrop (→ Kaprubin)* $Mg_3Al_2Si_3O_{12}$, blut- bis schwarzroter G.; → *Almandin* $Fe_3Al_2Si_3O_{12}$, rot bis bläulich-violett; → *Spessartin* $Mn_3Al_2Si_3O_{12}$, gelb bis rotbraun; → *Grossular* $Ca_3Al_2Si_3O_{12}$, farblos, hellgrün, gelblich, rosa (die rötliche, etwas eisenhaltige Abart wird *Hessonit* genannt); → *Uwarowit* $Ca_3Cr_2Si_3O_{12}$, smaragd- bis dunkelgrün; → *Andradit* $Ca_3Fe_2Si_3O_{12}$, grün, braun bis schwarz mit den Abarten → *Melanit* ($TiO_2$haltig), schwarz und → *Demantoid,* gelbgrün bis grasgrün, durchsichtig. Granate sind in Metamorphiten und manchen Eruptivgesteinen verbreitet und werden z. T. zu Schmucksteinen verarbeitet; manche gelten als Edelsteine.

**Granatfelse** (pl), grobkörniges, massiges metamorphes Gestein, das im wesentlichen aus Granat besteht. Je nach Entstehungsbedingungen werden die verschiedenen Granatarten von Quarz, Augit, Hornblende, Spinell, Disthen, Feldspat, Chromit, Magnetit, Pyrrhotin, Sphalerit, Löllingit, Pyrit u. a. begleitet. Die G. ent-

*Gneis mit eingeregelten dunklen Gemengeteilen (Westalpen).*

stehen bei der Regionalmetamorphose aus basischen, eisenreichen, magnesiumreichen, stets jedoch aluminiumreichen Gesteinen, wie beispielsweise Gabbros oder Diabase. Dabei bilden sich vor allem Almandin- oder Pyropfelse. Kontaktmetamorph entstehen hauptsächlich Andradit-, Spessartin- und Grossularfelse. Ausgangsgesteine sind hier in der Regel Sedimentgesteine carbonatisch-toniger Zusammensetzung.

**Granatglimmerschiefer,** → *Glimmerschiefer* mit einer Häufung von eingewachsenen Granatkristallen als Nebengemengeteilen.

**Granatoeder** (n), andere Bezeichnung für → *Rhombendodekaeder*, eine bei Granat häufig anzutreffende Kristallform.

**Grand** (m), Sammelbezeichnung für → *Kies* und → *Grus*, Geröll bis ca. 60 mm Korngröße.

**Granit** (m), grobkörniges → *Intrusivgestein*, meist hell-dunkel gesprenkelt in Farbtönen von weiß, grau, rosa und rötlich, wobei die helleren Anteile überwiegen. G.e sind kieselsäurereiche, alkalibetonte Gesteine mit recht unterschiedlicher chemischer Zusammensetzung. Quarzreiche, helle G.e werden auch *Aplitgranite* genannt, *Alkaligranite* weisen erhöhte Anteile von Kalifeldspäten auf. Hauptbestandteile der G.e sind Quarz, Kalifeldspat (seltener Plagioklas) und Glimmer (Biotit, Muskovit), ferner Hornblende und Pyroxen. Als Nebengemengeteile treten u. a. Apatit, Rutil, Topas, Turmalin, Titanit, Magnetit auf. Sowohl die Glimmerart als auch höhere Anteile bestimmter Nebengemengeteile führen zu speziellen Bezeichnungen, wie bei-

*Granit, rötlicher Biotit-Hornblendegranit aus Skandinavien – grobkörnig.*

spielsweise *Biotitgranit* (Normalgranit), *Hornblende-Biotitgranit.* Besonderheiten im Gefüge von Pegmatiten sind Verwachsungen von Quarz und Feldspat, die ein keilschriftähnliches Aussehen bewirken und deshalb auch *Schriftgranit* genannt werden. G.e sind die häufigsten Intrusivgesteine der Kontinentalmassen. (Tab.) □

**Granitisation,** *Granitisierung* (f), Durchdringung von Nebengesteinen durch granitisches Material, Metamorphose (Gesteinsumwandlung), verbunden mit Anatexis (Aufschmelzung). Es entstehen zunächst Migmatite (Mischgesteine), beispielsweise auch Adergneis und gebänderte Gneise, fortschreitende G. führt jedoch zur Bildung von Granit.

**Granitpegmatite** (pl), → *Pegmatite* mit granitischem Mineralbestand.

**Granitporphyr** (m), aus granitischer Restschmelze gebildetes *Ganggestein* mit gleicher chemischer Zusammensetzung wie der *Granit.*

**granoblastisch,** Bezeichnung für ein gleichmäßig körniges Gefüge metamorpher Gesteine, s. auch → *kristalloblastisch.*

**Granodiorit** (m), meist hellgraues, vorwiegend grobkörnig ausgebildetes → *Intrusivgestein* der Granitgruppe, das sich im wesentlichen durch höhere Anteile an Plagioklas auszeichnet und so gewissermaßen eine Zwischenstellung zwischen Granit und Diorit einnimmt.

**Granulite** (pl), Gruppe metamorpher Gesteine, die zu den kristallinen Schiefern gehören, mit fein- mittel-, seltener grobkörnigem, mitunter linearem Gefüge. Es werden helle Granulite (auch Weißsteingranulite genannt), körnige G., Augengranulite mit deformierten Feldspatkörnern unterschieden sowie nach be-

**Granite**
Vergleich des Mineralbestandes

| Gesteinsart | Quarz | Kali-Feld-spat | Plagio-klas | Bio-tit | Amphi-bole | Pyro-xen | Sonst. |
|---|---|---|---|---|---|---|---|
| Biotitgranit | **xx** | **xx** | **xx** | x | | | x |
| Granodiorit | **xx** | xx | **xx** | **xx** | | x | |
| Alaskit | **xx** | xxx | | | | | x |
| Aplitgranit | **xx** | **xx** | **xx** | | | | x |
| Charnokit | **xx** | **xx** | x | | | x | x |
| Augit-Hornblende-Granit | **xx** | **xx** | xx | | x | x | x |
| Hornblende-Biotit-Granit | xx | **xx** | **xx** | x | x | | x |
| Rapakiwi | xx | xxx | xx | x | xx | x | x |

Zeichenerklärung: (x) = evtl. geringe Anteile, x = 0–7%, xx = 8–20%, **xx** = mehr als 20%, xxx = mehr als 50%.

sonderen Mineralausscheidungen u. a. Sillimanit-, Korund-, Pyroxen-G. G. sind z. T. hochmetamorphe Gesteine. Die hellen glimmerfreien bzw. glimmerarmen G. setzen sich aus Kalifeldspat, Plagioklas, Quarz, Granat, Rutil und Nebengemengeteilen wie Disthen, Sillimanit, Magnetit, Pyrrhotin und Graphit zusammen; die dunklen G. enthalten u. a. Andesin, Labradorit, Pyroxen, Granat, Magnetit und Ilmenit. Weithin bekannt ist das Sächsische Granulitgebirge in der DDR als bedeutendes Vorkommen von G.

**Granulometrie** (f), Bezeichnung für die Bestimmung von Korngrößen und deren anteiligem Verhältnis vor allem bei Lockersedimenten.

**Graphit** (m), C, Element, bei geringem Druck gebildete Modifikation des Kohlenstoffes (Hochdruckmodifikation: Diamant). H 1(-2), D 2,1–2,3, X-System: hexagonal. Form: gute flachtafelige Kristalle selten, meist derb, krummblättrig, strahlig, körnig, eingesprengt und erdig. Farbe: bleigrau bis nahezu schwarz. Undurchsichtig; matter Metallglanz. Spaltbarkeit in einer Richtung vollkommen, biegsam, abfärbend (Erkennungsmerkmal). G. kommt in Gebieten starker Metamorphose als Gemengeteil, aber auch gangfüllend vor. Die industrielle Nutzung ist vielseitig und reicht von Bleistiften und Schmelztiegeln bis zum Schmiermittel. Große Lagerstätten u. a. in Österreich, besonders aber in Korea.

**Graphoceras,** kleiner bis mittelgroßer → *Ammonit* des Jura, als Fossil in Europa, Afrika und Asien verbreitet; Gehäuse abgeflacht, letzte Windung weit ausladend.

**Graptolithen,** ausgestorbene, ausschließlich marine, kolonienbildende Tiere mit chitinartigem Außenskelett (Rhabdosom), wichtige → *Leitfossilien* Ordoviz – Karbon.

**Grauerde** → *Serosjom*

**Graunickelkies** → *Gersdorffit*

**Graupen,** bei der Erzaufbereitung gewonnene Erzkörner.

**Grauspießglanz** → *Antimonit*

**Grauwacken** (pl), graue, sandsteinartige, fein-, mittel- bis grobkörnige klastische Sedimentgesteine; bestehen in der Regel aus Körnern von Quarz, Feldspat, Muskovit, Chlorit und Schwermineralen sowie Gesteinsbruchstücken, die damit von den Sandsteinen zu den Konglomeraten überleiten. Nach dem Gefüge unterscheidet man körnige, geschichtete, konglomeratische, schiefrige G. und Grauwackenschiefer. G. kommen in zahlreichen Gebieten der Erde vor, die Hauptbildungszeit fällt in das Paläozoikum.

**Gravimetrie** (f), in der Geophysik Bezeichnung für die Bestimmung des Schwerefeldes der Erde im Gelände mit Hilfe von Gravimetern.

**gravimetrische Messungen,** geophysikalisches Aufschlußverfahren; gründet sich auf die ungleich große Anziehungskraft ungleich schwerer Massen im Untergrund und ist u. a. von Bedeutung bei der Erkundung von Lagerstätten.

**Gravitation** (f), Schwerkraft, Anziehungskraft von Körpern (Erde und alle Himmelskörper), abhängig von ihrer Masse (allgemeine Massenanziehung).

**Greenalith** (m), kalifreies, grünes Eisensilikat, enthält ca. 50% Eisen und kommt in den USA vor.

**Greenockit** (m), CdS, ein Sulfid. H 3

bis 3,5, D 5, X-System: hexagonal. Form: prismatische, kleine Kristalle sind selten, häufiger erdige Anflüge. Farbe: gelb bis orangefarben, braun. Durchscheinend; Kristalle zeigen Diamantglanz, sonst matt. G. kommt in der Verwitterungszone von cadmiumhaltiger Zinkblende vor, z. B. in Lüderich bei Bensberg. Kristallfunde in Schottland.

**Greenovit** (m), manganhaltige Varietät des → *Titanit.*

**Greisen** (m), Bezeichnung für pneumatolytisch aus „Zinngraniten" hervorgegangene Gesteine, die meist ein bevorzugtes Material enthalten und Nebengesteine zu Zinnerzlagerstätten bilden. Beispiele: Glimmer-, Topas-, Turmalin- und Zinnwalditgreisen.

**Grenzhorizont,** Grenzschicht von Bodenhorizonten, in den wechselnden Klimaverhältnissen des → *Subboreal* gebildet.

**Grieß** (m), Bezeichnung für grobkörnigen Sand.

**Griffelschiefer,** ein von stengeliger Absonderung gekennzeichneter Tonschiefer. Die stengelige Absonderung rührt von der quer zur Schieferung verlaufenden Richtung des Gebirgsdruckes her (Transversalschieferung).

**Griffithides,** länglicher, mittelgroßer → *Trilobit* des Karbons, in Europa und Nordamerika fossil anzutreffen; Thorax mit etwa neun Segmenten.

**Griquait** (m), ein dem Eklogit verwandtes, granatführendes Gestein, das als Einschlüsse in → *Kimberliten* anzutreffen ist.

**Grit** (m), Bezeichnung für grobkörni-

*Glaskopf; Hämatit-Limonit-Aggregat (Taunus) – schwarz, Metallglanz, undurchsichtig.*

gen Sandstein mit eckigen Quarzanteilen und kieseligem oder kalkigem Bindemittel.

**Grobton,** *Schluff,* Ton mit bis zu 0,02 mm Korngröße.

**Grossular** (m), ein farbloser oder hellgrüner Kalk-Ton- → *Granat,* kommt in Form eingewachsener Kristalle in metamorphen Kalken und in metasomatisch veränderten Gesteinen vor. Fundstätten u. a. bei St. Andreasberg im Harz. Die eisenhaltige und mehr rötlich gefärbte Abart des G. wird *Hessonit* genannt.

**Grünbleierz** → *Pyromorphit*

**Grundgebirge,** die stark gefalteten, meist auch alten und metamorphen Gebirgskomplexe, auch „das Kristallin" genannt. Gegensatz: das darüber liegende *Deckgebirge.*

**Grundmasse,** bei feinkörnigen Magmatiten und Gesteinsglas das Mineralgemenge, in das die Einsprenglinge eingebettet sind.

**Grundmoräne** (f), an der Sohle der Gletscher vom Eis verfrachtetes und angelagertes Gesteinsmaterial (Abtragungsmaterial) mit eingelagertem → *Geschiebe.*

**Grundwasser,** bewegliches Untergrundwasser, das die Poren und Hohlräume poröser Gesteine und Bodenschichten füllt und eine zusammenhängende Oberfläche (Grundwasserspiegel) aufweist. Andere Untergrundwässer sind: Grundfeuchtigkeit und Karstwasser. Die Höhe des Grundwasserstandes ist abhängig u. a. von der Durchlässigkeit des Gesteines, Geländeform, Niederschlagsmenge und Wasserentnahme. Wenn eine undurchlässige Schicht ein Hohersteigen des G.s verhindert, so entsteht ein Überdruck (artesischer Druck). Beim Anbohren einer solchen Schicht drängt dieses unter Überdruck stehende Wasser dann an die Erdoberfläche. G. führende Schichten werden Grundwasserleiter genannt, darunterliegende undurchlässige Grundwasserstauer. Die Fließgeschwindigkeit beträgt in sehr feinen Hohlräumen 1 bis 10 m, in groben Kiesen bis 10 km pro Tag. G. wird gebildet von versickernden Niederschlägen und Oberflächenwässern (vadoses G.), kondensierten vulkanischen Gasen (juveniles G.) u. a.

**Grünerde,** Verwitterungsprodukt von Silikatgesteinen, die Kalk, Magnesium und Eisen (Fe II) enthalten. Die Grünfärbung wird vom Eisengehalt hervorgerufen. G. ist relativ grobkörnig und sehr beständig.

**Grünsande,** mit Glaukonit vermischte Sande; als Meeresablagerungen der Tiefsee (pelagisch) entstanden.

**Grünschiefer,** Gruppe grüner, meist weicher, schiefrig-blättriger oder schuppiger metamorpher Gesteine mit unterschiedlicher Zusammensetzung. Als Gemengenteile sind vor allem Chlorite, Epidot, grüne Hornblende (z. B. Aktinolith) und Chloritoid beteiligt. Die G. wurden in den oberen tektonischen Stockwerken der Gebirge gebildet und weisen einen geringen Metamorphosegrad (Epizone) auf. Typische Vertreter von G.n sind: Prasinit, Epidotfels, Talkschiefer, Chloritschiefer, Magnetitschiefer, Epidotchloritschiefer, Talkmagnesitfels.

**Gruppensilikat** → *Silikat*

**Grus** (m), lockeres Verwitterungsmaterial von Gesteinen mit eckigen Bruchstücken über 20 mm. G. lagert oft autochthon auf dem noch unzersetzten Gestein. Beispiel: Granitgrus.

**Gryphaea,** mittelgroße, bis 15 cm lange Muschel, Trias – Jura, als Fossil weltweit verbreitet; Kennzeichen: stark gekrümmte, eingerollte Klappe mit zahlreichen, scharfbegrenzten Rippen; erinnert bei oberflächlicher Betrachtung eher an das Gehäuse einer Schnecke.

**Gschnitzstadium,** vorletzte Stillstandsphase der Alpenvergletscherung während des Eisrückzuges am Ende der → *Würmeiszeit.*

**Guano** (m), phosphathaltiges biogenes Sediment, aus den Exkrementen von Vögeln gebildet.

**Gully** (m), im speziellen Sprachgebrauch Bezeichnung für eine ellipsenförmige Eintiefung im Tiefseeboden.

**Gummit** (m), ein den Oxiden zugeordnetes, gelartiges Verwitterungsprodukt des → *Uraninit* (Uranpecherz), mit dem es zusammen vorkommt, z. B. im Erzgebirge, in den USA, in der Provinz Shaba/Zaire. H 2,5–3, Farbe: rötlichgelb bis orangefarben; gummiartiges Aussehen.

**Günzeiszeit,** älteste der vier nachgewiesenen Eiszeiten (s. → *Eiszeit).*

**Günz-Mindel-Interglazial,** zwischen Günz- und Mindeleiszeit gelegene Zwischeneiszeit (s. → *Eiszeit)*

**Guyot** (m), untermeerische Erhebung aus Vulkangestein, meist in Form eines Tafelberges, besonders im Pazifischen Ozean.

**Gwindel,** gedrehte Kristallverwachsungen bei → *Quarz.*

**Gymnospermen,** *Nacktsamer,* die erste Klasse der *Spermatophyta* (Samenpflanzen). G. sind Pflanzen, deren Samen offen auf den Fruchtblättern liegen und nicht in besonderen Fruchtknoten eingeschlossen sind. Ordnungen:

1. *Pteridospermales,* Karbon bis Perm;
2. *Cycadales,* seit dem Keuper;
3. *Bennettitales,* Keuper – Oberkreide;
4. *Cordaitales,* Karbon – Perm;
5. *Ginkgoales,* seit Karbon (?) bzw. Mesozoikum;
6. *Coniferales,* seit Oberkarbon;
7. *Gnetales,* Tertiär.

**Gyre** (f), Drehachse, Symmetrieachse → *Kristallsymmetrie.*

**Gyroeder** (n), andere Bezeichnung für *Pentagonikositetraeder* (Kristallkörper).

**Gyroide** (f), Drehspiegelachse, s. → *Kristallsymmetrie*

**Gyttja** (f), Sediment der Tiefenzonen in Meeren und eutrophen Binnenseen, grünlichgrau, aus organischen Resten der oberen Regionen bestehend, jedoch im Unterschied zu → *Sapropel* unter Sauerstoffzufuhr und der Beteiligung von Bodenorganismen zersetzt und umgebildet.

# H

**H,** Abkürzung, Symbol für → *Härte.*

**Haarkies** → *Millerit*

**Haarquarz** → *Haarstein*

**Haarstein,** *Haarquarz, Venushaar,* Bezeichnung für → *Quarz*-Kristalle, in die feine Nadeln von Rutil, Amianth oder Aktinolith eingewachsen sind.

**Habitus** (m), Form und Aussehen von Kristallen; s. → *Kristallgestalt.*

**Haff** (n), durch eine → *Nehrung* vom offenen Meer abgeschnürte Meeresbucht an einer Flachküste, eine Lagune; Beispiel: Frisches H., Kurisches H. an der Ostseeküste.

**Haftwasser,** an Pflanzenwurzeln haftendes Sickerwasser, das so am weiteren Eindringen in die obere Bodenschicht gehindert wird.

**Halbedelstein,** veraltete Bezeichnung für Schmuckstein (s. → *Edelsteine*).

**Halbflächner** → *Hemieder*

**Halde,** natürliche oder künstliche Aufschüttung von (gebrochenem) Gesteinsmaterial oder Gesteinsschutt; Beispiele: Block-H., Abraum-H., Kohlen-H.

**Haldenhang,** Oberfläche einer → *Halde* mit unterschiedlicher Neigung, die von der Größe der Bruchstücke, deren Oberflächenbeschaffenheit und Lagerungsdichte abhängig ist.

**Halide** (pl) → *Halogenide*

**Halit** (m), NaCl, *Steinsalz,* Natriumchlorid. H 2, D 2,1–2,2, X-System: kubisch. Form: Kristalle würfelig, gelegentlich mit gekrümmten Flächen, sonst körnig, kompakte Massen. Farbe: farblos, weiß, gelblich, rötlich, bläulich. H. ist durchsichtig bis durchscheinend, weist Glasglanz und würfelige vollkommene Spaltbarkeit auf, ist an der guten Wasserlöslichkeit und der geringen Härte zu erkennen. H. kommt in Form lagiger Evaporite in marinen Sedimentationsbecken unterschiedlichster geologischer Formationen zusammen mit Sylvin, Gips und Anhydrit vor. Große Salzlagerstätten befinden sich in Nord- und Süddeutschland, im Salzkammergut und an vielen anderen Stellen Europas und der Welt. Seit dem Altertum zum Würzen und Haltbarmachen von Nahrungsmitteln im Gebrauch, findet heute der weitaus größte Teil des gewonnenen Steinsalzes in der chemischen Industrie Verwendung. □

**Hälleflinta** (f), *Hälleflint,* graues, lederfarbenes, rötliches, grünes, braunes oder gebändertes metamorphes Gestein mit splittrigem Bruchverhalten. H. ist aus kieselsäurereichen Effusivgesteinen durch starke Metamorphose gebildet.

**Halloysit** (m), ein wasserhaltiges Alumosilikat, monoklin, weiß bis hellgrau, von wachsartigem Glanz, kommt in Form von Knollen u. a. in Deutschland und Belgien vor.

**halmyrogen,** durch chemische Vorgänge aus dem Meerwasser ausgefällte Bildungen, wie beispielsweise Schwefelkiesknollen (Pyrit) im Jurakalk.

**Halmyrolyse** (f), untermeerische Gesteinszersetzung; führt u. a. zur Bildung von → *Glaukonit.*

**Halogenide** (pl), *Halide, Haloidsalze,* Salze, die von einem Halogen (Fluor, Chlor, Brom, Jod) zusammen mit einem Metall gebildet werden und auch als Minerale in der Natur vorkommen. Fluoride: Fluorit; Chloride: Halit, Sylvin, Chlorargyrit u. a.; Bromide: Bromargyrit; Jodide: Jodargyrit; s. auch → *Klassifikation der Minerale.*

**Haloidsalze** → *Halogenide*

**Halotrichit** (m), $FeAl_2(SO)_4 \cdot 22\ H_2O$, *Eisenalaun, Haarsalz,* ein Sulfat. H 2,5, X-System: monoklin. H. kommt als Verwitterungsprodukt von Pyrit auf Erz- und Braunkohlelagerstätten vor, ist weißgrau, apfelgrün und leicht wasserlöslich.

**Halysites,** *Kettenkoralle* genannt wegen der kettenförmig aneinandergereihten Coralliten (Einzeltiere), bildet lockere Stöcke; Ordoviz – Silur; weltweit verbreitet.

**Hämatit** (m), $Fe_2O_3$, *Eisenglanz, Roteisenstein, Blutstein,* ein Oxid. H 5–6, D 5,2–5,3, X-System: trigonal. Form: Die Kristallformen sind sehr verschiedenartig: tafelig, rhomboedrisch, würfelähnlich; auch blättrige, derbe, traubige, radialstrahlige Aggregate. Aufgeblätterte Stücke werden auch *Eisenrose* genannt. Farbe: stahlgrau bis schwarz, manchmal mit schillernd bunten Anlauffarben, derb auch rot bis rotbraun. Metallglanz, gelegentlich matt; undurchsichtig, in dünnsten Blättchen durchscheinend. Ohne erkennbare Spaltbarkeit, aber manchmal vollkommene Ablösung. Erkennbar an der roten Strichfarbe. Vorkommen: H. ist ein wichtiges und weit verbreitetes Eisenerz, kommt auf eigenen Lagerstätten und als Gemengeteil vieler Gesteinsarten vor. Schöne Kristallstufen sind u. a. im gesamten Alpenraum, im Siegerland, besonders aber auf der Insel Elba (Eisenrosen) anzutreffen; weltweite Vorkommen. □

**Hamburger Eiszeit,** früheste vermutete, jedoch nicht nachgewiesene Eiszeit in Norddeutschland, entspricht der ebenfalls nicht sicher nachgewiesenen Donaueiszeit; siehe auch → *Eiszeit.*

**Hamites,** ein → *Ammonit* der Kreide, weltweit verbreitet; Gehäuse besteht aus einer offenen länglichen Spirale mit geraden Abschnitten.

**Hamlinit** → *Goyazit*

**Handstück,** Bezeichnung für ein handliches Erz- oder Gesteinsbruchstück als Erz-, Gesteinsprobe oder Mineralstufe, dient der Bestimmung bzw. zur Aufnahme in eine Sammlung; Format ca. 10 × 15 cm, auch etwas kleiner oder größer.

**Hangendes,** Bezeichnung für die über einer bestimmten Schicht oder einem Gang lagernden Gesteine; Gegensatz: → *Liegendes.*

**Hängetal,** Bezeichnung für ein mit deutlicher Gefällestufe in ein Haupttal einmündendes Seitental; ist beispielsweise auf unterschiedlich starke Glazialerosion der beiden Täler zurückzuführen.

**harmonische Formen,** spezielle Bezeichnung für Geländeformen (Oberflächenformen), deren Bildung

*Halit (Steinsalz), würfelige Kristalle (Salzkammergut) – farblos, durchsichtig.*

unter den gegenwärtigen Klimaverhältnissen möglich wäre; Gegensatz: disharmonische Formen.

**Harmotom** (m), $Ba[Al_2Si_6O_{18}]\cdot 6H_2O$, *Kreuzstein,* ein Würfel- → *Zeolith.* H 4,5, D 2,4–2,5, X-System: monoklin. Form: dicktafelige, kurzsäulige Kristalle, in der Regel als Durchkreuzungszwillinge, ähnlich Phillipsit. Farbe: farblos, weiß, grau, rötlich, gelblich. Durchsichtig bis durchscheinend; Glasglanz. Deutliche Spaltbarkeit, Bruch uneben, spröde. Erkennbar an Form und Zwillingsbildung. H. kommt auf Erzgängen (St. Andreasberg/Harz) und in Hohlräumen basischer Ergußgesteine (Idar-Oberstein) vor.

**Harnisch** (m), durch die Verschiebung von Gesteinspartien (Störung) bewirkter Schliff der Bewegungsfläche, meist mit Bewegungsspuren in Form von Schrammen oder Rutschstreifen. Eine völlig glatte und glänzend polierte Rutschfläche wird auch *Spiegel* genannt.

**Harpes,** → *Trilobit* des Devons, fossil in Europa und Afrika anzutreffen; Thorax mit etwa 29 Segmenten, Schwanz klein.

**Harpoceras,** Jura-→ *Ammonit,* weltweit verbreitet, mittelgroß bis groß (bis 20 cm), Gehäuse relativ flach, letzte Windung weit ausladend, fein gerippt, Kiel kräftig ausgebildet.

**Hartbraunkohle,** Braunkohle, deren Inkohlung so weit fortgeschritten ist, daß keinerlei holzige Einschlüsse mehr festzustellen sind.

**Härte,** Mineralogie: der Widerstand, den ein Mineral einem mechanischen Eingriff in seine Oberfläche entgegensetzt. Für die Mineralbestimmung ist vor allem die Ritzhärte (symbolische Abk. H.) von Bedeutung. Nach der von Friedrich Mohs entwickelten Härteskala werden die Minerale in 10 Härtegrade unterteilt. Jedes Mineral mit einem bestimmten Härtegrad ritzt solche, die einen geringeren Härtegrad aufweisen und wird von härteren geritzt. Die Intervalle zwischen den einzelnen Härtegraden sind ungleich. Beispielsweise ist der Abstand zwischen den Härtegraden 3,4 und 5 gering, während die Differenz zwischen 9 und 10 (Korund und Diamant) größer ist, als alle Härteunterschiede zwischen 1 und 9 zusammen. Die Härtebestimmung erfolgt im normalen Verfahren mit Hilfe von Ritzstiften, die den einzelnen Härtegraden entsprechen. Eine genauere Methode ermöglicht das Sklerometer. Einige Minerale variieren in der Härte, andere weisen in verschiedenen Richtungen unterschiedliche Härte auf (Disthen). Anhand einfacher Hilfsmittel kann ein grober Härtetest unternommen werden (siehe auch nachfolgende Tabelle mit den für bestimmte Härten typischen Mineralen).

*Härteskala nach Mohs*

| Härtegrad | Mineralvergleich | einfacher Test |
|---|---|---|
| 1 | Talk | Fingernagel ritzt |
| 2 | Halit | bis Härte 2 |
| 3 | Calcit | Kupfermünze ritzt bis Härte 3 |
| 4 | Fluorit | Stahlklinge eines |
| 5 | Apatit | Taschenmessers |
| 6 | Orthoklas | ritzt bis Härte 6 |
| 7 | Quarz | |
| 8 | Topas | Fensterglas wird |
| 9 | Korund | von Mineralen ab |
| 10 | Diamant | Härte 6 geritzt |

**Härtebestimmung** → *Härte*

**Härtegrad** → *Härte*

**Härteskala** → *Härte*

**Hartgesteine,** Bezeichnung für Gesteinsarten, die sich durch hohe Festigkeit bei mechanischer Beanspruchung wie Druck, Schlag und Abrieb auszeichnen. Diese Festigkeit beruht sowohl auf den Härteeigenschaften der Gemengeteile, als auch in der Art des Gefüges. Als Hartgesteine gelten z. B. Intrusivgesteine und viele Effusivgesteine.

**Härtling** (m), *Monadnock,* Bergkuppe oder andere Erhebung, die infolge größerer Widerstandsfähigkeit ihrer Gesteine gegen Abtragung über ihre Umgebung (meist Abtragungsflächen) hinausragt.

**Hartmanganerz** → *Psilomelan*

**Hartsalz,** Bezeichnung für ein Salzgestein aus Sylvin, Kieserit, Anhydrit und Halit.

**Hartstein** → *Hartgesteine*

**Harze,** sedimentär verfestigte Naturstoffe; wichtigster Vertreter ist → *Bernstein,* ein fossiles Baumharz.

**Haselgebirge,** Bezeichnung für eine tektonische → *Brekzie;* Schichten der unteren ostalpinen Trias, die aus Gips, Anhydrit und Halit bestehen, sind in weiten Gebietsteilen des Salzkammergutes und des Berchtesgadener Landes anzutreffen; Steinsalzgewinnungsstätten.

**Hauerit** (m), $MnS_2$, ein Sulfid. H 4, D 3,5, X-System: kubisch. Form: oft ringsum regelmäßg ausgebildete Kristalle, in stengeligen Aggregaten seltener. Farbe: bräunlichrot. Undurchsichtig, in dünnen Schichten durchscheinend. H. besitzt Metallglanz, bei Lufteinwirkung jedoch matt. Vorkommen: in der CSSR, auf Sizilien und in Louisiana/USA.

*Hämatit auf Quarz, blättrig (Alpen/Hohe Tauern) – grau, Metallglanz, undurchsichtig.*

**Hauptanhydrit** (m), Bezeichnung für 30 bis 90 m mächtige Anhydritlager des oberen Zechsteins in Norddeutschland.

**Hauptgemengeteile,** die im Gestein in hohen Anteilen vertretenen gesteinsbildenden Minerale; charakteristisch für die jeweilige Gesteinsart. Gegensatz: Nebengemengeteile → *Akzessorien.*

**Hauptkristallisation** (f), Zeitraum, in dem beim Erstarren der Magmen der größte Teil der gesteinsbildenden Minerale auskristallisiert; zuvor erfolgt die Frühkristallisation, danach die Restkristallisation.

**Hauptsalz,** Bezeichnung für ein Gemenge von Carnallit, Halit und Kieserit.

**Hausmannit** (m), $Mn_3O_4$, ein Oxid. H 5,5, D 4,7–4,8, X-System: tetragonal. Form: pyramidale, pseudooktaedrische Kristalle, oft quer gestreift, Zwillinge; auch derb, spätig, körnig. Farbe: schwarz. Undurchsichtig bis durchscheinend; halbmetallischer bis metallischer Glanz. Sehr gute Spaltbarkeit, Bruch uneben, spröde. Erkennbar an Spaltbarkeit und Form. H. kommt auf Verdrängungslagerstätten, Erzgängen, in Kalkstein und Dolomit vor.

**Hauterive** (n), eine der mittleren Stufen der unteren → *Kreide.*

**Haüyn** $(Na,Ca)_{4-8}[(SO_4)_2|(AlSiO_4)_6]$, (m), ein Silikat, das mit → *Sodalith* und → *Nosean* in isomorpher Beziehung steht, Feldspatvertreter. H 5–6, D 2,3–2,5, X-System: kubisch. Form: als Kristalle Rhombendodekaeder oder Oktaeder; körnig, derb. Farbe: grau, blau, bräunlich, gelblich. Durchsichtig bis durchscheinend; Glasglanz, fettig. Deutliche Spaltbarkeit, Bruch uneben. Von den anderen oben erwähnten Mineralen schwer zu unterscheiden. H. kommt in basischen Ergußgesteinen, z. B. am Laacher See und bei Niedermendig in der Eifel, vor.

**Hebung und Senkung,** langsame kontinuierliche oder schnelle, auch plötzliche Niveauveränderungen größerer oder kleinerer Teile der Erdkruste; erfolgt oft längs sogenannter Verwerfungslinien, aber auch ohne Bruchbildung. Ursachen der Hebungen oder Senkungen sind epirogenetische, orogenetische oder vulkanische Vorgänge (s. auch → *Orogenese,* → *Epirogenese*).

**Hedenbergit** (m), $CaFeSi_2O_6$, ein Silikat, das der → *Pyroxengruppe* zugeordnet ist; H 5–6, D 3,5–3,6, X-System: monoklin. Form: prismatische Kristalle; derb, körnig. Farbe: grau, braun, schwärzlichgrün. Undurchsichtig; Glasglanz. Spaltbarkeit in zwei Richtungen, die rechtwinklig zueinander stehen. H. kommt u. a. in kontaktmetasomatischen Magnetitlagerstätten vorwiegend in Schweden vor.

**Heideerde,** andere Bezeichnung für → *Bleicherde.*

**heiße Quellen** → *Thermen*

**Heliodor** (m), gelbe bis grüngelbe Edelsteinvarietät des → *Beryll,* etwas opaleszierend, bläulich lumineszierend. H. kommt hauptsächlich in Südwestafrika und der UdSSR vor.

**Heliotrop** (m), grüne Varietät des → *Chalcedon* mit roten Flecken. H. ist ein → *Jaspis* mit Einfärbungen durch Eisenoxid und wird zu Schmucksteinen verarbeitet.

**Heliumalter,** durch spezielle → *Altersbestimmung,* aufgrund des Heliumgehaltes, ermitteltes Alter von Gesteinen.

**Helleniden** (pl), Gebirgszüge Albaniens und Griechenlands, schließen sich im Norden an die → *Dinariden* an und leiten im Südosten zu den *Tauriden* über. Die H. sind Teil der → *alpidischen Faltung.*

**Helvetikum** (m), *Helvetische Decken,* Deckensystem in den nördlichen Schweizer Alpen, das über die autochthonen Massive geschoben wurde. Es umfaßt Sedimentserien vom Perm bis zum Alttertiär.

**Helvetische Decken** → *Helvetikum*

**Helvin** (m), $(Mn,Fe,Zn)_8[S_2(BeSiO_4)_6]$ ein Silikat. H 6–6,5, D 3,1–3,4, X-System: kubisch. Form: tetraedrische ein- und aufgewachsene Kristalle, kugelige Aggregate. Farbe: honiggelb, rötlich, braun, grün, auch farblos. Durchscheinend bis undurchsichtig; fettiger Glasglanz. Spaltbarkeit undeutlich, Bruch uneben. H. kommt auf Erzgängen und in Pegmatiten vor und ist u. a. im Erzgebirge, in Sachsen und in Skandinavien anzutreffen.

**Hemberg** (n), Stufe des *Oberdevons*; s. auch → *geologische Formationen,* → *Devon.*

**Hemieder** (n), *Halbflächner,* ein Kristall, der aufgrund des Wegfalles von Symmetrie-Elementen eine um die Hälfte geringere Flächenzahl als das → *Holoeder* des jeweiligen → *Kristallsystems* aufweist.

**Hemimorphit** (m), $H_2Zn_2SiO_5$, → *Kieselzinkerz, Calamin, Kieselgalmei*, ein Silikat. H 5, D 3,3–3,5, X-System: rhombisch. Form: meist nur kleine, tafelige Kristalle, warzenförmige, nierige Aggregate von faseriger Struktur. Farbe: farblos, weiß, gelblich, bläulich, grünlich, braun. Durchsichtig bis durchscheinend; Glasglanz. Gute Spaltbarkeit, Bruch muschelig. Erkennen: Härte, Vorkommen, Spaltbarkeit. H. ist ein wichtiges Zinkerz und kommt zusammen mit Sphalerit in Kalkstein und Dolomit vor. Fundorte bei Aachen, in Kärnten, auf Sardinien, in Mexiko u. a.

**hemipelagisch,** im Tiefseebereich der untere Teil des Kontinentalhanges von 800 m bis 2400 m Tiefe.

**Herd,** Bezeichnung für: 1. *vulkanischen H.,* Magmaansammlung in der Erdkruste (ca. 10–20 km tief); 2. *Erdbeben-H.,* Hypozentrum von → *Erdbeben.*

**Herdtiefe** → *Erdbeben,* → *Herd.*

**Herzenbergit** (m), ein Zinnsulfid, das in der Natur nur derb in feinschuppigen Massen vorkommt. X-System: rhombisch. Seltenes Mineral auf bleifreien Zinnerzgängen.

**herzynische Faltung** → *variskische* Faltung

**herzynische Fazies,** kalkige → *Fazies* des mittleren und unteren Devons, im Unterschied zu den mächtigeren sandigen rheinischen Fazies.

**herzynische Richtung,** eine der Hauptstreichrichtung in Deutschland, von Nordwest nach Südost verlaufend; nach der Längserstreckung des Harzes benannt.

**Hessische Straße,** Bezeichnung für eine Senke im heutigen Gebiet von Hessen, die während des Lias das nördliche und das südliche Jurameer verband.

**Hessit** (m), $Ag_2Te$, Tellursilber, kommt in würfeligen Kristallen vor, die aus monoklinen Lamellen aufgebaut sind. H 2,5, D 8,3–9, meist derb, metallisch bleigrau. H. ist in Siebenbürgen, im Altaigebirge, in Colorado/USA und Chile zu finden.

**Hessonit** (m), eine rötliche Varietät des → *Grossular;* s. auch → *Granat.*

**heteroblastisch,** aus ungleich großen, neugebildeten Körnern bestehendes kristalloblastisches Gefüge von metamorphen Gesteinen (s. auch → *kristalloblastisch*).

**heterogen,** ungleichartig, aus Ungleichem zusammengesetzt, einer anderen Gattung oder Art angehörend. Gegensatz → *homogen.*

**Heteromorphie** → *Polymorphie*

**Hettangium** (n), *Hettang,* unterste Stufe des → *Lias;* s. auch → *geologische Formationen.*

**Heulandit** (m), $CaAl_2Si_7O_{18} \cdot 6H_2O$, Blätter-→ *Zeolith*, ein Silikat. H 3,5–4, D 2,2, X-System: monoklin. Form: meist tafelige, pseudorhombische Kristalle und blättrige, spätige Aggregate. Farbe: farblos, weiß, gelegentlich rot oder braun. Durchsichtig bis durchscheinend; Glasglanz, Perlglanz. Vollkommene Spaltbarkeit in einer Richtung, Bruch uneben. Erkennen: tafelige Kristalle, Härte, Glanz, Vorkommen. H. kommt in Hohlräumen von Basalten und gelegentlich auf Klüften in metamorphen Gesteinen vor. Fundorte u. a. Idar-Oberstein, Fassatal (rote Kristalle), auf Erzgängen bei St. Andreasberg/Harz. □

**Hexaeder** (n), sechsflächige Kristallform, wie Würfel, Rhomboeder, Doppelpyramide.

**hexagonal,** sechseckig, eines der sieben → *Kristallsysteme.*

**Hexagonaria,** kolonienbildende Koralle des Devons, weltweit verbrei-

*Heulandit auf Basalt (Fassatal/Dolomiten) – rot, durchscheinend.*

tete Fossilien. Der Korallenstock weist die Form eines Klumpens auf.

**Hexakisoktaeder** (n), von 48 Flächen (ungleichseitigen Dreiecken) begrenzter Kristallkörper des kubischen X-Systems.

**Hexakistetraeder** (n), von 24 Flächen begrenzter Kristallkörper des kubischen X-Systems; → *Hemieder* des Hexakisoktaeders.

**Hiatus** (m), im speziellen Sprachgebrauch Bezeichnung für die Unterbrechung einer Ablagerungsfolge (Schichtlücke).

**Hiddenit** (m), smaragdgrüne und gelbe, wertvolle Edelsteinvarietät des → *Spodumen,* kommt hauptsächlich in Nordkarolina, auf Madagaskar und in Brasilien vor.

**Himbeerspat,** volkstümliche Bezeichnung für → *Rhodochrosit.*

**Hildoceras,** Jura-→ *Ammonit*, in Europa, Afrika und Asien verbreitet; Gehäuse nur teilweise Rippen aufweisend, kräftiger, beiderseits von breiten Furchen begleiteter Kiel.

**Hippochrenes,** Meeresschnecke des Eozäns, fossil in Europa und Asien anzutreffen; längliches spitzendiges Gehäuse mit schwacher Rippenornamentierung; Außenlippe lappenförmig verbreitert; die letzte Windung nimmt etwa die Hälfte der Länge ein.

**Hippuriten,** Muschelfamilie der *Rudisten*, riffartige Rasen bildende Bewohner tropischer und subtropischer Meere der Oberkreide; die festgewachsene rechte Klappe kann eine Größe von 1 m erreichen.

**historische Geologie,** Zweig der Geologie, befaßt sich mit der Erdgeschichte anhand paläontologischer und stratigraphischer Untersuchungen.

**Hochebene,** hoch gelegene Ebene, mindestens 200 m über dem Meeresspiegel.

**Hochgebirge,** durch schroffe und steile Formen gekennzeichnete Gebirge mit großen Höhenunterschieden (s. auch → *Gebirge*).

**Hochmoor,** vom Grundwasser unabhängiges → *Moor* mit leicht gewölbter Oberfläche.

**Hochquarz,** *α-Quarz,* Hochdruckmodifikation von Quarz. Wird Quarz auf 573° C erhitzt, so wandelt er sich hexagonal-trapezoedrisch um. Es findet eine kleine Kristallgitterveränderung – kein Gitterneubau – statt, deshalb ähnelt H. in den meisten Fällen dem normalen Quarz und ist von ihm nur durch die kleinen Trapezoederflächen zu unterscheiden.

**Hochterrasse,** Bezeichnung für: 1. während der Rißeiszeit entstandene Schotterterrassen im Alpenvorland, im Unterschied zur Niederterrasse der Würmeiszeit; 2. über dem Meeresspiegel gelegene, (infolge Hebung oder Meeresspiegelsenkung), durch Brandungserosion entstandene Strandplatte.

**höffig,** bergmännische Bezeichnung für Gesteinsmaterial, das abbauwürdige Minerale bzw. Erze erwarten läßt.

**Höhenangabe;** die Angabe der Höhe eines Punktes auf der Erdoberfläche wird in der Regel auf den Meeresspiegel bezogen (absolute Höhe), über NN (Normalnull); daneben bezieht man sich gelegentlich bei der H. auch auf einen beliebig ausgewählten Bezugspunkt (relative Höhe).

**Höhlen,** unterirdische Hohlräume, im weiteren Sinne jede natürliche größere Hohlform im Gestein. H. entstehen entweder gleichzeitig mit dem Gestein *(primäre H.),* oder sie bilden sich nachträglich durch Einwirkung exogener Kräfte *(sekundäre H.).*
1. *primäre H.:* Hierzu gehören in erster Linie *Lavahöhlen,* durch Abfluß von Lava in magmatischen Gesteinen entstanden. Auch *Riffhöhlen,* die beim Aufbau von Korallenstöcken gebildet wurden, gelten als primäre H.
2. *sekundäre H.:* Je nach Entstehung unterscheidet man *Brandungshöhlen (Erosionshöhlen), Karsthöhlen (Korrosionshöhlen)* und *Einsturzhöhlen.* Besonders die Kalkgesteine weisen sekundäre Höhlen auf. Dort treten auch vermehrt Tropfsteinbildungen mit → *Stalaktiten* an den *Höhlendecken* und → *Stalagmiten* an den *Höhlensohlen* auf. Aneinandergereihte Höhlenräume bilden einen Höhlenzug, eine Anzahl zusammengehöriger H. ein Höhlensystem. *Eishöhlen* entstehen, wenn die Innentemperatur unter 0° C absinkt und die Höhlenwässer gefrieren. Berühmte Eishöhlen befinden sich u. a. bei Werfen und in der Dachsteingruppe in Österreich.

**Höhlenbär,** *Ursus spelaeus,* ausgestorbene höhlenbewohnende Bärenart des Pleistozäns. Der H. war noch während der ältesten Steinzeit Jagdtier. Reste (Zähne etc.) wurden u. a. in den Dachsteinhöhlen angetroffen. □

**Höhlenflüsse,** *Karstflüsse,* unterirdische Flußläufe durch versickerndes Oberflächenwasser gebildet.

**Höhlenkunde,** *Speläologie,* befaßt sich mit der Erforschung von Höhlen

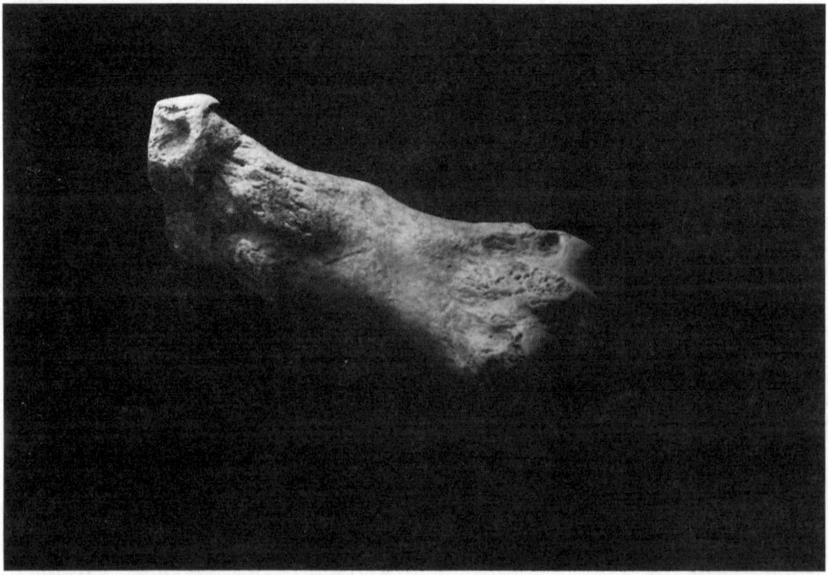

*Höhlenbär, Knochenfund aus einer neuerforschten Dachsteinhöhle.*

(Entstehung, Formen, Fauna und Vegetation).

**Höhlensee,** von Sickerwässern oder einem Höhlenfluß gespeister See in einer Höhle.

**Hohlräume** im Gestein s. → *Geoden,* → *Kluft.*

**Holaster,** irregulärer Seeigel *(→ Echinoidea),* von der Kreide bis zum Eozän weltweit verbreitet; Gehäuse mit angedeuteter Herzform, schlitzförmigen Poren und sehr kleinen Warzen in geringer Anzahl.

**Holoeder,** *Vollflächner* (n), vollständig ausgebildete Kristallform mit der höchstmöglichen Flächenzahl und allen Symmetrieelementen des jeweiligen → *Kristallsystems;* vgl. → *Hemieder.*

**holokristallin,** Bezeichnung für magmatische Gesteine, die ausschließlich aus kristallinen Gemengeteilen bestehen (z. B. Granit). Magmatite mit teils glasigen, teils kristallinen Bestandteilen bezeichnet man als → *hypokristallin.*

**Holozän** (n), geolog. Abteilung des Quartärs, mit dem Ende der Würmeiszeit beginnend und die Gegenwart umfassend.

**Holzopal, versteinertes Holz** (m), fossiles Holz, typische Form der → *Verkieselung,* bei der die einzelnen Zellen durch Kieselsäure ersetzt wurden und so die ursprüngliche Struktur bis in Einzelheiten deutlich zu erkennen ist. In Ägypten, den USA u. a. sind ganze Wälder versteinert anzutreffen. □

**Holzzinn,** irreführende Bezeichnung für faserige Massen von → *Cassiterit.*

**homogen,** gleichartig, gleicher Form und gleichzeitiger Entstehung, einheitlich. Gegensatz: → *heterogen.*

**homöoblastisch** → *kristalloblastisch*

**homöoklastisch** → *Kataklase*

**Homoseiste** (f), Verbindungslinie, die alle bei einem Erdbeben gleichzeitig erschütterten Punkte der Erdoberfläche miteinander verbindet.

**homotax,** Bezeichnung für Schichten, die gleichartige Fossilien aufweisen, jedoch nicht unbedingt gleichaltrig sein müssen.

**homothetisch,** Bezeichnung für kleinere Krustenbewegungen, die mit größeren Bewegungen gleichsinnig verlaufen und diesen auch in Form und Lage ähnlich sind; z. B. Staffelbrüche oder kleinere Überschiebungen, die mit großen verbunden sind. Gegensatz: *antithetisch.*

**Honigblende,** Bezeichnung für bräunlich-gelblichen → *Sphalerit.*

**Honigstein** → *Mellit*

**Hopeit** (m), $Zn_3(PO_4)_2 \cdot 4\,H_2O$, ein Phosphat. H 2,5–3, D 3,0, X-System: rhombisch. Form: kleine säulenförmige, tafelige Kristalle, derbe, traubige Massen. Farbe: weiß, graurot, rötlichbraun, gelblich. Durchsichtig bis durchscheinend; Glasglanz, Perlglanz. Gute Spaltbarkeit. H. kommt auf Zinkerzlagerstätten vor, z. B. im Raume Aachen (selten), bei Hagendorf/Bayern; größere Mengen in Rhodesien.

**Hoplites,** Kreide-→ *Ammonit,* in Europa und Asien verbreitet, mittelgroß mit starken gegabelten Rippen, die sich aus Höckern an der Nabelkante entwickeln.

**Hoploparia,** ein hummerähnliches kleines Krebstier, Kreide – Eozän, weltweit verbreitet.

**Horizont,** Bezeichnung für: 1. eine kleine Schicht (Lage, Zone, Profilabschnitt) bzw. Zeiteinheit, die durch bestimmte Fossilien (Fossilienhorizont) oder Gesteine gekennzeichnet ist; 2. → *Boden.*

**Horizontalverschiebung,** *Transversalverschiebung, Blattverschiebung,* waagerechte Verschiebung (im Unterschied zur Verwerfung) zweier Schollen (Blattflügel) längs einer senkrechten oder gering geneigten Zerreißungsfläche. Eine Reihe von H.en wird auch Blattzug genannt, mehrere parallele Blätter bezeichnet man als Blattbündel, Blattbüschel oder Blattsystem. H.en sind im Alpstein (Säntis), im Schweizer Jura und im Rheinischen Schiefergebirge recht häufig.

**Hornblende** (f), $(Ca,Na)_2(Mg,Fe,Al)_5(Si,Al)_8O_{22}(OH)_2$, ein zur → *Amphibolgruppe* zählendes Silikat. H 5–6, D 3–3,5, X-System: monoklin. Form: Kristalle meist lang- oder kurzprismatisch; auch derb, körnig, faserig. Farbe: grün, dunkelgrün, braun bis nahezu schwarz. Durchscheinend bis undurchsichtig; Glasglanz. Gute Spaltbarkeit in zwei Richtungen. Der Spaltwinkel von 120° unterscheidet Hornblende und andere Amphibole von den Pyroxenen. H. ist ein gesteinsbildendes Mineral und kommt als Gemengteil in vielen magmatischen Gesteinen und Metamorphiten vor. Man unterscheidet zwischen *Gemeiner H.* und *Basaltischer H.* □

**Hornblendeasbest** → *Amianth*

**Hornblende-Biotitgranit** (m), ein → *Granit* mit Hornblendeanteilen.

**Hornblende-Gabbro** (m), ein → *Gabbro,* der im wesentlichen aus Plagioklas (Bytownit) und Hornblende zusammengesetzt ist.

**Hornblendegruppe** → *Amphibole*

**Hornblendeschiefer,** zu den kristallinen Schiefern gehörendes metamorphes Gestein mit hohen Anteilen an Amphibolen, im Unterschied zum → *Amphibolit* durch Hinzutreten anderer Gemengteile wie Feldspat, Quarz, Granat, Epidot, Zoisit, Rutil, Pyrit, Pyrrhotin, Magnetit oder andere Minerale gekennzeichnet, die den Anteil an Hornblende entsprechend mindern. □ S. 181

**Hornfelse,** Gruppe metamorpher Gesteine, die sich im Kontakt mit Gesteinsschmelzen (Magma) unter Einwirkung hoher Temperaturen und magmatischer Gase gebildet haben. Das Gefüge weist eine gleichmäßige Kornanordnung bzw. eine sogenannte Hornfelsstruktur auf. Die Entstehung setzt reaktionsfähige Gesteinsmassen, wie Tone, Tonschiefer, tonige Sandsteine, Karbonatgesteine, mitunter auch Vulkanite voraus. Der großen Vielfalt möglicher Ausgangsgesteine entsprechend, weisen die H. einen unterschiedlichen Mineralbestand auf (Tab.).

**Hornsilber** → *Kerargyrit*

**Hornstein,** graue bis gelblichbräunliche, verunreinigte kryptokristalline Ausbildungen der Kieselsäure (→ *Chalcedon)* vulkanogener, biogener oder diagenetischer Herkunft, u. a. als Konkretionen in Kalken (Hornsteinknollen).

**Horst,** Bezeichnung für eine Scholle, die zwischen absinkenden Krustenteilen stehengeblieben oder über andere gehoben wurde und von Verwerfungen begrenzt ist. Der *Faltenhorst* besteht aus gefalteten, der *Tafelhorst* aus ungefalteten Schichten.

**Hortonolith-Dunit** (m), ein seltenes, fein- bis mittelkörniges Intrusivgestein der Peridotitgruppe, durch Eisengehalt tiefschwarz gefärbt.

**Höttinger Brekzie** (f), pleistozäne, stark verfestigte Schuttbildung am Inntalgehänge nördlich von Innsbruck, rötliches oder weißliches Material zwischen zwei Moränenablagerungen. Die H. B. enthält Reste wärmeliebender Flora und gilt als Beweis für die Unterbrechung der Eiszeiten durch Warmzeiten (Interglazial).

**Hübnerit** (m), $MnWO_4$, ein Wolframat, ziemlich seltenes Endglied der → *Wolframit*-Mischungsreihe; das andere Endglied ist *Ferberit* ($FeWO_4$).

**Hum,** spezielle Bezeichnung für einen die Karstfläche überragenden Hügel.

**Humboldtin** (m), $FeC_2O_4 \cdot 2H_2O$, *Oxalit,* organische Verbindung. X-System: rhombisch, H 2. Prismatische Kristalle; meist haarförmig faserig, körnig, erdig. H. kommt in Braunkohle vor.

**humid,** Bezeichnung für das Klima niederschlagsreicher Gebiete. Die das Maß der Verdunstung überschreitenden Niederschlagsmengen werden durch fließende Gewässer abgeleitet und zugleich Verwitterungsprodukte abtransportiert. Die h.en Klimata lassen infolge starker Erosion mannigfaltige Geländeformen entstehen.

**Humit** (m), $Mg_7[(OH,F)_2|(SiO_4)_3]$, ein der → *Olivin*-Reihe zugeordnetes seltenes Silikat. X-System: rhom-

**Hornfelse**
Vergleich des Mineralbestandes

| Gesteinsart | Quarz | Kali-Feldspat | Plagioklas | Glimmer | Andalusit | Cordierit | Pyroxen | Sonst. |
|---|---|---|---|---|---|---|---|---|
| Andalusit-Cordierit-Hornfels | xx | **xx** | xx | x | x | xx | | x |
| Plagioklas-Andalusit-Hornfels | **xx** | xx | xx | **xx** | **xx** | | | x |
| Plagioklas-Cordierit-Hornfels | xx | x | **xx** | **xx** | | **xx** | x | x |
| Plagioklas-Hypersthen-Hornfels | xx | xx | **xx** | **xx** | | | xx | x |
| Plagioklas-Diopsid-Hornfels | x | **xx** | **xx** | x | | | **xx** | x |

Zeichenerklärung: (x) = evtl. geringe Anteile, x = 0–7%, xx = 8–20%, **xx** = mehr als 20%, xxx = mehr als 50%.

bisch. Kommt in den Auswürflingen des Monte Somma/Vesuv vor. H. war ursprünglich der Sammelname für die vier Minerale Norbergit (rhombisch), Chondrodit (monoklin), Humit (rhombisch), Klinohumit (monoklin).

**Humus** (m), Bodenbestandteil, mehr oder minder stark zersetzte Reste pflanzlicher oder tierischer Herkunft, die unter Mitwirkung von Mikroorganismen umgebildet werden und die Krume dunkel färben. Der chemische Vorgang ist kompliziert. Man unterscheidet zwei Hauptformen von H.: 1. *stabiler H., Dauerhumus*, neutral, mit vollständiger Vermischung der mineralischen und organischen Bestandteile als H.-Form der Schwarzerden; 2. *labiler H., Rohhumus*, sauer, u. a. Bestandteil degradierter Braunerden.

**Hungerbrunnen,** *Hungerquelle,* Bezeichnung für eine Quelle, die nur nach reichlichen Niederschlägen Wasser fördert; besonders in Karstgebieten anzutreffen.

**Hungersteine,** volkstümliche Bezeichnung für Felsklippen in einem Flußlauf, die nur bei extrem niedrigem Wasserstand sichtbar werden (meist in Dürreperioden).

**Hut,** durch Lösungsvorgänge veränderter Teil einer Lagerstätte am Ausgehenden (Oxidationszone), s. auch → *Eiserner Hut.*

**hyalin,** Bezeichnung für glasig erstarrte Gesteine (Gesteinsglas) oder Gesteinsgemengeteile infolge schneller Abkühlung der magmatischen Schmelze.

**Hyalit** (m), farblose Varietät des → *Opal,* kommt u. a. im Basaltgestein am Kaiserstuhl in Baden vor.

**Hyazinth** (m), gelbrote Varietät des → *Zirkon*, kommt u. a. in Ceylon vor.

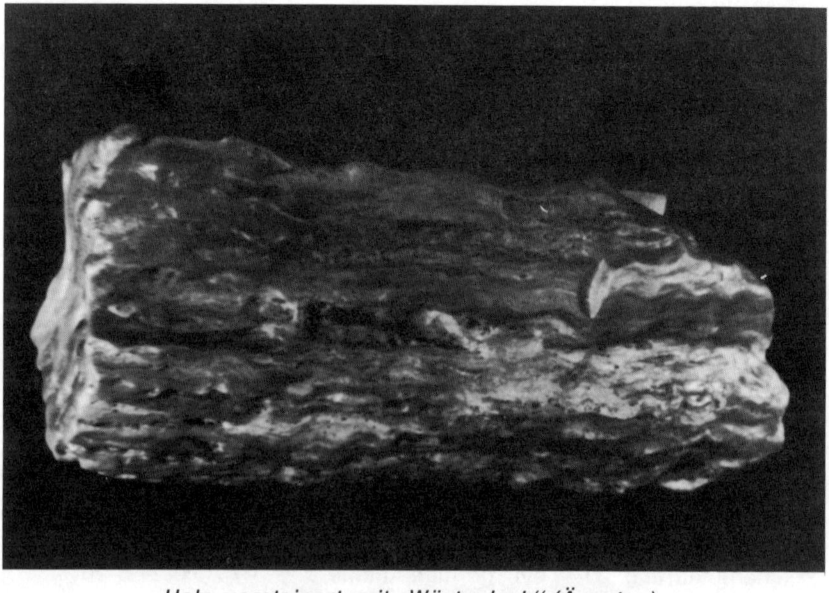

*Holz, versteinert, mit „Wüstenlack" (Ägypten).*

**Hybridisierung** (f), durch völliges Aufschmelzen von Nebengesteinen erzeugte mineralische Anreicherung des Magmas; hieraus können sich zahlreiche voneinander abweichende Gesteinsarten entwickeln.

**hydatogen,** Bezeichnung für die vom Wasser abgelagerten (klastischen) oder chemisch abgeschiedenen Sedimente (z. B. Halit, Gips u. a.) bzw. Sedimentgesteine.

**Hydnoceras,** vasenartige Formen aufweisende Schwämme *(Spongien)*, vom Devon bis zum Karbon in Nordamerika (Devon von New York) und Europa verbreitet. Die Oberfläche gleicht einem Netzwerk aus vertikalen und horizontalen Fäden.

**Hydrargillit** (m), $Al(OH)_3$, *Gibbsit*, ein Aluminiumhydroxid. H 2,5–3, D 2,3–2,4, X-System: monoklin. Form: kleine pseudohexagonale Tafeln; meist radialfaserig, schuppig, traubig, stalaktisch. Farbe: farblos, weiß und verschiedene Farbtönungen. Durchscheinend; Glasglanz, Perlglanz, Spaltflächen perlmuttern. H. ist im reinen Zustand selten, als Gemengeteil in Bauxiten, Talkschiefern und Serpentiniten vertreten und kommt in Hohlräumen von Bauxit auch in Form von Kristallen vor, beispielsweise am Vogelsberg. In Nordschweden tritt H. als Verwitterungsprodukt von Korund in Erscheinung.

**Hydratation** (f), Wasseraufnahme oder Wasseranlagerung bei Mineralien, führt unter Umständen zur Auflockerung von Gefügen.

**Hydrate** (pl), chemische Verbindungen mit einem oder mehreren Molekülen Kristallwasser.

**Hydrogele** (pl), meist amorphe Minerale von gallertartiger Beschaffen-

*Hornblende, Einzelkristall (Alpen/Iseltal).*

heit (Gel), die durch Wasserverlust weiter verfestigt werden. Die Vorkommen von H.n sind in der Regel an die Nähe der Erdoberfläche gebunden, wo sie sich im Einflußbereich der Tageswässer befinden. H. weisen meist traubige, nierige oder stalaktitische Formen auf.

**Hydrogeologie,** Teil der angewandten Geologie, befaßt sich u. a. mit dem Wasserhaushalt des Bodens, mit der Wasserversorgung.

**Hydrographie,** die Gewässerkunde.

**Hydrologie,** die Lehre vom Wasser, seinen Arten, Eigenschaften, Erscheinungsformen und seiner praktischen Verwendung. Wissenschaftszweige sind u. a. Ozeanologie (Meereskunde), Potamologie (Flußkunde), Limnologie (Seenkunde), Glaziologie (Gletscherkunde).

**Hydromagnesit** (m), wasserhaltiges Magnesiumcarbonat, kommt meist in warzenförmiger, radialstrahliger Form als Verwitterungsprodukt des → *Serpentins* vor, Kristalle selten. H 3,5, D 2,2, weiß.

**Hydromuskovit** → *Illit*

**Hydrosphäre,** die Wasserhülle der Erde, umfaßt die Ozeane und andere Meere, Binnengewässer, Schnee und Eis.

**hydrothermal,** bezeichnet die Schlußphase der → *Differentation*, heiße wäßrige Lösungen als Reste der magmatischen Schmelze (400° bis 100° C), deren Mineralgehalt auf Klüften und Spalten auskristallisiert, während die Wasseranteile als Mineral- bzw. Thermalwässer zu Tage treten. Viele Lagerstätten entstehen durch h.e Vorgänge.

**Hydroxide** (pl), chemische Verbindungen mit einer oder mehreren Hydroxilgruppen (OH-Gruppen), sie werden in der → *Klassifikation der Minerale* zusammen mit den Oxiden zu einer Klasse zusammengefaßt.

**Hydrozinkit** (m), $Zn_5[(OH)_3|CO_3]_2$, *Zinkblüte,* ein Carbonat. H 2–2,5, D 3,2 bis 3,8 (wechselnd). Kryptokristallin. H. kommt in derben, erdigen, schaligen Ausbildungen und gebänderten Krusten vor, weiß bis blaßgelb. Bildet sich als Verwitterungsprodukt von → *Smithsonit* (Zinkspat) meist stalaktitisch in dessen Hohlräumen. Die Hauptvorkommen sind in Nordspanien, auf Sardinien, in Algerien, den USA und Westaustralien anzutreffen.

**hygroskopisch,** bezeichnet die Eigenschaft mancher Stoffe, Wasser anzuziehen und zu binden (z. B. auch aus der Luft – Luftfeuchtigkeit).

**Hyperit** (m), → *Intrusivgestein* der Gabbro-Gruppe, ein hypersthenaugithaltiger Olivingabbro, kommt als seltene Gesteinsart u. a. in Gabbroverbänden Skandinaviens und Südafrikas vor.

**Hypersthen – Enstatit,** $(FeMg)SiO_3$, Orthopyroxenreihe, Silikate der → *Pyroxen*-Gruppe H 5–6, D 3,2–4,0. Form: prismatische Kristalle; meist derb, körnig, in blättrigen Aggregaten und Spaltstücken. Farbe: grün bis dunkelbraun. Durchscheinend bis undurchsichtig; Glasglanz. Zwei Spaltrichtungen unter nahezu rechtem Winkel. Kleine flächenreiche Kristalle kommen am Laacher See, große undeutlich begrenzte bei Bodenmais vor. Akzessorisch in vielen Gabbros und basischen Ergußgesteinen. Der bronzefarbene → *Bronzit* ist ebenfalls in diese Reihe einzuordnen.

**Hypersthenit** (m), ein fast nur aus Hypersthen zusammengesetztes → *Intrusivgestein* der Pyroxenitgruppe, kommt als gangartige, lagenbildende Einschaltung in Peridotit- und Gabbroverbänden u. a. in Jugoslawien, Albanien, Skandinavien, UdSSR vor.

**hypidiomorph,** Bezeichnung für Kristalle, die im Wachstum gehindert wurden und deshalb unvollständige Formen und Kristallflächen aufweisen. Ungestörte Kristallausbildung wird als → *idiomorph* bezeichnet.

**hypokristallin,** Bezeichnung für magmatische Gesteine, die sowohl aus kristallinen als auch aus glasigen Gemengeteilen bestehen, s. auch → *holokristallin.*

**Hypolimnion** (n), tieferer Bereich eines Sees, der von der direkten Sonneneinstrahlung nicht mehr erwärmt wird.

**Hypothyridina,** zur Ordnung Rhynchonellida gehörende → *Brachiopoden* des Devons, weltweit verbreitet, mit sehr hohem, bikonvexem, in Wirbelnähe glattem, am Rande kräftig beripptem Gehäuse.

**Hypoxanthit** (m), eisenoxidhaltiges Gemenge von Tonmineralen.

**Hypozentrum,** Herd eines Erdbebens *(→ Erdbeben).*

**Hypsilophodon,** ein Dinosaurier der Kreide Europas, der nur etwa 1 m Körperhöhe aufwies.

**hypsographische Kurve,** *hypsometrische Kurve,* graphische Darstellung der Flächenanteile der Erdoberfläche und des Meeresbodens, bezogen auf die einzelnen Höhenstufen über und unter dem Meeresspiegel.

**Hyracotherium,** auch *Eohippus,* kleines, frühestes Pferd in Nordamerika und Europa, Paleozän und Eozän, mit langem, niedrigem Schädel und vierhöckrigen Zähnen.

# IJ

**Ichor** (m), Bezeichnung für granitische oder granitähnliche Lösungen, die vor allem bei der Orogenese (Gebirgsbildung) eine Granitisation bewirken (s. auch → *Granitisation*).

**Ichthyornis,** ausgestorbener möwenähnlicher Seevogel der Kreide Nordamerikas.

**Ichthyosaurier,** mit flossenähnlichen Extremitäten ausgestattete, meist 2 bis 3 m, jedoch auch bis 15 m lange, meeresbewohnende Saurier des Mesozoikums. In ihrer Lebensweise glichen sie den heutigen Delphinen und waren wahrscheinlich lebendgebärend. Sowohl Skelette als auch eine deutliche Abzeichnung der Umrisse wurden im Lias Württembergs gefunden.

**Idealkristall** (m), ein im Wachstum keinerlei Störungen unterworfener und deshalb vollständig ausgebildeter, unverzwillingter Kristall.

**idioblastisch** → *xenoblastisch*

**idiochromatisch,** bezeichnet die Eigenfarbe von Mineralen, die vom jeweiligen reinen Chemismus herrührt; Beimengungen fremder Substanzen oder Einschlüsse führen zu Farbverschiebungen oder zu anderen Farben *(→ allochromatisch).*

**idiomorph,** Minerale als Gemengeteile, die bei der Erstausscheidung aus der magmatischen Schmelze oder einer Lösung die ihrer Eigenart entsprechende Kristallform voll entwickeln konnten. Gegensatz: allotriomorph bzw. → *xenomorph.*

**Idokras,** veraltete Bezeichnung für → *Vesuvian.*

**Ignimbrite** (pl), *Schmelztuffe,* → *Effusivgesteine*, die bei Vulkanausbrüchen u. a. aus Glutwolken entstehen. Die mineralischen und glasigen Bestandteile werden bei hohen Temperaturen plastisch verformt, zerbrochen und verkittet. Die Gemengeteile, hauptsächlich Quarz, Kalifeldspat und Plagioklas, entsprechen dem saurem Zweig magmatischer Gesteinsfolge.

**Iguanodon,** ein bis 10 m langer, sich aufrecht bewegender, pflanzenfressender → *Dinosaurier* der unteren Kreide.

**Iolithe** (pl), fein- bis grobkörnige, dunkelgraue, oft schlierig ausgebildete → *Intrusivgesteine* der Syenitgruppe mit Nephelin und Aegirin als Hauptgemengeteilen, sonst aber stark wechselnder Zusammensetzung.

**Ikosaeder** (n), von 20 Flächen (Dreiecken) begrenzter Kristallkörper des kubischen X-Systems.

**Ikositetraeder** (n), *Leucitoeder*, von 24 Flächen (Deltoiden) begrenzter Kristallkörper des kubischen X-Systems.

**Illit** (m), (Hydromuskovit), ein in schuppigen, fetten Massen oft zusammen mit Kaolinit anzutreffendes Silikat.

*Intrusivgesteine; Granit, oben vom Aare-, unten vom Montblancmassiv.*

**illuvial,** in der Bodenkunde Bezeichnung für Vorgänge der Anreicherung in Bodenschichten, die entweder von außen (exogen) eine absolute Anreicherung bewirken oder endogen zu einer relativen Anreicherung gelöster Stoffe aus anderen Schichten führen; Gegensatz: *eluvial.*

**Illuvialhorizont,** *Einschwemmungshorizont,* der B-Horizont des → *Bodenprofiles.*

**Ilmenit** (m) $FeTiO_3$, *Titaneisen,* ein Oxid. H 5–6, D 4,5–5, X-System: trigonal. Form: tafelige Kristalle, derb, gelegentlich auch körnige Aggregate; Zwillingsbildung. Farbe: schwarz, schwarzbraun. Undurchsichtig; Metallglanz. Keine Spaltbarkeit, jedoch Absonderung durch lamellaren Zwillingsbau, Bruch muschelig. Erkennbar an der schwarzen bis rotbraunen Strichfarbe und dem fehlenden Magnetismus (Unterschied zu Magnetit). I. kommt als Nebengemengeteil in magmatischen und metamorphen Gesteinen vor und ist in Form aufgewachsener Kristalle in alpinen Klüften u. a. im Gotthardgebiet/Schweiz anzutreffen. Bedeutende Vorkommen: Norwegen, Nordschweden, UdSSR.

**Ilsemannit** (m), ein molybdänhaltiges, wasserlösliches Hydrogel, kommt in erdigen, blauen bis schwarzen Massen u. a. am Bleiberg in Kärnten vor.

**Ilvait** (m), $CaFe_2{}^{2+}Fe_3{}^{3+}Si_2O_8(OH)$, *Lievrit,* ein Silikat. H 5–5,6, D 4,1, X-System: rhombisch. Form: langsäulige, prismatische Kristalle mit Längsstreifung; strahlige Aggregate, auch körnig. Farbe: schwarz. Undurchsichtig; nahezu metallischer Glanz. Spaltbarkeit in einer Richtung deutlich, Bruch uneben. I. kommt als Kontaktmineral pneumatolytischer Entstehung auf Elba, in der Toskana, in Schlesien und Griechenland vor.

**Immersion** (f), der höchste Stand des Meeres bei einer → *Transgression* mit völliger Überflutung des Landes; Gegensatz: *Emersion.*

**Imprägnation** (f), feine, diffuse Verteilung von Erzen oder anderen Stoffen in feinklüftigen oder porösen Gesteinen, als Ausscheidung zirkulierender Lösungen.

**Indexminerale,** → *typomorphe* Minerale, für bestimmte Stufen der Metamorphose charakteristische Minerale (s. auch → *Leitminerale*).

**Indigolith** (m), blaue Edelsteinvarietät des → *Turmalin,* kommt u. a. in Südwestafrika, Brasilien und auf Ceylon (Sri Lanka) vor.

**Indochinite** (pl), in Thailand, Kambodscha und Vietnam aufgefundene → *Tektite.*

**Infiltration** (f), Eindringen und Einlagerung z. B. einer Lösung oder gelösten Substanz in Gestein.

**Infravalendis** (n), unterste Stufe der Unterkreide.

**inglazial,** *intraglazial,* im Innern des Gletschereises befindlich bzw. auftretend.

**Ingression** (f), allmähliches Eindringen des Meeres in Festlandgebiete mit langsamem Übergang von festländischen über limnische und brackische zu marinen Verhältnissen. Ingressionsmeere sind Nebenmeere, wie beispielsweise das Mittelmeer, und geologisch häufig an Geosynklinalräume gebunden.

**initial,** Bezeichnung für den Magmatismus im Zyklus einer Orogenese.

**Initialeruption** (f), bezeichnet den Ausbruch eines alten Vulkans, der zugleich eine neue Tätigkeitsperiode einleitet. Unter *Initialdurchbruch* ist dagegen die Geburt eines neuen Vulkanes zu verstehen.

**Injektion** (f), das intensive Durchdringen eines Gesteins mit magmatischen Schmelzen oder Lösungen auf Schichtfugen, Spalten und Klüften.

**Injektionsgneise** (pl), Gruppe vielseitig ausgebildeter metamorpher Gesteine, die unter dem Einwirken granitischer Gesteinsschmelzen entstanden. Das Gefüge ist fein-, mittel- bis grobkörnig, sehr unregelmäßig ausgebildet und mit gröberen oder auch feinkörnigen eruptiven Gesteinseinlagerungen durchsetzt.

**Inkohlung** (f), Umbildung pflanzlicher Stoffe unter Luftabschluß (Wasser und Erdschichten) und Druck. Mit der Dauer der I. nimmt der Gehalt an Kohlenstoff immer mehr zu. Der Inkohlungsprozeß beginnt mit der Umbildung der Zellulose zu Torf und endet in der Entstehung von Anthrazit. Als Zwischenstufen werden Braunkohle und Steinkohle gebildet.
Inkohlungreihe:

| I.-Stufe | %C | %H | %O + N |
|---|---|---|---|
| Holz | 50 | 6 | 44 |
| Torf | 55–64 | 5–7 | 35–39 |
| Braunkohle | 60–75 | 4–8 | 17–34 |
| Steinkohle | 78–90 | 4–6 | 4–19 |
| Anthrazit | 94–98 | 1–3 | 1–3 |
| Graphit | 100 | – | – |

(C = Kohlenstoff, H = Wasserstoff, O = Sauerstoff, N = Stickstoff)

**inkompetent,** Bezeichnung für Gesteine, die sich aufgrund einer gewissen Plastizität relativ leicht verformen lassen, z. B. plastische Schiefer, Salzgesteine und Tone.

*Intrusivgesteine; Diorit aus dem Odenwald.*

**Inkrustation** (f), Bildung von Krusten, z. B. Kalkkrusten an Pflanzen, durch Entzug von $CO_2$ des im Wasser gelösten Kalkes bei übersättigten Lösungen.

**Inlandeis,** *Binneneis,* riesige Eisdecke in Polargebieten, die sich an den Randpartien oft in echte Gletscher auflöst, im Innern jedoch eine zusammenhängende, ebene bis flachgewellte Tafel darstellt. Während der Glazialzeiten überdeckte das I. beispielsweise weite Flächen Nordeuropas und reichte bis nach Mitteleuropa.

**innenbürtig,** andere Bezeichnung für → *endogen.*

**Innensenke,** trogförmige Senkungszone, die während der Orogenese (Gebirgsbildung) entstand und den Sedimentationsraum für das Abtragungsmaterial umliegender Gebirgsketten bildete.

**Inoceramus,** fossile, mittelgroße bis große Muschel, Jura – Kreide, weltweit verbreitet, mit Ornamentierung aus konzentrischen groben Rippen und feinen Furchen.

**Inosilikate** → *Silikate*

**Insekten,** fossil seit dem Karbon verbreitet.

**Inselberg,** ein Berggipfel, der inselartig aus der von Verwitterungsschutt aufgefüllten Ebene aufragt. I. ist auch gelegentlich als Bezeichnung für *Zeugenberg* im Gebrauch.

**Inselsilikate** → *Silikate*

**insequent,** Bezeichnung für Flüsse, die nicht der ursprünglichen Abdachung oder den von der Struktur geschaffenen Tiefenlinien folgen. Gegensatz: *konsequente Flüsse.*

**Insequenz** (f), Bezeichnung für *Schichtlücken*, die relativ lange Sedimentationsunterbrechungen repräsentieren.

**Insolation** (f), die Sonneneinstrahlung. Im weiteren Sinne versteht man darunter die Zerstörung der Gesteine durch starke Sonneneinstrahlung am Tage und ebenso starke Abkühlung in der Nacht (somit erhebliche Temperaturschwankungen). Die *Insolationsverwitterung* äußert sich in einer Abschuppung *(→ Desquamation)* und ist besonders in Wüsten wirksam.

**Insolationsverwitterung** → *Insolation*

**instantan,** ruckartig einsetzende Bodensenkungen, die u. a. auch für Moorbildungen ausschlaggebend sind.

**Intaglie** → *Gemme*

**Interferenz** (f), in der Physik: Bezeichnung für die Überlagerung von mehreren Wellen im gleichen Raumbereich. Zwei interferierende Wellen gleicher Wellenlänge, gleicher Amplitude und gleicher Phase verstärken sich (I.-Maximum); bei Verschiebung gegeneinander um eine halbe Wellenlänge löschen sie sich gegenseitig aus, so daß bei Lichtwellen aus der gleichen Lichtquelle Dunkelheit eintritt. Eine Erscheinung der I. sind auch die sogenannten *Interferenzfarben*, die man an dünnen Schichten (Seifenblasen oder Ölfilm) mit dem bloßen Auge gut beobachten kann; sie werden dort durch Reflexion an der Vorder- und Hinterseite der Schicht erzeugt. Die I. ist von hervorragender Bedeutung bei kristalloptischen Untersuchungen mit dem Polarisationsmikroskop, bei denen die Interferenzfarben besonders auffällig in Erscheinung treten. Röntgenstrahlen erfahren am räumlichen Kristallgitter I. und Beugung; Interferenzerscheinungen werden deshalb auch bei der → *Röntgenstrukturanalyse* genutzt.

**Interferenzfarben** → *Interferenz*

**Interglazial** (n), *Interglazialzeit, Zwischeneiszeit,* von wärmerem Klima geprägter Zeitabschnitt zwischen zwei Eiszeiten, führte zur Abschmelzung gewaltiger Eismassen und Hebung des Meeresspiegels. I.e sind durch Reste wärmeliebender Tiere und Pflanzen nachgewiesen *(→ Höttinger Brekzie)*.

**interkrustal,** *intrakrustal,* Bezeichnung für die innerhalb der Erdkruste gebildeten Gesteine (Intrusivgesteine); Gegensatz: *super-* bzw. *suprakrustal.*

**intermediär,** Bezeichnung für magmatische Gesteine, die im Kieselsäuregehalt ($SiO_2$) eine Zwischenstellung zwischen sauren und basischen Gesteinen einnehmen.

**intermittierend,** zeitweilig aussetzend. I.e Flüsse sind beispielsweise Flußläufe, deren Wasserführung regelmäßig (periodisch) oder gelegentlich (episodisch) aussetzt.

**Interstadial** (n), *Interstadialzeit,* wärmere Phasen während einer Eiszeit, von Stillstands- und Rückzugsstadien der Vergletscherung geprägt; als *interstadial* werden auch die während des I.s. abgelagerten Sedimente bezeichnet.

**intrakrustal** → *interkrustal*

**intratellurisch,** in der Geologie Bezeichnung: 1. im allgemeinen, für im Erdkörper Befindliches oder Ent-

*Intrusivgesteine; Anorthosit (Skandinavien) – Labradorit als Plagioklasanteil.*

standenes; 2. im besonderen, für eine vulkanische Eruption, die unterhalb der Erdoberfläche stattfindet.

**Intrusion** (f), das Eindringen von Magma zwischen die Gesteine der Erdkruste, führt mit der Bildung von → *Intrusivgesteinen* zum Entstehen eines Intrusionskörpers *(→ Pluton).*

**Intrusiva** → *Intrusivgesteine*

**Intrusivgesteine,** *Intrusiva, Plutonite, Tiefengesteine,* durch Erstarren bzw. Auskristallisation des in die Erdkruste eingedrungenen (Intrusion) Magmas oder im Rahmen einer Orogenese durch völlige Aufschmelzung entstandene Gesteine, die einen großen Artenreichtum und infolge → *Differentation* des Magmas große Unterschiede in der Zusammensetzung aufweisen. Die I. zeichnen sich durch ein körniges Gefüge mit gleichmäßiger Verteilung der kristallinen Bestandteile (Gemengeteile) aus. Nach ihrem Chemismus unterscheidet man saure (hoher Kieselsäuregehalt) und basische (geringer Kieselsäuregehalt) I.; besonders grob- bis riesenkörnige I. werden → *Pegmatite* genannt. Die wichtigsten Gruppen der I. sind:
1. *Granite* mit einem $SiO_2$-Gehalt von 65–80 % und Quarz, Kalifeldspat (Orthoklas), Biotit und (oder) Muskovit als Hauptgemengeteilen.
2. *Syenite,* 54–62 % $SiO_2$, mit Kalifeldspat (Orthoklas), Plagioklas, Amphibolen bzw. Pyroxenen als Hauptgemengeteilen. Syenite enthalten keinen oder geringste Mengen Quarz.
3. *Diorite,* 54–60 % $SiO_2$, hauptsächlich mit Plagioklas (Andesin) und Hornblende; Quarz nur in Quarzdiorit, sonst kaum vertreten.
4. *Gabbro-Gruppe,* 46–51 % $SiO_2$, besteht hauptsächlich aus Plagioklas (Labradorit, Bytownit), Pyroxenen (Enstatit, Bronzit, Hypersthen, Diallag) und Olivin, selten Hornblende. Gabbro enthält nur in Ausnahmefällen etwas Quarz. □
5. *Peridotite,* 38–45% $SiO_2$, setzen sich im wesentlichen aus körnigem Olivin und Pyroxenen zusammen.
*Granodiorit* und *Gabbrodiorit* sind Übergangsgesteine zwischen den einzelnen Gruppen.
In unmittelbarer Beziehung zu den I. stehen auch die → *Ganggesteine.*

**Inversion** → *Reliefumkehr*

**Iolith** (m), violette Edelsteinvarietät des → *Cordierit.*

**Ionen** (pl), ein- oder mehrfach positiv oder negativ elektrisch geladene Atome bzw. Atomgruppen. Aus den elektrisch neutralen Atomen werden durch Aufnahme von Elektronen negativ geladene I., → *Anionen,* durch Abgabe von Elektronen positiv geladene I., → *Kationen.* Auch die Kristalle bauen sich z. T. aus Ionen auf (Ionengitter, Kristallgitter).

**Ionenbindung,** Form der chemischen Bindung, s. auch → *Kristallbau.*

**Ionengitter** → *Kristallbau*

**Ionenkristalle,** Kristalle, die aus einem Ionengitter (Ionenbindung) bestehen, s. → *Kristallbau.*

**Iridium** (n), Ir, Element. H 7, D 22,6 bis 22,8, X-System: kubisch. Form: kleine lose Kristalle sehr selten, eher kleine runde Körnchen. Farbe: silberweiß. Undurchsichtig; starker Metallglanz. I. mit Pt (Platin) ist das teuerste der Platinmetalle; wird zu Legierungen, in der Elektrotechnik als Kontaktmaterial und in der Kerntechnik verwendet. I. kommt auf Platin- und Goldseifen in der UdSSR und Ostindien vor.

**Isastraea,** kolonienbildende *Korallen,* im Jura und in der Kreide in Europa, Afrika und Nordamerika verbreitet; Merkmal fünf- oder sechsseitiger Querschnitt, massig.

**isoklinal,** in der Geologie Bezeichnung für die in gleicher Richtung einfallenden Gesteinsschichten.

**Isoklinalfalte,** Falte mit parallel verlaufenden Schenkeln, s. auch → *Falte.*

**Isolinien,** Sammelbegriff für alle Linien auf geologischen, geographischen und meteorologischen Karten, die Punkte gleicher Werte verbindet. Beispiele:
*Isobasen,* Linien gleicher Hebung.
*Isobathen,* Linien gleicher Wassertiefe.
*Isochronen,* Linien gleichzeitigen Auftretens von Erdbebenwellen u. a.
*Isogammen,* Linien gleicher Schwerkraft.
*Isogeothermen,* Linien gleicher geothermischer Tiefenstufe.
*Isogonen,* Linien gleicher magnetischer Deklination; auch gleichen Windes.
*Isohalinen,* Linien gleichen Salzgehaltes.
*Isohypsen,* Linien gleicher Höhe (auf den Meeresspiegel bezogen).
*Isokatabasen,* Linien gleicher Senkung.
*Isokrymen,* Linien gleicher Minimaltemperaturen.
*Isopachen,* Linien gleicher Schichtenmächtigkeit.

**isomorph,** Bezeichnung für Minerale, die Glieder einer → *Mischungsreihe* sind und untereinander Übereinstimmung im X-System, in Anzahl und Lage der Gitterbausteine sowie eine analoge chemische Zusammensetzung aufweisen. Die Mischungsreihe besteht aus Endglie-

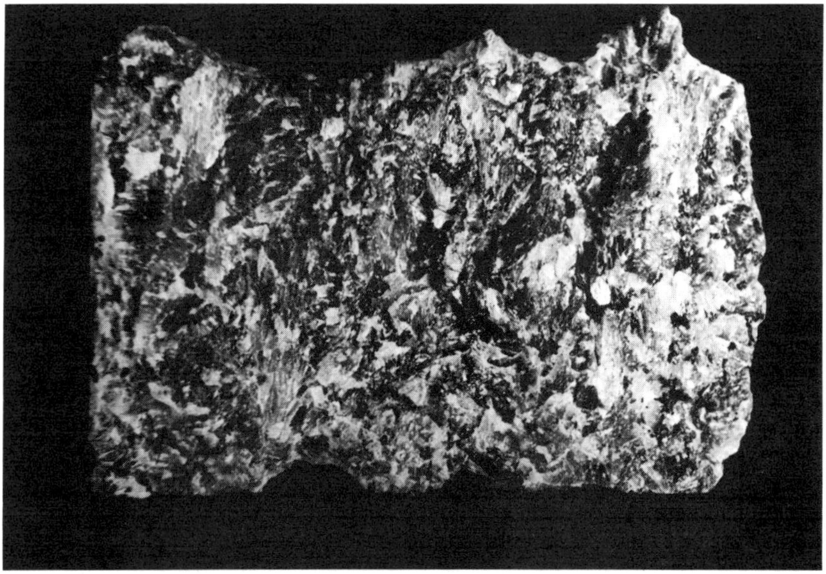

*Intrusivgesteine; Gabbro aus Skandinavien.*

dern oder End- und Zwischengliedern, die z. T. eigene Mineralnamen besitzen. Eigenschaft und Beziehung werden *Isomorphie* genannt. Ein anschauliches Beispiel bietet die Mischungsreihe der → *Plagioklase* mit den Endgliedern Albit ($NaAlSi_3O_8$) und Anorthit ($CaAl_2Si_2O_8$) sowie den Zwischengliedern, die sowohl Na als auch Ca enthalten und wie die Endglieder im triklinen X-System kristallisieren.

**isopisch,** Bezeichnung für eine unter gleichen physiko-geographischen Verhältnissen entstandene → *Fazies*; Gegensatz: *heteropisch.*

**Isostasie** (f), Lehre vom hydrostatischen Gleichgewicht der Erdkruste infolge isostatischer Ausgleichsbewegungen (Aufsteigen leichter Schollen und Absinken der durch Sedimentation belasteten schweren Schollen).

**isostatisch** → *Isostasie*

**Isotelus,** → *Trilobit* des Ordoviziums, in Europa, Nordamerika und Asien verbreitet; Thorax mit acht Segmenten, Kopf und Schwanz etwa gleichgroß.

**isotopisch,** Bezeichnung für die → *Fazies* des gleichen geographischen Gebietes; gleiche Fazies verschiedener Gebiete werden *heterotopisch* genannt.

**isotrop,** Bezeichnung für Körper, die nach allen Richtungen hin gleiche physikalische Eigenschaften aufweisen. Von den Kristallen besitzen nur die des kubischen X-Systems diese richtungsunabhängigen Eigenschaften. Gegensatz: → *anisotrop.*

**Isotropie** (f) → *isotrop*

**Isotypie** (f), Bezeichnung für die Gleichheit im Strukturtyp zweier Kristallgitter ohne weitergehende Übereinstimmung, wie sie beispielsweise eine Mischkristallbildung bzw. Mischreihe (isomorph) aufweist. Isotype Minerale sind z. B. Halit und Galenit.

**Itabirit** (m), Bezeichnung für stark eisenhaltigen → *Hämatit* aus Brasilien.

**Jade** (m), Handelsname und Sammelbezeichnung für grüne Minerale in Aggregatform zur Schmuckverarbeitung und kunstgewerblichen Verwendung. Der Name ist sowohl für → *Jadeit* als auch für → *Nephrit*, gelegentlich auch für → *Serpentin* gebräuchlich.

**Jadeit** (m), $NaAlSi_2O_6$, ein Silikat der → *Pyroxen*-Gruppe. H 6,5, D 3,2–3,4, X-System: monoklin. Form: kryptokristalline, feinverfilzte, körnige oder faserige Aggregate. Farbe: weißlichgrün, grün, gelblich. Durchscheinend; Glasglanz, harzglänzend. Keine erkennbare Spaltbarkeit, sehr zäh, Bruch uneben. J. kommt in kristallinen Schiefern Turkestans und Oberbirmas vor, als Geröllstücke u. a. im Susatal/Piemont. Bereits in frühgeschichtlicher Zeit wurde J. in China zu Schmuck und Gebrauchsgegenständen verarbeitet; aus prähistorischer Zeit stammen Funde von Pfeil- und Lanzenspitzen.

**Jahresschichtung,** regelmäßig wechselnde (helle und dunkle) Schichten in Sedimenten, z. B. im Bänderton, die eine jahreszeitliche Folge der Ablagerungen erkennen lassen.

**Jamesonit** (m), $Pb_4FeSb_6S_{14}$, *Bleiantimonspießglanz*, ein Sulfid. H 2–3, D 5,5–5,7, X-System: monoklin. Form: langprismatische, spießige Kristalle, lamellar verzwillingt; strahlige Aggregate, auch derb. Farbe: bleigrau. Undurchsichtig; metallischer Glanz. Gute Spaltbarkeit, Bruch uneben. J. ist von anderen Spießglanzen nur sehr schwer zu unterscheiden und kommt zusammen mit Galenit, Pyrit, Antimonit u. a. auf hydrothermalen Gängen vor. Fundstätten: im Harz, in Cornwall/England und anderenorts.

**Jarosit** (m), $KFe_3(SO_4)_2(OH)_6$, ein Sulfat der Alunitreihe. H 3–3,5, D 3,1 bis 3,3, X-System: trigonal. Form: sehr kleine rhomboedrische Kristalle, auch faserig dicht, körnig, krustenförmig. Farbe: ockergelb, nelken- bis schwärzlichbraun. Durchscheinend; Glasglanz. Spaltbarkeit in einer Richtung deutlich, Bruch uneben. J. kommt in Drusen, auf Limonit und in der Nähe vulkanischer Aktivität vor. Fundorte u. a. im Erzgebirge und in Spanien (Jaroso).

**Jaspis** (m), durch Beimengungen unterschiedlich gefärbte Varietät des → *Chalcedon*, gelegentlich mit fleckartiger Zeichnung, wird u. a. zu Schmucksteinen verarbeitet.

**Javaite** (pl), → *Tektite*, die auf Java gefunden wurden.

**Jett**, andere Bezeichnung für → *Gagat*.

**Jordanit** (m), $Pb_4As_2S_7$, *Bleiarsenspießglanz*, ein Sulfid. H 3, D 6,4, X-System: monoklin. Form: flächen-

*Hornblendeschiefer mit Granat (Zillertaler Alpen) – Hornblende grün, Granat rot.*

reiche, tafelige, pseudohexagonale Kristalle mit Zwillingsstreifung. Farbe: dunkelbleigrau, oft bunt angelaufen. Strichfarbe schwarz. Undurchsichtig; starker Metallglanz. Gute Spaltbarkeit. J. kommt auf Erzgängen und in Dolomit vor und ist u. a. im Binnatal/Schweiz zu finden.

**jungkaledonische Phase,** Phase der kaledonischen Faltungsära.

**jungkimmerische Orogenese,** Zusammenfassung der Deister-, Osterwald- und Hils-Phase (Malm – Unterkreide) während der alpidischen Ära.

**Jungmoräne** (f), → *Moräne,* deren ursprüngliche Form noch weitgehend erhalten ist, teilweise noch wenig verfestigt; Gegensatz: *Altmoräne.*

**Jungtertiär** (n), Teil des → *Tertiärs* mit den Abteilungen Miozän und Pliozän; s. auch → *geologische Formationen.*

**Jura** (m), → *geologische Formation* des Mesozoikums mit den Abteilungen Lias (schwarzer Jura), Dogger (brauner Jura) und Malm (weißer Jura) sowie insgesamt 11 Stufen. Der Jura ist u. a. geprägt von Meerestransgressionen, der jungkimmerischen Orogenese im Rahmen der alpidischen Faltung, der germanotypen Gebirgsbildung in Norddeutschland, von Plutonismus und schwachem Vulkanismus. Großer Artenreichtum in der Meeresfauna und das Vorherrschen der Saurier sind die wesentlichen Erscheinungen der ca. 45 Millionen Jahre umfassenden Zeitspanne. Mächtige Kalksedimente sind ein weiteres Charakteristikum.

**juvenil,** Bezeichnung für die aus tieferen Regionen des Erdinnern (Magmaherde) aufsteigenden Wässer und Quellen, die noch nicht am Kreislauf des Wassers teilgenommen haben. Auch primäres Magma, das nicht durch Aufschmelzen entstanden ist, wird gelegentlich als j. bezeichnet.

**Juwelen** (pl), Bezeichnung sowohl für die in edle Metalle gefaßten seltenen und besonders wertvollen Edelsteine, als auch im weiteren Sinne für kostbaren Schmuck im allgemeinen.

# K

**Kainit** (m), $KMg(Cl|SO_4) \cdot 3\ H_2O$, ein Sulfat. H 2,5–3. D 2,1, X-System: monoklin. Form: dicktafelige Kristalle selten, meist feinkörnige, derbe Massen. Farbe: farblos, weiß, gelblich, rot. Durchsichtig bis durchscheinend; Glasglanz. Vollkommene Spaltbarkeit, wasserlöslich. Wichtiges, auf den Salzlagerstätten Norddeutschlands reichlich vorkommendes Kalisalz, wird gemahlen als Kalidünger verwendet.

**Kakoxen** (n), ein wasserhaltiges Eisenphosphat, hexagonal, kommt in Form radial-feinnadeliger Kugeln und als Überzug, goldgelb bis bräunlich, durchscheinend, auf Eisenerzgängen vor. H 3–4, D 2,3–2,8.

**Kalait** (m), andere Bezeichnung für → *Türkis.*

**Kalamiten** → *Calamites*

**kalben,** Bezeichnung für das Abbrechen von Eisblöcken an den ins Meer ragenden Gletscherzungen und an den Rändern des Inlandeises. Das Kalben der Gletscher leitet zugleich die Geburt eines Eisberges ein.
Auch die Ablösung und Fortbewegung kleinerer Sandmassen von größeren Dünen wird gelegentlich als kalben bezeichnet.

**Kaledoniden** (pl), die während der *kaledonischen Faltungsära* (Salairphase, sardische, takonische, ardennische und erische Phase) im Ordovizium und Silur entstandenen Gebirge. Sie treten vor allem in den Gebirgszügen von Irland, Wales, Schottland, Westskandinavien, Spitzbergen sowie an der Ost- und Nordküste Grönlands in Erscheinung. In den Ardennen, in einigen Sätteln des Rheinischen Schiefergebirges, im Harz und in den Sudeten sind sie ebenfalls zu erkennen. Im asiatischen Raum sind kaledonische Faltenzüge am Rande des Sibirischen Schildes gelegen. In Amerika erscheint die kaledonische Gebirgsbildung nur in Neufundland, in den nördlichen Appalachen und in Alaska. Bei den *Brasiliden* in Südamerika und den *Sahariden* in Afrika ist die Einstufung unter die Kaledoniden nicht voll gesichert.

**kaledonische Faltung** → *Kaledoniden*

**Kaledonisches Gebirge** → *Kaledoniden*

**Kalialaun** (m), andere, veraltete Bezeichnung für → *Kalinit.*

**Kalifeldspäte** (pl), $KAlSi_3O_8$, Silikate, eine der beiden Feldspatgruppen (die andere Gruppe → *Plagioklase*), als gesteinsbildende Minerale von besonderer Bedeutung. H 6–6,5, D 2,5–2,6. Vertreter dieser Gruppe sind → *Orthoklas* → *Sanidin* (Hochtemperaturmodifikation), → *Mikrolin* (Tieftemperaturmodifikation) und → *Adular* (bei niedrigen Temperaturen nur in aufgewachsenen Kristallen gebildet). Sanidin, Orthoklas und Adular kristallisieren im monoklinen X-System; Mikrolin ist triklin. Alle K.

weisen nach zwei Richtungen vollkommene Spaltbarkeit und häufig Zwillingsbildung (Karlsbader, Bavenoer und Manebacher Zwilling) oder Zwillingsstreifung auf. Abgesehen von den speziellen Vorkommen sind besonders Orthoklas und Mikrolin schwer zu unterscheiden; Sanidinkristalle weisen eine tafelige Form auf. Mit Ausnahme des Adular bilden die K. wichtige Gemengeteile vieler magmatischer oder metamorpher Gesteine.

**Kaliglimmer** (m), andere Bezeichnung für → *Muskovit.*

**Kalinit** (m), $KAl(SO_4)_2 \cdot 12\,H_2O$, *Kalialaun,* kommt gewöhnlich nur als Ausblühungen auf Klüften von Laven und auf pyrithaltigen Mergelschiefern (Alaunschiefer) vor. H 2–2,5, D 1,7–1,8. Farblos, glasglänzend.

**Kalisalze** (pl), in der Natur vorkommende Salze des Kaliums (K), meist in Verbindung mit Chlor und Magnesium, z. B. → *Carnallit,* → *Kainit* und → *Sylvin.*

**Kalium-Argon-Methode,** Verfahren zur Altersbestimmung von Gesteinen, wobei das Mengenverhältnis des radioaktiven Kalium-Isotops $^{40}K$ und seines Zerfallsproduktes $^{40}Ar$ in Ansatz gebracht werden (Halbwertszeit: $1{,}27 \cdot 10^9$ Jahre).

**Kalkboden,** eine Bodenart, die mehr als 40% Calciumcarbonat enthält.

**Kalke** → *Kalksteine*

**Kalkfeldspat** → *Anorthit,* → *Plagioklase.*

**Kalkglimmer,** andere Bezeichnung für → *Margarit.*

**kalkhaltiger Boden,** Bezeichnung für eine Bodenart mit bis zu 20% Gehalt an Calciumcarbonat.

**Kalknatronfeldspäte** → *Plagioklase*

**Kalkoolithe** (pl), Bezeichnung für oolithische → *Kalksteine* (s. auch → *Oolithe*).

**Kalksalpeter** (m), andere Bezeichnung für → *Nitrocalcit.*

**Kalksandstein,** Bezeichnung für kalkigen → *Sandstein*, ein klastisches Sediment, bei dem als Bindemittel Kalk besonders in Erscheinung tritt.

**Kalksilikathornfelse** (pl), zur Gruppe der Hornfelse gehörende Kontaktgesteine, deren Ausgangsgestein (Mergelton, Mergel oder Mergelkalk) im Kontakt mit meist saurem (granitischem) Magma zu körnigem Gestein mit Plagioklas, Diopsid, Hypersthen, Grossular, Vesuvian als wichtigen Gemengeteilen umgewandelt wurde. Charakteristische Gemengeteile sind außerdem Wollastonit und Epidot. K. mit gröberem Korn werden auch *Skarne* genannt.

**Kalksinter** (pl), *Kalktuffe,* poröse bzw. löchrige chemische Sedimentgesteine, entstehen durch Ausscheidung kalkhaltiger Wässer; s. auch → *Travertin.*

**Kalkspat** (m), andere Bezeichnung für → *Calcit.*

**Kalksteine,** *Kalke,* artenreiche Gruppe von Sedimentgesteinen, die überwiegend aus Calciumcarbonat (Calcit, Dolomit u. a.) zusammengesetzt sind. Sie können als *Ausfällungsgesteine* aus übersättigten Lösungen in warmen Flachmeeren, als biogene Sedimente aus den Resten organischer Substanzen (bes. den Schalen von Meeresbewohnern) oder auch aus Abtragungsmaterial entstehen. Viele K. enthalten Fossilien und kommen in mächtigen Serien vor. Neben den eigentlichen K.n sind u. a.

*Kristallrasen, Bergkristall (Taunus) – farblos, weiß, durchsichtig.*

*Dolomit, Kreide, Kalkmergel, Kalksinter, Kalkoolithe* dieser Gesteinsgruppe zugeordnet. → *Marmor* ist metamorphosierter Kalk, wie auch die → *Kalksilikathornfelse*, die als Kontaktgesteine gelten. □

**Kalktonstein** → *Mergel*

**Kalktuff** → *Kalksinter,* → *Travertin.*

**Kalkuranglimmer** (m), andere Bezeichnung für → *Autunit.*

**Kallait** (m), andere Bezeichnung für → *Türkis.*

**Kalomel** (m), HgCl, *Chlorquecksilber, Quecksilberhornerz*, den Halogeniden zugeordnet. H 1–2, D 6,4–6,5, X-System: tetragonal. Form: kleine prismatische, tafelige Kristalle; krustenartig. Farbe: grau, gelblichweiß, gelblichgrau. Durchscheinend; Diamantglanz. Gute Spaltbarkeit, schneidbar. K. kommt auf Quecksilbererzlagerstätten vor. Fundorte: Moschellandsburg/Pfalz, Texas/USA, Mexiko.

**Kaltzeit,** allgemeingültige Bezeichnung für einen Zeitabschnitt, dessen Jahresdurchschnittstemperaturen wesentlich niedriger lagen, als die des vorausgehenden oder nachfolgenden Zeitabschnittes, ohne daß damit das Vorhandensein großer Gletscher- oder Inlandeismassen notwendigerweise angesprochen wird. Die K. ist somit aufgrund der Allgemeingültigkeit der Aussage nicht unbedingt identisch mit einer → *Eiszeit*, wie auch eine *Warmzeit* nicht auf das → *Interglazial* beschränkt ist.

**Kambrium** (n), → *geologische Formation* des Paläozoikums mit den Abteilungen Unterkambrium, Mittelkambrium und Oberkambrium, bildet den Abschluß der assyntischen Ära. Das K. ist durch erste Ablagerungen fossilführender Sedimente geprägt (Trilobiten). Im K. entstehen die Geosynklinalräume der späteren kaledonischen Orogenese.

**Kamee** → *Gemme*

**Kames** (pl), geschichtete Sand- und Kiesaufschüttungen fluvioglazialer Entstehung (Schmelzwasserflüsse) in Form kuppiger oder kegeliger Hügel. Wallförmige Aufschüttungen werden als Oser *(→ Os)* bezeichnet.

**Kamm,** langgestreckter Bergrücken, der nach zwei Seiten abgedacht ist.

**Kammeis,** *Haareis, Nadeleis,* zu nadelförmigen Eiskristallen gefrorenes Wasser der obersten Bodenschicht.

**Kammkies,** andere, veraltete Bezeichnung für → *Markasit.*

**Kamplyt** (m), Varietät des → *Mimetesit.*

**Kanadischer Schild,** weithin aus archäischen Gesteinen bestehende geologische Einheit, die große Teile Kanadas und Grönland umfaßt. Der K.S. ist der Kern des nordamerikanischen Kontinents.

**Kaneelstein,** Bezeichnung einer Granatvarietät als Mischkristall zwischen *Grossular* und *Hessonit.*

**Kannelierung,** im speziellen Sprachgebrauch: Rinnen- und Furchenbildung auf geneigten Gesteinsoberflächen, durch Wasser und Wind hervorgerufen; Nebenerscheinung der Karrenbildung.

**Kännelkohle,** aufgrund ihres Gas- bzw. Bitumenreichtums leicht entzündliche Steinkohle, kommt u. a. im Saarland vor.

**Känophytikum** (n), die mit der Oberkreide einsetzende Neuzeit als Zeitalter der Lebensentwicklung.

**Känozoikum** (n), die mit dem Alttertiär beginnende Neuzeit als geologisches Zeitalter.

**Kaolin,** *Porzellanerde* (m), feinkörniges, weißes, gelbliches oder rötliches Lockergestein, das überwiegend aus → *Kaolinit* besteht, besonders in der Porzellanherstellung Verwendung findet und u. a. in Sachsen, Oberfranken, Oberösterreich vorkommt. K. ist ein Verwitterungsprodukt feldspatreicher Gesteine. □

**Kaolinit** (m), $Al_4[(OH)_8Si_4O_{10}]$, ein Aluminiumsilikat, Hauptbestandteil des → *Kaolin*. H 1–2, D (2,1) 2,4–2,6, X-System: monoklin. Form: kleine Kristalle als pseudohexagonale, dünne Plättchen, häufiger jedoch in lockeren, feinschuppigen, dichten und erdigen Massen. Farbe: weiß, gelb, grünlich, bläulich. Undurchsichtig; Perlglanz bis matt. Gute Spaltbarkeit, erdig-muscheliger Bruch. Bei hohem Wassergehalt plastisch, fettig verformbar.

**Kaolinitton,** Tongestein, das sich wie → *Kaolin* aus → *Kaolinit* zusammensetzt, jedoch stark verunreinigt ist.

**Kapillaren** (pl), im speziellen Sprachgebrauch feinste röhrenförmige Hohlräume im Gestein.

**Kapillarwasser,** in feinen Boden- oder Gesteinsporen *(→ Kapillaren)* befindliches Haftwasser; vermag physikalischen Gesetzen folgend vom Grundwasser in den Schichten aufzusteigen oder sich auszubreiten.

**Kaprubin** (m), volkstümliche, jedoch irreführende Bezeichnung für → *Pyrop*, eine Granatvarietät, von frühen

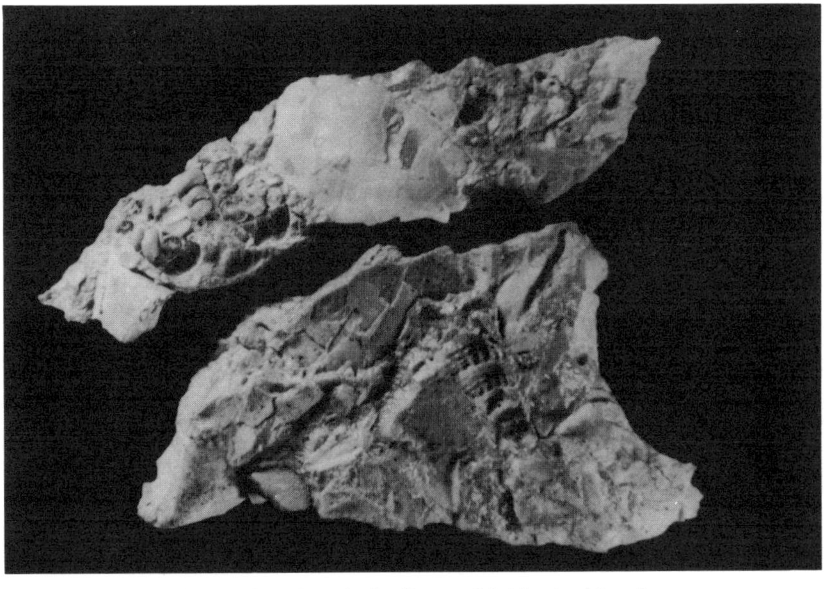

*Kalkstein; Muschelkalk aus Süddeutschland.*

Funden in südafrikanischen Minen abgeleitet.

**Kar** (n), nischenartige Hohlform in gipfelnahen Gebirgshängen, mit steilen Rück- und Seitenwänden, nach der Talseite oft durch einen Schuttwall *(Karschwelle)* abgeriegelt. Der *Karboden,* gelegentlich mit rückläufigem Gefälle, ist nicht selten von einem *Karsee* ausgefüllt.

**Karat** (n), Abk. ct, 1. Gewichtseinheit bei Edelsteinen; 1 Karat entspricht 200 Milligramm bzw. $^1/_5$ Gramm (internationale Maßeinheit); 2. nicht mehr gebräuchliche Bezeichnung für den Feingehalt des Goldes, der heute in Tausendstel angegeben wird. Reines Gold hat 24 Karat, 18 Karat entsprechen $^{750}/_{1000}$, 14 Karat – $^{585}/_{1000}$. K. leitet sich von dem getrockneten Samen des Johannisbrotbaumes ab, der früher zum Abwägen von Diamanten und Gold verwendet wurde.

**Karboden** → *Kar*

**Karbon** (n), → *geologische Formation* des *Paläozoikums* mit den Abteilungen *Unterkarbon* (Mississippium) und *Oberkarbon* (Pennsylvanium) sowie insgesamt 5 Stufen. Das K. ist geprägt von verschiedenen Phasen der variskischen Gebirgsbildung und der Ausbildung von Steinkohlelagern u. a. im Ruhrgebiet und an der Saar. Bärlappgewächse, Schachtelhalme und Farne sind die wichtigsten Vertreter der Flora; in der Fauna gesellen sich zu den Trilobiten, Brachiopoden und Ammoniten die Amphibien.

**Karbonformation** → *Karbon*

**Kareliden** (pl), Faltenzug von → *Fennoskandien,* der sich den → *Gotiden*

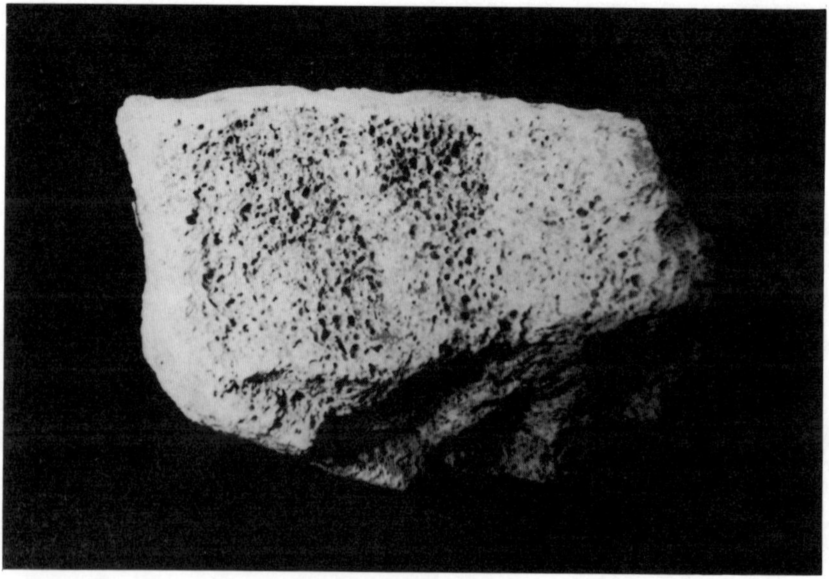

*Kalkstein; Kalktuff (b. Limburg/Lahn).*

anschließt und zusammen mit diesen den Faltungskomplex der → *Gotokareliden* bildet.

**Karfunkelstein,** veraltete volkstümliche Bezeichnung für die drei roten Edelsteine *Rubin, Spinell* und *Granat,* die häufig miteinander verwechselt wurden.

**Kargletscher,** gipfelnaher Gletscher, der ein → *Kar* ausfüllt, selten eine ausgeprägte → *Gletscherzunge* aufweist und in seiner Ausdehnung begrenzt ist.

**Karling** (m), durch die zwei- oder mehrseitige Anlage von Karnischen entstandener, mehr oder weniger pyramidenförmiger Berg mit scharfen Graten.

**Karlsbader Zwilling** → *Zwillingsbildung* bei Feldspäten.

**Karn** (n), alpine, untere Stufe der oberen → *Trias (Keuper),* s. → *geologische Formationen.*

**Karnallit** → *Carnallit*

**Karneol** → *Carneol* □

**Karpholith** (m), $MnAl_2[(OH)_4|(SiO_3)_2]$, *Strohstein*, ein Silikat der → *Amphibolgruppe*. H 5,5, D 2,9, X-System: rhombisch. Form: haarförmige, feinfaserige Kriställchen, büschelige Aggregate. Farbe: strohgelb, gelbgrün, gelblich, braun. Durchscheinend; Seidenglanz. Deutliche Spaltbarkeit, Bruch spröde. K. kommt in Drusen auf Zinnerzlagerstätten sowie in kristallinen Schiefern vor, z. B. Ostharz, Ardennen, Böhmen.

**Karren** (pl), *Schratten,* Auslaugungsformen in offenliegenden Kalkgesteinen, treten als Rinnen, Furchen, Löcher und scharfe Gesteinsrippen in Erscheinung und sind u. a. in

*Kaolin; zu Kaolin umgewandelter, noch verfestigter Tonschiefer.*

Karstgebieten und in den Kalkalpen anzutreffen. Die Gesteine werden auch als → *Schrattenkalke* bezeichnet. Ausgedehnte, von Karren durchzogene Flächen werden *Karren-* bzw. *Schrattenfelder* genannt.

**Karrenfeld** → *Karren*

**Karruformation** (f), Serie mächtiger paläozoischer und mesozoischer Sedimente, bildet zusammen mit dem Transvaal die südostafrikanische Randschwelle.

**Karschwelle** → *Kar*

**Karsee** → *Kar*

**Karst** (m), (nach dem jugoslawischen K.-Gebirge benannt) Sammelbezeichnung für alle Erscheinungsformen der Auslaugung in Kalkgesteinen. Von *bedecktem K.* spricht man, wenn das verkarstete Kalkgestein von einer Vegetationsdecke überzogen ist, *nackter K.* bedeutet anstehendes Gestein. Typische Karsterscheinungen sind u. a.: Karren, Dolinen, geologische Orgeln, Poljen, Höhlen und Höhlensysteme, Spalten und Klüfte. *Karstflüsse* und *Karstbäche* verschwinden oft plötzlich von der Erdoberfläche (sogenanntes Bachschwinden), hinterlassen Trockentäler, setzen ihren Weg über lange Strecken unterirdisch fort und treten in den *Karstquellen* aus dem Kalkgestein mit unregelmäßiger Ausschüttung aus. In den Karstgebieten ist kein einheitlicher Grundwasserspiegel vorhanden.

**Karstschlote** → *Yama*

**Kascholong** (m), undurchsichtige, weiße, porzellan- bzw. emailartige Varietät des → *Opal.*

**Kasolit** (m), wasserhaltiges, braungelbes Blei- Uransilikat, H 4, D 6,5, X-System: monoklin; kommt u. a. auch in Bayern vor.

**Kassiterit** → *Cassiterit*

**Kataklase** (f), Zerbrechen bzw. Zertrümmerung von Einzelmineralen eines Gesteins infolge des bei tektonischen Vorgängen auftretenden Gebirgsdruckes. Die K. kann nur einzelne, spröde Minerale betreffen, während sie andere völlig intakt läßt, oder aber sämtliche Gefügebestandteile des Gesteins erfassen. Durch K. geprägte Gesteine werden Kataklasite genannt; sie besitzen ein → *kataklastisches Gefüge.*

**kataklastisches Gefüge,** durch → *Kataklase* umgebildetes Gesteinsgefüge. Die *Mörtelstruktur* bezeichnet in diesem Zusammenhang ein Gefüge, bei dem einzelne mineralische Bestandteile in eine feinere Trümmergrundmasse eingebettet sind. Die völlige Durchmengung einzelner Bruchstücke mit dem Zermahlungspulver ergibt die sogenannte *Knetstruktur.* Bei gleichkörniger Struktur spricht man von *homöoklastischem Gefüge;* mit *porphyroklastischem Gefüge* bezeichnet man eine Struktur, bei der einzelne große Kristallbruchstücke in einer kleinkörnigen Trümmermasse liegen.

**kataklimatisch,** Klimaänderungen, die ein Absinken der Schneegrenze und das Vorrücken von Trockenzonen zum Äquator hin bewirken; kann den Beginn einer Eiszeit anzeigen. Gegensatz: *anaklimatisch.*

**Kataklysmentheorie** (f), → *Katastrophentheorie,* eine von Cuvier vertretene Auffassung, nach der im Lauf der Erdgeschichte mehrfach sämtliche Lebewesen eines Gebietes durch verheerende Naturereignisse ausgetilgt und später durch eingewanderte oder neu entwickelte Arten ersetzt wurden. Damit sollte die große Verschiedenheit fossiler Funde erklärt werden, für die es aufgrund heute wirksamer geologischer Faktoren allein keine befriedigende Erklärung gibt. Die K. wurde durch den → *Aktualismus* verdrängt. In der *Zyklentheorie* ergibt sich eine gewisse Annäherung der gegensätzlichen Thesen.

**Katastrophentheorie** → *Kataklysmentheorie*

**katathermal,** Bezeichnung für hydrothermale Lagerstätten, die bei Temperaturen von 450–350° C gebildet wurden.

**Katavothre** (f), *Ponor, Schlundloch,* Einsenkung in Karstgebieten, in die ein oberirdischer Wasserlauf hineinstürzt (Bachschwinde), um dann unterirdisch weiterzufließen.

**Katazone,** unterste Tiefenstufe bzw. intensivster Metamorphosegrad der Regionalmetamorphose, zeichnet sich durch extrem hohe Temperaturen und allseitig starken Druck aus, die eine weitgehende Ummineralisierung der Gesteine bewirken. Typomorphe Minerale der K. sind u. a. Sillimanit, Orthopyroxene, Klinopyroxene, Cordierit, Spinell, Anorthit, Jadeit, Orthoklas, Wollastonit. Vgl. auch → *Metamorphose.*

**Kationen** (pl), positiv geladene → *Ionen.*

**Katzenauge** → *Cymophan*

**Katzengold,** volkstümliche Bezeichnung für → *Biotit.*

**Kaurischnecke** → *Cypraea*

*Karneol (→Carneol), geschliffen (Brasilien) – braun mit verschiedenfarbiger Zeichnung.*

**kaustische Metamorphose** (f), Form der → *Kontaktmetamorphose*, bei der vor allem die hohen Temperaturen wirksam sind.

**Kausto-Biolithe** → *Biolithe*

**kavernös,** Bezeichnung für Gesteine, die von Hohlräumen durchsetzt sind (porige Gesteine), z. B. Tuffe.

**Kees** (n), andere Bezeichnung für → *Gletscher.*

**Keilscholle,** Bezeichnung für eine schräggestellte Scholle.

**Keim,** *Kristallkeim,* kleinster Festkörper, bildet die Grundlage für das → *Kristallwachstum;* s. auch → *Kristallisationskeim.*

**Kennelkohle** → *Kännelkohle*

**Kerargyrit** (m), andere Bezeichnung für → *Chlorargyrit.*

**Keratophyre** (pl), hell- bis dunkelgraue, gealterte paläozoische → *Effusivgesteine* mit hornsteinartig dichtem Gefüge, auch Fließgefüge, entstammen vielfach submariner vulkanischer Tätigkeit. Der Mineralbestand weist hauptsächlich Plagioklas, Biotit, Chlorit, bei Quarzkeratophyr bis ca. 20% Quarz auf. Keratophyrmandelsteine enthalten mit Calcit, Chlorit u. a. Mineralen gefüllte Blasenräume. K. kommen u. a. im Harz, Thüringer Wald und Lahn-Dill-Gebiet vor (Tab.).

**Kerbtal,** *V-Tal,* Talform mit geneigten Hängen, die durch das Zusammenwirken von Tiefenerosion und Hangabtrag entstanden ist; s. auch → *Tal.*

**Kermesit** (m), $Sb_2S_2O$, *Rotspießglanz, Antimonblende,* ein Sulfid. H 1–1,5, D 4,5, X-System: monoklin. Form: nadelige, haarförmige Kristalle sowie büschelige, radialstrahlige Aggregate. K. ist rot bis violett, durchscheinend, weist Glasglanz und gute Spaltbarkeit auf und kommt vor allem als Umwandlungsprodukt von Antimonit u. a. in Sachsen, Ungarn, in der Toskana und in Algerien vor.

**Keratophyre**
Vergleich des Mineralbestandes

| Gesteinsart | Kali-Feld-spat | Pla-gio-klas | Quarz | Chlo-rit | Cal-cit | Pyro-xene | Amphi-bole | Sonst. |
|---|---|---|---|---|---|---|---|---|
| Keratophyr | xx | xxx | | | | xx | | x |
| Quarz-keratophyr | | xxx | xx | | | | xx | x |
| Keratophyr-spilit | xxx | | | **xx** | xx | | | |
| Plagioklas-keratophyr | **xx** | **xx** | | | | **xx** | | x |

Zeichenerklärung: (x) = evtl. geringe Anteile, x = 0–7%, xx = 8–20%, **xx** = mehr als 20%, xxx = mehr als 50%.

**Kernbohrung,** Tiefbohrverfahren zur Untersuchung der natürlichen Abfolge von Gesteinen bzw. Lagerstätten. Am unteren Ende eines Bohrgestänges befindet sich ein Kernrohr mit einer diamantbesetzten ringförmigen Bohrkrone. Mit diesen Gerätschaften wird ein *Bohrkern* in genau festgelegter Tiefe aus dem Gestein (auch Lockermaterial) gefräst und nach oben gefördert. Der Bohrkern gibt über Schichtfolge und Zusammensetzung der Gesteine Aufschluß, dient zu geologischen und mineralogischen Untersuchungen oder zur Feststellung der Abbauwürdigkeit von Lagerstätten.

**Kernit** (m), $Na_2B_4O_7 \cdot 4H_2O$, ein wasserhaltiges Borat, kommt meist in Form grobspätiger, wasserklarer Massen u. a. in Spanien, Kalifornien und Argentinien vor. H 2,5, D 1,95. K. ist ein wichtiges Bormineral.

**Kesselbruch,** von konzentrischen Brüchen umgebenes Senkungsfeld (Kessel).

**Kesselfeld,** glaziale Aufschüttungslandschaft mit zahlreichen kleinen wassergefüllten Vertiefungen.

**Kettengebirge,** langgestreckte, in parallele Bergketten und Längstäler gegliederte jüngere Faltengebirge (s. auch → *Gebirge*).

**Kettensilikate** → *Silikate*

**Keuper** (m), obere Abteilung der → *Trias* mit drei germanischen Stufen (unterer, mittlerer und oberer K.) und den alpinen Stufen Karn, Nor und Rät; s. auch → *geologische Formationen.*

**Kies,** Lockersediment, aus runden Geröllstücken (Gesteinstrümmern) mit Korngrößen von 2 bis 63 mm bestehend.

**Kiese** (pl), bergmännischer Sammelbegriff für helle, metallisch glänzende, harte, sulfidische Erzminerale mit schlechter Spaltbarkeit bzw. muscheligem Bruch; Beispiele sind: Arsenkies (Arsenopyrit), Magnetkies (Pyrrhotin), Rotnickelkies (Nickelin), Schwefelkies (Pyrit), Kupferkies (Chalkopyrit).

**Kiesel** (pl), volkstümliche Bezeichnung für Rollstücke aus Quarz oder anderen farblosen Mineralen (Rheinkiesel).

**Kieselalgen** → *Diatomeen*

**Kieselerde** → *Kieselgur*

**Kieselgalmei,** andere Bezeichnung für → *Hemimorphit.*

**Kieselgesteine,** Sammelbezeichnung für die aus Organismen und Kleinlebewesen entstandenen kieselsäurereichen, lockeren und verfestigten Sedimentgesteine. Die → *Kieselschiefer* werden ebenfalls den K. zugerechnet. Die wichtigsten Vertreter dieser Gruppe von Gesteinen sind: 1. *Radiolarite,* reich an organischen Resten, zu mehr als der Hälfte aus Radiolarienschalen bestehend; 2. *Diatomite,* weiße bis gelbliche, weiche, sehr leichte und poröse Gesteine, hauptsächlich aus den Resten von → *Diatomeen* gebildet; 3. *Tripel, Kieselgur,* Kieselerden, die den Diatomiten im Aussehen gleichen, bilden weiche, hochporöse, zwischen den Fingern zerreibliche Erden, bei denen die organischen Reste in Chalcedon bzw. Opal überführt sind; 4. *Spongilite,* feste bis lockere K., zu mehr als 50% aus den Nädelchen von Kieselschwämmen zusammengesetzt; 5. *Opoka,* hellgraue bis schwarze, feinkörnige Gesteine, die neben Opal-Kieselerde noch Quarz, Feldspat, Glimmer,

Glaukonit und tonige Anteile enthalten; 6. *Flint* (Feuerstein), Knollen und Knollenhorizonte in Kalksteinmassen, besonders in der Kreide; 7. *Geyserit,* Ablagerung von Sintermassen aus kieselsäurehaltigen Wässern. □

**Kieselgur** (f), *Diatomeenerde, Kieselerde,* Lockermassen von Diatomiten (s. auch → *Kieselgesteine*), ursprünglich aus den Ablagerungen von → *Diatomeen* (Kieselalgen) gebildet, kommt u. a. in der Lüneburger Heide und bei Berlin vor und dient u. a. zur Herstellung von Dynamit.

**Kieselkupfer,** veraltete Bezeichnung für → *Chrysokoll.*

**Kieselsäure,** Verbindung des Siliciums mit Wasserstoff und Sauerstoff, tritt in der Natur als Siliciumdioxid, $SiO_2$, z. B. kristallin im Quarz, amorph als Opal usw. in Erscheinung und bildet einen wichtigen Bestandteil gesteinsbildender Minerale *(→ Silikate).*

**Kieselschiefer,** Gruppe dichter bis feinkörniger, grauer, rötlicher bis schwärzlicher, teilweise auch gebänderter Sedimentgesteine, werden den → *Kieselgesteinen* zugerechnet und entstehen durch Verfestigung von Radiolarenschlamm. K. setzen sich hauptsächlich aus Quarz, Chalcedon oder Opal zusammen und weisen als Nebengemengeteile gelegentlich Pyrit, Graphit und Uranminerale auf.

**Kieselsinter** → *Geyserit,* → *Opal*

**Kieselsteine,** umgangssprachliche Bezeichnung für gerundete Stücke von Quarz oder Chalcedon.

**Kieselzinkerz,** andere Bezeichnung für → *Hemimorphit.*

*Kieselgesteine; roter Kieselschiefer (Lahn-Dillgebiet).*

**Kieserit** (m), $MgSO_4 \cdot H_2O$, wasserhaltiges Sulfat, kommt in körnigen Massen, weiß bis gelblich, auf Kalisalzlagerstätten u. a. in Norddeutschland vor; H 3–3,5, D 2,57.

**Kimberlit** (m), grob- bis mittelkörniges, oft brekziöses → *Intrusivgestein,* füllt tiefreichende enge vulkanische Schlote (Pipes), gelegentlich auch Gänge in alten Krustenteilen. K. gehört zur Gruppe der Peridotite, besteht überwiegend aus Olivin und Phlogopit und weist als Nebengemengeteile Granat, Pyroxene, Disthen und Titanminerale, vor allem aber *Diamant* auf. K. gilt somit als Diamantmuttergestein und kommt u. a. in Südafrika (Kimberley), Simbabwe (Rhodesien), Jakutien/UdSSR und Brasilien vor. Nicht alle K.e enthalten Diamant.

**Kimmeridge** (n), mittlere Stufe des → *Malmes* (weißer Jura); s. auch → *geologische Formationen.*

**kimmerische Faltung,** Phasen der alpidischen Faltung, umfaßt altkimmerische Phase (Rät/oberer Keuper) und jungkimmerische Phase (Malm und Unterkreide).

**Kinetometamorphose** (f), andere Bezeichnung für *Dynamometamorphose;* s. auch → *Metamorphose.*

**Klamm** (f), sehr enge Gebirgsschlucht mit steilen, z. T. überhängenden Felswänden; Ergebnis junger fluviatiler Erosion; s. auch → *Tal.*

**Klassierung,** natürliche Trennung von Sedimenten nach Korngröße beim Transport, beispielsweise durch fließende Gewässer.

**Klassifikation der Gesteine,** Einteilung der Gesteine nach bestimmten Kriterien. Verbreitet ist die Zuordnung nach Art der Entstehung: *Magmatite, Sedimentgesteine* und *Metamorphite.* Eine weitere Unterteilung erfolgt bei den Magmatiten nach Art der Platznahme *(Intrusiv- und Effusivgesteine)* oder nach dem Chemismus. Die Sedimente werden nach Art der Bildung *(klastisch, chemisch* oder *biogen),* nach Verband und Gefüge *(locker, fest)* oder nach Korngröße (bei den klastischen Sedimenten) gegliedert. Metamorphite werden nach der Art der Metamorphose, nach Mineralbestand und Fazies oder nach dem Ausgangsgestein zugeordnet.

**Klassifikation der Minerale.** Die Einteilung und Zuordnung der Minerale erfolgt heute einheitlich nach ihrem Chemismus in neun Klassen:

I *Elemente* (Metalle und Nichtmetalle)
II *Sulfide* und verwandte Verbindungen wie Telluride, Selenide, Arsenide, Antimonide und Bismutide.
III *Halogenide* (Haloide)
IV *Oxide und Hydroxide*
V *Nitrate, Carbonate, Borate*
VI *Sulfate, Chromate, Molybdate, Wolframate*
VII *Phosphate, Arsenate, Vanadate*
VIII *Silikate*
IX *Organische Verbindungen*

Hierzu einige Beispiele:

I *Elemente;* zu den *Metallen,* die gediegen vorkommen, gehören u. a. Gold (Au), Silber (Ag), Kupfer (Cu), Wismut (Bi) und Quecksilber (Hg); Eisen (Fe) kommt in Meteoriten als Nickeleisen (NiFe) vor; *Nichtmetalle,* die als Elemente in reiner Form vorkommen, sind u. a. Schwefel (S), Kohlenstoff (C) als Graphit und Diamant.

II Von den *Sulfiden* und verwandten Verbindungen treten Pyrit $FeS_2$, Chalkopyrit $CuFeS_2$, Galenit (Bleiglanz) PbS, Sphalerit (Zinkblende) ZnS u. a. sicherlich am häufigsten auf.

III Den *Halogeniden* werden Minerale wie Halit (Steinsalz) NaCl, Sylvin KCL, Flourit $CaF_2$ u. a. zugerechnet.

IV *Oxide* und *Hydroxide* sind eine zahlenmäßig recht umfangreiche Gruppe von Mineralen, von denen sich einige durch besondere Härte und Schönheit auszeichnen, wie beispielsweise Korund $Al_2O_3$ (Härte 9), Spinell $MgAl_2O_4$ (Härte 8), Chrysoberyll $BeAl_2O_4$ (Härte 8,5) u. a.; Quarz $SiO_2$ ist ebenfalls den Oxiden zugeordnet, wenn er auch gelegentlich – fälschlicherweise – unter den Silikaten aufgeführt wird.

V In dieser Gruppe nehmen die *Carbonate* den größten Raum ein, darunter gesteinsbildende Minerale wie Calcit $CaCO_3$, Dolomit $CaMg(CO_3)_2$, Siderit $FeCO_3$ u. a.

VI Zu den *Sulfaten* werden weithin bekannte Minerale wie Baryt (Schwerspat) $BaSO_4$ und Gips $CaSO_4 \cdot 2H_2O$ gerechnet.

VII Den größten Bekanntheitsgrad unter den *Phosphaten* weist sicherlich der Apatit $Ca_5(PO_4)_3(F, Cl, OH)$ auf, jedoch auch die sekundären Bleiminerale Pyromorphit $Pb_5(PO_4)_3Cl$ und Mimetesit (ein Arsenat) $Pb_5(AsO_4)_3Cl$ gehören in diese Gruppe.

VIII Die *Silikate* sind die umfangreichste Gruppe gesteinsbildender Minerale, so daß hier eine weitere Unterteilung nach dem jeweiligen Gitterbau und der Verknüpfung von $SiO_4$ – Tetraedern erfolgt:
1. *Inselsilikate* (Nesosilikate), z. B. Olivin, Topas u. a.
2. *Gruppensilikate* (Sorosilikate), z. B. Hemimorphit
3. *Ringsilikate* (Cyklosilikate), z. B. Beryll
4. *Kettensilikate* (Inosilikate), z. B. Rhodonit
5. *Schicht-, Blattsilikate* (Phyllosilikate), z. B. Glimmer- und Tonminerale
6. *Gerüstsilikate* (Tektosilikate), z. B. Feldspäte und Zeolithe. (S. auch → *Silikate*)

IX *Organische Verbindungen* umfassen z. T. sehr seltene Minerale organischer Herkunft, die als Salze organischer Säuren, wie Mellitsäure oder Oxalsäure, in Erscheinung treten und u. a. in Kohlelagerstätten vorkommen.

**klastisch,** Bezeichnung für Sedimentgesteine, die aus den Trümmern anderer (älterer) Gesteine gebildet wurden; nach der Größe ihrer Bestandteile werden sie in *Psephite,* grobklastische Gesteine, wie Konglomerate und Brekzien, in *Psammite*, mittelklastisch, beispielsweise Sandsteine, und in feinklastische Gesteine, *Pelite,* wie Tonschiefer, Lehm und Tone unterteilt.

**Klastite** (pl), Bezeichnung für klastische Sedimente, s. → *klastisch.*

**Kliff** (n), Steilküste, durch Brandungserosion entstanden, s. → *Abrasion.*

**Klimamorphologie** (f), Zweig der → *Geomorphologie,* befaßt sich mit der Abhängigkeit gewisser Formen der

Erdoberfläche von den klimatischen Verhältnissen.

**Klingstein** → *Phonolith*

**Klinochlor** $Mg_6Al_2[(OH)_8Al_2Si_2O_{10}]$ (m), mit mäßigem Fe-Gehalt, ein Silikat der → *Chloritgruppe*. H 2, D 2,5–2,7, X-System: monoklin. Form: säulige, dicktafelige, flächenreiche Kristalle in Drusen, auch schuppig, blättrige Aggregate, pulvrig als Bestäubung anderer Minerale. Farbe: grün, bräunlichgrün, schwärzlichgrün, grau. Durchscheinend bis undurchsichtig; Glasglanz, Perlglanz, fettig matt. Spaltbarkeit gut, biegsam, jedoch unelastisch. Schöne Kristalle kommen in alpinen Klüften, im Zillertal und in Piemont vor; Gemengeteil kristalliner Schiefer und Verwitterungsprodukt.

**Klastische Sedimente**
Korngrößen nach DIN 4188

<table>
<tr><th colspan="3">Bezeichnung</th><th>mm</th></tr>
<tr><td rowspan="4">Psephite</td><td>Stein</td><td>Stein</td><td>größer als 63</td></tr>
<tr><td rowspan="3">Kies</td><td>Grobkies</td><td>63–20</td></tr>
<tr><td>Mittelkies</td><td>20–6,3</td></tr>
<tr><td>Feinkies</td><td>6,3–2,0</td></tr>
<tr><td rowspan="5">Psammite</td><td rowspan="3">Sand</td><td>Grobsand</td><td>2,0–0,63</td></tr>
<tr><td>Mittelsand</td><td>0,63–0,2</td></tr>
<tr><td>Feinsand</td><td>0,2–0,063</td></tr>
<tr><td rowspan="3">Schluff</td><td>Grobschluff</td><td>0,063–0,02</td></tr>
<tr><td>Mittelschluff</td><td>0,02–0,006</td></tr>
<tr><td rowspan="2">Pelite</td><td>Feinschluff</td><td>0,006–0,002</td></tr>
<tr><td>Ton</td><td>Ton</td><td>kleiner als 0,002</td></tr>
</table>

**Klinoenstatit** (m), spezielle Bezeichnung für einen magnesiumhaltigen → *Wollastonit.*

**Klinopyroxene** → *Pyroxene*

**Klippe** (f), Bezeichnung für 1. einen aus Gewässern herausragenden oder oberflächennahen Felsblock; 2. Reste einer Deckscholle bzw. Überschiebungsdecke.

**Klockmannit** (m), CuSe, kupferhaltiges Selenmineral, hexagonal und isomorph mit → *Covellin*; kommt u. a. im Harz und in Argentinien vor.

**Kluft,** natürliche Trennfuge im Gestein ohne nennenswerte Verschiebungen; im Gegensatz zur Spalte mit u. U. weitklaffenden Wänden ist die K. nur wenig geöffnet.

**Kluftschar,** eine Anzahl von Klüften, die in gleicher Richtung verlaufen, s. auch → *Kluft.*

**Kluftsystem,** mehrere Klüfte oder zwei Kluftscharen, die rechtwinklig zueinander verlaufen. Die Hauptkluft steht quer (Querkluft), die Gegenkluft parallel (Längskluft) zum Streichen; s. auch → *Kluft.*

**Kniefalte** → *Flexur,* → *Faltung*

**Knotenschiefer,** *Frucht- bzw. Fleckschiefer,* Bezeichnung für gefleckte kontaktmetamorphe Gesteine mit knötchenartigen Kristallneubildungen (z. B. Andalusit), deren Ausgangsgesteine Tonschiefer u. ähnl. waren.

**Kobaltblüte,** andere Bezeichnung für → *Erythrin.*

**Kobaltglanz,** andere Bezeichnung für → *Cobaltin.*

**Kobaltkies** (m), undeutlich abgegrenzte Bezeichnung sowohl für → *Linneit* als auch für → *Cobaltin,* deshalb irreführend.

**Kochsalz,** *Speisesalz,* wird hauptsächlich als Steinsalz *(→ Halit)* aus Salzlagerstätten gewonnen, in wärmeren Gegenden außerdem in sogenannten „Salzgärten" durch Verdunstung des Meerwassers ausgeschieden.

**Kofferfalte,** Form einer geraden → *Falte* mit flacher Scheiteldecke und mehr oder weniger senkrechtem Abfall der Schenkel.

**Kohäsion** (f), innerer Zusammenhalt der Moleküle eines Körpers, bei den Kristallen abhängig vom Bau des Kristallgitters. Eigenschaften wie Härte, Spaltbarkeit, Elastizität, Ätzverhalten u. a. sind durch die K. bedingt und nicht unbedingt nach allen Richtungen gleich wirksam.

**Kohle,** durch → *Inkohlung* abgestorbener Pflanzenteile entstandenes braunes bis schwarzes Sediment von unterschiedlicher Härte und Beschaffenheit. Aus Torf entsteht unter Luftabschluß bei Absinken der Ablagerungen und Überdeckung durch Sande oder Tone zunächst → *Braunkohle.* Bei Temperatur- und Druckzunahme (besonders im Rahmen einer Orogenese) bilden sich dann die → *Steinkohle* und der → *Anthrazit.*

**Kohleneisenstein,** Bezeichnung für Siderit (Eisenspat), der mit Kohle vermischt ist.

**Kohlenflöz** (n), ein kohleführendes → *Flöz.*

**Kohlenformation,** Bezeichnung für eine geologische Formation, die reich an Kohlevorkommen ist, beispielsweise → *Karbon.*

**Kohlenkalk,** die Kalksedimente des unteren → *Karbons.*

**Kohlenkeuper** (m), andere Bezeichnung für → *Lettenkohle.*

**Kokardenerz,** *Ringelerz,* konzentrische Ausscheidung von Erzen um Kerne von Nebengestein.

**Kolk** (m), *Strudelloch,* topf- bzw. trichterförmige Hohlform in Flußbetten; durch Strudel in fließenden Gewässern gebildet.

**kolloid,** in der Chemie Bezeichnung für den Zustand eines Stoffes, wenn er in feinste Teilchen zerteilt ist. Einen Stoff k.er Zerteilung nennt man ein *Kolloid,* die Teilchen selbst *kolloide* oder *kolloidale* Teilchen. Etwa 10% aller Minerale sind k.en Ursprungs (z. B. Opal, Chalcedon).

**Kolloide** → *kolloid.*

**Kolophonit** (m), andere Bezeichnung für derbe und körnige Aggregate des → *Vesuvians.*

**Kolumbit** → *Columbit*

**kompetent,** Bezeichnung für Gesteine in Schichten, die gerichteten Druck fortpflanzen; inkompetente Gesteine verhalten sich hierin passiv. Härtere Kalk- und Sandsteinbänke erweisen sich als kompetent, dazwischenliegende plastische Schiefer dagegen als inkompetent.

**Konglomerat** (n), klastisches Sedimentgestein, das aus verkitteten *runden* Gesteinstrümmern besteht. Die Bindemittel können tonige, kalkige oder kieselige Stoffe sein. Besteht das Gestein aus *kantigen* Gesteinstrümmern, so wird es als → *Brekzie* bezeichnet. □

**Kongsbergit** (m), Bezeichnung für → *Amalgam* mit mehr als 40% Silberanteil.

**konkordant,** Bezeichnung für jüngere Gesteinsschichten, die in gleichmäßiger, ungestörter Lagerung auf älteren ruhen (konkordante Lagerung). Konkordante Schichten weisen gleiches Streichen und Fallen auf. Konkordanzen deuten in der Regel auf eine pausenlose Ablagerung hin. Gegensatz: *diskordant.*

**Konkretion** (f), unregelmäßige (kugelige, linsenförmige, knollige) Mineralmasse, die sich in einem Gestein durch Ansammlung mineralischer Stoffe (von innen nach außen wachsend) gebildet hat. K.en sind z. B. Lößpuppen, Flintknollen in Kreide, Pyritknollen in Tonen. *Septarie* nennt man eine rundliche K., die durch Austrocknen innerlich zerrissen ist.

**Konsolidation** (f), die durch eine → *Orogenese* bewirkte weitgehende Versteifung eines Teiles der Erdkruste, die keine andere als germanotype Gebirgsbildung mehr zuläßt. Ein voll konsolidierter Krustenteil schließt jede weitere orogene Reaktion aus. Die Ursache der Versteifung ist in Faltung und Intrusion zu sehen.

**Kontaktgesteine,** Sammelbezeichnung für metamorphe Gesteine, die in Kontakt mit dem Magma eines Plutons oder am Rande vulkanischer Aktivität eine Umwandlung erfahren haben. Der Kontaktbereich ist bei Intrusionen ausgedehnter als beim Erstarren der Gesteinsschmelze nahe der Erdoberfläche. Zu den Kontaktgesteinen gehören u. a. Knoten-, Frucht- und Fleckschiefer, Hornfelse, Kalksilikathornfelse, Kalksilikatfelse, Skarne, Marmore, Smirgel, Spilosit und Desmosit sowie in geringem Umfang auch Quarzite. S. auch → *Kontaktmetamorphose.*

*Konglomerat, grobklastisches Sedimentgestein (Nahegebiet).*

**Kontakthof,** die um einen Intrusionskörper (Pluton) gelegene Zone, in der eine Gesteinsumwandlung durch → *Kontaktmetamorphose* stattfindet.

**Kontaktlagerstätte,** in der Nähe eines Intrusionskörpers (Kontakthof) entstandene → *metasomatische* Lagerstätte.

**Kontaktmetamorphose** (f), besondere Form der → *Metamorphose* (Gesteinsumwandlung), die ausschließlich im Kontaktbereich magmatischer Schmelze, vor allem am Rande von Intrusionen stattfindet. Im unmittelbaren Kontaktbereich kommt es zu einem extrem hohen Temperaturanstieg, zu einem Stoffaustausch und somit zur Neubildung und Umkristallisation von Mineralen. Man unterscheidet zwischen *kaustischer* K., bei der hauptsächlich die hohen Temperaturen wirksam werden, und *thermischer* K. mit überwiegend chemischen und molekularen Veränderungen. Die Gesteinsumwandlung erfolgt mit unterschiedlicher Intensität (nach außen abnehmend) in einer breiten Zone um den Intrusionskörper (Pluton), die als *Kontakthof* bezeichnet wird. Dieser Kontakthof kann bei Intrusionen eine Breite bis zu 2 km aufweisen, während bei vulkanischen Aktivitäten nahe der Erdoberfläche der Kontaktbereich bis auf weniger als einen Meter schrumpfen kann.

**Kontaktmetasomatose** (f), der im Kontaktbereich einer Intrusion stattfindende Stoffaustausch; Begleiterscheinung der → *Kontaktmetamorphose*, s. auch → *Metasomatose*.

**Kontinentalabhang,** Steilabhang zwischen Kontinentaltafel und Tiefsee, in der Regel in Meerestiefen von –200 bis –2400 m.

**Kontinentaldrift** (f), Abdrift der Kontinente, s. auch → *Kontinentalverschiebung*.

**Kontinentaltafel,** Bezeichnung für die zusammenhängende Kontinentalmasse einschließlich des Schelfs (bis in –200 m Meerestiefe).

**Kontinentalverschiebung,** eine von A. Wegener begründete geotektonische Theorie, nach der die ursprünglich zusammenhängende Festlandsmasse in Einzelschollen zerlegt, die einzelnen Kontinente herausgebildet wurden und vom Mesozoikum an auseinanderdrifteten. Tatsächlich deutete beispielsweise die Kongruenz der Küstenlinien an der Ostseite Südamerikas und der Westseite Afrikas sowie der gleichartige geologische Bau Brasiliens und Südwestafrikas auf eine solche Entwicklung hin. Ohne in den Ausmaßen der ursprünglich stark bekämpften Theorie zu folgen, findet das Grundprinzip heute in zunehmenden Maße Anerkennung, zumal Messungen mit Mond-Laser-Reflektoren ergeben haben, daß sich Nordamerika gegenwärtig jährlich um mehr als 10 cm von Europa entfernt und weltweite horizontale Bewegungen in der Erdkruste den heutigen Erkenntnissen der Wissenschaft entsprechen (vgl. auch → *Plattentektonik*).

**Kontraktion** (f), Schrumpfung und Volumenverminderung bei verfestigten Gesteinen, bei Sedimentgesteinen durch Austrocknung, bei Magmagesteinen durch Abkühlung hervorgerufen. Die K. ist von Rissebildung und → *Absonderung* begleitet.

**Kontraktionstheorie,** *Schrumpfungs-*

*theorie,* von verschiedenen Wissenschaftlern begründete und ausgebaute Theorie, die Bewegungen in der Erdkruste mit einer Schrumpfung der Erdkugel zu erklären versucht. Diese Theorie, wie auch die gegensätzliche → *Expansionstheorie,* sind heute umstritten; Verschiebungstheorie, Orogentheorie, die Annahme von Unterströmungen und Gleitfaltungen, Oszillationstheorie und verschiedene andere Vorstellungen sind stattdessen in den Vordergrund getreten.

**Koordinatensystem,** im speziellen Sprachgebrauch: räumliches Bezugssystem der Flächen und Winkel eines Kristalls, s. auch → *Kristallsysteme.*

**koprogen,** aus Kot entstanden; k.e Sedimente bestehen überwiegend aus den Exkrementen fossiler Tiere.

**Koprolith** (m), *Kotstein,* versteinerte tierische Exkremente.

**Korallen,** einfache, als Einzelindividuen lebende oder kolonienbildende, häufig fossilisierte Meerestiere mit einem aus Calciumcarbonat bestehenden Skelett. Diese Skelette bilden Ablagerungen in Form von *K.-Bänken* und *K.-Riffen.* Seit dem Altertum werden sogenannte „Edelkorallen" zu Schmuck verarbeitet. Begehrt sind dabei vor allem rote K. □

**Korallenerz,** Bezeichnung für Zinnober *(→ Cinnabarit),* der durch organische Substanzen verunreinigt ist.

**Korallenriff,** aus den Skeletten von → *Korallen* gebildete ungeschichtete Ablagerung.

**Kornerupin** (m), ein seltenes borhaltiges Magnesium-Aluminiumsilikat. H ca. 7, D 3,3, X-System: rhombisch. K. kommt in Form langprismatischer, dünnstengeliger und strahliger Kristalle hauptsächlich in tonerdereichen Gesteinen vor. K. ist weiß bis braungelb, durchscheinend. Große grüne, durchsichtige Kristalle aus Madagaskar, Ceylon und Grönland werden zu Edelsteinen verschliffen; sie weisen starken Dichroismus auf.

**Korngröße,** die Größe mineralischer Bestandteile von Böden und Gesteinen, charakteristisch für die jeweiligen Arten.

**Korrasion** (f), *Sandschliff,* der Abtrag von Gesteinen durch die vom Wind mitgeführten Sandkörner.

**Korrosion** (f), Bezeichnung für 1. die Zerstörung von Gesteinen durch chemische Einwirkung der im Wasser gelösten Stoffe (bes. Säuren); 2. Anätzung eines erstausgeschiedenen Kristalls durch das Restmagma. □

**Korund** (m), $Al_2O_3$, ein Oxid. H 9 (nach dem Diamant der härteste aller bekannten natürlichen Stoffe), D 3,9–4,1, X-System: trigonal. Form: prismatische, doppelendige, tafelige und rhomboedrische Kristalle, auch kleinkörnige Massen. Keine Spaltbarkeit, jedoch Absonderung nach Zwillingslamellen, Bruch splittrig. Man unterscheidet folgende Varietäten: 1. *Edler K.* mit den durchsichtigen Edelsteinen → *Saphir* (Sapphir), blau, → *Rubin,* rot, beide gelegentlich mit → *Asterismus,* und → *Leukosaphir (-sapphir),* farblos. Weitere Farbvarianten: gelb, grün und violett. Vorkommen auf Ceylon, Madagaskar, in Tansania, Birma und Thailand usw. 2. *Gemeiner K.,* trübe, meist graue oder bläulichgraue Kristalle und Körner in Pegmatiten, kristallinen Schiefern und kontaktmetamorphen Kalken sowie auf Seifen;

kommt in großen Mengen (zentnerschwere Kristalle) in Nordkarolina/USA, vor. Geringe Vorkommen im Tessin und Gotthardgebiet. 3. *Smirgel, Schmirgel,* ein kleinkörniges Gemenge aus K., Magnetit, Hämatit und Quarz. Kommt bei Izmir in Kleinasien, in Griechenland, in der UdSSR und in geringen Mengen bei Schwarzenberg/Sachsen sowie am Ölberg/Siebengebirge vor; wird als Schleifmittel verwendet. □

**Krater,** 1. die trichter-, schacht- oder kesselförmig ausgebildete Mündung des Vulkanschlotes; 2. die durch Meteoriteneinschlag hervorgerufene Einsenkung. Die *Vulkankrater* werden unterschieden: a) nach ihrer Lage in Zentral-K. (über dem Hauptschlot), Neben-, Parasitär-, Adventiv-K. (über Nebenschloten); b) nach ihrer Entstehung in Explosions-K. und Einsturz-K.

**Kratogen** (n), andere Bezeichnung für → *Kraton.*

**Kraton** (m), *Kratogen,* verfestigter Teil der Erdkruste, der keine alpinotype Gebirgsbildung mehr zuläßt. Es werden *Hochkratone* (Kontinentalgebiete) und *Tiefkratone* (Tiefseegebiete) unterschieden. S. auch → *Konsolidation.*

**Kreide** (f), 1. weißer, färbender, feiner Kalkstein; 2. → *geologische Formation* des Mesozoikums, umfaßt 2 Abteilungen (Unter- und Oberkreide) sowie insgesamt 12 Stufen. Geologische Vorgänge: große Meerestransgressionen und Regressionen; Auffaltung der Kernzone der Alpen und der Dinariden, Flyschbildung in den Trögen der jungen Gebirge. Mit dem Ende der K. starben die Saurier aus.

**kretazisch,** bedeutet: zur → *geologi-*

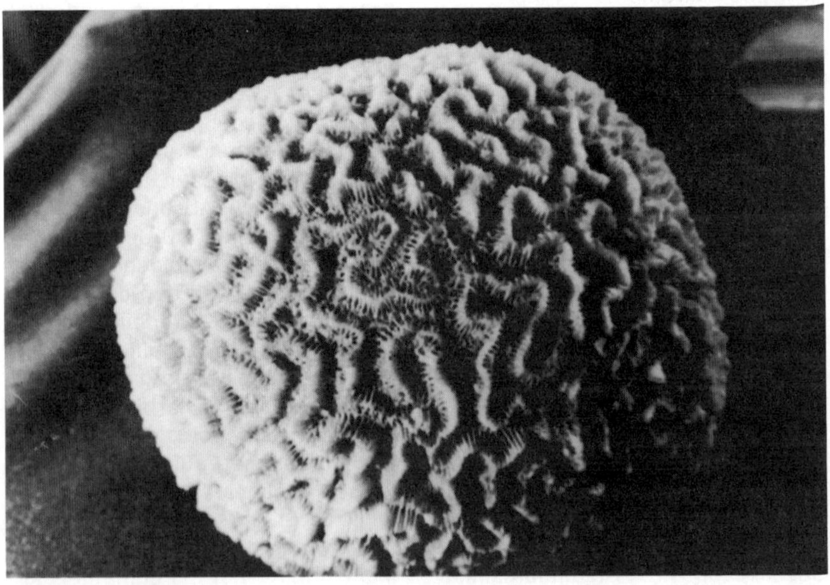

*Koralle; Hirnkoralle, seit dem Tertiär verbreitet – rezentes Exemplar aus dem Roten Meer.*

*schen Formation* der → *Kreide* gehörend.

**Kreuzschichtung,** häufiger Wechsel in der Richtung von Schichtungen auf kurze Strecken, besonders bei Delta- und Flußablagerungen sowie bei Treibsandanhäufungen (Dünen). Bei reißenden Bächen und Flüssen *(torrentielle K.)* findet ein mehrfacher Wechsel von waagrechten Schichten aus feineren und schrägen Schichten aus gröberen Bestandteilen statt. Auch fossil ist K. häufig anzutreffen.

**Kreuzstein,** andere Bezeichnung für → *Harmotom* bzw. → *Phillipsit.*

**Kristall** (m), aus chemisch einheitlichem Stoff bestehender, von ebenen Flächen begrenzter fester Körper mit konstanten Flächenwinkeln, der durch das → *Kristallwachstum* aus erstarrenden Schmelzen, sich abkühlenden oder verdampfenden gesättigten Lösungen oder durch Sublimation gebildet wird. Man unterscheidet 32 → *Kristallklassen* und 7 → *Kristallsysteme.* Der Aufbau des K.s *(→ Kristallbau)* beruht auf einem → *Kristallgitter* aus einheitlichen Strukturelementen, den *Elementarzellen.*

**Kristallachsen,** im Mittelpunkt der Kristalle sich schneidende, gedachte Achsen; s. auch → *Kristallsystem.*

**Kristallaggregat** → *Aggregate*

**Kristallbau.** Der Aufbau der Kristalle stellt einen energetisch minimalen Zustand maximaler Ordnung durch elektrische Bindung der Ionen, Atome oder Moleküle dar. Nach den Bauelementen unterscheidet man 4 Typen von *Kristallgittern*:
1. *Ionengitter* (z. B. Halit), aus positiven Kationen und negativen Anionen zusammengesetzt.
2. *Atomgitter* (z. B. Diamant), aus Atomen bestehend, die durch gemeinsame Elektronen verbunden sind.
3. *Metallgitter* (Metalle und viele Sulfide), aus Kationen bestehend, die durch frei bewegliche Elektronen zusammengehalten werden.
4. *Molekülgitter* (Kristalle organischer Substanzen).
Zwischen den 4 Typen gibt es Übergänge, wie beispielsweise die Schichtgitter (bei Glimmer und Molybdänit), die aus dünnsten Schichten bestehen und ähnlich den Molekülen nur schwach miteinander verbunden sind.

**Kristallbaufehler,** Abweichungen vom → *Idealkristall* verschiedenster Art, zugleich mit Unregelmäßigkeiten wie Fehlstellen oder Fremdstoffeinlagerungen im Gitterbau verbunden. Die durch K. beeinträchtigten Kristalle sind in den natürlichen Vorkommen der Minerale die Regel und werden *Realkristalle* genannt.

**Kristallgestalt,** *Tracht* und *Habitus* eines Kristalls. Mit der Tracht wird die Summe aller Flächen eines Kristalls angesprochen, wie beispielsweise Tetraeder (4 Flächen), Hexaeder (6 Flächen), Oktaeder (8 Flächen), Dodekaeder (12 Flächen), Ikositetraeder (24 Flächen) usw. Der Habitus des Kristalls wird durch die Größenverhältnisse der Flächen bestimmt und die daraus resultierenden Formen, wie tafelig, prismatisch, pyramidal, aber auch stengelig, blättrig, rhomboedrisch usw. Bei gleichem Chemismus und → *Kristallsystem* eines Kristalls können Tracht und Habitus erheblich variieren.

**Kristallgitter** → *Kristallbau*

**Kristallhabitus** → *Kristallgestalt*

**kristallin,** Bezeichnung für 1. eine Form des festen Aggregatzustandes eines Stoffes (auch Minerale), Gegensatz: *amorph*; 2. magmatische und metamorphe Gesteine, deren mineralische Bestandteile kristallisiert sind.

**Kristallin** (n), Sammelbezeichnung für bestimmte metamorphe Gesteine der → *Regionalmetamorphose*, wie beispielsweise Gneis, Glimmerschiefer und viele andere. (Tab.)

**Kristallisation** (f), Entstehung und Wachstum *(→ Kristallwachstum)* von Kristallen aus Schmelzen, gesättigten Lösungen oder Gasen; s. auch → *Kristallbau.*

**Kristallisationskeim,** *Kristallisationskern,* kleinster Festkörper als Ausgangspunkt des → *Kristallwachstums*, entsteht aus unterkühlter Schmelze oder übersättigter Lösung.

**Kristallite,** Bezeichnung für kleinste Kristalle, die aufgrund besonderer Raum- und Wachstumsbedingungen eine unregelmäßige Oberfläche aufweisen.

**Kristallklassen,** Ordnungssystem der Kristalle unter Berücksichtigung

**Kristallin,** Kristalline Schiefer
Vergleich des Mineralbestandes

| Gesteinsart | Quarz | Kali-Feldspat | Plagioklas | Glimmer | Pyroxene | Amphibole | Chlorit | Epidot 1) | Granat |
|---|---|---|---|---|---|---|---|---|---|
| Granodioritgneis | **xx** | xx | **xx** | **xx** | | | | | |
| Syenitgneis | x | xxx | xx | xx | | | | | |
| Dioritgneis | **xx** | x | xxx | xx | | x | | | |
| Paragneis | **xx** | xx | **xx** | xx | | | | | |
| Granulit | **xx** | xxx | | x | | | | | x |
| Pyroxengranulit | | | **xx** | | xxx | | | | x |
| Amphibolit | (x) | | xx | | | xxx | x | | |
| Gabbroamphibolit | | | xxx | x | xx | **xx** | x | | |
| Eklogit | x | | | (x) | xxx | (x) | | (x) | **xx** |
| Phyllit | **xx** | | xx | **xx** | | | xx | | |
| Glimmerschiefer | **xx** | | x | **xx** | | | | | |
| Granatglimmerschiefer | **xx** | | xx | **xx** | | | | | x |
| Quarzit | xxx! | | x | | | | | | |
| Grünschiefer | | | xx | xx | | | **xx** | **xx** | |

1) Epidot oder Zoisit
Zeichenerklärung: (x) = evtl. geringe Anteile, x = 0–7%, xx = 8–20%, **xx** = mehr als 20%, xxx = mehr als 50%, xxx! = mehr als 80%.

ihrer Symmetrieelemente, bezogen auf die 7 → *Kristallsysteme*. Insgesamt 32 Kristallklassen werden anzahlmäßig den Kristallsystemen wie folgt zugeordnet:

| Kristallsystem: | Anzahl der Kristallklassen: |
|---|---|
| triklin | 2 Klassen |
| monoklin | 3 Klassen |
| rhombisch | 3 Klassen |
| tetragonal | 7 Klassen |
| trigonal | 5 Klassen |
| hexagonal | 7 Klassen |
| kubisch | 5 Klassen |

**Kristallkunde** → *Kristallographie*

**Kristalloblastese** (f), durch hohen Druck und hohe Temperatur begünstigter Vorgang bei der Metamorphose, der zum gleichzeitigen Wachsen neugebildeter Kristalle führt und in dem Gefüge der metamorphen Gesteine *(→ kristalloblastisch)* seinen Niederschlag findet.

**kristalloblastisch,** Gefügemerkmal metamorpher Gesteine (kristalliner Schiefer), das durch gleichzeitiges Wachsen neugebildeter Kristalle *(Kristalloblasten)* gekennzeichnet ist. Ein k.es Gefüge wird *granoblastisch* genannt, wenn die Mineralbestandteile körnig ausgebildet sind. Handelt es sich dabei um etwa gleichgroße Körner, so wird es als *homöoblastisch* bezeichnet, bei ungleich körniger Struktur *heteroblastisch*. Die Bezeichnung *porphyroblastisch* findet Anwendung, wenn große Gemengeteile *(Porphyroblasten)* in die Grundsubstanz eingebettet sind.

**Kristallographie,** Lehre vom Aufbau, den chemischen und physikalischen Eigenschaften der Kristalle.

**Kristalloid** (n), ein Körper, dessen Eigenschaften und Struktur Ähnlichkeiten mit einem Kristall aufweisen.

**Kristalloptik,** Lehre vom Verhalten der Kristalle gegenüber einfallendem Licht sowie dessen Ausbreitung, Beugung und Reflexion. Aufgrund der vielfältigen optischen Eigenschaften der Kristalle sind die Ergebnisse kristalloptischer Untersuchungen für die Mineralbestimmung von hervorragender Bedeutung. Doppelbrechung optisch anisotroper Stoffe, Dichroismus, Brechzahl u. a. verdienen hierbei Erwähnung.

**Kristallphysik,** Teilgebiet der → *Kristallographie*, befaßt sich mit den physikalischen Eigenschaften von Kristallen, auch im Hinblick auf Einwirkungen verschiedenster Art.

**Kristallrasen,** mit einer Vielzahl von aufgewachsenen Kristallen besetzte ebene Fläche in Gesteinsklüften. □

**Kristallsymmetrie,** die Eigenschaft von Kristallen, durch Drehung, Spiegelung oder Verschiebung in eine identische Lage gebracht zu werden. Symmetrieachse (Gyre), Symmetrieebene, Drehspiegelachse und Symmetriezentrum werden als Symmetrieelemente bezeichnet. Durch 7 verschiedene Operationen läßt sich eine Unterteilung der Kristalle in 32 → *Kristallklassen* vornehmen, die den 7 → *Kristallsystemen* zugeordnet sind.

**Kristallsysteme** (X-Systeme), 7 Gruppen von → *Kristallklassen*, die sich jeweils auf das gleiche Achsenkreuz, das den Kristallkörper im Mittelpunkt schneidet, beziehen lassen. Maßgebend für die Zuordnung sind sowohl die Länge der Achsen als auch der Winkel, unter dem sie sich schneiden.
Die 7 Kristallsysteme sind mit ab-

nehmenden Symmetrieeigenschaften wie folgt zu umschreiben (s. auch zeichn. Darstellung S. 208f.):

*kubisch* (regulär); drei gleichlange Achsen schneiden sich jeweils im rechten Winkel (90°).

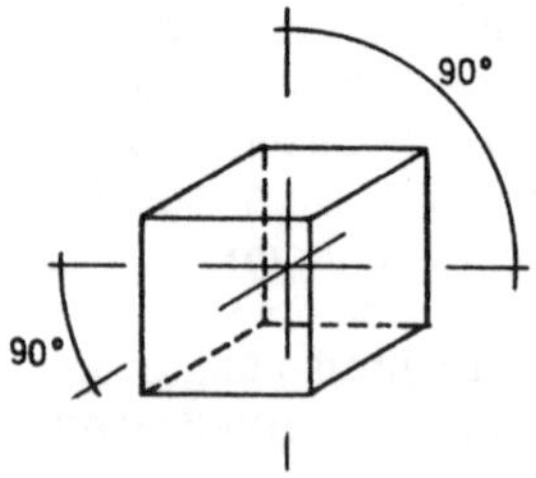


*tetragonal;* zwei gleichlange Achsen einer Ebene und eine ungleich lange schneiden sich unter 90°.

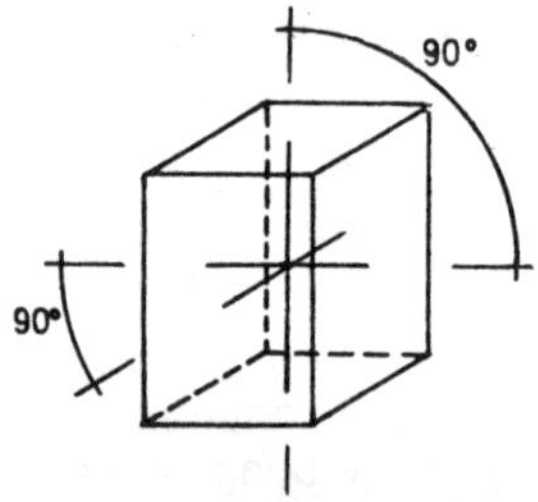


*hexagonal* (sechsseitiger Querschnitt); drei gleichlange Achsen einer Ebene schneiden sich unter 60° bzw. 120° und werden senkrecht (90°) von einer ungleich langen Achse geschnitten.

*trigonal* (dreiseitiger Querschnitt); Achsenkreuz wie hexagonales X-System.

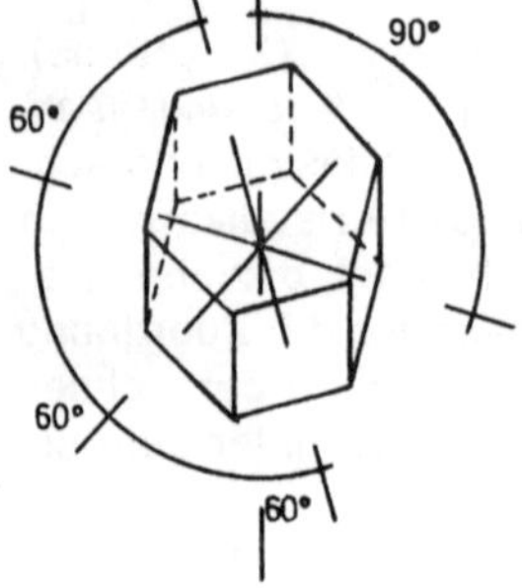


*rhombisch;* drei ungleich lange Achsen schneiden sich im rechten Winkel (90°).

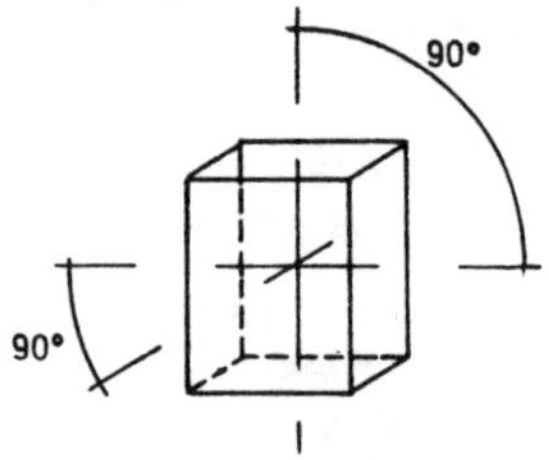


*monoklin;* zwei ungleich lange Achsen einer Ebene schneiden sich unter 90° (rechtwinklig), eine dritte, ungleich lange, schneidet die beiden anderen in einem Winkel, der kleiner oder größer als 90° ist (geneigte Achse).

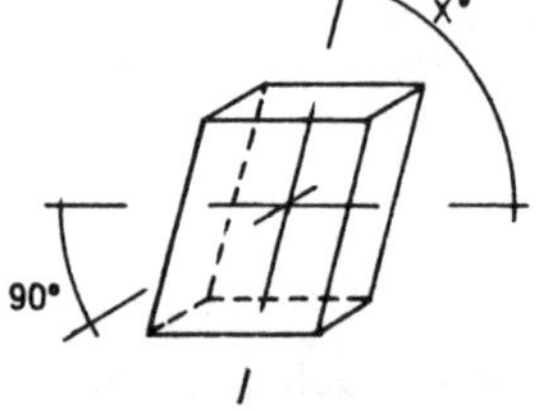


*triklin;* drei ungleich lange Achsen schneiden sich in unterschiedlichen Winkeln (größer oder kleiner als 90°).

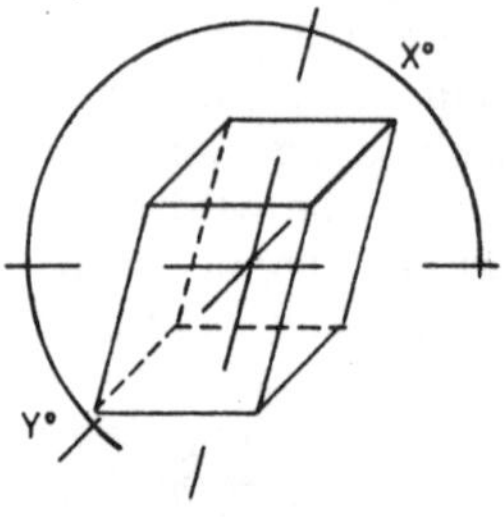


**Kristalltracht** → *Kristallgestalt*

**Kristallwachstum,** das Wachstum eines Kristalls vom Keim bis zur endgültigen Größe, aus unterkühlten Schmelzen, übersättigten Lösungen oder Gasen. Das K. erfolgt nicht unbedingt nach allen Seiten gleichmäßig, was zur Entstehung verzerrter Formen und zur Zwillingsbildung führen kann. Trotz verzerrter Formen bleiben die Winkel gegenüber dem → *Idealkristall* konstant.

**Kristallwasser,** am Aufbau der Kristalle beteiligtes Wasser (Hydratwasser bzw. Wassermoleküle).

**Kristallzüchtung,** synthetische Herstellung von Kristallen zur Deutung der Mineralentstehung, zu technisch-industriellen Zwecken oder für die Schmuckindustrie. Der eigentliche Durchbruch zur künstlichen Herstellung von Edelsteinen gelang 1891 dem französischen Chemiker Auguste Verneuil mit dem nach ihm benannten Verfahren. Durch K. hergestellte Kristalle erfüllen hohe Anforderungen, wie Reinheit, besondere physikalische Eigenschaften. In dem Mineral *Alunit* bietet sich auch dem interessierten Laien auf recht anschauliche Weise die Möglichkeit einer K.: Unter Verwendung von Alumen (Alaun) in pulverisierter Form, das man in Apotheken und Drogerien erhält, stellt man unter Erhitzen eine gesättigte Lösung her. Dazu löst man eine nicht zu geringe Menge des Pulvers (ca. 200 g) in 1 Liter Wasser auf, gibt einige Gesteinsbruchstücke als Matrix in die Lösung, die man bis zum Kochen erhitzt. Dann stellt man das Gefäß auf eine wärmeisolierende Unterlage (Holz oder ähnl.), damit die Lösung langsam abkühlen kann. Ohne das Gefäß zu bewegen, kann man bereits nach einigen Stunden sehen, wie sich an den Gesteinsbruchstücken kleine Kristalle bilden, die im Verlauf von 24 bis 36 Std. noch deutlich an Größe zunehmen. Die Abb. S. 11 zeigt eine

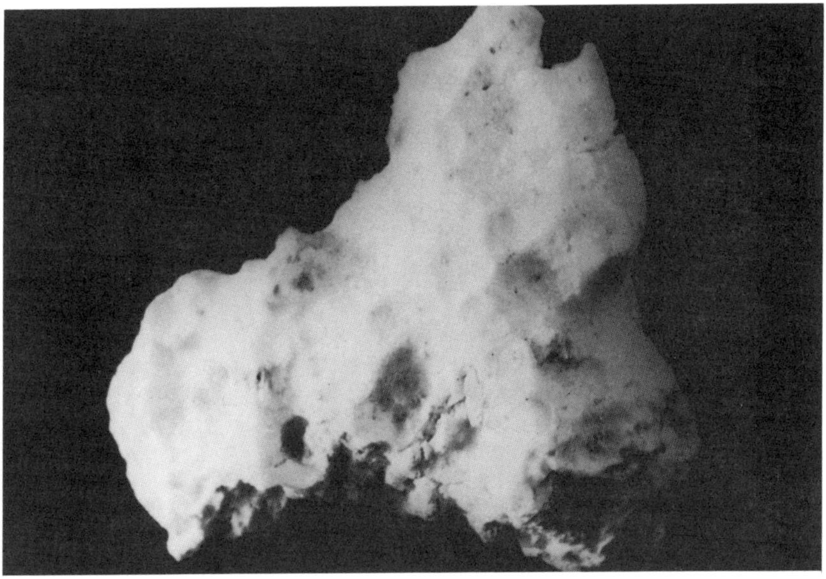

*Korrosion; Lösungserscheinungen an der Oberfläche von Gipsgestein.*

**Kristallsysteme,** Beispiele von Kristallformen:

kubisch

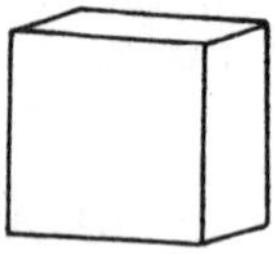

Würfel
(Halit, Fluorit)

Oktaeder
(Magnetit)

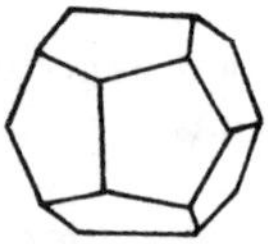

Pentagon-
dodekaeder

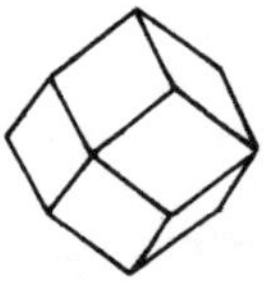

Rhomben-
dodekaeder
(Granat)

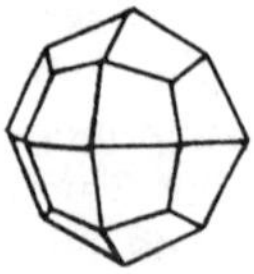

Ikositetraeder
(Leucit)

Hexakisoktaeder

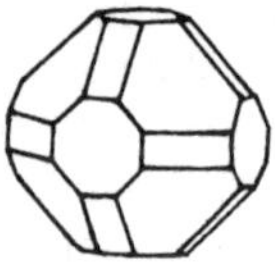

(Galenit)

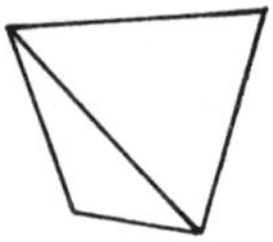

Tetraeder

trigonal

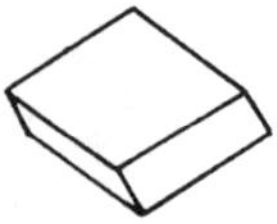

Rhomboeder
(Spaltform Calcit)

Skalenoeder
(Calcit)

(Calcit)

(Quarz)

hexagonal

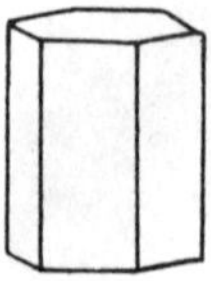

(Beryll)

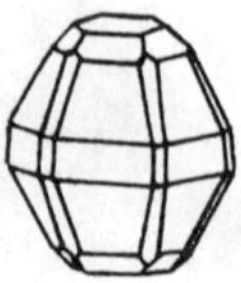

(Pyrrhotin)

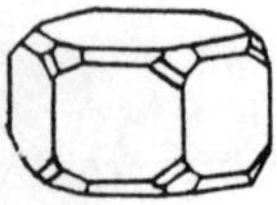

(Apatit)

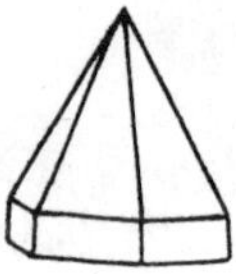

(Zinkit)

tetragonal

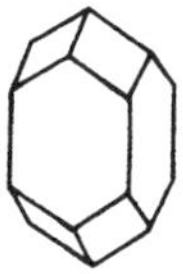
(Zirkon)

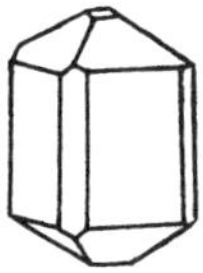
(Vesuvian)

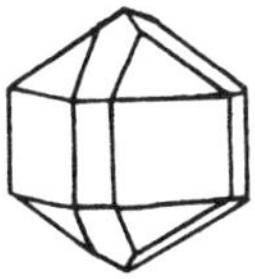
(Cassiterit)

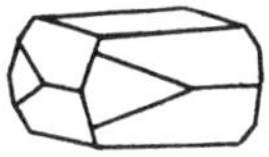
(Wulfenit)

rhombisch

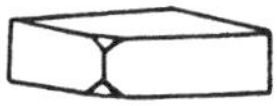
(Baryt)

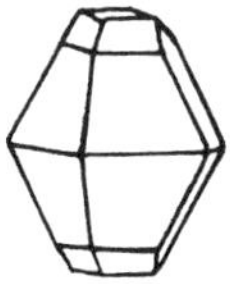
(Schwefel)

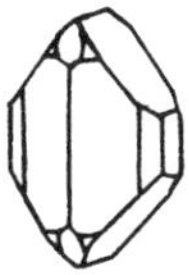
(Olivin)

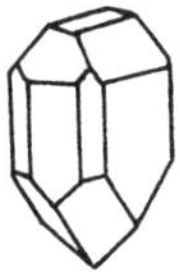
(Hemimorphit)

monoklin

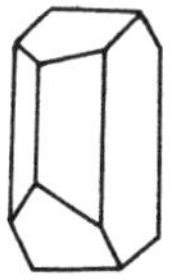
(Orthoklas)

(Gips)

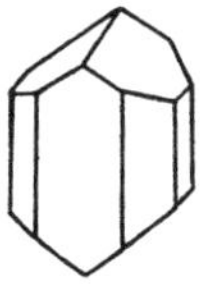
(Augit)

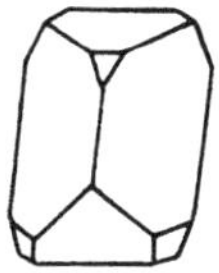
(Titanit)

triklin

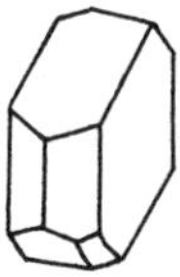
(Albit)

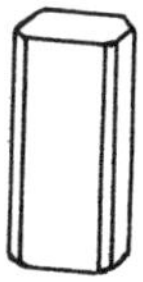
(Disthen)

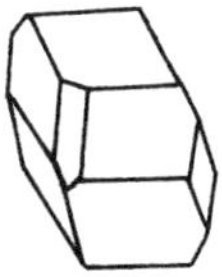
(Rhodonit)

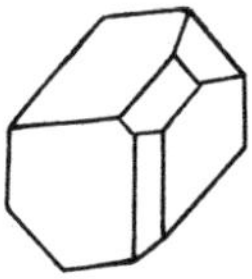
(Axinit)

auf diese Weise gezüchtete Kristallgruppe. □

**Kristallzwillinge** → *Zwillingsbildung*

**Kröhnkit** (m), $Na_2Cu(SO_4)_2 \cdot 2H_2O$, ein Sulfat der Alaungruppe. H 2,5, D 2,0, X-System: monoklin. Form: lichtblaue, tafelige bis langsäulige oder oktaederähnliche Kristalle; faserige, plattige Aggregate und in Krusten. Durchsichtig bis durchscheinend; Glasglanz. Sehr gute Spaltbarkeit. Als Verwitterungsprodukt in der Oxidationszone von Kupfererzen kommt K. in reichlichen Mengen vor allem in Chile vor.

**Krokoit** (m), $PbCrO_4$, *Rotbleierz*, ein seltenes Chromat. H 2,5–3, D 5,9 bis 6,1, X-System: monoklin. Form: langgestreckte, prismatische Kristalle mit Längsstreifung in Drusen; auch derb und als Anflug. Farbe: orangefarben, rot, verschiedene Brauntöne. Durchscheinend; Diamantglanz, Glasglanz. Strichfarbe orangefarben. Deutliche Spaltbarkeit in einer Richtung, Bruch uneben. Erkennbar an der Strichfarbe. K. kommt als sekundäres Mineral in der Oxidationszone von Bleilagerstätten vor; Fundorte in der UdSSR, in Brasilien und Afrika.

**Krokydolith** (m), ein dem → *Riebeckit* verwandtes Silikat der → *Amphibolgruppe* von faseriger Struktur und goldgelber, mattblauer bis grünlicher Farbe, in verkieselter Form als Schmuckstein mit den Bezeichnungen → *Falkenauge*, → *Tigerauge* sehr beliebt. K. kommt als faseriger Asbest in Südafrika, dort auch verkieselt, und in Westaustralien vor.

**Kruste,** 1. schichtförmiger Mineralbelag auf Gesteinen oder Mineralen; 2. in Trockengebieten häufig auftretender Bodenüberzug, entsteht als Mineralanreicherung durch Verdunstung.

*Korund, in Feldspat eingewachsen – bläulich, durchscheinend.*

**Krustenbewegung** → *Dislokation*

**kryogen,** Bezeichnung für mechanisch durch Eis beförderte Sedimente.

**Kryokonit** (m), Bezeichnung für von Meteoren stammenden kosmischen Staub, der erstmals auf dem Inlandeis von Grönland gefunden wurde.

**Kryolith** (m), $Na_3AlF_6$, eine den Halogeniden zugeordnete Fluorverbindung. H 2,5–3, D 2,9, X-System: monoklin. Form: pseudowürfelige, kurzsäulige Kristalle; derb, körnig. Durchscheinend; Glasglanz, Perlglanz. Scheinbare Spaltbarkeit durch Absonderung an Zwillingslamellen. K. kommt in Pegmatiten, besonders reichlich auf dem zinkerzhaltigen Granit Grönlands, seltener in den USA und der UdSSR vor.

**Kryopedologie** (f), Lehre von den Erscheinungen der Frostböden bzw. Frostbodenformen.

**Kryoturbation** (f), Bodenbewegung unter Einfluß wechselnden Frostes bei Gefrornis, wie *Taschenboden* (taschenähnliche Figuren) oder *Brodelboden* (wirbelige Ausbildung).

**kryptogen,** Bezeichnung für Gesteine, deren Entstehungsweise noch ungeklärt ist; früher auf kristalline Schiefer bezogen.

**kryptokristallin,** feinkristalline Ausbildung von Mineralen (z. B. Chalcedon), die oft nur bei starker Vergrößerung unter dem Mikroskop zu erkennen ist.

**kryptomagmatisch,** Bezeichnung für Lagerstätten, die zwar Hinweise auf magmatisch beeinflußte Entstehung, jedoch keine direkte Beziehung erkennen lassen.

**Kryptomelan** (m), ein in seltenen Fällen nickelhaltiges Manganoxid, das zusammen mit Pyrolusit in → *Braunstein* vorkommt.

*Kristallzüchtung; gut ausgebildete Kristalle bei ungestörtem Wachstum.*

**kryptomer,** Bezeichnung für Gesteine, deren einzelne Bestandteile mit dem bloßen Auge nicht mehr erkennbar sind; Gegensatz: *phaneromer.*

**kryptotop,** Bezeichnung für eine Überschiebungsdecke, deren ursprünglicher Bildungsraum nicht mehr erkennbar ist.

**Kryptovulkan,** andere Bezeichnung für → *Subvulkan.*

**kubisch,** ein → *Kristallsystem.*

**Kubus,** 1. Würfel; 2. dritte Potenz, Rauminhalt.

**Kulm,** 1. abgerundete Bergkuppe; 2. sandig-schiefrige → *Fazies* des Unterkarbons.

**Kulminationszone,** höchstgelegener Teil einer *Überschiebungsdecke.*

**künstliche Kristalle** → *Kristallzüchtung*

**Kunzit** (m), violette, lila- oder rosafarbene, durchsichtige Edelsteinvarietät des → *Spodumen,* kommt u. a. in Kalifornien, Brasilien, auf Madagaskar vor und weist starken → *Pleochroismus* auf.

**Kupfer** (n), Cu, ein Element. H 2,5–3, D 8,5–9, X-System: kubisch. Form: dendritisch verästelt, baum- oder federartige Aggregate, auch Klumpen, Bleche, Körner; Kristalle, als Würfel oder Rhombendodekaeder, sind selten. Farbe: kupferrot, häufig mit schmutzigen Anlauffarben und farbiger Verwitterungsrinde. Keine Spaltbarkeit, Bruch hakig. Gediegenes Kupfer kommt zwar verbreitet, doch meist nur in geringen Mengen vor, mit Ausnahme einiger Vorkommen in den USA, in Südwestafrika, der UdSSR und Chile. K. ist sekundär gebildet, in Hohlräumen von Effusivgesteinen und in Sedimenten. In Deutschland ist K. u. a. im Siegerland anzutreffen.

**Kupferblüte** → *Chalkotrichit*

**Kupferglanz** → *Chalkosin*

**Kupferglimmer** → *Chalkophyllit*

**Kupferindig** → *Covellin*

**Kupferkies** → *Chalkopyrit*

**Kupferlasur** → *Azurit*

**Kupfersamterz** → *Cyanotrichit*

**Kupferschiefer,** dunkler, dichter, bitumenhaltiger Mergelschiefer des unteren Zechsteins; enthält Kupfer, geringe Mengen anderer Metalle und gilt als wichtigstes deutsches Kupfererz. K. ist u. a. im Harz und Thüringer Wald anzutreffen.

**Kupferuranglimmer** → *Torbernit*

**Kupfervitriol** → *Chalkanthit*

**Kuppen,** Bezeichnung für: 1. durch Abtragung entstandene, stark abgerundete Berggipfel; 2. vulkanische → *Staukuppen.*

**Küstenformen,** durch das Zusammenwirken endogener und exogener Kräfte entstandene Erscheinungsformen der Küste. Man unterscheidet: *Steilküste, Flachküste, Ausgleichsküste. Regressionsküsten* (Hebung) und *Ingressionsküsten* (Senkung), letztere als Fjord-, Rias-, Schären-, Boddenküste, sind auf Krustenbewegungen zurückzuführen.

**Küstenversetzung,** *Strandversetzung,* die Verlagerung von Lockermaterial eines Küstenabschnittes durch Zusammenwirken von Brandung und Strömung.

**Kylindrit** (m), ein Blei-Zinn-Antimonsulfid, kommt in charakteristischen, zylindrischen, schaligen Aggregaten von bleigrauer Farbe und starkem Metallglanz u. a. in Bolivien vor; H 2,5, D 5,4.

# L

**Labradorit** (m), ein meist graublauer Kalknatronfeldspat *(→ Plagioklase)*, zeichnet sich gelegentlich durch intensives buntes Farbenspiel auf Kristall- und Spaltflächen aus (labradorisieren), das durch mikroskopisch kleine Lamellen hervorgerufen wird. L. kommt in einigen basischen Magmatiten (Gabbrogruppe, bes. Anorthosite) als Hauptgemengeteil, als Gemengeteil auch in einigen kristallinen Schiefern vor. Kristalle mit besonderem Farbenspiel werden zu Schmucksteinen verschliffen, erweisen sich aber als säureempfindlich; sie sind u. a. in Labrador/Kanada, in Skandinavien, in der Ukraine anzutreffen, die Varietät → *Spektrolith* kommt in Finnland vor.

**Labyrinthodonten,** Superordnung der Amphibienunterklasse Apsidospondylii, kommen fossil vor allem im Keuper Schwabens und Englands vor.

**Ladin** (n), alpine Stufe der mittleren → *Trias*, zeitlich im Muschelkalk und unteren Keuper einzuordnen; s. auch → *geologische Formationen.*

**Lager,** Bezeichnung für Erz- bzw. Gesteinsschichten, die in anderes (sedimentäres) Gestein eingelagert sind.
*Intrusivlager* oder *Lagergänge* bezeichnen L. magmatischer Herkunft.

**Lagerstätten,** Bezeichnung für abbauwürdige Anreicherungen von Bodenschätzen, wie Erze, Kohle, Salz, Erdöl u. a.

**Lagerungsform,** die Gestalt eines Gesteinskörpers, wie sie sich gegenüber den umgebenden Gesteinsmassen abzeichnet, wie: Schicht, Gang, Stock, Lakkolith, Kuppe, Decke, Strom, Batholith, Schlot, Lager u. a.

**Lagerungsstörung** → *Dislokation*

**Lagune** (f), durch eine Landzunge vom offenen Meer abgetrenntes seichtes Gewässer; auch die durch ein Korallenriff abgegrenzte Wasserfläche im Innern eines Atolls.

**Lakkolith** (m), in der Erdkruste, unter der Erdoberfläche erstarrte Magmamasse. L.e sind Subvulkane, pilzförmig, mit gewölbter Oberfläche, die erst nach Abtragung der Sedimenthülle der Beobachtung zugänglich werden. Sie bestehen meist aus sauren Gesteinen (Quarzporphyr u. a.). Als L. gilt beispielsweise der Brocken im Harz.

**lakustrisch,** andere Bezeichnung für → *limnisch*, bedeutet: in Seen gebildet bzw. entstanden, z. B. Sedimente.

**Lamellibranchiata,** *Bivalven, Muscheln*, eine Klasse der Weichtiere *(→ Mollusken)* mit den Ordnungen: *Palaeoconcha* (seit Ordovizium), *Taxodonta* (seit Kambrium), *Schizodonta* (seit Ordovizium), *Dysodonta* (seit Ordovizium), *Isodonta* (seit Perm) (Devon?), *Heterodonta* (seit Devon) (Silur?), *Pachyodonta* (seit Jura), *Desmodonta* (seit Ordovizium).

**laminare Schichtung,** durch ungestörte Ablagerung oder wirbelfreie Fließbewegung entstandene parallele Schichtung; gegensätzlich: → *Kreuzschichtung.*

**Lamprophyre** (pl), Gruppe dunkler → *Ganggesteine*, die sowohl in der chemischen und mineralischen Zusammensetzung als auch in den Gefügemerkmalen voneinander abweichen. Wichtige Vertreter sind (in Klammern die Hauptbestandteile): *Malchit* (K-Feldspat, Amphibole, Quarz, Biotit); *Mondhaldeit* (K-Feldspat, Plagioklas, Pyroxene); *Minette* (K-Feldspat, Plagioklas, Pyroxene, Biotit); *Vogesit* (K-Feldspat, Plagioklas, Amphibole); *Spessartit* (Plagioklas, K-Feldspat, Amphibol oder Pyroxen, z. T. Olivin); *Kersanit* (Plagioklas, Biotit, Quarz, Pyroxen); *Beerbachit* (Plagioklas, Pyroxene); *Camptonit* (Plagioklas, Pyroxene, Amphibole, Olivin); *Monchiquit* (Pyroxene, Gesteinsglas). In einigen weiteren L.n finden sich mitunter reichlich Feldspatvertreter. L. kommen u. a. im Harz, Odenwald, Spessart, Thüringer Wald, in der Pfalz, am Kaiserstuhl vor (Tab. S. 216).

**Landsbergit** → *Amalgam*

**Landstufe,** andere Bezeichnung für → *Schichtstufe.*

**Landterrasse** → *Schichtstufenlandschaft*

**Langit,** ein wasserhaltiges Kupfersulfat, kommt rhombisch in sehr kleinen, grünlichblauen Kristallen, krustenartig auf Schiefer in Cornwall/England und als Verwitterungsprodukt in der CSSR vor.

**Lapilli** (pl), *Rapilli,* kantiges oder abgerundetes, erbsen- bis walnußgroßes Lockermaterial; Auswurfmaterial von Vulkanen. □

**Lapislazuli** (m), Schmucksteinbezeichnung für das Mineral → *Lasurit.*

**Larvikit** (m), *Laurvikit*, grobkörniges, bläulich schimmerndes (labradorisierendes) → *Intrusivgestein* der Syenitgruppe mit etwa 90% Anorthoklas (Mischung aus Kali- und Natronfeldspat), kommt u. a. bei Oslo/Norwegen und auf Madagaskar vor.

**Lasurit** $(Na,Ca)_8[SO_4,S,Cl)_2(AlSiO_4)_6]$, (m), *Lasurstein, Lapislazuli,* H 5,5, D 2,4, X-System: kubisch. Form: würfelige, oktaedrische, eingewachsene Kristalle selten; gewöhnlich feinkörnig dicht. Farbe: hell- bis dunkelblau; durchscheinend bis undurchsichtig. L. besitzt keine Spaltbarkeit, weist muschelige Bruchflächen auf und ist an der Farbe sowie dem gleichzeitigen Vorkommen (Paragenese) von Pyrit und Calcit zu erkennen. Als Kontaktmineral ist L. an Kalkstein gebunden. Mit goldgelben Pyriteinschlüssen ist Lapislazuli als Schmuckstein begehrt und findet auch im Kunstgewerbe Verwendung. Bedeutende Fundorte sind in Afghanistan (seit der Antike bekannt) und am Baikalsee gelegen; Vorkommen auch in Chile und in spärlichen Mengen am Vesuv sowie in den Albaner Bergen.

**Lasurstein** → *Lasurit*

**lateral,** Lagebezeichnung: seitlich, abseits gelegen; Gegensatz: *median* (in der Mitte.)

**Laterit** (m), durch Eisenoxide rötlich, bräunlich oder gelb gefärbter Bodentyp wechselfeuchten tropischen Klimas; entsteht als Verwitterungsprodukt von Tonerdesilikaten, oft mit eisenreicher Kruste. L. bedeckt in z. T. stark verunreinigter Form große Gebiete der Landoberfläche.

**Lattorf** (n), Teilstufe des → *Oligozäns.*

*Limonit, Aggregatform (Lahngebiet) – braun, undurchsichtig.*

**Lauediagramm,** nach M. v. Laue benanntes Beugungsdiagramm der → *Röntgenstrukturanalyse.*

**Laufzeitkurve,** in der *Seismologie* die Darstellung der Laufzeit von Erdbebenwellen vom Epizentrum bis zur Beobachtungsstelle.

**Laumontit** (m), $CaAl_2Si_4O_{12} \cdot 4\ H_2O$, ein Faser- → *Zeolith,* Silikat. H 3–3,5, D 2,3, X-System: monoklin. Form: langsäulige, in Längsrichtung gestreifte Kristalle und Kristallgruppen, Zwillingsbildung, stengelige und erdige Aggregate. Farbe: Farblos, weiß, gelegentlich rötlich. Durchsichtig bis durchscheinend; Glasglanz, wird in trockener Luft durch Wasserabgabe leicht matt. Gute Spaltbarkeit, Bruch uneben. Erkennbar am instabilen Glanz. L. kommt zusammen mit anderen Zeolithen in Blasenräumen von Ergußgesteinen vor, auch auf manchen Erzgängen. Fundorte im Melaphyr von Idar-Oberstein, in Quarzporphyren bei Bozen, bei Bad Harzburg, in Schottland, der Bretagne und New Jersey/USA.

**Laurentische Orogenese** (f), Gebirgsbildung (s. auch → *Kanadischer Schild*) an der Grenze zwischen Archäikum und Algonkium im *Präkambrium.*

**Laurentisches Massiv** → *Kanadischer Schild*

**Laurit** (m), schwarzes Rutheniumsulfid, das in Form kleiner oktaedrischer Kristallkörner in den Platinseifen Südafrikas und Borneos vorkommt.

**Laurvikit,** ursprüngliche Schreibart für → *Larvikit.*

**Lava** (f), Bezeichnung sowohl für das

**Lamprophyre**
Vergleich des Mineralbestandes

| Gesteinsart | Quarz | Feldspat K(Na) | Plagioklas | Pyroxene | Glimmer | Amphibole | Olivin | Gesteinsglas |
|---|---|---|---|---|---|---|---|---|
| Malchit | xx | xxx | | | x | **xx** | | |
| Mondhaldeit | | **xx** | **xx** | xx | | | | |
| Minette | | **xx** | **xx** | xx | xx | | | |
| Vogesit | | **xx** | **xx** | | | **xx** | | |
| Spessartit | (x) | xx | **xx** | | | **xx** | | |
| Diabasspessartit | | x | **xx** | **xx** | | | x | |
| Kersantit | xx | | xxx | xx | **xx** | | | |
| Beerbachit | | | **xx** | **xx** | | | | |
| Camptonit | | | **xx** | **xx** | | xx | xx | |
| Monchiquit | | | | **xx** | | | | xxx |

Zeichenerklärung: (x) = evtl. geringe Anteile, x = 0–7%, xx = 8–20%, **xx** = mehr als 20%, xxx = mehr als 50%.

bei einem Vulkanausbruch ausfließende *Magma*, als auch für das verfestigte *Effusivgestein*. Nach Ausbildung der Oberfläche und anderen Merkmalen unterscheidet man bei dem verfestigten Gestein → *Aa-Lava* (Schlacken-Lava), *Pahoehoe-Lava* (Seil-Lava), *Fladen-*, *Schollen-*, *Block-* oder *Kissen-Lava*. Der glühende Schmelzfluß weist bei saurer Lava eine größere Zähigkeit als bei basischer auf und bewegt sich dementsprechend langsamer.

**Lay,** *Lei, Ley*, veraltete Bezeichnung für Fels bzw. Schiefer, so z. B. Lorelei.

**Lazulith** (m), (Fe, Mg) $Al_2(OH|PO_4)_2$, *Blauspat*, ein Phosphat. H 5–6, D 3,1, X-System: monoklin. Form: gut ausgebildete Kristalle sehr selten, meist derb. Farbe: bläulichweiß, himmelblau. L. ist durchscheinend bis undurchsichtig, weist Glasglanz auf, besitzt keine Spaltbarkeit bei unebenem, splittrigem Bruchverhalten und kommt u. a. in Quarziten, Tonschiefern, Carbonat-Quarzgängen vor, ist jedoch selten anzutreffen. Fundorte sind u. a. bei Zermatt/Wallis, Werfen/Salzburg, in der Steiermark, in USA und Brasilien gelegen. □

**Leberblende,** *Schalenblende,* veraltete Bezeichnung für die dichte Ausbildung von → *Sphalerit* (Zinkblende).

**Lebererz,** veraltete Bezeichnung sowohl für eine Varietät des → *Cuprit* als auch für verunreinigten → *Cinnabarit.*

**Lechatelierit** (m), natürliches Quarzglas, das gelegentlich in sogenannten „Blitzröhren" – bei Blitzeinschlag in Quarzsande – im Schmelzungsprozeß entsteht; H 7, D 2,2, farblos oder durch Verunreinigungen eingefärbt.

**Legierung,** eine Verbindung zweier oder mehrerer Metalle durch Zusammenschmelzen oder Elektrolyse. L.en zeigen im allgemeinen eine größere Festigkeit oder einen besseren Widerstand gegen chemische Prozesse. Das zu weiche Gold läßt sich nur als L. (meist mit Silber oder Kupfer) verarbeiten. Auch Stahl wird als L. u. a. mit Chrom oder Vanadium veredelt.

**Lehm,** Verwitterungsprodukt silikathaltiger Gesteine, durch Eisenoxide gelb gefärbt, enthält neben Anteilen von Ton auch sandiges Material und ist weniger plastisch als Ton. *Geschiebe-Lehm* entsteht durch Wegführung gelösten Kalkes aus Geschiebemergel, *Löß-Lehm* auf die gleiche Weise aus Löß.

**Lehmboden,** mit sandigen Bestandteilen durchsetzter kalkarmer Tonboden, wasserspeichernd und fruchtbar.

**Lehmkeile,** durch nachsinkenden Lehm der oberen Bodenschichten ausgefüllte → *Eiskeile.*

**Leitfossil** (n), charakteristische, ausschließlich einer bestimmten Gesteinsschicht angehörende Versteinerung, die somit eine große horizontale Verbreitung bei geringer vertikaler Streuung aufweist.

**Leitgesteine,** weltweit verbreitete, jedoch nur in einer bestimmten Formation auftretende Gesteine, die untereinander eine große Ähnlichkeit aufweisen. L. sind beispielsweise: Spiriferensandstein, roter Jurakalk und die typische „Schreibkreide".

**Leithorizont,** Teil einer Schichtung, der aufgrund Fossilgehalt oder Ausbildung als stratigraphischer Bezugshorizont gelten kann.

**Leitminerale,** *Indexminerale, typomorphe Minerale,* für bestimmte Entstehungsbedingungen charakteristische Minerale. L. lassen Rückschlüsse auf Bildungs- bzw. Umbildungsbedingungen, wie Temperatur und Druckverhältnisse, im Rahmen einer Metamorphose zu und weisen typische Merkmale der Vergesellschaftung auf. Die L. der Regionalmetamorphose lassen sich in *Antistreßminerale,* beispielsweise Cordierit oder Andalusit (sie werden bei der Durchbewegung zerstört) und *Streßminerale,* z. B. Glimmer, Disthen, Staurolith, Epidot (sie entstehen bevorzugt bei gerichteter Druckbelastung) unterteilen. Typomorphe Minerale der *Epizone* sind u. a.: Sericit, Talk, Chlorit, Epidot. Charakteristisch für die *Mesozone* sind neben anderen: Staurolith, Muskovit, Na-reicher Plagioklas, Pyrop, Almandin. Der *Katazone* können u. a. Sillimanit, Ortho- und Klinopyroxene, Cordierit, Anorthit, Orthoklas zugeordnet werden. Als sogenannte „Durchläufer" werden Quarz, Rutil, Magnetit, Calcit u. a. nicht den L.n zugerechnet.

**Lemuria,** eine hypothetische Landmasse, die Madagaskar mit Vorderindien verbunden haben soll und somit als Bestandteil des Gondwanalandes gelten könnte. L. sollte u. a. die Verbreitung der Lemuren (Makis) verständlich machen.

**Leonhardtit** (m), Bezeichnung für einen teilweise entwässerten → *Laumontit.*

**lepidoblastisch,** Bezeichnung für das schuppige Gefüge bestimmter metamorpher Gesteine.

**Lepidodendrales,** Schuppenbaumgewächse vom Oberdevon bis zum Perm, bildeten das Hauptmaterial für die Steinkohle. Die L. waren bis 30 m hohe, baumförmige Bärlappgewächse mit nadeligen, ligulaten Blättern und einem von einer sehr dicken Rinde umschlossenen Stamm.

**Lepidokrokit** (m), FeO(OH), *(Rubinglimmer),* ein Hydroxid, H 5, D 4,1, X-System: rhombisch. Form: nadelige Kristalle, faserige oder dichte Aggregate. Farbe: rot bis rötlichbraun; Strich orangefarben. L. weist eine vollkommene Spaltrichtung auf, sieht dem *Goethit* sehr ähnlich und kommt wie dieser in der Oxidationszone von Eisenerzen vor.

**Lepidolith** (m), $KLi_2Al[(OH, F)_2|Si_4O_{10}]$, *Lithiumglimmer,* ein Silikat. H 2,5, D 2,8–2,9, X-System: monoklin. Form: Kristalle selten, meist verstreute Blättchen. Farbe: farblos, blaßlila, grau oder blaßrosa. Durchscheinend bis durchsichtig; Glasglanz, Perlglanz. Gute Spaltbarkeit. L. kommt zusammen mit anderen lithiumhaltigen Mineralen wie Spodumen in Granitpegmatiten vor. Fundorte: Sachsen, Böhmen, Insel Elba, Kalifornien, Kanada, Madagaskar.

**Leptit** (m), sehr feinkörniger, gebänderter, gneisähnlicher kristalliner Schiefer, der als metamorphes Gestein im präkambrischen Grundgebirge Skandinaviens anzutreffen ist.

**Leptoklase** (f), eine Gesteinsfuge *(→ Lithoklase)* geringer Ausdehnung; durch Abkühlung bzw. Austrocknung entstanden.

**Lesesteine,** Bezeichnung für Gesteinsbruchstücke, die lose im Boden anzutreffen sind.

**Letten** (m), sehr schwach verfestigte, bunte Schiefertone, schiefrig-bröckelnd im trockenen, schmierig-fett im feuchten Zustand. L. sind als

Sedimente besonders des Perms und der Trias verbreitet.

**Lettenbesteg,** Bezeichnung für Letteneinlagerungen in anderen Gesteinsschichten.

**Lettenboden,** toniger, sehr bindiger und undurchlässiger, meist nährstoffarmer Boden mit schiefrigblättriger Struktur.

**Lettenkohle,** *Kohlenkeuper,* andere Bezeichnung für die unterste Stufe des → *Keupers,* deren Letten Kohle in nicht abbauwürdigem Zustand und Mengenverhältnis enthalten.

**Leucit** (m), $KAlSi_2O_6$, ein Silikat, Feldspatvertreter. H 5,5–6, D 2,5, X-System: tetragonal, kubisch. Form: Kristalle sind immer Ikositetraeder (letztere werden daher auch Leucitoeder genannt), meist eingewachsen. Farbe: weiß oder grau. Durchscheinend; Glasglanz. Spaltbarkeit schlecht, Bruch muschelig. Erkennen: Vorkommen und Kristallform. L. ist wesentlicher oder akzessorischer Gemengeteil kieselsäurearmer Ergußsteine und kann nie zusammen mit Quarz auftreten. Fundorte: Laacher See, Kaiserstuhl, Vesuv, Albaner Berge, Brasilien, Arkansas/USA. □

**Leucitoeder**: (n), andere Bezeichnung für → *Ikositetraeder,* eine Kristallform, die typisch für das Mineral → *Leucit* ist; Granat und andere kubische Minerale weisen jedoch ebenfalls L. als mögliche Kristallform auf.

**Leucitophyr** (m), fein- bis mittelkörniges, graues → *Effusivgestein* mit porphyrischem Gefüge, das in seiner Besonderheit Leucitkristalle als Einsprenglinge aufweist. L. ist rela-

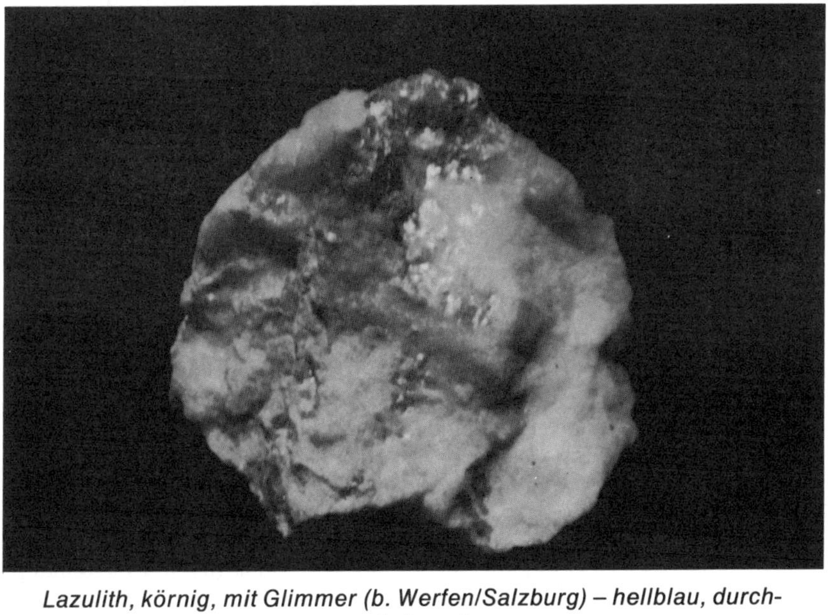

*Lazulith, körnig, mit Glimmer (b. Werfen/Salzburg) – hellblau, durchscheinend.*

tiv selten; Hauptbestandteile der Grundmasse sind Alkalifeldspat bzw. Mischung aus Kalifeldspat und Natronfeldspat, Pyroxen, gelegentlich auch Nephelin.

**Leucitsyenit** (m), mittel- bis grobkörniges → *Intrusivgestein* der Syenitgruppe mit einsprenglingartig eingewachsenen Leucitkristallen, die teilweise eine Größe bis zu 2 cm aufweisen.

**leukokrat,** Bezeichnung für vorwiegend aus hellen, kieselsäurereichen Gemengeteilen bestehende magmatische Gesteine; Gegensatz: *melanokrat.*

**Leukopyrit** (m), Bezeichnung für → *Löllingit* mit etwas geringerem Arsengehalt.

**Leukosaphir** (m), andere Bezeichnung für einen farblosen → *Korund.*

**Leuzit** → *Leucit*

**Ley** → *Lay*

**Lias** (m), *Schwarzer Jura,* unterste Abteilung des → *Jura*; s. auch → *geologische Formationen.*

**Lichtbrechung,** Richtungsänderung eines Lichtstrahles beim Übergang von einem Stoff in einen anderen; s. auch → *Brechungsindex,* → *Doppelbrechung.*

**Lichtes Rotgültigerz,** andere Bezeichnung für → *Proustit.*

**Liegendes,** Bezeichnung für die unter einer bestimmten (zu betrachtenden) Schicht lagernden Gesteine; darüber lagernde Gesteinsmassen werden → *Hangendes* genannt.

**Lievrit** (m), andere Bezeichnung für → *Ilvait.*

**Lignit** (m), Bezeichnung für Braunkohle, die deutliche Holzstrukturen bzw. holzige Einlagerungen aufweist.

**Limburgit** (m), ein dunkles, basisches → *Effusivgestein* (Basaltoid), das vorwiegend aus Gesteinsglas besteht und Anteile von Pyroxenen und Olivin aufweist; benannt nach dem Vorkommen am Kaiserstuhl (Ruine Limburg).

**Limnaeameer,** Bezeichnung für die Ostsee im subborealen Abschnitt des *Holozäns* (ca. 2500 bis 500 v. Chr.); durch die Schnecke *Limnaea ovata baltica* gekennzeichnet. Die vorherige Entwicklungsstufe der Ostsee wird als *Litorinameer* bezeichnet.

**limnisch,** bedeutet: im Süßwasser lebend oder abgelagert. Besonders die in Süßwasserbecken entstandenen Kohlenlager werden als l. bezeichnet (z. B. Saarbrückener Kohlenbecken), im Gegensatz zu den *paralischen Kohlenlagern*, die in Küstennähe entstanden und mit marinen Bildungen wechsellagern (z. B. Ruhrkohlebecken).

**Limnologie,** die *Seenkunde* als Teil der → *Hydrologie.*

**Limonit,** FeOOH, *Brauneisenerz, brauner Glaskopf*, ein Eisenhydroxid. H 5–5,5 (auch weicher), D 3,6 bis 3,7, X-System: rhombisch. Form: kryptokristallin, faserig, stengelig, kugelig, schalig, stalaktitisch und als Überzüge, auch locker erdig; als Pseudomorphosen nach Pyrit, Siderit und anderen eisenhaltigen Mineralen. Farbe: gelbbraun, braun, grau, schwarz, gelegentlich bunt anlaufend. L. tritt auch als kryptokristallines Gemenge von → *Goethit* und → *Lepidokrokit* in Erscheinung, ist undurchsichtig, glas-, seiden- oder fettglänzend, auch matt und weist keine Spaltbarkeit auf, bei muscheligem Bruch. Als Verwitterungsprodukt ist L. auf allen Eisenerzlagerstätten, auf hydrothermalen Gängen anzutreffen und kommt auch in Sedimenten vor. L. ist weltweit verbreitet; Fundorte u. a. im Siegerland, Lahn-Dill-Gebiet. □

**Linarit** (m), $PbCu[(OH)_2|SO_4]$, *Bleilasur,* ein Sulfat. H 2,5, D 5,3–5,5, X-System: monoklin. Form: kurznadelige, tafelige, flächenreiche Kristalle; strahlig, faserig, krustig. Farbe: hellblau. Durchscheinend; starker Glasglanz. Gute Spaltbarkeit. L. kommt in der Oxidationszone von Blei-Kupfer-Lagerstätten vor, u. a. in Spanien, England, Südwestafrika, Argentinien, USA.

**Lineament** (n), tektonisch wichtige Zone (oder Linie) der Erdkruste, z. B. die als *Transversalstörung, Erdnaht* bezeichnete, tief hinabreichende Schwächezone, von der u. a. Horizontalverschiebungen ausgehen.

**Lineareruption** (f), eine von Spalten ausgehende vulkanische Tätigkeit (Spalteneruption). Dabei ergießt sich das Magma über die Ränder der unter Erdbeben aufreißenden Spalten nach einer oder zwei Seiten. Es entstehen deckenartige Eruptivmassen.

**Lingulidae,** inarticulate → *Brachiopoden,* vom Kambrium an weltweit verbreitet, mit länglich-ovalen bis nahezu rechteckigen Klappen.

**Linksquarz** → *Quarz*

**Linneit** (m), $Co_3S_4$, ein Sulfid der Cobaltnickelkiesgruppe. H 4,5–5,5, D 4,8–5,8, X-System: kubisch. Form: oktaedrische, würfelige Kristalle; derb, körnig, eingesprengt. Farbe: rötlichsilberweiß, stahlgrau anlaufend. Undurchsichtig; metallisch glänzend. Güte der Spaltbarkeit wechselnd, Bruch uneben, spröde. L. kommt auf hydrothermalen Erzgängen vor, u. a. im Siegerland, in Schweden, Südwestafrika, USA.

**Linse** (f), Bezeichnung für seitlich auskeilende Einlagerungen von Erzen, Kohlen u. a. in Gesteinen, oft von beträchtlicher Dicke.

**Linsenerz,** andere Bezeichnung für → *Lirokonit.*

**Liparit** (m), saures, quarzreiches → *Effusivgestein* mit dichtem, halbglasigem, porphyrkörnigem Gefüge und Einsprenglingen aus Feldspat oder Quarzkörnern. Kalifeldspat (Sanidin), Quarz und Plagioklas (Oligoklas) bilden die Hauptbestandteile, daneben kommen Biotit und Apatit vor. Die Farbe ist hellgrau, bisweilen rötlich. Die L.e werden international auch als Rhyolithe, Paläorhyolithe (Quarzporphyre) bezeichnet. Sie begleiten als vulkanische Ergüsse die jungen Faltengebirge. Der Name ist vom Vorkommen auf der Insel Lipari (Italien) abgeleitet. L. ist weltweit verbreitet.

**Liptobiolithe** (pl), aus Harz- und Wachsrückständen gebildete → *Biolithe.*

**Liquation** (f), die → *Differentiation* (Spaltung) eines Stamm-Magmas durch Entmischung in Teilschmelzen.

**liquidmagmatisch,** Bezeichnung für Lagerstätten, die durch magmatische Anreicherung von Erzen entstanden sind.

**Lirokonit** $Cu_2Al[(OH)_4|AsO_4] \cdot 4\,H_2O$, (m), *Linsenerz,* ein Kupferarsenat. H 2–2,5, D 2,9–3,0, X-System: monoklin. Form: kleine flache, linsenförmige, kurzsäulige Kristalle; derb, eingesprengt. Farbe: blau, blaugrün, blaugrau. L. weist Glasglanz auf, ist durchscheinend, undeutlich spaltbar bei sprödem bzw. mildem Bruch und kommt als Verwitterungsprodukt auf Erzgängen vor; Fundort u. a. Cornwall/England.

**listrische Fläche,** schräg absteigende, zur Erdoberfläche steiler werdende, schaufelartig gebogene Überschiebungsfläche, häufig nach oben verzweigt. Besonders in den belgischen und westdeutschen Steinkohlengebieten kommen l. F.n vor.

**Lithioneisenglimmer,** veraltete Bezeichnung für → *Zinnwaldit.*

**Lithionglimmer,** Bezeichnung für Mineralgemenge aus → *Lepidolith* und → *Zinnwaldit.*

**Lithionit** → *Lithionglimmer*

**Litho** . . . und . . . lith bedeutet in zusammengesetzten Wörtern *Stein.*

**lithogen,** Bezeichnung für Magmen, die Bestandteile älterer aufgeschmolzener Gesteine enthalten.

**Lithogenese** (f), die Entstehung von (Sediment-)Gesteinen und alle zur Bildung von Sedimentgesteinen führenden Vorgänge.

**Lithoklase** (f), eine *Gesteinsfuge, Spalte, Kluft;* man unterscheidet: *Diaklase,* gemeine Kluft (ohne Verschiebung) und *Paraklase,* Verwerfungskluft (mit Verschiebung). Eine Gesteinsfuge geringer Ausdehnung, die durch Abkühlung oder Austrocknung entstanden ist, wird *Leptoklase* genannt.

**lithophil,** Bezeichnung für Elemente, die in der Lithosphäre angereichert sind, wie Si, O, Al, Na, K, Mg, Ca u. a.

*Lapilli, vulkanische Bombe (Eifel), Originalgröße ca. 5 cm.*

**Lithosphäre** (f), die 5 bis 60 km dicke Erdkruste als feste Gesteinshülle; nach neuerer Maßgabe durch die → *Plattentektonik* eine Schicht von etwa 100 km Dicke, die die Erdkruste und einen Teil des oberen Erdmantels umfaßt; s. auch → *Erde, Aufbau.*

**Lithostrotion,** kolonienbildende Koralle des Karbons mit unterschiedlichen Wachstumsformen (z. B. wurzelähnlich verzweigt oder dicht); als Fossilien weltweit verbreitet.

**litoral,** zum Strand, zur Küste gehörend. Das *Litoral* ist der bei höherem Wasserstand zeitweise überspülte Uferstreifen und der küstennahe Wasserstreifen. Als *litorale Ablagerungen* bezeichnet man die Ablagerungen am Strand. Die *Litoralfauna* umfaßt die Tierwelt der Küstengewässer.

**Litorinameer,** Entwicklungsstadium der Ostsee während des Atlantikums im *Holozän;* wurde durch das → *Limnaeameer* abgelöst.

**Livingstonit** (m), ein Sulfid, kommt als rotes Quecksilbermineral in Form winziger Kristalle oder blättriger Aggregate u. a. in Mexiko vor.

**Llandeilo** (n), mittlere Stufe des → *Ordoviziums;* s. auch → *geologische Formationen.*

**Llandovery** (n), unterste Stufe des → *Silurs;* s. auch → *geologische Formationen.*

**Llanvirn** (n), eine dem → *Llandeilo* entsprechende Stufe des → *Ordoviziums.*

**Lochseitenkalk,** ein metamorphosierter Malm-Kalk der Glarner Decke; nach dem als „Lochseite" bezeichneten Aufschluß bei Schwanden im Kanton Glarus/Schweiz benannt.

**Lockereruption** (f), eine im Auswurf von Lockerprodukten (Asche, Lapilli, Bomben u. a.) bestehende Vulkanaktivität.

**Lockergesteine** → *Pyroklastite*

**Lokalbeben,** *Ortsbeben,* nur im Epizentrum wahrnehmbares → *Erdbeben.*

**Löllingit** (m), $FeAs_2$, *Arseneisen, Arsenikalkies,* ein Arsenid. H 5, D 7,1 bis 7,4, X-System: rhombisch. Form: Kristalle klein, nadelförmig, prismatisch; auch derb, körnig. Farbe: zinnweiß. Undurchsichtig; metallisch glänzend. Deutliche Spaltbarkeit, Bruch spröde. L. kommt zusammen mit Arsenopyrit auf Erzgängen vor; Fundorte: St. Andreasberg/Harz, Kärnten, Steiermark u. a. *Leukopyrit* ist eine L.-Varietät mit vermindertem Arsengehalt.

**Lonsdaleia,** dichte Kolonien bildende Koralle des Karbons, fossil in Europa, Nordamerika, Asien und Australien anzutreffen.

**Lopha,** von der Trias an weltweit verbreitete Meeresmuschel mit kräftigen, radialen Rippen, die ein faltenähnliches Aussehen aufweisen können.

**Lopolith** (m), Bezeichnung für einen → *Pluton* von schüssel- bzw. trichterartiger Form.

**Löß** (m), gelbes bis gelbbraunes, feinstkörniges (0,01 bis 0,05 mm Korngröße), poröses, zerreibliches Sediment, das im wesentlichen aus Quarzkörnchen, je nach Herkunft wechselnden Mengen von Silikaten besteht und einen relativ hohen Kalkgehalt (bis 20% und mehr) aufweist. L. ist vor allem als pleistozänes äolisches Staubsediment anzutreffen, kommt jedoch auch als rezente Bildung (bes. im asiatischen Raum) vor. Im pleistozänen Löß sind verschiedentlich Reste von Landschnecken und Säugetieren (Lößfauna) enthalten. In Mitteleuropa erreicht der L. eine Mächtigkeit bis zu max. 40 m, in China dagegen bis zu mehreren hundert Metern. Durch den $CO_2$-Gehalt der Niederschlagswässer findet eine Entkalkung der oberen Zonen des L.es statt; dabei entsteht der braungefärbte *Lößlehm*. In den tieferen Abschnitten scheidet sich der gelöste Kalk in Form bizarrer Konkretionen, z. B. *Lößkindl* (Lößpuppen, Lößmännchen), wieder aus. Steilwandige Einschnitte kennzeichnen die Standfestigkeit des L.es *(Lößmorphologie)* im Gegensatz zum *Lößlehm*, der bei Feuchtigkeitsaufnahme leicht ins Rutschen kommt, bei Austrocknung Risse zeigt und in Stücke zerfällt.

**Lößkeil,** ein mit Löß ausgefüllter → *Eiskeil*.

**Lößkindl** → *Löß*

**Lößlehm** → *Löß*

**Loxonema,** nadelförmige, mittelgroße Schnecke des Silurs mit rundgewölbtem, spitzendendem Gewinde und tiefen Nähten; fossil in Europa und Nordamerika anzutreffen.

**Lücke,** (stratigraphisch) Bezeichnung für den Ausfall bestimmter Schichten infolge tektonischer Vorgänge – wie Hebung des betreffenden Gebietes aus dem Sedimentationsraum *(Sedimentationslücke)* – oder durch Abtrag einer kompletten Gesteinsschicht *(Abtragungs- bzw. Erosionslücke)*.

**Lud** (n), oberste Stufe des → *Eozäns* im → *Tertiär*; s. auch → *geologische Formationen*.

*Leucit, Kristall (Fassatal/Dolomiten) – gelblichgrau, undurchsichtig.*

**Ludlow,** obere Stufe des *Silurs*; s. auch → *geologische Formationen.*

**Ludwigit** (m), $Fe(Mg,Fe)_2[O_2|BO_3]$, ein Borat. H 5, D 4, X-System: rhombisch. Form: derbe, dichte, feinfaserige Aggregate. Farbe: schwarz. Undurchsichtig; Glasglanz, seidig, matt. Ohne erkennbare Spaltbarkeit, Bruch spröde. L. kommt in Kalkstein und Dolomit sowie auf Magnetitlagerstätten in Skandinavien, Alaska, Montana/USA und Korea vor.

**Lumachelle** (f), ein an verschiedenfarbig reflektierenden Muschelschalen reicher Kalkstein, der oft zahlreiche und große Porenräume aufweist und vielfach als Erdöl- bzw. Erdgasspeicherstein in Erscheinung tritt.

**Lumineszenz** (f), Bezeichnung für verschiedene Arten von Leuchterscheinungen ohne Wärmeentwicklung bei bestimmten Mineralen. Dabei werden die Kristalle beispielsweise durch (unsichtbares) ultraviolettes Licht zum Leuchten angeregt. *Fluoreszenz* dauert nur solange an, wie die Anregung einwirkt, *Phosphoreszenz* kann darüber hinaus längere Zeit andauern. Um *Thermolumineszenz* hervorzurufen, werden Minerale mit besonderer Eigenschaft unterhalb der Glühtemperatur erwärmt.

**Lüneburgit** (m), ein wasserhaltiges Magnesiumborat, kommt in Form weißer Knollen mit feinsten Fasern u. a. im Gips von Lüneburg und in New Mexiko vor.

**Lüster** (m), spezielle Bezeichnung für die Glanzschicht von Perlen; im weiteren Sinne auch für den Glanzüberzug auf Glas-, Ton- und Porzellanwaren.

**Lutet** (n), mittlere Stufe des → *Eozäns* im → *Tertiär;* s. auch → *geologische Formationen.*

**Lycopodiinae,** *Bärlappgewächse,* sind vom Devon bis zur Gegenwart weltweit vertreten. Im Jungpaläozoikum gelangten sie zur größten Entfaltung, wuchsen bis zu 30 m hohen Bäumen auf und lieferten das Hauptmaterial für die Steinkohle.

**Lydit** (m), durch Einschluß kohliger Substanzen schwarz gefärbter Kieselschiefer.

**Lyctoceras,** → *Ammonit* des Jura (Malm) und der Kreide (Unterkreide), weitnabelig mit fast kreisrundem Windungsquerschnitt und feingerippter Skulptur; L. ist weltweit verbreitet.

# M

**Mäander** (m), nach dem Fluß Menderes in Kleinasien benannter, in Flußschlingen gewundener Flußlauf. *Freie M.* durchziehen mit ihren Windungen die Breite einer Talaue; *eingesenkte M.* oder *Erosionsmäander* werden durch die Tiefenerosion eines Flusses in den Gesteinsgrund gebildet. Bei den freien M.n kann durch einen M.-Durchbruch eine Flußschlinge abgeschnitten werden (*Altwasserarm*) und anschließend der Versumpfung bzw. Verlandung anheimfallen.

**Maar** (n), krater-, trichter- bzw. schüsselförmige vulkanische Bildung an der Erdoberfläche, meist von einem niedrigen Wall oder einer Decke aus vulkanischen Auswurfprodukten umgeben. M.e sind bei einer Gas- bzw. Wasserdampf-Eruption entstanden, können einen Durchmesser von einigen 100 m aufweisen und sind häufig mit Wasser gefüllt *(Maarsee)*.

**Macaluba** (f), *Maccaluba, Makaluba,* andere Bezeichnung für →*Schlammvulkan*.

**Machairodus**, Säbelzahnkatze, Säbelzahntiger, ausgestorbenes Raubtier des Pliozäns. Andere spätestens am Ende der letzten Eiszeit ausgestorbene Säbelzahnkatzen waren u. a. *Eusmilus* (Oligozän), *Sansanosmilus* (Miozän) und *Smilodon*.

**Mächtigkeit** (f), Bezeichnung für die Dicke (Stärke) eines Gesteinspaketes, wie Schicht, Bank, Flöz, Gang usw.

**mafisch,** *femisch,* Bezeichnung für die dunkel gefärbten Minerale, vor allem Mg-Fe-Silikate (Magnesium-Eisen-Minerale), als Gemengeteile magmatischer Gesteine, wie Pyroxene, Amphibole, Biotit, Olivin u. a. Gegensatz: →*felsisch*. Ultrabasische Magmatite und auch gelegentlich Metamorphite werden bei Vorherrschen obengenannter Gemengeteile als *mafische Gesteine* oder *Mafite* bezeichnet.

**Mafite** (pl), Bezeichnung für →*mafische* Minerale oder Gesteine; Gegensatz: *Felsite* →*felsische* Gesteine.

**Magerkohle**, Bezeichnung für eine →*Steinkohle* mit 10-12% flüchtiger Bestandteile (gasarm).

**Magma** (n), aus Silikaten, Oxiden und flüchtigen Bestandteilen zusammengesetzte Gesteinsschmelze, die, aus der Tiefe aufsteigend, entweder in die Gesteine der Erdkruste eindringt und dort erstarrt (→*Intrusion*), oder aber bis zur Erdoberfläche gelangt (→*Effusion*), gelegentlich auch ausgeschleudert wird (*Ejektion*). Bei fortschreitender Abkühlung bilden sich aus der Schmelze die →*Magmatite (magmatische Gesteine, Erstarrungsgesteine)* infolge Auskristallisation der mineralischen Bestandteile oder – bei schneller Abkühlung – als Gesteinsglas. Aus einem *Stamm-*

*milchig; Milchquarz, Kristallstufe (Taunus) – weiß, durchscheinend.*

*Magma* können durch verschiedene Vorgänge, wie →*Differentiation* und →*Assimilation*, Einzelmagmen mit unterschiedlichem Chemismus abgespaltet werden. Auch die Restschmelze weicht in nicht unerheblichem Maße von der chemischen Zusammensetzung des Stamm-Magmas ab. Bei den während des Aufstiegs vom Magma berührten Gesteinen wird eine Kontakt-→*Metamorphose* hervorgerufen.

**magmatisch**, Bezeichnung für alle das Magma betreffenden Erscheinungen.

**magmatische Gesteine** →*Magmatite*

**Magmatismus** (m), sämtliche das Magma (Bildung und Tätigkeit) betreffenden Erscheinungen (s. auch →*Magma*, →*magmatisch*).

**Magmatite** (pl), *magmatische Gesteine, Erstarrungsgesteine*, Sammelbezeichnung für alle aus der Gesteinsschmelze unmittelbar gebildeten Gesteine, wie →*Intrusivgesteine* (Plutonite, Tiefengesteine), die innerhalb der Erdkruste in →*Intrusionskörpern* (Plutonen) erstarrt sind, oder →*Effusivgesteine* (Ergußgesteine, Vulkanite), bei denen das →*Magma* bis zur Erdoberfläche gelangt und dort erkaltet ist. Trotz unterschiedlicher Gefügemerkmale weisen Intrusiv- und Effusivgesteine einen analog ausgebildeten Chemismus auf (Tab. S. 229).

**Magmenkammer**, Raum, den das Magma in den tieferen Schichten der Erdkruste einnimmt, bevor es aufsteigend *Intrusionen* bildet oder Vulkane speist. Im engeren Sinne wird der →*Vulkanherd* als M. bezeichnet.

**Magmenzyklus** (m), Bezeichnung für die mit Bildung von →*Geosynklinale* und →*Orogen* in Zusammenhang stehenden magmatischen Prozesse, wie beispielsweise initialer Magmatismus (Geosynklinalperiode), synorogener Magmatismus (orogene Phase), subsequenter Magmatismus (postorogen) und finaler Magmatismus (Vollkonsolidierung).

**Magnesit** (m), $MgCO_3$, *Bitterspat*, ein Magnesiumcarbonat. H 3,5 – 4,5, D 3,0 – 3,2 X-System: trigonal. Form: selten Kristalle als Rhomboeder oder Prismen; meist dichte, körnige, spätige oder faserige Massen. Farbe: farblos, weiß, gelblich, grau und bräunlich. Durchsichtig (Kristalle) bis durchscheinend. Vollkommene rhomboedrische Spaltbarkeit, Bruch muschelig. Erkennen: Von dem ihm ähnlichen Calcit durch weniger deutliche Löslichkeit in verdünnter Salzsäure zu unterscheiden. M. kommt in Verdrängungslagerstätten und in Gängen metamorpher Gesteine vor, besonders im alpinen Raum und in der Toskana. M. dient u. a. als Rohstoff für feuerfeste Steine und zur Magnesiumgewinnung.

**Magneteisenerz** →*Magnetit*

**Magneteisenstein** →*Magnetit*

**Magnetfeld** →*Erdmagnetismus*

**magnetische Anomalie**, durch in der Erdkruste befindliche Gesteinskörper mit magnetischem Eigenfeld hervorgerufene Störung des erdmagnetischen Feldes.

**magnetische Mißweisung** →*Deklination*

**magnetische Pole** →Erdmagnetismus

**Magnetismus bei Mineralen**. Einige Minerale weisen deutlich magnetische Eigenschaften auf; in diesem Zusammenhang besonders hervorzuheben ist der →*Magnetit*. →*Ilmenit*, Magnetkies (→*Pyrrhotin*), →*Hämatit* u. a. besitzen ebenfalls gelegentlich diese Eigenschaften, wenn auch bei weitem nicht so stark ausgeprägt.

**Magnetit** (m), $Fe_3O_4$, *Magneteisenstein, Magneteisenerz,* ein Oxid, ist unter die Spinellgruppe einzureihen. H 5,5 – 6,5, D 5,2, X-System: kubisch. Form: Kristalle meist oktaedrisch, auch derbe, körnige Massen. Farbe: schwarz. Undurchsichtig; Metallglanz bis matt. Keine Spaltbarkeit, jedoch teilbar nach dem Oktaeder, Bruch muschelig uneben. M. ist aufgrund seiner magnetischen Eigen-

**Magmatite,** *magmatische Gesteine*
Gegenüberstellung

| Chemismus | Kieselsäuregehalt $SiO_2$ | Intrusivgesteine Tiefengesteine | Ganggesteine Porphyre | Ganggesteine Lamprophyre | Effusivgesteine (Vulkanite) alt | Effusivgesteine (Vulkanite) jung |
|---|---|---|---|---|---|---|
| sauer ↑ | 65–80% | Granite<br>Granodiorit | Granitporphyre<br>Granitaplite | | Quarzporphyre<br>Quarzporphyrite<br>Quarzkeratophyre | Rhyolithe (Liparite)<br>Quarztrachyte |
| | 58–65% | Syenit<br>Syenodiorit<br>Leucitsyenit<br>Nephelinsyenit<br>Larvikit | Syenitporphyre<br>Syenitaplit<br>Rhombenporphyr | Minette<br>Vogesit | Biotitporphyrite<br>Porphyrite<br>Keratophyre | Trachyte<br>Leucittrachyte<br>Trachyandesit |
| ↓ | 56–64% | Quarzdiorit<br>Diorit | Dioritporphyr<br>Dioritaplit | Kersantit<br>Spessartit | Keratophyr<br>Porphyrite<br>Spilit | Andesite |
| basisch | 46–55% | Gabbro<br>Olivingabbro<br>Troktolith<br>Norit | Gabbroporphyrit<br>Noritporphyrit<br>Anorthosit | Camptonit<br>Monchiquit | Spilite<br>Diabase<br>Melaphyre | Feldspatbasalte<br>Nephelinbasalte<br>Limburgit |
| ultrabasisch | 38–45% | Peridotite<br>Pyroxenite | | | | Pikrit |

schaften, die unterschiedlich stark ausgeprägt sind, zu erkennen und kommt verbreitet in selbständigen Lagerstätten, in kristallinen Schiefern und Basalten vor; besondere Fundorte im Zillertal/Österreich, Binnatal/Schweiz, in Skandinavien, Mexiko, Kanada und USA. M. ist das hochwertigste Eisenerz. □

**Magnetkies** →*Pyrrhotin*

**Magnetopyrit** →*Pyrrhotin*

**Magnituden** (pl), mikroseismisches Maß für die Intensität von →*Erdbeben*

**Makaluba** →*Macaluba*

**Makrobeben**, ohne Zuhilfenahme von Instrumenten feststellbares →*Erdbeben*.

**Malachit** (m), $CuCO_3(OH)_2$, ein Kupfercarbonat. H 3,5 – 4, D 3,5 – 4, X-System: monoklin. Form: Kristalle sehr selten, meist faserig-traubige Aggregate, dichte, krustenförmige Massen. Farbe: grün, in allen Farbschattierungen bebändert. Durchscheinend; Seidenglanz, stumpf; Kristalle diamantglänzend. Gute Spaltbarkeit, Bruch nahezu muschelig. Vorkommen: Verbreitetes sekundäres Kupfermineral, Leitmineral für die Oxidationszone kupferhaltiger Lagerstätten. Fundorte: Siegerland, Lahn-Dill-Gebiet, Harz, Kärnten; vielerorts in USA, Südwestafrika, Zaire, Simbabwe, UdSSR. Trotz seiner relativ geringen Härte wird M. wegen seiner schönen grüngebänderten Zeichnung zu Schmucksteinen verarbeitet.

**Malaysianite** (pl), aus Malaysia stammende →*Tektite*.

**Mallardit** (m), *Manganvitriol*, ein wasserhaltiges Sulfat, bildet Aggre-

*Magnetit, freigelegte oktaedrische Kristalle in Chloritschiefer (Zillertaler Alpen).*

gate mit faseriger Struktur, zerfällt jedoch an der Luft zu Pulver.

**Malm** (m), *Weißer Jura*, obere Abteilung des →*Jura* mit den Stufen Oxford, Kimmeridge und Portland; s. auch →*geologische Formationen*.

**Mammalia**, zusammenfassende systematische Bezeichnung für alle Säugetiere; die früheste Entwicklungsstufe reicht bis in das Mesozoikum zurück.

**Mammut**, eine ausgestorbene, stark behaarte Art der Elefanten, die bis in die Eiszeiten in Europa, Nordasien und Nordamerika verbreitet war und die Größe des heutigen indischen Elefanten erheblich übertraf. Im gefrorenen Boden Sibiriens haben sich vollständige Kadaver erhalten.

**Mandel** (f), mit →*Achat* oder anderen Mineralen ausgefüllter, kleiner Blasenraum in Effusivgesteinen, s. auch →*Geode*.

**Mandelstein**, blasenreiches →*Effusivgestein*, dessen Hohlräume (→*Mandeln* und →*Geoden*) mit Mineralen ausgefüllt sind. Als Gesteinsbezeichnung nur im Zusammenhang mit dem Namen des betreffenden Effusivgesteins zu gebrauchen, wie beispielsweise Diabas-, Melaphyr- bzw. Basalt-M.

**Manebacher Zwillinge** →*Zwillingsbildung* bei Kalifeldspäten.

**Manganblende**, andere Bezeichnung für →*Alabandin*.

**Manganit** (m), MnO(OH), ein Manganoxid. H 4, D 4,2 – 4,4 X-System: rhombisch. Form: prismatische, stark gestreifte Kristalle, radialstrahlig gebündelte Aggregate. Farbe: dunkelgrau, braunschwarz, schwarz. Undurchsichtig; nahezu metallischer Glanz. Gute Spaltbarkeit, Bruch uneben. Zwillingsbildung häufig. Erkennbar an der braunen Strichfarbe, der prismatischen Kristallform und der Löslichkeit in konzentrierter Salzsäure. M. kommt selbständig in Gängen neben Baryt und Calcit vor sowie in Erzlagerstätten und Eruptivgesteinen; wird durch Verwitterung in Pyrolusit umgewandelt. Fundorte: Ilfeld/Harz, Thüringer Wald, Cornwall/England, Neuschottland/Kanada.

**Mangankiesel** (pl), irreführende und veraltete Bezeichnung für ein Mineralgemenge von Quarz mit Rhodonit oder für zersetzten →*Rhodonit*.

**Manganknollen**, Mangan-Eisen-Konkretionen der Tiefsee, werden mit Schleppnetzen geborgen. Es wird geschätzt, daß sie 10% (und mehr) des Ozeanbodens bedecken. Die M. weisen eine konzentrischschalige Ausbildung auf und lassen im Kern gelegentlich Bruchstücke magmatischer Gesteine, Sedimente oder Fossilien erkennen. Zu den Mangan-Eisenverbindungen treten jeweils geringe Mengen von Ti, Al, Cu, P, Ni, Co und andere Elemente.

**Manganomelan** (m), Sammelbezeichnung für verschiedene Manganoxide, wie →*Psilomelan*, →*Wad* u. a.

**Manganschaum** →*Wad*

**Manganspat**, andere Bezeichnung für →*Rhodochrosit*.

**Mantel**, *Erdmantel*, s. →*Erde Aufbau*.

**Margarit** (m), $CaAl_2(OH)_2(Si_2Al_2O_{10})$, *Kalkglimmer, Perlglimmer*, ein Silikat der → *Glimmer*-Gruppe. H 3–4, D 3,0, X-System: monoklin. Form: dünntafelige, blättrige, pseudohexagonale Aggregate, Farbe: weiß, perlgrau, rötlichweiß. Durchscheinend;

starker Perlmuttglanz. Vollkommene Spaltbarkeit, Bruch spröde. M. kommt in Chloritschiefern und auf Smirgellagerstätten vor. Fundorte in Tirol, Griechenland, USA und UdSSR.

**marginal**, Bezeichnung für mehr oder weniger abgeschnittene Randbuchten. Meeresrandbuchten bezeichnet man als *marin-marginal*. In m.en Becken können unter bestimmten paläogeographischen und klimatischen Voraussetzungen Salzlager ausgeschieden werden.

**Marialith** (m), Natrium-Endglied der →*Skapolith*-Mischreihe, ein Silikat; das Calcium-Endglied der Skapolithgruppe ist →*Mejonit*.

**Marienglas**, alte volkstümliche und heute nicht mehr gebräuchliche Bezeichnung für durchsichtige, glasklare Gips- oder Muskovitplatten.

**marin**, Bezeichnung für alle das Meer betreffenden Erscheinungsformen und Bildungen.

**Markasit** (m), $FeS_2$, *Speerkies, Kammkies,* Tieftemperaturmodifikation eines Eisensulfides, H 6 – 6,5, D 4,8 – 4,9, X-System: rhombisch. Form: meist tafelig bis stengelig und oft zu zackigen, spitzigen Kristallgruppen vereinigt; auch derb, radialstrahlig. Farbe: messinggelb bis blaß bronzegelb. Undurchsichtig; Metallglanz. Spaltbarkeit schlecht, Bruch uneben. Erkennen: Unterscheidet sich von Pyrit durch die Speerform der Kristallenden und die etwas blassere Farbe. M. bildet sich bei Temperaturen unter 450° C in hydrothermalen Gängen, die Zink- und Bleierze enthalten; häufig diagenetische Bildung in Sedimenten. Fundorte: bei Aachen, Wiesloch, Clausthal, in Bolivien. □

**Marmor** (m), gesteinskundlich auf metamorphosierte Kalksteine oder Dolomite mit körnig-kristallinem Gefüge beschränkt, werden in den technischen Berufen alle schleif- und polierfähigen Kalksteine als M. bezeichnet. M.e entstehen durch Gebirgsdruck bei der Regionalmetamorphose oder im Kontakt mit Gesteinsschmelze (Kontaktmetamorphose). In beiden Fällen findet eine Sammelkristallisation von Calcitkristallen statt, und die ursprüngliche dichte und unregelmäßige Kalksteinstruktur wird in ein gleichmäßiges, mittel- bis feinkörniges Gefüge umgewandelt. Die Vorkommen des M.s sind in Gebirgen weltweit verbreitet, Carrara in der Toskana ist seit der Antike durch seine Marmorbrüche bekannt. □

**Marsch** (f), *Marschen*, von Seen und Wasserarmen durchsetzte, sumpfige, eingedeichte, fast ebene Landfläche an Flachküsten und den zugehörigen Flußläufen, meist aus Feinsanden und Schlick aufgebaut. Man unterscheidet *Flußmarsch* und *Seemarsch*. Die im gleichen Gebiet sich anschließende, höher gelegene, glaziale Aufschüttungslandschaft mit Heidebedeckung oder lichtem Kiefernwald wird *Geest* genannt (als Endsilbe -gast häufig in Ortsnamen vertreten).

**Marschboden** Bodentyp der →*Marsch*, nach Entsalzung, Durchlüftung und Dränung fruchtbar.

**Marsupides**, stiellose Seelilie (→*Crinoidea*) der Kreide mit auffallend großen, gerippten Platten, fossil in Europa und Nordamerika verbreitet.

**Masse**, andere Bezeichnung für einen verfestigten Teil der Erdkruste, der keine alpinotype Orogenese mehr zuläßt, s. auch →*Kraton*.

**Massenbewegung**, unter Einfluß der Schwerkraft auf geneigten Flächen stattfindende Bewegung lockerer Gesteinsmassen (z. B. →*Gekriech*) ohne wesentliche Mitwirkung bewegter Medien; s. auch →*Denudation*.

**Massengesteine**, andere Bezeichnung für magmatische Gesteine (→*Magmatite*).

**Massenkalke**, Bezeichnung für ungeschichtete Kalke, z. B. Riffkalke (aus Korallenstöcken gebildet).

**Massentransport**, die Verfrachtung von Abtragungsmaterial (Verwitterungsmaterial, Gesteinstrümmer) durch bewegte Medien (Wasser und Eis); der M. steht im gewissen Gegensatz zur →*Massenbewegung*.

**Massiv** (n), Bezeichnung für: 1. geschlossene Gebirgseinheit (*Gebirgsmassiv*) als ungegliederter, gedrungener Gebirgskörper; 2. durch Abtragung freigelegter Intrusionskörper, Pluton (*Tiefengesteinsmassiv*); 3. durch Hebung und langzeitige Abtragung freigelegter, geschlossener Komplex gefalteter und metamorphosierter Gesteine (*Grundgebirgsmassiv*); 4. im Deckengebirge auftretendes *autochthones Massiv* (beispielsweise in den Alpen: Mercantour-, Pelvoux-, Montblanc-, Aare- und Gotthard-Massiv).

**Mastodon**, ausgestorbene, große Elefantenart, die im Jungtertiär weit verbreitet war.

**Mastodonsaurus**, Riesenlurch des frühen Mesozoikums, wies bis 4 m Länge auf.

**Matrix** (f), Bezeichnung für die Grundmasse in Effusivgesteinen und die Bindemittel in Sedimentgesteinen.

**Mattkohle**, *Durit*, matte Streifen in der →*Steinkohle* mit hohen Anteilen flüchtiger Bestandteile.

**Maucherit** (m), $Ni_{11}As_8$, ein Arsenid, wird in der →*Klassifikation der Minerale* den Sulfiden zugeordnet. H 5, D 8,0, X-System: tetragonal. Form: selten gute Kristalle, meist dünne Täfelchen mit gestreiften Randflächen; gewöhnlich derb. Farbe: silberweiß mit rötlicher Tönung. Undurchsichtig; Metallglanz. Schwer von Nickelin zu unterscheiden. M. kommt auf Klüften im Mansfelder Schiefer vor; in Kanada verbreitet; meist verwachsen mit Nickelin und Chloanthit.

**Meandrina**, kolonienbildende Koralle (Hirnkoralle), Eozän – Neuzeit; fossil in Südamerika, Europa und Westindien verbreitet.

**Meandropora**, Moostierchen (→*Bryozoen*) des Pliozäns, Ordnung *Cyclostomata*; Zoarien (Kolonien) massig, aus zylindrischen Röhren aufgebaut; fossil in Europa anzutreffen.

**Mediomorpha**, mittelgroße Muschel, Silur bis Perm, mit Ornamentierung aus konzentrischen Streifen; fossil in Europa, Nordamerika und Asien anzutreffen.

**Meer**, *Ozean*, zusammenhängende, durch die Kontinente gegliederte Wasserfläche mit eigenem Gezeitenablauf. *Nebenmeere* erstrecken sich oft weit in die Festlandsmassen. Formen des Meeresbodens sind u. a.: Gräben, Rücken, Becken, Mulden, Schwellen, Plateaus, Rinnen, Riffe, Kuppen. Festlandsformen setzen sich zum Teil im Schelfbereich und am Kontinentalabhang fort.

Geologisch von Bedeutung sind Transgressionen und Regressionen, vor allem aber der Meeresboden als Sedimentationsraum.

**Meeressedimente**, *marine Sedimente*, Ablagerungen des Meeres aus vom Lande zugeführtem (Flüsse, Wind, Eis) Abtragungsmaterial und Massen erhaltungsfähiger Organismenreste sowie chemische Bildungen. Etwa 8% der Weltmeerfläche bilden die *Flachseeablagerungen*, wie 1. *litorale Sedimente* als Strand-, Delta- und Lagunenablagerungen sowie Strandstreifen; 2. *neritische Sedimente* als Ablagerungen auf dem Schelf; 3. *bathyale Sedimente* am äußeren Schelfrand oder in Senken im Schelf. *Tiefseeablagerungen* erstrecken sich über ca. 92% der Weltmeerfläche und werden als →*pelagische* Sedimente festlandsfern in großer Tiefe gebildet. Hierzu werden die *hemipelagischen Sedimente* an den Kontinentalhängen und die *eupelagischen Sedimente* des Tiefseebodens gerechnet.

**Meeresspiegelschwankungen**, erfolgen durch Vereisung (Eiszeiten) und Abschmelzen großer Eismassen als sogenannte *eustatische M.*, sowie durch Hebung oder Senkung von Festlandsmassen (→*Isostasie*).

**Meerschaum** →*Sepiolith*

**Megagäa** (f), Bezeichnung für eine durch präkambrische Faltungen verschweißte und konsolidierte Kontinentalmasse, die lediglich durch die Meeresbecken der *Urozeane* unterbrochen wurde. Durch einen »algonkischen Umbruch«, mit dem die Regeneration großer Festlandsmassen zu mobilen Räumen verbunden gewesen sein soll, begann (nach H.

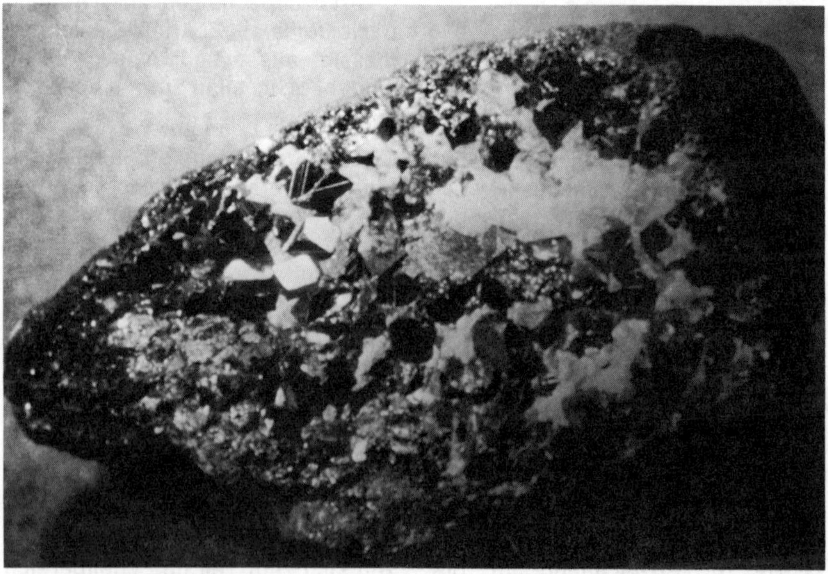

*Magnetit, Kristallstufe (Skandinavien) – schwarz, undurchsichtig.*

Stille) die Bildung der *Neogäa* mit den Urkratonen als Kerngebieten.

**Megalosaurus**, Großräuber der Carnosauria, ein Dinosaurier mit kurzen Vorderbeinen, Keuper – Unterkreide, bis 8 m lang.

**Megatherium**, ausgestorbenes, bis 7 m langes Riesenfaultier, vom Jungtertiär bis zum Pleistozän in Amerika vertreten.

**Mejonit** (m), Calcium-Endglied der →*Skapolith*-Mischreihe, ein Silikat; das Natrium-Endglied dieser Gruppe ist →*Marialith*.

**Mélange** (f), im speziellen Sprachgebrauch Bezeichnung für einen Gesteinskörper von erheblicher Dimension (in der Karte darstellbar), der aus einer intensiv zerscherten, feinkörnigen (meist pelitischen) Grundmasse besteht, in der zahlreiche autochthone und allochthone Gesteinsfragmente unterschiedlicher Dimension und Art eingelagert sind.

**Melanit** (m), ein schwarzer Kalk-Eisen-→*Granat* mit Titangehalt, kommt häufig in nephelin- bzw. leucithaltigen Effusivgesteinen, so u. a. am Laacher See in der Eifel und am Kaiserstuhl vor.

**melanokrat**, Bezeichnung für magmatische Gesteine, die infolge Vorherrschens dunkler Gemengeteile, wie Augit, Hornblende, Biotit u. a., dunkel gefärbt erscheinen, z. B. Gabbro, Lamprophyr, Basalt, Melaphyr, Diabas u. a.; Gegensatz: →*leukokrat*.

**Melanterit** (m), $FeSO_4 \cdot 7H_2O$, *Eisenvitriol*, ein Sulfat. H 2, D 1,9, X-System: monoklin. Form: gewöhnlich haarförmige, nierige, stalaktitische Aggregate, Krusten und Überzüge, Kristallform selten. Farbe: lichtgrün,

*Markasit, Kristallstufe – messinggelb, Metallglanz, undurchsichtig.*

gelb verwitternd. Durchscheinend; Glasglanz. Gute Spaltbarkeit. M. kommt als sekundäres Mineral auf Erzlagerstätten vor, u. a. bei Goslar und in Böhmen.

**Melaphyre** (pl), Bezeichnung für alte Basaltgesteine vom Typ Olivinbasalt bzw. Basalt (Plagioklasbasalt) mit feinkörnigem oder dichtem Gefüge, gelegentlich auch mit Blasenräumen (s. →*Mandelstein*). Die M. sind dunkel bis schwarz, durch Hämatit auch rötlich gefärbt; ein Teil des Mineralbestandes kann zersetzt sein, so Plagioklas in Calcit und Kaolin, Augit in Chlorit, Olivin in Serpentin, Magnetit in Hämatit. Die M. begleiten als basaltische Effusivgesteine den subsequenten Magmatismus der variskischen Gebirgsbildung und sind u. a. im Südharz, im Nahegebiet und in der Rheinpfalz anzutreffen. □

**Meleagrinella**, kleine bis mittelgroße Muschel, von der Trias bis zur Kreide weltweit verbreitet; ohrförmige Ausbuchtungen an den Wirbeln, linke Klappe konvex mit radialen, dornenbesetzten Rippen, rechte Klappe flach, allenfalls schwach gerippt.

**Meliceritites**, Moostierchen (→*Bryozoen*) der Kreide in Europa, Ordnung *Cyclostomata*; die Kolonien bestehen aus breiten verästelten Stämmen, die zahlreiche Facetten mit dreieckigen Öffnungen erkennen lassen.

**Melilith** $(Ca,Na)_2(Al,Mg)[(Si,Al)_2O_7]$, (m), ein Silikat. H 5 – 5,5, D 2,9 – 3, X-System: tetragonal. Form: dicktafelige bis kurzsäulige pseudokubische Kristalle. Farbe: häufig weißgelblich bis braun. Glasglanz. Spaltbarkeit nach der Basis. M. tritt als

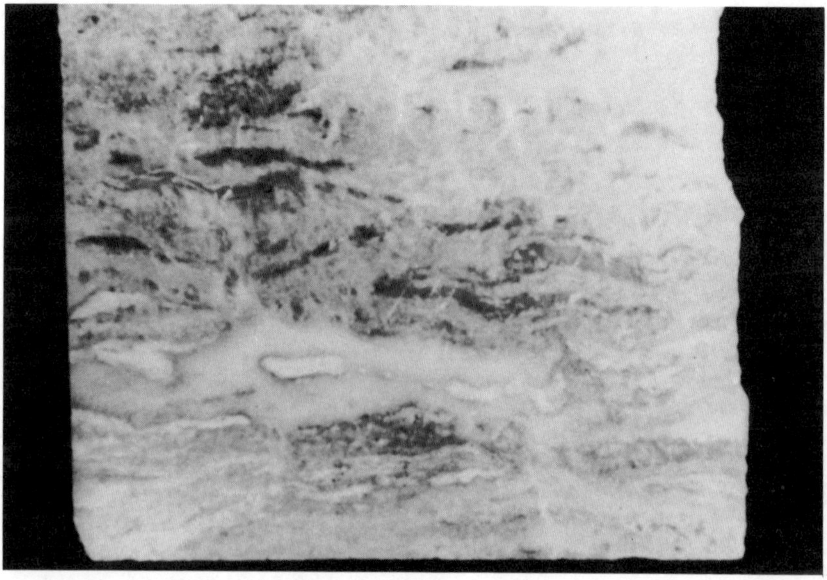

*Marmor, geschliffen (Italien).*

Gemengeteil basischer Effusivgesteine auf.

**Mellit** (m), $Al_2[C_{12}O_{12}] \cdot 18 H_2O$, *Honigstein*, organische Verbindung von gelber, brauner oder weißer Farbe (Strichfarbe weiß), kristallisiert pyramidenförmig, Aggregatform körnig, derb. Durchscheinend; Fettglanz, Glasglanz. M. findet sich in Braunkohlenlagerstätten, z. B. in Thüringen und Böhmen.

**Membranipora**, Moostierchen (→*Bryozoen*) der Ordnung *Cheilostomata*, vom Miozän an in Nordamerika und Europa vertreten, bildet krustenförmige Zoarien. Die Öffnungen sind unterschiedlich geformt. M. ist eine der verbreitetsten Bryozoen in Sedimenten der Kreide.

**Mennige** (f), $Pb_3O_4$, *Minium*, ein Oxid. H 2 – 3, X-System: tetragonal. Form: nur derb, feinkörnig, erdig, eingesprengt. Farbe: rot, Strichfarbe orangerot. Undurchsichtig; fettigmatter Glanz. M. ist ein Verwitterungsprodukt von →*Galenit*, →*Cerussit* und anderen Bleimineralen. Vorkommen u. a. bei Niedermendig/Eifel und Badenweiler.

**Mergel** (m), feinkörniges Sedimentgestein mit einem bestimmten Mischungsverhältnis von Kalk und Ton. Die einzelnen Bezeichnungen nach den prozentualen Anteilen sind (K = Kalk, T = Ton):

| | |
|---|---|
| Kalkstein | 86–95% K, 5–14% T |
| mergeliger Kalk | 76–85% K, 15–24% T |
| Mergelkalk | 66–75% K, 25–34% T |
| Kalkmergel | 36–65% K, 35–64% T |
| Mergel | 26–35% K, 65–74% T |
| Tonmergel | 16–25% K, 75–84% T |
| Mergelton | 6–15% K, 85–94% T |
| mergeliger Ton | 1–5% K, 95–99% T |
| Ton | 0% K, 100% T (reiner Ton). |

Beimengungen von Gips, Dolomit, oder Sand führen zu den entsprechenden Bezeichnungen Gips-M., Dolomit-M. bzw. Sand-M. Die Farben des M.s sind rötlich, grünlich, grau bis schwarz. M.-Schiefer sind feinlagige, verfestigte M. Die während der Eiszeit verfrachteten und mit grobkörnigen Klastiten durchsetzten M. werden auch Geschiebe-M. genannt.

**Mergelschiefer**, dünnschichtige, leichtverfestigte →*Mergel*, zu denen u. a. auch die Mansfelder Kupferschiefer zu rechnen sind.

**meroedrisch**, in der Kristallographie Bezeichnung für Kristallklassen, die eine um die Hälfte oder ein Viertel geringere Anzahl von Kristallflächen aufweisen als das →*Holoeder* des gleichen Kristallsystems.

**Merycoidodon**, auch als *Oreodon* bekannt, ein ausgestorbenes, pflanzenfressendes Säugetier des Oligozäns in Nordamerika, im Mittelwesten ziemlich verbreitet; dort wird eine Schichtengruppe als Oreodonschicht bezeichnet. Der Schädel weist eine gewisse Ähnlichkeit mit dem eines Schweines auf (große obere Backenzähne).

**Mesitinspat** (m), (Fe, Mg)$CO_3$, *Ferromagnesit*, ein Carbonat. H 4, D 3,4, X-System: trigonal. Form: flache, linsenförmige Kristalle; dicht, spätig, körnig. Farbe: weiß, gelbbraun, braun. Durchscheinend; Glasglanz, Perlglanz. Gute Spaltbarkeit, Bruch spröde. M. kommt als Mischkristallbildung von →*Magnesit* und →*Siderit* auf Sideritlagerstätten vor.

**Mesoeuropa**, (nach H. Stille) variskisch konsolidierte Teile Europas; zusammen mit Teilen von Archaeoeuropa Rahmen für Neoeuropa bei bei der alpidischen Orogenese (Gebirgsbildung).

**mesokrat**, veraltete, heute nicht mehr gebräuchliche Bezeichnung für magmatische Gesteine, die man weder als →*leukokrat* (hell) noch als →*melanokrat* (dunkel) bezeichnen konnte. Heute gebräuchlich: →*mesotyp*.

**Mesolith** (m), ein Faser-→*Zeolith*, der in Form und Aussehen dem →*Natrolith* ähnelt und als dessen Varietät gelten kann.

**Mesopalaeaster**, Seestern (→*Asteroidea*) des Ordoviziums mit spitz zulaufenden Armen, von mehreren eng verwandten Formen nur schwer zu unterscheiden; fossil in Europa und Nordamerika anzutreffen.

**Mesophytikum** (n), in der Paläobotanik Bezeichnung für das Erdmittelalter, bezogen auf die Entwicklung der Pflanzenwelt; ist nicht identisch mit dem →*Mesozoikum* und reicht vom Zechstein bis einschließlich Unterkreide; gekennzeichnet durch das Vorherrschen der Nacktsamer (→*Gymnospermen*).

**Mesosiderit** →*Meteorit*

**mesotyp**, Bezeichnung für die zwischen →*melanokrat* und →*leukokrat* einzuordnenden magmatischen Gesteine; (veraltet und nicht mehr gebräuchlich: →*mesokrat*).

**Mesozoikum** (n), *Erdmittelalter*, geologisches Zeitalter und Mittelalter in der Entwicklung der Lebewesen; umfaßt die Formationen →*Trias*, →*Jura* und →*Kreide*, Dauer ca. 155 Millionen Jahre; s. auch →*geologische Formationen*.

**Mesozone** (f), mittlere Tiefenstufe bzw. mittelstarker Metamorphosegrad der Regionalmetamorphose, bei der sowohl großer hydrostatischer als auch großer gerichteter Druck und mittelhohe Temperaturen auftreten. Der charakteristische Mineralbestand weist tafelig oder nadelig ausgebildete Minerale als bevorzugte →*typomorphe Minerale* auf, die zudem Konstitutionswasser besitzen und z. T. erhebliche Korngröße erreichen können. Leitminerale sind u. a. Staurolith, Muskovit, Na-reicher Plagioklas, Phlogopit. Im Übergang zur →*Katazone* treten u. a. Pyrop, Almandin und Disthen auf. Vgl. auch →*Metamorphose*, →*Leitminerale*.

**Messingblüte** (f), andere Bezeichnung für →*Aurichalcit*.

**Metablastese** (f), Kristallwachstum bei der →*Metamorphose* durch Um- bzw. Neukristallisation von Mineralen aufgrund internen Stoffaustausches oder Zufuhr von Substanzen. Die M. ist mit der Entregelung des ursprünglich schiefrigen Ausgangsgefüges verbunden. Das durch M. veränderte Gestein wird *Metablastit* genannt, das neu- oder umgebildete Mineral als *Blast* oder *Metablast* bezeichnet.

**Metallogenese** (f), Ausdruck für die Bildung und Entwicklung von Erzlagerstätten in einem festgelegten Beobachtungsraum.

**metallogenetische Provinz**, Bezeichnung für einen Bereich, dessen →*Metallogenese* auf gleichzeitige und gleiche Bildungsvorgänge zurückzuführen ist.

**metamikt**, Bezeichnung für Kristalle, die infolge Zerstörung des Kristallgitters durch radioaktive Strahlung unter Beibehaltung der äußeren Form in einen amorphen Zustand übergeführt sind.

**metamorph**, Bezeichnung für alle Erscheinungsformen und Bedingungen der →*Metamorphose*.

**metamorphe Gesteine** → *Metamorphite*

**Metamorphite** (pl), *metamorphe Gesteine, Umwandlungsgesteine,* durch →*Metamorphose* aus anderen Ausgangsgesteinen sedimentären oder magmatischen Ursprungs gebildete Gesteine. Nach den Bildungsbedingungen unterscheidet man die Gesteine der *Kontaktmetamorphose*, wie beispielsweise Hornfelse, Fruchtschiefer, Marmore, von den Gesteinen der *Regionalmetamorphose*, zu denen neben anderen alle kristallinen Schiefer gerechnet werden. Gruppen metamorpher Gesteine, die gleiche Bildungsbedingungen (Druck/Temperatur) und charakteristische Mineralvergesellschaftungen aufweisen, werden zu *metamorphen Fazies* zusammengefaßt, so z. B. Grünschiefer-, Amphibolit-, Granulit-, Eklogit-Fazies. Diese Großfazies-Bereiche können nach ihrer Mineralzusammensetzung nochmals in Subfazies unterteilt werden. Gesteine, die einer zwei- oder mehrmaligen Metamorphose unterworfen waren, nennt man →*polymetamorph*.

**Metamorphose** (f), *Gesteinsmetamorphose*, zusammenfassende Bezeichnung für alle Veränderungen, die Gesteine unter Beibehaltung des

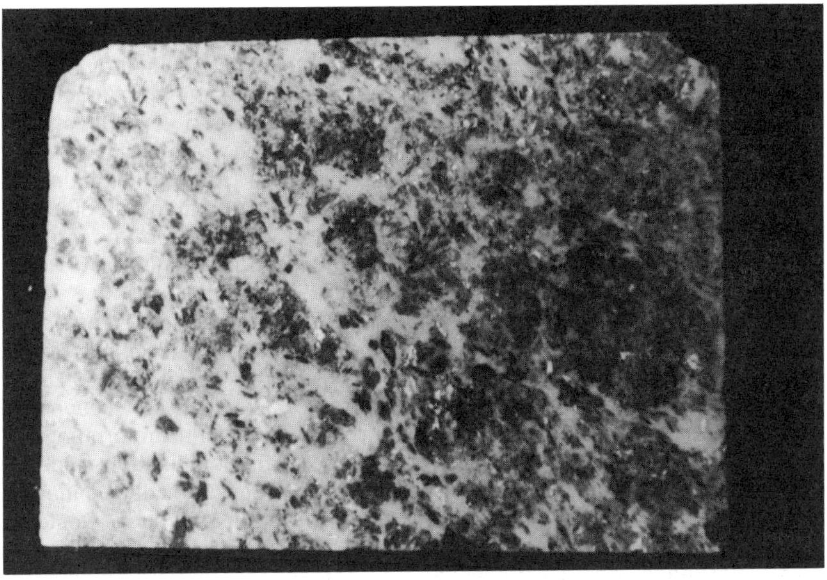

*Marmor mit Glimmer und anderen Einschlüssen, geschliffen (italienische Alpen).*

festen Zustandes durch Einwirkungen erfahren, die nicht an der Erdoberfläche stattfinden. So werden weder Verwitterung noch völlige Aufschmelzung in die begriffliche Definition einbezogen und auch die →*Diagenese* deutlich von der M. abgegrenzt. Die wesentlichen Wirkungskräfte bei der M. sind hoher Druck und hohe Temperaturen. Gesteine, die aus solchen Bildungsvorgängen hervorgehen, werden →*Metamorphite* oder metamorphe Gesteine genannt. Man unterscheidet im allgemeinen folgende Arten der Metamorphose:

A. *Autometamorphose*, bezeichnet die chemische Reaktion flüchtiger Bestandteile einer magmatischen Schmelze mit deren bereits verfestigten Teilen und ist im wesentlichen gleichbedeutend mit *Autohydratation* und *Autopneumatolyse*.

B. *Allometamorphose*, bezeichnet die eigentliche Gesteinsmetamorphose mit der Vielfalt von Bildungsbedingungen.

I. *Belastungsmetamorphose*, Umwandlungserscheinungen bei Gesteinen, die auf Veränderung von Druck und Temperatur infolge Überlagerung durch später gebildete Gesteine zurückzuführen sind.

II. *Thermometamorphose*, wird ausgelöst durch Temperaturerhöhungen, vor allem im Kontaktbereich magmatischer Schmelzen. Der Belastungsdruck ist dabei nur von untergeordneter Bedeutung. Bei stark erhöhten Temperaturen spricht man in diesem Zusammenhang auch von *Pyrometamorphose* oder von *kaustischer Metamorphose*. Ist der einwandfreie Nachweis für den Magma-Kontakt erbracht, so werden diese Vorgänge der Gesteinsumwandlung als →*Kontaktmetamorphose* bezeichnet, die entweder ohne Stoffzufuhr vom Magma erfolgen kann oder durch das diffuse Eindringen magmatogener Gase oder Lösungen bestimmt wird. Die extremste Form solcher Vorgänge bezeichnet man als *Injektionsmetamorphose*. Sowohl die Belastungs- als auch die Thermometamorphose sind der *statischen Metamorphose* zuzuordnen, da keine mechanischen Verformungen eintreten, wie dies bei den folgenden Typen in weitgehendem Maße der Fall ist.

III. *Dislokationsmetamorphose*, auch *kinetische Metamorphose* (Kinetometamorphose) oder *Dynamometamorphose* genannt, bezeichnet Vorgänge, die von Verformungserscheinungen gebirgsbildender Tektonik herrühren, ohne das Ausmaß der Regionalmetamorphose zu erreichen.

IV. *Regionalmetamorphose*, langzeitig andauernde, weite Gebiete umfassende und eine Faltengebirgsbildung (Orogenese) begleitende Metamorphose. Sie führt zu großräumigen Gesteinsumwandlungen, die häufig Merkmale verschiedener Bildungsbedingungen erkennen lassen. Diesen unterschiedlichen Bedingungen der Regionalmetamorphose trägt man durch die Gliederung in Tiefenstufen (-zonen) mit folgenden Charakteristiken Rechnung:

1. →*Epizone*, niedrige Temperatur, niedriger hydrostatischer Druck; sehr starker gerichteter Druck (»Streß«); weist sich besonders durch mechanische Umformung bei geringer Umkristallisation und geringen Korngrößen der mineralischen Bestandteile der Gesteine aus.

2. →*Mesozone*, mittlere Temperaturen, großer hydrostatischer und großer gerichteter Druck; oft beträchtli-

*Amethyst, blaßviolett (b. Idar-Oberstein).*

*Amethyst, intensiv violett (Brasilien).*

*Analcim, Kristallstufe (Dolomiten).*

*Anlauffarben auf Chalkopyrit.*

*Azurit (blau) und Malachit (grün).*

*Calcit, stengelige Kristalle (England).*

*Chabasit, Würfelzeolith (Nahegebiet).*

*Chalkopyrit auf Schwerspat (Baryt).*

*Citrin, Kristallgruppe (Columbien).*

*Coelestin.*

*Fluorit, massig (Centralmassiv Frankreich).*

*Fluorit, gängig (England).*

*Granat auf Glimmerschiefer (Zillertaler Alpen).*

*Granit, rötlicher G. (Skandinavien).*

*Kontaktgestein (Fassatal Dolomiten).*

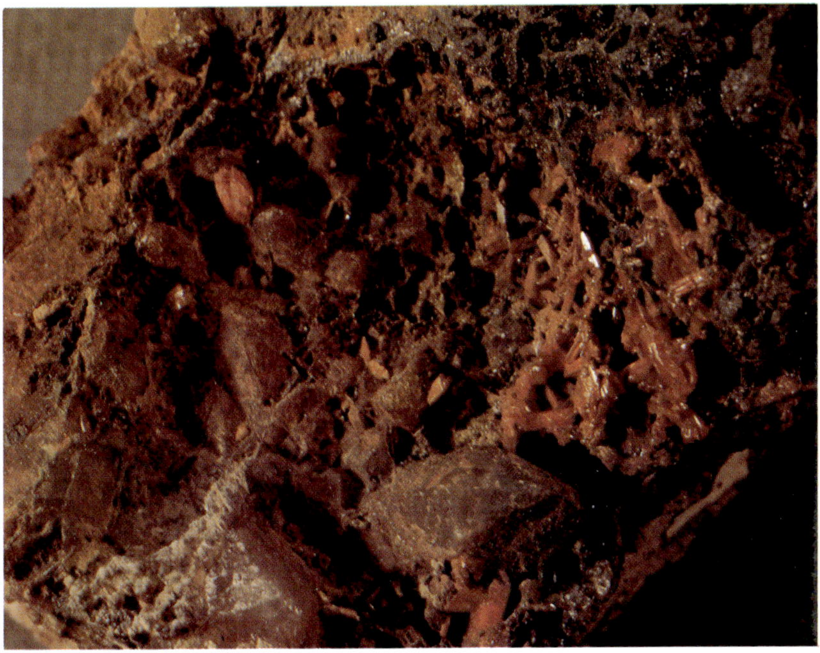

*Krokoit (SW-Afrika).*

*Kupfersulfat, synthetische Kristalle.*

*Labradorit, geschliffen, mit Farbenspiel.*

*Mimetesit als Überzug auf Quarz (b. Bad Ems).*

*Olivin, körnig (Kanarische Inseln).*

*Pyrit, Kristallzwilling (Italien).*

*Pyrrhotin (Kanada).*

*Rapakiwi (Skandinavien).*

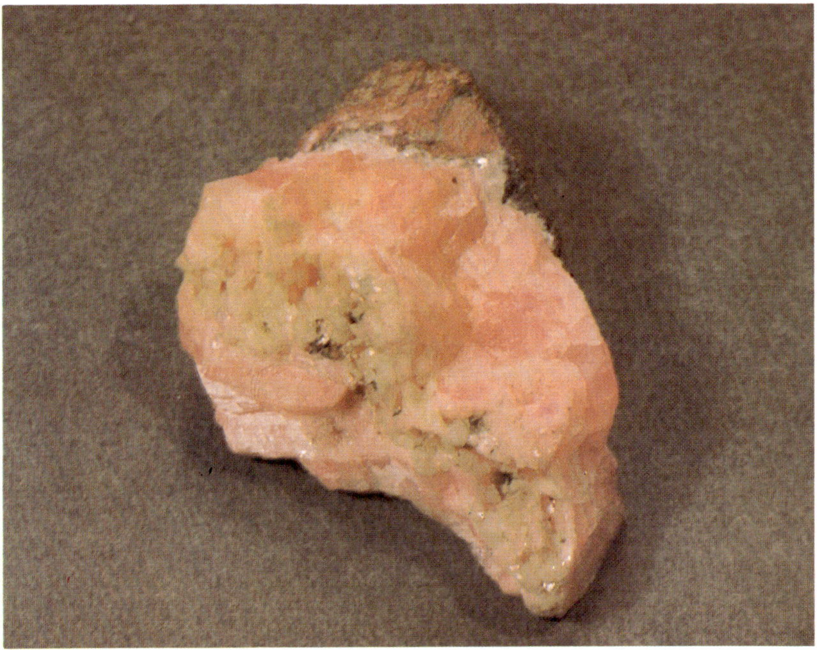

*Rhodochrosit, kristallin.*

*Rhodonit (Australien).*

*Schwefel (Sizilien).*

*Siderit (b. Saalfelden).*

*Sodalith, geschliffen.*

*Turmalin-Dravit (Zillertaler Alpen).*

*Wulfenit (SW-Afrika).*

che Ummineralisierung zu einem charakteristischen Bestand, dem z. B. tafelige oder nadelige Kristalle von gelegentlich beachtlicher Größe angehören.
3. →*Katazone*, hohe Temperatur, beträchtlicher allseitiger Druck, demgegenüber der gerichtete (»Streß«) an Bedeutung verliert; starke Um- und Neubildung von Kristallen und Mineralbestand.
Extreme Metamorphosewirkungen werden verschiedentlich unter dem Begriff *Ultrametamorphose* zusammengefaßt. Hierunter sind Vorgänge wie *Anatexis, Diatexis, Metatexis* und, als *Extremfall*, die *Palingenese* einzustufen. Alle vorgenannten Metamorphosetypen sind in der Regel voranschreitend (*progressive Metamorphose*) und nicht umkehrbar. In Ausnahmefällen ist jedoch auch eine rückschreitende Metamorphose (*Retrometamorphose*) zu verzeichnen, s. auch →*Diaphthorese*.

**metasomatisch**, Bezeichnung für durch →*Metasomatose* gebildete Lagerstätten.

**Metasomatose** (f), chemischer (allochemischer) Vorgang, bei dem Gesteine durch ein Reaktionsprodukt (aus dem vorhandenen Gestein und einer zugeführten mobilen Phase) im Austausch ersetzt werden. Auf diese Weise sind z. B. die *metasomatischen* oder *Verdrängungs-Lagerstätten* entstanden (aus Kalk z. B. Sideritlagerstätten). In der Nähe magmatischer Kontakte entstandene metasomatische Lagerstätten werden auch *kontaktmetasomatische Lagerstätten* oder *Kontaktlagerstätten* genannt.

**Metatexis** (f), Prozeß der partiellen Aufschmelzung von Gesteinen. Im Gegensatz zu den →*Anatexiten* weisen die aus der Metatexis hervorgegangenen →*Metatexite* einen Bestand sowohl von – mehr oder weniger umgewandeltem – *Paläosom* (Altbestand) als auch von *Neosom*-Anteilen aplitischen, pegmatitischen oder leukogranitischen Typs auf.

**Metatexite** (pl), die bei einer *Metatexis* entstandenen Gesteine.

**Meteoreisen**, eine Nickel-Eisen-Verbindung, die sowohl in reinen Eisen- als auch in Stein-Eisen-→*Meteoriten* vorkommt.

**Meteorit** (m), ein Bruchstück kosmischer Materie, das der Erde aus dem Weltall zugeführt wird. Nach der Zusammensetzung werden *Eisenmeteorite, Steinmeteorite* und *Stein-Eisen-Meteorite* unterschieden. Im Mineralbestand weisen die M.e im wesentlichen Silikate (Olivin, Pyroxen und Plagioklas) und Nickel-Eisen-Verbindungen – Kamazit (4–7% Nickel) und Taenit (30–60% Nickel) – auf. Daneben kommt relativ häufig noch das Eisensulfid Troilit vor.
1. →*Eisenmeteorite* besitzen gewöhnlich eine sehr unregelmäßige Gestalt, gelegentlich mit tiefen Hohlräumen, Schmelzkrusten und anderen Phänomenen. Die Oberflächenfarbe ist durch die Oxidation des Eisens meist braun. Im Anschnitt sind die Flächen blank und zeigen bei Ansätzen mit verdünnter Salpetersäure die sogenannten »Widmannstättenschen Figuren«. Die Eisenmeteorite bestehen aus Nickel-Eisen-Verbindungen.
2. →*Steinmeteorite*, etwa 90% aller Meteorite, deren Fall beobachtet wurde, weisen unterschiedliche Formen auf (kugelig, kegelförmig oder unregelmäßig umgrenzt) und besitzen in der Regel eine stärkere Schmelzkruste. Im angewitterten Zu-

stand und in ihrer Zusammensetzung sind sie nur schwer von bestimmten irdischen Gesteinen zu unterscheiden. Nach Art des Gefüges und Mineralbestandes unterscheidet man *Chondrite* – ca. 40% Olivin, 30% Pyroxen, 10% Plagioklas, 5–20% Nickeleisen und 6% Troilit – von den weitaus selteneren *Achondriten*, die grobkörniger und in ihrer Zusammensetzung variabler sind.
3. →*Stein-Eisen-Meteorite* bestehen etwa zur Hälfte aus Nickel-Eisen und zum anderen aus Silikaten. Nur etwa 4% aller Meteorite gehören dieser Gruppe an. Bei den *Pallasiten* sind deutlich begrenzte Kristalle von Olivin in eine Grundmasse aus Nickeleisen eingebettet, die *Mesosiderite* weisen einen ungleichmäßig verteilten Mineralbestand auf.
Die Stellung der →*Tektite* als kosmische Materie ist sehr umstritten.

**Meteoritenkrater**, *Meteorkrater*, durch den Aufprall (oder die Explosion) eines (tonnenschweren) →*Meteoriten* auf der Erdoberfläche entstandener, schüsselförmiger Krater. Beispiele von M.n sind: Hoba-West/Südwestafrika, Cañon diablo in Arizona (1295 m Durchmesser). Petrographische und kristallographische Untersuchungen erbrachten den Nachweis, daß es sich bei dem Nördlinger Ries in Süddeutschland ebenfalls um einen (fossilen) M. handelt. Die genannten M. sind durch den Aufschlag von *Riesenmeteoriten* entstanden.

**Miargyrit** (m), $AgSbS_2$, *Silberantimonglanz*, ein Sulfid, kommt als Silbererz, H 2 – 2,5, u. a. in Sachsen, Böhmen, Kalifornien/USA vor.

**Micraster**, irregulärer Seeigel (→*Echinoidea*), Kreide – Paleozän, mit deutlich herzförmiger Form, ist als Fossil weltweit verbreitet und in Europa häufig anzutreffen.

**Microptychia**, mittelgroße, bis 6 cm hohe Schnecke (→*Gastropoden*) des Karbons; spitzkonisches Gehäuse mit eingesenkten Nähten; fossil in Europa und Nordamerika anzutreffen.

**Miemit** (m), eine →*Dolomitvarietät*, die in Form kugeliger, traubenförmiger, schaliger Aggregate in sedimentären Gesteinen und Gips vorkommt.

**Miersit** (m), 4AgJ·CuJ, ein Jodid, ist in der →*Klassifikation der Minerale* den Halogeniden zugeordnet. Kleine, lichtgelbe Tetraeder von hohem Lichtbrechungsvermögen, isomorph mit Marshit. Beide Minerale kommen u. a. auf den Silbererzgängen von Broken Hill/Neusüdwales vor.

**Migma** (n), Gesteinsschmelze, die sowohl aus palingenem (Altbestand) als auch aus juvenilem Material (zugeführter granitischer Schmelze) besteht. Aus dem M. werden durch den Vorgang der →*Migmatisierung* die →*Migmatite* gebildet.

**Migmatisierung**, Vorgang der Gesteinsbildung, bei dem durch Aufschmelzung von Gesteinen, Durchmischung mit zugeführter granitischer Schmelze (→*Migma*) und Umkristallisation der Bestandteile Mischgesteine (→*Migmatite*) entstehen.

**Migmatit** (m), grobgemengtes Gestein, das durch →*Migmatisierung* aus ortsgebundenen Altbeständen und zugeführtem granitischem Material gebildet wurde und somit eine Zwischenstellung zwischen metamorphem und magmatischem Gestein einnimmt. Nach Art des Gefüges werden M.e in *Agmatite, Diktyonite, Phlebite, Stromatite, Surreite, Ophthalmite* und *Nebulite* mit verschiedenen Zwischenstufen gegliedert.

**Migration** (f), Bezeichnung für das Wandern von Erdöl oder Erdgas vom Muttergestein zum Speichergestein durch Spalten, Risse und Gesteinsporen. Die begriffliche Definition ist auch auf andere Porenlösungen übertragen worden.

**Mikrobeben**, →*Erdbeben*, die nur mit Hilfe von Instrumenten wahrgenommen werden können.

**Mikroklin** (m), ein →*Kalifeldspat*, kommt in Form aufgewachsener Kristalle des triklinen X-Systems (Orthoklas und Sanidin sind monoklin) mit nahezu quadratischem Querschnitt in Hohlräumen von Granit und Pegmatiten, sonst als Gemengeteil von Intrusivgesteinen vor. Die grüne Varietät des im allgemeinen gelblichen M.s wird →*Amazonit* genannt und gelegentlich zu Schmucksteinen verarbeitet. □

**Mikrolit** → *Pyrochlor*.

**Mikrolithe** (pl), sehr kleine Kristallindividuen in vulkanischem Gesteinsglas. Rundliche M. werden auch *Globulite*, nadelförmige *Belonite* und haarförmige *Trichite* genannt.

**Mikromounts** (pl), kleine Mineralstufen mit winzigen Kristallen, die in der Regel nur bei starker Vergrößerung erkennbar sind. Sammlungen von M. besitzen den Vorteil eines geringen Platzbedarfes. Außerdem weisen kleine Kristalle häufig eine regelmäßigere Form auf als große Individuen.

**Mikroskopie** (f), Verwendung des Mikroskops zur Untersuchung von Mi-

*Melaphyr-Mandelstein (Nahegebiet).*

neralen und Gesteinen, s. auch →*Auflichtmikroskopie*, →*Durchlichtmikroskopie*, →*Polarisationsmikroskop*.

**Milarit** (m), $KCa_2(Be_2AlSi_{12}O_{30})(OH)$, ein Silikat. H 6, D 2,6, X-System: hexagonal. Form: säulige, hexagonale, aufgewachsene Kristalle. Farbe: farblos, grünlich, gelblich. Durchsichtig; Glasglanz. Keine Spaltbarkeit, Bruch muschelig, spröde. M. ist härter als →*Apatit*, jedoch von geringerer Härte als →*Beryll* und kommt in Pegmatiten und Klüften von Granitgesteinen u. a. im Kanton Graubünden/Schweiz vor.

**milchig**, Bezeichnung für an sich farblose Kristalle, die eine wolkige, weißliche Trübung aufweisen. □

**Millerit** (m), NiS, *Haarkies, Gelbnickelkies*, ein Sulfid. H 3–3,5, D 5,5, X-System: trigonal. Form: nadelige, haarige Kristalle in Büscheln, radialstrahlige Aggregate. Farbe: messinggelb. Undurchsichtig; Metallglanz. M. kommt auf Lagerstätten nickelhaltiger Erze und in Kohlenflözen vor, wird jedoch nirgends in größerer Menge angetroffen; Fundorte im Siegerland, Lahn-Dill-Gebiet, in der ČSSR und den USA.

**Mimetesit** (m), $Pb_5Cl(AsO_4)_3$, *Mimetit*, ein Arsenat. H 3,5, D 7,1, X-System: hexagonal. Form: Kristalle meist tonnenförmig, säulig, dicktafelig; auch nierige, traubige Aggregate; erdig, krustig. Farbe: weiß, gelb, orange, braun, grünlich, grau. Durchscheinend; Diamantglanz, auch fettig. M. ist an der hexagonalen Kristallform und der Härte zu erkennen, von →*Pyromorphit* jedoch nur schwer zu unterscheiden. Als sekundär gebildetes Mineral kommt M. auf arsenführenden Bleilagerstätten vor, u. a. bei Badenweiler, im Erzgebirge, in Cornwall/England, Südwestafrika. □

**Mindeleiszeit**, Eiszeit des mittleren Pleistozäns, entspricht der Elstereiszeit im Norden und ist zeitlich zwischen Günz- und Rißeiszeit einzuordnen; s. auch →*Eiszeiten*.

**Mindel-Riß-Zwischeneiszeit**, Warmzeitperiode zwischen Mindeleiszeit und Rißeiszeit im mittleren Pleistozän.

**Mine** (f), Sammelbezeichnung für Erz- und Mineralgewinnungsstätten, wie Gruben, Bergwerke, Stollen (z. B. Blei-M., Silber-M.).

**Mineral** (n), *Minerale* (pl), auch *Mineralien*, bezüglich chemischer Zusammensetzung und physikalischer Beschaffenheit stofflich einheitlicher Bestandteil der Erdkruste in festem (kristallin oder amorph) oder flüssigem (Quecksilber) Aggregatzustand. Die *Zuordnung* der M.e erfolgt nach ihrem Chemismus in 9 Klassen (→*Klassifikation der Minerale*). Die Kristallisationsformen sind in 32 Klassen der →*Kristallsymmetrie* zusammengefaßt, die sich ihrerseits auf 7 →*Kristallsysteme (X-Systeme)* beziehen.

*Benennung*. Für ein und dasselbe M. gibt es oft mehrere Namen bzw. Bezeichnungen, die häufig zu Verwechslungen Anlaß geben. Seit langer Zeit sind deshalb vielfältige Bestrebungen darauf ausgerichtet, eine einheitliche Regelung einzuführen. Der von Alex Kipfer erarbeitete Mineralindex – erschienen bei Ott Verlag, Thun bzw. Franckh'sche Verlagshandlung, Stuttgart – bezieht sich u. a. auf die von der IMA (International Mineralogical Association) anerkannten Mineralbezeichnungen. Als umfangreiche Nomenklatur mit einem Register gebräuchlicher

*Moränen; Moränenlandschaft in der Entstehung (Venedigergebiet).*

anderer Bezeichnungen bietet dieser Mineralindex eine ausgezeichnete Handhabe zur Vereinheitlichung im deutschen Sprachraum. Die in diesem Buch angesprochenen Minerale werden deshalb unter dem im Mineralindex für gültig erklärten Namen abgehandelt; andere Bezeichnungen sind mit Hinweis versehen.
Die *Bestimmung* von M.en erfolgt in der Regel nach ihren physikalischen Eigenschaften wie *Härte, Dichte, Spaltbarkeit, Bruchverhalten, Strichfarbe, Farbe, Transparenz, Glanz* und der *Kristallform*. Aus Tracht, Habitus und Winkelkonstanz der Kristalle läßt sich auf das jeweilige Kristallsystem schließen; Säure- und Wasserlöslichkeit beziehen sich auf die jeweilige chemische Zusammensetzung.
Von den – einschließlich der Varietäten – ca. 3000 bekannten Mineralen sind nur etwa 100 wesentlich am Aufbau der Gesteine beteiligt (→*gesteinsbildende Minerale*).
Als *Schmuck* fanden einige Minerale bereits in prähistorischer Zeit Verwendung; die kunstgewerbliche Verarbeitung erreichte schon in den alten Kulturen Ägyptens und Chinas ihre erste Blüte. Das Interesse an Mineralen, sei es in Form von Schmuck- und Edelsteinen oder auch nur als Sammelobjekt – bevorzugt schöne Kristallstufen – ist bis heute nicht erlahmt. □

**Mineralart**, Bezeichnung für Minerale von gleicher oder ähnlicher chemischer Zusammensetzung.

**Mineralbestand**, die Summe aller Gemengeteile eines Gesteins, in Haupt- und Nebengemengeteile gegliedert und in prozentualen Anteilen einzelner Minerale am Volumen ausgewiesen. Der M. dient der Bestimmung und Zuordnung der Gesteine und wird in der Regel durch Messen und Zählen der einzelnen Mineralkörner ermittelt.

**Mineralbestimmung** →*Mineral*

**Mineralböden**, überwiegend aus anorganischen Bestandteilen zusammengesetzte Bodenarten, wie Lehm- oder Sandböden. Im Gegensatz hierzu werden vorwiegend aus organischen Resten bestehende Bodenarten, beispielsweise der Moorboden, als organische Böden bezeichnet.

**Mineralienkunde** →*Mineralogie*

**Mineralisatoren** (pl), flüchtige Bestandteile magmatogener Gase und Dämpfe; sind vor allem für das verstärkte Größenwachstum von Kristallen als Produkte der Restschmelzen – u. a. in → *Pegmatiten* – maßgebend.

**Mineralnamen** →*Mineral*

**Mineralogie,** *Mineralienkunde*, Wissenschaftszweig der →*Geologie*, befaßt sich mit der Entstehung, Zusammensetzung, den Eigenschaften und Vorkommen von Mineralen (und Gesteinen) und berührt die Wissensgebiete der Chemie und Physik in der Anwendung.

**Mineralquellen**, Quellen mit Mineralwasser-Ausschüttung. Als Mineralwasser wird natürliches Wasser mit mindestens 1000 mg gelöster Stoffe oder mindestens 250 mg freiem $CO_2$ je kg bezeichnet. Die gelösten Stoffe treten hauptsächlich als Chloride oder Hydrocarbonate von Na, Ca, Mg, Fe, Al in Erscheinung. Daneben kommen u. a. Fe, As, J oder S vor.

**minerogen**, Bezeichnung für: 1. aus anorganischen Bestandteilen gebildete Sedimentgesteine, bes. klastische Sedimente; 2. (im engeren Sinne) chemische Sedimente.

**Minette** (f), 1. oolithische Eisenerze des unteren Doggers in Lothringen und Luxemburg; 2. den →*Lamprophyren* zugeordnetes Ganggestein, das im wesentlichen aus Kalifeldspat, Plagioklas, Pyroxen und Biotit zusammengesetzt ist.

**Minium** →*Mennige*

**Miozän** (n), untere Abteilung des Jungtertiärs (→*Tertiär*) mit den Stufen *Aquitan, Burdigal, Helvet, Torton* und *Sarmat* sowie steirischer, attischer und rhodanischer Phase der alpidischen Faltung; weist sich durch die Bildung von Braunkohle und im Alpenvorland durch die Molassebildung aus; s. auch →*geologische Fomationen*.

**Mirabilit** (m), $Na_2SO_4 \cdot 10H_2O$, *Glaubersalz*, ein wasserhaltiges Sulfat, H 1,5, D 1,49; kommt in mehlartigen Ausblühungen oder faserigen Krusten, farblos oder weiß, auf Salzlagerstätten, schichtartig in Ton und Mergel u. a. in den Alpen, besonders aber in den ausgetrockneten Salzseen Nordamerikas und den Natronseen Ägyptens vor. M. ist im Wasser leicht löslich; erkennbar auch am bitteren Geschmack.

**Mischbarkeit** → *Mischungsreihe*

**Mischgestein** →*Migmatit*

**Mischkristalle**, durch Eingliederung von Ionen oder Atomen eines anderen Stoffes in das Kristallgitter gebildete Kristalle; die Kristallform wird dadurch nicht verändert, der prozentuale Anteil kann unterschiedlich sein (s. auch →*Mischungsreihe*, →*isomorph*).

**Mischungsreihe**, eine Gruppe →*iso-*

*Mikroklin mit Epidot und Desmin – Mikroklin weiß, durchscheinend.*

*morpher* Minerale, die untereinander Übereinstimmung im X-System, in Anzahl und Lage der Kristallgitterbausteine und eine analoge chemische Zusammensetzung aufweisen. Die M. besteht aus End- und Zwischengliedern mit meist eigenen Mineralnamen oder nur aus Endgliedern. Die Glieder der M. unterscheiden sich darin, daß jeweils nur eine Komponente in der chemischen Zusammensetzung ganz oder teilweise durch die eines anderen Stoffes ersetzt ist, ohne Änderung der Kristallstruktur. Beispiel: Bei den *Plagioklasen* ist Natrium (Na) durch Calcium (Ca) ersetzt (und umgekehrt), wobei die einzelnen Zwischenglieder – mit unterschiedlichen prozentualen Anteilen der beiden Elemente – eigene Namen tragen; zwischen *Dolomit* und *Ankerit* besteht ein stufenloser Übergang im Gehalt an Magnesium (Mg) einerseits und Eisen (Fe) andererseits, hier werden keine eigenen Mineralbezeichnungen außerhalb der Endglieder verwendet.

**Mißpickel**, alte bergmännische Bezeichnung für →*Arsenopyrit*.

**Mittagslöcher**, Bezeichnung für Schmelzlöcher an der Oberfläche des Gletschereises, die durch intensive Sonneneinstrahlung entstehen, bis zu 1 m Tiefe aufweisen und mit ihrer Achse schräg nach Süden gerichtet sind.

**Mittelatlantischer Rücken**, *Mittelatlantische Schwelle*, küstenparallel verlaufende Schwellenzone im Atlantischen Ozean, deren Oberfläche im Durchschnitt 3000 – 4000 m unter dem Meeresspiegel liegt; einzelne der höchsten Erhebungen ragen jedoch über den Meeresspiegel hinaus und bilden Inselgruppen, wie beispielsweise die Azoren. Island ist

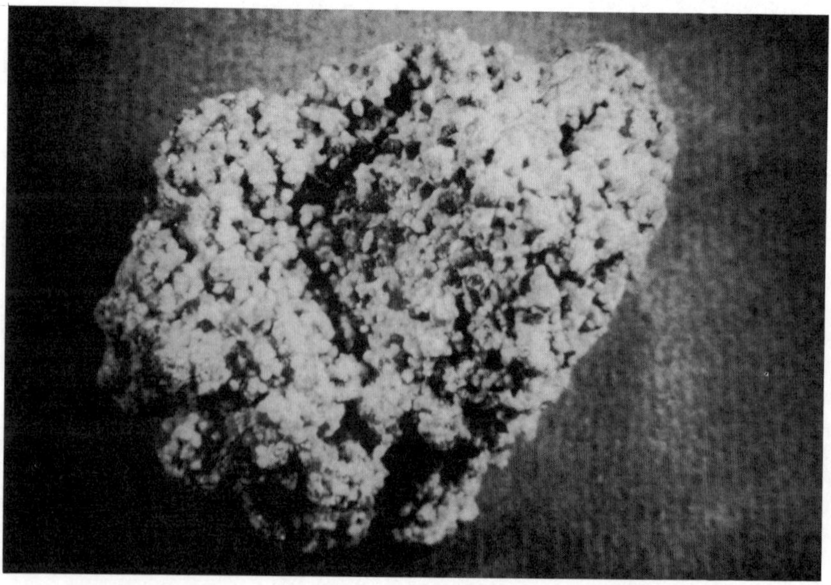

*Mimetesit, Kristallstufe – bräunlich-grau, durchscheinend.*

ebenfalls im Verlauf des M.R.s gelegen. Die Breite der Schwellenzone beträgt im Mittel ca. 1500 – 1600 km (⅓ Atlantikbreite). Der M. R. besteht fast ausschließlich aus magmatischen Gesteinen und weist eine offenbar durch Bruchtektonik gebildete Gliederung auf. In diesem Zusammenhang ist ein 20 bis 50 km breiter, einige tausend m tiefer, weitgehend sedimentfreier Zentralgraben von Bedeutung. Geophysikalische Untersuchungen deuten auf einen unmerklich ablaufenden Prozeß gewaltigen Ausmaßes in der Scheitelzone des M.R.s, bei dem in geologischen Zeiträumen fortwährend Eruptionen von basaltischen Schmelzen aus dem Erdmantel stattfinden. Dieser Vorgang wird in ursächliche Beziehung zum Auseinanderdriften von Amerika einerseits und Europa-Afrika andererseits gebracht. Da auch in den anderen Ozeanen solche Schwellenzonen mit ähnlichen Aktivitäten existieren, werden sie im allgemeinen auch als *Mittelozeanische Rücken* bezeichnet (s. auch →*Kontinentalverschiebung*, →*Plattentektonik*).

**Mitteldevon** (n), mittlere Abteilung des →*Devons*, etwa in der Mitte des Paläozoikums gelegen, mit den Stufen *Eifel* und *Givet*; s. auch →*geologische Formationen*.

**Mittelgebirge**, Bezeichnung für ein →*Gebirge* mit mäßigen Höhenunterschieden und abgerundeten Formen der Erhebungen; Gegensatz: Hochgebirge.

**Mittelmeer-Mjösen-Zone**, durch große tektonische Gräben gekennzeichnete Zone kräftiger Bruchtektonik, die sich vom Rhônegraben über den Oberrheingraben, die Hessische Senke, im Untergrund Norddeutschlands zum Oslograben und Mjösensee in Norwegen erstreckt. Die M.M.Z. setzt sich aus Teilbereichen unterschiedlichen Entstehungsalters zusammen.

**Mittelmoräne** (f), an der Vereinigungsstelle zweier Gletscherströme aus deren Seitenmoränen gebildete und sich im abwärts gerichteten Verlauf fortsetzende →*Moräne*.

**mixohalin**, Bezeichnung für Wasser mit einem Salzgehalt von 0,5 bis 30‰ ; Wasser mit höherem Salzgehalt wird *euhalin* (30–40‰) und *hyperhalin* (über 40‰) genannt.

**Mobilisation** (f), Vorgang der →*Metamorphose*, besonders aber der *Ultrametamorphose*, bei dem zuvor inmobile Gesteine mobil werden, gleichgültig, ob es sich dabei beispielsweise um Aufschmelzung, Auflösung oder Verdrängung handelt.

**Modalanalyse**, Untersuchung der Gesteine auf ihren Mineralbestand durch Auszählen und Vermessen der körnigen Bestandteile eines Teilstückes (z. B. im →*Dünnschliff* unter dem Mikroskop). Als Ergebnis der M. werden der prozentuale Anteil und die Art der einzelnen Gemengeteile ausgewiesen. Damit wird die einwandfreie Einordnung des jeweiligen Gesteins ermöglicht.

**Modifikation** (f), Bezeichnung für die Zustandsform eines chemischen Elementes oder einer Verbindung mit der Eigenschaft, in verschiedenen Kristallsystemen aufzutreten und Minerale von gleicher chemischer Zusammensetzung, jedoch unterschiedlichen Kristallkörpern auszubilden. Hierbei ist vor allem die Bildungstemperatur (Hoch- und Tieftemperaturmodifikationen) von

Bedeutung, es können jedoch auch andere physikalische Bedingungen (z. B. Druck) ausschlaggebend sein. Beispiele: Kohlenstoff (C) weist in der Natur zwei Modifikationen auf, Graphit im hexagonalen X-System, H 1 sowie Diamant, kubisch mit H 10; Modifikationen des Calciumcarbonates ($CaCO_3$) sind Calcit, trigonal, H 3 und Aragonit, rhombisch, H 3,5 – 4.

**Modiolus**, mittelgroße bis große Muschel, in ihrer Form der gemeinen Miesmuschel ähnlich, seit dem Devon weltweit verbreitet.

**Moeritherium**, ausgestorbener Vorfahr des Elefanten, etwa von der Größe eines Tapirs; fossile Reste wurden im Eozän Ägyptens angetroffen.

**Mofette** (f), kühle (unter 100° C) Exhalation (Aushauchung) von $CO_2$ (Kohlendioxid) vulkanogener Art, u. a. in der Umgebung von Neapel (Hundsgrotte).

**Mohorovičić-Diskontinuität** (f), *Moho-Diskontinuität*, von dem Geophysiker A. Mohorovičić entdeckte und später nach ihm benannte Unstetigkeitsfläche in dem Grenzbereich zwischen Erdmantel und Erdkruste; bewirkt eine sprunghafte Geschwindigkeitsänderung der Erdbebenwellen von 6,5 km/s auf 8,2 km/s.

**Mohole-Projekt**, das Projekt, mit einer Versuchsbohrung an besonders geeigneter Stelle (geringe Stärke der Erdkruste) bis zum Erdmantel vorzudringen; soll der Erforschung des Erdmantels dienen.

**Mohrenkopf**, Varietät des →*Turmalin*, bezeichnet durchsichtige Kristalle mit dunklen Enden; u. a. auf Elba anzutreffen.

**Mohrsche Waage**, Gerät zum Be-

*Mineral; Mineralgesellschaft von Quarz und Zeolith in Effusivgestein.*

stimmen des spezifischen Gewichtes von Flüssigkeiten; findet bei der Schwebemethode zur Ermittlung der →*Dichte* von Mineralen Anwendung.

**Mohssche Skala**, nach dem Mineralogen F. Mohs benannte Härteskala mit 10 Härtegraden zur Einteilung der Minerale nach ihrer →*Härte* (Ritzhärte).

**Molasse** (f), ursprünglich eine französisch-schweizerische Bezeichnung für feinkörnige, weiche Sandsteine, heute im weiteren Sinne für die Sedimente der Rand- (Außenmolasse) und Innensenken (Innenmolasse) von Orogenen gebräuchlich; vor allem als stratigraphischer Begriff für die tertiären Schichtenserien des nördlichen Alpensaumes wie: Untere Meeresmolasse, Untere Süßwassermolasse, Obere Meeresmolasse und Obere Süßwassermolasse. Die Blättermolasse oder die oberbayerische Pechkohle gehören ebenso zu diesen Sedimenten wie die konglomeratischen Ablagerungen der →*Nagelfluh*. Die aus Abtragungsmaterial gebildeten klastischen Sedimente der M. erreichen Mächtigkeiten von mehr als 1000 m.

**Moldanubische Zone**, *Moldanubikum* (n), die südliche Zone des Variskischen Gebirges, umfaßt das französische Zentralplateau, die oberrheinischen Massive sowie die böhmische Masse und besteht aus altem Kristallin mit lückenhafter Sedimenthülle.

**Moldavite** (pl), in Böhmen aufgefundene →*Tektite*, entstanden wahrscheinlich beim Meteoriteneinschlag, der den fossilen Krater des Nördlinger Rieses bildete.

**Molekül** (n), Materieteilchen, das aus zwei oder mehreren gleicharti-

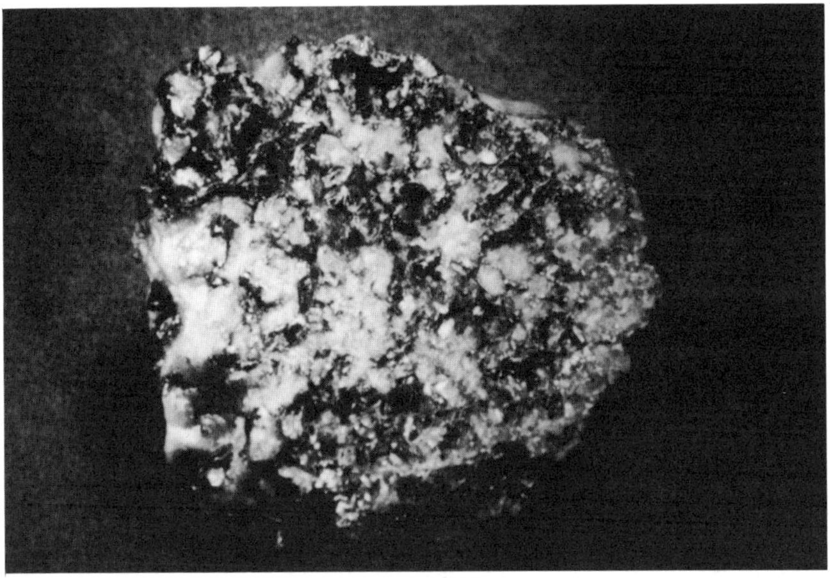

*Molybdänit auf Quarz – silbriggrau, Metallglanz, undurchsichtig.*

gen oder ungleichartigen Atomen besteht und die wesentlichen stofflichen Eigenschaften einer chemischen Verbindung aufweist. Die Masse eines M.s liegt zwischen $10^{-24}$ und $10^{-20}$g.

**Mollusken**, *Weichtiere*, formenreicher und fossil bedeutendster Stamm der Invertebraten (Wirbellosen), dessen älteste Vertreter aus dem Unterkambrium stammen. Wichtigste Klassen sind die Muscheln (*Lamellibranchiata, Bivalven*), Schnecken (*Gastropoden*) und Kopffüßer (*Cephalopoden*).

**Molybdänglanz**, andere Bezeichnung für →*Molybdänit*.

**Molybdänit** (m), $MoS_2$ *Molybdänglanz*, ein Sulfid. H 1–1,5, D 4,6–4,8, X-System: hexagonal. Form: tafelige, sechsseitige Kristalle, blättrige und schuppige Massen. Farbe: blaß bläulichgrau, Strichfarbe grünlichgrau. Undurchsichtig; metallischer Glanz. Erkennbar an der Strichfarbe, in dünnen Blättchen biegsam. M. kommt sehr häufig vor, aber nie in größeren Mengen, als akzessorischer Bestandteil von Graniten und Granitpegmatiten, in Quarzgängen und kontaktmetamorphen Lagerstätten. M. ist das wichtigste Erz zur Gewinnung von Molybdän; größte Lagerstätten in Colorado/USA. Weitere Fundorte sind im Riesengebirge, in Spanien, Cornwall/England, Skandinavien und Kanada gelegen. □

**Molybdänocker**, andere Bezeichnung für →*Molybdit*.

**Molybdate** (pl), Salze der Molybdänsäure (z. B. →*Wulfenit*, $PbMoO_4$), sind mit den Sulfaten, Chromaten und Wolframaten in der Klasse 6 der →*Klassifikation der Minerale* zusammengefaßt.

**Molybdit** (m), $MoO_3$, *Molybdänocker*, ein Oxid, H 2, D 4–4,5, X-System: rhombisch. Form: natürliche Kristalle sehr selten; meist eingesprengt oder faserige Aggregate, auch erdig. Farbe weiß, gelblich. Durchscheinend; Seidenglanz, matt. Deutliche Spaltbarkeit. M. ist ein Verwitterungsprodukt von Molybdänit und anderen Molybdänmineralen und kommt u. a. in Sachsen, Pfitsch/Südtirol, Skandinavien, USA vor.
Als Molydänocker wird auch *Ferrimolybdit* bezeichnet; dieses Mineral, $Fe_2(MoO_4)_3 \cdot 7H_2O$, ist jedoch ein Molybdat und kommt zusammen mit M. vor, da es sich gleichermaßen um ein Verwitterungsprodukt handelt.

**Monadnock** (m), nach einem Berg in New Hampshire/USA gewählte andere Bezeichnung für →*Härtling*.

**Monatssteine**, *Geburtssteine*, Bezeichnung für Edel- bzw. Schmucksteine, die einem alten volkstümlichen Brauch zufolge dem Geburtsmonat zugeordnet und als Talisman getragen wurden.
Januar: Granat und Rosenquarz
Februar: Amethyst und Onyx
März: Turmalin und Jaspis
April: Diamant, Saphir und Bergkristall
Mai: Smaragd und Chrysopras
Juni: Mondstein und Perlen
Juli: Rubin und Carneol
August: Onyx und Sardonyx
September: Peridot
Oktober: Aquamarin und Opal
November: Topas und Tigerauge
Dezember: Zirkon und Türkis.

**Monazit** (m), (Ce,La,Th)$PO_4$, *Turnerit*, ein Phosphat. H 5–5,5, D 4,8–5,5, X-System: monoklin. Form: kleine Kristalle kurzprismatisch oder tafelig, große Kristalle meist mit gestreiften Flächen. Farbe: gelb bis dunkelbraun, auch grünlich. Durchscheinend; Harzglanz bis wachsglänzend. Erkennen: Weicher als Zirkon, dem M. gelegentlich ähnelt; deutliche Spaltbarkeit, Bruch uneben. Vorkommen: akzessorischer Bestandteil von Granit und Pegmatiten, in Gneisen und auf Klüften von Silikatgesteinen. Fundorte im Alpenraum (Prägraten und Binnatal), in Auswürflingen am Laacher See; Skandinavien, Brasilien, USA, besonders schöne Kristalle auf Madagaskar. In Sanden angereichert, wird M. als Rohstoff für die Isolierung von Cer und Thorium gewonnen.

**Mondgestein**. Die chemische Untersuchung der M.sproben, die von den Apollo-Unternehmungen und unbemannten Luna-Raumfahrzeugen zur Erde gebracht wurden, erlaubt heute sehr detaillierte Aussagen über die Beschaffenheit des Erdtrabanten. Die lunaren Basalte bestehen hauptsächlich aus Plagioklas, Pyroxen und Ilmenit. Die →*Plagioklase* weisen einen Anorthitgehalt von 60 bis 100% auf. Unter den Pyroxenmineralen tritt ein auf der Erde unbekanntes Mineral, Pyroxferriot (Ca,Fe)-$SiO_3$, auf. Neue Minerale sind außerdem Chromolivin $CrSiO_4$, Armacollit und ein Eisentitanspinell. Die radiometrische Altersbestimmung der magmatischen Gesteine ergab ein Alter von 3–4 Milliarden Jahren. Minerale von der Mondoberfläche zeigen Deformationsstrukturen, wie sie auch in der Umgebung von irdischen Meteoritenkratern auftreten. Ein hoher Prozentsatz der Lockerprodukte auf der Mondoberfläche besteht aus Gesteinsglaskügelchen. $H_2O$ und $CO_2$ sind in den Proben nicht enthalten; niedrig ist der Gehalt an Nickel, Kobalt, Iridium und Gold.

**Mondstein**, Bezeichnung für perlartig bläulich schillernden Kalifeldspat (→*Sanidin*, →*Orthoklas oder* →*Adular*). Der wogende Lichtschimmer wird durch feinste Fremdeinschlüsse hervorgerufen. M. kommt in Gesteinsklüften und Pegmatiten vor. Besonders schöne Exemplare werden auf Ceylon angetroffen.

**Mondtide** (f), ausschließlich von der Anziehungskraft des Mondes hervorgerufener Teil der Gezeitenerscheinung; in ihren Ausmaßen bei Vollmond oder Halbmond, jedoch nicht bei Neumond erkennbar.

**Monocotyledonen**, *Einkeimblättrige*, eine Klasse der Bedecktsamer (→*Angiospermen*),

**Monograptidae** (pl), ausgestorbene, kolonienbildene planktonische Tiere (→*Graptolithen*) mit einzeilig angeordneten Theken, im Silur weltweit verbreitet.

**monoklin**, eines der sieben →*Kristallsysteme.*

**Monokline** (f), *Monoklinalfalte*, gleichbedeutend mit →*Flexur*.

**monomikt**, Bezeichnung für Gesteine, die aus Komponenten gleicher Art zusammengesetzt sind, z. B. Gipsgestein, reiner Kalk, reiner Quarzit.

**monomineralisch**, Bezeichnung für Gesteine, die nur aus einer einzigen Mineralart bestehen, z. B. Gips, Quarzit usw.; Gegensatz: →*polymineralisch.*

**Mont** (n), unterste Stufe des *Paleozäns* im →*Tertiär.*

**montan**, Bezeichnung für: 1. gebirgig; 2. den Bergbau und die Schwerindustrie.

**Monticulipora,** Moostierchen (→*Bryo-*

*zoen*) des Ordoviziums, Ordnung *Trepostomata,* mit dichten, massigen Wachstumsformen, seltener verästelt oder blattähnlich; fossil in Nordamerika anzutreffen.

**Montlivaltia**, Einzelkoralle der Ordnung *Scleractinia*; große zylindrische Formen oder länglich gedrungene Kegel mit kreisrundem Querschnitt; fossil im Mesozoikum weltweit verbreitet.

**Montmorillonit** $Al_2[(OH)_2|Si_4O_{10}] \cdot nH_2O$, (m), ein Silikat. Wichtiges Tonmineral, das Wasser durch innerkristallines Quellen aufnehmen kann. Adsorbiert auch Öl und Fette, zeigt thixotrope (→*Thixotropie*) Eigenschaften (Nachteil für Baugrund), anwesend als Thixoton in Erdölmineralen. Alle Eigenschaften stark mit dem Wassergehalt schwankend; fast nur feinerdige, amorph erscheinende Massen. Milde, zerreiblich. M. ist ein wesentlicher Bestandteil vieler Bodenarten. Besonders reine M.e sind aus vulkanischen Tuffen oder Pegmatiten entstanden.

**Monzonit** (m), nach dem Berg Monzoni, Fassatal/Dolomiten benanntes →*Intrusivgestein* der Syenitgruppe, vereinigt verschiedene Abarten syenitisch-dioritisch zusammengesetzter Gesteine, in denen Plagioklase, Kalifeldspäte, Pyroxene und Biotit variieren; Quarz fehlt völlig im Bestand. Das Gefüge ist mittel- bis grobkörnig und ähnelt im Aussehen granitischen Gesteinen. M. kommt im Fassatal/Italien, in Schweden, Bulgarien und USA vor.

**Moor** (n), *Bruch*, alle natürlichen Vorkommen mit Torfbildung, durch Anhäufung großer Mengen organischer Substanz unter Sauerstoffabschluß entstanden. Je nach Entstehung werden *topogenes M.*, das seine Feuchtigkeit aus nährstoffreichen Gewässern bezieht, und *ombrogenes M.*, dessen Pflanzen ihren Feuchtigkeitsbedarf aus der nährstoffarmen Luftfeuchtigkeit decken, unterschieden. *Flachmoore*, auch Niedermoor oder Niederungen-M. genannt, bilden sich häufig durch Verlandung (*Verlandungs-M.*) stehender Gewässer, durch dichte Rasen, die auf dem Wasser schwimmen, oder durch Versumpfung. *Hochmoore* entstehen in einem sehr niederschlagsreichen und kühlen Klima und weisen eine typische Oberflächenform, eine uhrglasförmige Aufwölbung auf. Sie bilden sich entweder direkt auf Mineralboden oder auf Flachmooren. Wasserspeichernde Torfmoose können einen ganzen Wald zum Absterben bringen.

**Moorausbruch**, durch starke Übersättigung mit Niederschlagswasser herbeigeführter Ausbruch eines stark gewölbten Hochmoores; dabei treten unter Umständen kilometerlange Schlammströme auf, die große Verwüstungen anrichten können.

**Moorboden**, durch den Einfluß von Grund- oder Stauwasser stark durchfeuchteter Boden, der aus organischen Substanzen besteht.

**Moorerde**, die oberste Schicht von Flachmooren, aus Humus bestehend. M. findet u. a. als Heilerde Verwendung.

**Moosachat**, durchscheinende bis durchsichtige →*Chalcedon*-Varietät mit *dendritisch* gebildeten, grünen oder bräunlichen, moosähnlichen Einschlüssen. □

**Moostierchen** →*Bryozoen.*

**Moräne**, Gletscherablagerung des

vom Eis mitgeführten Abtragungsmateriales (Gesteinstrümmer, →*Geschiebe*). Dabei wird nicht nur Material transportiert, das vom Eis gelöst wurde (→*Glazialerosion*), sondern in erheblichem Maße Gesteinstrümmer, die u. a. durch Steinschlag auf die Gletscheroberfläche gelangt sind. Man unterscheidet *bewegte M.n* – hierzu zählen neben den *Unter-* und *Innen-M.* vor allem die *Ober-M.* mit *Seiten-M.* und *Mittel-M.* – sowie *abgelagerte M.n*, zu denen *Grund-M.* und *Wall-M.* mit *Rand-* oder *End-M., Stirn-M.* und *Ufer-M.* gerechnet werden. Außerdem sind als Sammelbezeichnung für die vorgenannten Erscheinungsformen auch *Wander-M.* und *Stapel-M.* gebräuchlich. Die nach Abschmelzen der Gletscher (bes. eiszeitl. Vergletscherung) sich darbietende Landschaftsform wird als *Moränenlandschaft* bezeichnet. Nach dem Alter und dem Grad der Verfestigung unterscheidet man *Jung.-M.*, deren Form noch deutlich erkennbar und deren Material noch wenig verwittert und gering verfestigt ist, sowie *Alt-M.*, aus frühen Eiszeiten stammend. □

**Morenosit** (m), *Nickelvitriol*, ein smaragdgrünes bis grünlichweißes Nickelsulfat, kommt als Verwitterungsprodukt haarförmig, derb und in Form von Ausblühungen auf nickelhaltigen Erzen vor.

**Morganit** (m), eine rosenrote, durchsichtige Edelsteinvarietät des →*Beryll*, kommt auf Madagaskar, in Kalifornien und Brasilien vor, ist jedoch weitaus seltener anzutreffen als (beispielsweise) Aquamarin.

**Morion** (m), andere Bezeichnung für →*Rauchquarz*, besonders jedoch für sehr dunkle, nahezu schwarze Kristalle oder Kristallgruppen ge-

*Moosachat, geschliffen (Brasilien) – farblos mit grünlichen Einschlüssen.*

bräuchlich. Besonders schöne und große Kristalle werden (wenn auch nur selten) u. a. im Aaremassiv in den Schweizer Alpen, in Brasilien und Korea angetroffen.

**Moroxit** (m), blaugrüne, durchsichtige Varietät des →*Apatit.*

**Morphogenese** (f), in der →*Geomorphologie* das Ergebnis einer *morphologischen Analyse* der Entstehung von Oberflächenformen der Erde.

**Morphographie** (f), beschreibende Form der →*Geomorphologie.*

**Morphologie** →*Geomorphologie*

**morphologische Wertigkeit**, Bezeichnung für das Verhalten eines Gesteins unter Einwirkung exogener Kräfte. Die m. W. ist abhängig von der Beschaffenheit des Gesteins und den klimatischen Verhältnissen.

**Morphometrie** (f), auch *Morphoskopie,* Methode zur Erfassung der äußeren Form von Bestandteilen klastischer Sedimente, um die Entstehungsbedingungen zu ergründen.

**Mortoniceras**, ein großer, weltweit verbreiteter →*Ammonit* der Kreide, 15–25 cm Durchmesser, abgeflacht mit kräftigem, von Seitenfurchen begleitetem Kiel und kräftig ausgebildeten Rippen.

**Mosasaurier**, 1,5 bis mehr als 10 m lange, ausgestorbene Meeresreptilien der Oberkreide Europas und Nordamerikas.

**Moschellandsbergit** →*Amalgam*

**Mosor** (m), ein →*Fernling* (Restberg) in Karstgebieten.

**Mottramit** (m), $Pb(Cu,Zn)[OH|VO_4]$, ein Vanadat. H 3,5, D 5,9–6,2, X-System: rhombisch; Form: säulige Kristalle mit pyramidalen Endungen, meist jedoch krustig, radialstrahlig, warzig oder traubig. Farbe: braun, mehr rötlich oder grünlich, schwarz; Strichfarbe gelb bis gelbbraun. Durchscheinend bis undurchsichtig; Diamantglanz, fettig. Keine Spaltbarkeit, Bruchverhalten spröde bei muscheliger Bruchfläche. M. kommt auf Blei-Zinkerzlagerstätten vor.

**Mourlonia**, Schnecke (→*Gastropoden*) des Ordoviziums bis Perms mit konisch gewundenem Gehäuse; Naht tief, Kiel mit zwei bis drei Wülsten.

**Mudd** (m), graues bis schwärzliches, stark wasserhaltiges Ostsee-Sediment; marines Äquivalent zur limnischen →*Gyttja.*

**Mudde** (f), aus organischen Substanzen bestehendes Sediment, das unter Sauerstoffabschluß einem Fäulnisprozeß unterliegt. *Kalkmudde* bildet einen Übergang zur *Seekreide, Torfmudde* ist ein Ausflockungsprodukt der im Wasser befindlichen Humuskolloide.

**Mühlsteinlava** (f), technische Bezeichnung für poröse, von Blasenräumen durchsetzte basaltische Gesteine der Eifel; früher zur Herstellung von Mühlsteinen verwendet, heute als Baustoff genutzt.

**Mulde**, 1. im allgemeinen für eine längliche, von ansteigenden Böschungen begrenzte Hohlform; 2. Synklinale, Teil einer →*Falte.*

**Muldentäler**, Täler mit muldenförmigem Querschnitt, besonders wenn sie tektonischen Mulden folgen.

**Mull** (m), durch Bodenkleintiere umgewandelte und mit Bodenmineralen vermengte Humusform.

**Mundloch**, Bezeichnung für den fast immer über der Talsohle gelegenen Ausgang (Mündung) eines Stollens.

**Mure**, Schlammstrom mit Trümmermaterial, der sich infolge starker Durchnässung vor allem im Hochgebirge zu Tale wälzt und erhebliche Zerstörungen hervorrufen kann.

**muriatisch**, Bezeichnung für kochsalzhaltige Quellen.

**Muschelkalk** (m), 1. Kalkstein mit hohem Gehalt an tierischen Schalenresten, die allerdings in viel höherem Maße von Brachiopoden als von Muscheln stammen; 2. mittlere Abteilung der →*Trias*; s. auch →*geologische Formationen.*

**Muschelmarmor** →*Lumachelle*

**Muscheln**, *Bivalven, Lamellibranchiata*, eine Klasse der →*Mollusken* mit kopflosem, von zwei Klappen umschlossenem Weichkörper. Die M. sind seit dem Kambrium verbreitet.

**Muskovit** (m), $KAl_2(OH,F)_2(AlSi_3O_{10})$, ein der Glimmergruppe zugeordnetes Silikat. H 2–3, D 2,8–2,9, X-System: monoklin, pseudohexagonal. Form: Kristalle tafelig mit sechsseitigem Umriß; blättrige, schuppige Aggregate; verstreute Blättchen. Farbe: hell, farblos, blaßgrau, bräunlich oder grünlich, silbrig schimmernd (*Katzensilber*). Durchsichtig bis durchscheinend; Glasglanz, Perlglanz. Vollkommene Spaltbarkeit, Blättchen elastisch biegsam. Erkennbar an der hellen Farbe. M. ist als gesteinsbildendes Mineral weit verbreitet, in Pegmatiten oft von beachtlicher Größe, Gemengeteil in Granit und anderen Plutoniten, kristallinen Schiefern und Gneisen. Größere Aggregate sind im Alpen-

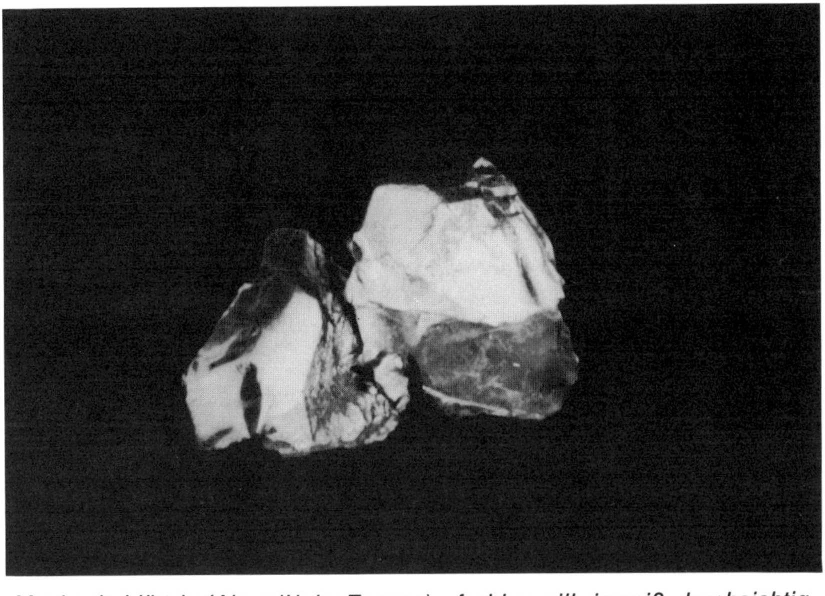

*Muskovit, blättrig (Alpen/Hohe Tauern) – farblos, silbrigweiß, durchsichtig.*

raum zu finden, Lagerstätten u. a. in Ceylon und Indien. Feinschuppiger, sekundär gebildeter M. wird auch *Sericit* genannt. *Fuchsit* ist ein chromhaltiger M. In früherer Zeit wie Fensterglas verwendet, findet M. heute industrielle Anwendung, vor allem als Isolationsmaterial in der Elektrotechnik. □

**Muskovitschiefer**, ein →*Glimmerschiefer*, bei dem →*Muskovit* die Glimmeranteile repräsentiert.

**Mutterboden**, die humusreiche, fruchtbare oberste Bodenschicht; entspricht dem A-Horizont des →*Bodenprofils*.

**Muttergestein**, 1. das unverwitterte Ausgangsgestein für die verschiedenen Bodenarten; 2. Gestein, das nutzbare Minerale (z. B. Edelsteine) enthält.

**Mya**, 3–15 cm lange, länglich flache Meeresmuschel, Oligozän-Neuzeit, fossil in Europa, Nordamerika und Asien verbreitet.

**Myameer**, nach der Muschel *Mya* benanntes, gegenwärtiges Entwicklungsstadium der Ostsee, entspricht dem *Subatlantikum*.

**Myliobatis**, ausgestorbener Rochen, von der Kreide bis zum Pliozän weltweit verbreitet; fossile Reste sind u. a. die abgeflachten Zähne.

**Mylodon**, ein ausgestorbenes Riesenfaultier, Pliozän und Pleistozän, dessen fossile Reste in Amerika angetroffen wurden.

**Mylonit** (m), feinkörniges Gesteinszerreibsel, das bei Bewegungsvorgängen in Gesteinen erzeugt wird und einen unterschiedlichen Verfestigungsgrad aufweist. Ist mit der *Mylonitisierung* eine starke Temperaturerhöhung verknüpft, so kann sich eine glasartige Gesteinsmasse bilden, ein sogenannter *Schmelzmylonit*. Durch Zerbrechung und Temperaturerhöhung angeregte Neukristallisation in M.en erzeugt *Blastomylonite*. Stark durchbewegte und zerbrochene Metamorphite, die unter Stoffzufuhr einer völligen Neukristallisation unterlagen, werden *Katamylonite* genannt.

**Mylonitisierung** →*Mylonit*

**Myrmekit** (m), Verwachsungen mikroskopisch kleiner, stengeliger Quarzkristalle mit Orthoklas oder Albit-Oligoklas in spätmagmatischen oder metamorphen Gesteinen. Mit dem bloßen Auge erkennbare Kristallverwachsungen solcher Art, wie beispielsweise beim sogenannten Schriftgranit, kommen dagegen meist nur in Pegmatiten vor.

# N

**Nacheiszeit** →*Postglazial*

**Nacktfarne**, *Psilophyten*, Ordnung der ältesten Landpflanzen (Urfarne), die vom Silur bis zum Devon in Europa, Nordamerika, Asien und Australien vertreten waren.

**Nacktsamer** →*Gymnospermen*

**Nadeleis**, andere Bezeichnung für →*Kammeis*; nadelförmige Eiskristalle.

**Nadeleisenerz**, andere Bezeichnung für →*Goethit.*

**Nagelfluh** (f), konglomeratische Gesteine des alpinen Molassebeckens, bestehen aus Geröllstücken von Kalk- oder Tongesteinen sowie kristallinen Schiefern, die aus dem kalkhaltigen, feinkörnigen Bindemittel wie Nagelköpfe hervorragen. Als *diluviale N.* werden verfestigte pleistozäne Flußschotter des schwäbisch-bayerischen Alpenvorlandes bezeichnet.

**Nagyagit** (m), $AuTe_2 \cdot 6\,Pb(S,Te)$, *Blättertellurerz*, ein Sulfid. H 1–1,5, D 6,8–7,5, X-System: rhombisch. Form: blättrige, dünntafelige Kristalle; schuppige Aggregate, auch derb oder körnig. N. ist mild biegsam, von dunkelbleigrauer bis bräunlichschwarzer Farbe, weist metallischen Glanz und sehr gute Spaltbarkeit auf. Die chemische Zusammensetzung ist nicht konstant (meist goldhaltiges Bleitellur). N. kommt auf jungen goldhaltigen Gängen u. a. in Siebenbürgen/Rumänien, USA und Kanada vor.

**Nahbeben**, ein →*Erdbeben*, dessen Epizentrum weniger als 1000 km vom Ort der Wahrnehmung entfernt ist.

**Nährgebiet,** *Nährzone* →*Gletscher*

**Nakrit** (m), $Al_4[(OH)_8|Si_4O_{10}]$, ein Silikat. H 1, D 2,5–2,6, X-System: monoklin. Form: dünnblättrige pseudohexagonale Kristalle; meist feinschuppig, erdig. Farbe: weiß, gelb, grau. Durchscheinend; Perlglanz, auch silbrig glänzend. N. kommt vorzugsweise auf Zinnerzlagerstätten vor, u. a. in Sachsen.

**Namur** (n), untere Stufe des Oberkarbons; s. auch →*geologische Formationen*, →*Karbon.*

**Naphta**, andere Bezeichnung für →*Erdöl.*

**Naßboden**, 1. durch hellgraue und ockergelbe Flecken und streifige Verfärbungen gekennzeichnete Lage im →*Löß*; vielfach auf größere Strecken horizontbeständig. 2. bei Staunässe auftretender Bodentyp.

**Naßgalle** (f), *Rasengalle*, Geländeabschnitt, der ständig vom Grundwasser durchtränkt ist und durch Bodenbewegungen muldenförmige Hohlformen aufweist.

**Natica**, Raubschnecke (→*Gastropoden*) mit kugelig bis konisch ausgebildetem Gehäuse, von der Trias an weltweit verbreitet.

**Natriumchlorid** (n), chemische Bezeichnung für Steinsalz, s. →*Halit.*

**Natriumsulfat** (n), chemische Bezeichnung für Glaubersalz, s. →*Mirabilit.*

**Natrocalcit** (m), unklare Mineralbezeichnung, teils →*Gaylussit*, teils →*Datolith*; sollte nicht mehr verwendet werden.

**Natrolith** (m), $Na_2Al_2Si_3O_{10} \cdot 2H_2O$, Faserzeolith (s. auch →*Zeolithe*), ein Silikat. H 5, D 2,2, X-System: rhombisch. Form: nadelige Kristalle und divergentstrahlige Aggregate. Farbe: weiß oder farblos. Durchsichtig bis durchscheinend; Glasglanz. N. weist eine ausgezeichnete Spaltbarkeit bei sprödem Bruchverhalten auf und kommt in Hohlräumen und Klüften von Eruptivgesteinen vor. Der bedeutendste Fundort ist am Hohentwiel bei Singen gelegen; Funde schöner Kristallstufen jedoch auch im Lahn-Dill-Gebiet und am Vogelsberg. →*Mesolith* und →*Skolezit* sind Faserzeolithe mit ähnlicher chemischer Zusammensetzung und von N. optisch nur schwer zu unterscheiden. □

**Natronfeldspat** (m), →*Albit*, Endglied der Mischreihe →*Plagioklase* (Kalknatron-Feldspäte), zählt zu den wichtigsten gesteinsbildenden Mineralen. □

**Natronsalpeter** (m), andere Bezeichnung für →*Nitronatrit.*

**Natronskapolith** (m), andere Bezeichnung für →*Marialith.*

**Natursteine**, technische Bezeichnung für alle natürlichen Gesteine, die in Steinbrüchen gebrochen werden und vor allem in und an Gebäuden Verwendung finden, z. T. als Fassadenverkleidungen, Fußbodenbeläge u. a.; Gegensatz: die meist mit Zement als Bindemittel und Gesteinsbruchstücken (Marmor etc.) hergestellten *Kunststeine.*

**Nautiloideen**, *Nautiloidea*, Ordnung der Kopffüßer (→*Cephalopoden*) mit gerade gestrecktem bis spiralig eingerolltem Gehäuse, entwickelten besonders im Ordovizium und Silur eine große Zahl voneinander abweichender Formen. Zu den N. gehört auch die Unterordnung *Nautilida* mit der einzigen rezenten (heute noch anzutreffenden) Gattung *Nautilus.* Fossile Unterordnungen waren u. a. *Endoceratida* (Ordovizium), *Actinoceratida* (Ordovizium-Karbon), *Michelinoceratida* (Ordovizium-Silur).

**Nebengemengeteile**, →*Akzessorien*, Gemengeteile von Gesteinen in geringen prozentualen Anteilen; Gegensatz: *Hauptgemengeteile.*

**Nebengesteine**, Gesteine, die eine Lagerstätte oder einen bestimmten, näher zu betrachtenden Gesteinskörper umschließen.

**Nebulit** (m), ein →*Migmatit* mit besonderen, wolkenförmigen Texturmerkmalen.

**Negativabdruck**, umgangssprachlich falsche Bezeichnung für →*Abdruck*, da jeder Abdruck die negative bzw. seitenverkehrte Form eines Fossils wiedergibt.

**Nehden** (n), eine Stufe des Oberdevons; s. auch →*geologische Formationen*, →*Devon.*

**Nehrung** (f), aus Lockermaterial (Sand) aufgebaute schmale, langgestreckte Landzunge, die eine Meeresbucht (Haff, Lagune) zum offenen Meer hin abtrennt; entsteht durch

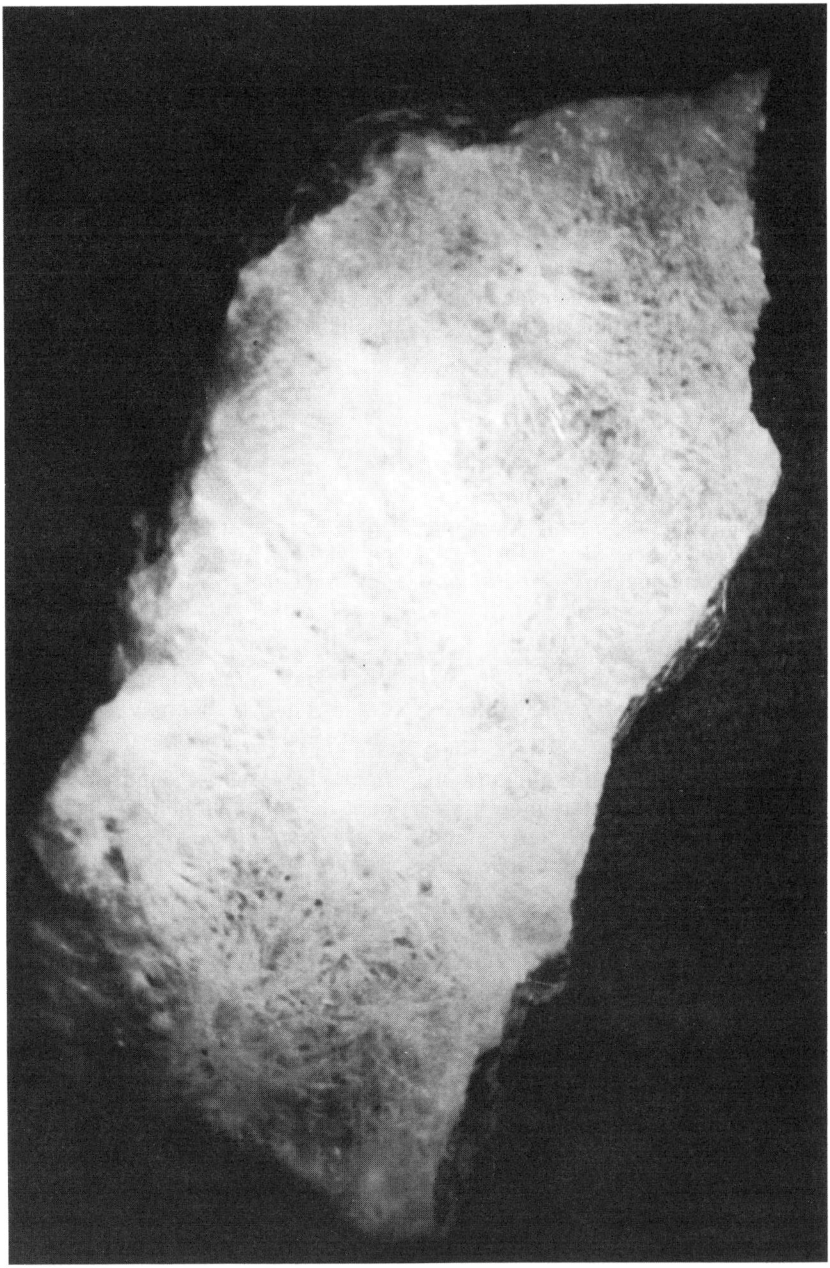

*Natrolith, Kristallstufe mit nadeligen Kristallen (Lahn-Dillgebiet) – weiß, durchscheinend.*

Küstenversatz von Sedimentmassen durch küstenparallele Strömungen.

**Nekton** (n), die Gesamtheit der durch Eigenbewegung schwimmenden Tiere; *nektogene Sedimente* sind Sedimente mit zahlreichen Resten dieser Tiere.

**Neocrassina**, Meeresmuschel, Jura – Kreide, mit flach konvexen, dünnen Klappen, die eine Ornamentierung aus konzentrischen, schwach ausgeprägten Rippen aufweisen.

**Neoeuropa** (n), der alpidisch konsolidierte (verfestigte) und der heute noch unkonsolidierte Süden Europas.

**Neogen** (n), andere Bezeichnung für die Abteilung des Jungtertiärs mit den Stufen Miozän und Pliozän, s. auch →*geologische Formationen*, →*Tertiär*.

**Neohibolites**, →*Belemnit* der Oberkreide Europas; kleines, meist 5–10 cm langes Rostrum mit kreisförmigem Querschnitt.

**Neokom** (n), untere Stufe der unteren →*Kreide* mit den Unterstufen Infravalendis, Valendis, Hauterive und Barrême; s. auch →*geologische Formationen*.

**Neophytikum** (n), auch *Känophytikum*, das mit der Oberkreide einsetzende heutige Zeitalter in der Entwicklung der Pflanzenwelt.

**Neotektonik** (f), Bezeichnung für die Tektonik der jüngsten Erdgeschichte vom →*Neogen* an.

**Neozoikum** (n), auch *Känozoikum*, die Erdneuzeit; umfaßt die →*geologischen Formationen* Tertiär und Quartär.

**Nephelin** (m), $NaAlSiO_4$, ein Silikat und sogenannter Feldspatvertreter (Foid). H 5,5 – 6, D 2,6–2,7, X-System: hexagonal. Form: Kristalle meist sechsseitige Prismen; körnig oder dicht. Farbe: meist farblos, weiß oder grau, aber auch bräunlichrot oder grünlich. Durchsichtig bis durchscheinend; Fettglanz bis Glasglanz. Undeutliche Spaltbarkeit nach dem Prisma und der Basis, Bruch muschelig. Erkennungsmerkmale sind der fettige Glanz, die schlechte Spaltbarkeit und die gelatineartige Löslichkeit in Salzsäure. N. ist ein wichtiges gesteinsbildendes Mineral verschiedener magmatischer Gesteine, vor allem Gemengeteil von →*Nephelinsyeniten*, und kommt in Hohlräumen kieselsäurearmer Gesteine u. a. im Odenwald, Vogelsberg, am Kaiserstuhl sowie in kleinen Hohlräumen von Auswürflingen am Laacher See vor.

**Nephelinbasalt** (m), ein zur Gruppe der *Basaltoide* gehörendes nephelinhaltiges →*Effusivgestein*, wegen der relativ raschen Verwitterung auch »Sonnenbrenner« genannt.

**Nephelingesteine**, Sammelbezeichnung für nephelinhaltige Gesteine, wie →*Nephelinbasalt*, →*Nephelinsyenit, Nephelinphonolith, Nephelinshonkinit, Nephelintephrit, Nephelinbasanit* u. a.

**Nephelinsyenite** (pl), *Eläolithsyenite*, →*Intrusivgesteine* der Syenitgruppe, bei denen die Feldspäte z. T. durch Feldspatvertreter, wie *Nephelin, Sodalith, Haüyn, Nosean* oder *Leucit* ersetzt sind. Die wichtigsten Vertreter sind: Foyait (Nephelinsyenite wie Ijolithe, Essexite), Chibinit (Nephelin-Albit-Apatitsyenit), Sodalithsyenit, Noseansyenit, Haüynsyenit, Leucitsyenit, Sommait, Missurit, Italit u. a. □

**Nephrit** (m), eine feinfilzig verdichtete Varietät des →*Aktinolith* oder →*Tremolit*. N. wurde in prähistorischer Zeit zur Herstellung von Steinwaffen verwendet und wird heute noch unter der Bezeichnung Jade zu Schmuck verarbeitet; ist bedeutend preiswerter als Jadeit. N. kommt in serpentinisierten Gesteinen und kristallinen Schiefern vor.

**Neptunismus** (m), von A. G. Werner (1749–1817) entwickelte irrige Lehre, daß sämtliche Gesteine der Erdkruste aus dem Wasser abgesetzt worden seien; den rezenten Vulkanismus hielt Werner für eine örtliche und auf die heutige Zeit beschränkte Erscheinung.

**Neptunit** (m), $Na_2FeTi(Si_4O_{12})$, ein →*Silikat*. H 5–6, D 3,2, X-System: monoklin. Form: kurz- bis langsäulige Kristalle. Farbe: braunschwarz, schwarz. Durchscheinend; Glasglanz. Spaltbarkeit in einer Richtung deutlich, Bruch muschelig. N. kommt in Syeniten und Pegmatiten vor, besonders in Kalifornien und Grönland.

**neritisch**, Bezeichnung für den belichteten Flachmeerbereich von 0 bis 200 m Wassertiefe; gelegentlich bei unmittelbar vor der Küste gelegenen Bereichen auch *sublitoral* genannt. Die Ablagerungen dieses Flachmeerbereiches werden als n.e Sedimente bezeichnet.

**Nesosilikate** →*Silikate*

**Nest**, *Nester*, bergmännischer Ausdruck für kleinere Anhäufungen eines Minerals (Erz) im Gestein.

**Netzebene**, in der Kristallographie Bezeichnung für eine Gitterebene mit periodischer Anordnung der Ionen, Atome oder Moleküle, s. auch →*Kristallgitter*.

*Natronfeldspat (Albit) mit Hornblende in granitischem Gefüge.*

**Neuropterides**, Samenfarne (*Pteridospermen*) mit großen, bis vierfach gefiederten Wedeln, die im Westfal des Oberkarbons einen großen Artenreichtum entwickelten und im Rotliegenden des Perms ausstarben.

**Neusilber** (n), *Alpaka, Nickelsilber,* eine Legierung aus 45–70% Kupfer, 10–30% Nickel und 10–40% Zink; sehr widerstandsfähig; wurde früher verbreitet für Silberimitationen bes. bei Bestecken verwandt, wird heute durch Edelstahl ersetzt.

**Niccolit**, andere Bezeichnung für →*Nickelin.*

**Nichterze**, andere Bezeichnung für →*Gangart.*

**Nickel** (n), Ni, ein Element, kommt in der Natur nicht gediegen vor, sondern meist als *Nickeleisen* (meteorisches Eisen) oder in Form anderer chemischer Verbindungen. →*Pentlandit* gilt als wichtigstes Nickelerz (Hauptvorkommen in Kanada). N. wird. u. a. zur Legierung bestimmter Stähle, für Münzen und in der chemischen Industrie verwendet.

**Nickelblüte**, andere Bezeichnung für →*Annabergit.*

**Nickel-Chrysotil** (m), ein Silikat der Serpentin-Gruppe, ähnlich dem →*Garnierit.*

**Nickeleisen**, natürliches, jedoch seltenes (Meteorite) Eisen mit unterschiedlichen Nickelanteilen. Tellurisches Eisen – Awaruit (Neuseeland), Josephinit (Oregon) und Souesit (Kolumbien) – enthält Nickelanteile bis zu einem Verhältnis 2 : 1, 3 : 1. Nickeleisen wird in der →*Klassifikation der Minerale* der Klasse 1 (Elemente) zugeordnet.

**Nickelin** (m), NiAs, *Rotnickelkies, Niccolit, Arsennickel,* ein Arsenid (Klasse 2 – Sulfide). H 5–5,5, D 7,8, X-System: hexagonal. Form: Kristalle selten, meist derb, säulige, nierige Aggregate. Farbe: blaß kupferrot, bräunlich anlaufend. Undurchsichtig; metallglänzend, matt. Strichfarbe bräunlichschwarz. Spaltbarkeit undeutlich, Bruch uneben. N. kommt in Eruptivgesteinen zusammen mit Pyrrhotin und Chalkopyrit, auf hydrothermalen Gängen mit Silber und Kobaltmineralen vor. Fundorte: Erzgebirge, Kinzigtal/Schwarzwald, Spanien, Kanada, ČSSR und Argentinien.

**Nickelsilber**, andere Bezeichnung für →*Neusilber.*

**Nickelsmaragd**, andere Bezeichnung für →*Zaratit.*

**Nickelvitriol**, andere Bezeichnung für →*Morenosit.*

**Nicol**, Kurzbezeichnung für →*Nicolsches Prisma.*

**Nicolsches Prisma**, ein optischer Polarisator aus einem länglichen Calcit-Spaltstück, das zerschnitten und in der ursprünglichen Lage wieder zusammengekittet wird. Der ordentliche Lichtstrahl (→*Doppelbrechung*) wird an der Kittfläche reflektiert, der außerordentliche Strahl geht als linear polarisiertes Licht durch den Kristall. Das N. P. wird heute in der Praxis durch verbesserte Ausführungen ersetzt.

**Niederdeutsches Becken**, norddeutsches Sedimentationsbecken, das im Gegensatz zur Mitteldeutschen Schwelle auch nach dem Dogger (→*geologische Formationen*) noch Sedimentationsraum geblieben ist.

**Niederterrasse**, eine tief gelegene, durch mehrfachen Wechsel von Akkumulation und Erosion entstandene →*Schotterterrasse*; im Gegensatz hierzu die ältere Hochterrasse.

**Nifekern** (s. auch →*Erde, Aufbau*), Bezeichnung für den nach (geteilter) Meinung der Wissenschaft aus Nickel (Ni) und Eisen (Fe) bestehenden *Erdkern*.

**Nifesima** (n), Bezeichnung für die angenommene Zusammensetzung der – im Schalenaufbau der Erde – über dem Erdkern gelegenen Schicht aus: Nickel (Ni), Eisen (Fe), Silicium (Si) und Magnesium (Ma).

**Nilssoniales**, den Palmfarnen nahestehende Nacktsamer (→*Gymnospermen*), Keuper – Oberkreide; fossile Samen enthalten knotige Verdickungen aus Harzkörpern.

**Niobit** (m), (Fe,Mn) · $(Nb,Ta)_2O_6$, ein Oxid der →*Columbit*-Mischreihe. H 6, D 5,2–6, X-System: rhombisch. N. kommt in Form dicktafeliger, kurzsäuliger Kristalle von rötlichbrauner bis schwarzer Farbe, durchscheinend bis undurchsichtig mit Diamantglanz, Fettglanz oder matt, aber auch derb eingewachsen, vorzugsweise in Granitpegmatiten vor. Das andere Glied der Mischreihe ist →*Tantalit*. Die Spaltbarkeit ist deutlich ausgeprägt.

**Nippflut**, *Nipptide*, gering ausgeprägte Gezeitenerscheinung bei Viertelmond.

**Nipptide** →*Nippflut*.

**Nitrate** (pl), Salze der Salpetersäure, z. B. die Minerale Nitronatrit ($NaNO_3$), Nitrokalit ($KNO_3$); werden in der →*Klassifikation der Minerale* der Klasse 3 zugeordnet.

**Nitrocalcit** (m), *Kalksalpeter*, ein wasserhaltiges Calciumnitrat,

*Nephelinsyenit (Fassatal/Dolomiten), grünlichgrau.*

kommt in Form weißer Ausblühungen in Kalksteinhöhlen vor.

**Nitrokalit** (m), $KNO_3$, *Kalisalpeter*, ein Nitrat, in nadel- oder haarförmigen Aggregaten und als Ausblühungen; farblos, weiß, grau. H 2, D 1,9 bis 2,1, X-System: rhombisch. N. kommt in manchen Kalkhöhlen als Ausblühungen, untergeordnet als Beimengung auf den Natronsalpeterlagerstätten in Chile vor und wird u. a. zur Herstellung von Schwarzpulver verwendet.

**Nitronatrit** (m), $NaNO_3$, *Natronsalpeter, Chilesalpeter,* ein Nitrat, kommt in der Natur stets nur in kristallinen Aggregaten und Körnern mit NaCl und $Na_2SO_4$ als Beimengung vor. H 1,5–2, D 2,2–2,3, X-System: trigonal. Farblos oder hell eingefärbt, glasglänzend. Bedeutende Vorkommen in Kalifornien, Ägypten und Indien; Hauptvorkommen in Chile.

**nival**, Bezeichnung für den Klimabereich, in dem der Niederschlag überwiegend oder ganzjährig als Schnee fällt; neben den Polargebieten auch Teile der Hochgebirgsregionen.

**Nivation** (f), Schnee- bzw. Firn-Erosion, Abtragung durch die Wirkung abgleitender Schnee- oder Firnmassen, führt zur Bildung von N.s-Nischen, einer Vorstufe der Karbildung.

**Nor** (n), Stufe der alpinen Trias, entspricht zusammen mit dem Karn dem mittleren Keuper; s. auch →*geologische Formationen*, →*Trias*.

**Norite** (pl), →*Intrusivgesteine* der *Gabbro-Gruppe*, zeichnen sich neben dem Gehalt an Plagioklas (La-

*Nosean als Einsprengling in einem Auswürfling (Eifel) – weißgrau, durchscheinend.*

bradorit) durch Ausscheidung rhombischer Pyroxene aus und sind diallagfrei. Das Gefüge ist grob- bis mittelkörnig, hell- bis dunkelgrau gefärbt. Je nach Pyroxenanteil werden u. a. folgende Untergliederungen vorgenommen: *Enstatit-, Bronzit-* und *Hypersthen-Norit*. Gelangt neben Pyroxen auch Olivin zur Ausscheidung, so bezeichnet man diese Varietät als *Olivin-Norit*. Zusammen mit den N.n entstanden bedeutende Nickel-, Buntmetall- und Edelmetall-Lagerstätten. N. kommen u. a. bei Bad Harzburg, am Brocken im Gebiet der DDR, in Jugoslawien, Bulgarien, Skandinavien, in der Türkei vor.

**normativer Mineralbestand**, durch chemische Analyse festgestellter Bestand an Norm-Mineralmolekülen in Gesteinen.

**Nosean** (m), $Na_8[SO_4|(AlSiO_4)_6]$, ein Silikat, steht als Feldspatvertreter in enger Beziehung zu →*Haüyn* und →*Sodalith*. H 5,5–6, D 2,2–2,4, X-System: kubisch. Form: Kristalle meist Oktaeder oder Rhombendodekaeder; auch körnig. Farbe: weiß, grau, bräunlich, blau oder schwärzlich. Durchsichtig bis durchscheinend; Glasglanz oder fettig. Spaltbarkeit nach dem Rhombendodekaeder, Bruch muschelig. N. ist von Sodalith oder Haüyn nur schwer zu unterscheiden und kommt wie diese in basischen Effusivgesteinen, u. a. in Auswürflingen am Laacher See in der Eifel vor. □

**Nothosaurus**, *Nothosauroidea*, Unterordnung der *Sauropterygia*, Reptil aller Abteilungen der Trias.

**Noumeait**, andere Bezeichnung für →*Garnierit*.

**Nucula**, kleine gleichklappige Meeresmuschel, seit der Kreide weltweit verbreitet; Schalenoberfläche glatt mit feinen radialen Rippen und/oder feinen konzentrischen Streifen.

**Nugget** (n), Bezeichnung für ein kleines Klümpchen gediegenen *Goldes*.

**Nummuliten**, Großforaminiferen (Familie *Nummulitidae*) mit kalkiger Schale, linsen- oder scheibenförmigem, vielkammerigem Gehäuse und feinverzweigtem Kanalsystem; Vorkommen seit der obersten Kreide; Hauptentwicklung im Alttertiär mit zahlreichen Leitformen. N. sind Bewohner tropischer und subtropischer Meere, vor allem der Küstenregionen.

**Nussierit** (m), arsenhaltige, traubignierig ausgebildete und in Überzügen vorkommende Varietät des →*Pyromorphit* von gelber bis bräunlicher Farbe.

# O

**Oberboden**, die oberste Bodenschicht, der A-Horizont des →*Bodenprofils*.

**Oberdevon** (n), oberste Abteilung des →*Devons* mit den Stufen Adorf, Nehden, Hemberg und Dasberg; s. auch →*geologische Formationen*.

**Oberflächengewässer**, Bezeichnung für alle an der Erdoberfläche fließenden oder stehenden Gewässer.

**Oberkambrium** (n), oberste Abteilung des →*Kambriums*; s. auch →*geologische Formationen*.

**Oberkarbon** (n), obere Abteilung des →*Karbons* mit den Stufen Namur, Westfal und Stefan; s. auch →*geologische Formationen*.

**Oberkreide** (f), obere Abteilung der →*Kreide* mit den Stufen Cenoman, Turon, Coniac, Santon, Campan und Maastricht; s. auch →*geologische Formationen*.

**Oberkruste**, Bezeichnung für den oberen Teil der Erdkruste, der im wesentlichen nur im Bereich der Kontinente voll entwickelt ist.

**obsequent**, Bezeichnung für einen der Schichtneigung entgegengerichteten Flußlauf.

**Obsidian** (m), kieselsäurereiches bzw. kieselsäuregesättigtes, dichtes Gesteinsglas von schwarzer, dunkelbrauner, dunkelgrüner oder grauer Farbe, gelegentlich mit Einsprenglingen. O. enthält etwa 3% flüchtige Komponenten und bricht scharfkantig mit muscheliger Bruchfläche. Nach der jeweiligen chemischen Zusammensetzung unterscheidet man u. a. *Pechstein* – mehr als 3% Wassergehalt – (meist gealteter O.), Rhyolithobsidian, Trachytobsidian, Andesitobsidian. Nach Strukturmerkmalen sind u. a. folgende Namen geläufig: Perlit, Obsidianperlit, Liparitperlit, sphärolithischer Obsidian. Schwarzer O. (mit hellen Einsprenglingen auch Schneeflockenobsidian genannt) wird im Kunstgewerbe und zu Schmuck verarbeitet. Vorkommen u. a.: Meißen, Leisnig, Ebersbach bei Leipzig (DDR); vulkanische Inseln im Mittelmeer; in der UdSSR; längs des Pazifiks von Alaska bis Chile. □

**Ocker** (m), Sammelname für erdige, gelbe bis braune Mineralgemenge als Verwitterungsprodukte metallischer Erzminerale. O. bildet dünne Beläge und Krusten. Man unterscheidet z. B. Antimon-, Wismut-, Molybdän-, Wolfram- und den Eisen-O., dessen gelbe Substanz Sedimente einfärbt und als Farbstoff Verwendung findet.

**Odinit** (m), ein nach dem Odenwald benanntes Ganggestein gabbroider chemischer Zusammensetzung.

**Ogyogopsis**, mittelgroßer bis großer →*Trilobit* des Kambriums, fossil in Nordamerika anzutreffen; Schwanz größer als Kopf; Thorax etwa 8, Schwanz etwa 10 Segmente.

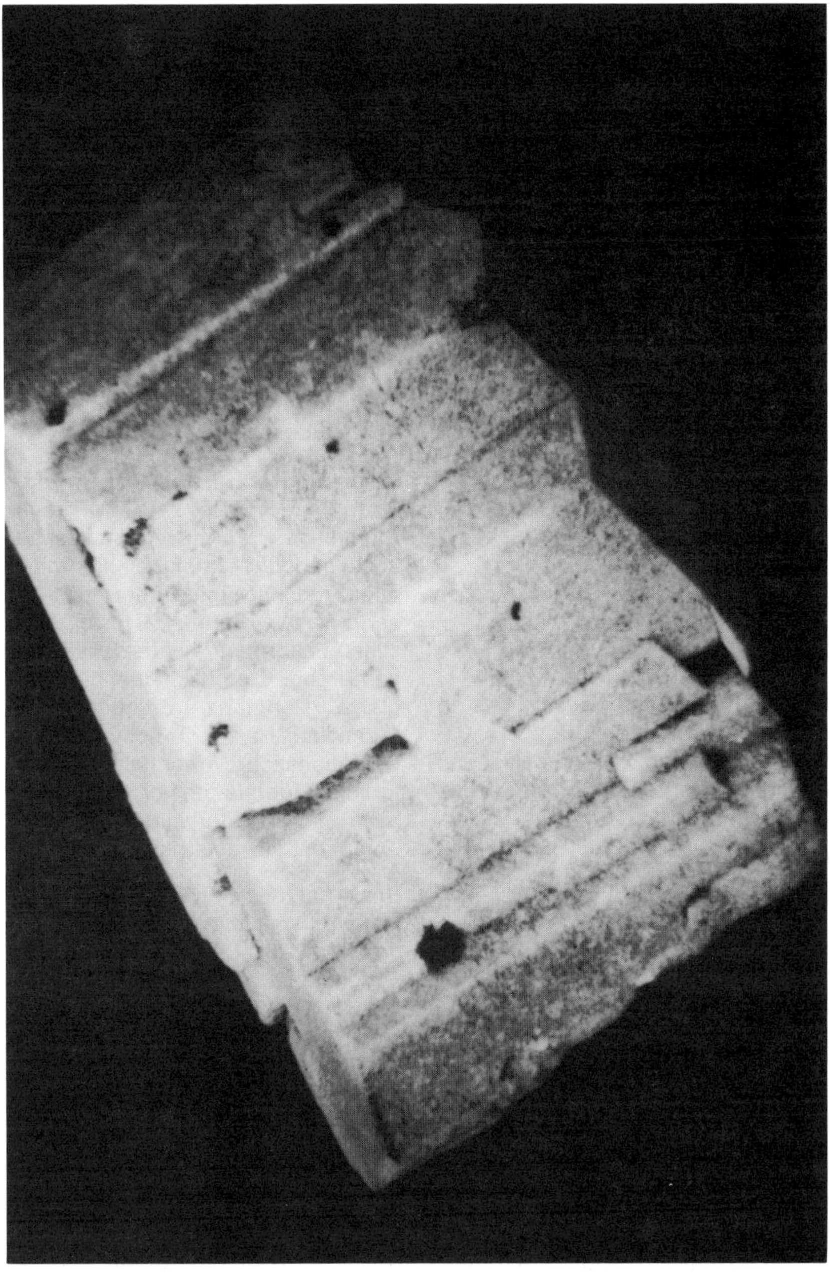

*Orthoklas, leistenförmige Zwillingslamellen – rötlichgelb, undurchsichtig.*

**Oktaeder** (n), von gleichseitigen Dreiecken begrenzter, achtflächiger Körper (*Bipyramide*); Kristallform des kubischen X-Systems.

**Old Red** (n), Kontinentalfazies des Devons mit meist rot gefärbten klastischen Sedimenten und gelegentlich von Lagunen herrührenden Einschaltungen.

**Old-Red-Kontinent**, Festlandsblock nördlich der variskischen Geosynklinale.

**Olenoides** → *Trilobit* des Kambriums, in Nord- und Südamerika sowie in Asien als Fossil anzutreffen; Kopf und Schwanz etwa gleich groß; Thorax mit etwa 7, Schwanz mit wenigstens 5 Segmenten.

**Ölfallen,** Erdöllagerstätten, die sich entweder durch stratigraphisch bedingte Gegebenheiten *(stratigraphische Falle)* oder durch tektonische Vorgänge (Diskordanzen, Verwerfungen etc.) bildeten.

**Ölfeldwasser,** *Randwasser,* das in Erdöllagerstätten auftretende Salzwasser, das sich, dem spezifischen Gewicht entsprechend, unter das Erdöl schichtet.

**oligohalin,** Bezeichnung für → *Brackwasser* (Grenzbereich zwischen Süß- und Meerwasser) mit einem Salzgehalt von 0,1–1,0‰. Brackische Wässer mit einem Salzgehalt von 1,0–10,0‰ werden *mesohalin,* solche mit mehr als 10‰ *polyhalin* genannt.

**Oligoklas** (m), ein der Gruppe → *Plagioklase* zugeordneter Kalknatronfeldspat mit 30% Calciumanteil, kommt meist eingewachsen bzw. körnig als Gemengeteil in magmatischen und metamorphen Gesteinen vor. O. ist farblos, grau, weiß oder grünlich.

**oligotroph,** Bezeichnung für Nährstoffarmut ohne Sauerstoffarmut, beispielsweise in Gewässern oder Böden; Gegensatz: *eutroph.*

**Oligozän** (n), oberste Abteilung des Alttertiärs, s. auch → *geologische Formationen,* → *Tertiär.*

**Olisthostrom** (n), Bezeichnung für einen Sedimentkörper mit „chaotischem" Gefüge, der aus einem Schlammfluß entstanden und in die Sedimente des betreffenden Gebietes schichtförmig eingelagert ist.

**Olivella,** Meeresschnecke (→ *Gastropoden)* von kegeliger Form, seit der Kreide weltweit verbreitet.

**Olivenit** (m), $Cu_2AsO_4(OH)$, ein Kupferarsenat. H 3, D 4,1–4,4, X-System: rhombisch. Form: prismatische, auch nadelige Kristalle; nierenförmige, radialstrahlige Aggregate; faserig, erdig. Farbe: olivgrün, zwischen hellgrün und nahezu schwarz variierend. Durchscheinend; Glasglanz, Perlglanz. Erkennbar an Farbe und Härte. O. kommt in der Oxidationszone arsenhaltiger Kupfersulfidlagerstätten vor, z. B. Dernbach im Westerwald, Cornwall/England, Südwestafrika.

**Olivin** (m), $(Mg,Fe)_2SiO_4$, *Peridot,* als Silikat ein wichtiges gesteinsbildendes Mineral; Mischreihe mit den Endgliedern → *Forsterit* und → *Fayalit.* H 6,5–7, D 3,2–(4,4), X-System: rhombisch. Form: selten dicktafelige, kurzsäulige Kristalle; meist Körner und körnige Aggregate. Farbe: olivgrün, rotbraun (bei Verwitterung) bis nahezu schwarz. Durchsichtig bis durchscheinend; Glasglanz, auch fettig. Spaltbarkeit nicht sehr deutlich ausgeprägt, Bruch muschelig. O. kommt als Gemengeteil in basischen magmatischen Gesteinen, außerdem in Metamorphiten vor, wird leicht durch Verwitterung und hydrothermale Vorgänge zersetzt – meist zu Serpentin – und ist Bestandteil von Meteoriten und Mondbasalten. Die durchsichtige Edelsteinvarietät wird *Chrysolith* genannt. Fundorte von O. sind u. a. in der Eifel, in Böhmen, Skandinavien, auf den Kanarischen Inseln, am Roten Meer gelegen.

**Olivingabbro** (m), ein → *Intrusivgestein* der Gabbrogruppe, bei dem neben reichlichen Anteilen von Diallag in etwa gleichem Verhältnis Olivin zur Ausscheidung gelangte. Der O. ist grau bis dunkelgrau; mittel- bis grobkörnig.

**Ölschiefer,** relativ bitumenreiches Ton- bzw. Kalkgestein, das aus Faulschlamm entstanden ist. Durch Destillation wird *Steinöl* oder Gas gewonnen.

**Omphacit** (m), (Ca,Na), (Mg,Fe,Al) $[Si_2O_6]$, ein Silikat der Pyroxengruppe. H 5–6, D 3,2–3,3, X-System: monoklin. Form: meist körnig. Farbe smaragdgrün. Durchsichtig bis durchscheinend; Glasglanz. Wie alle Pyroxene gute Spaltbarkeit, Bruch muschelig. O. kommt in kristallinen Schiefern und Eklogiten vor.

**Onegit** (m), spezielle Bezeichnung für in Quarz eingeschlossenen → *Goethit* vom Onegasee.

**Onkoid** (n), rundlicher, unterschiedlich geformter (kreisförmiger oder elliptischer Querschnitt) Körper mit organischem oder anorganischem Kern und häufig organogen gebildeter Schale (seltener chemische Anlagerung) in Sedimenten.

*Obsidian, „Schneeflocken"-Obsidian (Sizilien) – schwarzglänzend mit grauen Einschlüssen.*

**Onychocella,** der Ordnung *Cheilostomata* angehörende, krustenartige oder aufrechte Formen bildende Moostierchen (→ *Bryozoen)*; Kreide–Neuzeit.

**Onyx** (m), schwarze, helle oder gebänderte Varietät des → *Chalcedon*, durchscheinend bis undurchsichtig; wird im Kunstgewerbe und zu Schmuck verarbeitet. □

**Ooide** (pl), kugelförmige Körper aus Kalk, Eisenhydroxid oder anderen Stoffen, die einen Fremdkörper (Sand, Schalenbruchstücke u. a.) durch konzentrische Ausscheidung schalenförmig umschlossen haben. O. sind die Bestandteile der → *Oolithe.*

**Oolithe** (pl), aus Ooiden zusammengesetzte Gesteine; einige O. werden auch *Rogensteine* genannt.

**oolithische Kalke,** aus Kalkooiden bestehende Kalkgesteine, s. auch → *Oolithe.*

**Ooliticia,** kleine bis mittelgroße Schnecke (→ *Gastropoden)*, Jura–Kreide, mit spitzkonischem Gehäuse, das kräftige Spiralkanten aufweist.

**opak,** Bezeichnung für undurchsichtige, speziell metallglänzende Minerale.

**Opal** (m), $SiO_2 \cdot nH_2O$, ein den Oxiden zugeordnetes Hydrogel. H 5,5–6, D 2,1–2,2, amorph. O. entsteht als Ausscheidung aus Lösungen, durch Zersetzung kieselsäurereicher Gesteine (besonders junger → *Effusivgesteine*) und wird krustenförmig aus heißen Quellen abgelagert (Kieselsinter → *Geyserit*). Der *Edelopal* mit opalisierender (in allen Farben des Spektrums schillernder) Lichterscheinung und der leuchtendrote, durchscheinende *Feueropal* gelten als Edelsteinvarietäten. Daneben werden noch *Holzopal* (in Opal umgewandeltes, versteinertes Holz), der wasserklare *Hyalit, Milchopal* und schließlich der *gemeine Opal* unterschieden. Bedeutende Vorkommen von Edelsteinvarietäten des O. sind in Mexiko, Australien, Indonesien, Brasilien gelegen. □

**opalisieren** → *Opal.*

**Ophiolithe** (pl), Bezeichnung für eine Gruppe submariner, basischer bis ultrabasischer magmatischer Gesteine (Serpentin u. a.) in den → *Geosynklinalen.*

**ophitisch,** Bezeichnung für die Strukturform eines Gefüges basischer magmatischer Gesteine, mit kreuz und quer liegenden Feldspatleisten (Plagioklase) und Zwickelfüllungen aus Pyroxen, Olivin und Hornblende.

**optische Eigenschaften,** Sammelbezeichnung für Farbe, Transparenz, Glanz, Lichtbrechung, Phosphoreszenz und Fluoreszens der Minerale.

**optische Achse,** Richtung des Lichteinfalls in doppelbrechenden Kristallen (anisotrope Stoffe), in der keine → *Doppelbrechung* stattfindet.

**Orangit** (m), andere Bezeichnung für → *Thorit.*

**Ordnungszahl,** von der Anzahl der Protonen abgeleitete Kennziffer eines chemischen Elementes, s. auch → *Atom.*

**Ordovizium** (n), *Ordoviz,* → *geologische* Formation des Paläozoikums mit den Stufen Tremadoc, Arenic, Llandeilo, Caradoc und Ashgill; zwischen Kambrium und Silur gelegen, Dauer ca. 60 Millionen Jahre. Besonderheiten: Vulkanismus, vor allem als submariner Geosynklinalvulkanismus, Meerestransgressionen, sardische Phase (altkaledonisch) der kaledonischen Faltung; Graptolithen (wichtige Leitfossilien), Nautiloideen, tabulate Korallen, Brachiopoden und Trilobiten; Algen.

**Oreodon,** anderer Name für → *Merycoidodon*, ein ausgestorbenes pflanzenfressendes Säugetier des Oligozäns.

**organische Verbindungen,** in Klasse 9 der → *Klassifikation der Minerale* eingeordnete Minerale organischer Herkunft und bestimmte organogene Sedimente: 1. Salze organischer Säuren, wie beispielsweise Mellit, Humboldtin, Whewellit (häufig in Stein- und Braunkohle); 2. fossile Harze wie Bernstein u. a.; 3. einfache Kohlenwasserstoffe (Erdöl); 4. Inkohlungsprodukte.

**organische Sedimente** → *organogene Sedimente, Biolithe.*

**organogen,** allgemeine Bezeichnung für: 1. organischen Ursprungs, auch Organe bildend; 2. (in der Chemie) am Aufbau der organischen Verbindungen beteiligt.

**organogene Sedimente,** *biogene Sedimente*, aus Pflanzen- (phytogen) oder Tierresten (zoogen) gebildete Sedimente, s. auch → *Biolithe.*

**Ornithella,** kleine bis mittelgroße → *Brachiopoden* des Jura, Ordnung: *Terebratulida*; fossil in Europa anzutreffen. Form des Gehäuses langoval mit schwachen bis kräftigen Wachstumslinien.

**Orodus,** Hai des Karbons bis Perms; fossile Reste, meist nur lange, breite Zähne mit einer einzigen Spitze und gerippten Seiten, in Europa und Nordamerika anzutreffen.

**Orogen** (n), eine durch Falten- und Deckentektonik gekennzeichnete, räumlich geschlossene und deutlich abgrenzbare Gebirgseinheit mit meist ausgeprägtem tektonischem Bild und verschiedentlich zweiseitigem Bau.
Eine mittlere *Scheitelung* trennt zwei nicht immer gleich kräftig entwickelte Stämme, deren Faltung eine nach außen gerichtete Vergenz aufweist. Die Scheitelung kann als starres *Zwischengebirge* oder als *Narbenzone* entwickelt sein. Dem Zwischengebirge schließen sich nach beiden Seiten hin Randketten und Vorland an. In Anlehnung an den Deckenbau der Alpen unterscheidet man (nach L. Kober) folgende, nacheinander geformte Teilstücke des O.s: 1. *Interniden* (gleichbedeutend mit Zwischengebirge; 2. *Zentraliden* (anschließend), die über die Metamorphiden und Externiden hinweg geschoben wurden, z. B. ostalpine Schubmasse; 3. *Metamorphiden*, intensiv gefaltete und metamorphosierte Deckenkörper, z. B. Penninikum der Alpen; 4. *Externiden*, als randlich überschobene, gefaltete, jedoch nicht metamorphosierte Außenzone (z. T. noch auf die Molasse der Vortiefe überschoben), z. B. das Helvetikum der Westalpen.

**Orogenese** (f), eine Gebirgsbildung, die im Gegensatz zur → *Epirogenese* einen relativ engräumigen, episodischen und das Gesteinsgefüge verändernden, nicht reversiblen tektonischen Vorgang darstellt. Ein besonders typisches Erscheinungsbild der O. ist die Schichtenfaltung in Sättel und Mulden, die sogenannte *Undulation*. Die Form der O. ist von der jeweiligen Krustensituation abhängig. So können Falten- und Deckengebirge lediglich in Mobilbereichen, die Blockgebirge –

durch Bruchtektonik charakterisiert – nur in Stabilbereichen und die Zonen mit Bruchfaltung nur in konsolidierten Bereichen der Erdkruste entstehen. Die einzelnen Erscheinungsformen können zeitlich miteinander verbunden sein und laufen innerhalb bestimmter Faltungsären und -phasen ab, die durch zwischengeschaltete anorogene Zeiträume getrennt sind. Für die Ursachen des orogenen Geschehens gibt es verschiedene Theorien, von denen die → *Plattentektonik* in jüngster Zeit eine hervorragende Bedeutung erlangt hat.

**Orographie** → *Morphographie, Geomorphologie.*

**Orometrie** (f), Methode der Erfassung aller charakteristischen Größen- und Formenverhältnisse von Gebirgen sowie deren Mittelwerte.

**Oroplastik** (f), Lehre von der äußeren Form der Gebirge.

**Orthida,** eine Ordnung der articulaten → *Brachiopoden*, zeichnet sich u. a. durch eine lange Schloßlinie aus; Unterkambrium–Oberperm.

**Orthis,** kleine bis mittelgroße articulate → *Brachiopoden* der Ordnung → *Orthida,* im Kambrium–Ordovizium weltweit verbreitet; Gehäuse mit kräftigen radialen Rippen.

**Orthit** (m), $(Ca,Ce,Y,La,Th)_2(Al,Fe)_3|Si_3O_{12}(OH)$, *Allanit*, ein *Silikat* der Epidot-Gruppe. H 5–6,5, D 3,4–4,2, X-System: monoklin. Form: selten prismatische oder tafelige Kristalle; meist stengelige Aggregate und körnig. Farbe: hellbraun bis schwarz. Undurchsichtig; nahezu metallischer, fettiger Glasglanz. Spaltbarkeit undeutlich, Bruch muschelig, uneben. Oft schwache Radioaktivität. O. kommt in manchen magmatischen und metamorphen Gesteinen als akzessorischer Bestandteil bes. in Pegmatiten vor und ist in Auswürf-

*Onyx-Figuren aus Mexiko – weiß, durchscheinend.*

lingen am Laacher See (selten), bei Weinheim/Bergstraße, in Norwegen, Schweden, Finnland, Grönland, Kanada und im Osten der USA anzutreffen.

**Orthogesteine,** Sammelbezeichnung für metamorphe Gesteine, die durch Umwandlung (→ *Metamorphose)* aus magmatischen Gesteinen hervorgegangen sind; aus Sedimentgesteinen hervorgegangene Metamorphite werden → *Paragesteine* genannt.

**Orthogneise,** Bezeichnung für Gneise oder gneisähnliche kristalline Schiefer, deren Ausgangsgesteine magmatischen Ursprungs waren; aus Sedimentgesteinen hervorgegangene Gneise werden *Paragneise* genannt.

**orthogonal,** Bezeichnung für: senkrecht (rechtwinklig) zueinander stehend (verlaufend); z. B. Gänge, Kluftscharen usw.

**Orthoklas** (m), $KAlSi_3O_8$, ein → *Kalifeldspat* und besonders wichtiges gesteinsbildendes Silikat. H 6–6,5, D 2,5–2,6, X-System: monoklin. Form: prismatische Kristalle, mitunter quadratischer Querschnitt; als Gemengeteil körnig; häufig Zwillingsbildung: Karlsbader-, Bavenoer- und Manebacher Zwilling. Farbe: weiß, grau, gelblich, rosa, rötlich oder bräunlich. Durchscheinend; Glasglanz. Vollkommene Spaltbarkeit nach zwei Richtungen, Bruch uneben. O. ist der gewöhnliche Kalifeldspat, der als Hauptgemengeteil in vielen magmatischen und metamorphen Gesteinen vorkommt; eine Fundortangabe erübrigt sich. □

**Orthophyr** (m), *Orthoporphyr,* ein Porphyrgestein mit hohen Anteilen von Orthoklas, besonders bei den Einsprenglingen.

**Orthopyroxene** (pl), Minerale der → *Pyroxen*-Gruppe mit rhombischem X-System. Hierzu gehören u. a. → *Enstatit* und → *Hypersthen*. O. sind Hauptbestandteile von magmatischen Gesteinen, wie beispielsweise Gabbro und Pyroxenit. Pyroxene des monoklinen X-Systems werden *Klinopyroxene* genannt.

**Orthosilikate** → *Silikate*

**Ortsbeben,** *Lokalbeben,* ein nur über dem Hypozentrum (Herd) wahrnehmbares → *Erdbeben.*

**Ortstein,** (wenig verfestigt: Orterde), häufig im B-Horizont (→ *Bodenprofil)* auftretende und von Eisenhydraten und Humusstoffen verkittete Sande, mehr oder weniger verfestigt; besonders in → *Bleicherde* (Podsolböden).

**Oryctocephalus,** → *Trilobit* des Kambriums, fossil in Europa, Nordamerika, Südamerika und Asien anzutreffen; Kopf und Schwanz etwa gleich groß, Thorax mit etwa 7 Segmenten, Pleuren und Schwanzsaum zu Stacheln ausgezogen.

**Os** (n), *Oser* (pl), *Wallberg*, sub- und inglaziale, schmale, wallartige Aufschüttung aus fluvioglazialem Material (von Schmelzwässern) wie Schotter und Sande, oft von großer Länge. Häufig in Grundmoränenlandschaften, besonders des nordischen Inlandeises, in Spalten abgelagert.

**Oser** → *Os*

**Osmiridium** → *Osmium*

**Osmium**, Os, ein Element, kommt als Edelmetall gediegen nur in sekundären Lagerstätten – Columbien und

Ural – vor, sonst gemeinsam mit Platinmetallen als Sulfid in Kupfer-Nickel-Kieslagerstätten, u. a. in Südafrika und Kanada. *Osmiridium* ist eine isomorphe Mischung von Iridium, Osmium und anderen Edelmetallen.

**Osningstadium,** eine Eisrandlage der Saale-Vereisung (entspricht der Rißeiszeit).

**Osterwaldphase,** bildet zusammen mit Deister- und Hilsphase in Malm und Unterkreide die jungkimmerische Phase der altalpidischen Orogenese.

**Ostracodermen,** alte Bezeichnung für die fossilen *Agnatha* (Kieferlosen), nach Romer zwei Unterklassen, nach Berg fünf Klassen. Die fossilen Agnatha gehören sicherlich zu den ältesten Wirbeltieren und waren im Ordovizium und Silur angesiedelt.

**Ostrea,** die *gemeine Auster,* ist auch fossil seit der Kreide weltweit anzutreffen.

**Oszillationstheorie** (f), Theorie zur Erklärung der großen Krustenbewegungen der Erde, die von einem Auf- und Abschwellen der kristallinen Kruste (Oszillation) infolge Stoffverschiebungen ausgeht. Aufschwellungen werden als *Geotumore,* Abschwellungen als *Geodepressionen* bezeichnet. Mit der Dehnung der Kruste und der Bildung von Geotumoren *(Primärtektogenese)* entstehen nach dieser Auffassung Brüche, in die Teile des aufgerissenen Sedimentmantels hinabgleiten *(Sekundärtektogenese).*

**Oszillogramm** (n), eine kurvenmäßige Darstellung epirogenetischer Schwankungen eines Gebietes im Laufe der Erdgeschichte (Meeresspiegelschwankungen).

*Opal, Milchopal (Australien) – bläulichweiß, durchscheinend.*

**Ottrelith** (m), ein grünliches Silikat mit H 6–7, kommt ausschließlich als Gemengeteil kristalliner Schiefer vor, u. a. in den Ardennen und in Tirol.

**Owrag** (m), eine infolge übermäßig starker Niederschläge oder plötzlich einsetzender Schneeschmelze gebildete Erosionsschlucht in Steppengebieten.

**Oxalit,** andere Bezeichnung für → *Humboldtin.*

**Oxidationszone,** oberflächennahe, vielfach bis zum Grundwasserspiegel reichende Zone bei Erzlagerstätten, die oxidativen Umbildungsprozessen ausgesetzt ist. In der O. entstehen vorwiegend Oxide, Hydroxide, Carbonate und Sulfate. Typische Minerale der O. sind u. a. Limonit, Pyrolusit, Cuprit, Malachit, Cerussit, Anglesit. Infolge Anreicherung von Brauneisen in dieser Zone entstand der alte Bergmannsausdruck „Eiserner Hut". Die Vorgänge in der O. sind besonders deutlich bei sulfidischen Lagerstätten ausgeprägt.

**Oxide** (pl), Verbindungen eines chemischen Grundstoffes, speziell eines oder mehrerer Metalle, mit Sauerstoff; Einordnung der entsprechenden Minerale in Klasse 4 (Oxide und Hydroxide) der → *Klassifikation der Minerale.* Beispiele: Hämatit. $Fe_2O_3$; Magnetit, $Fe_2O_4$; Cuprit, $Cu_2O$; besonders aber Quarz, $SiO_2$ (Siliciumdioxid).

**Oxytoma,** kleine bis mittelgroße Muschel, Trias – Kreide, weltweit verbreitet; Merkmal: weitständige grobe Rippen, die am Klappenrand in Dornen auslaufen.

**Oxytropidoceras,** ein mittelgroßer (5–10 cm), weltweit verbreiteter → *Ammonit* der Kreide; Gehäuse stark abgeflacht mit kräftig ausgeprägtem Kiel und zahlreichen gegabelten Rippen, die an den Ventralenden nach vorn abgebogen sind.

**Ozokerit** → *Erdwachs*

# P

**Padparadscha** (m), singhalesisch: Lotosblume; orangefarbene Edelsteinvarietät des → *Korund.*

**Paedumias,** → *Trilobit* des Kambriums, in Europa, Nordamerika und Asien verbreitet; großer Kopf, lange Wangenstacheln, Thorax mit etwa vierzehn nach hinten schmäler ausgebildeten Segmenten.

**Pahoehoe-Lava** (f), *Fladenlava,* auch *Gekröse-, Seil-* oder *Stricklava*; gasarme Lava, die bei ihrer Erstarrung den Benennungen entsprechende äußere Formen annimmt. Eine andere Oberflächenform weist die → *Aa-Lava* auf.

**Paläobiologie** (f), Wissenschaftszweig der → *Paläontologie*, untersucht Lebensform, Zusammenleben und Anpassung der fossilen Tier- und Pflanzenwelt.

**Paläoboden,** *Paläosol,* fossiler Boden, der sich infolge Sedimentüberdeckung nicht weiterentwickeln konnte; gelangt ein solcher Boden jedoch wieder an die Oberfläche, so läuft eine den heutigen Klimabedingungen entsprechende Bodenentwicklung ab (s. auch → *Reliktboden*).

**Palaeocoma,** Schlangenstern, im Jura Europas anzutreffen, unterscheidet sich nur geringfügig von den rezenten (heute lebenden) Schlangensternen; Klasse *Ophiuroidea* der → *Echinodermen* (Stachelhäuter).

**Paläoeuropa,** *Alteuropa,* während der kaledonischen Ära konsolidierte Teile Europas, die seit Beginn des Devons keine alpinotype Gebirgsbildung mehr erfahren haben. Das P. bildet zusammen mit *Archaeoeuropa* (vor dem Kambrium konsolidiert) den Rahmen für die variskische Gebirgsbildung *Mesoeuropas.*

**Paläogen** (n), andere Bezeichnung für Alttertiär, s. → *Tertiär.*

**Paläogeographie** (f), Erfassung des geographisch-morphologischen Bildes einzelner Zeitabschnitte der Erdgeschichte und die Darstellung in paläogeographischen Karten.

**Paläoklimatologie** (f), befaßt sich mit den klimatischen Verhältnissen früherer geologischer Epochen der Erdgeschichte aufgrund petrographischer und fossil-biologischer Funde.

**Paläomagnetismus** (m), fossiler Magnetismus, der Erdmagnetismus in den verschiedenen Epochen der Erdgeschichte; rekonstruierbar aus der Magnetisierung von Mineralen in Gesteinen, deren Alter genau zu bestimmen ist. Die Untersuchungen geben Aufschluß über die jeweilige Lage der magnetischen Erdpole (s. auch → *Erdmagnetismus*).

**Paläontologie** (f), heute selbständige Wissenschaft, umfaßt alle Wissenschaftszweige, die sich mit der Untersuchung der vorzeitlichen Tier- *(Paläozoologie)* und Pflanzenwelt *(Paläobotanik, Paläophytologie)* be-

*Piemontit, manganhaltiger Epidot (Zermatt/Schweiz) – grau, undurchsichtig.*

schäftigen. Die Forschungen sind u. a. Grundlage für die *Biostratigraphie.*

**Paläophytikum** (n), ein Zeitalter in der Entwicklungsgeschichte der Pflanzenwelt, erstreckt sich vom Silur bis zum Rotliegenden des Perms.

**Paläopikrit** (m), altes basisches → *Effusivgestein* mit hohen Olivinanteilen.

**Palaeosmilia,** mittelgroße bis sehr große Einzelkoralle *(Rugosa)* mit axialer, stark gegliederter Struktur; im Karbon weltweit verbreitet.

**Paläosol** → *Paläoboden*

**Paläozoikum** (n), Erdaltertum, geologisches Zeitalter und Zeitalter in der Entwicklung der Tierwelt; umfaßt die → *geologischen Formationen* Kambrium, Ordovizium, Silur, Devon, Karbon und Perm. Während des P.s ereignete sich die kaledonische und die variskische Gebirgsbildung.

**Paläozoologie** → *Paläontologie*

**Paleozän** (n), die unterste Abteilung des → *Tertiärs* mit den Stufen Mont, Thanet und Sparnac; s. auch → *geologische Formationen.*

**palingen,** Bezeichnung für ein Magma, das durch Aufschmelzung fester Gesteine im Verlauf einer *Ultrametamorphose* entsteht, meist granitische Zusammensetzung aufweist und in der Lage ist, in einen fremden Gesteinsrahmen zu intrudieren; s. auch → *Palingenese.*

**Palingenese** (f), Vorgang der Neubildung meist granitischer Magmen durch Aufschmelzung fester Gesteine. Die bei der P. entstandenen Gesteine werden auch *Palingenite* genannt; s. auch → *palingen,* → *Anatexis.*

**Palladium** (n), Pd, Edelmetall, ein Element, kommt in gediegener Form meist als lose Körner in Platinerzen und Seifen Brasiliens, auf den Antillen, als Seltenheit auch im Ural vor. H 4,5–5, D 11,3–11,8, X-System: kubisch. P. dient als Legierung mit Gold zur Herstellung von Weißgold in der Schmuckindustrie und wird u. a. auch bei der Nickelgewinnung ausgeschieden.

**Pallasit** (m), ein Stein-Eisen-→*Meteorit.*

**Pals** (m), **Palse** (pl), hohe Frostaufwölbung mit einem Torfmantel, der einen durch Frost deformierten Kern aus dauernd gefrorenen Schichten schlammigen oder torfigen Bodens umhüllt; s. auch → *Pingo.*

**Paludina,** Süßwasserschnecke (→ *Gastropoden*), deren versteinerte Formen als Leitfossilien der *Paludinenschichten* (Seeablagerungen, besonders im Wiener Becken) des Pliozäns gelten.

**panidiomorph,** Bezeichnung für das Gefüge von Intrusivgesteinen mit Gemengeteilen, die alle (oder die meisten) eine mehr oder weniger ausgeprägte Eigengestalt (Kristallform) aufweisen.

**Pannon** (n), *Pont,* die unterste Stufe des Pliozäns im → *Tertiär.*

**Panzerfische,** *Placodermi,* eine Klasse recht unterschiedlich gestalteter, überwiegend altpaläozoischer Fische, deren Außenskelett echtes Knochengewebe enthält. Erste Vorkommen im Silur, Blütezeit im Devon. Ordnungen: *Acanthodii* (bis ins Perm), *Arthrodira, Macropetalichthyda, Antiarchi, Stegoselachii.*

**Panzerlurche,** *Stegocephalen,* Dachschädler, eine zusammenfassende Bezeichnung für meist große, wahrscheinlich überwiegend amphibisch lebende Tetrapoden des jüngeren Paläozoikums; kennzeichnend ist ein stark verknöchertes Schädeldach ohne Schläfenöffnung.

**Parabeldüne,** *Bogendüne*, eine Form der → *Düne*, bei der die Enden der Windrichtung zugekehrt sind.

**Paradoxides** → *Trilobit* des Kambriums, in Europa, Nordamerika, Afrika und Australien als Fossil anzutreffen. Kopf um vieles größer als Schwanz, Wangenstacheln, Thorax mit etwa achtzehn Segmenten, Pleuren in Stacheln verlängert.

**Paragenese** (f), *Mineralvergesellschaftung,* das gemeinsame Auftreten verschiedener Minerale aufgrund bestimmter physikalisch-chemischer Bildungsbedingungen (z. B. Bildungstemperatur). Der Begriff wird vor allem im Hinblick auf die Bildung von Erzlagerstätten verwendet.

**Paragesteine,** metamorphe Gesteine, die aus Sedimentgesteinen durch → *Metamorphose* hervorgegangen sind, z. B. *Paragneise.* Methamorphite, deren Ausgangsgesteine magmatischen Ursprungs sind, werden → *Orthogesteine* genannt.

**Paraklase** (f), eine durch Verwerfung gekennzeichnete Gesteinsfuge → *Lithoklase).*

**paralisch,** Bezeichnung für im Bereich von Meeresküsten gebildete Kohlenlager, in die häufig – durch Meeresversteinerungen charakterisierte – marine Horizonte eingeschaltet sind. Wegen des regionalen Charakters von Meeresvorstößen können marine Horizonte oftmals

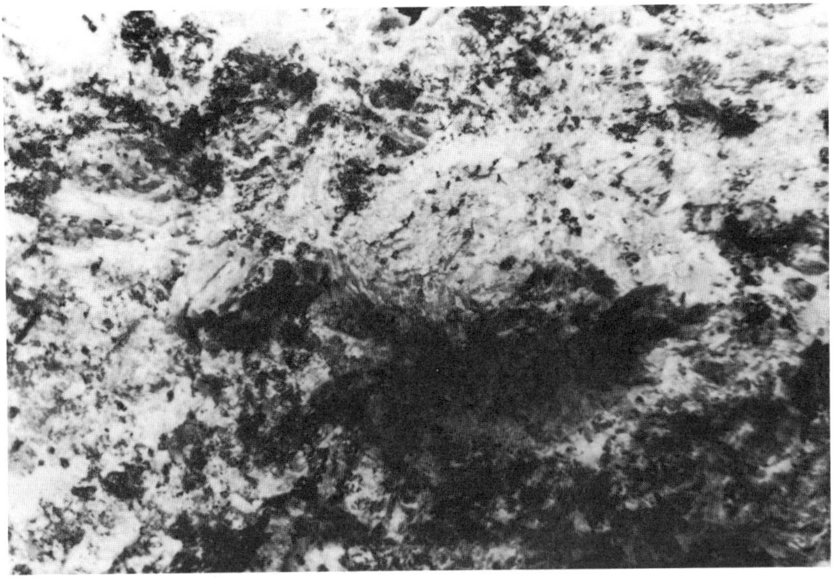

*Pegmatit, Granit-Pegmatit (Skandinavien).*

zur Parallelisierung von Flözgruppen herangezogen werden.

**Parallelschichtung,** andere Bezeichnung für → *konkordante* Schichtung.

**Parameter** (m), in der Kristallographie der *Achsenabschnitt,* der einer Kristallfläche zugeordnet ist.

**Pararendzina** (f), auf kalkreichen Silikatgesteinen entstehender Bodentyp, bei dem der B-Horizont fehlt; wird relativ rasch entkalkt und geht in Braunerde über.

**Parasmilia,** kleine zylindrische Koralle, solitär oder in Kolonien, seit der Kreide weltweit verbreitet; Querschnitt kreisförmig.

**Parasuchia,** *Phytosauria,* eine Unterordnung der Thecodontia; äußerlich den Krokodilen ähnliche Reptilien, welche eine geschlossene, zahlreiche und weit verbreitete Gruppe darstellen. Die P. bilden einen auf die Trias beschränkten Seitenzweig der Thecodontia.

**Parasitärkrater,** am Abhang eines Vulkans auftretender, kleiner Nebenkrater.

**Paratethys** (f), im Jungtertiär zwischen Alpen und Aralsee bestehendes epikontinentales Restmeer, das nach und nach in einzelne Becken zerfiel, von denen heute noch der Balaton-See, das Schwarze Meer, das Kaspische Meer und der Aral-See erhalten sind; s. auch → *Tethys.*

**Parkinsonia,** mittelgroßer (10–15 cm) → *Ammonit* des Jura, in Europa, Afrika und Asien fossil anzutreffen; Gehäuse mit zahlreichen scharfkantigen, gegabelten und vorgebogenen Rippen; tiefe Furche an der Ventralseite.

**Paroxysmus** (m), im speziellen Sprachgebrauch: heftige Steigerung des geologischen, insbesondere des tektonischen und vulkanischen Geschehens.

**Pavlovia,** mittelgroßer (etwa 10 cm) → *Ammonit* des Jura, fossil in Europa und Asien anzutreffen; Gehäuse mit sehr kräftigen, einfach gegabelten Rippen, die über die Ventralseite verlaufen; ohne Kiel oder Furche an der gewölbten Ventralseite.

**Pechblende** (f), Bezeichnung für kollomorphen → *Uraninit.*

**Pechkohle,** steinkohleartig aussehende tertiäre Kohle, die jedoch chemisch noch deutlichen Braunkohlecharakter aufweist; Beispiel: „oberbayerische Pechkohle". Der hohe Inkohlungsgrad wurde durch tiefe Versenkung und Faltung der Serien hervorgerufen.

**Pechstein,** fettglänzendes, saures Gesteinsglas mit mehr als 3% Wassergehalt, s. → *Obsidian.*

**Pedina,** regulärer Seeigel *(→ Echinoidea)* im Jura Europas und Afrikas sowie im Miozän Südamerikas; Gehäuse kreisrund und abgeflacht. Die Oberfläche ist mit kleinen Warzen bedeckt, so daß die Ambulakren sich nur undeutlich abzeichnen.

**Pedion** (n), Kristallfläche, die in ihrer Form nur einmal an einem Kristall auftritt; meist Basis (Fußfläche) eines Kristallkörpers.

**Pediologie** → *Bodenkunde*

**Pegmatite** (pl), grob bis riesenkörnige Ausbildungsformen von Intrusiv- oder Ganggesteinen, entstehen durch Kristallisation aus gasreichen Restschmelzen. Sie ähneln in der Zusammensetzung den jeweiligen → *Intrusivgesteinen*, weisen darüber hinaus jedoch in der Regel einen reichhaltigeren Mineralbestand auf. So werden u. a. folgende Minerale besonders ausgegliedert: Quarz, Turmalin, Beryll, Topas, Glimmer, Zirkon, Cassiterit. Neben den Granitpegmatiten (der häufigsten Form) werden auch andere P. wie Syenit-, Gabbro-, Diopsid-, Nephelinsyenitpegmatite und andere ausgeschieden. Vorkommen: Harz, Fichtelgebirge, Operpfalz, Hagendorf im Bayerischen Wald, Spessart, Odenwald, Schwarzwald, Erzgebirge und Thüringer Wald in der DDR, Alpenraum, französisches Zentralmassiv und an vielen anderen Orten. In den P.n werden unter Umständen besonders schöne Mineral- und Kristallstufen angetroffen (Tab.). □

**Pektolith** (m), $Ca_2NaSi_3O_8OH$, ein seltenes Silikat. H 5, D 2,8–2,9, X-System: triklin. Form: meist nadelig-faserige Aggregate; dicht, derb. Farbe: weiß. Durchscheinend; Glasglanz, Perlglanz. Spaltbarkeit in zwei Richtungen sehr gut, Bruch uneben, spröde. P. kommt in Hohlräumen und Klüften basischer Eruptivgesteine zusammen mit Zeolithen vor. Fundorte z. B. am Monzoni im Fassatal/Dolomiten.

**pelagisch,** Bezeichnung für die küstenferne Hochseeregion mit entsprechender (pelagischer) Fauna. Die p.en Sedimente werden in der Regel in mehr als 800 m Meerestiefe abgelagert.

**Pelite** (pl), besonders feinkörnige

**Pegmatite**
Vergleich des Mineralbestandes

| Gesteinsart | Quarz | Kali-Feldspat | Plagioklas | Nephelin | Glimmer | Pyroxene | Amphibole | Olivin | Sonst. |
|---|---|---|---|---|---|---|---|---|---|
| Pegmatit | **xx** | **xx** | **xx** | | x | | | | x |
| Oligoklas-granitpegmatit | **xx** | | xxx | | x | | | | x |
| Albitpegmatit | | | xxx! | | x | | | | x |
| Alkali-syenitpegmatit | | | xxx | x | | | xx | | x |
| Syenitpegmatit | | xxx | xx | | | | xx | | x |
| Plagioklas-pegmatit | | | xxx | | xx | | | | x |
| Oligoklas-pegmatit | xx | | xxx | | x | | | | **xx** |
| Schriftgranit | **xx** | | xxx | | (x) | | | | |
| Gabbropegmatit | | | **xx** | | | **xx** | | **xx** | xx |
| Noritpegmatit | | | xxx | | | **xx** | | | x |

Zeichenerklärung: (x) = evtl. geringe Anteile, x = 0–7%, xx = 8–20%, **xx** = mehr als 20%, xxx = mehr als 50%, xxx! = mehr als 80%.

Sedimente, s. auch → *klastische* Sedimente.

**Pennin** (m), $(Mg,Al)_6(Si,Al)_4O_{10}(OH)_8$, ein Silikat der Chlorit-Gruppe. H 2,5, D 2,5–2,6, X-System: monoklin. Form: rhomboedrische Kristalle; auch dicht, derb. Farbe: grün, bläulichgrün. Durchsichtig bis durchscheinend; Perlmuttglanz. Spaltbarkeit blättrig, Bruch uneben. P. kommt in Chloritschiefern, Diabasen und alpinen Klüften vor.

**Penninische Decken,** *Penniniden, Penninikum*, ein in der Internzone der Westalpen erkennbares Deckensystem, das aus einer größeren Anzahl von Decken besteht, die jedoch im gesamten Alpenraum vertreten sind. Die P. D. bauen sich u. a. aus gewaltigen Gneismassen, anderen kristallinen Schiefern, Oberkarbon, Trias, Jura und Kreide, Schistes lustrés (Kalkphyllite) und Ophiolithen (submarine Effusivgesteine) auf. Die Schichten waren von verschiedengradiger Metamorphose betroffen.

**Penniretepora,** Moostierchen *(→ Bryozoen)* der Ordnung *Cryptostomata,* Devon–Perm, in Europa und Nordamerika verbreitet; zarte, farnähnliche Formen mit einem dünnen Stamm und kurzen, regelmäßig abgesetzten Verzweigungen.

**Pentacrinites,** Seelilie *(→ Crinoidea)* der Trias und Kreide, in Europa und Nordamerika fossil anzutreffen; großwüchsige Form mit langen, stark verzweigten Armen und kleinem Kelch.

**Pentagondodekaeder** (n), von gleichseitigen Fünfecken begrenzter, zwölfflächiger Kristallkörper des kubischen Kristallsystems; nach dem bekanntesten Mineral, das u. a. in dieser Form kristallisiert, auch *Pyritoeder* genannt.

**Pentamerida,** eine → *Brachiopoden*-Ordnung der Klasse *Articulata* mit porenloser Schale, bikonvexem Gehäuse und kurzem Schloßrand. Vorkommen: Kambrium bis Devon.

**Pentasteria,** Seestern *(→ Asteroidea)* mit meist geraden, langen und spitzzulaufenden Armen, von rezenten Seesternen der Form nach nur schwer zu unterscheiden; fossil vom Jura bis zum Eozän in Europa anzutreffen.

**Pentlandit** (m), $(Fe,Ni)_9S_8$, ein Sulfid. H 3,5–4, D 4,6–5, X-System: kubisch. Form: Kristalle Hexakisoktaeder; gewöhnlich körnig. Farbe: bräunlich; Strichfarbe schwarz. Undurchsichtig; Metallglanz. Gute Spaltbarkeit bei sprödem Bruchverhalten. P. ist das wichtigste Nickelerz und kommt zusammen mit → *Pyrrhotin* in magmatischen Lagerstätten vor, u. a. in Kanada (größte Vorkommen), Norwegen, Finnland; Fundstellen auch im Schwarzwald und in der ČSSR.

**Pentremites,** häufigster Vertreter der *Blastoideen,* ausgestorbener knospenförmiger → *Echinodermen;* Vorkommen im Karbon Nord- und Südamerikas.

**perennierende Quelle,** Bezeichnung für eine ständig ausschüttende Quelle, im Gegensatz zur → *periodischen Quelle.*

**Pergelisol** (m), *Dauerfrostboden, Permafrostboden,* ein Boden, der infolge besonderer klimatischer Verhältnisse ständig gefroren ist, s. auch → *Frostböden.*

**Peridot** (m), andere (französische) Bezeichnung für → *Olivin.*

**Peridotite** (pl), *Peridotit-Gruppe,* → *Intrusivgesteine,* die im wesentlichen aus körnigem Olivin (60–95%), rhombischen und monoklinen Pyroxenen, mitunter auch Pyrop (Granat) und als Nebengemengeteilen Chromit, Ilmenit, Titanomagnetit u. a. zusammengesetzt sind. Es sind ultrabasische, an Kieselsäure untersättigte magmatische Gesteine, die gemeinsam mit Gabbros und Pyroxeniten vorkommen. Trotz der etwa 20 Arten von P.n sind diese relativ wenig verbreitet, bilden jedoch mitunter über viele Kilometer ausgedehnte Gebirgseinheiten, u. a. im Ural, auf dem Balkan, in Südafrika, auf Kuba, den Philippinen und Neuseeland (Tab.).

**periglazial,** *Periglazial* (n), *periglaziär,* Bezeichnung für Gebiete, die in unmittelbarer Umgebung von Inlandeismassen und Vergletscherungen liegen. Dadurch sind sie in verstärktem Maße den Frost- bzw. Frost-Auftau-Wirkungen und der Tätigkeit fließender Schmelzwässer und des Windes ausgesetzt. Man begegnet hier speziellen Erscheinungen wie → *Solifluktion,* → *Kryoturbation,* Bildung von Strukturböden und Eiskeilen, Erosion und Sedimentation.

**Periklas** (m), MgO, ein Oxid. H 6, D 3,7–3,9, X-System: kubisch. Form: oktaedrische, würfelige, auf- und eingewachsene, meist sehr kleine Kristalle; derb, körnig. Farbe: farblos, weiß, grau, gelb, dunkelgrün; Strichfarbe weiß. Durchsichtig bis durchscheinend; Glasglanz. Ausgezeichnete Spaltbarkeit. P. kommt in metamorphem Kalkstein und Dolomit, in Auswürflingen sowie in Hohlräumen weniger magmatischer Gesteine vor, u. a. am Monte Somma (Vesuv) und auf Manganlagerstätten in Schweden.

**Periklin** (m), ein Natronfeldspat der Gruppe → *Plagioklase* mit geringen Kalk-, gelegentlich auch Kaliumanteilen, kommt als einziger Feldspat dieser Mischreihe nur in aufgewachsener Form vor. Die meist verzwillingten, säuligen oder dicktafeligen Kristalle sind in Drusen alpiner Klüfte anzutreffen.

**periklinal,** Bezeichnung für das von

**Peridotite**
Vergleich des Mineralbestandes

| Gesteinsart | Olivin | Ortho-pyroxene (rhomb.) | Klino-pyroxene (monokl.) | Sonstige: Sulfide, (Erze usw.) |
|---|---|---|---|---|
| Dunit | xxx! | xx | | x |
| Saxonit | xxx | **xx** | | x |
| Harzburgit | xxx | **xx** | | (x) |
| Wehrlit | **xx** | | **xx** | xx + Hornblende |
| Lherzolith | xxx | **xx** | xx | x |

Zeichenerklärung: (x) = evtl. geringe Anteile, x = 0–7%, xx = 8–20%, **xx** = mehr als 20%, xxx = mehr als 50%, xxx! = mehr als 80%.

einem zentralen (höheren) Bereich nach allen Seiten auswärts gerichtete Fallen von Schichten oder Flächen, so z. B. die Flanken eines Kegelberges oder die Schichten eines Vulkans.

**perimagmatisch,** Bezeichnung für Erzlagerstätten, die in unmittelbarer Umgebung eines Magmaherdes entstanden sind.

**Periode** (f), in der Geologie andere Bezeichnung für *Formation,* s. → *geologische Formationen.*

**periodische Quelle,** eine nur zeitweilig schüttende Quelle (Hungerquelle); im Gegensatz dazu: → *perennierende Quelle.*

**periodisches System,** *Periodensystem,* Ordnung der → *chemischen Elemente* nach steigender Kernladungszahl (Ordnungszahl).

**Perisphinctes,** großer bis sehr großer → *Ammonit* des Jura, fossil in Europa, Afrika und Asien anzutreffen; Windungsquerschnitt fast quadratisch; kräftige, gegabelte Rippen, über die Ventralseite hinweg verlaufend.

**Perleidus,** ein Knochenfisch der Trias Europas, Afrikas und Asiens; vollständige Exemplare kann man in Knollen finden, deren Bildung wahrscheinlich durch den toten Fisch verursacht wurde.

**Perlglimmer,** veraltete Bezeichnung für → *Margarit.*

**Perlit** (m), ein Gesteinsglas mit bestimmten Strukturmerkmalen (zwiebelschalenähnliche Anordnung von Rissen), s. → *Obsidian.*

**Perlmutt** (n), *Perlmutter,* das aus dünnen Schichten von Calciumcarbonat und Conchyn gebildete Innere vieler Muschel- und Schneckenschalen, das infolge Brechung und Beugung des Lichtes einen typischen, irisierenden Schimmer und besonderen Glanz aufweist. Die Kristallflächen (bes. Spaltflächen) verschiedener Minerale lassen einen ähnlichen Glanz, sogenannten *Perlmuttglanz* erkennen.

**Perm** (n), jüngste → *geologische Formation* des Paläozoikums mit den Abteilungen Rotliegendes und Zechstein; gekennzeichnet von Kohlenbildungen im Rotliegenden, Bildung ausgedehnter Steinsalz- und Kalilager, lebhaftem Vulkanismus im Rotliegenden und dem Ausklingen der variskischen Faltungsära. Der geokraten Periode des Rotliegenden folgen transgressive Tendenzen des Zechsteins. Flora: Farne und im Zechstein Gymnospermen wie Coniferen und erste Ginkgogewächse. Fauna: Muscheln, Cephalopoden, Brachiopoden, Bryozoen, erste reguläre Seeigel. Großforaminiferen; Fische mit Schmelzschuppen, Amphibien (Stegocephalen, Archegosaurus, Branchiosaurus), Reptilien (Theromorpha). Mit dem Perm sterben u. a. die Trilobiten und die Blastoideen aus.

**Permanenztheorie,** Theorie, nach der die Verteilung der Meere und Kontinente im Verlauf der Erdgeschichte annähernd unverändert geblieben sein soll. Die P. läßt sich weder mit der → *Kontinentalverschiebung* noch mit der → *Plattentektonik* vereinbaren.

**Permeabilität** (f), Bezeichnung für die Durchlässigkeit von Gesteinen für Flüssigkeit und Gase. Zwischen durchlässigen (permeablen) und weniger durchlässigen (impermeablen) Gesteinsschichtungen verläuft die sogenannte *Permeabilitätsgrenze* für solche bewegten Medien; s. auch → *Migration*, → *Falle*.

**Peronidella,** eine mittelgroße Form von Spongien *(→ Schwämme)*, Trias bis Kreide; aus zahlreichen zylindrischen Röhren bestehend, die von einer gemeinsamen Basis ausgehen; fossil nur in Europa anzutreffen.

**Perowskit** (m), $CaTiO_3$, ein Oxid. H 5,5, D 4,0, X-System: monoklin. Form: pseudokubische, würfel- oder oktaederähnliche Kristalle, gewöhnlich eingewachsen; körnig, nierig. Farbe: honiggelb, rötlichbraun, schwarz. Durchscheinend, meist jedoch undurchsichtig; Diamantglanz, halbmetallisch. Gute Spaltbarkeit, muschelige Bruchflächen. P. kommt in Form eingewachsener Kristalle in Chloritschiefern und metamorphosierten Kalken vor, ist jedoch auch Gemengeteil von Basalten und Pegmatiten; Fundorte: Zermatt/Wallis, Pfitsch/Südtirol (aufgewachsene Kristalle).

**Perthit** (m), Bezeichnung für lamellen- bis spindelförmige Durchwachsungen von *Albit* (Natronfeldspat) in Kalifeldspat. Umgekehrte Durchwachsungen werden *Antiperthit* genannt. Mikroskopisch kleine Durchwachsungen von *Mikroklin* mit Albitschnüren werden als *Mikroklinperthit* oder vereinfacht *Mikroperthit* bezeichnet. P. ist das Ergebnis einer Entmischung, die sich bei der Abkühlung vollzieht.

**Petalit** (m), (Li,Na) $[AlSi_4O_{10}]$, *Kastor*, ein Silikat. H 6–6,5, D 2,42, X-System: monoklin. Farblose, weiße oder rötliche Kristalle kommen in Pegmatiten vor, u. a. auf Elba und in den USA. P. ist ein Lithiumerz.

**Petrefakten** (pl), andere Bezeichnung für → *Fossilien*.

*Phenakit, Kristallgruppe – gelblich, durchsichtig.*

**Petrogenese** (f), die Entstehungsgeschichte eines Gesteins.

**Petrographie** (f), *Gesteinskunde,* Wissenschaftszweig der Geologie, der sich mit der Zusammensetzung der Gesteine, ihrem natürlichen Vorkommen, ihrem Verhältnis zueinander, vor allem aber mit der Bildung und Umbildung von Gesteinen befaßt. Als spezielles Fachgebiet weist sich die *Sedimentpetrographie* aus.

**petrographische Provinz,** ein größeres Gebiet, dessen magmatische Gesteine von einem Stamm-Magma abstammen und gewisse einheitliche Merkmale der chemischen Zusammensetzung aufweisen.

**Petroleum** (n), Bezeichnung, die im deutschen Sprachgebrauch lediglich für ein bestimmtes Destillationsprodukt des Erdöls, jedoch nicht mehr allgemein für → *Erdöl* verwendet wird.

**Petrologie** (f), ein Teil der → *Petrographie*, der auf die Erfassung der jeweils herrschenden physikalisch-chemischen Bedingungen bei der Bildung eines Gesteins ausgerichtet ist.

**pfälzische Phase,** nach der Rheinpfalz benannte Faltungsphase, mit der am Ende des Perms die variskische Ära ausklingt.

**Phacops,** im Silur und Devon weltweit verbreiteter → *Trilobit;* Kopf größer als der Schwanz, Thorax mit etwa elf Segmenten, Augen auffällig groß.

**phaneromer,** Bezeichnung für die ohne optische Hilfsmittel erkennbaren Gemengeteile eines Gesteins.

**Phanerozoikum,** Bezeichnung für die gesamten durch Fossilien belegten Zeitabschnitte der Erdgeschichte.

*Porphyr (Rheinpfalz) – rötlich, matt.*

**Phanocrinus,** eine Seelilie *(→ Cronoidea)* des Karbons in Nordamerika mit langen, dicken Armen und konkav geformter Kelchbasis.

**Phantomquarz** (m), ein durchsichtiger → *Quarz*-Kristall, der im Innern schemenhafte Wachstumslinien erkennen läßt.

**Pharmakolith** (m), $CaH(AsO_4) \cdot 2H_2O$, ein Arsenat. H 2–2,5, D 2,6, X-System: monoklin. Form: feinnadelige, haarförmige Kristalle und Aggregate; pulverige Ausblühungen. Farbe: farblos, weiß, gelblich, rötlich. Durchscheinend; Glasglanz, Seidenglanz, matt. P. kommt als Ausblühungen bei Wittichen/Schwarzwald, in Böhmen und im Elsaß vor.

**Phenacodus,** fossiles Urhuftier im Eozän, erreichte etwa Tapirgröße.

**Phenakit** (m), $Be_2SiO_4$, ein seltenes Silikat. H 7,5–8, D 3,0, X-System: trigonal. Form: rhomboedrische, prismatische Kristalle. Farbe: farblos, weiß, gelblich, rötlich. Durchsichtig bis durchscheinend; Glasglanz. Wenig deutliche Spaltbarkeit, Bruch muschelig. Erkennbar an Härte und Kristallform. P. kommt in Drusen von Graniten, in Pegmatiten und metamorphen Gesteinen vor. Fundorte: Vogesen, Wallis, Norwegen, Südwestafrika, USA, Brasilien und UdSSR. □

**Philippinite** (pl), Bezeichnung für → *Tektite,* die auf den Philippinen oder im südlichen China gefunden wurden.

**Phillipsit** (m), $KCa[Al_3Si_5O_{16}] \cdot 6H_2O$, *Kreuzstein, Würfel- → Zeolith,* ein Silikat. H 4–4,5, D 2,1–2,2, X-System: monoklin. Form: kurzprismatische, dicktafelige, kleine Kristalle; Durchkreuzungszwillinge. Farbe: farblos, weiß, gelblich, rötlich. Durchsichtig bis durchscheinend; Glasglanz. Erkennbar an den kreuzförmigen Zwillingen und den flächenreichen Kristallen. P. kommt in Hohlräumen von Ergußgesteinen vor. Fundorte: bei Marburg, Vogelsberg, Habichtswald, Kaiserstuhl, am Vesuv, Sizilien, Island.

**Phlogopit** $KMg_3[(F,OH)_2|AlSi_3O_{10}]$, (m), ein Silikat der Glimmer-Gruppe. H 2,5–3, D 2,7–2,9, X-System: monoklin. Form: pseudohexagonale, dünn- und dicktafelige oder kurzprismatische Kristalle; blättrige oder schuppige Aggregate. Farbe: farblos, gelblich, rötlichbraun oder grünlich. Durchsichtig bis durchscheinend; Glasglanz, bronzeartiger Perlglanz. Vollkommene Spaltbarkeit, biegsam. Ph. kommt vor allem in metamorphen Kalken vor, als Gemengeteil auch in magnesiumreichen magmatischen Gesteinen und Pegmatiten. Fundorte: Tessin, Fassatal/Dolomiten, Schweden, Madagaskar, USA u. a.

**Phonolithe** (pl), dichte, sehr feinkörnige, meist helle → *Effusivgesteine,* die freihängend beim Anschlagen klingen (Klingstein). Ph. setzen sich in der Regel aus Sanidin, Nephelin und Pyroxenen zusammen und weisen oft in die Grundmasse eingebettete Feldspatsprenglinge auf. Verschiedene Abarten unterscheiden sich in der Mineralzusammensetzung: Amphibol-Phonolith (Apachit), nephelinitoider Phonolith, trachytoider Phonolith, Leucitphonolith, Noseanphonolith u. a. Die Ph. kommen oft gemeinsam mit Trachyten vor und bilden vorwiegend lakkolithische Quellkuppen in lockeren Sedimenten. Als Vulkankegel erscheinen die Ph. mit steil abfallenden Flanken. Ph. sind im Erzgebirge, am Hohentwiel bei Singen, auf der Insel Ischia/Italien und an verschiedenen Stellen in den USA anzutreffen.

**Phosgenit** (m), $Pb_2[Cl_2|CO_3]$, *Bleihornerz,* ein Carbonat. H 2,5–3, D 6–6,3, X-System: tetragonal. Form: kurzsäulige, pyramidale, gelegentlich flächenreiche Kristalle. Farbe: weiß, grau, gelb. Durchsichtig bis durchscheinend; Diamantglanz, auch fettig. Ausgezeichnete Spaltbarkeit. P. kommt in der Oxidationszone von Bleilagerstätten (vielfach aus Bleiglanz gebildet) vor, u. a. auf Sardinien und in Südwestafrika.

**Phosphate** (pl), Salze der Phosphorsäure, $PO_4$, werden in der → *Klassifikation der Minerale* zusammen mit den Arsenaten und Vanadaten der Klasse 7 zugeordnet. Beispiele von P.n: Apatit, Lazulith, Monazit.

**Phosphatgesteine,** *Phosphorite,* meist dichte, schichtige Sedimentgesteine, die im wesentlichen aus – dem Apatit verwandten – Kalkphosphaten bestehen und zum Teil auf eine Wechselreaktion von Phosphorsäure mit Kalkstein zurückzuführen sind oder Ablagerungen phosphatreicher Hartbestandteile (Knochen, Zähne, Brachiopoden) darstellen. P. kommen u. a. in mächtigen Lagen in Tunesien und Marokko vor.

**Phosphorenszenz** (f), die Eigenschaft mancher Stoffe, auch einiger Minerale, unter Einwirkung von Licht, ultravioletter Strahlung, Röntgen- oder Elektronenstrahlen eigenes Licht auszusenden (phosphoreszieren), ohne daß hierfür eine Temperaturerhöhung ausschlaggebend wäre. Im Gegensatz zur → *Fluorenszenz* überdauert bei der Ph. die Lichtemission die Strahlungsanregung (Nachleuchten). Unter ultravioletter Strahlung weisen Gips, Willemit, Aragonit, vor allem aber Sphalerit Ph. auf.

**Phosphorit** (m), Sammelbezeichnung für kryptokristalline Varietäten von → *Apatit* in traubig-nieriger, kugelig-knolliger, krustenartiger oder erdiger Form.

**Phosphorite** (pl), andere, vermeidbare Bezeichnung für → *Phosphatgesteine* (Verwechslung mit dem Mineralnamen).

**Phosphorochalcit** (m), andere Bezeichnung für → *Pseudomalachit.*

**Phyllite** (pl), feinschuppige, blättrige metamorphe Gesteine der Epizone, die den kristallinen Schiefern zugeordnet sind und als Hauptgemengeteile u. a. Sericit sowie feinkörnigen Quarz enthalten. Als Nebengemengeteile treten Chlorit, Amphibol, Staurolith, Turmalin, Albit, Rutil, Titanit, Zirkon, Magnetit, Pyrit, Apatit, Epidot, Calcit, Magnesit, Dolomit in Erscheinung. Je nach Zusammensetzung unterscheidet man u. a. Quarzphyllit, Sericitphyllit, Albitphyllit, Kalkphyllit, Hornblendephyllit, Chlorithphyllit.

**Phyllonit** (m), (Wortvereinigung aus Phyllit und Mylonit), stark mylonitisiertes und geschiefertes Gestein; durch Neubildung von Sericit und Chlorit dem Phyllit entsprechend charakterisiert; ein Produkt der retrograden Metamorphose *(→ Diaphthorese).*

**Phylloceras,** mittelgroßer (10–15 cm), abgeflachter und ungenabelter → *Ammonit,* Unterjura bis Oberkreide; Oberfläche glatt oder mit feinen Linien verziert, die sich über die Ventralseite hinwegziehen. Ph. war weltweit verbreitet.

**Phyllosilikate** →*Silikate*

**phytogen,** Bezeichnung für ausschließlich aus pflanzlichen Resten gebildete Sedimente, wie beispielsweise Kohle; s. auch → *Biolithe.*

**pH-Wert,** in der Chemie die Kennzeichnung für die Wasserstoff-Ionen-Konzentration in Löungen; wird mit einem elektrischen pH-Messer oder durch Indikatoren (Farbumschlag in einem schmalen Bereich) festgestellt. Der pH-Wert 7 zeigt eine neutrale Reaktion an. Werte über 7 (reinstes Wasser) geben alkalische, solche, die darunter liegen, saure Reaktionen an; mit dem pH-Wert des Bodenwassers wird auch die *Bodenazidität* (Säuregrad des Bodens) gekennzeichnet.

**Piacentin** (n), mittlere Stufe des → *Pliozäns* im → *Tertiär.*

**Picotit** (m), eine schwarze, chromhaltige Varietät des → *Spinell;* kommt besonders in olivinreichen magmatischen Gesteinen vor.

**Piedmontfläche,** durch eine länger andauernde Pause in der epirogenen Aufwölbung entstandene Verebnungsfläche in einem sich hebenden Gebirge. Nach der von W. Penck vertretenen, jedoch heftig widersprochenen Meinung wird durch mehrere solcher Pausen die sogenannte *Piedmonttreppe* – durch Gehängeknicke getrennte, übereinanderliegende Flächen – gebildet.

**Piemontit** (m), eine manganhaltige Varietät des → *Epidot,* nach den Vorkommen in Piemont benannt. □

**Piezoelektrizität** (f), durch mechanischen Druck erzeugte elektrische Aufladung mancher Kristalle. Piezoelektrische Kristalle werden u. a. als → *Schwingquarze,* elektrische Filter, Ultraschallerzeuger sowie zu meßtechnischen Zwecken verwendet.

**Pikrit** (m), ultrabasisches, grünlichschwarzes → *Effusivgestein* mit vorherrschenden Olivinanteilen. Paläozoischer (alter) P. wird auch *Paläokrit* genannt. Letzterer kommt u. a. im Fichtelgebirge vor.

**Pikrosmin** (m), alte, heute nicht mehr gebräuchliche Bezeichnung für → *Chrysotil.*

**Pillowlava** (f), *Kissenlava,* in wulstbzw. kissenartigen Formen auftretende basische, vor allem submarin geförderte → *Lava.*

**Pilzfelsen,** pilzartig geformter Felsen mit schmalem Fuß und breitem, hutartig ausladendem Oberteil; wird durch bodennahen Windschliff, durch Brandungserosion oder durch Verwitterung ungleich beständiger Gesteinsschichtungen gebildet.

**Pinakoid** (n), ein Kristallkörper, von dessen Begrenzungsflächen nur zwei einander parallel zugeordnet sind.

**Pinge** (f), alter bergmännischer Ausdruck für eine Bodenvertiefung, die durch Schürfarbeit oder den Einsturz aufgelassener, nahe unter der Erdoberfläche gelegener Stollen entstanden ist.

**Pingo** (m), *Hydrolakkolith,* linsenförmige Eisansammlung im Boden heutiger Tundrengebiete; sie können regelrechte Hügel aufwölben und beim Auftauen durch Einsacken der Bedeckung zur Bildung kreisrunder Teiche an der Oberfläche führen.

**Pinna,** Steckmuscheln, große keilförmige Meeresmuscheln, den *Pteriaceen* angehörend, seit dem Karbon weltweit verbreitet.

**Pinolit** (m), bei Magnesitgesteinen das Gefüge von schmalovalen, Pinienkernen ähnlichen Magnesitkristallen, die eine Größe von einigen cm erreichen können.

**Pipe** (f), vulkanische, trichterförmige Durchschlagsröhre mit kreisrundem oder ovalem Querschnitt, die in der Tiefe in eine Spalte übergehen kann. In Südafrika sind solche Pipes mit → *Kimberlit*, einer Explosionsbrekzie von Glimmerperidotit (Muttergestein von Diamanten) ausgefüllt.

**Pistazit** (m), andere, heute nicht mehr gebräuchliche Bezeichnung für → *Epidot*.

**Placenticeras**, mittelgroßer bis großer → *Ammonit* der Kreide, fossil in Europa, Afrika und Nordamerika anzutreffen; Gehäuse mit kantigem Kiel, der die gesamte Breite der Ventralseite einnimmt und von zwei Knotenreihen begleitet ist; schwache oder fehlende Skulptur.

**Placodermi** → *Panzerfische*

**Plagioklase** (pl – Plagioklas m), Mischreihe der *Kalk-Natron-Feldspäte*, deren Endglieder Albit, $Na[AlSi_3O_8]$, und Anorthit, $Ca[Al_2Si_2O_8]$, sind. Bei den Zwischengliedern wird Na teilweise durch Ca ersetzt und umgekehrt. Die wichtigsten Vertreter der P. mit ihren jeweiligen Anteilen an Natrium bzw. Calcium sind:

| Bezeichnung: | Anteile in % | |
|---|---|---|
| | Na | Ca |
| Albit | 100–90 | 0–10 |
| Oligoklas | 90–70 | 10–30 |
| Andesin | 70–50 | 30–50 |
| Labradorit | 50–30 | 50–70 |
| Bytownit | 30–10 | 70–90 |
| Anorthit | 10– 0 | 90–100 |

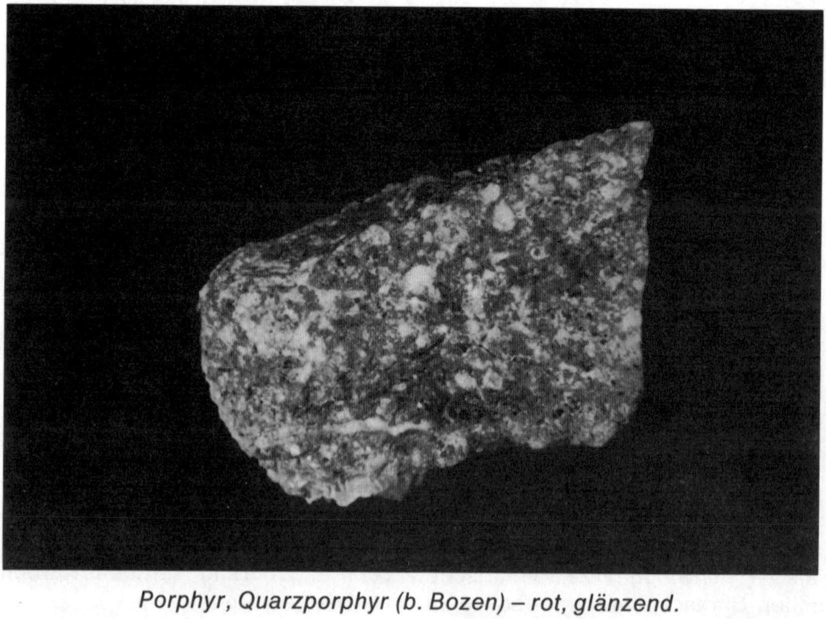

*Porphyr, Quarzporphyr (b. Bozen) – rot, glänzend.*

Statt Na (Natrium) wird auch die Kurzbezeichnung „Ab" (Albit) und für Ca (Calcium) „An" (Anorthit) mit den jeweiligen Prozentangaben verwendet. Bei manchen P.n kann das Natrium zum Teil durch Kalium ersetzt sein. Dann wird hinter dessen prozentualem Anteil „Or" vermerkt. Hierher gehört der relativ K-reiche *Oligoklas.* Diese letztgenannte Gruppe von Feldspäten wird wegen ihres rhombenartigen Querschnittes auch als Rhombenfeldspäte bezeichnet.
Kurzbeschreibung der P.: H 6–6,5, D 2,6–2,8, X-System: triklin. Form: prismatische oder tafelige Kristalle; körnig, derb. Farbe: weiß, grünlich, gelblich, rötlich, bläulich oder bräunlich. Durchsichtig bis durchscheinend; Glasglanz, bisweilen Perlglanz auf den Spaltflächen. Spaltbarkeit ausgezeichnet in zwei Richtungen, Bruch uneben. P. kommen als Hauptgemengeteile in vielen magmatischen Gesteinen vor sowie anteilig in kristallinen Schiefern; Kristallstufen in alpinen Klüften.

**Plagiostoma,** mittelgroße bis große (15 cm) Muschel, von der Trias bis zur Kreide weltweit verbreitet; Oberfläche der Klappen glatt mit feinen konzentrischen oder radialen Streifen.

**Pläner** (m), *Plänerkalk,* Sedimentpakete der Oberkreide (besonders Cenoman und Turon) aus dünnbankigen Kalken, Mergeln und weicheren Sandsteinen; weisen morphologisch flache Gehängeformen auf.

**Planorbis,** kleine bis mittelgroße (0,5–5 cm) Schnecke *(→ Gastropoden),* seit dem Oligozän in Europa, Afrika und Asien verbreitet; Gehäuse flachspiralig scheibenförmig.

**Plasma** (m), lauchgrüne bis dunkelgrüne → *Chalcedon*-Varietät; kommt u. a. in Form unregelmäßiger Knollen, in Adern vor und weist gelegentlich eine Rinde auf.

**Plateau** (n), reliefarmes Hochland (Tafelland).

**Plateaubasalt** → *Trapp.*

**Plateaugletscher,** ein Gletscher, der ein Plateau überdeckt, in der Regel mit mehr als einer Gletscherzunge.

**Platin** (n), Pt, ein Element. H 4–4,5, D 14–19, (reines P. 21,5), X-System: kubisch. Form: Kristalle selten; meist eckige Körner, löchrige, abgerollte oder unregelmäßige Klümpchen. Farbe: silberweiß bis stahlgrau. Undurchsichtig; Metallglanz. Bruch hakig; dehnbar. P. kommt stets mit Beimengungen von Eisen (4–20%) und den Edelmetallen Iridium, Osmium, Palladium u. a. vor, ist selten und in kleinsten Mengen in basischen Eruptivgesteinen (Neuseeland), in Seifen mit Chromit und Gold zu finden. Fundorte: Südafrika, Ural, Südamerika, USA, Kanada, Borneo u. a. P. wird auch aus dem Nickelmagnetkies Südafrikas gewonnen. Wegen des hohen Schmelzpunktes und seiner Widerstandsfähigkeit gegen Chemikalien findet P. u. a. bei der Herstellung von Laborgerätschaften Verwendung; außerdem wird es zur Fassung von Edelsteinen verwendet.

**Plattentektonik** (f), heute allgemeingültige Theorie der weltweiten Tektonik. Sie geht davon aus, daß die Erdkruste und Teile des oberen Erdmantels aus 6 großen und mehreren kleinen *Platten* zusammengefügt ist, die sich mehr oder weniger wie starre Körper verhalten, Horizontalbewegungen unterworfen sind und sich dabei von ihren Nachbarplatten entfernen *(divergente Plattengren-*

*zen)* oder mit anderen Platten kollidieren *(konvergente Plattengrenzen)*. Diese Platten können aneinander vorbeigleiten *(konservierende Plattengrenze)* und sich somit gegeneinander verschieben. Außerdem kann an einem Plattenstoß eine Platte sich nach unten umbiegen und unter die Nachbarplatte absinken. Dieser Vorgang wird auch *Subduktion* genannt. Bewegungen an den Plattengrenzen sind die Ursachen für tektonische Prozesse wie z. B. Horizontalverschiebungen (auch Kontinentalverschiebung) oder die Entstehung von Geosynklinalen und Orogenen. Vielfach sind auch Erdbeben auf die Bewegungen an den Plattengrenzen zurückzuführen (tektonische Beben). Die sechs großen Platten sind: Amerikanische Pl., Europäische Pl. (Europa und der größte Teil Sibiriens), Afrikanische Pl., Indische Pl., Chinesische Pl. und Antarktische Pl. Bei der Aufteilung großer Platten in kleinere Einheiten spricht man von sogenannten *„Mikroplatten"*. Bruchtektonische Vorgänge innerhalb der Platten werden als *„Intraplatten-Tektonik"* bezeichnet.

**Plättung,** Bezeichnung für den Vorgang der Gefügeumformung von Gesteinskörpern und deren Bestandteilen infolge gerichteter Druckbelastung.

**Platyceras,** fossile Schnecke *(→ Gastropoden)*, vom Silur bis zum Perm weltweit verbreitet; die letzte Windung des Gehäuses ist wesentlich größer als die übrigen; die Ornamentierung besteht aus Anwachsstreifen.

**Platycrinites,** Seelilie *(→ Crinoidea)*, im Devon und Karbon Europas und Nordamerikas anzutreffen; der tassenförmige Kelch besteht aus fest verbundenen Platten.

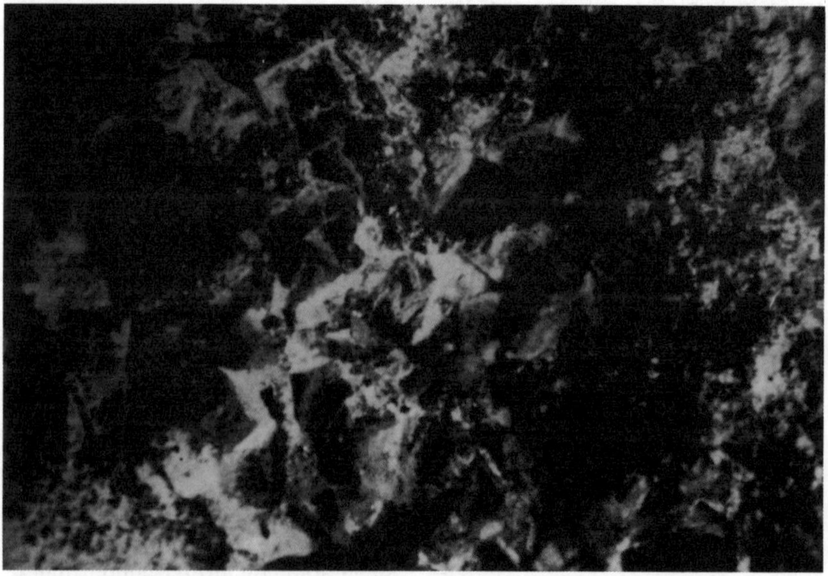

*Proustit, aufgewachsene Kristalle – rötlich, grau, durchscheinend.*

**Platystrophia,** zur Ordnung *Orthida* gehörende articulate → *Brachiopoden,* im Ordovizium und Silur weltweit verbreitet; bikonvexes Gehäuse mit kräftigen radialen Rippen.

**pleistoseist,** Bezeichnung für das im Epizentrum eines → *Erdbebens* gelegene Gebiet, das am stärksten erschüttert wird.

**Pleistozän** (n), untere Abteilung des → *Quartärs* (Eiszeitalter), begann vor etwa 1 Million Jahren und endete mit der Würmeiszeit; s. auch → *geologische Formationen.*

**Pleochroismus** (m), Eigenschaft von Kristallen verschiedener anisotroper Minerale, Licht nach zwei (auch → *Dichroismus*) oder mehreren Richtungen in verschiedene Farben zu zerlegen.

**pleochroitische Höfe,** mehrfarbige kleine Ringe, u. a. in Glimmerplättchen; entstehen durch radioaktiven Zerfall von Uranspuren.

**Pleonast** (m), *Ceylonit,* ein schwärzlichgrüner, schwarzbrauner oder schwarzer Magnesium-Eisen-→*Spinell,* kommt u. a. in den Magnetit-Lagerstätten Skandinaviens, in Kontaktgesteinen am Vesuv, im Schwarzwald und Odenwald sowie in den Vogesen vor. P. ist vom ähnlichen *Hercynit* nur schwer zu unterscheiden.

**Plesiosauria,** bis 14 m lange, aquatisch (im Wasser) lebende Reptilien mit langem Hals und zu fünfzeiligen Paddeln ausgebildeten Extremitäten; Rät (Oberer Keuper) bis Oberkreide.

**Pleurotomaria,** große Schnecke *(→ Gastropoden),* bis 9 cm im Durchmesser, von der Trias bis zur Kreide weltweit verbreitet; kräftige Ornamentierung des Gehäuses aus breiten Knoten auf dem Kiel und nahe der Naht; außerdem Spiralfurchen und Anwachsstreifen.

**Pliozän** (n), obere Abteilung des → *Tertiärs* mit den Stufen Pont, Piacentin und Asti.

**Plumbocalcit** (m), eine Mischkristallbildung von → *Calcit* und → *Cerussit* mit ähnlichen Eigenschaften wie Calcit (H 3, D 2,7–2,8), kommt in Form farbloser, weißer oder gelblicher, rhomboedrischer Kristalle auf Bleierzlagerstätten vor.

**Pluton** (m), in der Erdkruste (meist tiefer als 5 km) erstarrter Intrusionskörper von erheblicher Größe (bis zu 100 km und mehr). An Plutone schließen sich oft Netze aus Ganggesteinen an, in vielen Fällen auch Erzlagerstätten. Der P. ist von einem Kontakthof umgeben, in dem vorhandene Gesteine durch den unmittelbaren Kontakt mit der magmatischen Schmelze umgebildet wurden *(Kontaktmetamorphose).* Je nach Möglichkeit der Ausbreitung des Magmas ergeben sich verschieden geformte Plutone. Neben den großen, stockartigen → *Batholithen* unterscheidet man u. a. *Trichter-, Pyramiden-, Kegel-, Schüssel-, Pfeiler-, Kuppel-* oder *Tafelplutone* sowie baumartig verzweigte *Etagenplutone.* Die Platznahme der Schmelze kann dabei auf unterschiedliche Weise erfolgen.

**Plutonismus** (m), 1. von J. Hutton (1726–1797) begründete Lehre, nach der die meisten Gesteine durch Erstarrung aus Schmelzen gebildet wurden und auch Vorgänge wie Faltung, Zerbrechung sowie die Bildung von Kontinenten und Gebirgen auf Vorgänge im Erdinnern *(„Zentralfeuer“)* zurückzuführen sind.

2. zusammenfassende Bezeichnung für alle Erscheinungen, die durch die Bewegung und das Erstarren von Magma innerhalb der Erdkruste hervorgerufen werden.

**Plutonite** (pl), andere Bezeichnung für → *Intrusivgesteine, Tiefengesteine.*

**Pluvialzeit,** durch verstärkte Niederschläge gekennzeichnete zeitliche Abfolge während der Eiszeiten des Pleistozäns, in Gebieten außerhalb der Vereisungen. In neuerer Zeit wird die Gleichzeitigkeit von Glazialen und Pluvialen – zumindest für einige Gebiete der Erde – gelegentlich angezweifelt.

**Pneumatolyse** (f), die Einwirkung entweichender hochtemperierter flüchtiger Bestandteile im Gefolge erstarrender magmatischer Schmelze auf die bereits erstarrten Teile und das Nebengestein. Da sich dieser Vorgang vor allem in unmittelbarer Nähe des Kontaktes von magmatischen Körpern mit Nebengesteinen abzeichnet, spricht man in diesem Zusammenhang auch von *Kontaktpneumatolyse.*

**pneumatolytisch,** Bezeichnung für gasförmige magmatogene Transportmedien, die hohe Temperaturen (500–350° C) und hohen Druck aufweisen, sowie die dadurch in Gang gesetzten Prozesse, z. B. Bildung von Erzlagerstätten; s. auch → *Pneumatolyse.*

**Podsol** → *Bleicherde*

**poikilitisch,** Bezeichnung für ein Strukturbild, bei dem erstausgeschiedene kleine Kristalle von später gebildeten größeren Kristallen umschlossen werden. Diese Erscheinungen sind z. B. bei der → *Metablastese* häufig zu erkennen.

**polare Achsen,** in der Kristallographie: Achsen, die durch keine Symmetrieoperation mit sich selbst zur Deckung gebracht werden können.

**Polarisation des Lichtes.** Normales Licht ist eine transversale elektromagnetische Welle, deren Schwingungen senkrecht zur Fortpflanzungsrichtung erfolgen. In besonderen Fällen – *polarisiertes Licht* – treten die Schwingungen nur in einer bestimmten Ebene auf (Polarisationsebene). Die Polarisation wird hervorgerufen durch Spiegelung bei bestimmten Einfallswinkeln oder durch Doppelbrechung in Kristallen und ist für das unbewaffnete Auge zunächst nicht wahrnehmbar. In den verschiedenen Polarisationsprismen wird das Licht dadurch polarisiert, daß einer der beiden Strahlen – ordentlicher oder außerordentlicher Strahl (s. auch → *Doppelbrechung*) – durch Reflexion beseitigt wird (→ *Nicolsches Prisma*, kurz Nicol genannt). In Polarisationsapparaten sind zwei Nicols in Fassungen drehbar angeordnet. Das erste Nicol wirkt als *Polarisator*, das zweite als *Analysator.* Die „Turmalinzange“ ist ähnlich eingerichtet. Dem gleichen Zweck dienen auch Polarisationsfolien oder -filter.

**Polarisationsmikroskop,** ein Mikroskop zur Untersuchung von Kristallen (Mineralen) und Dünnschliffen von Gesteinen unter Berücksichtigung der auf der → *Doppelbrechung* des Lichtes beruhenden Interferenzerscheinungen; das Objekt liegt dabei zwischen Analysator und Polarisator (s. auch → *Polarisation des Lichtes*).

**Polarisator,** s. → *Polarisation des Lichtes.*

**polarisiertes Licht** → *Polarisation des Lichtes.*

**Poleumita,** Schnecke *(→ Gastropoden)* des Silurs in Europa und Nordamerika, mit flachspiraligem, feinlamelliertem Gehäuse.

**Polianit** (m), eine Varietät des *→ Pyrolusit* mit *→ idiomorpher* Kristallausbildung.

**Polje** (f), großes, oft steilwandiges Versickerungsbecken in Karstgebieten, mit ebenem, z. T. aufgeschwemmtem Boden und elliptischem Umriß, meist durch das Zusammenwachsen von Dolinen und Uvalas gebildet. Poljen haben unterirdische Entwässerung *(→ Katavothre),* können dauernd trocken, aber auch periodisch oder stetig mit Wasser angefüllt sein *(Poljensee).*

**Pollenanalyse,** Untersuchungsmethode zur Rekonstruktion von Pflanzengemeinschaften in bestimmten geologischen Zeiträumen und der entsprechenden klimatischen Verhältnisse, anhand des in Sedimenten auffindbaren Pollens (Blütenstaub), aber auch der Sporen blütenloser Pflanzen. Als Ergebnis der Untersuchungen wird ein *Pollendiagramm* erstellt.

**Pollucit** (m), $(Ca,Na)[AlSi_2O_6] \cdot H_2O$, *Pollux,* ein dem *→ Analcim* verwandtes caesiumhaltiges Silikat. H 6–6,5, D 2,9, X-System: kubisch. Form: würfelige Kristalle selten; meist derb, grobkörnig, unregelmäßige Körner. Farbe: farblos, weiß, grau. Durchsichtig bis durchscheinend; Glasglanz. Keine erkennbare Spaltbarkeit, Bruch muschelig. P. kommt in Granitpegmatiten und Drusenräumen magmatischer Gesteine vor, u. a. auf Elba, in Schweden und USA.

**Pollux,** andere Bezeichnung für *→ Pollucit.*

**Polyeder** (n), bedeutet: Vielflächner; ein von Vielecken begrenzter Körper.

**polygen,** Bezeichnung für Erscheinungen, die auf mehrere Ursachen zurückzuführen sind; u. a. auch für Gesteine, die mehrere Bildungs- oder Umbildungsprozesse durchlaufen haben.

**Polygonboden** *→ Strukturböden*

**Polyhalit** (m), $K_2MgCa_2(SO_4)_4 \cdot 2H_2O$, ein Sulfat. H 3–3,5, D 2,77, X-System: triklin. Form: kleine prismatische Kristalle; meist jedoch derb, faserig, blättrig. Farbe: weiß, gelb oder rötlich. Durchscheinend; fettig glänzend. Gute Spaltbarkeit. P. kommt auf Salzlagerstätten, u. a. in Norddeutschland und den Alpen vor.

**Polyklase** (f), Zone im Gebirgskörper, in der das Gestein in scharfkantige Trümmer zerbrochen ist, die nachträglich durch mineralische Lösungen wieder verkittet wurden, z. B. *Gangbrekzien.*

**Polykristall** (m), ein aus vollständig ausgebildeten Kristalliten bestehendes Aggregat; Gegensatz: *Einkristall.*

**polymetamorph,** Bezeichnung für Gesteine und Gesteinsverbände, die einer mehrfachen *→ Metamorphose* unterworfen waren.

**polymikt,** andere Bezeichnung für *→ polygen,* speziell bei Sedimentgesteinen verwendet, die aus Komponenten verschiedener Art zusammengesetzt sind.

**polymineralisch,** Bezeichnung für Gesteine, die aus mehreren Mineralen zusammengesetzt sind, im Gegensatz zu *monomineralischen* Gesteinen, die im wesentlichen aus einer einzigen Mineralart bestehen.

**Polymorphie** (f), *polymorph,* Bezeichnung für die Eigenschaft verschiedener Stoffe, bei gleicher chemischer Zusammensetzung, jedoch z. T veränderten physikalischen Voraussetzungen → *Modifikationen*, d. s. Kristalle von unterschiedlichem Aussehen bzw. verschiedenen Kristallsystemen zu bilden – im Unterschied zu → *Varietäten* von Mineralen, die sich zwar im Aussehen unterscheiden, jedoch dem gleichen Kristallsystem angehören und gleiche physikalische Eigenschaften besitzen. Beispiele von Modifikationen: Calciumcarbonat, $CaCO_3$, tritt in den Modifikationen → *Calcit* (trigonales X-System, H 3) und → *Aragonit* (rhombisches X-System, H 3,5–4) auf; als extremstes Beispiel ist der Kohlenstoff, C, mit einem der weichsten Minerale, → *Graphit* (hexagonales X-System, H 1–2) und dem härtesten aller Minerale, → *Diamant* (kubisches X-System, H 10) zu erwähnen. Die Bildung der einzelnen Modifikationen ist abhängig von der Bildungstemperatur (Hoch- und Tieftemperaturmodifikationen) und den Druckverhältnissen während der Kristallisation.

**Polypora,** Moostierchen *(→ Bryozoen)* Ordovizium–Perm, deren Kolonien – fächerförmig angeordnete Reihen – in Europa und Nordamerika anzutreffen sind; Ordnung *Cryptostomata.*

**Polytypie** (f), eine spezielle Form der → *Polymorphie,* die vorzugsweise bei Schichtsilikaten auftritt. Dabei unterscheiden sich die Kristallgitter der Modifikationen u. a. durch unterschiedliche Identitätsperioden. Diese Modifikationen könnte man auch als Varianten der Kristallstruktur bezeichnen.

**Pommersche Phase,** ein Stadium der Weichsel-→*Eiszeit* mit geschlossener Eisrandlage.

**Pompeckjsche Schwelle,** ursprünglich Bezeichnung für eine paläozoische Barre, die von den Nordsudeten bis zum Unterelbebereich und dem heutigen Schleswig-Holstein reichte; später auch für eine mesozoische Schwelle zwischen dem norddeutschen und dem polnischen Becken verwendet, die heute jedoch verschiedentlich als *Pompeckjsche Scholle* bezeichnet wird.

**Ponor** (m), andere Bezeichnung für → *Katavothre.*

**Pont** (n), unterste Stufe des Pliozäns im → *Tertiär.*

**Porenvolumen** (n), die Summe der mit Gasen oder Wasser ausgefüllten Porenräume von Gesteinen und Böden. Das P. ist für die Speicherfähigkeit oder Durchlässigkeit eines Gesteins von besonderer Bedeutung.

**Porites,** seit dem Eozän bzw. Miozän weltweit verbreitete Koralle, die verästelte, krustige oder dichte Kolonien bildet.

**Porphyre** (pl), eine Gruppe meist rötlich gefärbter, saurer bis intermediärer → *Effusivgesteine,* die im wesentlichen aus einer dichten, feinkörnigen, teils glasigen Grundmasse und kleineren bis größeren Einsprenglingen bestehen. Nach Mineralbestand und Gefüge werden unterschieden: Quarzporphyr (Paläorhyolit, Paläoliparit, Biotit-Quarzporphyr, Hornblende-Quarzporphyr), Felsitporphyr u. a. Im Unterschied zu den → *Porphyriten* sind die Porphyre aus granitischem Magma entstanden. → *Porphyroide* sind zu kristallinen Schiefern umgewandelte Porphyre. Bedeutende

*Pyrit, würfelige Kristalle (Italien) – gelb, Metallglanz, undurchsichtig.*

Porphyrvorkommen sind u. a. das Nahegebiet und das Gebiet um Bozen/Südtirol. □

**porphyrisch,** Bezeichnung für ein Gesteinsgefüge von Magmatiten, bei dem einzelne größere, z. T. gut ausgebildete Kristalle in eine feinkörnige, dichte oder glasige Grundmasse eingebettet sind.

**Porphyrite** (pl), porphyrische → *Effusivgesteine,* die im Unterschied zu den → *Porphyren* aus dioritischen oder syenitischen Magmen entstanden sind. Nach dem Mineralbestand werden unterschieden: Glimmer-Porphyrit, Hornblende-Porphyrit, Augit-Porphyrit, Enstatit-Porphyrit, Labradorit-Porphyrit u. a.

**Porphyroide** (pl), eine Gruppe kristalliner Schiefer. Es handelt sich dabei um Gneisarten, die aus der Metamorphose von Porphyren und bestimmten anderen sauren bis intermediären → *Effusiva* hervorgegangen sind und sich von den Granitgneisen durch eine dichte Matrix mit mehr oder weniger deformierten Feldspateinsprenglingen unterscheiden.

**porphyroblastisch,** Bezeichnung für ein Gefüge metamorpher Gesteine, das durch große Kristallneubildungen *(Porphyroblasten)* in dichter oder feinkörniger Grundmasse gekennzeichnet ist.

**Portland** (n), oberste Stufe des → *Malms* (Weißer Jura); s. auch → *geologische Formationen.*

**Porzellanerde** →*Kaolin*

**Posidonia,** dünnschalige, flache Muschel, Silur–Jura, Leitfossil im oberen Lias *(→ Posidonienschiefer).*

**Posidonienschiefer,** ein → *Ölschie-*

*Pyroklastite; schichtenförmige Ablagerung von Vulkanasche in der Eifel.*

*fer* des oberen Lias, der Schalen von → *Posidonia* und Überreste von Ichthyosauriern enthält.

**Postglazial** (n), die nacheiszeitliche Epoche; mit dem Beginn des *Holozäns* gleichzusetzen.

**posthum,** ursprünglich als Bezeichnung für Gebirgsbildungen verwendet, die Richtungen vorangegangener Faltungen wieder aufnehmen; heute – im weiteren Sinne – für das Wiederaufleben gebirgsbildender Vorgänge bei erneuter Beanspruchung älterer Strukturen.

**posttektonisch,** Bezeichnung für Bildungsvorgänge, die sich nach der tektonischen Durchbewegung von Gesteinskomplexen ereignet haben, z. B. p.e Kristallisation, p.er Magmatismus usw.

**postvulkanisch,** Bezeichnung für nach der eigentlichen Vulkaneruption auftretende Erscheinungen.

**potamogen,** Bezeichnung für Erscheinungen, die auf die Tätigkeit von Flüssen zurückzuführen sind.

**Potamologie** (f), die Flußkunde.

**präglazial,** Bezeichnung für voreiszeitliche Vorgänge und Erscheinungen.

**Präkambrium** (n), der gesamte Zeitraum vor dem *Kambrium;* s. auch → *geologische Formationen.*

**Prallhang,** das an der Außenseite einer Flußkrümmung gelegene Steilufer, das von der Strömung durch Unterhöhlung und Auskolkung fortwährend angegriffen wird; Gegensatz: → *Gleithang.*

**Prasem** (m), lauchgrüne Varietät des → *Quarzes;* meist durch Amphiboleinschlüsse eingefärbt.

**Prasinit** (m), den *Grünschiefern* zugeordnetes metamorphes Gestein (kristalline Schiefer), das im wesentlichen aus Chlorit, Feldspat, Hornblende und Epidot besteht.

**Prasopal** (m), eine durch Nickelanteile grün gefärbte Varietät des → *Opals.*

**prätektonisch,** Bezeichnung für Bildungsvorgänge und Veränderungen, die sich in Gesteinskomplexen vor der tektonischen Durchbewegung ereignet haben.

**Prehnit** (m), $Ca_2Al[(OH)_2|AlSi_3O_{10}]$, ein Silikat. H 6–6,5, D 2,8–3, X-System: rhombisch. Form: kurzsäulige, tafelige Kristalle; nierige, kugelige, schalige Aggregate; Krusten, derb und körnig. Farbe: farblos, weiß, gewöhnlich grünlich und gelblichgrün. Durchsichtig bis durchscheinend; Glasglanz, wachsartig. Spaltbarkeit deutlich, Bruch uneben. Erkennen: Vorkommen, Härte, Form. P. kommt zusammen mit Zeolithen in Blasenräumen basischer Eruptivgesteine und Klüften kristalliner Schiefer vor. Fundorte: Idar-Oberstein, Harzburg, Haslach im Schwarzwald, Sterzing/Südtirol, Fassatal/Dolomiten u. a.

**Pressungsspalte,** häufig in spröden Gesteinen auftretende → *Spalte.*

**Primärrumpf** →*Endrumpf*

**Primärtektogenese** → *Oszillationstheorie*

**Prisma** (n), von ebenen Flächen begrenzter, säuliger Körper, dessen Grund- und Deckfläche kongruent und parallel zugeordnet sind; die Anzahl der als Parallelogramme ausgebildeten Seitenflächen richtet sich nach der Grundfläche (Drei- bis Vieleck).

**prismatisch,** Bezeichnung für einen prismenförmigen Körper (Kristall).

**Prochlorit,** andere Bezeichnung für → *Rhipidolith.*

**Productella,** kleine bis mittelgroße articulate → *Brachiopoden* des Devons; Ordnung *Strophomenida;* Gehäuse halbkugelig bis fast viereckig; als Fossilien in Europa, Asien und Nordamerika anzutreffen.

**Productus,** große articulate → *Brachiopoden* des Karbons; Ordnung *Strophomenida;* Gehäuse mit Radiärrippen, Stielklappe stark konvex, Armklappe flach; als Fossilien in Europa und Asien anzutreffen.

**produktives Karbon,** spezielle Bezeichnung für das kohleführende Oberkarbon.

**Profil** (n), 1. *Saigerriß,* vertikaler Schnitt durch Teile der Erdkruste bzw. die Darstellung einer Schichtfolge; 2. → *Bodenprofil.*

**profund,** Bezeichnung für Stoffe und Medien, die aus der Tiefe der Erdkruste stammen.

**Proluvium** (n), *Gehängelöß,* Schwemmlöß der Gehänge; häufig geschichtete Lagen von Löß und Lehm.

**Promicroceras,** ein kleiner (3–6 cm) → *Ammonit* des unteren Lias Europas; Gehäuse mit fast kreisförmigem Windungsquerschnitt und scharfkantigen Rippen.

**Propylitisierung,** eine Vergrünung magmatischer Gesteine in der Umgebung von subvulkanischen Gold- und Kupferlagerstätten, durch hydrothermale Auto-→*Metamorphose* hervorgerufen, verbunden mit einer Neubildung bestimmter Minerale, wie Chlorit, Epidot, Pyrit u. a.

**Prospektion,** das Erkunden von Lagerstätten mit geologischen, mineralogischen, geophysikalischen und geochemischen Methoden und Verfahren.

**Prospektor,** Bezeichnung für eine Person, die nutzbare Lagerstätten erkundet; heute meist in speziell ausgebildeten und mit modernen Gerätschaften ausgestatteten Arbeitsgruppen.

**Proterozoikum** (n), *Eozoikum,* die Frühzeit in der Entwicklungsgeschichte der Lebewesen, entspricht dem *Algonkium.*

**Protoklase** (f), durch Bewegungsvorgänge in noch nicht ganz verfestigtem Magma hervorgerufene Zertrümmerungserscheinungen bereits auskristallisierter mineralischer Bestandteile.

**Proustit** (m), $Ag_3AsS_3$, *Lichtes Rotgültigerz,* ein Sulfid. H 2,5, D 5,5, X-System: trigonal. Form: prismatische, säulige, rhomboedrische, skalenoedrische Kristalle; derb, eingesprengt, als Anflüge oder dendritisch. Farbe: zinnoberrot bis grau, wird unter Lichteinwirkung dunkler. Durchsichtig bis durchscheinend; Diamantglanz. Deutliche Spaltbarkeit, Bruch splittrig muschelig. Erkennbar an der Farbe und dem zinnoberroten Strich. P. kommt auf Silber-Blei-Erzgängen vor. Fundorte: Erzgebirge, Schwarzwald, Vogesen, Dauphiné, Chile, USA u. a. □

**Psammite** (pl), Bezeichnung für fein- bis mittelkörnige → *klastische* Sedimente.

**Psephite** (pl), Bezeichnung für grobkörnige → *klastische* Sedimente.

**pseudo...** 1 griechische Vorsilbe, bedeutet: scheinbar; Beispiel: pseudohexagonale Kristalle gleichen im Aussehen den hexagonalen, gehören jedoch einem anderen Kristallsystem an.

**pseudoglazial,** Bezeichnung für Erscheinungen und Sedimentformen, die lediglich glaziale Herkunft vortäuschen, ohne glazigen zu sein; Beispiel: Erdrutschmassen täuschen gelegentlich Grundmoränenmaterial vor.

**Pseudoglei** (m), *Pseudogley,* fahlgrau und rostfarben marmorierter Bodentyp, der einem stetigen Wechsel von Staunässe – die darunter liegenden Schichten sind schlecht wasserdurchlässig – und Austrocknung ausgesetzt ist; s. auch → *Gleiboden.*

**Pseudokarren** (pl), Bezeichnung für karrenähnliche Erscheinungen (in anderen Gesteinen als Kalken), die im Gegensatz zu den → *Karren* durch rein mechanische Einwirkungen des Wassers (nicht Auslaugung) entstanden sind.

**Pseudomalachit** (m), $Cu_3[(OH)_3|PO_4]$, *Phosphorochalcit,* ein Kupferphosphat, kommt nur in Form strahligfaseriger Aggregate und in traubignieriger Form zusammen mit Malachit und anderen kupferhaltigen Mineralen vor. H 4,5, D 3,6, grün mit schwärzlich-grünen Flecken, fettiger Glasglanz. Fundorte u. a. Rheinbreitbach bei Bad Honnef a. Rhein, Cornwall/England.

**Pseudomorphose** (f), Bezeichnung für die Umwandlung eines Minerales oder dessen Ersatz unter Beibehaltung der ursprünglichen Kristallgestalt durch Verdrängung (chemischer Austausch), *Verdrängungs-P.,* Entmischung, *Entmischungs-P.,*

*Pyrolusit, radialstrahlige Aggregate – silbriggrau, z. T. schwarz, undurchsichtig.*

Ausfüllung eines vorhandenen Hohlraumes, *Ausfüllungs-P.*, usw.

**Pseudoolith** (m), aus *Pseudooiden* (im Unterschied zu den Ooiden sind das struktur- und schalenlose runde Körner verschiedener Herkunft) bestehendes Gestein; s. auch → *Oolith.*

**pseudotektonisch,** *atektonisch,* Bezeichnung für die Deformation von Gesteinen und Gesteinsverbänden, deren Verformungen nicht auf tektonische Vorgänge zurückzuführen sind; sie entstehen vielmehr durch Diagenese, Setzungserscheinungen, Einsturz von Lösungshohlräumen und anderes; s. auch → *Tektonik.*

**Psilomelan** (m), $(Ba,H_2O)_2Mn_5O_{10}$, *Manganomelan, Hartmanganerz, schwarzer Glaskopf,* ein Manganoxid. H 4–7, D 3,3–4,7, X-System: monoklin. Form: derb, traubig, stalaktitisch. Farbe: bräunlichschwarz bis schwarz. Undurchsichtig; halbmetallischer bis fettiger Glanz. Keine Spaltbarkeit, Bruch uneben. P. kommt in der Oxidationszone von Erzlagerstätten zusammen mit → *Pyrolusit* vor, ist verbreitet, jedoch in recht unterschiedlichen Mengenanteilen.

**Psilophyten,** *Nacktfarne,* altpaläozoische Pflanzen, deren Sporangien endständig an vegetativen Sprossen sitzen; sie besitzen keine assimilierenden Blattorgane, dagegen jedoch echte Gefäßbündel; verbreitet im Silur und Devon. Die P. sind als Fossilien in Europa, Asien, Nordamerika und Australien anzutreffen.

**Pteranodon,** größter unter den bekannten Flugsauriern (bis 9 m Spannweite); fossile Reste wurden in der Oberkreide Nordamerikas entdeckt.

**Pteridophyllen,** fossile farnlaubige Pflanzen, die nach Formgattungen gruppiert werden und entweder den Farnen oder den Samenfarnen *(Pteridospermen)* angehören. Man unterscheidet folgende Aderungstypen: Fächeraderung (Mitteldevon bis Unterkarbon), Fiederaderung (Oberkarbon), Netzaderung (Oberkarbon bis Keuper).

**Pteridospermen** → *Samenfarne.*

**Pterinopecten,** mittelgroße Muscheln mit nach oben gerichtetem Wirbel und unterschiedlich radial berippten Klappen; im Silur und Devon weltweit verbreitet.

**Pterodactyloidea,** Unterordnung der → *Pterosauria* (Flugsaurier) mit Formen von Sperlingsgröße bis zu solchen mit fast 9 m Spannweite; deutlichstes Unterscheidungsmerkmal von den *Rhamphorhynchoidea,* der zweiten Unterordnung, ist der auf Stummelgröße reduzierte Schwanz. Vorkommen vom Malm bis zur Oberkreide.

**Pteropoden,** pelagische → *Gastropoden* (Schwimmschnecken), den *Opisthobranchia* zugeordnet, mit zu flossenartigem Gebilde umgewandeltem Fuß; Vorkommen seit dem Jungtertiär, bilden die Ablagerungen des → *Pteropodenschlammes.*

**Pteropodenschlamm,** eine Abart des Globigerinenschlammes in der Tiefsee; vom Vorherrschen der → *Pteropoden* gekennzeichnet, bedeckt etwa 0,3% des Meeresbodens.

**Pterosauria,** *Flugsaurier, Flugechsen,* eine Ordnung der *Sauromorpha,* deren vordere Extremitäten durch enorme Verlängerung des vierten Fingers zu einer Stütze für die Flughaut geworden sind. Auch der übrige Körper hat sich entsprechend umgebildet. Aufgefundene Reste von Haaren deuten auf Warmblütigkeit. Man unterscheidet zwei Unterordnungen, 1. *Rhamphorhynchoidea* (langer Schwanz) und 2. → *Pterodactyloidea* (Stummelschwanz). Vorkommen vom Jura bis zur Oberkreide.

**Ptychodus,** ein Hai der Kreide Europas, Afrikas, Nordamerikas und Asiens, dessen abgeflachte Zähne für das Zerknacken von Molluskenschalen geeignet waren.

**ptygmatisch,** Bezeichnung für unregelmäßige, schlangenartige, granitische Adern in → *Migmatiten.* Es wird angenommen, daß die p.en Adern in überwiegend festem Zustand gefaltet wurden, verbunden mit gleichzeitiger oder nachträglicher Umkristallisation. Die Aderfüllungen bestehen aus pegmatitähnlichen Quarz-Feldspat-Biotit-Verwachsungen.

**Ptylodictya,** fossile Moostierchen *(→ Bryozoen)* der Ordnung *Cryptostomata,* Ordovizium – Devon; Kolonien in Form sichelartig gebogener Wedel; in Europa und Nordamerika anzutreffen.

**Puddingstein,** Bezeichnung für ein → *Konglomerat* aus grobem Geröll und sehr feiner Grundmasse; ursprünglich für eozäne Feuerstein-Konglomerate mit kieseligen Bindemitteln verwendet.

**Pultscholle,** Bezeichnung für eine schräggestellte, an einer Seite durch Bruch abgetrennte Scholle.

**Pulverdiagramm,** bei dem → *Debye-Scherrer-Verfahren (→ Röntgenstrukturanalyse)* gewonnene röntgenographische Aufnahme von feinem Kristallpulver oder Substanzgemisch; das P. dient der Bestimmung von feinkörnigen Mineralgemischen.

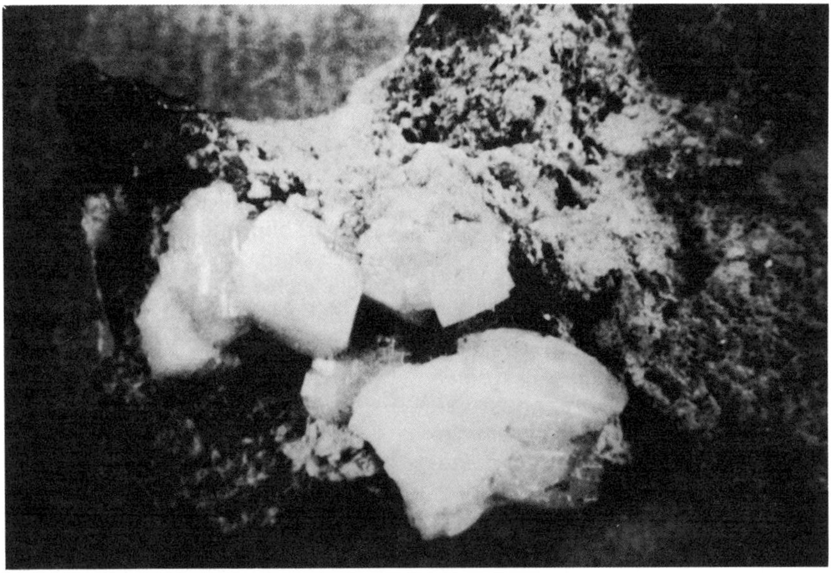

*Pyromorphit, Kristalle (Lahngebiet) – grün, durchscheinend.*

**Punktauszählung,** Methode zur Bestimmung des Mineralbestandes eines Gesteins-Dünn- oder Anschliffes unter dem Mikroskop.

**Punktgitter,** schematische Darstellung eines *Kristallgitters.*

**Pygaster,** regulärer Seeigel *(→ Echinoidea),* im Jura und in der Kreide Europas verbreitet; abgeflachtes Gehäuse, mit kleinen, abgeflachten Warzen bedeckt; größere Warzen finden sich gereiht in den Ambulakren.

**Pygurus,** irregulärer Seeigel *(→ Echinoidea),* von der Kreide bis zum Eozän weltweit verbreitet, mit abgeflachtem, im Umriß fünfseitigem Gehäuse; Ambulakren blattförmig und glatt, Poren länglich, schlitzförmig.

**Pyknit** (m), stengelige Varietät des → *Topas,* meist in Form von Aggregaten auf Zinnerzlagerstätten.

**Pyknometer,** ein spezielles Gefäß, zur Ermittlung der → *Dichte* poröser Stoffe zu verwenden.

**Pyramidenpluton** (m), Bezeichnung für einen pyramidenförmigen Intrusionskörper, s. auch → *Pluton.*

**Pyramidenoktaeder** (n), *Triakisoktaeder,* Bezeichnung für einen 24-flächigen Kristallkörper des kubischen X-Systems, bei dem ein Oktaeder die Basisflächen für aufgesetzte dreiseitige Pyramiden bildet.

**Pyramidentetraeder** (n), *Triakistetraeder,* Bezeichnung für einen 12-flächigen Kristallkörper des kubischen X-Systems, bei dem ein Tetraeder die Basisflächen für aufgesetzte dreiseitige Pyramiden bildet.

**Pyramidenwürfel** (m), andere Bezeichnung für ein *Tetrakishexaeder,* einen 24-flächigen Kristallkörper des kubischen X-Systems, bei dem ein Würfel die Basisflächen für vierseitige Pyramiden bildet.

**Pyrargyrit** (m), $Ag_3SbS_3$, *Dunkles Rotgültigerz,* ein Sulfid. H 2,5–3, D 5,9, X-System: trigonal. Form: prismatische, gelegentlich flächenreiche Kristalle; derb, eingesprengt. Farbe: dunkelrot bis schwarz, dunkelt bei Tageslicht nach. Durchscheinend bis undurchsichtig; Diamantglanz, metallisch. Erkennbar an der dunklen Farbe und am purpurroten Strich. P. kommt auf Silber-Blei-Erzgängen vor. Wichtiges und häufiges Silbererz. Fundorte: St. Andreasberg/Harz, Freiberg/Erzgebirge, Madrid, Mexiko, Chile, Peru, Bolivien, USA u. a.

**pyrenäische Phase,** mittelalpidische Faltungsphase während des oberen *Eozäns* im → *Tertiär.*

**Pyrit** (m), $FeS_2$, *Schwefelkies, Eisenkies,* häufigstes Sulfidmineral. H 6–6,5, D 4,9–5,2, X-System: kubisch. Form: Kristalle als Würfel, Pyritoeder, Oktaeder und Kombinationen; Würfel oft gestreift. Zwillingsbildung häufig, gelegentlich Durchdringungszwillinge in Form eines „Eisernen Kreuzes" *(→ Zwillingsbildung).* P. kommt auch massig derb, radialstrahlig und stalaktitisch vor. Farbe: blaß messinggelb; Strich: grünlichschwarz. Undurchsichtig; Metallglanz. Erkennbar an Härte, Strichfarbe, Form. Vorkommen: P. kann unter den verschiedensten Bildungsbedingungen entstehen und ist so verbreitet, daß er „Hans in allen Gassen" genannt wurde. Selbständige Kieslager mit besonders schönen Kristallen u. a. Rammelsberg/Harz, Meggen a. d. Lenne, Waldsassen/Oberpfalz; auch im gesamten Alpenraum anzutreffen. In

Spanien befinden sich die bedeutendsten P.-Vorkommen. In größeren Mengen abgebaut, dient P. u. a. der Gewinnung von Schwefel und schwefliger Säure. □

**Pyritoeder** (n), andere Bezeichnung für → *Pentagondodekaeder,* eine Kristallform, in der → *Pyrit* häufig kristallisiert.

**Pyrochlor-Mikrolit-Mischreihe,** (Ca, Na,Y,Ce,Th,U,Ti)$_2$Nb$_2$O$_6$(F,OH,O), Oxide einer Mischreihe, von der das niobreiche Endglied *Pyrochlor,* das Tantal-Analogon *Mikrolit* ist. H 5–5,5, D 4,2–6,4, X-System: kubisch. Form: Kristalle meist Oktaeder; auch kleine, unregelmäßige Körner. Farbe: gelb, braun bis schwarz. Durchscheinend bis undurchsichtig; Glasglanz, Harzglanz. Recht undeutliche Spaltbarkeit bei sprödem Bruchverhalten und muscheliger Bruchfläche. Die Minerale dieser Reihe kommen in Pegmatiten von Alkaligesteinen und in Carbonatgesteinen vor, zusammen mit Zirkon und Apatit.

**Pyroklastite** (pl), *pyroklastische Gesteine,* klastische Sedimente, die aus vulkanischen Produkten gebildet wurden. Hierzu gehören Lockerprodukte verschiedener Größen (Auswürflinge wie Bomben, Lapilli, Asche, Bimsstein u. a.), die nach der Ablagerung z. T. noch verfestigt (Tuffe u. a.), und Gesteinsbruchstücke, die im Schlot wieder verkittet wurden (vulkanische Brekzie). □

**Pyrolusit** (m), $MnO_2$, ein Manganoxid. H 2–6,5, D 4,5–7,9, X-System: tetragonal. Form: divergentstrahlige, säulenförmige Aggregate; meist derb, nierig, dendritisch. Farbe: schwarz bis bläulichgrau. Undurchsichtig; metallisch glänzend bis matt. Vollkommene Spaltbarkeit

*Pyroxen, Augit-Kristall (Laacher See/Eifel) – schwarz, undurchsichtig.*

nach dem Prisma, Bruch uneben, splittrig. P. kommt verbreitet in der Oxidationszone von Manganlagerstätten vor, ist jedoch auch in Sedimenten anzutreffen. Die Manganknollen der Meere bestehen ebenfalls aus Pyrolusit. In kristalliner Ausbildung wird P. auch *Polianit* genannt. □

**Pyrometamorphose** (f), Bezeichnung für eine Thermometamorphose mit besonders stark erhöhten Temperaturen; s. auch → *Metamorphose.*

**Pyromorphit** (m), $Pb_5[Cl|(PO_4)_3]$, *Buntbleierz, Grün-* bzw. *Braunbleierz,* ein Phosphat. H 3,5–4, D 6,5–7,1, X-System: hexagonal. Form: meist prismatische, oft gerundete, tonnenförmige Kristalle *(„Emser Tönnchen");* traubige, nierige Aggregate; in Krusten. Farbe: grün, gelb und braun. Durchscheinend; Diamantglanz, auch fettig. Strichfarbe: weiß, gelblich oder grau. Keine Spaltbarkeit, Bruch uneben, spröde. P. ist zu erkennen an der hexagonal-prismatischen Kristallform, am hohen spezifischen Gewicht (Dichte), am starken Glanz. Anzutreffen ist P. in der Verwitterungzone von Bleierzlagerstätten. Die Gruben bei Bad Ems, Holzappel und im Siegerland sind heute stillgelegt, entgegen anderslautenden Angaben in Fundortverzeichnissen sind dort heute kaum noch Funde zu tätigen; dagegen wird P. u. a. noch in Cornwall/England und Simbabwe (Rhodesien) angetroffen. □

**Pyrop** (m), Magnesiaton-→*Granat,* blutrote Varietät, auch als „Böhmischer Granat" und unter verschiedenen anderen Bezeichnungen bekannt, ein wertvoller Schmuckstein. P. kommt in den Serpentingesteinen Böhmens vor, aber auch im Kimberlit und in den Diamantseifen Südafrikas (Kaprubine).

**Pyrophyllit** (m), $Al_4[(OH)_2|Si_4O_{10}]$, ein Silikat. H 1,5, D 2,8, X-System: rhombisch. Form: zu groben, wirr- oder radialstrahligen, rosetten- oder fächerförmigen Aggregaten verwachsene, tafelige Kristalle. Farbe: weiß, gelblich, grünlich, grau. Durchscheinend; Perlglanz bis matt. Spaltbarkeit glimmerartig vollkommen; biegsam, mild; fettig anzufühlen. P. kommt auf Quarz- und Erzgängen

**Pyroxenite**
Vergleich des Mineralbestandes

| Gesteinsart | Orthopyroxene (rhomb.) | Klinopyroxene (monokl.) | Sonstige |
|---|---|---|---|
| Hypersthenit | xxx! | | x |
| Bronzitit | xxx! | | x |
| Enstatitit | xxx! | | x |
| Websterit | xxx | **xx** | x |
| Diallagit | (x) | xxx! | x |
| Diopsidit | | xxx! | x |

Zeichenerklärung: (x) = evtl. geringe Anteile, x = 0–7%, xx = 8–20%, **xx** = mehr als 20%, xxx = mehr als 50%, xxx! = mehr als 90%.

sowie in Schiefertonen vor. Fundorte u. a. in der Eifel und in den Ardennen.

**Pyropissit** (m), eine helle, wachs-, harz- und pollenreiche Braunkohle, häufig in Schwelkohlelagern anzutreffen.

**Pyrosmalith** (m), $(Mn,Fe)_8[(OH,Cl)_{10}|Si_6O_{15}]$, ein Silikat. H 4–4,5, D 3–3,2, X-System: hexagonal. Form: tafelige oder säulige Kristalle; derb, körnig. Farbe: olivgrün bis braun. Strich hellgrün. Durchscheinend bis undurchsichtig; halbmetallischer Glanz, fettig. Gute Spaltbarkeit. *Friedelit* ist ein rhodonitähnlicher, eisenarmer und magnesiumhaltiger P. Als metasomatische Bildung kommt P. vorzugsweise auf Eisen- und Manganerzlagerstätten vor.

**Pyroxene** (pl), eine Gruppe wichtiger, weit verbreiteter, gesteinsbildender Silikate, die in monokline P. (Klinopyroxene), wie → *Augit*, → *Diallag*, → *Diopsid*, → *Hedenbergit* – Beispiel Augit $(Ca,Mg,...)(AlSi)_2O_6$ – und rhombische P. (Orthopyroxene), wie *Enstatit*, → *Bronzit*, → *Hypersthen* – Beispiel Enstatit $Mg_2[Si_2O_6]$ – unterteilt werden. Von den → *Amphibolen*, deren Platz sie in vielen magmatischen und metamorphen Gesteinen einnehmen, unterscheiden sich die P. rein äußerlich durch ihre Spaltbarkeit, die nahezu rechtwinklig verläuft (Amphibole 120°). Die Härte schwankt zwischen H 5–6,5, das spezifische Gewicht zwischen 3,2 und 4,0. Die Kristallform ist prismatisch, mehr oder weniger gedrungen. Die Farbe weist alle Tönungen von grün bis schwarz auf, Diopsid ist grauweiß bis hellgrün. P. kommt in vielen magmatischen und metamorphen Gesteinen vor. □

**Pyroxengranulite** (pl), den → *Granuliten* zugeordnete metamorphe Gesteine, die relativ hohe Anteile an → *Pyroxen* aufweisen.

**Pyroxenhornfels** (m), Kontaktgestein, das relativ hohe Anteile an Pyroxen enthält, z. B. Plagioklas-Diopsid-Hornfels (32% Pyroxen) oder Plagioklas-Hypersthen-Hornfels (15% Pyroxen).

**Pyroxenite** (pl), *Pyroxenitgruppe*, eine artenreiche, aus basischem bis ultrabasischem Magma entstandene Gruppe von → *Intrusivgesteinen*, die als hauptsächlichen Mineralbestand rhombischen bzw. monoklinen → *Pyroxen* – oder beide zusammen – ausweist. Von den insgesamt 26 Pyroxenitarten verdienen u. a. Enstatitit, Bronzitit, Hypersthenit, Diallagit, Diopsidit und Alkalipyroxenite Erwähnung. Die meisten P. werden als gangartige Intrusionen in Peridotit- und Gabbromassiven angetroffen (Tabelle).

**Pyrrhotin** (m), FeS, *Magnetkies*, *Magnetopyrit*, ein Sulfid. H 4, D 4,6, X-System: hexagonal. Form: selten tafelige, blättrige Kristalle; meist derb, körnig. Farbe: bräunlich bronzefarben. Undurchsichtig; Metallglanz, matt anlaufend (dann dunkelbraun). Der Magnetismus – von unterschiedlicher Intensität – ist vor allem in Richtung der Hauptachse von Kristallen ausgeprägt. Die Spaltbarkeit zeigt sich besonders deutlich in grobkörnigen Massen. P. kommt in basischen Magmatiten und auf Erzgängen vor. Infolge hohen Schwefelgehaltes ist P. als Eisenerz unbedeutend, die Vergesellschaftung mit Pentlandit führt gelegentlich zu einem Gehalt an Nickel, wie beispielsweise in den Abbaustätten Kanadas. Kristalle sind u. a. bei Horbach im Schwarzwald, in bestimmten Gebieten Ungarns und in der Toskana anzutreffen.

# Q

**Quadersandstein,** Bezeichnung für grobbankigen, hellen, steil geklüfteten Sandstein, der durch Schichtfugen und senkrechte Klüfte in Quader gegliedert ist und steile Gehängeformen ausbildet; Sandstein der oberen Kreide, u. a. im Elbsandsteingebirge.

**quadratischer Schliff,** eine → *Schliffart* bei Edelsteinen.

**quadratisches Kristallsystem,** andere Bezeichnung für das tetragonale → *Kristallsystem.* Die Bezeichnung ist irreführend und sollte deshalb nicht verwendet werden.

**Quartär** (n), die jüngste, auf das → *Tertiär* folgende → *geologische Formation* mit den Abteilungen *Pleistozän* und *Holozän* und dem zeitlichen Beginn vor etwa 1 Million Jahren; Entwicklung der heutigen Tier- und Pflanzenwelt, ausgestorben Mammut und Altelefant; in den → *Eiszeiten* (Pleistozän) Vereisung weiter Gebiete, u. a. auch im mitteleuropäischen Raum (Norddeutschland, Alpenvorland).

**Quarz** (m), $SiO_2$, ein Oxid. H 7, D 2,65, X-System: trigonal. Form: Kristalle meist sechsseitige Prismen (oft quergestreift) mit pyramidenähnlichen Endungen, die aus Rhomboedern mit zwischengeschalteten Trapezflächen gebildet sind; kristalline Aggregate mit sechsseitigen Pyramidenendungen (Kappenquarze); körnig, dicht, Gangfüllungen. Zwillingsbildung häufig. Farben: farblos *(Bergkristall),* weiß *(Milchquarz, gemeiner Quarz),* gelb *(Citrin),* grün *(Prasem),* rot *(Rosenquarz, Eisenkiesel),* blau *(Blauquarz),* violett *(Amethyst),* braun bis schwarz *(Rauchquarz, Morion)* – die Farben erscheinen in allen Schattierungen, in Klammern angefügte Bezeichnungen, soweit sie sich auf Schmuckstein-Varietäten beziehen, kennzeichnen in der Regel durchsichtige Kristalle. Transparenz und Glanz: Q. ist durchsichtig bis durchscheinend und weist Glasglanz auf. Spaltbarkeit besitzt der Q. nicht, die Bruchflächen sind muschelig ausgebildet.
Die Hochtemperaturmodifikation des Q.es mit veränderten physikalischen Eigenschaften ist an eine Bildungstemperatur von über 573° C gebunden und wird Hoch-Q. oder $\alpha$-Quarz genannt.
Neben den Feldspäten ist Q. das häufigste Mineral der Erdkruste. Die kryptokristalline Form von $SiO_2$, der → *Chalcedon* mit seinen Varietäten, die Hochtemperaturmodifikationen → *Tridymit,* → *Cristobalit* sowie der amorphe → *Opal* sind an anderer Stelle unter dem jeweiligen Stichwort abgehandelt.
Die Erscheinungsformen der Kristalle, kristallinen Aggregate und Zwillingsbildungen sind so vielgestaltig, daß man ihnen eigene Namen gegeben hat. Verwachsungen sogenannter *Rechts-* und *Linksquarze* des triklinen X-Systems (u. a. erkennbar an der Lage der Trapezoeder) täuschen in der verbreiteten

*Quarz, Kristallstufe gemeiner Quarz (südl. Taunus) – farblos, weiß, durchscheinend.*

Zwillingsbildung hexagonale Symmetrieeigenschaften vor. Man unterscheidet: *Dauphinéer Zwilling* (Verwachsung zweier Rechts- oder Linksquarze) und *Brasilianer Zwilling* (Verwachsung eines Rechts-Q.es mit einem Links-Q.). Daneben kennt man noch den *Japaner Zwilling* als Verwachsung zweier Kristalle mit fast rechtwinklig zueinander stehenden Achsen. *Szepter-Q.* ist eine Verwachsung zweier Kristallindividuen mit einer oberen Verdickung; *Gwindel* nennt man die gewundene Aneinanderreihung mehrerer Kristalle; treppenförmig abgesetzte Verwachsungen werden auch *Skelett-Q.* genannt. Für einen Kristall, der im Innern Linien als Ausdruck einzelner Wachstumsphasen erkennen läßt, kennt man die Bezeichnungen *Phantomquarz, Gespensterquarz* oder *Geisterquarz. Gang-Q.* mit radialstrahligen kristallinen Aggregaten bezeichnet man gelegentlich als *Stern-Q.*
Die durchsichtigen Q.-Varietäten sind unter dem jeweiligen Stichwort gesondert abgehandelt, deshalb sollen hier bezüglich der Vorkommen einige Hinweise genügen. Einzelkristalle des farblosen *Bergkristalls* und braunen *Rauch-Q.es* sind in Pegmatiten, Kristallrasen vorzugsweise in alpinen Klüften anzutreffen. Der rosarote *Rosenquarz* tritt meist in Gängen auf und ist nur äußerst selten in Kristallform ausgebildet. Violetter *Amethyst* und gelber *Citrin* kommen häufig in Blasenräumen (Geoden) von Effusivgesteinen vor, Citrin daneben auch in Klüften. Der im Handel als *Goldtopas* erhältliche cirtrinfarbene Quarz ist meist gebrannter Amethyst. Feinste Einschlüsse von Rutilnädelchen *(Venushaar)* in Bergkristall kennzeichnen diesen als *Sagenit. Prasem* (grün) und *Aventurin-Q.* (farbig schillernd) sind Varietätsbezeichnungen, die ebenfalls Fremdeinschlüsse aufweisen. Unverzwillingte Q.-Kristalle mit piezoelektrischen Eigenschaften finden als *Schwing-Q.* in der Elektronik Anwendung. □

**Quarzdiorit** (m), helles, körnig ausgebildetes, quarzreiches → *Intrusivgestein* der *Diorit-Gruppe* mit zusätzlichem Bestand an Plagioklas, Hornblende und Glimmer.

**Quarzbändererz,** Bezeichnung für eine feinschichtige Wechsellagerung von Eisenmineralen (Hämatit, Magnetit) und $SiO_2$-reichen Hornsteinlagen (Chert).

**Quarzit** (m), graues, gelbliches, rötliches bis bräunliches, mehr oder weniger metamorphosiertes Gestein sedimentären Ursprungs, das im wesentlichen aus Quarzkörnern und kieseligen, kalkigen oder tonigen Bindemitteln besteht; *sedimentäre Q.e* bilden sich aus wässerigen Lösungen durch Ausfällung von Kieselgel, das später in Opal, Chalcedon oder Quarz überführt wird; *metamorphe Q.e* sind in der Regel aus Sandsteinen entstanden. Bei der → *Metamorphose* werden tonige oder kalkige Bindemittel des Sandsteins zu Epidot, Disthen, Sericit u. a. umgebildet. Q.e sind sehr widerstandsfähige Gesteine und treten nicht selten als → *Härtling* in Erscheinung. □

**quarzitisch,** Bezeichnung für 1. Sandsteine, die durch kieselige Bindemittel verkittet sind; 2. quarzreiche Schiefer.

**Quarzitschiefer,** andere Bezeichnung für schiefrig ausgebildeten, besonders auch für metamorphen → *Quarzit.*

**Quarzkeratophyr** (m), Bezeichnung

für quarzhaltiges → *Effusivgestein* der → *Keratophyr*-Gruppe, enthält außerdem Plagioklas und Hornblende als Hauptgemengeteile.

**Quarzphyllit** (m), ein → *Phyllit* (kristalliner Schiefer) mit relativ hohen Quarzanteilen; metamorphes Gestein der Epizone.

**Quarzporphyr** (m), porphyrkörniges, dichtes, feinkörniges → *Effusivgestein* von grauer, rötlicher, auch grünlicher Farbe; in die Grundmasse, die im wesentlichen aus Kalifeldspat, Plagioklas, Quarz und Biotit besteht, sind Einsprenglinge der gleichen Minerale von unterschiedlicher Größe eingebettet; umfangreiche Vorkommen u. a. im Gebiet von Bozen/Südtirol.

**Quastenflosser,** Fische mit quastenförmig endenden Flossen, s. → *Crossopterygii.*

**Quecksilber** (n), Hg. ein Element, bei üblichen Temperaturen flüssig in Tropfenform gebunden, verfestigt sich bei –39° C zu rhomboedrischen Kristallen. Gediegen kommt Q. in winzigen Tröpfchen auf Cinnabarit vor, selten in größerer Menge (Quarzgeoden von Kalifornien). Q. enthält meist geringe Mengen von Silber. D 13,6. Die Gewinnung von Q. erfolgt aus → *Cinnabarit* (Vorkommen s. dort).

**Quecksilberfahlerz,** andere Bezeichnung für → *Schwazit.*

**Quecksilberhornerz,** andere Bezeichnung für → *Kalomel.*

**Quelle,** der natürliche Austritt von Grundwasser an die Erdoberfläche, auch wenn eine künstliche Fassung angebracht wurde. Quellen, die unter dem Meeresspiegel oder dem Wasserspiegel stehender Gewässer

*Quarz, Bergkristallstufe (Taunus) – farblos, durchsichtig.*

austreten, werden *Grundquellen* genannt. Die entströmende Wassermenge (in Liter pro Sekunde) wird als *Quellschüttung* bezeichnet.

**Quellenabsätze** (pl), Ausscheidungen und Ablagerungen von im Quellwasser gelösten Stoffen bzw. mineralischen Substanzen infolge Temperaturveränderung des Wassers, chemischer Ausfällung, ausfällender Wirkung von Bakterien u. a. Q. sind z. B. Sinter, Travertin, Seekreide. Auch die Tropfsteine (Stalagmiten, Stalaktiten) sind Q.

**Quellentypen,** durch die Abhängigkeit von der geologischen Beschaffenheit des Untergrundes gekennzeichnete Vielfalt der Erscheinungsformen von Quellen. Grundsätzlich wird zwischen *absteigenden* (Auffanggebiet höher als der Austritt) und *aufsteigenden* (Auffanggebiet tiefer gelegen) Quellen unterschieden. *Schichtquellen* liegen im Grenzbereich zwischen unteren, weniger durchlässigen, und oberen, durchlässigeren Bodenschichtungen. Bei *Überlaufquellen* (auch *Überfallquellen)* steigt die undurchlässige Sohle vor dem Quellenaustritt an. *Stauquellen* entstehen durch Einlagerungen oder Auflagerungen von wasserundurchlässigen Gesteinen. Aus Spalten oder Klüften austretende Quellen werden *Spalten-* bzw. *Kluftquellen* genannt, an Verwerfungen entspringende Quellen als *Verwerfungsquellen* bezeichnet. Vielfältiger Natur sind besonders die *Karstquellen.* Hier trifft man häufig auf *periodische* Quellen, die nur zu bestimmten (meist jahreszeitlich bedingten) Zeiten schütten und auf *intermittierende* Quellen mit jahreszeitlich schwankenden Wassermengen. Quellen mit gleichbleibender Ausschüttungsmenge werden *pe-*

*Quarzit, metamorpher Quarzitschiefer (Alpen/Vanoise).*

*rennierend* genannt. Außerdem unterscheidet man nach der Temperatur der Quellenwässer (→ *Akratopege,* → *Akratotherme*), nach dem Lösungsinhalt (Mineralquelle) und nach den flüchtigen Bestandteilen (Säuerling u. a.).

**Quellerosion,** Form der fluviatilen Erosion, durch die Bildung von *Quellmulden* an flachen Hängen und *Quellnischen* an Steilhängen gekennzeichnet. Durchtränkung, Ausspülung und Bodenabtrag sind bei der Q. die wichtigsten Vorgänge.

**Quellfaltung,** eine durch Wasseraufnahme und Volumenvergrößerung hervorgerufene Fältelung von Schichten in einem Gestein. Als Ursache für die enge Fältelung des Schlangengipses ist die Q. umstritten, die strukturelle Eigenart wird verschiedentlich auf subaquatische Rutschung zurückgeführt.

**Quellhorizont,** Bezeichnung für eine wasserstauende Bodenschicht, in deren Verlauf mehrere Quellen austreten.

**Quellkuppe, Staukuppe,** eine durch Aufstauung zähflüssiger Gesteinsschmelze in Vulkanen entstandene, keulenförmige Gesteinsmasse. Extremes Beispiel einer Staukuppe ist ein durch Gase nach oben gepreßter, bereits im Erstarren befindlicher Lavapfropf, auch *Lavanadel, Stoßkuppe* oder *Belonit* genannt.

**Quellschüttung** → *Quelle*

**Quelltopf,** Bezeichnung für seenartige Quellenaustritte (z. B. Aachquelle bei Singen) mit großer Schüttung; in Karstgebieten recht häufig.

**Quelltrichter,** trichterförmige Hohlform an Gebirgshängen, durch die Schüttung mehrerer Quellen entstanden; s. auch → *Quellerosion.*

**Quercus** (m), die Eiche, seit dem Alttertiär verbreiteter Laubbaum; versteinerte (verkieselte) Stammteile des Eozäns weisen mitunter deutliche Zellstrukturen auf.

**Querfaltung,** Bezeichnung für die Kreuzung zweier Faltensysteme verschiedener Richtung, gleichen oder ungleichen Alters; kommt vor allem in der besonderen Form von Faltenachsen-Verbiegungen zum Ausdruck.

**querschlägig,** bergmännischer Ausdruck für Richtungen, die quer zum Streichen von Schichten verlaufen.

**Quetschling,** Bezeichnung für den Rest einer zerquetschten tektonischen Decke, im Unterschied zum *Scherling,* einem im Bereich einer Gleitbahn mitgeführten Deckenfragment.

# R

**Rachel** (f), *Runse, Regenrinne,* durch abfließendes Niederschlagswasser in Berghänge eingeschnittene, langgestreckte, auch verzweigte Furche, die eine evtl. vorhandene Vegetationsdecke unterbricht. Den Vorgang selbst bezeichnet man als *Runsenspülung,* das Erscheinungsbild wird auch *Zerrachelung* oder *Zerrunsung* genannt. Besonders tiefgreifende Zerrunsung nennt man Hangzerschneidung.

**Rädelerz,** andere Bezeichnung für → *Bournonit.*

**Radialgänge,** Spalten oder Kluftfüllungen, die von einem zentralen Punkt nach allen Seiten verlaufen.

**Radialsprung,** Bezeichnung für die von einem zentralen Punkt nach allen Seiten verlaufenden Brüche.

**radialstrahlig,** Bezeichnung für eine kristalline Aggregatform, bei der die Kristalle von einem gemeinsamen Zentrum aus nach außen gewachsen sind; im Schnitt durch das Aggregat zeigt sich eine fächerartige Anordnung der Kristalle.

**radioaktiver Hof,** ringförmige Verfärbungen in Kristallen, die durch radioaktive Strahlung eingeschlossener Fremdstoffe oder angrenzender Strahlungsquellen hervorgerufen werden. Die zerstörende Eigenschaft radioaktiver Strahlung auf das Kristallgitter wird besonders deutlich bei Fluorit, der Uranmineralen benachbart ist und als Stinkspat bezeichnet wird; dieser ist schwarz gefärbt, zerbröckelt leicht und verbreitet einen recht unangenehmen Geruch; s. auch → *Radioaktivität.*

**Radioaktivität** (f), die Eigenschaft bestimmter chemischer Elemente oder Isotope, ohne Einwirkung von außen dauernd Energie in Form von Strahlung (Alpha-, Beta- und Gammastrahlen) auszusenden. Die instabilen Atomkerne der radioaktiven Elemente wandeln sich durch Ausschleudern eines Teils ihrer Masse und Energie in stabile Kerne um (radioaktiver Zerfall). Alle auf der Erde natürlich vorkommenden Elemente mit Ordnungszahlen über 80 sowie jeweils ein Kalium-, Rubidium-, Samarium-, Lutetium- und Rheniumisotop sind *natürlich radioaktiv.* Die Zerfallszeit eines radioaktiven Isotops ist dem Zeitraum gleichzusetzen, in dem die ursprüngliche Menge eines radioaktiven Stoffes um die Hälfte gemindert ist *(Halbwertszeit).* In der Natur kommen drei Zerfallsreihen vor, die alle bei den Isotopen des Bleis enden: Uran-Radium-Reihe, Thoriumreihe und Uran-Actinium-Reihe. Zu den radioaktiven Mineralen gehören u. a. alle Uranminerale, Thoriumminerale sowie Tanteuxenit, ein Oxid.

**Radio-Carbon-Methode,** Methode zur Altersbestimmung von Gesteinen, Fossilien, Hölzern, Grund- und Oberflächenwässern bis zu einem maximalen Alter von 50 000 Jahren (in Ausnahmefällen bis zu 70 000

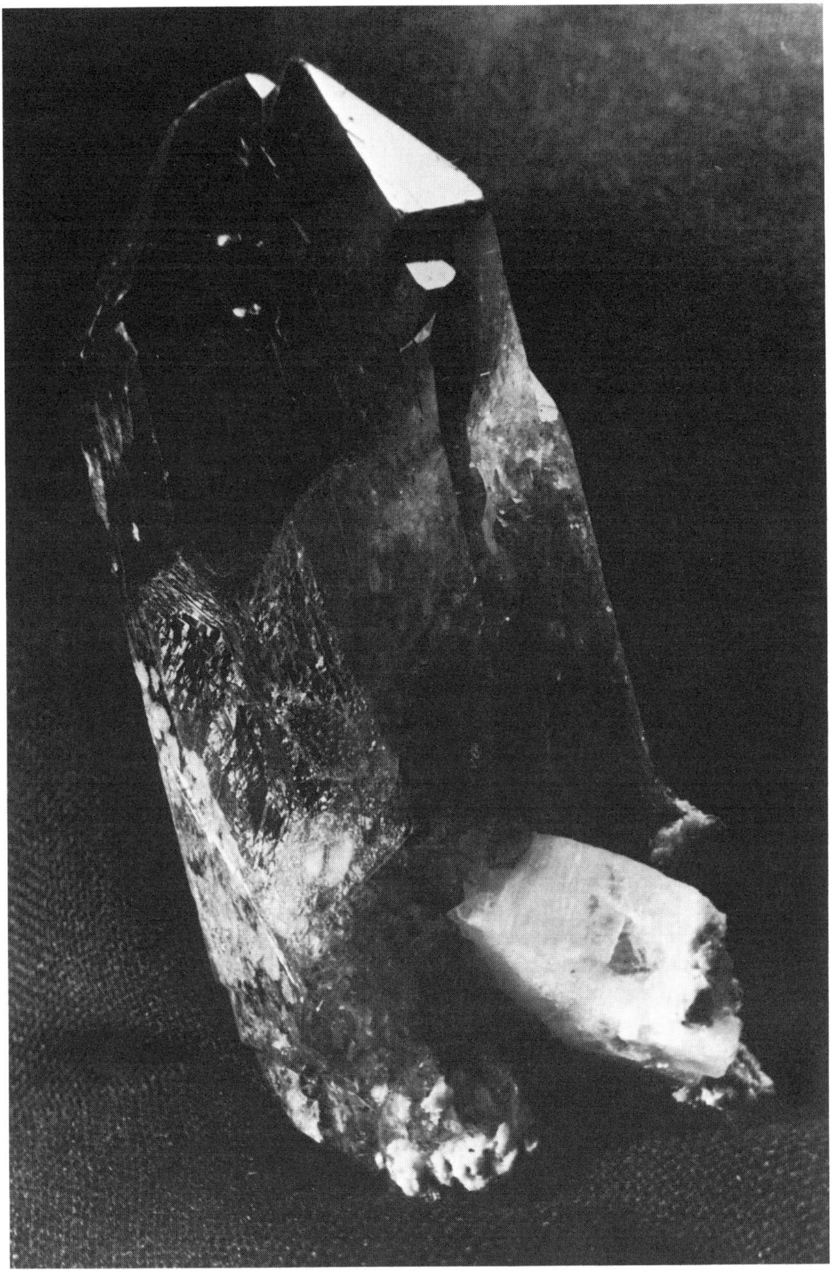

*Rauchquarz, großer Einzelkristall (Alpen b. Göschenen) – braun, durchsichtig.*

Jahren). Die Methode stützt sich auf die relativ kurze Zerfallszeit des Kohlenstoffisotops $^{14}C$ von 5700 Jahren. Dieses Kohlenstoffisotop bildet sich in der Stratosphäre im Rahmen einer durch kosmische Strahlung hervorgerufenen Kernreaktion aus dem Stickstoff der Luft. In der Atmosphäre herrscht durch Gleichgewichtseinstellung ein Verhältnis des stabilen Kohlenstoffisotops $^{12}C$ zum radioaktiven $^{14}C$ von 10 : 1, das sich auch tierischen und pflanzlichen Körpern sowie anorganisch-chemischen Prozessen auf der Erde mitteilt. Die kurze Halbwertszeit gestattet also nur eine Altersbestimmung, die in die Würmeiszeit zurückreicht. Um ein höheres Alter, vor allem der Gesteine, zu bestimmen, bedient man sich anderer Methoden, z. B. der Uran-Blei-Methode, mit der sich ein Zeitraum von $10^9$ Jahren überbrücken läßt.

**Radiochemie,** chemische Untersuchungen unter Einbeziehung von Radioisotopen (z. B. Methoden zur Altersbestimmung).

**Radio-Kohlenstoff-Datierung** → *Radio-Carbon-Methode.*

**Radiolarien,** *Strahlentierchen,* den Wurzelfüßern zugeordnete, mikroskopisch kleine Einzeller von kugeliger Gestalt (Zentralkapsel und Skelett); das Skelett besteht aus Kieselsäure bzw. Strontiumsulfat. R. sind seit dem Algonkium verbreitet.

**Radiolarienschlamm,** ein rotes, toniges Tiefseesediment (4000 bis 8000 m Tiefe), das reich an Kieselskeletten von → *Radiolarien* ist; bedeckt etwa 2% des Meeresbodens.

**Radiolarit** (m), ein feinkörniger bis dichter → *Kieselschiefer,* der aus Radiolarienskeletten bzw. durch Verfestigung von → *Radiolarienschlamm* gebildet wurde.

**Radiolith** (m), rundliches, durch radialstrahliges Kristallwachstum gekennzeichnetes Gebilde; ein Mineralaggregat, das als → *Sphärolith* in Effusivgesteine eingesprengt ist.

**Radiolumineszenz** (f), Bezeichnung für ein durch radioaktive Strahlung (Röntgenstrahlen) angeregtes Aufleuchten von Mineralen, s. → *Lumineszenz,* → *Phosphoreszenz.*

**Rafinesquina,** ein articulater → *Brachiopode* der Ordnung *Strophomenida,* im Ordovizium weltweit verbreitet; Armklappe konkav, Stielklappe konvex; Ornamentierung aus schwach bis deutlich ausgeprägten, unterschiedlich starken und langen Radiärrippen.

**Rahmenfaltung,** die Entstehung von Falten und faltenähnlichen Strukturen in abgesenkten gerahmten Feldern zwischen Aufragungen alter, verfestigter Gebirge (Rahmen), die Richtung und Verlauf der Faltung bestimmen.

**Rammelsbergit** (m), $NiAs_2$, *Weißnickelkies,* ein Arsenid, wird in der Klassifikation der Minerale den Sulfiden zugeordnet, kommt in Form feinlamellar verzwillingter Aggregate zusammen mit Cobalt-, Nickel- und Silbermineralen, besonders reichlich neben Rotnickelkies (Nickelin) und Maucherit in den Mansfelder Rücken vor. Weitere Vorkommen: Sardinien, Wallis, Kanada, Marokko. H 5,5, D 7,1, zinnweiß, stark metallglänzend, mit schwarzer Strichfarbe.

**Randfazies** (f), Bezeichnung für die besondere und abweichende Ausbildung von magmatischen Gesteinen in der Randzone von Intrusivkörpern

(Plutonen), wie beispielsweise porphyrische R. oder ähnliche Bezeichnungen.

**Randkette,** Bezeichnung für den Teilbereich eines → *Orogens* (Faltengebirge).

**Randkluft,** die zwischen der Felsumrahmung und dem bewegten Eis eines Gletschers gelegene Spalte; s. → *Gletscher,* → *Bergschrund.*

**Randmoräne,** andere Bezeichnung für *Seiten-* bzw. *Ufermoräne;* s. → *Moräne.*

**Randscholle,** durch Verwerfung freigelegter Teil einer Grabenrandbegrenzung (→ *Graben*).

**Randseen,** Bezeichnung für langgestreckte, in Randgebieten ehemals vergletscherter Gebirge gelegene Seen; können durch glaziale Übertiefung, jedoch auch durch tektonische Vorgänge entstanden sein.

**Randsenke,** Bezeichnung für: 1. die → *Vortiefe* eines Orogens; 2. Absenkungen am Rande von Salzstöcken bei der Halokinese (schwerkraftbedingte Salzbewegung).

**Randtrog,** Bezeichnung für ein älteren Gebirgsmassiven oder Schollenrändern vorgelagertes, größeres Sedimentationsbecken.

**Randwasser,** *Ölfeldwasser,* in Erdöllagerstätten auftretendes, meist salzhaltiges Wasser, das sich, seinem spezifischen Gewicht entsprechend, unter das Erdöl schichtet.

**Rapakiwi** (m), mittel- bis grobkörniges, rötliches → *Intrusivgestein* der *Granit-Gruppe,* das eiförmige Einsprenglinge von rötlichem oder grauem Orthoklas (z. T. auch Mikroklin) mit grünen oder weißen Oligoklas- bzw. Andesin-Rinden enthält. Der im Mineralbestand dem Hornblendegranit angeglichene R. bildet sich in der Übergangsphase von der Hauptkristallisation zur Pegmatitentstehung. R. kommt vor allem in Skandinavien vor, findet sich jedoch auch in Form von Gesteinsbruchstücken in den Eiszeitmoränen Nord- und Osteuropas.

**Rapilli** (pl), andere Bezeichnung für → *Lapilli.*

**Raseneisenerz,** *Sumpfeisenerz,* Bezeichnung für unter der Humusdecke gebildeten → *Limonit,* der als Eisenoxid aus eisenhaltigem Grundwasser besonders in Sümpfen und Mooren ausgeschieden wird.

**Rasorit,** ein Handelsname für → *Kernit.*

**Rät** (n), *Rhät,* oberste Stufe der alpinen → *Trias,* entspricht dem oberen Keuper; s. auch → *geologische Formationen.*

**Rauchquarz** (m), eine durchsichtige, graue, braune bis schwarze Kristall-Varietät des → *Quarzes,* gleicht in der Kristallform dem farblosen Bergkristall; die schwarze Farbvarietät wird auch als → *Morion* bezeichnet. R. ist ein beliebter Schmuckstein. Vorkommen: Rauristal in den Hohen Tauern/Österreich, bei Göschenen und im Gebiet des Grimselpasses/Schweiz, auf Madagaskar, in Brasilien, Korea, u. a. Die Farbe des R.es ist u. a. auf Strahlungsverfärbung zurückzuführen (radioaktive Uranminerale). □

**Rauchtopas,** gelegentlich im Handel gebräuchliche, jedoch irreführende Bezeichnung für → *Rauchquarz.*

**Rauchwacke** (f), *Rauhwacke,* durch Herauslösung leichtlöslicher Bestandteile gebildetes, zellig-poröses

Dolomit- oder Kalkgestein (Zellenkalk).

**Raumgitter** → *Kristallgitter.*

**Rauschgelb,** andere Bezeichnung für → *Auripigment.*

**Rauschrot,** andere Bezeichnung für → *Realgar.*

**Raxlandschaft,** nach der Raxalpe südwestlich von Wien benanntes Flachrelief der Alpen; wahrscheinlich das Ergebnis jungtertiärer Einebnungsprozesse und nachfolgender Hebungen.

**Realgar** (m), AsS, *Rauschrot,* ein Sulfid. H 1,5–2, D 3,5–3,6 X-System: monoklin. Form: meist kleine, kurz- oder langsäulige Kristalle auf Drusen; auch derb oder körnig eingesprengt, Anflüge auf Kalkspat. Farbe: rot bis rötlichorange. Durchscheinend; Diamantglanz. Strichfarbe orangegelb. R. zerfällt unter Lichteinwirkung zu gelbem → *Auripigment.* R. ist eine Arsenverbindung und deshalb giftig! Vorkommen: auf Erzgängen, in Tonen, Kalkstein und Dolomit, an Vulkanen und heißen Quellen. Fundorte: Binnatal/Schweiz, Jugoslawien, USA. □

**Realkristall,** übliche, durch Kristallbaufehler oder ungleiches Wachstum von der Idealform abweichende Ausbildung von Kristallen; Gegensatz: *Idealkristall,* die weitaus seltenere Kristallbildung.

**rechtfallende/rechtsinnige Verwerfung,** Bezeichnung für eine tektonische Bewegungsfuge, bei der Schicht- und Verwerfungsflächen die gleiche Neigung aufweisen; Gegensatz: *widersinnige Verwerfung.*

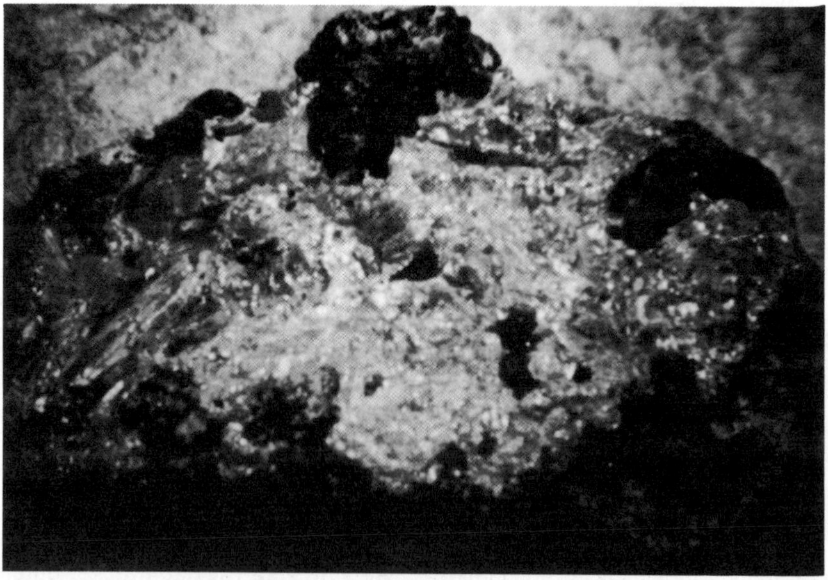

*Realgar, Aggregat mit Kristallen (SW-Afrika) – rot, Diamantglanz, durchscheinend.*

**Redbeds** (pl), Bezeichnung für intensiv rot gefärbte Sand- oder Tongesteine; die Rotfärbung entsteht durch fein verteilten → *Hämatit* als Verwitterungsprodukt in aridem Klima.

**Referenzellipsoid** (n), Bezeichnung für ein Rotationsellipsoid (abgeplattet), auch Sphäroid genannt; entspricht angenähert der Gestalt der Erde.

**Reflexion** (f), das Zurückwerfen u. a. von Lichtstrahlen an der Grenze zweier Medien, beispielsweise Luft und Kristallfläche.

**Refraktion des Lichtes,** s. → *Lichtbrechung,* → *Doppelbrechung.*

**Regelation** (f), Bezeichnung für das Wiedergefrieren von Schmelzwasser im Gletschereis; Schmelzwasser entsteht nicht nur durch temperaturbedingtes Auftauen, sondern auch durch hohe Druckeinwirkung.

**Regeneration** (f), im speziellen Sprachgebrauch Bezeichnung für: 1. das Zusammenwachsen von Eistrümmern unterhalb eines Gletscherbruches in einem Gletscherstrom; 2. die Mobilisierung verfestigter, jedoch nicht vollkonsolidierter Teile der Erdkruste.

**Regenriefe,** andere Bezeichnung für → *Rachel* (Runse).

**Regionalmetamorphose** (f), Vorgänge der → *Metamorphose,* die weite Gebiete (Regionen) erfassen und langzeitig andauern.

**Regression** (f), *Meeresregression,* Bezeichnung für das Zurückweichen des Meeres und Absinken des Meeresspiegels (bezogen auf Teile des Festlandes). R.en können die Folge von epirogenetischen Hebungen oder Veränderungen im Wasserhaushalt der Erde (z. B. zunehmende Vereisung) sein. Im Rahmen von R.en werden früher wasserbedeckte Flächen dem Festland angegliedert. Gegensatz: → *Transgression.*

**Regressionsküste,** durch Meeres-→ *Regression* gebildeter Küstentyp mit Strandterrassen und anderen Erscheinungsformen.

**Regur** (m), *Regar,* eine tropische Schwarzerde; eine lehmig-tonige, tiefgründige Bodenart.

**Rehburger Phase,** Stadium und Eisrandlage der Saaleeiszeit (entspricht der Rißeiszeit).

**Reihe,** → *Sippe,* die geographische Zuordnung magmatischer Gesteine gleicher oder eng verwandter chemischer Zusammensetzung; so werden beispielsweise die Kalkalkaligesteine rund um den Pazifik als *pazifische Reihe* bezeichnet. Eine ähnliche Verwandtschaft von Gesteinen zeichnet die *atlantische Reihe* aus. Vertreter dieser Reihe sind jedoch auch in anderen Gebieten anzutreffen.

**Rekristallisation** (f), die Neukristallisation zertrümmerter oder deformierter Minerale im Gestein. Bei jeder Verformung von Kristallen entstehen im Kristallgitter Spannungszustände, die bei niederen Temperaturen beibehalten werden, bei erhöhten Temperaturen zur Neubildung von spannungsfreien Kristallen führen. Die Eigenschaft der Rekristallisation wird u. a. auch bei der Herstellung von Spezialstählen genutzt.

**Relaisbeben,** ein sekundäres → *Erdbeben,* das durch Erdbebenwellen eines anderen, entfernten Bebens ausgelöst wird, deshalb auch *Auslösungsbeben* genannt.

**Relief** (n), 1. Formenbild der Erdoberfläche; 2. maßstäbliche plastische Nachbildung der Form eines Teiles der Erdoberfläche.

**Reliefenergie,** bezeichnende Aussage über den Charakter eines → *Reliefs;* ein lebhaftes, von großen Höhenunterschieden geprägtes Relief besitzt eine hohe R., ein schwaches Relief, mit mäßigen Höhenunterschieden, eine niedrige R.

**Reliefumkehr,** durch die unterschiedliche Widerstandskraft der Gesteine und Gesteinsverbände gegenüber exogenen Kräften hervorgerufene Umkehr der ehemaligen geologischen Oberflächenform in die morphologische Landschaftsform der Gegenwart; so wird beispielsweise eine frühere (geologische) Mulde oder ein tektonischer Graben heute als Erhebung angetroffen, während andererseits ein ehemaliger Sattel sich morphologisch als Vertiefung darstellt. Die R. ist somit das Ergebnis eines langzeitigen und ungleichen Abtrages.

**Reliktboden,** unter anderen klimatischen Verhältnissen in früheren Zeiträumen entstandener Boden, dessen Weiterentwicklung jedoch den augenblicklichen Klimabedingungen unterliegt.

**Reliktgefüge,** Gefügemerkmale in metamorphem Gestein, die auf das ursprüngliche Gefüge des Eduktes (Ausgangsgesteins) hinweisen.

**Remanenz** (f), Bezeichnung für die Restmagnetisierung eines Körpers, die auch nach Verschwinden der Feldstärke erhalten bleibt. Da der Magnetismus in bestimmten Mineralen und Gesteinen auf die Induktion des erdmagnetischen Feldes während der Auskristallisation zurückzuführen ist (Paläomagnetismus), kann infolge Lagerungsveränderung des erdmagnetischen Feldes die Richtung in deren remanentem Magnetismus von der heutigen Richtung abweichen.

**Rendzina** (f), *Humuskarbonatboden,* ein meist auf Kalkstein gebildeter, dunkelbrauner Bodentyp humider bzw. stark humider Klimate. Da kein B-Horizont (→ *Bodenprofil*) gebildet wird, ist der Boden nur bei genügender Tiefgründigkeit fruchtbar. Vorkommen: u. a. in der Schwäbischen und Fränkischen Alb sowie im Thüringer Becken.

**renegant,** Bezeichnung für tektonische Vorgänge, die unabhängig von früher gebildeten Strukturen ablaufen (von H. Stille geprägte Definition).

**Repetitionsschichtung,** Bezeichnung für einen regelmäßigen und mehrfachen Wechsel in der Schichtenfolge von Gesteinen mit zwei oder mehreren Gliedern; bei chemischen Sedimenten besonders deutlich ausgeprägt.

**Repetitionsverwerfungen,** gegensinnig zur Schichtenneigung einfallende Verwerfungsschar; damit gelangen mehrfach die gleichen Schichten an die Erdoberfläche.

**Resedimentation** (f), erneute Ablagerung von Abtragungsmaterial sedimentären Ursprungs; das durch Resedimentation gebildete, verfestigte oder unverfestigte Ablagerungsmaterial wird *Resediment* genannt.

**Residuate** (pl), unlösliche Gesteine, als Rückstand einer chemischen Verwitterung erhalten geblieben.

**Resistat** (n), Bezeichnung für ein Sediment, das aus unzersetzt umgelagerten Feststoffen besteht.

**Resorption** (f), die Aufnahme von Fremdmaterial in eine magmatische Schmelze.

**Restberg,** andere Bezeichnung für einen → *Fernling.*

**Restite** (pl), die im Rahmen einer partiellen → *Anatexis* (Aufschmelzung) wenig oder gar nicht mobilisierten Restbestände.

**Restschmelze, Restlösung,** Bezeichnung für die bei der Erstarrung des Magmas in der letzten Phase auftretende Schmelze oder Lösung.

**Reticrissina,** zur Ordnung *Cyclostomata* gehörende Moostierchen (→ *Bryozoen*) der Kreide Europas, deren Zoarium aus einem Netzwerk bandähnlicher Äste besteht.

**retrograde Metamorphose,** *Retrometamorphose,* s. → *Diaphthorese,* → *Metamorphose.*

**rezent,** Bezeichnung für Lebewesen, Bildungen und Erscheinungen der Gegenwart; Gegensatz: → *fossil.*

**Rhabdosom** (n), Bezeichnung für eine *Graptolithen-Kolonie;* sie besteht aus einer unterschiedlichen Anzahl von Stolonen (Ästen), die von der Sikula (ursprüngliches Individuum der Kolonie) abzweigen.

**Rhät** → *Rät.*

**rheinische Fazies** → *herzynische Fazies.*

**Rheinische Masse,** hauptsächlich variskisch gefaltete Gebirgsmasse beiderseits des Rheines, besonders das geographisch umrissene Rheinische Schiefergebirge, das jedoch nur einen Rumpf der wesentlich größeren R. M. darstellt.

**rheinische Richtung,** nach der Fließrichtung des Oberrheines unterhalb von Basel benannte und von Südsüdwest nach Nordnordost verlaufende Streichrichtung.

**Rheinischer Schild,** Bezeichnung für die große, schildartige, vom Rhein zwischen Basel und Duisburg durchflossene Schichtenaufbeulung. Der Rh. Sch. umschließt außer dem Rheinischen Schiefergebirge große Teile der Südwestdeutschen Großscholle mit dem Oberrheingraben (auch die Gebiete westlich davon), die Hessische Senke und den Niederrheingraben.

**Rheinkiesel,** Bezeichnung für durchsichtige bis milchig trübe Rollstücke von Bergkristall *(→ Quarz),* die im Rheinkies angetroffen werden und vorwiegend aus dem Alpenraum stammen.

**rhenoherzynische Zone,** *Rhenohercynikum,* (n) Bezeichnung des Teiles des variskischen Gebirges zwischen der nördlichen Vortiefe und der → *saxothuringischen Zone.* Sie umfaßt den Harz, das Rheinische Schiefergebirge und dessen Fortsetzung nach Westen; besteht vorwiegend aus devonischen und karbonischen Massen – in geringerem Maße jedoch auch aus älteren Schichten.

**rhenotyp,** Bezeichnung für die (germanotype) Gebirgsbildung in der → *rheinischen Richtung,* die derjenigen des Oberrheingrabens entspricht.

**Rheomorphose** (f), alle durch Temperaturerhöhung bedingte Prozesse der partiellen oder ganzheitlichen Verflüssigung von Gesteinen, verbunden mit einer Zufuhr neuen Materials auf dem Diffusionswege.

**Rhipidolith** (m), $(Mg,Fe)_5Al[(OH)_8|$

$lAlSi_3O_{10}]$, ein Silikat der Chloritgruppe. H 1–2, D 2,8–2,9, X-System: monoklin. Form: Kristalle selten, meist sechsseitige (pseudohexagonale) Täfelchen. Farbe: grün; Strichfarbe grünlich. Durchscheinend; Glasglanz, Seidenglanz. R. ist Bestandteil vieler Chloritschiefer.

**Rhizosolenie** (f), ein kleines Wurzelröhrchen in Lößschichten *(Rhizosphära);* 0,2 bis mehrere mm Durchmesser, gelegentlich mit Kalkhäutchen umkleidet.

**Rhodochrosit** (m), $MnCO_3$, *Manganspat, Himbeerspat,* ein Carbonat. H 4, D 3,3–3,6, X-System: trigonal. Form: Kristalle meist klein, tafelig, linsenförmig gekrümmt; überwiegend in spätigen Aggregaten, auch körnig, derb. Farbe: (himbeer-)rot in verschiedenen Tönungen, auch grau, braun, selten farblos. Durchsichtig bis durchscheinend; Glasglanz. Gute rhomboedrische Spaltbarkeit. Erkennen: In verdünnter Salzsäure nicht so leicht löslich wie Calcit, Härte. Kommt auf Erzgängen und Eisenerzlagerstätten, in Kalkstein und Tonschiefer vor. Fundorte: Horhausen im Westerwald, Siegerland, Odenwald, Harz, Pyrenäen, Südspanien, Rumänien, Jugoslawien und anderenorts.

**Rhodonit** (m), $CaMn_4 [Si_5O_{15}]$, ein Silikat. H 5,5–6,5, D 3,4–3,7, X-System: triklin. Form: Kristalle selten, unvollkommen, groß, mit gerundeten Ecken; meist nur derb, körnig, dicht. Farbe: fleischrot, rosenrot, braunrot, schwarzfleckig oder schwarz geadert. Durchscheinend; Glasglanz, Perlglanz. Gute Spaltbarkeit. Erkennbar an Härte und schwarzfleckiger Struktur. R. kommt auf Manganerzlagerstätten, Blei- und Zinnerzgängen und zwischen Kieselschie-

*Rhodonit, körnig (Australien) – rot, durchscheinend.*

fern vor. Fundorte: Harz, Westfalen, Piemont, Australien, Mexiko (früher auch im Ural). □

**Rhombendodekaeder** (n), ein von zwölf Rhomben begrenzter Kristallkörper des kubischen Kristallsystems; auch *Granatoeder* genannt (häufige Kristallform bei Granat).

**Rhombenfeldspat** (m), andere Bezeichnung für → *Plagioklas.*

**Rhombenporphyr** (m), Bezeichnung für Porphyr, der Rhombenfeldspat-Einsprenglinge enthält.

**Rhomboeder** (n), ein von sechs Rhomben begrenzter Körper; u. a. Spaltform des *Calcits* und anderer Carbonate.

**Rhyncholithen,** verkalkte Spitzen triassischer Nautiliden; häufig als Versteinerungen anzutreffen.

**Rhynchonellide,** eine Ordnung der articulaten → *Brachiopoden* mit sehr kurzem Schloßrand und bikonvexem, oft rundlichem Gehäuse; seit dem Ordovizium verbreitet.

**Rhynchotrema,** kleine articulate → *Brachiopoden* der Ordnung *Rhynchonellida,* im Ordovizium in Nordamerika verbreitet; Gehäuse mit kräftigen radiären Rippen.

**Rhyodazit** (m), Bezeichnung für ein → *Effusivgestein,* das als Zwischenglied zwischen *Rhyolith* und *Dazit* anzusehen ist.

**Rhyolith** (m), *Liparit,* saures, porphyrisches → *Effusivgestein* mit Einsprenglingen aus Quarz und Feldspat in einer feinkörnigen bis glasigen Grundmasse. Fließtexturen sind häufig an den gelblichbräunlichen Bänderungen und gelängten Blasenräumen zu erkennen.

**Riasküste,** Bezeichnung für eine stark gegliederte, von überfluteten Kerbtälern gekennzeichnete Küstenform; Folgeerscheinungen einer → *Ingression.*

**Richtbohren** → *Rotary-Verfahren.*

**Riebeckit** (m), $Na_2Fe_4(OH)_2Si_8O_{22}$, ein Silikat der → *Amphibol*-Gruppe. H 5–6, D 3,0–3,4, X-System: monoklin. Form: gut ausgebildete Kristalle selten, meist prismatisch, nadelig oder faserig. Farbe: dunkelblau bis schwarz. Durchscheinend; Glasglanz, Seidenglanz. R. kommt hauptsächlich in alkalireichen magmatischen Gesteinen vor und ähnelt im Aussehen dem *Turmalin,* ist jedoch wegen der geringen Härte gut zu unterscheiden. → *Krokydolith* ist faseriger R., der vorzugsweise in geschichteten Eisenerzen vorkommt.

**Riedel** (m), Bezeichnung für einen zwischen zwei Flußtälern gelegenen schmalen, niedrigen Landrücken.

**Riefe** (f), *Riefelung,* auf der Oberfläche von Gesteinen durch fließendes Wasser gebildete Furchen und Rillen; s. auch → *Kannelierung.*

**Riegel,** allgemeine Bezeichnung für einen schmalen Felsrücken, der zwei Tallagen, Kare u. a. trennt.

**Riesenboden,** ein → *Paläoboden,* der eine große Entwicklungstiefe und extreme Ausprägung aufweist; vor allem die Interglazialböden des Pleistozäns.

**Riesenquelle,** Bezeichnung für eine besonders stark schüttende Quelle in Karstgebieten.

**Riesentopf,** Bezeichnung für eine → *Gletschermühle* von besonders großen Ausmaßen.

**Riff** (n), untermeerische, turm- oder barrenförmige Erhebung mit meist steilen Hängen; aus Felsgestein (Felsenriff), teilweise verfestigtem Sand bzw. Kies (Schaar), vor allem aber kolonienbildenden Organismen (Korallenriff) bestehend. Man unterscheidet: in unmittelbarer Küstennähe *Saum-, Fransen-, Küsten-* oder *Strandriffe;* der Küste vorgelagert und diese in einiger Entfernung begleitend *Wall-, Barriere-* oder *Dammriffe.* Eine Sonderstellung nehmen *Atolle* bzw. *Lagunenriffe* ein, die ringförmig ein innenliegendes, flaches Wasserbecken zum offenen Meer hin abtrennen, nach außen jedoch steil abfallen.

**Riffkalke,** ungeschichtete Kalkmassen und -gesteine, die von kolonienbildenden Organismen (Korallen, Algen u. a.) gebildet wurden.

**Righeit** (f), Bezeichnung für den (elastischen) Widerstand fester Körper gegen Formveränderungen.

**Ringanomalie** (f), *Halo-Effekt,* Erscheinung bei Erdöllagerstätten; das Maximum der Kohlenwasserstoffkonzentration findet sich in diesem Falle nicht im Zentrum des Vorkommens, sondern in der Umgebung.

**Ringelerz,** andere Bezeichnung für → *Kokardenerz.*

**Ringsilikate** → *Silikate.*

**Rinnensee,** langgestreckter See im Aufschüttungsbereich ehemals vergletscherter Gebiete; durch glaziale Erosion oder die erosive Tätigkeit von Schmelzwässern entstanden. Gelegentlich werden auch Ketten von R.n. angetroffen.

**Rinnenspülung,** *Rillenspülung,* eine Form der Bodenerosion; Wegführen von Feinerde durch das auf schrägen Flächen abfließende Niederschlagswasser.

**Rippelmarke** (f), wellenartige Gliederung einer Sedimentoberfläche mit annähernd parallelen Erhebungen und Vertiefungen. Werden diese Formen durch Pendelschwingungen des Wassers erzeugt, was in scharfen symmetrischen Kämmen zum Ausdruck kommt, so spricht man von *Oszillationsrippeln;* entstehen sie durch über das Sediment hinwegbewegte Medien (Wasser, Wind), sind es asymmetrisch (Luvseite flach, Leeseite steil) ausgebildete *Strömungs- oder Fließrippeln.* Allein durch Wind erzeugte Rippeln werden als *Windrippeln* bezeichnet.

**Rißeiszeit,** vorletzte und ausgedehnteste pleistozäne → *Eiszeit,* nach dem rechten Nebenfluß der Donau benannt.

**Riß-Würm-Interglazial** (n), zwischen Riß- und Würmeiszeit gelegene warme Zwischeneiszeit, s. auch → *Eiszeit.*

**Ritzhärte** → *Härte.*

**Rogenstein,** ein den Fischrogen ähnelnder, sandiger Kalk-Oolith des unteren Buntsandsteins in Nordwestdeutschland; besonders am Harz-Nordrand mit großen → *Ooiden* bis zu mehreren mm Durchmesser, s. auch → *Oolith.*

**Rohboden,** durch Verwitterungsprozesse soweit gelockertes Gestein, daß sich dort Pflanzen ansiedeln können. Die Humusproduktion ist gering; es bildet sich deshalb keine geschlossene Humusdecke.

**Rohhumus** → *Podsolboden.*

**Romeit** (m), *Antimonocker,* Sammelbezeichnung für die Antimonpyrochlore (Lewisit, Mauzeliit, Schneebergit u. a.), die in der → *Klassifikation der Minerale* den Oxiden zugeordnet werden. H 5,5–6, D 4,1–5,8, X-System: kubisch. Form: Kristalle meist sehr klein; erdige Krusten, pulvrig, derbe Massen, Überzüge. Undurchsichtig, matt. R. kommt als Verwitterungsprodukt von Antimonit und anderen Antimonerzen vor, u. a. in Tirol und Piemont.

**Römerit** (m), $Fe_2Fe(SO_4)_4 \cdot 14\,H_2O$, ein Sulfat. H 3, D 2,1, X-System: triklin. Form: kleine dünntafelige Kristalle, körnige Aggregate. Farbe: rostbraun bis gelb. Durchscheinend; Glasglanz. Fundorte: u. a. bei Goslar, Waldsassen/Oberpfalz, in Island, Kalifornien.

**Röntgenstrukturanalyse** (f), Verfahren kristallographischer Untersuchungen mit Hilfe von Röntgenstrahlen; dabei entstehen Röntgenbeugungsbilder und -diagramme durch Drehkristallaufnahmen u. a. Es werden Größe, Gestalt und Anordnung der → *Elementarzellen* bzw. Gitterelemente ermittelt. Zur R. gehören → *Debye-Scherrer-Verfahren,* → *Bragg-Verfahren* u. a.

**Rosenquarz** (m), rosafarbene (durch Titangehalt u. a.), durchsichtige → *Quarz*-Varietät; Verwendung zu Schmuck und kunstgewerblichen Zwecken. R. tritt fast nur als Gangfüllung auf und ist u. a. in Bayern, Finnland, auf Madagaskar, in Südwestafrika und Brasilien anzutreffen. Die Farbe ist auf Dauer nicht immer lichtbeständig und verblaßt vor allem im direkten Sonnenlicht.

**Röt** (m), andere Bezeichnung für den Oberen Buntsandstein, Stufe der → *Trias* (rote Farbe der Gesteine).

**Rotary-Verfahren,** bewährtes und vielfach angewendetes Richt- und Tiefbohrverfahren für Teufen bis 4000 m.

**Rotbleierz,** andere Bezeichnung für → *Krokoit.*

**Roteisenerz,** andere Bezeichnung für → *Hämatit.*

**Roteisenstein,** andere Bezeichnung für → *Hämatit.*

**Rötel,** andere Bezeichnung für → *Hämatit.*

**Roterde,** durch Anreicherung von Eisen- und Aluminiumoxiden rot gefärbter tropischer Bodentyp; entsteht bei großer Wärme und genügender Feuchtigkeit, da hierdurch die Humusstoffe schnell zersetzt werden. Endprodukt dieser Bodenentwicklung ist der → *Laterit.*

**Roter Tiefseeton,** ein Tonsediment der Tiefsee, aus Lösungsrückständen des Globigerinenschlammes und eingeschwemmtem klastischem Material gebildet; bedeckt etwa 28% des Meeresbodens in Tiefen über 5000 m. Die Rotfärbung ist auf die Oxidation der Eisenverbindungen durch das sauerstoffreiche Tiefenwasser zurückzuführen. An der Oberfläche des R. T.es sind vielfach Brauneisenkonkretionen und Manganknollen abgelagert.

**Rotgültigerz,** andere Bezeichnung für → *Proustit* oder → *Pyrargirit.*

**Rotkupfererz,** andere Bezeichnung für → *Cuprit.*

**Rotlehm** → *terra rossa.*

**Rotliegendes** (n), untere Abteilung des → *Perms* mit den Stufen Unterrotliegendes und Oberrotliegendes; s. auch → *geologische Formationen.* Der Name ist auf einen alten bergmännischen Ausdruck für das rote, erzfreie Liegende des Mansfelder Kupferschieferflözes zurückzuführen.

**Rotnickelkies,** andere Bezeichnung für → *Nickelin.*

**Rotspießglanz,** andere Bezeichnung für → *Kermesit.*

**Rotzinkerz,** andere Bezeichnung für → *Zinkit.*

**Rubellan** (m), ein Zersetzungsprodukt des → *Biotit* und Varietät desselben. H 2,5, D 2,8–3,2, X-System: monoklin. Form: pseudohexagonale, dünn- bis dicktafelige, eingewachsene Kristalle. Farbe: rot bis rotbraun; Strichfarbe weißlich. Durchscheinend bis undurchsichtig; Glasglanz, Perlmuttglanz. Vollkommene blättrige Spaltbarkeit. R. kommt ausschließlich als Einsprenglinge in Effusivgesteinen und vulkanischen Auswurfprodukten vor und ist u. a. am Laacher See in der Eifel anzutreffen.

**Rubellit** (m), rote Edelsteinvarietät des → *Turmalin;* besonders schöne Kristalle sind u. a. auf Elba, in Kalifornien, Brasilien und im Ural anzutreffen.

**Rubicell** (m), bläulichrote Edelsteinvarietät des → *Spinell;* wird u. a. auf Ceylon (Sri Lanka), in Indien und Thailand angetroffen.

**Rubidium-Strontium-Methode,** eine Methode zur Altersbestimmung von Gesteinen. Vor allem die lange Zerfallszeit (Halbwertszeit von $5 \cdot 10^{10}$ Jahren) des Rubidium-87 zu Strontium-87 zeichnet diese Methode gegenüber anderen aus. Ein weiterer Vorteil ist darin begründet, daß Rubidium in den verschiedensten gesteinsbildenden Mineralen, wie z. B. Lepidolith, Feldspat und Glimmer auftritt und somit ein weites Feld erfaßt werden kann. Andere Methoden s. auch → *Radio-Carbon-Methode,* → *Altersbestimmung.*

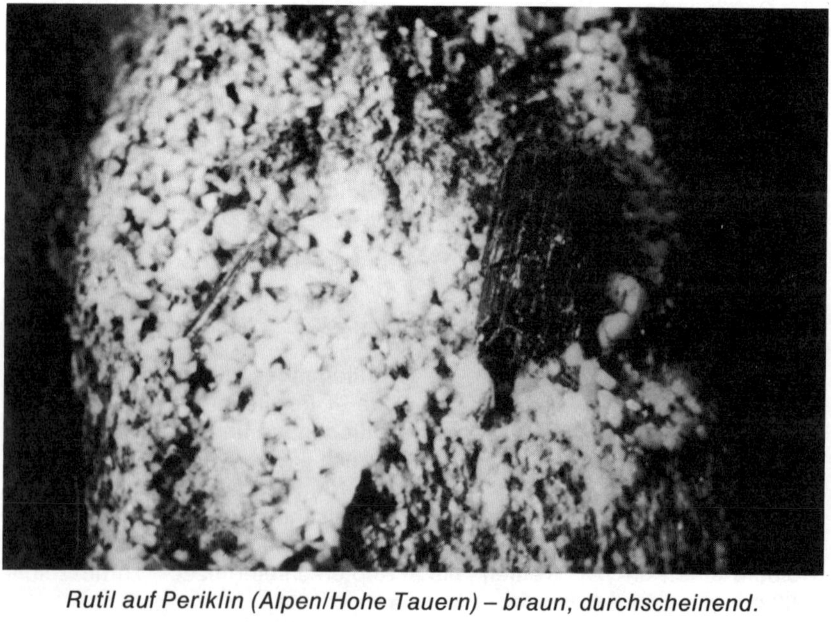

*Rutil auf Periklin (Alpen/Hohe Tauern) – braun, durchscheinend.*

**Rubin** (m), rote Edelsteinvarietät des → *Korund.* Zusammen mit *Diamant* und *Smaragd* gehört der R. zu den wertvollsten Edelsteinen, wobei die tiefrote, ins Bläuliche gehende Farbschattierung am meisten geschätzt wird. Viele R.e weisen Einschlüsse auf, die bei regelmäßiger Anordnung zu → *Asterismus* führen können. Die schönsten Exemplare stammen aus Birma, Thailand, Ceylon (Sri Lanka) und Tansania. Nur wenige R.e haben je das Gewicht von 100 Karat (20 g) erreicht; hierzu gehören z. B. der *Edwards* Ruby (167 ct) und der Delong-Ruby (100 ct). In Uhren eingearbeitete R.e sind in der Regel synthetisch hergestellte Kristalle.

**Rubinblende,** andere Bezeichnung für rötlich gefärbte Zinkblende, → *Sphalerit.*

**Rubinglimmer,** andere Bezeichnung für → *Lepidokrokit.*

**Rubinpalais,** falsche Bezeichnung für → *Spinell.*

**Rückzugsstadium,** Stillstandsphase der Vergletscherung nach deren größter Ausdehnung im Verlauf einer → *Eiszeit;* durch die Lage der jeweiligen Endmoräne gekennzeichnet.

**Rudisten,** *Rudistae,* fossile Muscheln der Kreide; bilden mitunter mächtige Ablagerungen (z. B. → *Hippuriten).*

**Rudit** (m), ein klastisches Carbonatsediment mit Korngrößen von mehr als 1 bzw. 2 mm. Entsprechend der chemischen Zusammensetzung spricht man z. B. von Kalk-R., Dolomit-R. u. a.

**Rugosa,** *Pterocorallia, Tetracorallia,* Ordnung solitärer oder kolonienbildender Korallen des Paläozoikums.

**Rumpfebene** → *Rumpffläche.*

**Rumpffläche,** *Peneplain, Rumpfebene,* durch das Ausgehende gefalteter Schichten (Faltenrumpf) oder schräggestellter Schichten (Tafelrumpf) gekennzeichnete, meist flachwellige Verebnungsfläche; das Ergebnis langewährender Abtragungsvorgänge.

**Rumpfgebirge,** Bezeichnung für die durch Abtrag mehr oder weniger eingeebneten Reste eines ehemaligen Faltengebirges, von dem nur noch Rümpfe erhalten sind; Beispiele: die während der variskischen Orogenese durch Faltung geformten deutschen Mittelgebirge.

**Rumpftreppe,** durch fluviale Erosion vielfach zerschnittene, abgestufte Rumpffläche, die sich in der stufenförmigen Anordnung von Verebnungsflächen um ein zentrales Bergland darstellt.

**Rundhöcker,** *Rundbuckel,* eine Erscheinungsform der Glazialerosion; durch die Bewegung des Gletschereises geformte Abrundung einer Felserhebung, die in der Regel an der Stoßseite flach ansteigt und von Schliffen und Schrammen gezeichnet ist, an der Leeseite dagegen steiler abfällt und Verwitterungs- und Abbruchflächen erkennen läßt.

**Runse,** andere Bezeichnung für → *Rachel.*

**Rupel** (n), mittlere Stufe des → *Oligozäns* im Alttertiär; s. auch → *Tertiär, Gliederung.*

**Ruptur** (f), Bezeichnung für Trennflächen im Gestein, die durch tektonische Vorgänge erzeugt wurden und die Kontinuität des Gesteins unterbrachen. R. gilt als zusammenfassender Begriff für Klüfte, Spalten und

Störungen aller Art, auch für den mikroskopischen Bereich.

**Ruschel** (f), *Ruschelzone,* nach einem alten bergmännischen Ausdruck für eine mehr oder weniger breite tektonische Zerrüttungszone in Gesteinsverbänden, die intensiv gefältet oder durch Gleitflächen zerlegt sind.

**Rüsseltiere,** *Proboscidea,* eine Ordnung von Huftieren, welche die Elefanten und ihre Vorfahren, die Mastodonten umfaßt. Früheste Funde sind im Oligozän einzuordnen, die Urheimat liegt im nördlichen Afrika.

**Russische Tafel,** mächtiges, ungefaltetes Schichtpaket Osteuropas, das aus paläozoischen, mesozoischen und känozoischen Ablagerungen besteht und einen Teil *Fennosarmatiens* bildet.

**Rutil** (m), $TiO_2$ (fast immer mit Eisenanteilen), die verbreiteste der Titanoxidmodifikationen. H 6–6,5, D 4,2–4,3 X-System: tetragonal. Form: Kristalle dicksäulig, prismatisch gestreckt (oft längsgestreift), langstrahlig, nadelig; auch stengelige Aggregate, körnig, derb, knieförmig abgewinkelte Zwillingsformen. Farbe: braun, rötlich, gelblich bis nahezu schwarz. Durchscheinend bis undurchsichtig; Diamantglanz, metallisch. In einer Richtung gute Spaltbarkeit. R. ist an Form und Härte zu erkennen (Turmalin H 7), kommt in Pegmatiten und alpinen Klüften vor und ist u. a. im Binnatal/Schweiz, in Pfitsch/Südtirol, Norwegen, Südwestafrika, USA, Brasilien und Australien anzutreffen. Feine Rutilnadeln finden sich gelegentlich als Einschlüsse in Quarz. □

**Rutschung,** Bezeichnung für die Massenbewegung wasserdurchtränkten, feinkörnigen Materials (z. B. Ton, Mergel); durchbricht die Vegetationsdecke und bildet Abrißnischen.

# S

**Saaleeiszeit,** vorletzte pleistozäne → *Eiszeit* Norddeutschlands; entspricht in ihrer zeitlichen Begrenzung der *Rißeiszeit.* Das Inlandeis der S. erreichte den Nordrand der deutschen Mittelgebirge.

**saalische Phase,** Faltungsphase der → *variskischen* Orogenese; im Rotliegenden des Perms einzuordnen, entspricht der frankonischen Faltung.

**Saarbrücker Schichten,** Bezeichnung für Seeablagerungen im Karbon des Saarbeckens aus Sandsteinen, Konglomeraten und Schiefertonen; dazwischen liegen einige hundert Steinkohlenflöze.

**Säbelzahntiger** → *Machairodus.*

**Safflorit,** (m), $CoAs_2$, ein Arsenid, das in der Klassifikation der Minerale den Sulfiden (Klasse 2) zugeordnet ist. H 4,5–5,5 D 6,9–7,3, X-System: rhombisch. Form: meist sehr kleine Kristalle, zu Drillingen (→ *Zwillingsbildung*) mit sternförmigem Querschnitt vereinigt, auch derb und in radialstrahligen Aggregaten. Farbe: zinnweiß (nachdunkelnd). Undurchsichtig; Metallglanz. Spaltbarkeit undeutlich, Bruch spröde, muschelig. S. kommt auf Erzgängen vor und ist u. a. bei Niederramstadt/Hessen, Wittichen/Schwarzwald, in Böhmen und – in größeren Mengen – in der Provinz Ontario/Kanada anzutreffen.

**Sagenit** (m), farblose, durchsichtige Varietät des → *Quarzes* mit Einschlüssen feinster, sich durchkreuzender Rutilnädelchen *(Venushaar).*

**Sagenocrinites,** großwüchsige Seelilie (→ *Crinoidea*) des Silurs, in Europa und Nordamerika anzutreffen; Arme verzweigt, Kelch mit hexagonalen Platten.

**saiger,** auf einen alten Bergmannsausdruck zurückgeführte Bezeichnung für die nahezu vertikale Stellung von Schicht-, Kluft-, Verwerfungsflächen oder länglichen, plattigen Körpern wie Flöze, Gänge usw.

**Saigerriß** (m), andere Bezeichnung für ein → *Profil* (senkrechter Schnitt durch Teile der Erdkruste).

**säkular,** geologische Bezeichnung für Vorgänge wie Hebungen und Senkungen, die sich über lange Zeiträume erstrecken; Gegensatz: *instantan.*

**Sal** → *Sial.*

**Salar,** (n), eine großräumige Bodensenke mit Salzkrusten, die aus dem Grund- oder Oberflächenwasser durch Verdunstung ausgeschieden wurden.

**Salammoniak** (n), $NH_4Cl$, *Salmiak, Chlorammonium,* den Halogeniden zugeordnet. H 1–2, D 1,5, X-System: kubisch. Form: selten kleine, gestreckte Kristalle; in Krusten, stalaktitisch, erdig, mehlig. Farbe: farblos, gelb bis braun. Durchsichtig bis durchscheinend; Fettglanz. Leicht wasserlöslich. Vorkommen: Sublimationsprodukt von Vulkanen (Vesuv, Ätna) sowie auf brennenden Kohlenhalden.

**Salband** (n), Berührungsfläche eines Ganges mit dem Nebengestein bzw. Grenzfläche zwischen beiden.

**Salinar** (n), Bezeichnung sowohl für das Verbreitungsgebiet als auch für einen salzführenden Teil einer Schichtfolge; somit für Gesteinskomplexe, die überwiegend aus Salzgesteinen bestehen.

**Salinität** (f), der Salzgehalt des Wassers in Promilleanteilen; s. auch → *hyperhalin, euhalin, mixohalin.*

**salisch,** *sialisch,* andere Bezeichnung für → *felsisch.*

**Salmiak** → *Salammoniak.*

**Salse** (f), andere Bezeichnung für einen → *Schlammvulkan.*

**Saltation** (f), Bezeichnung für die springende Fortbewegung von Sedimentteilen vor der Anlagerung; Transportart von Lockerprodukten während der → *Sedimentation.*

**Salzboden,** Bezeichnung für einen Bodentyp in Trockengebieten; durch Ausscheidung von Salzen gekennzeichnet.

**Salzdom,** s. auch → *Diapir,* andere Bezeichnung für einen → *Salzstock.*

**Salzgarten,** Bezeichnung für künstlich angelegte Rückhaltebecken an Meeresküsten mit hoher Verdunstungsintensität zum Zwecke der Speisesalzgewinnung (Meersalz).

**Salzgesteine,** Gruppe von Eindampfungsgesteinen (→ *Evaporite*); durch Verdunstung des Wassers (Meeresbecken, Salzseen) gebildete chemische Sedimentgesteine, die im wesentlichen aus Salz-Mineralen bestehen. Nach ihrer Zusammensetzung unterscheidet man u. a.: *Halitit* (Steinsalz), mittel- bis grobkörniges, farbloses, weißes oder unterschiedlich getöntes Gestein; *Sylvingestein,* an sich weißliches Gestein mit unterschiedlichen Farbtönungen, das vorwiegend aus Sylvin besteht; *Carnallitgestein,* mittel- bis grobkörnige, weiße, graue oder rötliche Gesteinsmasse, die neben Carnallit unterschiedlich hohe Anteile an anderen Salzmineralen enthält. Voraussetzung für die massigen Salzbildungen – besonders der nördlichen Erd-

**Salzgesteine**
Vergleich des Mineralbestandes

| Gesteinsart | Halit | Sylvin | Carnallit | Anhydrit | Kieserit | Polyhalit |
|---|---|---|---|---|---|---|
| Halitit (Steinsalz) | xxx! | | | x | | x |
| Sylvinit | x | xxx! | | x | | |
| Sylvingesteine | xxx | **xx** | (x) | x | xx | x |
| Carnallitgesteine | xx | | xxx! | x | (x) | |

Zeichenerklärung: (x) = evtl. geringe Anteile, x = 0–7%, xx = 8–20%, **xx** = mehr als 20%, xxx = mehr als 50%, xxx! = mehr als 90%.

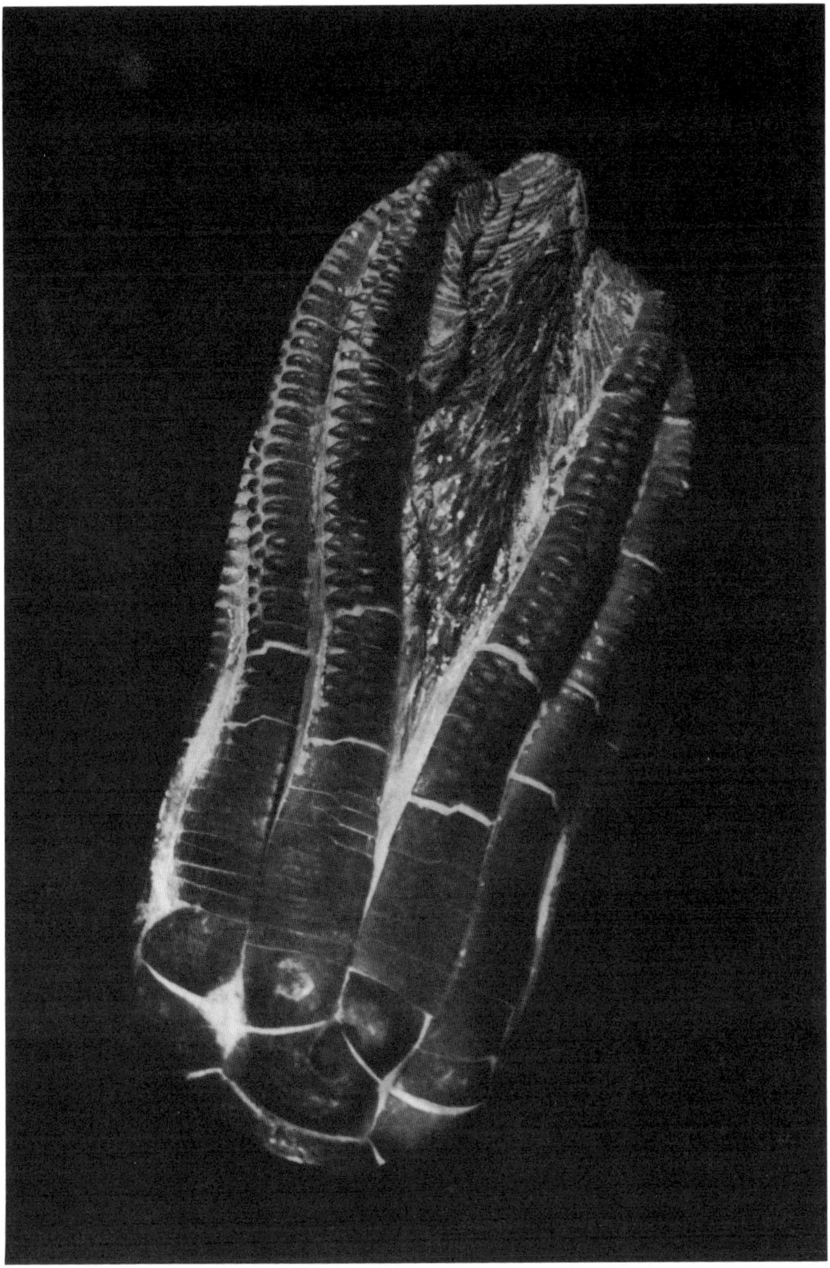

*Seelilie (Encrinus liliiformis) aus dem Muschelkalk Süddeutschlands – ohne Stielglieder.*

halbkugel – waren von den Ozeanen abgeschnittene Meeresteile (z. B. Zechsteinmeer), in denen bei heißem Trockenklima eine Eindampfung stattfinden konnte (Tab. S. 332).

**Salzgletscher,** Bezeichnung für offen zutage tretende Salz- und Gipsmassen, die Gletscherströmen gleich hangabwärts gleiten und in einem gletscherzungenförmigen Gebilde enden; S. sind besonders im Iran anzutreffen.

**Salzhang** → *Salzspiegel.*

**Salzhorst,** andere Bezeichnung für → *Salzstock.*

**Salzhut,** Bezeichnung für die über der Salzmasse eines Salzstockes gelegene Anreicherung von Gips oder Anhydrit bzw. beider Minerale zu Gesteinsschichten.

**Salzkupfererz,** andere Bezeichnung für → *Atakamit.*

**Salzlagerstätten,** Bezeichnung für die Schichtablagerungen von → *Salzgesteinen* (durch Eindampfung in abgeschnürten Meeresbuchten entstanden). Die fossilen S. entstammen meist dem → *Zechstein.*

**Salzmergel** (m), mit Steinsalz (Halit) durchmischter → *Mergel* verschiedener Salzlagerstätten.

**Salzpfanne** (f), andere Bezeichnung für → *Salar.*

**Salzquellen,** Quellen, deren Wässer Anteile von Steinsalz enthalten (auch Sulfatgehalt).

**Salzseen,** abflußlose Binnengewässer in Trockengebieten mit hoher Konzentration des Salzgehaltes. Die Salze gelangen teilweise zur Ausscheidung. Nach dem Mineralgehalt unterscheidet man u. a. *Natronseen* und *Boraxseen.* Beispiele: Totes Meer, Kaspisee, Aralsee, Salzsee von Utah/USA usw.

**Salzspiegel,** horizontale Fläche, die durch Auslaugung des Grundwassers an Salzlagern, besonders an Salzstöcken herausgebildet wurde und meist von einem schwerer löslichen Rückstandsgestein, dem *Residualgebirge* (Gipshut oder ähnliches), überdeckt ist. Die seitliche → *Subrosion* erzeugt am Salzlager den sogenannten *Salzhang.*

**Salzsprengung,** *Salzverwitterung,* verbreitete Art der Verwitterung in Trockengebieten; das durch eindringendes Wasser gelöste Salz gelangt zur Erdoberfläche, kristallisiert dort aus und sprengt kleine Gesteinsschuppen oder Körner aus dem Gestein.

**Salzstock** (m), *Salzdom, Salzhorst,* pilzförmiger, steilwandiger Salzkörper, der sein Aufdringen Faltungsvorgängen oder der Aufwärtsbewegung des Salzes verdankt, s. auch → *Diapir.* Die vom Salz durchwanderten Deckgebirgsserien werden an den Salzstockrändern hochgeschleppt und zerschert.

**Salzsumpf,** abflußlose Hohlform in Trockengebieten, mit eingedicktem (durch Verdunstung oder Einwehung von Sand), stark salzhaltigem Wasser angefüllt; entsteht jedoch auch durch Überflutung von Salztonebenen.

**Salztektonik** (f), tektonische Strukturen oder Erscheinungsformen, an deren Zustandekommen das Salz ursächlich oder maßgeblich beteiligt war; gilt für das Salzgebirge selbst, aber auch für die entstandenen Deformationen des Deckgebirges. Durch Salzauslaugung entstandene Lagerungsstörungen werden dagegen nicht als S. bezeichnet.

**Salzton,** salzdurchsetzter, wasserundurchlässiger Ton, der Salzlagerstätten bedeckt und diese vor Auslaugung schützt.

**Salztonebene,** Bezeichnung für eine Schwemmebene in Trockengebieten; durch episodische Flüsse wird dort feines Material eingeschwemmt, so daß durch Verdunsten des Wassers salzhaltiger Ton zurückbleibt. Während der Trockenzeit wird die S. oft von Trockenrissen durchzogen, während der Regenzeit entstehen flache Salzseen oder Salzsümpfe.

**Salzverwitterung** → *Salzsprengung.*

**Salzwüste,** durch Salzreichtum des Bodens entstandene Wüste.

**Salzzyklen** (pl), Bezeichnung für die durch Ausscheidungs- und Schichtfolge von Salzgesteinen gekennzeichnete Entwicklung in salinaren Sedimentationsbecken, entsprechend der Löslichkeit der jeweiligen Minerale in Wasser. Als hervorragendes Beispiel bieten sich die Serien des Norddeutschen Zechsteinbeckens (Werra-, Staßfurt-, Leine- und Allerserie) an:
Auf rotem, grauem und braunem Salzton oder Kupferschiefer baut sich eine Schichtfolge auf, die mit Zechsteinkalk, Dolomit und Anhydrit beginnt, Kaliflöze und Steinsalz folgen läßt und oben wiederum mit Anhydrit abschließt.

**Samenfarne,** *Farnsamer, Pteridospermen,* Bezeichnung für fossile farnähnliche Pflanzen, die sich im Unterschied zu den sporentragenden echten Farnen durch Samen vermehrten; Karbon – Perm.

**Sammeln von Mineralen.** Das Sammeln von Mineralen kann nach ver-

*Schachtelhalm (Calamites), Stammstück aus dem Ruhrkarbon.*

schiedenen Gesichtspunkten erfolgen. Die aufwendigste Sammlung orientiert sich an der → *Klassifikation der Minerale* und ordnet die Sammelobjekte den einzelnen Klassen zu. Das Sammeln nach *petrographischen* Gesichtspunkten erstreckt sich im wesentlichen auf die gesteinsbildenden Minerale und bringt diese in Zusammenhang mit den entsprechenden Gesteinen. Nach *geographischen* Kriterien angelegte Sammlungen erfordern sicherlich den geringsten Aufwand, da sie, von einem eng begrenzten Gebiet ausgehend, jederzeit und in beliebiger Reihenfolge erweitert werden können. Es versteht sich von selbst, daß die Bedeutung einer Sammlung an der Vollständigkeit (möglichst wenige Lücken) zu messen ist. In der Regel lassen sich nur solche Minerale in eine Sammlung einordnen, deren Herkunftsort (Fundort) bekannt ist; auf eine genaue Registrierung der einzelnen Sammelobjekte sollte jeder Sammler besonderen Wert legen. Unter Umständen ist eine auf die Vielfalt von Erscheinungsformen einzelner Minerale ausgerichtete Sammlung wertvoller als eine breit angelegte, die größere Lücken aufweist. Allein die Minerale Calcit oder Quarz bieten eine solche Vielfalt, daß Varietäten und Kristallformen in ihrer Gesamtheit eine recht umfangreiche Sammlung darstellen.

**Sammlungen** → *Mineralien- und Gesteinssammlungen* Seite 460 ff.

**Sammelkristallisation** (f), Bezeichnung für das Größenwachstum einzelner Kristalle in Gesteinen durch Aufzehrung weniger stabiler Minerale im Verlauf von Diagenese und Metamorphose oder im Rahmen magmatischer Kristallisation.

**Samtblende** (f), Sammelbezeichnung für kompakte Verwachsungen faseriger, kugeliger oder nadeliger Aggregate der (braunen bis ockergelben) Eisenhydroxide *Lepidokrokit, Goethit* u. a., deren Oberfläche einen samtartigen Charakter aufweist; Fundorte u. a. im Siegerland.

**Sand,** klastisches Lockersediment mit Korngrößen von 0,063 bis 2 mm, unterteilt in Fein-, Mittel- und Grobsand, s. auch → *klastische* Sedimente (Korngrößen); besteht in der Regel aus Quarz (Quarzsand) und anderen schwer verwitternden Mineralen.

**Sandboden,** zu mehr als 75% aus Sand bestehender, leichter, lockerer, gut durchlüfteter und erwärmbarer Bodentyp; ist nährstoffarm, wasserdurchlässig und trocken.

**Sandrose** → *Wüstenrose.*

**Sandsteine,** *Sandgesteine,* Gruppe klastischer Sedimentgesteine. Die Unterteilung erfolgt nach Korngröße in groß- und feinkörnige S., nach dem Grad der Verfestigung, nach Art der Bindemittel in kalkige, tonige, eisenschüssige und kieselig-tonige S. Der sedimentäre Sandsteinquarzit nimmt dabei eine Sonderstellung ein. Die Benennung orientiert sich außerdem an der Art von Nebengemengeteilen: Arkose (Feldspat und Glimmer), Grauwacken (zahlreiche Mineraltrümmer). Die körnigen Bestandteile weisen einen unterschiedlichen Abrundungsgrad auf. Günstige Verfestigungshorizonte der S. sind Grundwasserstockwerke, in denen kieselige und karbonatische Ausfällungen die Sande verfestigen (Ortstein). Auch in Süßwasserseen und Flachmeerbereichen finden solche Ausfällungen statt, die zur Verfestigung beitragen. S. sind verbreitet anzutreffen, so daß sich ein Hinweis auf besondere Vorkommen erübrigt (Tabelle).

**Sanguinolites,** mittelgroße, vom Devon bis zum Perm weltweit verbreitete Muschel; Klappen länglich und gebogen mit Ornamentierung aus konzentrischen Rippen, Ränder glatt.

**Sanidin** (m), ein → *Kalifeldspat* und wichtiges gesteinsbildendes Mineral; bildet tafelige bzw. leistenförmige Kristalle oder körnige Aggregate aus. S. ist farblos bis grau und kommt als Gemengeteil in magmatischen und thermometamorphen Gesteinen vor.

**Santon** (n), eine der mittleren Stufen der oberen → *Kreide;* s. auch → *geologische Formationen.*

**Saphir** (m), *Sapphir,* durchsichtige blaue Edelsteinvarietät des → *Korund,* häufig mit → *Asterismus* (Sternsaphir). S.e werden wie die Rubine vorzugsweise in Seifen Birmas, Ceylons, Thailands und Australiens angetroffen. Funde aus Kaschmir (‚Kaschmirblau") zählten früher zu den beliebtesten Edelsteinen, heute sind es die Pailinsteine aus Kambodscha.

**Saponit,** $Mg_3[(OH)_2|AlSi_3O_{10}] \cdot n\,H_2O$, (m), *Seifenstein,* ein Silikat. H 1–2, D 2,2–2,3, X-System: monoklin. Form: meist schuppig, locker, erdig, dicht. Farbe: weiß, gelblich, grünlich oder rötlich. Undurchsichtig; Fettglanz. Keine Spaltbarkeit. S. kommt in Serpentin, Serpentinit und verschiedenen anderen Gesteinen als Verwitterungsprodukt und späte Bildung vor.

**Saprolithe** (pl), planktogene Sedimentgesteine, den Kausto-Biolithen (→ *Biolithe*) zugerechnet; in Meeresbuchten gemäßigter Klimazonen entstanden. Zu den S.n gehören u. a. *Kupferschiefer, Bogheadkohle* und als rezente Form *Sapropel.*

**Sapropel** (m), Faulschlamm, der unter Sauerstoffabschluß biochemisch aus organischen Resten gebildet wurde; präsentiert sich als graue bis tiefschwarze, feinkörnige Masse.

**Sarder** (m), braune bis braunrote, durchscheinende bis undurchsichtige Varietät des → *Chalcedon.*

**sardische Phase,** Phase der altkale-

**Sandsteine,** Sandgesteine
Vergleich des Mineralbestandes

| Gesteinsart | Quarz | Feldspat | Glimmer | Amphibole Pyroxene | Limonit Sulfide etc. | Carbonate |
|---|---|---|---|---|---|---|
| Sandstein | xxx | xx | xx | x | x | x |
| Buntsandstein | xxx | xx | xx | | x | |
| Arkose | **xx** | **xx** | x | x | | xx |
| Grauwacke | **xx** | **xx** | x | xx | x | |

Zeichenerklärung: (x) = evtl. geringe Anteile, x = 0–7%, xx = 8–20%, **xx** = mehr als 20%, xxx = mehr als 50%.

donischen Orogenese an der Grenze zwischen Kambrium und Ordovizium; s. auch → *geologische Formationen.*

**Sardonix** (m), rotweiß bis braunweiß gestreifte, durchscheinende bis undurchsichtige Varietät des → *Chalcedon.*

**Sarmat** (n), oberste Stufe des → *Miozäns* im Jungtertiär; s. auch → *Tertiär, Gliederung.*

**Sassolin** (n), $H_3BO_3$, *Borsäure,* kommt in schuppiger, fettig glänzender Form in der Umgebung von Soffionen und Fumarolen vor; Farbe weiß.

**Sattel,** 1. *Antiklinale,* die Aufwölbung von Gesteinsverbänden (Faltensattel); 2. breite Einsenkung (Paß) zwischen den Gipfellagen eines Gebirgszuges.

**Sattelkern,** das Innere eines Faltensattels; Gegensatz: *Muldenkern;* s. auch → *Falte.*

**sauer,** Bezeichnung für 1. kieselsäurereiche magmatische Gesteine; 2. Lösungen mit einem pH-Wert unter 7 (neutral); Gegensatz: → *basisch.*

**Säuerling** (m), *Sauerbrunnen,* Mineralquelle, deren Wasser einen natürlichen Gehalt von mindestens 1000 mg freiem $CO_2$ in 1 kg Wasser aufweist.

**Säugetiere,** → *Mammalia,* im Mesozoikum aus verschiedenen Linien der *Theromorpha* hervorgegangen; fossile Reste vor allem seit dem Ende der Kreide, besonders aber im Pleistozän recht häufig anzutreffen.

**Säulenbildung,** Form der → *Absonderung* bei Effusivgesteinen, besonders bei Basalten.

**Saumriff,** Bezeichnung für die besondere Form eines Küstenriffes, s. → *Riff.*

**Saumtiefe,** andere Bezeichnung für → *Vortiefe,* eine Randsenke vor einem Orogen.

**saure Gesteine,** Bezeichnung für magmatische Gesteine mit einem $SiO_2$-Gehalt von mindestens 65%. *Basische* Gesteine weisen einen Gehalt an $SiO_2$ bis zu 52% auf. Liegt der Kieselsäuregehalt zwischen diesen beiden Werten, so werden diese Gesteine → *intermediär* genannt.

**saurer Boden,** Bezeichnung für einen Boden, dessen pH-Wert unter 6,5 liegt; der gelöste Boden wirkt wie eine Säure und bindet Alkalien.

**Saurier,** ausgestorbene Reptilien des Mesozoikums, zu denen Dino-S. – mit den Großräubern Megalosaurus, Allosaurus, Tyrannosaurus u. a. und Pflanzenfressern wie Brachiosaurus – gerechnet werden, die im Wasser lebenden Plesio-S. und Ichthyo-S. sowie die Flugsaurier. Die größten landlebenden S. erreichten eine Länge von mehr als 25 m und bis zu 50 t geschätztem Lebendgewicht.

**Sauromorpha,** Gruppe der eigentlichen → *Saurier;* Ordnungen: *Eosuchia, Thecodontia, Saurischia, Ornithischia, Croccodilia, Pterosauria, Rhynchocephalia* und *Squamata.*

**Sauropterygia,** Ordnung der *Theromorpha,* aquatisch lebende Reptilien mit langem Hals und zu fünfzeiligen Paddeln entwickelten Extremitäten; 3 Unterordnungen: *Pachypleurosauridea, Nothosauroidea* und *Plesiosauroidea.*

**Saxonien** (n), marine Stufe des mittleren Perms.

**saxothuringische Zone,** Teil des variskischen Gebirges, umfaßt die nördlichen Vogesen, den nördlichen Schwarzwald und die sächsisch-thüringischen Gebirge. Im nördlichen Teil dieser Zone erscheinen große Grundgebirgskomplexe (u. a. Rheinpfalz, Odenwald, Spessart).

**Scaphites,** kleiner bis mittelgroßer → *Ammonit* der Oberkreide, weltweit verbreitet; Gehäuse mit feinen gegabelten Rippen, die über die Ventralseite hinweg verlaufen und wellenförmig erscheinen.

**Scaphopoden,** *Grabfüßer, Rohrschnecken,* marine → *Mollusken* mit röhrenförmigem, nach beiden Enden hin offenem Gehäuse, das meist leicht gebogen ist; Vorkommen seit dem Devon (Ordovizium?).

**Schachtelhalmgewächse,** *Equisetales,* heute nur noch durch die Gattung Equisetum vertreten, fossil von großem Artenreichtum, vor allem die baumartigen Gewächse der Ordnung *Equisetinae* von großer Bedeutung. Die hohlen Stämme tragen quirlständige, einfache, selten gegabelte Blätter. Zu den Sch.n gehören u. a. die Calamiten. Vorkommen seit dem Devon. □

**Schalenblende,** andere Bezeichnung für → *Wurtzit.*

**Schalenverwitterung,** Art der → *Insolationsverwitterung,* verbunden mit schalenförmiger Ablösung von Gesteinsfragmenten an der Oberfläche.

**Schalstein,** Bezeichnung für grünliche oder rötliche Diabas- und Keratophyr-Tuffe mit z. T. erheblichen Kalkanteilen; kommen u. a. als Nebengestein der devonischen Eisenerze im Lahn-Dill-Gebiet vor.

**Schäre** (f), kleine Felseninsel, vor allem an den Küsten Skandinaviens

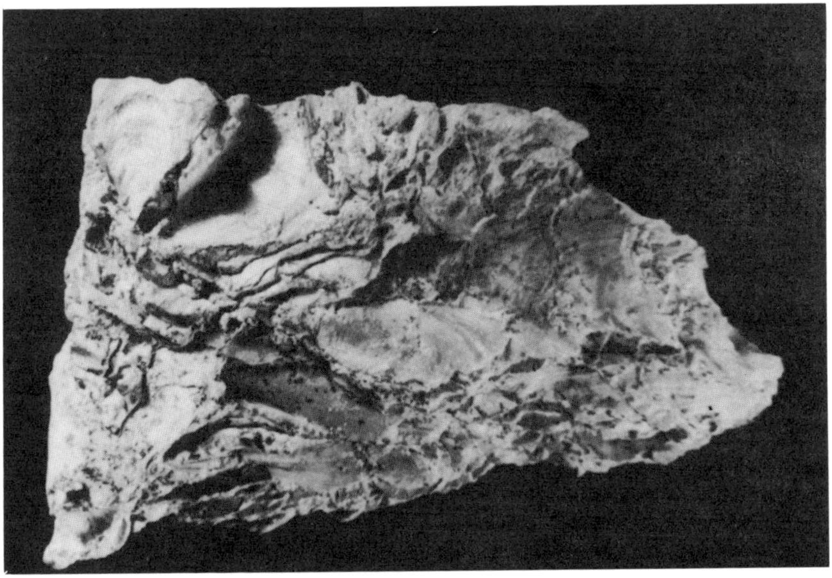

*Schillkalk (Süddeutschland) – nur aus Schalenresten zusammengesetzt.*

(Schärenküste), die ehemals vom Inlandeis zu Rundhöckern überschliffen wurden und heute teilweise vom Meer überflutet sind.

**Scharnier** (n), Teil einer → *Falte* bzw. *Flexur,* die Umbiegung an der Scheitelseite.

**Scharung** (f), Bezeichnung für 1. die Vereinigung zweier nahezu gleichgerichteter Gänge im spitzen Winkel *(Gangscharung)*; 2. das Zusammenlaufen selbständiger Faltengebirgsäste oder -züge auf engem Raum.

**Schaufelfläche,** *listrische Fläche,* schaufelförmig gebogene tektonische Bewegungsfläche unterschiedlicher Dimension, die an der Oberfläche sowohl konvex als auch konkav (häufigster Fall) verlaufen kann.

**Schaumglas** → *Bimsstein.*

**Scheelit** (m), $CaWO_4$, *Tungstein,* ein Wolframat. H 4,5–5, D 5,9–6,1, X-System: tetragonal. Form: pseudooktaedrische, pyramidenförmige oder tafelige Kristalle; derb, körnig, krustig und als Imprägnationen. Farbe: weiß, grau, gelblich, bräunlich, grünlich oder rötlich. Durchsichtig bis durchscheinend; Diamantglanz oder fettig. Gute Spaltbarkeit, Bruch muschelig. Sch. ist gelegentlich fluoreszierend, kommt in Pegmatiten und hydrothermalen Gängen zusammen mit Wolframit, Molybdänit und Topas vor, außerdem mit Vesuvian, Axinit, Wollastonit auf Kontaktlagerstätten. Fundorte: Südtirol, Hohe Tauern (Imprägnationen), Piemont, Erzgebirge, Cornwall, Südwestafrika, USA, Kanada u. a.; außergewöhnlich große Kristalle in Brasilien.

**Scheitel,** *Faltenscheitel,* der höchstgelegene Teil einer → *Falte.*

**Schelf** (m), dem Festland vorgelagerter Flachmeerbereich bis zu einer Wassertiefe von 200 m, Randzone der Kontinentalscholle. Man unterscheidet *stabile* Sch.e, die je nach Tendenz (regressiver oder transgressiver) des Meeres Flachmeer- oder Flachlandregionen darstellen, und *labile Sch.e,* die durch Senkungen mit entsprechender Sedimentation oder von tektonischen Aktivitäten (Bruchbildung oder Faltung) gekennzeichnet sind.

**Schelfeis,** dem Schelf auflagernde, unbewegliche Eismasse des Inlandeises; seltener ein Gemisch von gefrorenem Meerwasser und zerbrochenem Inlandeis.

**Schelfmeer,** andere Bezeichnung für Flachmeer, s. auch → *Schelf.*

**Schenkel,** *Faltenschenkel,* mehr oder weniger gerade verlaufende Teile einer → *Falte,* die sich an die Krümmungen (Sattel oder Mulde) anschließen.

**Scherbenkobalt,** andere Bezeichnung für → *Arsen.*

**Schicht,** einheitlich ausgebildeter, tafeliger oder plattenförmiger Gesteinskörper mit *Dachfläche* an der oberen Begrenzung und *Sohlfläche* als unterem Abschluß (bei liegender Sch.). Mehrere durch *Schichtfugen* getrennte und übereinanderliegende Sch.en bezeichnet man als *Schichtenfolge, Schichtenkomplex, Schichtpaket* oder *Schichtenreihe.*

**Schichtenkunde** → *Stratigraphie.*

**Schichtfläche,** Bezeichnung für die eine Schicht begrenzende Fläche; s. auch → *Schicht.*

**Schichtflut,** Bezeichnung für den flächenbedeckenden Abfluß heftiger und zeitweilig auftretender Regenfälle auf flachgeneigten Bodenflächen; bewirkt in vegetationsarmen Gebieten Abspülung und je nach Gefälle auch Anlagerung mitgeführter Sinkstoffe (Fanglomerate).

**Schichtgestein,** andere Bezeichnung für → *Sedimentgestein.*

**Schichtkämme,** Bezeichnung für eine Reihenfolge von *Schichtköpfen* stark geneigter Schichten.

**Schichtkopf,** Bezeichnung für das → *Ausgehende* einer geneigten Schicht an der Erdoberfläche.

**Schichtlücke,** durch zeitweiligen Ausfall von Sedimentation verursachtes Fehlen einer Schicht, eines Teiles derselben oder einer Schichtfolge; kann infolge tektonischer Vorgänge (Herausheben aus dem Sedimentationsraum) sowie durch Meeresregressionen entstanden sein.

**Schichtquelle,** Austrittsstelle von Schichtwasser (Grundwasser über einer undurchlässigen Bodenschicht); s. auch → *Quelle.*

**Schichtstufe,** durch Abtragungsvorgänge an den Schichtköpfen unterschiedlich widerstandsfähiger Gesteinsverbände und flach geneigter Schichten gebildete Geländestufe. Die Steilwand einer solchen Stufe wird als Stufenstirn, die Fläche als Stufenlehne oder Stufenfläche bezeichnet.

**Schichtstufenlandschaft,** morphologische Kennzeichnung einer durch Zerschneidung eines Schichtpaketes infolge Erosion geformten Landschaft; sie weist in wiederkehrender Folge Steilstufen und Landterrassen auf.

**Schichtung,** die Ablagerung von Sedimenten in Schichten; entsteht durch unterschiedliche Sedimentationsbedingungen infolge Zufuhr verschiedenartiger Materialien, Än-

*Schwefel (Sizilien) – gelb, durchsichtig, durchscheinend.*

derungen des Ausfällungstypes (bei chemischen Sedimenten) oder anderer mechanischer, physikalisch-chemischer und biologischer Ursachen; s. auch → *Schicht.*

**Schichtvulkan** s. → *Vulkan.*

**Schiefer,** im allgemeinen Bezeichnung für Gesteine mit plattiger Absonderung; im engeren Sinne jedoch nur für *kristalline Schiefer* oder *Tonschiefer* etc.

**Schieferton,** Bezeichnung für einen → *Ton* mit schiefriger Textur, die jedoch das Ergebnis primärer Bildungsbedingungen ist; somit keine Schieferung im eigentlichen Sinne.

**Schieferung,** dünnplattige Ausbildung von Gesteinen, die auf sekundäre Prozesse wie Tektonik, Metamorphose oder Diaphthorese zurückzuführen ist, verbunden mit Einregelung des Mineralbestandes, Um- und Neubildung von Mineralen. Man unterscheidet *Parallelschieferung* bei parallel verlaufenden Schieferungsflächen und *Transversalschieferung,* bei der diese Flächen in verschiedenen Winkeln zur Schichtung verlaufen. Bei einigen Gesteinen ist die Schieferung besonders deutlich ausgeprägt, so beispielsweise bei Glimmerschiefer, Phyllit und Tonschiefer.

**Schild** (m), Bezeichnung für einen durch Orogenese und Metamorphose fest verschweißten Festlandskern aus präkambrischen Gesteinen. Beispiele: Kanadischer, Baltischer, Sibirischer, Rheinischer Sch. u. a.

**Schildvulkan** → *Vulkan.*

**Schilfsandstein,** Bezeichnung für einen Sandstein des Keupers, u. a. in Hessen und Franken, der fossile Reste von schilfähnlichen Schachtelhalmgewächsen enthält.

**Schill** (m), *Schillkalk,* Anhäufung von vollständig erhaltenen oder zerbrochenen (Bruch-Sch.) Schalen, Gehäusen oder Klappen von Mollusken, Brachiopoden u. a.; s. auch → *Lumachelle.* □

**Schizodus,** kleine bis mittelgroße Muschel, vom Karbon bis zum Perm weltweit verbreitet; Klappen glatt oder mit schwach ausgeprägten konzentrischen Rippen, Ränder abgeflacht.

**Schizophoria,** mittelgroße articulate → *Brachiopoden* der Ordnung *Orthida,* vom Devon bis zum Perm weltweit verbreitet; Armklappe stärker gewölbt als Stielklappe, Ornamentierung aus feinen radialen Rippen und konzentrischen Wachstumslinien (schwach ausgeprägt).

**Schlacke,** *vulkanische Schlacke,* poröses, rauhes, rissiges bis gezacktes vulkanisches Material, als Auswurfprodukt oder an der Oberfläche von Lavaströmen anzutreffen. Wird von einem Vulkan nur Schlacke gefördert, spricht man von *Schlackeneruption.* In diesem Falle können kegelige Schlackenaufschüttungen entstehen.

**Schlämmanalyse** (f), eine Bodenanalyse, bei der durch Aufschlämmen der Erde in Wasser, unter Berücksichtigung der verschiedenen Absetzgeschwindigkeiten einzelner Bodenbestandteile, die Verwendbarkeit des Bodens untersucht wird.

**Schlammbrekzie** → *Fanglomerat*

**Schlammregen,** Bezeichnung für heftige Regengüsse, die einen Vulkanausbruch begleiten und mit Wasser vermischten Vulkanstaub enthalten; der Abfluß dieser Niederschläge kann zu verheerenden Schlammströmen führen.

**Schlammsprudel** → *Schlammvulkan*

**Schlammstrom,** der Massentransport von Schlamm, der aus wasserdurchtränkten Sedimenten oder vulkanischen Aschen besteht und sich, z. T. mit erheblicher Geschwindigkeit, hangabwärts bewegt. Schlammströme haben mitunter verheerende Folgen.

**Schlammvulkan,** *Salse, Schlammsprudel, Macaluba,* der Austritt von Schlamm und Gasen an der Erdoberfläche; führt zu einem Erscheinungsbild, das vulkanischen Aktivitäten ähnelt und wird vor allem in Erdölgebieten beobachtet. Sch.e entstehen durch Konzentration des durch Zersetzung organischer Substanzen gebildeten Kohlenwasserstoffes in Verbindung mit aufgeweichten und wasserdurchsetzten tonigen Materialien.

**Schlechte** (f), bergmännischer Ausdruck für eine nicht schichtparallele, natürliche Trennfuge in der Kohle. Fugen im Nebengestein werden dagegen auch im Bergbau als Klüfte bezeichnet.

**Schleppung** (f), bergmännischer Ausdruck für Schichtenverbiegungen an Bewegungsfugen. Bei Verwerfungen werden beispielsweise die Gesteinsschichten des abgesenkten Flügels nach oben, die des gehobenen Flügels nach unten abgebogen. Solche Schichtenverbiegungen können aber auch in Form kleiner Falten (Schleppfalten) auftreten.

**Schlerndolomit** (m), Bezeichnung für riffähnliche, bis zu 1000 m mächtige Dolomitgesteine der alpinen Trias; nach dem Schlern (Berg) in den Dolomiten benannt.

**Schlernstadium,** nach dem Schlern benannter Gletschervorstoß der Würmeiszeit in den Alpen; die Schneegrenze lag zu jener Zeit etwa 800 bis 900 m tiefer als heute.

**Schlick** (m), Bezeichnung für ein schlammartiges, feinkörniges Sediment, das sich in jeder Art von Gewässer ablagert und z. T. in erheblichem Umfang organische Substanzen enthält. Größere Anteile von sandigen Komponenten führen zur Kennzeichnung als *Schlicksand.*

**Schlier** (m), marine Fazies randferner Bereiche des Molassetroges; besteht aus grauen, feinschichtigen, sandigen Mergeln mit Feinsandlagern. Sch. ist u. a. im Wiener Becken und im oberbayerischen Molassetrog anzutreffen.

**Schlieren** (pl), unterschiedlich große, längliche, streifige Zonen in magmatischen Gesteinen; sie werden durch eine veränderte Zusammensetzung der Schmelze hervorgerufen und sind meistens durch ein Fließgefüge gekennzeichnet.

**Schlierenstadium,** Bezeichnung für eine Stillstandsphase der Alpenvergletscherung am Ende der Würmeiszeit.

**Schliff** (m), im speziellen Sprachgebrauch das Schleifen von Schmuck- und Edelsteinen zur Erhöhung der Reflexion und Brechung des Lichtes. Durch Schleifen und Polieren werden die Flächen der Kristalle, Spalt- oder Bruchstücke geglättet und so der Glanz verstärkt. Bei durchsichtigen Edelsteinen werden darüber hinaus zusätzliche ebene Flächen in einem bestimmten Winkelverhältnis eingeschliffen (→ *Schliffarten*) und damit Reflexions- und Brechungseigenschaft erhöht. Als Schleifmittel werden Korund, künstlich hergestelltes Carborundum (SiC) und Diamantpulver in verschiedenen Korngrößen verwendet. Poliermittel sind Tripel (Kieselalgen), Polierrot (Eisenoxid), feinster Diamantstaub, aber auch Kalk.

**Schliffarten.** Man unterscheidet grundsätzlich Facetten- und Glattschliff. Beim *Facettenschliff* werden zusätzliche, reflektierende, ebene Flächen in einem Winkelverhältnis eingeschliffen, das vom Brechungsindex und anderen spezifischen Eigenschaften des zu bearbeitenden Minerals bestimmt wird. Der Facettenschliff wird nur bei durchsichtigen Edelsteinen angewendet; undurchsichtige oder durchscheinende Schmucksteine erhalten *Glattschliff* in ebener oder leicht gewölbter Form. Die verbreitetste Schliffart des Glattschliffes ist der gewölbte *Cabochonschliff,* der bei Schmucksteinen, aber auch bei Sternsaphiren etc. Anwendung findet. Die häufigsten Facettenschliffarten sind *Brillantschliff* und *Treppen-* oder *Smaragdschliff.* Daneben gibt es noch eine ganze Reihe älterer und moderner Sch.

**Schliffbord** → *Trogtal*

**Schliffgrenze,** die Grenze zwischen dem vom Gletschereis überformten und dem nicht überformten Teil eines → *Trogtales.*

**Schliffkehle** → *Trogtal*

**Schlot,** 1. *Vulkanschlot,* der Aufstiegskanal vulkanischer Produkte in einem Vulkan; stellt die Verbindung zwischen Krater und Magmenherd her. Eruptionen, die unmittelbar aus den Schloten erfolgen, werden *Schloteruptionen* oder *Zentraleruptionen* genannt, Absatzprodukte in einem Schlot als *Schlotfüllung* bezeichnet. 2. *Deckenschlot,* Bezeichnung für vertikale Höhlenstrecken, die von der Höhlendecke nach oben verlaufen.

**Schlotte** (f), eine → *Karst*-Erscheinung, steilstehende, zylindrische, schacht-, kessel-, oder trichterförmige Vertiefung am → *Ausgehenden* von Kalk-, Dolomit- oder Gipsgesteinen; infolge Auslaugung durch eindringende Sickerwässer entstanden. Serien von Sch.n werden auch *geologische Orgeln* genannt.

**Schlucht,** ein enges, tief eingeschnittenes Erosionstal, s. auch → *Canyon.*

**Schluff** (m), andere Bezeichnung für → *Grobton,* s. auch → *klastische* Sedimente, Korngrößen.

**Schluffstein** → *Tonstein*

**Schlundloch,** andere Bezeichnung für → *Katavothre,* → *Ponor.*

**Schmelze** (f), Bezeichnung eines infolge hoher Temperaturen flüssigen Aggregatzustandes von in der Regel festen Stoffen. Der *Schmelzpunkt* eines Stoffgemisches liegt niedriger als der eines einzigen Stoffes. So kommt es, daß Gesteinsschmelzen noch bei niedrigeren Temperaturen bestehen, als dies durch den jeweiligen Schmelzpunkt der einzelnen Minerale vorgegeben zu sein scheint.

**Schmelztuff** → *Ignimbrit*

**Schmirgel** (m), *Smirgel,* Bezeichnung sowohl für feinkörnigen gemeinen → *Korund* als auch für ein Gemenge aus Korund, Magnetit, Hämatit und Quarz.

**Schmucksteine,** Sammelbezeichnung für alle zu Schmuck verwertbaren Minerale, soweit sie nicht den → *Edelsteinen* zugerechnet werden; bezieht die früher z. T. als *Halbedelsteine* bezeichneten Minerale mit ein.

**Schneckenstein,** eine Felsenklippe im sächsischen Teil des Erzgebirges, früherer Fundort der berühmten „Schneckensteine" (farbiger Topas).

**Schnee-Erosion** → *Nivation*

**Schneegrenze,** *Firnlinie,* Grenze zwischen schneefreiem und schneebedecktem Boden; man unterscheidet eine *temporäre* Sch., die von Jahreszeit, Wetter und örtlichen Form- und Klimaverhältnissen abhängig ist sowie eine *klimatische* oder *reale Sch.* als Grenzlinie der am stärksten geschrumpften, sommerlichen Schneebedeckung.

**Schneeregion,** Bezeichnung für die oberhalb der → *Schneegrenze* gelegenen Gebiete.

**Scholle,** 1. *tektonische Scholle,* von tektonischen Fugen begrenzter Teil der Erdkruste. Tektonische Sch.n werden mitunter in verschiedenen Richtungen gegeneinander verschoben (Schollenverschiebung). Die Grenze zwischen den einzelnen Sch.n wird auch *Schollennaht* genannt.
2. *Nebengesteinsscholle,* Bezeichnung für einen in magmatisches Gestein eingeschlossenen Nebengesteinsbrocken.

**Schollenüberschiebung,** das Aufgleiten einer in Hebung befindlichen → *Scholle* auf die benachbarte.

**Schörl** (m), dunkelbraune bis schwarze, undurchsichtige Varietät des → *Turmalin;* in eingewachsener

*Serpentin, Faserserpentin (Asbest) – grünweiß, durchscheinend.*

Form u. a. im Alpenraum gelegentlich anzutreffen.

**Schorlomit** (m), eine Varietät des Melanit; ein → *Granat.*

**Schorre** (f), *Brandungsplatte,* eine vor dem Kliff gelegene, zeitweilig überspülte, seewärts schwach geneigte, felsige Plattform; Teil der *Abrasionsküste,* s. auch → *Abrasion.*

**Schotter** (m), andere Bezeichnung für → *Kies;* von fließendem Wasser oder Eis abgelagertes *Geröll* bis ca. 70 mm Korngröße.

**Schotterterrasse,** *Aufschüttungsterrasse, Akkumulationsterrasse,* eine *Terrassenbildung,* die durch Einschneiden eines Flußlaufes in die vorher angelagerten Schottermassen entstanden ist. Sch.n wurden in großer Anzahl während des Pleistozäns gebildet.

**Schrägschichtung,** von der Horizontalen abweichende, schräge Schichtung von Sedimenten; u. a. in der Folge fließender Gewässer oder bei Deltabildungen.

**Schratten,** andere Bezeichnung für → *Karren.*

**Schrattenkalke,** Bezeichnung für die von → *Karren* (Auslaugungserscheinungen) durchzogenen Kalkgesteine.

**Schreibersit** (m), Bezeichnung für ein sehr seltenes Chromsulfid, $Cr_2S_3$, vermeintlich meteoritischen Ursprungs.

**Schrifterz,** andere Bezeichnung für → *Sylvanit.*

**Schriftgranit** (m), Bezeichnung für Mineralverwachsungen von Quarz und Feldspat in Pegmatiten; das Gefüge erinnert an Schriftzeichen; s. auch → *Myrmekit.*

**Schröckingerit** (m), *Dakeit, Uranglimmer,* ein Carbonat mit wechselndem Chemismus, kommt als Verwitterungsprodukt von Uranmineralen in Form dünntafeliger, glimmerähnlicher Kristalle oder feinschuppiger Aggregate von hellgelber bis grünlichgelber Farbe vor; ist durchscheinend, weist Glasglanz und sehr gute Spaltbarkeit auf. H 2,5, D 2,5, X-System: triklin.

**Schrumpfungstheorie,** andere Bezeichnung für → *Kontraktionstheorie.*

**Schrund** → *Bergschrund,* → Randkluft.

**Schubbahn,** allgemeine Bezeichnung für den durch tektonische Vorgänge und Bewegung gekennzeichneten Weg einer → *Decke.*

**Schubdecke,** Bezeichnung für eine tektonische → *Decke,* die über mehr oder weniger große Entfernungen hinwegbewegt wurde.

**Schubmasse,** durch tektonische Vorgänge bewegter Deckenkörper bzw. Gesteinskomplex.

**Schubweite** → *Schubbahn*

**Schuppenbau,** Gesteinspakete, die durch mehrere Aufschiebungen schuppenartig aufeinandergelegt wurden. Der Vorgang selbst wird als *Verschuppung* oder *Schuppung* bezeichnet. Die zwischen zwei Aufschiebungen liegende Schuppe wird auch *Gleitbrett* genannt.

**schürfen,** im allgemeinen Bezeichnung für alle Arbeiten zum Auffinden einer Mineral-, Erz- oder Kohlenlagerstätte.

**Schutt,** unverfestigte Masse von Gesteinstrümmern und -brocken als Produkte mechanischer Verwitterung; Beispiele der Ansammlung: *Schuttfuß, Schutthalde, Schuttkegel* am Fuße steiler Felspartien und Berghänge.

**Schutthalde** → *Schutt*

**Schuttkegel** → *Schutt*

**Schwalbenschwanzzwillinge,** häufigste Form der → *Zwillingsbildung* bei → *Gips*-Kristallen in schwalbenschwanzähnlicher Form.

**Schwämme,** *Spongia, Porifera,* vielzellige, fast ausschließlich marine, stockbildende Tiere ohne Nerven, Sinnesorgane oder echte Gefäße. Die meisten Schwämme besitzen Skelettelemente aus Spongin, Calcit oder Kieselsäure. Sch. sind seit dem Kambrium verbreitet.

**Schwarzerde,** dunkelbrauner bis schwarzer, stark humushaltiger, meist auf Löß gebildeter Bodentyp der semiariden (sommertrockenen) winterkalten Steppen. Bildet krümeligen, bis mehrere Meter mächtigen A-Horizont, der unmittelbar in den C-Horizont übergeht; an der Grenze oft mit Kalk (helle Flecken oder Streifen) angereichert.

**Schwarzer Glaskopf,** andere Bezeichnung für → *Psilomelan,* besonders für glänzende, kugelig-stalaktitische Aggregate.

**Schwarzer Jura,** andere Bezeichnung für die Abteilung → *Lias* des Jura; s. auch → *geologische Formationen.*

**Schwazit** (m), $(CuHg)_3SbS_4$, *Quecksilberfahlerz,* ein Sulfid. H 3–4, D 5,1, X-System: kubisch. Form: tretraedrische, würfelige, dodekaedrische Kristalle; körnig, derb; Zwillingsbildung recht häufig. Farbe: grau, mit gelblicher Tönung, bis schwarz. Undurchsichtig; halbmetallischer Glanz, auch matt. Keine Spaltbarkeit, Bruch muschelig. Sch. kommt auf hydrothermalen Erzgängen vor und ist u. a. bei Schwaz (Name) und Brixlegg in Tirol anzutreffen.

**schwebend,** bergmännischer Ausdruck für die waagrechte Lagerung von Schichten.

**Schwefel** (m), S, ein Element. H 1,5–2,5, D 2,0–2,1, X-System: rhombisch. Form: bipyramidale oder tafelige Kristalle, auch derb, in Krusten, stalaktitisch, als erdig-mehlige Anflüge. Farbe: schwefelgelb bis bräunlich. Durchsichtig bis durchscheinend. Harzglanz bis (Kristallflächen) Diamantglanz. Sch. ist nicht spaltbar und so spröde, daß Kristalle leicht brechen. Niedriger Schmelzpunkt (113° C). Sch. kommt als krustenförmige Überzüge in der Nachbarschaft vulkanischer Förderwege vor, besonders aber sedimentär in Kalken und Gipsgesteinen. Fundorte: u. a. auf Sizilien, bei Waldsassen/Oberpfalz (pulvrig), bei Salzburg, in Jugoslawien, Japan, Mexiko, USA. □

**Schwefelkies,** andere Bezeichnung für → *Pyrit.*

**Schwefelquellen,** Quellen, die schwefelhaltiges Wasser schütten (mindestens 1 mg/l).

**Schwelkohle,** Bezeichnung für eine bitumenreiche *Braunkohle.*

**Schwelle,** eine rückenartige Bodenerhebung; gegliedert in *kontinentale* Sch.n und *untermeerische* Sch.n. In einem Becken auftretende Sch.n können bei Wasserfüllung Untiefen oder langgestreckte Inselzüge bilden und Großbecken in Teilbecken unterteilen.

**Schwemmkegel,** fächerförmige Ablagerungen eines Flusses oder Gebirgsbaches bei der Einmündung in einen See bzw. in das Meer. Breite Ablagerungen dieser Art mit geringem Oberflächengefälle werden auch als *Schwemmfläche, Schwemmebene* und, soweit sie im wesentlichen aus Sand bestehen, als *Sandschwemmebene* bezeichnet.

**Schwemmland,** durch Ablagerungen von Flüssen oder durch Anlagerung des Meeres im Küstenbereich entstandene Landflächen, die jedoch auch zeitweilig überflutet sein können.

**Schwemmlöß** → *Löß*

**Schwere,** Bezeichnung für die jeweilige Intensität des irdischen Schwerefeldes, das infolge spezifisch unterschiedlich schwerer Gesteinskomplexe in der Erdkruste uneinheitlich ist (*Schwereanomalie*). Die Schweremessung und deren Auswertung wird als *Gravimetrie* bezeichnet.

**Schwereanomalie** (f), lokale Abweichung der Schwerkraft, s. auch → *Schwere;* gibt u. a. Hinweise auf das Vorhandensein von Lagerstätten. Positive Sch.n – bezogen auf eine mittlere Schwere – werden *Schwereüberschuß,* negative Sch.n auch *Schweredefizit* genannt.

**Schwerminerale,** bevorzugt in der Petrographie gebrauchte Bezeichnung für Minerale mit einem höheren spezifischen Gewicht (Dichte) als 2,9; Beispiele: Turmalin, Rutil, Granat, Zirkon u. a.

**Schwerspat,** andere Bezeichnung für → *Baryt.*

*Serpentin, Edelserpentin, körnig (Zermatt/Schweiz) gelblichgrün, durchscheinend.*

**Schwinde,** Bezeichnung für eine Stelle an der Erdoberfläche, an der das Oberflächenwasser in ein unterirdisches Gerinne abfließt; in Karstgebieten recht häufig. Je nach Lage werden Sch.n als *Fluß-*, *Bach-* oder *Seeschwinden* bezeichnet.

**Schwingquarz,** ein Quarz, der bei Anlegen einer elektrischen Wechselspannung sehr konstante, mechanische Schwingungen ausführt und daher u. a. in Sende- und Empfangsanlagen sowie in Uhren eingebaut wird. Als Sch. eignen sich nur unverzwillingte Kristalle, die heute z. T. synthetisch hergestellt werden.

**Schwingrasen,** bei verlandeten Gewässern und Mooren vom Ufer auf die Wasserfläche hinausreichende stark bemooste, schwimmende Pflanzendecke, die beim Betreten schwingt.

**Scleractinia,** *Cyclocorallia, Hexacorallia,* seit der Trias vorkommende Ordnung der Korallen, Einzelkorallen und kolonienbildend, mit 5 Unterordnungen.

**sedentär,** Bezeichnung für → *Sedimente,* die durch Pflanzenaufwuchs entstanden sind, z. B. Torf.

**Sedimentation** (f), Vorgang des Absatzes (Ablagerung) oder der Ausscheidung von Sedimenten und deren Verfestigung zu Gesteinen. Die durch den Vorgang der S. gebildeten Gesteine sind zum Großteil geschichtet (Schichtgesteine). Die S. ist abhängig von den im *Sedimentationsraum* herrschenden physikalischen und chemischen Bedingungen sowie von der Eigenschaft der zur Ablagerung gelangenden Stoffe und der Transportmedien. Bei chemischer Ausfällung sind Sättigungsgrad von Lösungen, Temperatur und die Art der Zusammensetzung von ausschlaggebender Bedeutung. Die S. von organogenem Material gründet sich auf das Vorhandensein entsprechender Lebensräume.
Nach den einzelnen Transportmedien unterscheidet man: *äolische S.*, durch die Kraft des Windes gebildet und *aquatische S.*, im Wasser abgesetzt. Zu letzterer gehören: *fluviatile S.*, Ablagerung in fließenden Gewässern; *limnische* oder *lakustre S.*, in Seen; *marine S.*, im Meer; *glaziale* oder *fluvio-glaziale S.*, durch Eis oder Schmelzwässer abgelagert, z. B. Moränen. Der Transport kann durch Schieben der Sedimentteile am Boden (*Reptation*), durch springende Bewegung (*Saltation*) oder durch schwebende Fortbewegung (*Suspension*) erfolgen.

**Sedimentationsbecken,** Bezeichnung für Senken bzw. Becken, in denen → *Sedimentation* stattfindet.

**Sedimentationszyklus,** Bezeichnung für die – mehr oder weniger – regelmäßige, vielfache Wiederholung bestimmter Ablagerungen, Ausfällungen und Gesteinsfolgen bei der Sedimentation; in der zeitlichen Folge verschiedener Stadien oder Phasen. Hierher gehören z. B. auch die chemischen Sedimente im deutschen Zechsteinbecken.

**Sedimente** (pl), Sammelbezeichnung für Ablagerungen und Ausfällungen jeglicher Art, gleichgültig, ob es sich dabei um Lockermaterial oder verfestigte → *Sedimentgesteine* handelt.

**Sedimentgesteine,** mehr oder weniger stark verfestigte Gesteine, die aus Ablagerungen verschiedenster Art und/oder chemischen Ausfällungen aus Lösungen entstanden sind, s. auch → *Sedimentation.* Nach Art der Bestandteile und nach der Herkunft unterscheidet man → *klastische* S., durch Anlagerung mitgeführter fester Materialien (Verwitterungs- und Abtragungsprodukte) entstanden; *organogene* bzw. *biogene* S. (→ *Biolithe*), durch den Absatz pflanzlicher oder tierischer Substanzen gebildet; *chemische* S., aus Lösungen hervorgegangen. Eine scharfe Trennung nach diesen Typen ist vielfach nicht möglich, da verschiedene Vorgänge der Sedimentation Mischtypen erzeugen können. So kann beispielsweise durch Abtrag und erneute Ablagerung ehemals organogener Sedimente ein klastisches Sediment entstehen.

**Seebeben,** ein → *Erdbeben,* das den Meeresboden erschüttert, dessen Schwingungen sich jedoch im Wasser fortpflanzen, so daß es zu Flutwellen kommen kann.

**Seeigel** → *Echinoidea*

**Seelilien** → *Crinoidea* □

**Seesterne** → *Asteroidea*

**Seidenspat** (m), Bezeichnung für die nadelige oder faserige Aggregatform des Gipses, s. → *Gips.*

**Seifen** (pl), Bezeichnung für die örtliche Anreicherung bestimmter Minerale (→ *Seifenminerale*) in klastischen Sedimenten. Die Anreicherung erfolgt aus verwitternden Gesteinen unter Einwirkung von Schwerkraft, Wasser, Wind und durch Trennung der leicht- von den schwerlöslichen Bestandteilen. Man unterscheidet: *eluviale S.,* am Ort der Verwitterung gebildet; *äolische S.,* Ausblasung oder Absatz durch den Wind; *alluviale S.,* durch Transport und Schweresaigerung in fließenden Gewässern (auch *fluviatile S.*); *marine S.,* Anreicherung durch Brandung und Meeresströmung.

**Seifenbergbau,** bergmännische Gewinnung von Zinnerzen etc. in Seifenlagerstätten; der Abbau erfolgt im Tagebau mittels Wasser.

**Seifenminerale,** Bezeichnung für Minerale, die sich infolge besonderer Eigenschaften, wie chemische Widerstandsfähigkeit, große Härte, hohe Dichte, in Seifen anreichern können. S. sind in der Regel → *Schwerminerale.* Typische Seifenminerale sind u. a. gediegenes Gold, gediegenes Platin, Zinnstein, Rutil, Ilmenit, Zirkon, Granat, Korund, Topas, Diamant.

**Seifenstein,** andere Bezeichnung für → *Saponit.*

**seiger** → *saiger*

**Seigerriß** → *Saigerriß*

**Seillava,** andere Bezeichnung für → *Pahoehoe-Lava, Fladenlava.*

**Seismik** (f), *Seismologie,* die *Erdbebenkunde,* s. auch → *Erdbeben.*

**Seismizität** (f), Bezeichnung für die Erdbebenhäufigkeit und -stärke eines Gebietes. So werden *seismische Gebiete* mit großer Bebenhäufigkeit und starken Erschütterungen, *peneseismische Gebiete* mit meist schwachen, jedoch nicht seltenen Erdbeben sowie *aseismische Gebiete* (erdbebenfrei) unterschieden.

**Seismograph** (m), Gerät zur Aufzeichnung von Bodenerschütterungen, s. auch → *Erdbeben.*

**Seismologie** → *Seismik*

**Seismometer** → *Seismograph*

**Seismometrie,** Zweig der → *Seismik,* befaßt sich mit der Messung,

*Sphalerit, Kristalle auf Quarz (Siegerland) – braun, Diamantglanz, undurchsichtig.*

Aufzeichnung und Auswertung von Erdbeben.

**Seismotektonik** (f), die Beziehung zwischen Erdbeben und tektonischen Strukturen bzw. Bewegungen in der Erdkruste. Vielfach lassen sich Erdbeben bestimmten tektonischen Brüchen zuordnen, z. B. im Gebiet des Oberrheingrabens. Dies ist jedoch nicht in allen Gebieten mit zeitweiliger Erdbebentätigkeit möglich; zumindest lassen sich jedoch durch eine genaue Analyse der Häufigkeit von Beben Rückschlüsse auf ein z. Zt. tektonisch aktives Gebiet ziehen.

**Seitenerosion,** *Lateralerosion,* eine besondere Form der → *fluvialen* und *glazialen Erosion,* bei der die seitliche Komponente stark ausgeprägt ist.

**Sekretion** (f), in der Geologie Bezeichnung für eine teilweise oder gänzliche Ausfüllung von Gesteinshohlräumen durch die chemische Ausscheidung von Stoffen aus eingedrungenen Lösungen, z. B. bei Drusen, Mandelräumen, Gängen und Adern; s. auch → *Geode,* → Imprägnation.

**sekundär-hydrothermal,** bezeichnet die Wiederauflösung früher ausgeschiedener Minerale durch jüngere, erzleere, aszendente (aus der Tiefe aufsteigende) Thermalwässer, die diesen Lösungsinhalt auf ihrem späteren Transportweg wieder ausscheiden; der Vorgang führt zu s.-h.en Lagerstätten von Erzen.

**Seladonit** (m), *Grünerde,* ein meist locker gefügtes Silikat. H 1–2, D 2,8–2,9, X-System: monoklin. Form: dicht, derb, erdig, pulvrig, locker. Farbe: grün bis schwarz-grün. Undurchsichtig; matt. S. kommt in Blasenräumen von Effusivgesteinen (Melaphyr), in Tuffen und gelegentlich als sekundäre Bildung nach Augit vor. Fundstätten: u. a. im Lahn-Dill-Gebiet, bei Idar-Oberstein, im Fassatal/Dolomiten.

**selektive Erosion,** fluviatile Form der → *Erosion,* in ihren Ausmaßen von der unterschiedlichen Widerstandsfähigkeit (chemisch und physikalisch) der Gesteine gegen die abtragende Wirkung fließender Gewässer abhängig; ist beispielsweise vom Wechsel enger und breiter Talstufen gekennzeichnet.

**selektive Verwitterung,** unterschiedliche starke Verwitterung, durch die verschiedenartige Widerstandsfähigkeit der Gesteine hervorgerufen.

**Selen** (n), Se, ein Element, kommt gediegen als trigonale Modifikation nur in allerfeinsten, rot durchscheinenden Splittern oder dünnsten Schichten vor.

**Selenblei,** andere Bezeichnung für → *Clausthalit.*

**Selenit** (m), frühere Bezeichnung für farblosen, durchsichtigen → *Gips.*

**seltene Erden,** Sammelbezeichnung für einige metallische Elemente aus der Gruppe III des Periodensystems, die in freier Natur nicht gediegen vorkommen. Hierzu gehören: Yttrium, Scandium, Lanthan, Lanthaniden. Als chemischer Bestandteil einiger weniger Minerale, so beispielsweise Yttrium in → *Xenotim,* $Y[PO_4]$, treten die s.n E. vereinzelt in Erscheinung.

**Sellithyris,** mittelgroße articulate → *Brachiopoden* der Ordnung *Terebratulida,* in der Kreide Europas verbreitet; Gehäuse abgeflacht und bikonvex, glatt, jedoch mit kräftigen Wachstumslinien.

**Semseyit** (m), $9PbS \cdot 4Sb_2S_3$, ein Sulfid. H 2,5, D 5,8–6,1, X-System: monoklin. Form: tafelige, prismatische Kristalle; radialstrahlige kugelige Aggregate; Krusten. Farben: grauschwarz. Undurchsichtig; Metallglanz. Deutliche Spaltbarkeit. S. kommt auf Bleierzlagerstätten vor und ist u. a. im Harz anzutreffen.

**Senkungsküste,** Ingressionsküste, durch Vordringen des Meeres (→ *Ingression*) infolge Anstiegs des Meeresspiegels überfluteter Küstenbereich.

**Senon** (n), westfälische Stufe der Oberkreide; s. auch → *geologische Formationen,* → *Kreide.*

**Sepiolith,** $Mg_4[(OH)_2|Si_6O_{15}] \cdot n H_2O$, (m), *Meerschaum,* ein wasserhaltiges Silikat. H 2, D 2,3, X-System: rhombisch. Form: kryptokristallin, knollige Massen, derb, porös, erdig. Farbe: weiß, grau, gelblich, grünlich. Undurchsichtig; matt. S. ist ein Verwitterungsprodukt des Serpentins, kommt hauptsächlich in Kleinasien vor und wird u. a. zur Herstellung von Pfeifenköpfen (Meerschaumpfeifen) verwendet.

**Septarien** (pl), Bezeichnung für → *Konkretionen* besonderer Art und z. T. beachtlicher Größe in kalkhaltigen Tonen. Radiale Schrumpfungs- bzw. Trockenrisse unterteilen die S. mehrfach und sind z. T. mit Mineralien – aus Lösungen ausgeschieden – ausgefüllt. Die Entstehung wird im allgemeinen auf chemische Reaktionen im umliegenden Sediment zurückgeführt, die durch Zersetzung organischer Substanzen ausgelöst werden.

**Septarienton,** Bezeichnung für einen an → *Septarien* reichen (vielfach oligozänen) Ton.

**Sericit** (m), Bezeichnung für besonders feinschuppigen, seidenglänzenden → *Muskovit* als Bestandteil verschiedener kristalliner Schiefer; vor allem als sekundäres Mineral aus Feldspat gebildet.

**Serie** (f), stratigraphischer Begriff, die Zuordnung von Gesteinen nach einer bestimmten geologischen Abteilung.

**Serir** (m), eine mit windgeschliffenem Geröll und Kies bedeckte Wüstenfläche, im Unterschied zur Felswüste (*Hamada*) und Sandwüste.

**Serosjom,** *Grauerde,* trockener Bodentyp der Halbwüste mit flachgründigem Profil, wenig Humus und gelegentlicher Versalzung.

**Serpentin** (m), $Mg_3[(OH)_4Si_2O_5]$, ein Silikat. H 2,5–4, D 2,5–2,6, X-System: monoklin. Form: feinkristalline Aggregate, Farbe: grün, bräunlich, grauweiß, gelb. Durchscheinend bis undurchsichtig. Fettiger Seidenglanz, wachsglänzend. Gute bis undeutliche Spaltbarkeit. S. kommt als sekundär aus Olivin, Pyroxen u. a. gebildetes Mineral in Adern und Klüften magmatischer Gesteine und in Metamorphiten vor, ist besonders typisch für Serpentinite. Der faserige Chrysotil und der eher blättrige oder schuppige Antigorit sind ebenfalls Serpentin-Minerale. Fundstätten u. a. im Alpenraum, besondes bei Zermatt/Schweiz. □

**Serpentinisierung,** Bezeichnung für den Vorgang der Umwandlung magnesiumhaltiger Minerale in → *Serpentin.*

**Serpentinite** (pl), weiche, dichte, mitunter schiefrig ausgebildete kristalline Schiefer von grünlicher, bräunlicher und schwarzblauer Farbe, gelegentlich geflammt. Die S. sind chemisch und mineralisch umgewandelte Peridotite, Pyroxenite, Pikrite mit Serpentin als hauptsächlichem Mineralbestand, dazu Olivin als Relikt und Pyroxen, gelegentlich auch reichlich Granat. Die Gesteine sind in der Regel mit eingesprengten Mineralen durchadert.

**Shonkinit** (m), ein seltenes → *Intrusivgestein* der Syenitgruppe, präsentiert sich als augitreicher Orthoklas-Syenit, z. T. nephelinführend. S. kommt u. a. im Odenwald, bei Oberwiesenthal im Erzgebirge/DDR, bei Oslo/Norwegen, in Kanada und USA vor. Abarten sind: Leucit-S., Nephelin-S. und Biotit-S.

**Sial** (n), der obere Bereich der Erdkruste mit Vorherrschen von Silicium- (Si) und Aluminiumverbindungen (Al).

**sialisch,** andere Bezeichnung für → *felsisch.*

**siallitisch,** Bezeichnung für eine typische Form der Verwitterung des humiden, besonders des vollhumiden Klimabereiches. Die vorhandene Humusdecke hemmt hier die Abfuhr von $SiO_2$, so daß sich silikatische Tonminerale wie Montmorillonit und Kaolinit herausbilden können. Je nach Niederschlagsmenge entstehen Podsol-, Braunerde- und Schwarzerdeböden.

**Siamesischer Zirkon,** Handelsname für blauen oder farblosen → *Zirkon,* der durch Brennen aus braunem Zirkon gewonnen wurde.

**Siberit,** veraltete Bezeichnung für die → *Turmalin*-Varietät → *Rubellit.*

**Sicheldüne,** *Barchan,* eine bogenförmige → *Düne,* deren Enden nach der Leeseite verlaufen.

**Sickerwasser,** das durch wasserdurchlässige Bodenschichten sickernde Niederschlags- bzw. Oberflächenwasser; speist das Grundwasser der wasserführenden Schichten.

**Siderit** (m), $FeCO_3$, *Eisenspat, Spateisenstein,* ein Eisencarbonat. H 4–4,5, D 3,7–4,0, X-System: trigonal. Form: rhomboedrische Kristalle mit teilweise gekrümmten Flächen; auch spätig grob- und feinkörnig. Farbe: gelb bis braun, gelegentlich bunt anlaufend, wenn Mn-haltig braun bis blauschwarz, durch kohlige Beimengungen schwarz. Durchscheinend bis undurchsichtig. Glasglanz, Perlglanz. Vollkommene Spaltbarkeit. S. unterscheidet sich von Calcit durch die größere Härte und Dichte sowie durch die schwerere Löslichkeit in kalter Salzsäure. Vorkommen: u. a. als hydrothermale Bildung auf Gängen, durch Metasomatose von Kalken sowie sedimentär. S. ist verbreitet im Siegerland, im Harz, in Kärnten, Jugoslawien und als Toneisenstein in England und im Ruhrgebiet anzutreffen. Der Erzberg bei Eisenerz in der Steiermark besteht fast ausschließlich aus Spateisenstein, der im Tagebau abgebaut wird. □

**Siderolithe** (pl), Bezeichnung für erzhaltige Akausto-Biolithe, die vorwiegend bakteriogener Herkunft sind, wie beispielsweise → *Minette.*

**siderophil,** Bezeichnung für Elemente, die bevorzugt in Verbindungen mit Eisen (Fe) auftreten, z. B. Nickel (Ni), Kobalt (Co), Phosphor (P), Kohlenstoff (C), Platin (Pt), Gold (Au) u. a.

**Siderosphäre** (f), andere Bezeichnung für den Erdkern, auch *Barysphäre* genannt; s. auch → *Erde, Aufbau.*

**Sieberella,** mittelgroße articulate → *Brachiopoden* der Ordnung *Pentamerida,* im Silur und Devon weltweit verbreitet; Gehäuse bikonvex, teilweise kräftig berippt.

**Siegelbäume,** *Sigillariaceae,* wenig oder gar nicht verzweigte, baumförmige Bärlappgewächse, Unterkarbon bis Perm.

**Siegen** (n), mittlere Stufe des Unterdevons; s. auch *geologische Formationen,* → *Devon.*

**Siegenit** (m), wie die Minerale Linneit, Carrollit, Polydymit und Violarit ein Sulfid der Kobaltnickelkiesgruppe. H 4,5–5,5, D 4,8–5,8, X-System: kubisch. S. kommt in gut ausgebildeten Kristallen, auch derb oder körnig, u. a. auf den Sideritgängen des Siegerlandes vor. Farbe: rötlichweiß oder gelb. Undurchsichtig; Metallglanz.

**Silber** (n), Ag, ein Element. H 2,5–3, D 9,6–12 (rein 10,5), X-System: kubisch. Form: Kristalle selten, meist blättrige, drahtige Aggregate. Farbe: silberweiß mit schwarzer Anlauffarbe. Undurchsichtig; metallisch glänzend. Keine Spaltbarkeit, schmiedbar. Strichfarbe silberweiß. S. kommt in hydrothermalen Gängen und auf Erzlagerstätten vor, ist jedoch in gediegener Form sehr selten. Bedeutende Vorkommen sind in Mexiko, Peru, Kanada und USA anzutreffen; vereinzelte Fundorte im Harz und in Norwegen. S. wird zu Schmuck verarbeitet und findet in der Industrie vielfache Verwendung, in Legierungen auch zur Herstellung von Münzen. □

**Silberantimonglanz,** andere Bezeichnung für → *Miargyrit.*

**Silberfahlerz,** andere Bezeichnung für → *Freibergit.*

**Silberglanz,** andere Bezeichnung für → *Akanthit* und → *Argentit.*

**Silex** (m), Sammelbezeichnung für alle Arten von Feuerstein, s. auch → *Chalcedon.*

**Silifizierung,** *Verkieselung,* Bezeichnung für die sekundäre Ausfüllung von Porenräumen, metasomatische Verdrängung von Gefügebestandteilen in Gesteinen sowie den Ersatz von Organismenresten (Beispiel: versteinertes Holz) durch Kieselsäure, $SiO_2$, in Form von Opal, Silex etc.

**Silikate** (pl), umfangreichste Gruppe → *gesteinsbildender Minerale,* 8. Klasse in der → *Klassifikation der Minerale.* Die Grundeinheit aller S. ist das $SiO_4$-Tetraeder (das 4wertige Silicium ist von 4 Sauerstoffionen umgeben, die an den 4 Ecken eines Tetraeders sitzen). Diese Tetraeder können für sich allein stehen oder über gemeinsame Ecken miteinander verbunden sein. Nach ihrer Gitterstruktur ergibt sich folgende Gliederung der S.: 1. *Insel-* oder *Neso-S.* bauen sich aus isolierten $SiO_4$-Einzeltetraedern auf, z. B. Olivin, Topas, Granat; 2. *Gruppen-* oder *Soro-S.* sind aus 2 $SiO_4$-Tetraedern zusammengesetzt, wobei sie ein O-Atom gemeinsam haben ($Si_2O_7$), z. B. Vesuvian. 3. *Ring-* oder *Cyklo-S.* sind aus Dreier-, Vierer- und vor allem aus Sechserringen aufgebaut ($Si_3O_9$), ($Si_4O_{12}$) oder ($Si_6O_{18}$), z. B. Beryll, Dioptas, Turmalin; 4. *Ketten-* oder *Ino-S.* bilden Ketten oder Doppelketten aus unendlich vielen $SiO_4$-Tetraedern mit einem gemeinsamen O-Atom, z. B. Augit, Diopsid, Hornblende. 5. *Schicht-* oder *Netz-S.,* wegen ihres blättrigen Aussehens auch *Phyllo-* oder *Blatt-S.* genannt; mehrere offene Ketten von $SiO_4$-Tetraedern sind zu flächenhaften Netzen (oder Schichten) verbunden, z. B. bei Glimmer, Talk; 6. *Gerüst-* oder *Tekto-S.;* sie bilden ein dreidimensionales Gerüst von allseitig verknüpften $SiO_4$-Tetraedern, wobei ein Teil der Si-Anionen durch Al-Anionen ersetzt wird. In die weitmaschigen Gitter können weitere Ionen oder Moleküle eingelagert sein, bei den Zeolithen z. B. $H_2O$-Moleküle.

**Sillimanit** (m), $Al_2SiO_5$, *Fibrolith, Faserkiesel,* ein Silikat. H 5,5–7, D 3,2, X-System: rhombisch. Form: meist faserige, stengelige, verfilzte Aggregate; länglich prismatische Kristallform. Farbe: farblos, weiß, gelblich, grünlich, bläulich, bräunlich, fast schwarz. Durchsichtig bis durchscheinend; fettiger Glasglanz, Seidenglanz. S. ist wegen seines breiten Härtespektrums gelegentlich nur schwer von anderen faserigen Silikaten zu unterscheiden, weist eine sehr gute Spaltbarkeit bei sprödem Bruchverhalten auf und kommt hauptsächlich in kristallinen Schiefern wie Gneisen, Granuliten, Eklogiten sowie in kontaktmetamorphen Gesteinen vor. Fundorte u. a.: Sellrain/Tirol, in der Bretagne, in England und USA. In Indien, Birma und auf Ceylon wird S. als durchsichtige, bläuliche und graugrüne Edelsteinvarietät angetroffen.

**Sillimanitgneis,** den Gneisen zugeordneter kristalliner Schiefer mit relativ hohen Anteilen an → *Sillimanit.*

**Sillimanithornfels,** Bezeichnung für ein sillimanithaltiges → *Kontaktgestein.*

**Sillimanitschiefer,** andere Bezeichnung für → *Sillimanitgneis.*

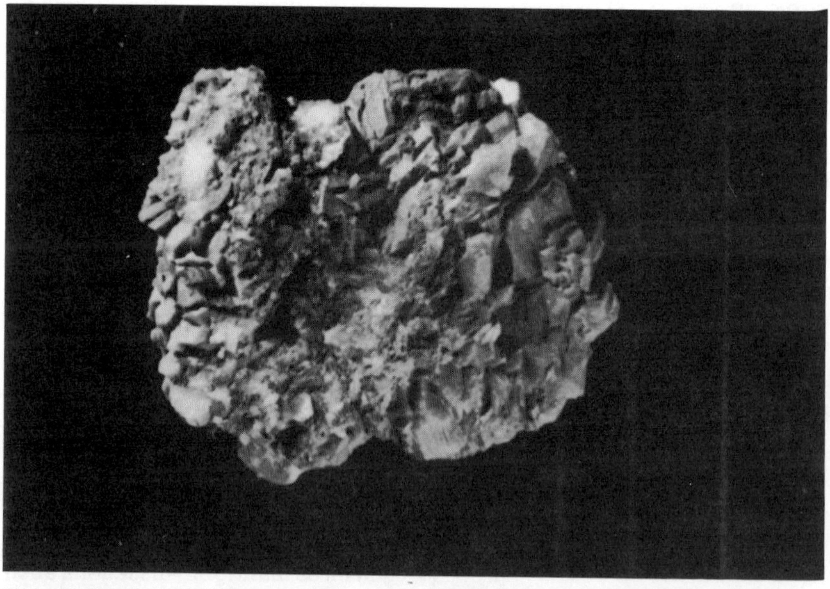

*Siderit, Spaltstück (Alpen/Hochkönig) – hellbraun mit Anlauffarben, undurchsichtig.*

**Silt** (m), feinkörniges klastisches Sediment mit Korngrößen von 0,002 bis 0,063 mm (den Peliten zugeordnet).

**Siltit** (m), Bezeichnung für klastische Karbonatsedimente mit Korngrößen zwischen 0,002 und 0,063 mm. Je nach Zusammensetzung unterscheidet man Kalk-S., Dolomit-S. u. a.

**Silur** (n), → *geologische Formation* des Paläozoikums mit den Stufen Llandovery, Wenlock und Ludlow; Dauer etwa 40 Millionen Jahre. Das S. ist gekennzeichnet durch das Ausklingen der altkaledonischen und den Beginn der jungkaledonischen Phase der kaledonischen Orogenese; weist z. T. kräftigen Vulkanismus, vor allem aber Plutonismus auf. In der Flora bilden sich die ersten Gefäßpflanzen aus; die Fauna wird durch Graptolithen (wichtige Leitfossilien), Brachiopoden, Korallen, Trilobiten und die ersten Panzerfische repräsentiert.

**Sima** (n), unterer Bereich der Erdkruste (s. → *Erde, Aufbau*), nach dem Vorherrschen von Silicium (Si) und Magnesium (Mg) benannt; Dichte etwa 3,0.

**Simetit** → *Bernstein*

**Simultanbeben,** andere Bezeichnung für → *Relaisbeben.*

**Sinemurium** (n), eine der unteren Stufen des → *Lias* im Jura; s. auch → *geologische Formationen.*

**Sinter** (m), an Quellenaustritten ausgeschiedene Mineralien; durch Entweichen von Kohlendioxid, Änderung von Temperatur und Druckverhältnissen oder durch Mitwirkung von Pflanzen gebildet. Beispiele: Kalktuff, Kalksinter, Travertin, Kieselsinter (Geyserit) u. a.

**Siphon** (m), *Höhlensiphon,* der Verschluß bzw. die Unterteilung einer Höhlenstrecke durch ein abgesenktes Stück der Höhlendecke, die an dieser Stelle den Höhlenboden berührt oder in ein vorhandenes Höhlengewässer eintaucht. S.e können durch Sedimente (*Erd-S.*), Sinterablagerungen (*Sinter-S.*) oder Eis (*Eis-S.*) gebildet werden. Ist der Verschluß durch Eintauchen der Decke in einen Höhlenfluß erfolgt, so spricht man von einem *Flußsiphon,* bei stehendem Gewässer von einem *Siphonsee.*

**Sippe** (), die Zugehörigkeit von magmatischen Gesteinen – aufgrund ihrer Zusammensetzung – zur Alkalikalkreihe (*Pazifische Sippe*) oder zu den Alkaligesteinen (*Atlantische Sippe*). Die Alkaligesteine werden nochmals unterteilt in die eigentliche Atlantische Sippe (bei Vorherrschen von Na) und die Mediterrane Sippe (überwiegend K).

**skalar,** andere Bezeichnung für → *anisotrop.*

**Skalenoeder** (n), ein von 12 ungleichseitigen Dreiecken begrenzter Kristallkörper (Doppelpyramide); eine der Kristallformen des → *Calcits* im trigonalen Kristallsystem.

**Skandinavischer Schild** → *Baltischer Schild.*

**Skapolith** (m), Gruppe von Tonerdesilikaten und isomorphe Mischungsreihe, deren Endglieder der Natrium-S. → *Marialith* und der Calcium-S. → *Mejonit* bilden. Die S.e präsentieren sich als auffällige Parallele zu den Plagioklasen.
*Die Merkmale:* H 5–6, D 2,6–2,8, X-System: tetragonal. Form: prismatische Kristalle, z. T. mit unebenen Flächen; derb und in körnigen, stengeligen, faserigen Aggregaten.

Farbe: farblos, weiß und in verschiedenen Tönungen. Durchsichtig bis durchscheinend; Glasglanz bzw. Perlglanz. Spaltbarkeit in zwei Richtungen gut. S. kommt in Metamorphiten vor, u. a. auch in kalkigen Kontaktgesteinen.

**Skarne** (pl), Gruppe fein- bis grobkörniger, mehr oder weniger mit Magnetit und Buntmetallerzen vermengte Kalksilikathornfelse und somit den Kontaktgesteinen zugeordnet. An der Zusammensetzung sind Pyroxene (Diopsid), Amphibole (Hornblende und Aktinolith), Granate (Grossular, Andradit), Vesuvian, Zoisit, Epidot, Chlorit, Erze und andere Minerale beteiligt. Nach dem mineralischen Bestand erfolgt jeweils auch die Benennung der S. Die Entstehung ist durch das Einwirken gasreicher, granitischer bis syenitischer Schmelze auf Kalk- oder Dolomitgesteine, Mergel oder Vulkantuffe gekennzeichnet. Im Kontaktbereich findet dabei ein Stoffaustausch mit den Sedimenten statt. S. kommen u. a. im sächsischen und tschechischen Erzgebirge, in Rumänien, Schweden, UdSSR, USA vor, sind aber darüber hinaus weltweit verbreitet.

**Skelettböden,** Bezeichnung für leichte Böden, deren mineralische Bestandteile zu 75% (und mehr) Korngrößen über 2 mm aufweisen.

**Sklodowskit** (m), $MgUO_2[(OH)_3|SiO_4]\cdot 5H_2O$, ein dem → *Uranophan* ähnliches Silikat, kommt in kleinen, gelben, prismatischen Kristallen u. a. in Katanga vor.

**Sköl,** Bezeichnung für die Steatit-Partien (→ *Talk*) auf den schwedischen Erzlagerstätten.

**Skolezit** (m), $Ca[Al_2Si_3O_{10}]\cdot 3H_2O$, Faser- → *Zeolith,* ein Silikat. H 5–5,5, D 2,1–2,4, X-System: monoklin. Form: säulige, nadelige Kristalle, büschelige, radialstrahlige, faserige Aggregate, auch derb. Farbe: farblos, weiß, gelblich, bräunlich. Durchsichtig bis durchscheinend; Glasglanz, Seidenglanz. Sehr gute Spaltbarkeit. S. kommt in Hohlräumen von Effusivgesteinen sowie in Klüften von Intrusivgesteinen und kristallinen Schiefern vor. Fundorte: in den Alpen, auf Island, in den USA u. a.

**Skorodit** (m), $Fe(AsO_4)\cdot 2H_2O$, ein Arsenat, isomorph (→ *Isomorphie*) mit → *Strengit.* H 3,5–5, D 3,1–3,3, X-System: rhombisch. Form: meist kleine, pseudohexagonale Kristalle, stengelige, traubige Aggregate, erdig, als Überzug. Farbe: grün, schwärzlichgrün; Strichfarbe grünlichweiß. Durchscheinend; Glasglanz bis Seidenglanz. S. ist ein Verwitterungsprodukt arsenhaltiger Erze und kommt u. a. bei Dernbach/Westerwald, in Sachsen, Cornwall/England vor. Beim Erhitzen entsteht ein knoblauchartiger Geruch, der auch einigen anderen Arsenmineralen zu eigen ist.

**Skutterudit** (m), $CoAs_3$, *Smaltin, Speiskobalt,* als Arsenid in der → *Klassifikation der Minerale* den Sulfiden beigeordnet. H 5,5–6, D 6,8, X-System: kubisch. Form: würfelige, oktaedrische Kristalle; auch derb, nierig, feinkörnig. Farbe: zinnweiß bis hellgrau, an der Luft gelegentlich mit roten Anlauffarben. Undurchsichtig; Metallglanz. Keine Spaltbarkeit erkennbar, Bruch uneben. S. kommt u. a. auf Silber-Kobalt-Nickelerzgängen vor und ist z. B. in Norwegen und Marokko anzutreffen. Ein Teil des Co (Kobalt) ist gelegentlich durch Ni (Nickel) oder Fe (Eisen) ersetzt. S. bildet mit → *Chloanthit,*

$NiAs_3$, dem anderen Endglied, eine Mischreihe.

**Skyth** (n), unterste Stufe der alpinen → *Trias,* entspricht dem Buntsandstein; s. auch → *geologische Formationen.*

**Smaltin,** andere Bezeichnung für → *Skutterudit.*

**Smaragd** (m), durchsichtige, grüne Edelsteinvarietät des → *Beryll,* gehört wie Diamant und Rubin zu den kostbarsten Edelsteinen. S. wurde früher im Habachtal, Hohe Tauern/ Österreich, bergmännisch gewonnen; sonstige Vorkommen: Ural/ UdSSR, Nordkarolina/USA, Brasilien, Indien, vor allem aber in Kolumbien, dessen Lagerstätten die hochwertigsten S.e enthalten.

**Smirgel** → *Schmirgel*

**Smithsonit** (m), $ZnCO_3$, *Zinkspat, Galmei,* ein Carbonat. H 5, D 4,3–4,5, X-System: trigonal. Form: kleine, rhomboedrische Kristalle, oft gerundet; häufig derb, traubige, nierige Aggregate, Sinterkrusten. Farbe: farblos, gelb, braun, grau, rötlich, grün, bläulich. Durchscheinend; Glasglanz, auch fettig glänzend. Vollkommene Spaltbarkeit, Bruch spröde; Strichfarbe weiß. Als metasomatisch gebildetes Zinkerz kommt S. in Kalk- und Dolomitgestein, außerdem in Hohlräumen, Gängen und Klüften vor. Fundorte u. a.: bei Aachen, Wiesloch/Baden, in Kärnten, England, auf Sardinien, im nördlichen Spanien, in Algerien, Südwestafrika, USA, Australien.

**Sodalith** (m), $Na_8[Cl_2|(AlSiO_4)_6]$, ein Silikat, das zur Gruppe der Feldspatvertreter (Foide) gerechnet wird. H 5,5–6, D 2,3, X-System: kubisch. Form: gewöhnlich derb, körnig, selten Kristalle als Rhombendodekaeder. Farbe: blau, grauweiß, gelb, rosa, auch grünlich. Durchsichtig bis durchscheinend; Glasglanz. Spaltbarkeit deutlich bis schlecht, Bruch muschelig, uneben. An der Art der Vorkommen von ähnlichen Mineralen zu unterscheiden. S. kommt mit → *Nephelin* in Syeniten sowie aufgewachsen in vulkanischen Auswürflingen vor, u. a. am Laacher See/ Eifel, Vesuv und in den Albaner Bergen. Bei intensiv blauer Farbe ähnelt S. dem Lapislazuli und wird wie dieser zu Schmuck und Ziergegenständen verarbeitet.

**Soddyit,** $(UO_2)_{15}[(OH)_2|Si_6O_{17}] \cdot 8H_2O$, (m), ein Silikat. H 3–4, D 4,6, X-System: rhombisch. Form: kleine, pyramidenförmige Kristalle, meist jedoch derb, erdig oder krustig. Farbe: gelb, grünlichgelb bis braun. Durchscheinend; Glasglanz, Perlglanz oder matt; Strichfarbe hellgelb. Sehr gute Spaltbarkeit. S. ist ein seltenes, sekundär gebildetes Uranmineral, das zusammen mit Curit und Torbernit vorkommt.

**Soffione** (f), italienische Bezeichnung für die postvulkanische Exhalation borsäurehaltiger Wasserdämpfe, wie sie u. a. in der Toskana auftreten.

**Sohle,** Bezeichnung für: 1. eine waagrechte Strecke im Bergbau; 2. die Bodenfläche z. B. einer Höhle (Höhlensohle); 3. die → *Schubbahn* einer tektonischen Decke.

**Sohlental,** Bezeichnung für eine Talform mit mehr oder weniger breitem, ebenem Talboden, der durch verstärkte Seitenerosion gebildet wurde.

**Sohlfläche,** die untere Begrenzungsfläche einer → *Schicht.*

**söhlig,** bergmännischer Ausdruck

und Bezeichnung für die horizontale Lagerungsform oder Streckenführung.

**Sohlschicht,** *Grundwassersohlschicht,* die Gesteinsschicht, die einen mit Grundwasser ausgefüllten Körper nach unten begrenzt; in der Regel nicht oder zumindest schlecht wasserdurchlässig.

**Sole** (f), Salzwasser mit einem Gehalt von mindestens 14 g gelöster Stoffe (meist NaCl) in 1 kg Wasser.

**Solfatare** (f), postvulkanische Wasserdampfexhalation (→ *Fumarole*) mit Temperaturen von 100–200° C, die Schwefelwasserstoff enthält. Letzterer wird an der Luft in Schwefel und schweflige Säure umgewandelt. Der elementare Schwefel lagert sich an der Austrittsstelle ab, während die schweflige Säure in der Lage ist, das umliegende Gestein zu zersetzen.

**Solifluktion** (f), die hangabwärts gerichtete Bewegung von Schuttmassen (*Wanderschutt*), vor allem in periglazialen Gebieten. Die S. kann in der stark durchnäßten Auftauzone von Frostböden auftreten oder auch durch Frostschub ausgelöst werden.

**Soll** (n), *Sölle* (pl), kleine, oft kreisrunde, abflußlose Hohlform, vor allem in Grundmoränenlandschaften, mit Wasser oder durch ein Moor ausgefüllt; kann durch Nachsacken des Bodens über Toteisblöcken (Hinterlassenschaften im Rückzug befindlicher Gletscher) zustande kommen.

**Solod,** Bezeichnung für einen schwach alkalischen bis sauren Salzbodentyp mit bleicherdeähnlicher oberer (A-Horizont) und dichterer, salzreicher unterer Bodenschicht (B-Horizont).

**Sonnenbrenner** (m), volkstümliche Bezeichnung für einen Basalt, der eine besondere, von der Bildung heller Flecke und Bröckelzerfall begleitete Verwitterungsform aufweist. Die Fleckenbildung wird auf den Zerfall witterungsinstabiler Einschlüsse von Gesteinsglas oder akzessorischem Nephelin zurückgeführt.

**Sonnenstein,** andere Bezeichnung für einen → *Aventurinfeldspat.*

**Sorosilikate** → *Silikate*

**Sowerbyella,** kleine bis mittelgroße articulate → *Brachiopoden* der Ordnung *Strophomenida,* in Ordovizium und Silur weltweit verbreitet; Armklappe konkav, Stielklappe konvex; Ornamentierung aus feinen Radiärrippen und -furchen.

**Spaltbarkeit,** die Eigenschaft vieler Minerale kristalliner Ausbildung, bei richtungsorientierter Druckbelastung in kleinere Körper mit mehr oder weniger glatten Flächen zu spalten. Die Sp. der Minerale ist entsprechend der jeweiligen (Kristall-) Gitterstruktur *vollkommen, sehr gut, gut, deutlich* oder *undeutlich* ausgeprägt. Eine große Anzahl von Mineralen, wie beispielsweise → *Quarz,* weisen keinerlei Sp. auf – andere dagegen besitzen diese Eigenschaft in einer, zwei oder drei Richtungen. Unebene und unregelmäßig abgegrenzte Flächen zeugen immer vom Bruchverhalten (→ *Bruch*), das die Sp., zumindest in dieser einen Richtung, ausschließt. Die mit Abstand beste Spaltbarkeit weist der → *Calcit* auf, er läßt sich – in welcher Kristallform er auch in Erscheinung tritt – immer in Rhomboeder spalten. Die Sp. ist ein wichtiges Bestimmungsmerkmal. □

**Spalte,** eine klaffende Fuge im Gestein, kann durch Volumenänderung, magmatische oder tektonische Vorgänge entstehen. *Entokinetische Spalten,* bei denen die Ursachen der Spaltenbildung im Gestein selbst liegen, werden gegliedert in: *Dilatations-S.n,* durch Volumenvergrößerung und *Kontraktions-S.n,* durch Volumenverminderung (Abkühlung oder Austrocknung) entstanden. Die *exokinetischen Spalten,* auch *Dislokations-S.n* genannt, bei denen der Anlaß zur Spaltenbildung außerhalb des Gesteins liegt, werden nach Art der Entstehung unterschieden in: *Einsturzspalten* (Einsturz unterirdischer Hohlräume), *Aufbruch-S.n* (Dehnung des Daches über magmatischen Körpern), *Faltungs-S.n* (Faltungsvorgänge) und *Pressungs-S.n* (in spröden Gesteinen durch Druckbelastung).

**Spaltenfrost,** eine Form der mechanischen Verwitterung, durch die Sprengwirkung des Eises in Gesteinsfugen hervorgerufen.

**Spaltgesteine** → *Ganggesteine*

**Sparagmit** (m), mächtiger sedimentärer, schwach metamorpher Gesteinsverband Skandinaviens, im jüngeren Algonkium bzw. im Kambrium (Geosynklinalräume der kaledonischen Orogenese) entstanden; besteht aus Sandsteinen (ohne Fossilien), Arkosen und Konglomeraten.

**Spargelstein,** andere Bezeichnung für grobstengeligen → *Apatit.*

**Sparit** (m), Bezeichnung für eine umkristallisierte, spätige Grundmasse der Karbonatgesteine.

**Sparnac** (n), oberste Stufe des Paleozäns im Alttertiär; s. auch → *Tertiär, Gliederung.*

**Spate** (pl), *Späte, Spat* (m), Bezeichnung für besonders deutlich bis voll-

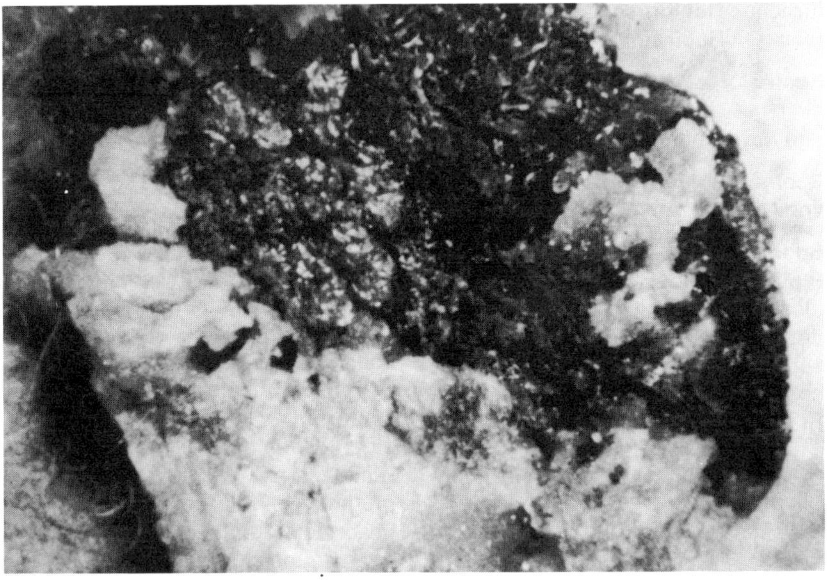

*Silber, gediegen auf Quarz – silbrig, schwarz, undurchsichtig.*

kommen spaltbare Minerale, wie z. B. Kalkspat (→ *Calcit*), Flußspat (→ *Fluorit*) oder → *Feldspat.*

**Spateisen,** *Spateisenstein,* andere Bezeichnung für → *Siderit.*

**Speckstein** → *Talk*

**Speerkies,** andere Bezeichnung für → *Markasit.*

**Speichergestein,** poröses oder spaltenreiches Gestein, das die Eigenschaft besitzt, Erdöl, Erdgas oder Grundwasser zu speichern.

**Speiloch,** Bezeichnung für ein Schlundloch in Karstgebieten, aus dem nach Regenfällen Wasser austritt.

**Speiskobalt,** andere Bezeichnung für → *Skutterudit.*

**Spektrolith,** Handelsname für → *Labradorit* (aus Finnland) mit besonders auffälligem Farbenspiel.

**Speläogenese** (f), die Entstehung natürlicher Höhlen sowie die Entwicklung von Hohlräumen.

**Speläologie,** *Höhlenkunde,* befaßt sich mit allen Erscheinungsformen von *Naturhöhlen.*

**Speläographie,** die Beschreibung von Naturhöhlen.

**Sperrylith** (m), $PtAs_2$, ein seltenes Platin-Arsenid. H 6–7, D 10,6, kommt als zinnweißes, stark metallglänzendes Mineral in basischen magmatischen Gesteinen oder vergesellschaftet mit Pyrrhotin und Chalkopyrit vor, u. a. in Sibirien und Südafrika.

**Spessartachse,** *Spessartschwelle,* andere Bezeichnung für die Mitteldeutsche Schwelle, die – am weitesten gefaßt – sich über den Mittelgebirgsraum zwischen der Norddeutschen Tiefebene und der Schwäbischen bzw. Fränkischen Alb erstreckt.

**Spessartin** (m), ein gelber bis rotbrauner → *Granat;* kommt u. a. bei Aschaffenburg und im Fichtelgebirge vor.

**Spezialfalte,** Bezeichnung für die auf den Schenkeln größerer Falten auftretenden Kleinfalten bzw. Fältelungen des Gesteins.

**spezifisches Gewicht,** gleichbedeutend mit der → *Dichte* eines Stoffes.

**Sphalerit,** ZnS, *Zinkblende,* ein Sulfid. H 3,5–4, D 3,9–4,2, X-System: kubisch. Form: tetraedrische und rhombendodekaedrische Kristalle in Kombination mit würfeliger Form, teilweise gekrümmte Flächen; auch körnig, faserig, traubig. Farbe: gelb (*Honigblende*), braun bis schwarz. Durchscheinend bis undurchsichtig; Diamant-, z. T. auch Harzglanz, teilweise metallisch glänzend, auf frischen Spaltflächen halbmetallischer Diamantglanz. Vollkommene Spaltbarkeit. S. kommt, häufig mit Galenit vergesellschaftet, auf hydrothermalen Erzgängen vor und ist weit verbreitet. Deutsche Fundorte: im Siegerland, Harz, Lahn-Dill-Gebiet, Schwarzwald. □

**Sphärokristalle** → *Sphärolithe*

**Sphärolithe** (pl), kugelige, im Aufbau körnige oder radialstrahlige Mineralaggregate, die als Einsprenglinge oder Einschlüsse in verschiedenen Gesteinen anzutreffen sind (Sphärolithporphyr). Im Unterschied zu den eigentlichen S.n, deren äußere runde Form wichtigstes Wesensmerkmal ist, werden die *Radiolithe* besonders durch das radiale Wachstumsgefüge charakterisiert.

**Sphärosiderit,** veraltete Bezeichnung für tonigen bzw. traubigen → *Siderit.*

**Sphen** (m), Bezeichnung für die meißelförmigen Kristalle des → *Titanit;* auch für das Mineral selbst gebraucht.

**Spiegel,** durch die Verschiebung von Gesteinspartien völlig glatt geschliffene und polierte Verwerfungsfläche; s. auch → *Harnisch.*

**Spiegelebene,** *Symmetrieebene,* s. → *Kristallsymmetrie.*

**Spießglanz,** veraltete Bezeichnung für metallglänzende Sulfide, die spitzprismatische bzw. nadelförmige Kristalle oder Aggregatformen bilden; Beispiele: → *Antimonit,* → Livingstonit.

**Spilite** (pl), Sammelbezeichnung für basische magmatische Gesteine unterschiedlicher Entstehung mit überdurchschnittlichem Natrium- bzw. Kohlendioxid-Gehalt. Im Mineralbestand herrscht *Albit* vor; als Akzessorien treten u. a. Epidot, Eisenoxide, Carbonate in Erscheinung. S. sind entweder als tieftemperierte Bildungen aus wasserreichen basischen Magmen oder durch Autometamorphose (→ *Metamorphose*) von basischen Magmatiten entstanden. Beispiele: die S. Böhmens.

**Spilosit** (m), ein Kontaktgestein, das im Kontakt zwischen Diabas und Schiefern entstanden ist und beliebig verteilte Cordierit-Neubildungen (Fleckschiefer) enthalten kann.

**Spinell** (m), $MgAl_2O_4$, ein Oxid, zugleich eine isomorphe Gruppe kubischer Minerale, die Aluminatspinelle, Ferritspinelle (Magnetit u. a.) und Chromitspinelle umfaßt. H 8, D 3,5. Form: kleine Kristalle als scharfkantige Oktaeder, größere Kristalle mit gerundeten Kanten. Farbe: farblos und in nahezu allen Farben, doch meist rötlich. Durchsichtig bis durchscheinend; Glasglanz. Zwillingsbildung nach dem S.gesetz häufig. S. ist ein typisches Kontaktmineral, kommt hauptsächlich in Kalken und Dolomiten vor; auch in Auswürflingen, in Eruptivgesteinen, lose in Flußsanden und Seifen. Farbige, durchsichtige S.varietäten sind als Edelsteine geschätzt. *Rubinbalais* blaßrot; *Rubin-S.* dunkelrot; *Rubicell* gelblichrot; *Almandin-S.* bläulich-rot; *Blauer S.* und *Grüner S.* Besonders schöne S.e aus Ceylon, Birma, Thailand, Australien, der UdSSR (Grüner S.). Heute wird S. auch in größeren Mengen synthetisch hergestellt.

**Spinulicosta,** kleine bis mittelgroße articulate → *Brachiopoden* der Ordnung *Strophomenida,* im Devon weltweit verbreitet; das längliche Gehäuse besitzt schwache Radiärrippen und -furchen; die zarten langen Stacheln sind in den seltensten Fällen erhalten.

**Spirifer,** articulate → *Brachiopoden* der Ordnung *Spiriferida;* breites, stark bikonvexes Gehäuse mit kräftigen, sich gabelnden Radiärrippen und vereinzelten Wachstumslinien; zahlreiche Leitformen im Devon.

**Spiriferensandstein,** eine Schichtenfolge des Unterdevons im Rheinland und in England.

**Spiriferida,** Ordnung der articulaten → *Brachiopoden* (nach der Gattung → *Spirifer*), vom Ordovizium bis zum Jura verbreitet.

**Spodumen** (m), $LiAlSi_2O_6$, ein Silikat der Pyroxengruppe (Klinopyroxen). H 6,5–7, D 3–3,2, X-System: monoklin. Form: Kristalle meist prismatisch, z. T. sehr groß, in Längsrichtung gestreift, Flächen gelegentlich angeätzt; auch dicht und säulige Aggregatform. Farbe: mit Ausnahme der farbigen Edelsteinvarietäten weiß oder grauweiß. Durchsichtig bis durchscheinend; Glasglanz. Gute Spaltbarkeit in zwei Richtungen. S. kommt in lithiumhaltigen Granitpegmatiten in Schweden, Schottland, Irland, auf Madagaskar, in Südwestafrika und den USA vor. Die Edelsteinvarietät *Kunzit* ist violett, lila oder rosafarben, durchsichtig und kommt meist aus Kalifornien oder Madagaskar; der smaragdgrün oder gelb gefärbte, durchsichtige *Hiddenit* wird aus Nordkarolina, Madagaskar oder Brasilien (gelb) eingeführt. Beide weisen starken → *Pleochroismus* auf.

**Spondylus,** mittelgroße (bis 12 cm) Muschel, seit dem Jura weltweit verbreitet; Klappen teilweise mit Dornen besetzt; im allgemeinen jedoch Radiärrippen und Furchen vorherrschend.

**Spongien** → *Schwämme*

**Springtide** (f), stärker ausgeprägte Gezeitenerscheinung, vor allem bei Neumond; Gegensatz: *Nipptide.*

**Sprödglaserz,** andere Bezeichnung für → *Stephanit.*

**Sprödglimmer** (pl), Gruppenbezeichnung für weniger elastische Glimmerminerale, deren Spaltblättchen leicht zerbrechen, z. B. → *Margarit;* s. auch → *Glimmer.*

**Sprudelstein,** aus → *Aragonit* bestehendes Ausscheidungsprodukt heißer Quellen, auch *Erbsenstein* genannt; die Sammelbezeichnung für Gesteine dieser Art, die aus kleinen, kugeligen Körpern (bis Erbsen-

*Spaltbarkeit; würfeliges Spaltstück von Halit (Steinsalz).*

größe) zusammengesetzt sind, lautet: → *Pisolith.*

**Sprung,** andere Bezeichnung für → *Verwerfung.*

**Sprunghöhe,** das vertikale Verschiebungsmaß (lotrecht gemessen) der beiden Flügel einer Verwerfung; der bei geneigten Verwerfungsflächen schräg gemessene Verschiebungsbetrag wird als *flache Sprunghöhe* bezeichnet; s. auch → *Verwerfung.*

**Sprungweite,** horizontal gemessener Verschiebungsbetrag der beiden Flügel einer → *Verwerfung.*

**Spülprobe,** die im Rahmen einer *Bohrung* mittels Wasser herausgespülten und zutage geförderten, zerstoßenen Gesteinsmassen.

**Stachelhäuter** → *Echinodermen*

**Stabilität,** kennzeichnet u. a. die Widerstandsfähigkeit eines Gesteinskörpers gegen die Druckbelastungen tektonischer Vorgänge; die gegen diese mechanischen Belastungen nachgiebigen Gesteinskörper werden *mobil* genannt. Auf einen größeren Rahmen angewendet, stellen die Kontinentalblöcke „stabile Räume", Geosynklinalen dagegen „mobile Räume" dar.

**Staffelbruch,** ein Bruchsystem, bei dem – von Verwerfungen begrenzte – gleichsinnige Schollen treppenartig gegeneinander abgestuft sind.

**Staffelit** (m), $Ca_5[Fl(PO_4CO_3OH)_3]$, *Francolith, Carbonatapatit,* ein (Carbonat-)Phosphat. H 4–4,5, D. 2,8–3,1, X-System: hexagonal. Form: radialstrahlige, faserige, kugelige, traubige Aggregate; krustige, erdige Überzüge. Farbe: farblos, weiß, gelblich oder grünlich. Durchscheinend; fettig glänzend. Keine Spaltbarkeit, muscheliger Bruch. S. kommt in Klüften verwitterter basaltischer Gesteine vor und ist u. a. im Lahngebiet (früher Staffel) anzutreffen. S. ist in den Mineralindex von A. Kipfer als *Carbonat-Apatit* aufgenommen.

**Stagnoglei** (m), Bodentyp in kühleren, niederschlagsreichen Gebieten mit meist flachem Relief; entsteht bei anhaltender oberflächennaher Staunässe.

**Stahlquelle,** *Eisensäuerling,* Bezeichnung für eine Heilquelle, deren Wasser carbonatisches Eisen und Kohlendioxid enthält.

**Stalagmit** (m), ein *Tropfstein,* der vom Boden nach oben wächst, entsteht in Höhlen durch Ausscheidung des in den Tropfwässern gelösten Calciumcarbonates (Calcit).

**Stalaktit** (m), ein *Tropfstein,* der von der Höhlendecke nach unten wächst; Entstehung wie → *Stalagmit.*

**stalaktitisch,** Bezeichnung für Aggregatformen von Minaralen, die → *Stalaktiten* ähneln. □

**Stamm-Magma** → *Magma*

**Stamp** (n), Stufe des → *Oligozäns* im Alttertiär; s. auch → *Tertiär, Gliederung.*

**Stannin** (m), $Cu_2FeSnS_4$, *Zinnkies,* ein Sulfid. H 4, D 4,3–4,5, X-System: tetragonal. Form: selten pseudokubische, tetraederähnliche, kleine Kristalle; meist derb, eingesprengt, feinkörnig. Farbe: grau, gelblich, bronzefarben. Undurchsichtig; Metallglanz. Undeutliche Spaltbarkeit bei sprödem Bruchverhalten und muscheliger Bruchfläche. S. kommt auf Erzgängen vor und wird u. a. von Cassiterit, Arsenopyrit, Pyrit begleitet.

**Staßfurtit,** andere Bezeichnung für → *Boracit.*

**statische Metamorphose,** zusammenfassender Begriff für alle Metamorphosen, die ohne mechanische Verformungen ablaufen; s. auch → *Metamorphose.*

**Staukuppe,** andere Bezeichnung für → *Quellkuppe.*

**Stauquelle** → *Quellen*

**Staurolith** (m), $2Al_2SiO_5 \cdot Fe(OH)_2$, ein Silikat. H 7–7,5, D 3,7–3,8, X-System: rhombisch. Form: prismatische Kristalle, häufig Durchkreuzungszwillinge; selten derb. Farbe: rötlich bis schwärzlichbraun. Durchscheinend bis undurchsichtig; Glasglanz bis matt. Spaltbarkeit in einer Richtung deutlich. Bruch muschelig bis uneben. S. ist besonders an der typischen Zwillingsbildung und der Härte zu erkennen, kommt vorzugsweise in kristallinen Schiefern vor und ist u. a. bei Aschaffenburg, Sterzing/Südtirol, im Tessin, in der Bretagne und in Südwestafrika anzutreffen.

**Staurolithgneis,** ein → *Gneis,* der → *Staurolith* als akzessorischen Bestandteil enthält.

**Staurolithschiefer,** ein kristalliner Schiefer, der → *Staurolith* als Teil des Mineralbestandes enthält.

**Steatit** (m), $Mg_6(OH)_4[Si_8O_{20}]$, *Speckstein,* ist die dichte oder feinschuppig massige Form des → *Talkes,* ein Silikat. H 1–1,5, D 2,6–2,8, X-System: monoklin. Farbe: weiß, grau, gelblich, grünlich, bräunlich. Durchscheinend bis undurchsichtig; Perlglanz auf Spaltflächen, sonst fettig bis matt. Biegsam, formbar. S. kommt als Umwandlungsprodukt von Serpentin in kristallinen Schie-

*Spaltbarkeit; rhomboedrisches Spaltstück von Calcit.*

fern gesteinsbildend vor. Außer den verschiedenen Fundstellen in den Alpen, im Fichtelgebirge, in Sachsen, Frankreich, Norwegen, der UdSSR, China, Kanada sind die *Sköl* benannten Steatit-Partien auf schwedischen Erzlagerstätten von Bedeutung.

**Stefan** (n), oberste Stufe des Ober- → *Karbons;* s. auch → *geologische Formationen.*

**Stegocephalen** → *Panzerlurche*

**Stegosaurus,** bis 9 m langer Dinosaurier mit einem Rückenkamm aus Stacheln und aufrecht stehenden Knochenplatten, vom Jura bis zur Kreide in Nordamerika verbreitet.

**Steine,** Bezeichnung im weiteren Sinne für → *Gesteine;* im engeren Sinne für klastische Sedimente mit Korngrößen über 63 mm.

**Steineis,** *Bodeneis,* durch Gefrieren des im Boden befindlichen Wassers entstandenes Eis; im engeren Sinne für fossiles Bodeneis, das sich von den Eiszeiten des Pleistozäns bis heute erhalten hat, z. B. in Alaska und Nordsibirien.

**Stein-Eisen-Meteorit** (m), ein etwa zur Hälfte aus Nickeleisen, zum anderen aus Silikaten bestehender → *Meteorit.*

**Steine und Erden,** Sammelbezeichnung für Minerale, Gesteine und Lockerprodukte, die nicht zu den Erzen, Salzen und Brennstoffen gerechnet werden, jedoch wie diese der industriellen Nutzung unterliegen.

**Steingitter,** Bezeichnung für die durch → *Wabenverwitterung* entstandene Erscheinungsform von Gesteinswänden (auch am Naturstein von Bauwerken).

**Steinkohle,** eine schwarze, matte oder fettig glänzende → *Kohle;* durch den höheren Inkohlungsgrad sowie durch andere chemische und physikalische Eigenschaften von der Braunkohle unterschieden. Mit steigendem Inkohlungsgrad, bei gleichzeitiger Abnahme des Gehaltes an flüchtigen Bestandteilen (f.B.), ergibt sich folgende Gliederung:

| | |
|---|---|
| Flammkohle | 40–45% f.B. |
| Gasflammkohle | 35–40% f.B. |
| Gaskohle | 28–35% f.B. |
| Fettkohle | 20–28% f.B. |
| Magerkohle | 10–20% f.B. |

Die höchste Inkohlungsstufe weist der → *Anthrazit* mit weniger als 10% flüchtiger Bestandteile auf.

**Steinkohlenformation,** andere Bezeichnung für das → *Karbon.*

**Steinmeteorit** (m), überwiegend aus Silikaten zusammengesetzter → *Meteorit;* etwa 90% aller Meteorite sind S.e.

**Steinpflaster,** im engeren Sinne Bezeichnung für eine durch → *Deflation* herbeigeführte Anreicherung von gröberem Gesteinsmaterial an der Erdoberfläche.

**Steinsalz,** andere, jedoch weitaus geläufigere Bezeichnung für → *Halit.*

**Steinsalzpseudomorphose** (f), Bezeichnung für die Ausfüllung des bei der Auflösung von Steinsalzkristallen entstandenen Hohlraumes im Gestein durch Ton oder Sand.

**Steinschlag,** an Steilhängen und Felswänden das Niederstürzen aus dem Gesteinsverband gelöster Gesteinsbruchstücke unterschiedlicher Größe. Der S. wird ausgelöst durch Sonneneinstrahlung frostdurchsetzter Felspartien, durch heftige Niederschläge oder Windeinwirkung.

**Stengelkohle,** Bezeichnung für eine durch Kontaktmetamorphose zu „Koks" umgewandelte und stengelig ausgebildete Kohle. Die stengelige Absonderung verläuft rechtwinklig zur Kontaktfläche.

**Stephanit** (m), $Ag_5SbS_4$, *Sprödglaserz,* ein Sulfid. H 2,5, D 6,2–6,3 X-System: rhombisch. Form: pseudohexagonale, prismatisch dicktafelige Kristalle, oft treppenartig gruppiert; auch derb, eingesprengt, als Anflüge. Farbe: bleigrau bis schwarz. Undurchsichtig; metallisch glänzend. Bruch uneben bis muschelig. S. kommt zusammen mit anderen silberhaltigen Mineralen auf Silbererzgängen u. a. im Harz, Schwarzwald, auf Sardinien, in Nord- und Südamerika vor und ist gelegentlich als Silbererz von Bedeutung.

**Stephanoceras,** ein mittelgroßer → *Ammonit,* im Jura weltweit verbreitet. Windungsquerschnitt fast kreisförmig. Gehäuse mit einer Knotenreihe besetzt; hier vereinigen sich jeweils drei schmale Rippen, die zur Ventralseite hin verlaufen, in einer kräftigen Rippe des inneren Flankenabschnittes.

**Sterlingsilber,** Bezeichnung für eine Silberlegierung aus 92,5% Silber und 7,5% Kupfer.

**Sternquarz,** Bezeichnung für die radialstrahlige Aggregatform des → *Quarzes.*

**Sternsaphir,** *Sternsapphir,* ein Saphir (Sapphir), Varietät des → *Korund,* der deutlichen → *Asterismus* erkennen läßt. Der S. ist ein wertvoller Edelstein.

**Stibnit** (m), andere Bezeichnung für → *Antimonit.*

**Stilbit** (m), andere Bezeichnung für den Bündelzeolith → *Desmin.*

**Stilpnomelan** (m), $(K,H_2O)(Fe,Mg,Al)_3[(OH)_2|Si_4O_{10}](H_2O)_2$, der Sprödglimmergruppe zugeordnetes Silikat. H 3,5, D 3,4, X-System: monoklin. Form: pseudohexagonale, tafelige, blättrige Kristalle; schuppige Aggregate. Farbe: grau, gelblich, grünlich, braun bis schwärzlich. Undurchsichtig; metallisierender Glasglanz. Vollkommene Spaltbarkeit. S. kommt auf Erzgängen vor und ist u. a. im Lahn-Dill-Gebiet anzutreffen.

**Stinkgips,** durch Bitumenanteile verunreinigter → *Gips,* gekennzeichnet durch einen unangenehmen Geruch.

**Stinkschiefer,** bituminöses, dünnschiefriges, meist kalkig-mergeliges Gestein; verbreitet beim Anschlagen einen unangenehmen Geruch.

**Stinkspat,** in Zersetzung befindlicher → *Fluorit.*

**Stirnmoräne** → *Moräne*

**Stishowit** (m), eine dem → *Coesit* in den Eigenschaften ähnelnde Hochtemperatur- und Hochdruckmodifikation von $SiO_2$, wird in der Umgebung von Riesenmeteorkratern angetroffen.

**Stock,** Bezeichnung für eine unregelmäßig geformte Gesteinsmasse, die gewissermaßen als Fremdkörper in ihre Umgebung eingebettet ist; Beispiele: *Eruptivstock* (plutonisch oder subvulkanisch), *Salzstock, Erzstock* u. a.

**Stolzit** (m), $PbWO_4$, ein Wolframat. H 3, D 7,9–8,2, X-System: tetragonal. Form: kleine, spitzpyramidale, kurzsäulige Kristalle, selten deutlich ausgebildet; meist kugelige, garbenförmige Aggregate. Farbe: gelb, orange, rötlich, grau, braun, auch grünlich. Durchscheinend; Diamantglanz, auch fettglänzend. Undeutliche Spaltbarkeit, Bruchverhalten spröde. S. kommt auf Blei- und Zinkerzlagerstätten vor und ist u. a. bei Domodossola im Simplongebiet (auf Quarz), in Australien, Nigeria und USA anzutreffen.

**Stomatopora,** winzige Moostierchen (→ *Bryozoen*) der Ordnung *Cyclostomata,* seit dem Ordovizium verbreitet; die Zoarien zeigen fadenähnlich verästelte Formen; fossil in Europa und Nordamerika anzutreffen.

**Störung,** Trennfuge im Gebirge, an der sich zwei Schollen aneinander vorbeibewegten. Das Ausmaß der Schollenverschiebung kann sich im Zentimeter- bis Kilometerbereich bewegen. Gelegentlich wird auch der Bewegungsvorgang selbst als S. bezeichnet.

**Strahler,** volkstümliche schweizerische Bezeichnung für Kristallsucher.

**Strahlstein,** andere Bezeichnung für → *Aktinolith.*

**Strahlungskurve,** die graphische Darstellung der Strahlungsintensität der Sonne in den letzten 1 Million Jahren, unter Berücksichtigung langperiodischer Schwankungen der Erdbahnelemente. Zwar konnte man in der Gegenüberstellung der Maxima und Minima mit den Eiszeiten und Zwischeneiszeiten des Pleistozäns gewisse Parallelen entdecken, doch ist sowohl die astronomische als auch die geologische Interpretation solcher Zusammenhänge umstritten.

**Strand,** flacher, von Sand, Schlamm und Geschiebe bedeckter Uferstreifen an Meeren, Seen und Flüssen.

*Sphalerit, Aggregat (Siegerland) – braun, undurchsichtig.*

**Strandlinie,** die vom mittleren Wasserstand gekennzeichnete Uferlinie eines Strandes.

**Stratigraphie** (f), Wissenschaftszweig der Geologie, der sich mit den organischen und anorganischen Merkmalen sowie der zeitlichen Bildungsfolge der Gesteine befaßt und Zeittabellen aller geologischen Vorgänge und Ereignisse erstellt. Die Zeit- und Altersbestimmung von Gesteinen und Gesteinsverbänden anhand aufgefundener Fossilien wird als *Biostratigraphie* bezeichnet. Erfolgt die Zeitbestimmung lediglich aufgrund petrographischer, geochemischer oder anderer Methoden ohne Einbeziehung von Fossilien, so wird diese Verfahrensweise auch *Lithostratigraphie* genannt. Die *Orthostratigraphie* bedient sich sowohl der Fossilien als auch geochronologischer Belege zur Datierung von Gesteinsschichtungen. Die detaillierte Aufschlüsselung stark gegliederter Gesteinspakete bezeichnet man als *Feinstratigraphie.*

**Stratovulkan,** Bezeichnung für einen einfachen oder zusammengesetzten Vulkankegel, der im Wechsel sowohl Lava als auch Asche fördert.

**Streckung,** Bezeichnung für eine Verformungsart von Mineralbestandteilen, Fossilien, Gesteinen und größeren Gesteinskomplexen, die unter Zugspannung und Gleitvorgängen eine Längenausdehnung vorwiegend in einer Richtung erfahren.

**Streichen** (n), nach einem alten bergmännischen Ausdruck Bezeichnung für die Schnittlinie einer natürlichen Ebene, wie Schicht, Kluft, Gang, Verwerfungsfläche, mit der (gedachten) Horizontalfläche. Die Richtung des S.s. verläuft parallel zur Firstlinie einer geneigten Fläche, während mit dem Ausdruck → *Fallen* die Neigungsrichtung bezeichnet wird.

**Strengit** (m), $Fe(PO_4) \cdot 2H_2O$, ein Phosphat. H 3–4, D 2,9, X-System: rhombisch. Form: meist in kugeligen, radialfaserigen Aggregaten, auch pseudohexagonal. Farbe: rot in verschiedenen Tönungen, gelegentlich nahezu farblos. Durchscheinend bis undurchsichtig; Glasglanz, auch matt. Spaltbarkeit undeutlich bis gut. S. kommt auf Eisenerzen, in Klüften und Hohlräumen von Sedimentgesteinen vor und ist u. a. im Lahngebiet, bei Pleystein im Oberpfälzer Wald/Bayern, in Schweden und Kalifornien anzutreffen.

**Streß** (m), im engeren Sinne Bezeichnung für einseitig wirkende hohe Druckbelastung im Verlauf tektonischer Vorgänge und bei der Regionalmetamorphose.

**Streßminerale,** Bezeichnung für Minerale, die sich bei ihrem Wachstum einseitig gerichtetem Druck (Epizone bei der Regionalmetamorphose) anpassen können. Hierzu gehören u. a. Disthen (Zyanit), Staurolith, Chlorit, Zoisit, Epidot. Im Streßfeld instabile Minerale, wie z. B. Andalusit oder Cordierit, werden als *Antistreßminerale* bezeichnet.

**Strich** (m), Kurzbezeichnung für → *Strichfarbe.*

**Strichfarbe,** ein Erkennungsmerkmal bei der Mineralbestimmung. Die S. kann von der Farbe des Minerales deutlich abweichen. Sie ist bei Mineralen bis zur Härte 5 recht einfach durch Überstreichen eines Porzellantäfelchens (*Strichtafel*) mit der zu bestimmenden Mineralprobe herzustellen. Die Farbe des sich ablagernden Staubes ist identisch mit der S.

**Strichprobe** → *Strichfarbe*

**Strohstein,** andere Bezeichnung für → *Karpolith.*

**Strontianit** (m), $SrCO_3$, ein Carbonat. H 3,5–4, D 3,7, X-System: rhombisch. Form: nadelige, spießige, säulige Kristalle, oft büschelig, radialstrahlig verwachsen, auch derbe, faserige Aggregate. Farbe: farblos, grau, gelblich, grünlich, rosa. Durchsichtig bis durchscheinend; Glasglanz. Deutliche Spaltbarkeit, Bruch muschelig, spröde. Erkennbar an Härte, Kristallform; in verdünnter Salzsäure löslich. S. kommt auf hydrothermalen Lagerstätten, als Kluftfüllungen in Kalk und Mergel vor, bildet gelegentlich auch selbständige Gänge und ist u. a. im Münsterland, bei Clausthal im Harz, bei Leogang/Salzburg anzutreffen.

**Strophomena** → *Strophomenida*

**Strophomenida,** Ordnung der articulaten → *Brachiopoden* (nach der Gattung *Strophomena*), mit vorwiegend konvex-konkavem Gehäuse; Klappen radial berippt, Schloßlinie gerade gestreckt, meist lang. Vorkommen: seit dem Ordovizium (? Kambrium).

**Strudelböden,** Bezeichnung für → *Frostböden,* die in ihrer Schichtung durch → *Solifluktion* gestört wurden.

**Strudelloch** → *Kolk*

**Struktur:** 1. bei *Gesteinen* die Ausbildung des Gefüges hinsichtlich Form und gegenseitiger Abgrenzung der einzelnen Gemengeteile, z. B. glasig, fein-, mittel-, grobkörnig, porphyrisch.
2. Bezeichnung für *geologische Bauformen* wie Falten, Bruchzonen, Salzstöcke u. a.
3. in der *Bodenkunde* das Gefüge der

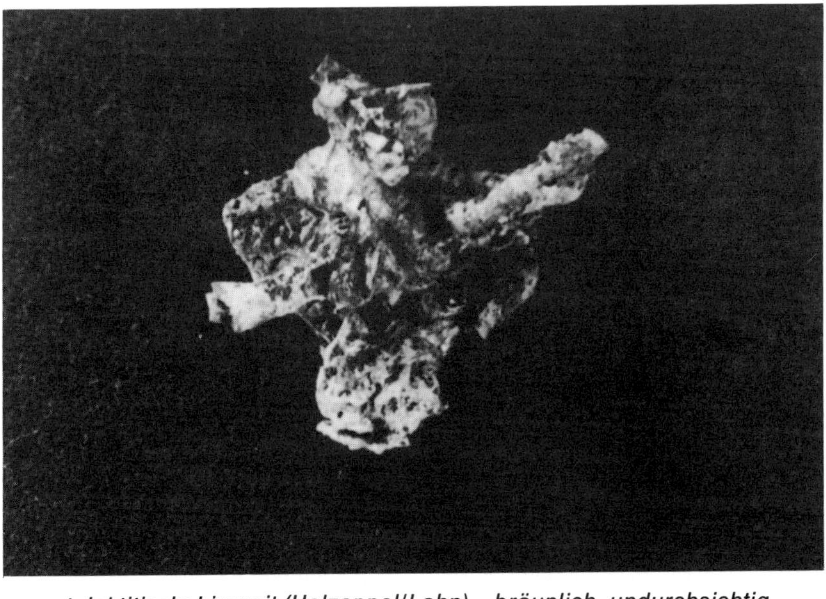

*stalaktitisch; Limonit (Holzappel/Lahn) – bräunlich, undurchsichtig.*

jeweiligen Bodenart und das Verhalten der einzelnen Bodenbestandteile.

**Strukturböden,** durch → *Solifluktion* und → *Kammeis* gebildete, gemusterte → *Frostböden;* sind besonders in den Polarzonen, sonst zwischen Baum- und Schneegrenze in den Hochgebirgsräumen anzutreffen.

**Strüverit** (m), $(Fe,Ti)(Nb,Ta)_2O_6$, Mischkristallbildung aus Rutil und Tapiolit, ein Oxid. H 6–6,5, D 5,2–5,5, X-System: tetragonal. Form: prismatische, dicktafelige Kristalle, gelegentlich mit pyramidenähnlichen Endungen; auch dicht. Farbe: schwarz. Undurchsichtig; Glasglanz, halbmetallisch, matt. Spaltbarkeit nicht deutlich ausgeprägt, sprödes Bruchverhalten. S. ist vor allem in Pegmatiten anzutreffen.

**Struvit** (m), ein wasserhaltiges, sekundär auf Guano, Düngergruben und Abwasserkanälen gebildetes Phosphat im rhombischen X-System, kommt in gelben bis bräunlichen, glasglänzenden, durchscheinenden und dachförmigen Kristallen vor. H 2, D 1,6–1,7.

**Stubensandstein,** volkstümlicher Ausdruck für einen weißen Sandstein des schwäbischen Keupers; zerfällt leicht zu Sand, der dann zum Scheuern benutzt wird.

**Stufe,** in der Stratigraphie ein Zeitabschnitt; Untergliederung einer geologischen Abteilung, stützt sich auf die – besonderen Schichten entnommenen – Zonenfossilien.

**Styolith** (m), zapfenähnliche, gelegentlich längsgeriefte Verzahnung von Schichten im Kalkstein; durch verstärkte chemische Auflösung und hohen Druck (Zusammenpressung) in festem Gestein entstanden.

**subaquatisch,** Bezeichnung für unter der Wasseroberfläche erfolgte Bildungsvorgänge und Erscheinungen, z. B. subaquatische Rutschungen.

**Subatlantikum** (n), in der Gegenwart noch andauernder Zeitabschnitt der Norddeutschen Gliederung des Holozäns; Dauer etwa 2000 Jahre.

**subglazial,** Bezeichnung für Vorgänge und Erscheinungen, die unter dem Gletscher- oder Inlandeis stattfinden.

**subkrustal,** Bezeichnung für Bildungsvorgänge, die unterhalb der Erdkruste stattfinden.

**Sublimation,** der Niederschlag aus Dämpfen; im engeren Sinne der Niederschlag aus vulkanischen Dämpfen. Häufiges Sublimationsprodukt ist beispielsweise der Schwefel.

**submarin,** Bezeichnung für Vorgänge und Bildungen unterhalb des Meeresspiegels.

**Subrosion,** unterirdische Auslaugung leicht löslicher Gesteine, besonders der Salzgesteine, durch Sicker- oder Grundwasser. Die S. kann ein Nachsinken des darüberliegenden Gebirgsabschnittes oder einzelner Bodenschichten zur Folge haben, so daß sich an der Erdoberfläche eine Senke (*Subrosionssenke*) bildet.

**subsequenter Magmatismus,** Bezeichnung für magmatische Prozesse jeglicher Art, die im Verlauf einer Orogenese unmittelbar nach der Faltung einsetzen. Dabei werden basaltische, porphyrische (u. a.) Effusivgesteine, aber auch granitische Intrusivgesteine gebildet.

**Subsolution,** Bezeichnung für Lösungserscheinungen am Boden von Gewässern, die sich vor allem an karbonatischen Gesteinen vollziehen.

**subterran,** Bezeichnung für unter der Erdoberfläche stattfindende Bildungen und Erscheinungen.

**Subvulkan,** in den äußeren Bereichen der Erdkruste (bis wenige km unter der Erdoberfläche) erstarrte Magmamasse. Solche Körper weisen eine unterschiedliche Gestalt auf und können Aufwölbungen der darüberliegenden Gesteinsschichten hervorrufen. Beim Erstarren in größerer Tiefe entstehen *Plutone.*

**Sulfate,** Salze der Schwefelsäure, $SO_4$, z. B. Anhydrit, $CaSO_4$, Baryt, $BaSO_4$ und eine ganze Reihe bedeutender Minerale. Die S. werden in der → *Klassifikation der Minerale* zusammen mit den Chromaten, Molybdaten und Wolframaten der Klasse 6 zugeordnet.

**Sulfide,** Salze des Schwefelwasserstoffes, als Minerale verbreitet; Beispiele: Pyrit, $FeS_2$, Markasit, $FeS_2$, Chalkopyrit, $CuFeS_2$ und viele andere. In der → *Klassifikation der Minerale* nehmen die S. die Klasse 2 ein.

**Sumpfeisenerz** → *Raseneisenerz*

**Süßwassermolasse** → *Molasse*

**Syenit** (m), ein z. T. rötlich gefärbtes, mittel- bis grobkörniges → *Intrusivgestein,* das quarzfrei (in Ausnahmefällen quarzarm) ist und Kalifeldspat, Plagioklas, Hornblende bzw. Pyroxen sowie Nebengemengeteile enthält. S. ist ein Differentationspro-

**Syenitgruppe**
Vergleich des Mineralbestandes

| Gesteinsart | Kalifeldspat | Plagioklas | Nephelin | Leucit | Pyroxene | Amphibole |
|---|---|---|---|---|---|---|
| Syenit | xxx | **xx** | | | | xx |
| Syenodiorit | **xx** | **xx** | | | (x) | xx |
| Monzonit | **xx** | **xx** | | | **xx** | (x) |
| Gröbait | xx | xxx | | | xx | (x) |
| Foyait | xxx | | **xx** | | xx | |
| Chibinit | **xx** | | **xx** | | xx | |
| Shonkinit | **xx** | | x | | **xx** | |
| Essexit | xx | **xx** | xx | | **xx** | |
| Urtit | | xx | xxx! | | xx | |
| Ijolith | | | xxx | | **xx** | |
| Leucit-Syenit | **xx** | | | **xx** | | x |
| Sommait | **xx** | **xx** | | xx | **xx** | |
| Italit | | | | xxx! | x | |

Zeichenerklärung: (x) = evtl. geringe Anteile, x = 0–7%, xx = 8–20%, **xx** = mehr als 20%, xxx = mehr als 50%, xxx! = mehr als 80%.

dukt granitischer Schmelzen und weltweit verbreitet.

**Syenitgruppe,** Sammelbezeichnung für zahlreiche Abarten syenitischer Gesteine (Tabelle S. 373).

**Sylvanit** (m), $AgAuTe_4$, *Schrifterz,* wird in der → *Klassifikation der Minerale* den Sulfiden zugeordnet. H 1,5–2, D 8,0–8,3, X-System: monoklin. Form: kleine, längsgestreifte Kristalle, tafelig, blättrig, spießig. Farbe: zinnweiß, stahlgrau, lichtgelb. Undurchsichtig; Metallglanz. Sehr gute Spaltbarkeit. S. ist zusammen mit Goldvorkommen u. a. in Rumänien, USA, Kanada anzutreffen.

**Sylvin** (m), KCl, *Chlorkalium,* den Halogeniden zugeordnet. H 2, D 1,9–2,0, X-System: kubisch. Form: oktaedrische oder würfelige Kristalle; grob bis feinkörnig. Farbe: farblos, weiß, gelblich. Durchsichtig bis durchscheinend; Glasglanz bis fettglänzend. Würfelige Spaltbarkeit. Sehr leicht wasserlöslich. S. kommt in größeren Mengen in den Kalisalzlagerstätten Norddeutschlands vor und ist auf Klüften zusammen mit Steinsalz und Anhydrit sowie vereinzelt als Ausblühung an tätigen Vulkanen anzutreffen.

**Sylvinit** (m), ein Salzgestein, das → *Sylvin* und in geringeren Mengen → *Halit* enthält.

**Symmetrie** → *Kristallsymmetrie*

**syngenetisch,** Bezeichnung für alle Bildungen, die gleichzeitig mit ihrer Umgebung entstanden sind; auch für gleichzeitig erfolgte tektonische Bewegungen angewendet.

**Syngenit** (m), ein wasserhaltiges Kali-Calcium-Sulfat, monoklin; kommt in dünntafeligen, farblosen Kristallen in Kalisalzlagerstätten und auf Lava vor. H 2,5, D 2,6.

**synkinematisch,** Bezeichnung für Bildungsvorgänge, die während tektonischer Beanspruchungen stattfinden; auch mit *syntektonisch* bezeichnet.

**Synklinale** (f), geologische Bezeichnung für eine durch tektonische Vorgänge entstandene Mulde als Teil einer Falte, mit nach oben meist auseinanderstrebenden Faltenschenkeln. Gegensatz: → *Antiklinale.*

**Synklinorium** (n), ein Faltenbündel, bei dem die mittleren Faltensättel (Antiklinalen) tiefer als die äußeren liegen, so daß durch die Aneinanderreihung der einzelnen Falten eine große Mulde (→ *Synklinale*) entsteht. Ein Faltenbündel, das insgesamt eine Aufwölbung darstellt, wird → *Antiklinorium* genannt.

**synorogen,** Bezeichnung für magmatische Aktivität während der Orogenese; besonders durch die Entstehung von Plutonen gekennzeichnet.

**Syntexis** (f), die völlige oder teilweise Aufnahme von Nebengesteinsmaterial, fremden Magmen, Lösungen oder Gasen in einem Magma.

**synthetische Kristalle** → *Kristallzüchtung*

**Syringopora,** Koralle der Ordnung → *Tabulata,* vom Silur bis zum Karbon weltweit verbreitet; Kolonien groß, von zylindrischen, häufig untereinander verwachsenen Coralliten gebildet.

**Szepterquarz,** Bezeichnung für eine besondere Form der Verwachsung von → *Quarz*-Kristallen.

# T

**Tabulata,** Ordnung ausgestorbener, ausschließlich kolonienbildender Korallen mit zahlreichen Querböden (Tabulae) und gering entwickelten Septen (Scheidewände); Hauptentwicklungszeit im Paläozoikum.

**Tafelberg,** steilwandiger, durch Abtrag abgetrennter Einzelberg mit flacher Gipfelzone, meist in sogenannten Tafelrandzonen anzutreffen.

**Tafelland,** Bezeichnung für ein aus horizontalen Gesteinsschichten aufgebautes Flachland.

**Tafelpluton,** Bezeichnung für einen tafelförmigen Intrusionskörper, s. auch → *Pluton.*

**Tafelrumpf,** durch schräggestellte Schichten gekennzeichnete ebene → *Rumpffläche.*

**Tafonierung,** *Tafoni* (pl), Bezeichnung für Höhlungen im Gestein, die durch Herausbröckeln verwitterten Materiales an Klufträndern etc. gebildet wurden; die wahrscheinliche Ursache dürfte in der unterschiedlichen Verteilung der Bergfeuchte zu suchen sein.

**Tagebau,** der oberirdische Abbau von Bodenschätzen und Gesteinen jeglicher Art; besonders beim Abbau von Braunkohle müssen zuerst hohe Deckschichten abgeräumt werden.

**takonische Phase,** Faltungsphase der altkaledonischen Gebirgsbildung, zeitlich an der Wende vom Ordovizium zum Silur einzuordnen.

**Tal,** tiefer, durch Erosion entstandener Einschnitt in die Erdoberfläche von unterschiedlicher Breite, mit gleichsinnigem Sohlengefälle. Durch die Tätigkeit fließender Gewässer gebildete Talformen sind: *Klamm, Schlucht, Canyon,* der *Tobel* als Abflußkanal eines Wildbaches und das V-förmige *Kerbtal,* bei dem die andauernde Tiefenerosion die Bildung eines Talbodens verhinderte. Durch verstärkte Seitenerosion kann sich ein mehr oder weniger breiter Talboden des *Sohlentales* entwickeln. Das U-förmige Trogtal entsteht durch die fräsende Wirkung des Gletschereises in einer vorgebildeten Talung. Ein Großteil der Täler folgt den tektonischen Gegebenheiten (*tektonische Täler*), die nach ihrer Lage zum Streichen des Gebirges in *Längs-, Quer-* und *Diagonaltäler* eingeteilt werden. Folgen sie einer tektonischen Mulde, werden sie als *Synklinal-* oder *Muldentäler* bezeichnet; Längstäler, die auf tektonischen Sätteln verlaufen, werden *Antiklinal-* oder *Satteltäler* genannt.
Das obere, hochgelegene Ende eines Tales wird als *Talschluß,* die Mündung als *Talausgang* oder *Talmündung* bezeichnet. Nebentäler, die hoch über der Sohle eines Haupttales einmünden, nennt man auch *Hängetäler.* Ein sogenanntes *Trockental* wurde in der Vorzeit un-

ter anderen klimatischen Bedingungen gebildet.

**Talasymmetrie,** Bezeichnung für die Besonderheit eines Tales, in dem die gegenüberliegenden Hänge eine erheblich ungleiche Neigung aufweisen.

**Talformen** → *Tal*

**Talk** (m), $Mg_3(OH)_2[Si_4O_{10}]$, ein Silikat. H 1–1,5, D 2,6–2,8, X-System: monoklin. Form: blättrige, schalige Aggregate, sonst derb; die massige Form wird → *Steatit (Speckstein)* und *Topfstein* genannt. Farbe: weiß, grau, gelblich, grünlich, rötlich, bräunlich. Durchscheinend bis undurchsichtig. Perlglanz auf Spaltflächen, sonst fettig bis matt. Biegsam, formbar. T. kommt vorzugsweise in kristallinen Schiefern vor und ist u. a. im Fichtelgebirge sowie in den Alpen anzutreffen; von Bedeutung sind die als *Sköl* bezeichneten Steatit-Partien auf den schwedischen Erzlagerstätten.

**Talkschiefer,** weiß-graues, grünliches, häufig fettglänzendes metamorphes Gestein, das neben blättrigem *Talk* noch *Aktinolith, Chlorit, Quarz, Magnetit* u. a. im Mineralbestand aufweist. T. kommt u. a. in der Schweiz, in Tirol (Zillertaler Alpen), bei Salzburg, in der Steiermark, in Skandinavien, USA und UdSSR vor. □

**Talung** (f), im engeren Sinne Bezeichnung für eine talähnliche Mulde, die nicht durch → *fluviatile Erosion* entstanden ist.

**Tansanit** (m), Handelsname für blauen → *Zoisit* aus Tansania.

**Tantalit** (m), $(Fe,Mn)\cdot(TaNb)_2O_6$, ein Oxid und Glied der → *Columbit*-Mischreihe. H 6–6,5, D 7,9–8, X-System: rhombisch. T. kommt in Form kurzsäuliger Kristalle von schwarzer Farbe, undurchsichtig mit halbmetallischem Fettglanz, vorzugsweise in Granitpegmatiten vor. Das andere Glied der Mischreihe ist → *Niobit.*

**Tarnowitzit** (m), $(Pb,Ca)CO_3$, *Bleiaragonit,* ein Carbonat. H 5, D 2,9–3, X-System: rhombisch. Form: dicktafelige, säulige Kristalle oder radialstrahlige Aggregate. Farbe: farblos, gelblich-weiß bis braun. Durchscheinend; Glasglanz. Spaltbarkeit undeutlich ausgeprägt. T. kommt vorzugsweise in der Verwitterungszone von Bleierzlagerstätten vor.

**taub,** nach einem alten bergmännischen Ausdruck Bezeichnung für ein Gestein, in dem wirtschaftlich nutzbare Minerale nicht oder nur in unbedeutender Menge enthalten sind.

**Taxocrinus,** großwüchsige Seelilie (→ *Crinoidea*), im Devon und Karbon in Europa und Nordamerika verbreitet; der Kelch besteht aus zahlreichen lose verbundenen Platten, Arme kurz.

**Tegel** (n), Bezeichnung für aus einem Gemenge von Ton und Mergel bestehende Gesteine, hauptsächlich im österreichischen Molassebecken, die reichlich zu Eisenoxid umgewandelte Sulfide enthalten. Als Fossilien sind Gastropoden vertreten, verschiedentlich in größerer Anzahl.

**Tektite** (pl), rundliche bzw. länglichrunde, grüne, braune bis fast schwarze Körper aus saurem Gesteinsglas (60–80% $SiO_2$) mit eigenartigen Rinnen, Wülsten oder Grübchen an der Oberfläche; Durchmesser in der Regel 1 bis 3 cm. Die Fundorte, nach denen die T. jeweils benannt werden, liegen in Australien

*Trilobit (Conocephalus) aus dem Kambrium Böhmens.*

(Australite), Südostasien (Philippinite, Javaite, Malaysianite, Indochinite), Afrika (Tektite der Elfenbeinküste), Europa (Moldawite) und Nordamerika (Bediasite, Georgia-Tektite). Die Ansicht, daß Tektite wie Meteorite kosmischen Ursprungs sind, wird heute nur noch von wenigen Wissenschaftlern geteilt, vielmehr werden sie als Schmelzprodukte angesehen, die bei Einschlägen von Riesenmeteoriten entstanden sind. Die Moldawite können beispielsweise als Auswürflinge des Nördlinger Rieses während des Meteoriteneinschlages gelten.

**Tektogenese** (f), durch tektonische Vorgänge herbeigeführte einheitliche Um- und Neubildung von Teilen der Erdkruste (Tektogene), beispielsweise Faltung und Bruchbildung.

**Tektonik,** Lehre vom Bau der Erdkruste und von den daran beteiligten Kräften und Bewegungsabläufen. Der Begriff wird jedoch auch für das Erscheinungsbild selbst verwendet, wie z. B. Tektonik der Alpen. Die T. gliedert sich in: *Bruchtektonik,* Zerbrechungserscheinungen wie Klüfte, Fugen, Spalten, Verwerfungen u. a. sowie deren Bildungen; *Faltentektonik,* alle Bauformen der Faltung und des Deckenbaues umfassend; *Fein-* oder *Kleintektonik,* die sich mit den Deformationsspuren im Detail bis hin zum Dünnschliff (*Mikrotektonik*) befaßt, → *Plattentektonik.*

**tektonisches Beben,** *Dislokationsbeben,* durch tektonische Vorgänge hervorgerufenes → *Erdbeben.*

**Tektonit** (m), Bezeichnung für ein Gestein, dessen tektonische Beanspruchung im Gefüge erkennbar ist.

**Tektonogramm,** Darstellung des zeitlichen Ablaufs tektonischen Geschehens in einem bestimmten Gebirgsabschnitt; auch die Darstellung von Intensitätsschwankungen tektonischer Vorgänge im Verlauf der Erdgeschichte.

**Tektonosphäre,** die Zone der Erde, in der sich tektonische Vorgänge vollziehen; reicht bis in etwa 120 km Tiefe; die T. weist, im Gegensatz zu den tiefer gelegenen Zonen, erhebliche Unterschiede in der stofflichen Zusammensetzung und ein relativ großes Energiegefälle auf.

**Tektosilikate** → *Silikate.*

**Tellur** (n), Te, ein Element. H 2–2,5, D 6,1–6,3, X-System: trigonal. Form: säulige, kurzstengelige, löcherige Kristalle selten; meist derb, feinkörnig eingesprengt. Farbe: zinnweiß, grau. Undurchsichtig; metallisch glänzend. T. besitzt eine sehr gute Spaltbarkeit und kommt in gediegener Form u. a. in Rumänien und Westaustralien vor, wo es als goldbegleitendes, seltenes Mineral anzutreffen ist.

**tellurisch,** die Erde betreffend, zur Erde gehörig; *tellurig* dagegen ist ein Begriff aus der Chemie und bezieht sich auf das Element *Tellur.*

**Tellurit** (m), $TeO_2$, *Tellurocker,* ein seltenes Oxid, X-System: rhombisch. Form: dünntafelige, flächenreiche Kristalle oder kugelige, radialfaserige Aggregate; farblos bis gelblich und grauweiß. Durchscheinend mit Diamantglanz. T. ist ein Verwitterungsprodukt von Goldtelluriden; Fundorte: Siebenbürgen, Japan, Colorado/USA u. a.

**Tellurocker,** andere Bezeichnung für → *Tellurit.*

**Tellursilber,** andere Bezeichnung für → *Hessit.*

**Temperaturen der Erde** s. → *Erde, Aufbau,* → *geothermisch.*

**Tennantit** (m), $Cu_3AsS_3$, *Arsenfahlerz,* ein seltenes Sulfid, H 3–4, D 4,6, enthält hohe Kupferanteile.

**Tentakuliten,** *Ruderschnecken,* ausgestorbene Meerestiere mit 15 bis 30 mm großem, konischem und in einer Spitze auslaufendem Gehäuse, dessen Anfangsteil gekammert ist; werden neuerdings als besondere Klasse der Mollusken eingestuft. Im Altpaläozoikum waren die T. stellenweise in großen Mengen vertreten.

**Tephra** (f), Bezeichnung für *lockere* vulkanische Auswurfprodukte.

**Tephrit** (m), ein nephelinführendes, olivinfreies Basaltgestein mit Plagioklas und Pyroxen als Hauptgemengeteilen.

**Terebratulida,** eine Ordnung articulater → *Brachiopoden* mit meist glattem Gehäuse, seit dem Silur verbreitet; bilden u. a. im Muschelkalk die Terebratulidenbänke.

**Terra fusca** (f), aus karbonatreichem Gesteinsmaterial, auch aus Gips oder Anhydrit entstandener humusarmer, weitgehend entkalkter, brauner, lehmiger Bodentyp des feuchtwarmen Klimas. Die Eisenverbindungen weisen einen geringeren Dehydrationsgrad als jene der → *Terra rossa* auf.

**Terra rossa** (f), durch weitgehend entwässerte Eisenoxidverbindungen rot gefärbter, entkalkter Bodentyp wärmerer Klimabereiche. Der schwere Tonboden liegt direkt auf dem Muttergestein aus Kalk oder Dolomit, dessen Verwitterungsprodukt er darstellt.

**Terrasse,** im Gefälle eines Hanges gelegene, langgestreckte, ebene und allenfalls flach geneigte Fläche. Die *Talterrasse* entsteht durch erneutes Einschneiden des Flusses in einen alten Talboden; die *Strandterrasse* ist eine über den Meeresspiegel angehobene Abrasionsplatte (→ *Abrasion*). Daneben werden noch *glaziale T.* und *Denudationsterrasse* unterschieden.

**terrestrisch,** Bezeichnung für Vorgänge, Bildungen und Erscheinungen auf dem Festland.

**terrigen,** Bezeichnung für das auf dem Festland entstandene, durch Wasser oder Wind zum Meer transportierte und dort abgelagerte Material.

**Tertiär** (n), auf die Kreide folgende (erste) → *geologische Formation* des Känozoikums (Erdneuzeit); Höhepunkt der alpidischen Faltungsära (mittelalpidisch und jungalpidisch); Belebung des Vulkanismus und Herausbildung der rezenten Festlandsverteilung. Es entstehen zahlreiche Braunkohlenlager. Die Fauna weist Großforaminiferen, Muscheln, Schnecken, Seeigel, Fische, vor allem aber die starke Entwicklung plazentaler Säuger und der Vögel aus. Als ausgestorben gelten Ammoniten, Belemniten und Saurier. In der Flora erfolgt aufgrund langsamer Klimaänderung eine Umstellung, Angiospermen treten dominierend in Erscheinung. S. auch → *Tertiär, Gliederung* (Tabelle S. 380).

**Tetartoedrie** (f), Ausbildung nur des vierten Teiles der Flächen eines Vollflächners (→ *Holoeder*) bei Kristallen.

**Tethys** (f), ein von Hinterindien über Kleinasien bis zum heutigen Mittelmeer in ost-westlicher Richtung sich erstreckendes, breites Gürtelmeer, das in seinen ersten Anlagen bis ins Paläozoikum zurückreicht und vor allem im Meso- und frühen Känozoikum am weitesten entwickelt war. Die alpidische Faltung engte den Meeresraum stark ein, so daß zunächst die → *Paratethys* übrigblieb, die nach und nach in einzelne Becken zerfiel. So ist auch das Mittelmeer als Restmeer der T. einzustufen.

**Tetraeder** (n), Vierflächner, ein von vier Dreiecken begrenzter Körper; Kristallform vor allem des kubischen X-Systems.

**Tetraedrit,** $(Cu,Zn,Ag,Fe)_2(Sb,As)S_{3-4}$, (m), *Antimonfahlerz,* ein Sulfid. H 3–4, D 4,5–5, X-System: kubisch. Form: tetraedrische oder oktaedrische Kristalle; körnig, dicht. Farbe: grau bis schwarz. Undurchsichtig; Metallglanz. Keine Spaltbarkeit, Bruch muschelig. T. kommt auf hydrothermalen Erzgängen zusammen mit anderen Sulfiden, Siderit und Quarz vor.

**tetragonal,** eines der sieben → *Kristallsysteme.*

**Tetrakishexaeder** (n), ein von 24 Flächen begrenzter Kristallkörper des kubischen X-Systems, s. auch → *Pyramidenwürfel.*

**Teufe** (f), bergmännischer Ausdruck

**Tertiär,** Gliederung

| Geol. Formation | Mill. Jahre | Abteilung | Stufe | | Tektonische Phase (Bemerk.) | Aera |
|---|---|---|---|---|---|---|
| Jungtertiär (Neogen) | | Pliozän | Asti | | pasadenische | jung-alpidisch |
| | 1-2 | | Piacentin | | wallachische | |
| | | | Pont | (Pannon) | rhodanische | |
| | | Miozän | Sarmat | Vindobon | | |
| | | | Torton | | attische | |
| | 7 | | Helvet | | | |
| | | | Burdigal | | steirische | |
| | | | Aquitan | | savische | mittel-alpidisch |
| Alttertiär (Paläogen) | | Oligozän | Chatt | Stamp | | |
| | 26 | | Rupel | | | |
| | | | Lattorf | | pyrenäische | |
| | | Eozän | Lud | Led | (Oberes Eozän) | |
| | | | Barton | | | |
| | 38 | | Auvers | | | |
| | | | Lutet | | (Mittleres Eozän) | |
| | | | Ypern | | (Unteres Eozän) | |
| | | Paleozän | Sparnac | Landen | | |
| | 54 | | Thanet | | | |
| | | | Mont | | (bis ca. 70 Mill. Jahre) | |

für Tiefe; *teufen* bedeutet niederbringen, *abteufen* einen Schacht herstellen.

**Teufenunterschiede,** bergmännischer Ausdruck für die mit zunehmender Tiefe veränderte mineralische Zusammensetzung der Erzlagerstätten. Die T. ergeben sich durch die Ausscheidungsfolge von Mineralen aus Lösungen (*primäre T.*) oder durch Verwitterungsprozesse (*sekundäre T.*).

**Texasit,** andere Bezeichnung für → *Zaratit.*

**Textur** (f), die räumliche Anordnung und Verteilung der Gemengeteile in einem Gestein, z. B. Fluidaltextur (Fließgefüge), Schlierentextur, richtungslose Textur; ein → *Gefüge*-Merkmal.

**Thalattogenese** (f), Bezeichnung für die Bildung mariner Sedimentationsbecken infolge epirogenetischer Vorgänge.

**Thalattokratie** (f), Definition bestimmter Zeitabschnitte, in denen durch transgressive Tendenzen (→ *Transgression*) des Meeres große Gebiete der Kontinentalräume überflutet waren.

**Thamnasteria,** kolonienbildende Koralle, von der Trias bis zur Kreide in Europa, Asien, Nord- und Südamerika verbreitet; Kolonien als dichte Massen, verzweigte Äste oder Krusten.

**Thanatozönose** (f), eine Gesellschaft verschiedenartiger abgestorbener Organismen; die Vergesellschaftung von Fossilien nebst ihren Lebensspuren und -produkten wird als Liptozönose bezeichnet.

**Thanet** (n), mittlere Stufe des Paleozäns im Alttertiär; s. auch → *Tertiär, Gliederung.*

**Thecosmilia,** kolonienbildende, große Koralle mit kreisförmigem Querschnitt, von der Trias bis zur Kreide weltweit verbreitet.

**Therme** (f), Thermalquelle, eine Quelle, die warmes oder heißes Wasser (über 20° C) mit gelösten Mineralstoffen schüttet; s. auch → *Akratotherme.*

**Thermometamorphose** → *Metamorphose.*

**Thixotropie** (f), Bezeichnung für einen Vorgang und die Eigenschaft der Zähigkeitsänderung (z. B. festflüssig-fest) bestimmter Tonsedimente und mineralischer Bestandteile, der allein durch mechanische Beeinflussung (z. B. Erschütterung), ohne Wasserzufuhr, ausgelöst wird. Böden, die thixotropes Material enthalten, sind besonders fließgefährlich. Th. weisen vor allem montmorillonitreiche Tone (Thixotone) auf. Sie werden oft bei Tiefbohrungen verwendet.

**Tholeiit,** ein Basalt, der sich von anderen Basaltarten im Mineralbestand unterscheidet: mehr als 50% Plagioklas, 33% Pyroxen und 9% Olivin (Hawaiit 32% Olivin).

**Thomsonit** (m), $NaCa_2[Al_2(Al,Si)Si_2O_{10}]_2 \cdot 6H_2O$, Faser-→ *Zeolith,* ein Silikat. H 5–5,5, D 2,1–2,4, X-System: rhombisch, pseudotetragonal. Form: nadelige Kristalle in strahligen, fächerförmigen Aggregaten. Farbe: weiß, gelegentlich rötliche Tönung. Durchsichtig bis durchscheinend; Glasglanz. Gute Spaltbarkeit in zwei Richtungen. Th. kommt in Blasenräumen von Effusivgesteinen vor und ist u. a. in Thüringen, Böhmen, am Vesuv, auf Island anzutreffen.

**Thorit** (m), $ThSiO_4$, *Orangit,* ein Silikat. H 4,5, D 4,4–4,8, X-System: tetragonal. Form: kurzsäulige, pyramidale, eingewachsene Kristalle; auch derb. Farbe: braun, gelblich, orangefarben bis schwarz. Durchscheinend bis undurchsichtig; Glasglanz, auch fettig glänzend. Undeutliche Spaltbarkeit, Bruch muschelig. Th. kommt in Pegmatiten vor und ist u. a. in Norwegen anzutreffen.

**Thufur** (m), (Thufa pl), isländische Bezeichnung für eine kleine (weniger als 1 m hohe) Frostaufwölbung mit einem durch Frost deformierten Kern aus mineralischem Boden.

**Thulit** (m), andere Bezeichnung für einen rötlich gefärbten, manganhaltigen → *Zoisit.*

**Thumbnails** (pl), andere Bezeichnung für → *Mikromounts,* daumennagelgroße Mineralstufen als Sammelobjekte für eine raumsparende Sammlung.

**Thuringit,** $(FeMg)_6[(OH)_8|AlSi_3O_{10}]$, (m), ein Silikat der Chloritgruppe, H 2,5, D 3,2, X-System: monoklin. Form: kryptokristallin, feinkörnig, oolithisch, feinschuppig. Farbe: olivgrün bis grünschwarz, grau. Undurchsichtig; matt oder Perlglanz. Gute Spaltbarkeit bei mildem Bruchverhalten. Th. kommt auf sedimentären Lagerstätten und in Chloritschiefern vor. Als eisenreiches Silikat ist Th. ein Eisenerz von lokaler Bedeutung.

**Tiefebene,** eine Ebene, die in geringer Höhe (max. 200 m) über dem Meeresspiegel gelegen ist.

**Tiefenerosion** (f), fluviatile Erosion, bei der die einschneidende Wirkung des fließenden Gewässers wesentlich stärker ist als beispielsweise der seitliche Abtrag (Seitenerosion) an

*Talkschiefer mit eingewachsenen Aktinolithaggregaten.*

den Talhängen. Durch T. entstehen typische Talformen, wie z. B. Klamm, Schlucht, Cañon.

**Tiefengesteine,** andere Bezeichnung für → *Intrusivgesteine, Plutonite, Intrusiva.*

**Tiefenstufe,** Bezeichnung für: 1. → *geothermische* Tiefenstufe; 2. Tiefenstufen der Regionalmetamorphose, s. → *Metamorphose,* → *Epizone,* → *Mesozone,* → *Katazone.*

**Tiefsee,** der lichtlose Meeresbereich in Tiefen von mehr als 800 m unter dem Meeresspiegel. Der flache oder gebirgige *Tiefseeboden* mit den typischen *Tiefseesedimenten* beginnt jedoch erst in Tiefen um 3000 m.

**Tiefseegraben,** *Tiefseerinne,* langgestreckte, grabenartige Rinne im Tiefseeboden, über 5500 m tief (Tiefseelotung im Marianengraben im Jahr 1959: 11 000 m), mit asymmetrischem Querschnitt; besonders typisch am Rande der Ozeane; s. auch → *Plattentektonik.*

**Tiefseeton** → *Roter Tiefseeton.*

**Tigerauge,** Bezeichnung für die gelb-braun gestreifte Schmucksteinvarietät von verkieseltem → *Krokydolith.* □

**Tilke** (f), Bezeichnung für eine Hohlform der Erdoberfläche ohne fließendes Gewässer mit gefällereichem Boden, der gegen die Hänge deutlich abgesetzt ist.

**Tillit** (m), diagenetisch verfestigter Geschiebemergel mit gekritztem oder geschrammtem Geschiebe, ist das Produkt einer präpleistozänen Grundmoräne. Gesteine von gleichem Aussehen und gleicher Beschaffenheit, die jedoch nicht glazialen Ursprungs sind, werden als

*Tigerauge, geschliffen – braun, gelb, durchsichtig, durchscheinend.*

*Pseudotillite* bzw. *Tilloide* bezeichnet.

**Tinkal,** andere Bezeichnung für → *Borax.*

**Titaneisen,** *Titaneisenerz,* andere Bezeichnungen für → *Ilmenit.*

**Titania,** Handelsname für einen synthetisch hergestellten → *Rutilkristall,* der auch als Edelstein Verwendung findet.

**Titanit** (m), CaTi[O|SiO$_4$], *Sphen,* ein Silikat. H 5–5,5, D 3,4–3,6, X-System: monoklin. Form: säulige, keilförmige, tafelige, briefkuvertartige Kristalle, meist aufgewachsen. Farbe: gelb, braun, rötlich, grünlich bis schwarz. Durchsichtig bis undurchsichtig. Glasglanz bis diamantglänzend. Gute Spaltbarkeit und schalige Absonderung. T. kommt vor allem in kristallinen Schiefern vor und ist u. a. in alpinen Klüften, so beispielsweise am St. Gotthard und im Binnatal/Schweiz, im Sulzbachtal/Österreich, im Pfitschtal und in Piemont/Italien anzutreffen; außerdem in Auswürflingen am Laacher See und in Syeniten bei Dresden. Trotz der relativ geringen Härte ist T. auch als Edelstein geschätzt, da sein Lichtbrechungsvermögen stärker sein kann als das des Diamanten; wichtiges Titanerz. □

**Titanomagnetit,** Bezeichnung für ein Entmischungsprodukt und Mischkristall von → *Magnetit – Ulvit.*

**Titanotherium,** fossiles, fünfzehiges Huftier aus dem Oligozän Nordamerikas; etwa Elefantengröße.

**Tjäle** (f), schwedische Bezeichnung für Bodeneis, s. auch → *Steineis.*

**Toarcium** (n), *Toarcien,* oberste Stufe des → *Lias* im Jura; s. auch → *geologische Formationen.*

**Tobel** (m), enger Abfluß eines Wildbaches an der Einmündung in das Haupttal; bildet dort gelegentlich einen großen Schwemmkegel.

**Tomalandschaft,** Bezeichnung für eine von Gesteinstrümmern bedeckte Fläche in Bergsturzgebieten.

**Ton,** klastisches, überwiegend aus Tonmineralen bestehendes Sediment mit Korngrößen unter 0,02 mm. Gegliedert in *Feinton* bis 0,002 mm, und *Grobton* 0,002–0,02 mm Korngröße. Der T. kann Beimengungen von Quarz, Feldspat, Dolomit, Kalk u. a. enthalten. Reine, „fette“ T.e sind formbar, diese Eigenschaft nimmt jedoch mit wachsender Verunreinigung (Magerung) ab. Das Lockersediment quillt bei Wasseraufnahme. Durch schwache diagenetische Verfestigung des T.es wird Schieferton gebildet. T. dient als Rohstoff für die keramische Industrie und die Ziegelherstellung (Ziegelsteine, Klinker und Dachziegel).

**Tonalit** (m), körniges, mitunter schlierenförmig ausgebildetes → *Intrusivgestein,* ein hornblende- und quarzreicher *Quarzdiorit,* durch Differentiation granitischer Schmelze entstanden. T. ist nach dem Fundort am Tonalepaß in der Adamello-Presanellagruppe in den italienischen Alpen benannt, kommt jedoch auch an verschiedenen anderen Stellen u. a. des Alpenraumes vor.

**Tonböden,** Bezeichnung für schwere Böden mit über 50% tonhaltigen Bestandteilen; vor allem in Flußniederungen und Marschen anzutreffen.

**Toneisenstein,** Bezeichnung für: 1. Konkretionen und Lagen von tonigem Eisenkarbonat im Steinkohlengebirge, vor allem des Ruhrgebietes; 2. durch tonige Bestandteile verunreinigter → *Siderit;* 3. ein sedimentäres Gemenge von Hämatit oder Limonit mit Ton.

**Tongalle** (f), rundliche oder linsenförmige, flache Toneinlagerung in Sandsteinen.

**Tonminerale,** Sammelbezeichnung für Minerale der Kaolinitgruppe, Montmorillonitgruppe u. a., die den überwiegenden Anteil des Mineralbestandes in Tongesteinen ausmachen.

**Tonschiefer,** durch → *Diagenese* (z. T. auch metamorph) aus Ton bzw. Schieferton gebildetes Gestein, dünnplattig spaltbar, von grauer, grünlicher, rötlicher, bläulicher oder schwarzer Farbe. Verbreitete Vorkommen u. a. im Rheinischen Schiefergebirge (Hunsrück, Taunus), im Harz, im Thüringer Wald. T. findet u. a. als Dachschiefer Verwendung.

**Tonstein,** Bezeichnung: 1. im engeren Sinne für dünne Lagen feinkörnigen Tonmaterials in Steinkohlegebirgen; 2. allgemein für Tongesteine.

**Topas** (m), $Al_2[Fe_2|SiO_4]$, ein Silikat. H 8, D 3,5–3,6, X-System: rhombisch. Form: prismatische, flächenreiche Kristalle in mehr als 140 bekannten Formen, gelegentlich Längsstreifung, auch in stengeligen Aggregaten *(Pyknit)*, selten dicht. Farbe: weingelb, farblos, blaßblau, blaßgrün, selten rosa. Durchsichtig bis durchscheinend; Glasglanz. Vollkommene Spaltbarkeit nach der Basis; Bruch muschelig, uneben. Erkennbar an der Härte und der vielfältigen Kristallform. T. kommt auf pneumatolytischen Lagerstätten, in Pegmatiten, auf Gold- und Edelsteinseifen vor und ist u. a. in Sachsen, im Fichtelgebirge, Untersulzbach in den Hohen Tauern (einziger bekann-

*Titanit, z. T. mit Chlorit überstäubt (Wallis/Schweiz) – grünlich, durchsichtig.*

ter Fundort in den Alpen), in Portugal, Südwestafrika, Brasilien, USA anzutreffen. Gelbrote Kristalle in Edelsteinqualität stammen u. a. aus Brasilien, blaue Exemplare aus Kalifornien. □

**Topfstein,** Bezeichnung für die massige Form von → *Talk.*

**Torbernit,** $Cu[UO_2|PO_4]_2 \cdot 8\text{–}12H_2O$, (m), *Kupferuranglimmer,* ein Phosphat. H 2–2,5, D 3,4–3,6, X-System: tetragonal. Form: dünntafelige Kristalle; schuppige, fächer- bzw. rosettenförmige Aggregate; erdig, in Krusten. Farbe: smaragd- bzw. hellgrün. Durchscheinend; Perlglanz, Seidenglanz. Ausgezeichnete Spaltbarkeit bei sprödem Bruchverhalten. T. kommt auf Erzgängen, in granitischen Gesteinen, in Klüften, als Imprägnationen vor und ist u. a. zusammen mit Pechblende, Fluorit und Autunit im Erzgebirge, Fichtelgebirge, im Bayerischen Wald, in Portugal anzutreffen.

**Torf** (m), weiches, gelbbraunes bis schwarzes Zersetzungsprodukt von Pflanzenresten, die sich in Mooren ansammeln; im trockenen Zustand brennbar. T. ist die Vorstufe der → *Inkohlung.*

**Torfmudde** → *Mudde.*

**Tornatellaea,** kleine (0,5–2 cm), spindelförmige Schnecke (→ *Gastropoden*), vom Jura bis zum Oligozän weltweit verbreitet; Windungen gewölbt mit kräftigen Spiralfurchen.

**Torton** (n), eine der oberen Stufen des Miozäns im Jungtertiär; s. auch Tabelle → *Tertiär, Gliederung.*

**Toteis,** von Gletschern oder Inlandeiskörpern abgetrenntes, unbewegtes Resteis, oft von Moränenmaterial überdeckt. Beim Auftauen sackt das darüberliegende Material ab, so daß an der Oberfläche abflußlose Hohlformen (→ *Soll*) entstehen.

**Tournai** (n), unterste Stufe des Unterkarbons; s. auch → *geologische Formationen,* → *Karbon.*

**Tracht** → *Kristallgestalt.*

**Trachyte** (pl), Gruppe hell- bis dunkelgrauer, poröser, junger → *Effusivgesteine,* die Äquivalente zu den syenitischen Gesteinsschmelzen darstellen. In den Kalifeldspat-Plagioklasgesteinen variieren vor allem Plagioklas-, Hornblende-, Pyroxen-, Biotit-, mitunter auch Olivinanteile. In der dichten, z. T. glasigen Grundmasse liegen zahlreiche Sanidineinsprenglinge eingebettet, die den meisten T.n eine porphyrische Struktur verleihen. Viele dieser Gesteine besitzen außerdem stark ausgeprägte Fließtexturen. T. sind u. a. im Siebengebirge, in der Eifel, in Ungarn, in der CSSR, in Bulgarien, Frankreich, Italien anzutreffen, darüber hinaus jedoch weltweit verbreitet.

**Transfluenz** (f), Bezeichnung für die Ausdehnung bzw. das Übergreifen eines Gletscherstromes über niedrige Teile der seitlichen Gletscherumrandung hinweg in ein benachbartes Tal, wo sich gegebenenfalls eine gesonderte Zunge bildet. Die solcherart vergletscherte Paßregion wird auch als *Transfluenzpaß* bezeichnet.

**Transgression** (f), durch Meeresspiegelschwankungen oder Landsenkung infolge epirogenetischer Vorgänge in der Erdkruste hervorgerufene Überflutung von Festlandsflächen durch das Meer. Das bis dahin der Abtragung ausgesetzte Gebiet wird somit anschließend zum Sedimentationsraum. Gegensatz: → *Regression.*

**Translation** (f), in der Kristallographie Bezeichnung für den Vorgang und die Eigenschaft der Gleitbiegung bei Kristallen. Je nach Art des Gitterbaues besitzen viele Kristalle die Eigenschaft, sich unter einseitiger mechanischer Krafteinwirkung plastisch zu verformen, ohne zu brechen oder zu spalten. Dabei findet eine Verschiebung der Teilchen einer Gitterebene gegen jene der benachbarten Gitterebene statt. Die Flächen, auf denen eine solche Verschiebung stattfindet, werden *T.s-flächen* oder Gleitflächen genannt. Die Richtung der T. wird von der Feinstruktur der Kristalle bzw. ihrem Gitterbau bestimmt. Der Betrag der Verschiebung (Verformung) ist abhängig von Stärke und Dauer der Belastung.

**Translationsfläche** → *Translation.*

**Transparenz** (f), die Lichtdurchlässigkeit; bei Mineralen abhängig von der chemischen Zusammensetzung, dem Wachstum der Kristalle und etwaigen Fremdeinschlüssen. Man unterscheidet durchsichtige, durchscheinende und undurchsichtige Kristalle. Undurchsichtige Minerale mit Metallglanz werden darüber hinaus gelegentlich *opak* genannt. Angaben über die Transparenz beziehen sich immer auf den Einzelkristall, Aggregate können hiervon deutlich abweichen. Dünnste Schichten eines an und für sich undurchsichtigen Minerals können durchaus durchscheinend sein. Räumlich begrenzte, wolkenförmige Trübungen oder sogenannte Geisterstrukturen (einzelne Wachstumsphasen) finden bei der allgemeinen Beurteilung der T. keine Berücksichtigung.

**transversal,** quer zu einer bestimmten Richtung verlaufend.

**Transversalschieferung,** die unter Druck entstandene Schieferung eines Gesteins quer zu seiner ursprünglichen Schichtung.

**Transversalstörung** → *Lineament.*

**Transversalverschiebung,** andere Bezeichnung für → *Horizontalverschiebung.*

**Trapezoeder** (n), ein von gleichschenkligen Trapezen begrenzter Körper.

**Trapp** (m), Bezeichnung für großflächige, in mehreren Lagen treppenartig abgestufe Basaltergüsse, oft von erheblicher Ausdehnung, z. B. auf Island und in Indien; ursprünglich nur für Gang-Diabase verwendet.

**Traß** (m), ein gelblich-bräunlicher Trachyt-Tuff; aus einem vulkanischen Schlammstrom oder als Glutwolkenbildung entstanden, wie dies besonders für den T. der Eifel angenommen wird.

**Trauf** (f), Bezeichnung für die Vorderkante einer → *Schichtstufe,* am Treffpunkt von *Stufenstirn* und *Stufenfläche* (Stufenlehne) gelegen.

**Travertin** (m), fester, weißlich-gelb bis bräunlich gebänderter *Kalksinter,* der schichtweise im Süßwasser ausgefällt wurde.

**Tremadoc** (n), die unterste Stufe des → *Ordoviziums;* s. auch → *geologische Formationen.*

**Tremolit,** $Ca_2(Mg,Fe)_5Si_8O_{22}(OH)_2$, (m), ein dem → *Aktinolith* nahe verwandtes Silikat der *Amphibolgruppe.* H 5–6, D 2,9–3,2 X-System: monoklin. Form: meist nadelige, faserige, strahlige oder asbestartige Aggregate. Farbe: weiß, hellgrau mit grünlicher Tönung (dagegen Aktinolith: hell- bis dunkelgrün, intensivere Färbung). Durchscheinend; Glasglanz, Seidenglanz. Ausgezeichnete Spaltbarkeit. T. kommt vor allem in metamorph veränderten Kalken und Dolomiten sowie in Serpentiniten vor. Im Unterschied zu dem äußerlich recht ähnlichen → *Wollastonit* zeigt der T. keine Reaktion mit Salzsäure.

**Trepospira,** mittelgroße (2–4 cm) Schnecke (→ *Gastropoden*), vom Devon bis zum Perm in Europa, Nord- und Südamerika sowie in Afrika verbreitet; schwach gewölbte Windungen, nach außen scharf abgegrenzt; Oberfläche glatt mit deutlich ausgeprägter Knotenreihe.

**Trepostomata,** eine Ordnung der Moostierchen (→ *Bryozoen*) aus der Klasse Gymnolaemata, seit dem Ordovizium verbreitet; massive, verästelte und plattenartige Wachstumsformen, Tentakel kranzförmig angeordnet (nur mit Mikroskop erkennbar).

**Triakisoktaeder** (n), 24-flächige Kristallform, auch → *Pyramidenoktaeder* genannt.

**Triakistetraeder** (n), 12-flächige Kristallform, auch → *Pyramidentetraeder* genannt.

**Trias** (f), erste → *geologische Formation* des Mesozoikums mit den Abteilungen Buntsandstein, Muschelkalk und Keuper sowie insgesamt 9 germanischen bzw. 6 alpinen Stufen. Einleitung der alpidischen Orogenese mit der altkimmerischen Phase gegen Ende des Keupers. Vulkanismus in den Geosynklinalen; in Nordamerika, Sibirien und Afrika große Basaltergüsse. Gesteine: Sandstein, Kalke, Dolomitgesteine,

*Topas in Bergkristallstufe – gelblich, durchsichtig.*

salinare Einlagerungen. In der Fauna dominieren Muscheln, Cephalopoden, Brachiopoden, Crinoiden; Reptilien mit vielen neuen Ordnungen; Erscheinen der ersten Säuger. Die Flora weist vor allem Schachtelhalme, Coniferen und die Weiterentwicklung der Gymnospermen aus.

**triassisch,** *triadisch,* zur Trias gehörig, die Trias betreffend.

**Triceratops,** ein ca. 8 m langer Dinosaurier der Oberkreide Nordamerikas mit kragenförmiger Platte am Nacken, einem Nasenhorn und zwei Stirnhörnern.

**Trichite** (pl), Bezeichnung für haarförmig ausgebildete → *Mikrolithe.*

**Trichroismus** → *Pleochroismus.*

**Trichterdoline** (f), Bezeichnung für eine trichterförmige → *Doline.*

**Trichterpluton** (m), Bezeichnung für einen trichterförmig ausgebildeten Intrusionskörper (→ *Pluton*).

**Tridymit** (m), Hochtemperaturmodifikation des $SiO_2$ (→ *Quarz*), ursprünglich in hexagonalem System gebildet, bei niedriger Temperatur dann rhombisch umgewandelt bei Erhaltung der äußeren Form. T. kommt in Hohlräumen von Effusivgesteinen vor und ist u. a. im Siebengebirge anzutreffen.

**trigonal,** eines der sieben → *Kristallsysteme.*

**Trigonia,** mittelgroße bis große Muschel, von der Trias bis zur Kreide weltweit verbreitet; Klappen fast dreieckig, kräftige Rippen an der Vorderseite, die Hinterseite von schwächeren, dichteren Rippen gekennzeichnet.

**Trigonodusdolomit** (m), nach der als

*Türkis (dicht) – hellgrün, undurchsichtig.*

Fossil enthaltenen Muschel benannte, bis zu 30 m mächtige Schicht des oberen Muschelkalks in Süddeutschland.

**Trigyre** (f), in der Kristallographie Bezeichnung für eine 3-zählige Symmetrieachse.

**triklin,** eines der sieben → *Kristallsysteme.*

**Trilobiten,** eine Klasse ausgestorbener, vom Kambrium bis zum Perm verbreiteter, ausschließlich mariner Gliederfüßer *(Arthropoden)*. Der Körper wird in Kopfschild (Cephalon), Thorax (Rumpf) mit wechselnder Anzahl von Segmenten (Rumpfgliedern) und Schwanz (Pygidium) unterteilt. Seitlich des zentralen Teiles des Kopfes (Glabella) befinden sich die Wangen mit den beiden Fazettenaugen. Die Wangen setzen sich z. T. in Wangenstacheln fort, die unterschiedlich lang sein können. Mehrere T. gelten heute als Leitfossilien. □

**Trinucleus,** ein → *Trilobit* des Ordoviziums, fossil in Europa anzutreffen; Kopf viel größer als Schwanz, mit langen Wangenstacheln, Thorax mit 6 Segmenten, Schwanz breiter als lang, Schwanzsaum glatt.

**Tripel** (m), *Polierschiefer,* Bezeichnung für feinkörnige, kieselige Gesteine, die sich aus sehr fein geschichteter Diatomeenerde zusammensetzen; s. auch → *Kieselgesteine.*

**Tripelpunkt,** bei der → *Plattentektonik* Bezeichnung des Punktes, an dem drei Lithosphärenplatten zusammentreffen, z. B. in der Mitte des Atlantischen Ozeans der Treffpunkt von Europäischer, Amerikanischer und Afrikanischer Platte.

**Triplagnostus,** kleiner → *Trilobit* (kleiner als 1 cm) des Kambriums, in Europa, Nordamerika, Asien und Australien anzutreffen; Kopf und Schwanz etwa gleich groß, Thorax mit zwei Segmenten, Wangen ohne oder mit kleinem Wangenstachel.

**Trochactaeon,** mittelgroße bis große (3–8 cm) Schnecke (→ *Gastropoden*) der Kreide, weltweit verbreitet, mit spindelförmigem Gehäuse, das am unteren Ende zwei oder drei kräftige Falten aufweist; Gehäuseoberfläche glatt.

**Trochitenkalk,** ein Kalkgestein der Muschelkalkformation, das überwiegend aus den Stielgliedern (*Trochiten*) von Seelilien aufgebaut ist.

**Trockenböden,** Bezeichnung für Böden trockener Klimazonen, in denen die Verdunstung größer als die Niederschlagsmenge ist, so daß die Bodenfeuchtigkeit von unten nach oben steigt und sich an der Erdoberfläche häufig Krusten der im Wasser gelösten Minerale bilden.

**Trockenrisse,** bei der Austrocknung wasserhaltiger Feinsedimente auftretende Schrumpfungsrisse (vor allem bei Tonsedimenten). Die in fossilen Landablagerungen vielfach auftretenden *Netzleisten* stellen die Abdrücke solcher Trockenrisse dar und befinden sich an der Unterseite einer hangenden Schicht über den Trockenrissen.

**Trockental,** ein fluviatil geformtes Tal, das gegenwärtig keine Oberflächengewässer enthält, sei es aufgrund veränderter klimatischer Bedingungen oder – vorwiegend in Karstgebieten – durch nunmehr unterirdische Hauptentwässerung.

**Trog** (m), eine langgestreckte, von

Steilhängen begrenzte Hohlform, z. B. *Trogtal.*

**Trogschulter,** der obere, flach geneigte Teil eines → *Trogtals.*

**Trogtal,** *Gletschertal,* durch Gletschererosion aus einem ehemaligen Kerbtal umgebildete Talform mit U-förmigem Querschnitt (U-Tal). Im unteren Teil weist das T. den eigentlichen *Taltrog* auf, der am *Trogrand* (Trogkante) in flacher geneigte Hanglagen (→ *Trogschulter*) abknickt. Die flache Trogschulter war ebenfalls noch der Schliffwirkung des bewegten Gletschereises ausgesetzt. Die Schliffgrenze ist durch *Schliffkehle* oder *Schliffbord* – im Übergang zu den vom Eis nicht mehr bearbeiteten Hangpartien gelegen – gekennzeichnet.

**Troktolith** (m), *Forellenstein,* ein mittelkörniges Intrusivgestein der Gabbrogruppe mit punktförmiger Durchsetzung der Feldspatmatrix mit Olivin (z. T. serpentinisiert). Dieses punktförmige Gefügemerkmal ähnelt gewissermaßen der Zeichnung einer Forellenhaut. T. kommt u. a. bei Bad Harzburg am Brocken vor, in Cornwall/England, Jugoslawien, Albanien, Bulgarien, Polen und in der Türkei.

**Troostit** (m), $(Zn,Mn)_2[SiO_4]$, ein Silikat. H 6, D 3,8–4,2, X-System: hexagonal. Form: säulige, stengelige Kristalle; auch fein- bis grobkörnig. Farbe: grau, gelblich-rötlich, rosafarben. Durchscheinend; Glasglanz, auch fettiger Glanz. Gute Spaltbarkeit, Bruch muschelig. T. kommt auf Zinkerzlagerstätten vor.

**Tropfstein,** Bezeichnung für einen Kalksinter, der in Höhlen aus kalkhaltigem Wasser ausgeschieden wird; bildet sich am Boden aufwachsend als → *Stalagmit* und von der Höhlendecke herabhängend als → *Stalaktit.*

**Trum** (n), bergmännischer Ausdruck für einen kleinen (geringmächtigen) Gang.

**Trümmerachat** (m), ein mehrfach zerteilter und gegliederter → *Achat* (→ *Chalcedon*).

**Trümmererz,** bergmännischer Ausdruck für marines Erz, das durch Zertrümmerung und Anreicherung von Erzmineralen am Meeresboden gebildet wurde; u. a. in den Erzlagerstätten von Salzgitter anzutreffen.

**Trümmerkalk,** Bezeichnung für ein Kalkgestein, das aus zertrümmerten Fossilien aufgebaut ist, oder für mehrfach zerbrochene und wiederverkittete Kalksteine.

**Tschermigit** (m), $NH_4Al(SO_4) \cdot 12H_2O$, *Ammonalaun,* ein Sulfat. H 1–2, D 1,6, X-System: kubisch. Form: meist stengelige oder faserige Aggregate; plattig oder in Krusten. Farbe: farblos, weiß. Durchsichtig bis durchscheinend; Glasglanz. Undeutliche Spaltbarkeit, sprödes Bruchverhalten. T. ist wasserlöslich und kommt auf Klüften der Braunkohle, an Vulkanen, auf Kohlenhalden, in Gips und Ton vor und ist u. a. in Ungarn und im Krater des Ätna auf Sizilien anzutreffen.

**Tschernosjom** (m), *Tschernosem,* russische Bezeichnung für → *Schwarzerde.*

**Tsunamis** (pl), japanische Bezeichnung für das plötzliche Auftreten hoher Meereswellen, die oft erhebliche Überschwemmungen und sturmflutähnliche Erscheinungen an der Küste hervorrufen. Sie stehen in unmittelbarem Zusammenhang mit

→ *Erdbeben* am Meeresboden des Pazifiks.

**Tuff** (m), 1. *vulkanischer Tuff,* ein aus verfestigtem, geschichtetem oder ungeschichtetem vulkanischem Auswurfmaterial gebildetes pyroklastisches Sedimentgestein, nach Art der Zusammensetzung in *Agglomerattuff* (aus verkitteten gröberen Stücken), *Aschentuff, Glastuff* usw. unterschieden.
2. *Kalktuff,* ein lockergefügter, poröser Kalk, → *Sinter.*

**Tuffgang,** ein mit vulkanischem → *Tuff* ausgefüllter Gang; durch Eindringen eines Tuff-Gasgemisches *(Fluidisationsprodukt)* entstanden.

**Tuffit** (m), aus einem Gemenge von vulkanischem Auswurfmaterial mit tonigen, sandigen oder kalkigen Sedimenten zusammengesetztes Gestein.

**Tungstein,** andere Bezeichnung für → *Scheelit.*

**Tungstit** (m), $WO_3 \cdot H_2O$, *Wolframocker,* ein grünlichgelbes Hydroxid, das meist in Form erdiger Anflüge oder derb eingesprengt vorkommt, z. B. in Cornwall/England, Bolivien, Uganda.

**Türkis** (m), $CuAl_6[(OH)_2|PO_4]_4 \cdot 4H_2O$, *Kallait,* ein Phosphat. H 5–6, D 2,6–2,8, X-System: triklin. Form: kryptokristallin; derb, nierig, traubig; Krusten und Überzüge. Farbe: blaugrün, himmelblau, grünlichgrau. Undurchsichtig; fettiger Glanz, Wachsglanz, selten Glasglanz. Keine Spaltbarkeit, Bruch muschelig. T. ist ein sekundär gebildetes Mineral und kommt in der Verwitterungszone (in Klüften und Adern) tonerdereicher Gesteine vor, vorwiegend in ariden Gebieten. Fundorte u. a.: in Sachsen, Schlesien, im Iran, Sinai, in Tibet,

*Turmalin, Schörl (Vintschgau/Südtirol) – schwarz, undurchsichtig.*

USA (Colorado, Nevada). T. wird u. a. zu Schmucksteinen verschliffen. Verwendung bereits im alten Ägypten, bei den Azteken und Inkas. □

**Türkismatrix,** Bezeichnung für einen → *Türkis* mit brauner oder schwarzer Aderung.

**Turmalin** (m), $Na(Mg,Fe,Li,Al,Mn)_3Al_6[(OH,F)_4(BO_3)_3|Si_6O_{18}]$, ein Silikat. H 7–7,5, D 3,0–3,2, X-System: trigonal. Form: prismatische, langgestreckte, säulige Kristalle mit gelegentlich dreieckigem Querschnitt und gerundeten Kanten, vielfach in Längsrichtung gestreift. Farbe: verschiedene Farben, auch an ein und demselben Kristall. Durchsichtig bis nahezu undurchsichtig; Glasglanz. Keine Spaltbarkeit, Bruch uneben, splittrig. Die einfache Form des T., der schwarze *Schörl,* kommt häufig in Granitpegmatiten vor. Sogenannte *Mohrenköpfe* mit dunklen Enden des an sich farblosen bis zartgrünen *Achroit* waren auf Elba zu finden. Rote T.e wie *Rubellit* und *Siberit* kommen ebenfalls auf Elba, in Sachsen, im Ural, in Kalifornien, vor allem aber in Brasilien vor. *Indigolith,* ein blauer T., ist selten und wird aus Südwestafrika und Brasilien importiert. Der grüne bis braunschwarze *Dravit* kommt in Sachsen, Kärnten und im Zillertal vor, tiefgrüne Chrom-T.e, *Verdelith,* stammen meist vom Ural, auch von Elba, aus Brasilien und den USA. Alle farbigen T.e sind als Edelsteine geschätzt. □

**Turmalinsonne,** Bezeichnung für ein radialstrahliges Aggregat von → *Turmalin.*

**Turmkarst** (m), eine Karsterscheinung vor allem sommerfeuchter, tropennaher Gebiete, in Form isoliert aufragender, bienenkorbartiger, halbkugeliger oder kegeliger steiler Berge.

**Turon** (n), zweite Stufe der Oberkreide; s. auch → *geologische Formationen,* → *Kreide.*

**Turrilites,** → *Ammonit* der Oberkreide, in Europa, Nordamerika, Afrika und Asien verbreitet. Das spiralige, spitzkonische Gehäuse ähnelt auf den ersten Blick eher dem einer Nadelschnecke, die einzelnen Windungen berühren sich jedoch nicht; durchlaufende Knotenreihe auf den Windungen.

**Tutenmergel,** *Tütenmergel,* aus lagenweise ineinandergesetzten Kegeln bestehende mergelige Kalksteine. Diese Strukturen sind offenbar durch Deformationsvorgänge während der Diagenese entstanden.

**typomorphe Minerale,** *Indexminerale,* → *Leitminerale,* für bestimmte Stufen der Metamorphose charakteristische Mineralneubildungen. In den einzelnen Tiefenstufen sind dies:
*Epizone:* Albit, Sericit, Talk, Chlorit, Epidot u. a.
*Mesozone:* Disthen (Cyanit), Staurolith, Muskovit u. a.
*Katazone:* Sillimanit, Cordierit, Kalifeldspat, Orthopyroxene, Klinopyroxene u. a.
Sogenannte *Durchläufer,* wie Quarz, Rutil, Magnetit u. a. gehören nicht zu den t. M.n, da sie in allen Tiefenstufen anzutreffen sind.

# U

**Überfallquelle,** *Überlaufquelle,* ein → *Quellentyp,* bei dem die undurchlässige Sohlschicht eine Mulde bildet und der Grundwasserspiegel sich so weit heben muß, daß das Wasser am Rande dieser Mulde überfließen kann.

**Übergemengeteil,** andere Bezeichnung für → *Akzessorien* (Nebengemengeteile eines Gesteines), besonders wenn sie für bestimmte Gesteinstypen nomenklatorische (namengebende) Bedeutung besitzen.

**Überkippung,** bergmännischer Ausdruck für die über 90° hinausgehende Aufrichtung von Gesteinsschichten, so daß ältere Gesteine dieser Serie über jüngeren zu liegen kommen (inverse Lagerung).

**Überschiebung,** durch tektonische Vorgänge ausgelöste Bewegung einer Gesteinsscholle über eine andere oder über eine andere hinweg, so daß unter Umständen ältere Gesteinsschichten auf jüngeren zu liegen kommen. Die Ü. geschieht in der Regel nur, wenn die Bewegungsfläche flacher als 45° geneigt ist, ist die Bewegungsfläche steiler, so kommt es zu einer Aufwärtsbewegung, die als *Aufschiebung, Kompressionsverwerfung* oder *Übersprung* bezeichnet wird.

**Überschiebungsdecke,** *Schubdecke,* Bezeichnung für einen Deckenkörper, der im Rahmen eines Gebirgsbildungsprozesses über andere Schichten teilweise oder ganz hinwegbewegt wurde und mit der Ausgangsregion (*Deckenwurzel*) nicht mehr in Verbindung steht. Den Weg, der dabei zurückgelegt wird, bezeichnet man als → *Schubbahn,* das Ausmaß der Überschiebung als Förderlänge. Die Grenzfläche zwischen Unterlage und Ü. wird Überschiebungsfläche genannt. Fragmente von Ü.n werden als Klippen oder Deckschollen bezeichnet.

**Überschiebungsfläche** → *Überschiebungsdecke,* → *Schubbahn.*

**Übertiefung,** Bezeichnung für den unteren, von steilen Wänden flankierten Bereich eines → *Trogtales.*

**Ufermoräne** → *Moräne.*

**Uferwall,** Bezeichnung für einen Schuttwall, der ein Flußbett begleitet und durch Überschwemmungen entstanden ist.

**Ullmannia,** Gattung fossiler Nadelhölzer des Zechsteins, deren Zweige, mit mehr oder weniger kurzen, dicht gedrängten, spiralig gestellten Blättern, auch „Frankenberger Kornähren" genannt, u. a. im Mansfelder Kupferschiefer anzutreffen sind.

**Ullmannit** (m), NiSbS, *Antimonnickelglanz,* ein Sulfid. H 5, D 6,7, X-System: kubisch. Form: meist nur derb, körnig. Farbe: silberweiß bis stahlgrau. Undurchsichtig; Metallglanz, gelegentlich bunt anlaufend. Gute Spaltbarkeit, Bruch uneben, spröde. U. ist von anderen, ähnli-

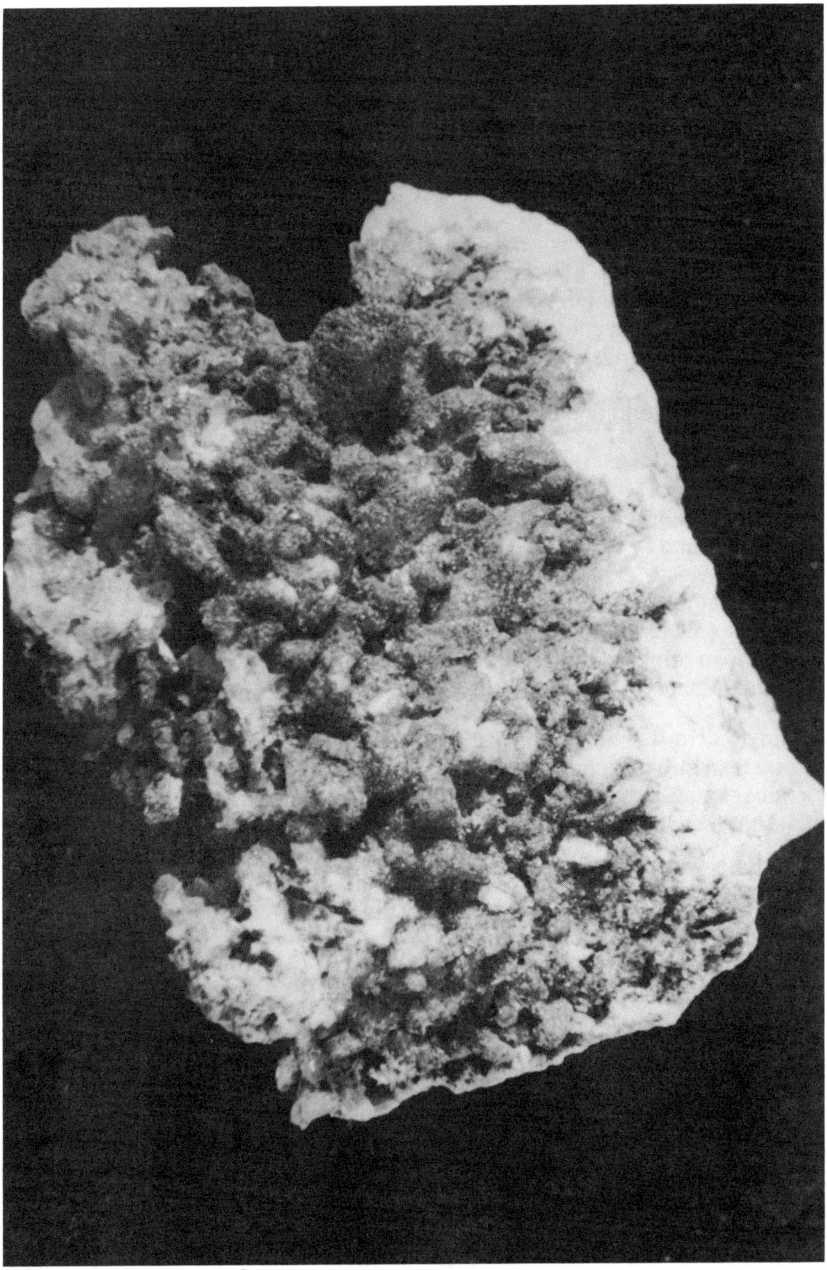

*Überzug von Chlorit auf Bergkristall und Adular.*

chen Sulfiden nur schwer zu unterscheiden und kommt auf Erzgängen gelegentlich zusammen mit → *Gersdorffit* vor. Fundorte: Harzgerode, Lobenstein, Siegerland, Kärnten; schöne tetraederförmige Kristalle auf Sardinien in Kalkstein eingewachsen.

**ultrabasisch** → *Ultrabasite.*

**Ultrabasite** (pl), *ultrabasische Gesteine,* Bezeichnung für magmatische Gesteine mit einem Kieselsäuregehalt ($SiO_2$) von weniger als 45%; s. auch → *Chemismus der Gesteine.* Hierher gehören u. a. Intrusivgesteine wie Pyroxenit und Peridotit.

**Ultrametamorphose** (f), Bezeichnung für extreme Metamorphosewirkung infolge starker Steigerung von Temperatur und Druck. In die U. sind Vorgänge wie z. B. Anatexis, Diatexis, gesteigerte Metablastese und Metatexis sowie, als Extremfall, die Palingenese einzuordnen; s. auch unter den einzelnen Stichwörtern.

**Ultramylonit** (m), Bezeichnung für allerfeinstes, strukturloses Gesteinszerreibsel als Extremform der Mylonitisierung, s. auch → *Mylonit.*

**Umbildung von Gesteinen** → *Metamorphose.*

**Umkristallisation** s. → *Metablastese,* → *Metamorphose,* → *Metasomatose,* → *Metatexis.*

**Umlaufberg,** ein durch fluviatile Erosion (Flußerosion) entstandener Einzelberg, der früher von einem → *Mäander* (Flußschleife) umzogen war und so einen Talsporn bildete. Als dann der Fluß den Spornhals durchbrach, führte das verkürzte Flußbett an der anderen Seite des Berges vorbei und die ehemalige Flußschleife trocknete aus.

**Undation** (f), *Großfaltung,* durch epirogenetische Bewegungen ausgelöste, großräumige Verformung der Erdkruste mit der Bildung großer Schwellen (Geantiklinalen) und Becken (Geosynklinalen).

**Undulation** (f), die Schichtenfaltung von Teilen der Erdkruste in Sättel und Mulden; ein Formenbild der → *Orogenese* aufgrund irreversibler (nicht umkehrbarer) tektonischer Vorgänge.

**Unterkruste,** Bezeichnung für den unteren Bereich der *Erdkruste,* in dem Silicium- und Magnesiumverbindungen (Sima) vorherrschen.

**Unterströmungstheorie,** eine von O. Ampferer 1906 begründete geotektonische Hypothese, die alle Bewegungen innerhalb der Erdkruste auf Konvektionsströmungen in der zähplastischen Tiefenzone unterhalb der Erdkruste zurückführt. Als Energiequelle wird dabei die durch radioaktiven Zerfall erzeugte Wärme angenommen.

**Uran-Blei-Methode,** eine Methode zur → *Altersbestimmung* von Gesteinen aufgrund des Zerfalls von Uranisotopen zu Blei- und Heliumisotopen, bei einer Halbwertszeit für $^{238}U$ von $4{,}51 \cdot 10^9$ Jahren.

**Uranblüte,** andere Bezeichnung für → *Zippeit.*

**Uranglimmer,** Gruppenbezeichnung für radioaktive, gelbe oder grüne Uranminerale mit glimmerartiger Spaltbarkeit, die als Oxidationsprodukte auf Uranlagerstätten vorkommen. Zu den U. gehören u. a. → *Torbernit,* → *Autunit,* → *Uranocircit,* → *Carnotit.*

**Uraninit** (m), $UO_2$, *Uranpecherz, Pechblende,* ein Oxid. H 4–6, D 9–

10,6, X-System: kubisch. Form: selten würfelige, oktaedrische Kristalle; meist derb und dicht. Fast alle Pechblenden sind im gegenwärtigen Zustand durch radioaktiven Zerfall stark verändert. Farbe: schwarz mit grünlicher oder bräunlicher Tönung. Undurchsichtig; matter Fettglanz, glaskopfartige Aggregate halbmetallisch. Radioaktiv. Bruch muschelig, spröde. U. kommt sowohl in Pegmatiten als auch auf hydrothermalen Gängen vor; u. a. Wölsendorf/Bayern, Wittichen/Baden, Joachimsthal/Böhmen (klassischer Fundort), Norwegen, Schweden, Südafrika, Kanada (größte Vorkommen), USA. Zusammen mit den Verwitterungsprodukten ist U. das Rohmaterial zur Gewinnung von Uran, das heute hauptsächlich, zu Kernbrennstoff aufbereitet, im Rahmen der Atomenergieerzeugung genutzt wird.

**Uranminerale,** Sammelbezeichnung für alle Minerale, die nutzbares Uran enthalten; s. auch → *Uranophan,* → *Uranocircit,* → *Uranglimmer.*

**Uranocircit,** $Ba[UO_2|PO_4]_2 \cdot 8\text{-}10 H_2O$, (m), ein Phosphat, das zur Gruppe der Uranglimmer gerechnet wird. H 2–3, D 3,5, X-System: tetragonal. Form: dünntafelige, blättrige oder nadelige Kristalle; büschelige, radialstrahlige Aggregate; in Krusten. Farbe: gelblichgrün. Durchscheinend, auch durchsichtig; Perlglanz. Ausgezeichnete Spaltbarkeit. U. kommt in Pegmatiten und auf Quarzgängen vor und ist u. a. bei Wölsendorf/Bayern anzutreffen.

**Uranophan,** (n), $CaUO_2[(OH)_3|SiO_4]_2 \cdot 4 H_2O$, *Uranotil,* ein Silikat. H 2,5–3, D 3,8–3,95, X-System: triklin, rhombisch. Form: kleine, nadelige Kristalle, filzig dichte Kristallgruppen. Farbe: honiggelb. U. entsteht meist sekundär aus Pechblende, kommt als häufigstes der verschiedenen Uranminerale u. a. bei Wölsendorf/Bayern reichlich im Stinkspat (Fluorit) vor. Dem U. ähnlich ist *Sklodowskit.*

**Uranotil,** andere Bezeichnung für → *Uranophan.*

**Uranpecherz,** andere Bezeichnung für → *Uraninit.*

**Uransilikate,** Sammelbezeichnung für die den Inselsilikaten zugeordnete Gruppe von Uranmineralen, wie z. B. → *Uranophan,* → *Sklodowskit* u. a.

**Ureuropa,** *Archäoeuropa,* die präkambrisch konsolidierten Teile Nord- und Osteuropas (→ *Fennosarmatien*), in denen seit Beginn des Kambriums keinerlei alpinotype Gebirgsbildung mehr erfolgte. U. stellt den Rahmen für die – mit der kaledonischen Orogenese vollzogene – Bildung *Paläoeuropas* dar, dem sich *Mesoeuropa* (variskische Ära) und *Neoeuropa* (alpidische Orogenese) anschlossen.

**Urflügler,** *Paläodictyoptera,* eine auf Karbon und Perm beschränkte und für diese Zeit charakteristische Superordnung primitiver, großer Insekten. Die Flügel der U. waren nur in vertikaler Richtung beweglich und nicht zusammenklappbar. Als Fossilien sind die U. in Europa und Nordamerika anzutreffen.

**Urgebirge,** veraltete, heute nicht mehr gebräuchliche Bezeichnung für → *Intrusivgesteine, Tiefengesteine.*

**Urgon** (n), Flachmeer-Fazies der Unterkreide im Tethysbereich; weiße Kalke, die aus Resten von Foraminiferen, Korallen, Bryozoen, großen

Schnecken und Rudisten aufgebaut sind.

**Urkontinent,** andere Bezeichnung für Urkraton, s. auch → *Kraton.*

**Urozeane,** Bezeichnung für Ozeane des Präkambriums, die nach den Vorstellungen von H. Stille eine konsolidierte Kontinentalmasse (→ *Megagäa*) unterbrachen.

**Urpferd** → *Eohippus.*

**Urskandik** (m), ein westlich von Skandinavien gelegener Ozean des Präkambriums, s. → *Urozeane,* → *Megagäa.*

**Urstromtäler,** die vor den Inlandeis- oder Gletscherrändern gelegenen Täler, in denen sich die Schmelzwässer und andere Oberflächenwässer vereinigen und zum Meer abfließen. Während des Pleistozäns bildete die Donau das Urstromtal der Nordalpengletscher, der Po das der südlichen Alpenvergletscherung. Die norddeutschen U. erstreckten sich zwischen der Mittelgebirgsschwelle und der jeweiligen Eisrandlage. Die Ablagerungen der U. sind Sand und Schotter.

**Urtit** (m), ein mittelkörniges, helles, extrem nephelinreiches (bis 95% Nephelin) → *Intrusivgestein* der *Syenit-Gruppe;* kommt u. a. auf der Halbinsel Kola/UdSSR, bei Oslo/Norwegen, in Kanada vor.

**Urvogel** → Archaeopterix.

**U-Tal,** andere Bezeichnung für → *Trogtal.*

**Uvala** (n), *Schüsseldoline,* eine ovale, große, seichte Doline (Tiefe etwa 1/10 der Breite) mit breiter, unebener, häufig von Lehm bedeckter Sohle. Das U. entsteht meist durch die Vereinigung benachbarter Dolinen.

**Uwarowit,** *Uvarovit,* ein smaragdgrüner, durchsichtiger → *Granat,* $Ca_3Cr_2Si_3O_{12}$. U. ist ein seltener und wertvoller Edelstein, dessen Hauptvorkommen früher im Ural lagen, der jedoch darüber hinaus im östlichen Afrika und in den USA angetroffen wird.

# V

**vados,** Bezeichnung für unterirdische Wässer, die durch Versickerung oder Versinkung von der Erdoberfläche her gebildet werden.

**Valendis** (n), zweitunterste Stufe der Unterkreide; s. auch → *geologische Formationen,* → *Kreide.*

**Valentinit** (m), $Sb_2O_3$, *Antimonblüte, Weißspießglanz,* ein Oxid. H 2–3, D 5,6–5,8, X-System: rhombisch. Form: flächenreiche Kristalle, einzeln oder zu strahligen Büscheln vereinigt; stengelige, faserige, körnige Aggregate; auch derb. Farbe: farblos, weißlich, gelblichgrau, gelbbraun. Nahezu durchsichtig bis durchscheinend; Diamantglanz, Spaltflächen Perlglanz. Gute Spaltbarkeit. V. ist ein Verwitterungsprodukt antimonhaltiger Erze und kommt u. a. im Harz, Westerwald und Siegerland, auf Sardinien, in Algerien und Bolivien vor.

**Vanadate** (pl), Salze der Vanadinsäure ($VO_4$), in der → *Klassifikation der Minerale* zusammen mit den Phosphaten und Arsenaten der Klasse 7 zugeordnet; Beispiel: → *Vanadinit.*

**Vanadinbleierz,** andere Bezeichnung für → *Vanadinit.*

**Vanadinit** (m), $Pb_5[Cl|(VO_4)_3]$, *Vanadinbleierz,* ein Vanadat. H 3, D 6,8–7,1, X-System: hexagonal. Form: kurzsäulige Kristalle, gelegentlich hohle Prismen oder pyramidale Endungen, verschiedentlich auch mit gerundeten Kanten; dünnstengelige Aggregate; traubig, krustig. Farbe: gelb, braun, rötlich, orangefarben. Durchscheinend; Diamantglanz, auch fettig glänzend. Keine Spaltbarkeit, Bruch muschelig. V. ist durch die geringere Härte von Pyromorphit zu unterscheiden und kommt in der Verwitterungszone von Bleierzlagerstätten vor, u. a. in Kärnten/Österreich, Schottland, Marokko, Südwestafrika, USA.

**Varietät,** die Abart eines Minerals; unterscheidet sich unter Umständen in Farbe, Kristallform, Glanz oder Transparenz, jedoch nur unwesentlich in der chemischen Zusammensetzung, so daß Kristallgitter und -system übereinstimmen (Unterschied zur → *Modifikation*). V.en besitzen vielfach eigene Mineralnamen.

**Variolit** (m), ein → *Diabas (Effusivgestein)* mit dichter Grundmasse und kleinen, grauen bis violetten, schaligen oder strahligen, kugelrunden Einsprenglingen (*Variolen*). Das Gestein weist z. T. ein pockennarbiges Aussehen auf, was ihm auch den Namen *Blatterstein* eingetragen hat.

**variscisch** → *variskisch.*

**Variscit** (m), $Al[PO_4] \cdot 2H_2O$, ein wasserhaltiges Phosphat. H 4–5, D 2,2–2,5, X-System: rhombisch. Form: selten kleine, kurzsäulige Kristalle, meist kugelige Aggregate oder nierige Krusten. Farbe: farblos, grün in verschiedenen Tönungen. Durchscheinend; Wachsglanz bzw. fettig glänzend. V. kommt vorzugsweise in Klüften und Adern von Kieselschiefern und Quarziten vor, u. a. bei Plauen/Vogtland, in der Steiermark/Österreich, in Bolivien und USA.

**variskisch,** *variscisch, varistisch,* nach dem germanischen Volksstamm der Varisker im Vogtland benannt, bedeutet: die → *Variskische Gebirgsbildung* bzw. *Variskische Ära* betreffend.

**Variskische Ära,** *V. Faltungsära,* s. → *Variskische Gebirgsbildung.*

**Variskische Gebirgsbildung,** *V. Orogenese, V. Faltungsära,* eine im Unterdevon einsetzende und bis zum Ende des Perms andauernde Faltengebirgsbildung mit orkadischer, bretonischer, sudetischer, erzgebirgischer, asturischer, esterelischer, saalischer und pfälzischer Faltungsphase. Es entstand ein ca. 500 km breiter Faltengebirgsgürtel, der vom französischen Zentralmassiv über West- und Mitteldeutschland bis zur Elbe reichte und dort in den Sudeten nach Südosten abknickte. Vom französischen Zentralmassiv aus schloß sich als westlicher Ast das im Karbon entstandene → *Armorikanische Gebirge* an, das sich über die Bretagne bis zum Südwesten Englands ausweitete. Die heute in diesem Großraum anzutreffenden Gebirge präsentieren sich in Form abgetragener Rümpfe nur noch als Bruchstücke des ehemaligen *Variskischen Gebirges.* So sind in Deutschland das Rheinische Schiefergebirge, der Harz, das Erzgebirge und Fichtelgebirge, das Pfälzer Bergland, der Odenwald, der Spessart, der Thüringer Wald und der Schwarzwald weithin abgetragene Reste jenes ausgedehnten Gebirgsgürtels.

**variskische Richtung,** von Südwesten nach Nordosten gerichtetes Streichen z. B. des Erzgebirges und des Rheinischen Schiefergebirges (besonders Hunsrück und Taunus).

**varistisch** → *variskisch.*

**Vauclusequelle,** eine besonders stark schüttende Karstquelle (s. auch → *Karst*).

**Venericardia,** eine gleichklappige, bis 15 cm große Herzmuschel des Alttertiärs, in Europa, Nordamerika und Afrika anzutreffen; Klappen mit weitständigen radialen Rippen.

**Venit** (m), Name eines schwedischen Ader- → *Gneises.*

**Ventriculites,** dünnwandige, vasenförmige Schwämme (Spongien) der Kreide Europas.

**Venushaar,** feinste Einschlüsse von Rutilnädelchen in farblosem → *Quarz,* führen zur Varietätsbezeichnung → *Sagenit.* □

**Verbrackung,** die Entstehung von → *Brackwasser* durch Mischung von Salz- und Süßwasser, durch ansteigenden Salzgehalt infolge starker Verdunstung oder durch Zufluß natürlicher bzw. künstlicher → *Solen.*

**Verdelith** (m), Bezeichnung für die grüne, durchsichtige Edelsteinvarietät des → *Turmalin,* die u. a. auf Elba, in Brasilien und USA vorkommt.

**Verdrängung** → *Metasomatose.*

**Verdrängungslagerstätten,** metasomatisch gebildete Lagerstätten, s. → *Metasomatose.*

**Verdrückung,** bergmännischer Ausdruck für Gänge, die sich in ihrem Verlauf deutlich verschmälern.

**Verfaltung** → *Faltung.*

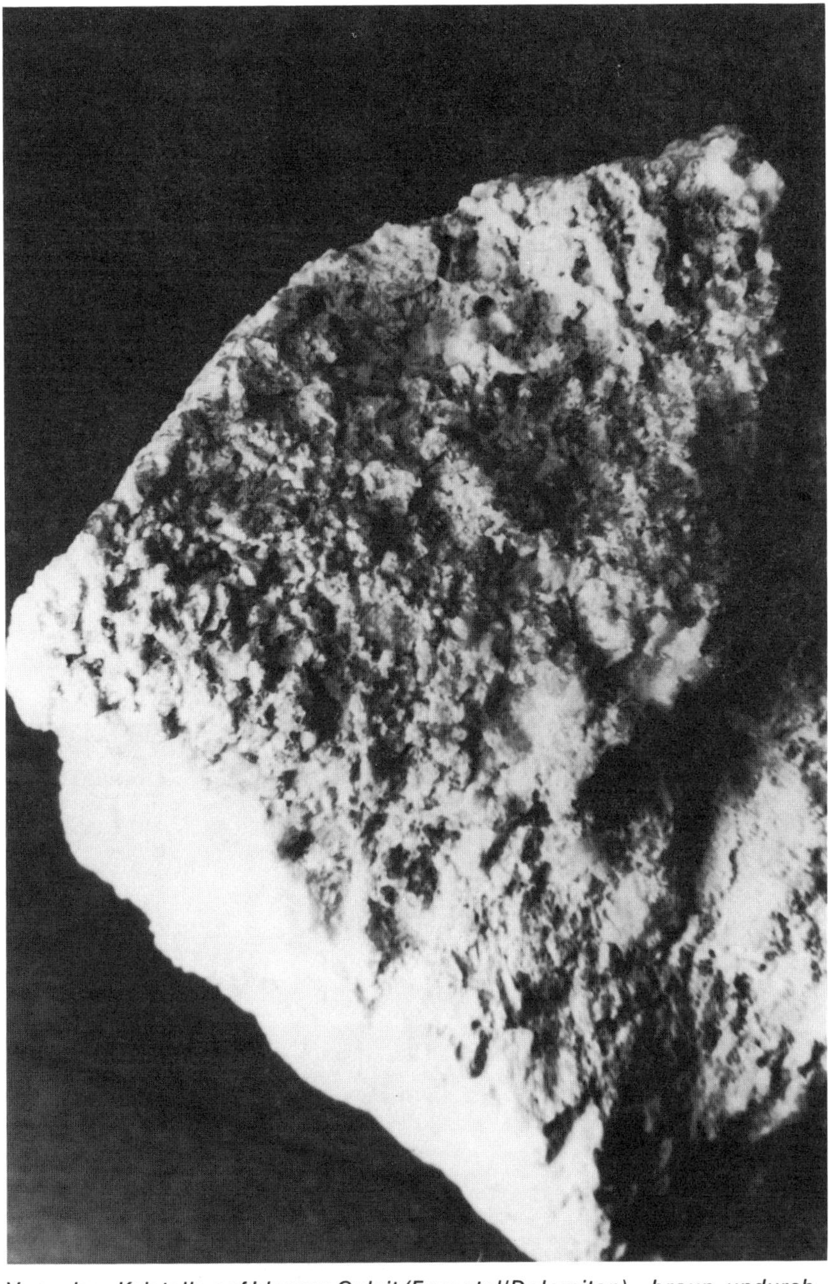

*Vesuvian, Kristalle auf blauem Calcit (Fassatal/Dolomiten) – braun, undurchsichtig.*

**Vergenz** (f), Bezeichnung für die einseitige Ausrichtung von Bau und Bewegung bei der Faltung, im engeren Sinne die Schräglage einer gekippten (geneigten) Falte mit geneigter Achsenfläche, s. auch → *Falte*. Der *Vergenzwinkel* bezeichnet das Winkelmaß zwischen der Achsenebene einer Falte und der Horizontalen. In einem Faltenpaket oder Faltengebirge wird die entgegengesetzte Vergenz dann als *Divergenz* bezeichnet, wenn die Achsenebenen der einzelnen Falten nach oben auseinanderlaufen; von *Antivergenz* spricht man, wenn die Falten einen nach unten geöffneten Fächer bilden.

**Vergrusung,** die Bildung von Gesteins- → *Grus* durch physikalische Verwitterung körniger Gesteine (besonders von Intrusivgesteinen).

**Verkarstung,** die chemischen Auflösungs- und Zersetzungsprozesse (Auslaugung) an bestimmten Gesteinen, wie Kalk-, Dolomit-, Gips- und Salzgesteine (s. auch → *Karst*). Im weiteren Sinne jedoch auch die durch Kahlschlag von Wäldern in Gebirgsgegenden verursachte Veränderung der durchschnittlichen Niederschlagsmengen (Klimaänderung) und die damit verbundene Beeinträchtigung der Vegetationsbedingungen.

**Verkieselung** → *Silifizierung.*

**Verkiesung,** Vorgang der Ausscheidung von Sulfiden aus Lösungen und die Verdrängung vorhandener Substanzen (z. B. Kalk der Schalenreste fossilier Tiere) durch Sulfide, in der Regel → *Pyrit* oder → *Markasit.* Beispiel: pyritisierte Ammoniten in den Schiefern des Rheinischen Schiefergebirges.

**Verkohlung** → *Inkohlung.*

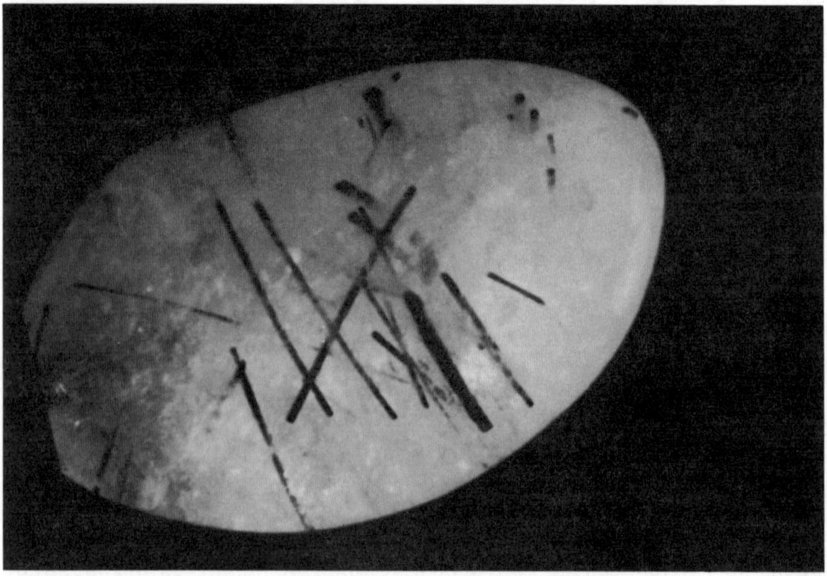

*Venushaar, Rutilnädelchen, in Bergkristall eingeschlossen.*

**Verlandung,** das Vordringen der Landflächen in (meist stehende) Oberflächengewässer durch Auffüllung mit Kies, Sand und Schlamm sowie durch Pflanzensiedlung, z. B. Verschilfung, Bildung von Schwingrasen und Mooren (s. auch → *Moor*).

**Vermiculit** (m), in der chemischen Zusammensetzung und den physikalischen Eigenschaften unterschiedliches wasserhaltiges Silikat, ein Verwitterungsprodukt verschiedener Minerale der → *Glimmer*-Gruppe. Je nach dem Verwitterungsgrad sind die Kristalle und blättrigen Aggregatformen noch teilweise oder vollständig erhalten. Die Farbpalette reicht von goldbraun über gelbgrün bis grau und schwarz. Durchscheinend, mit vollkommener Spaltbarkeit und metallisierendem Glas- bis Perlglanz. V. ist in der Verwitterungszone größerer Glimmervorkommen anzutreffen. Durch Wasserabgabe blättern sich die Aggregate bei Erwärmung auf, was sich unter Umständen schon mit einer Streichholzflamme feststellen läßt.

**Verneuil-Verfahren,** ein Verfahren zur synthetischen Herstellung von Kristallen, s. → *Kristallzüchtung.*

**Verrucano** (m), buntgefärbte klastische Sedimentgesteine, die als Beckenfüllungen in Gebirgströgen vom Karbon bis zur Trias gebildet wurden; sie sind in den westlichen Mittelmeerländern, aber auch im Alpenraum anzutreffen, so der braune Verrucano zwischen Vorderrheintal und Walensee, ein im Perm gebildetes Konglomerat aus verkitteten Geröllen und Quarzporphyr, Quarziten und kristallinen Schiefern. Andere Vertreter dieser Fazies weisen, lokal begrenzt, Karbonatgesteine auf oder einen Bestand aus basischem bis intermediärem Effusivgesteinsmaterial.

**Verschiebung,** die horizontale Bewegung von größeren Teilen der Erdkruste, s. auch → *Kontinentalverschiebung,* → *Plattentektonik.*

**Versickerung,** das Einsickern von Niederschlagswasser in Poren und Spaltenräume der Gesteine oder in die oberen Bodenschichten.

**Versinkung,** der starke Wasserverlust von Oberflächengewässern an bestimmten Stellen des Flußbettes durch Abfließen in Schlucklöcher oder Gesteinsspalten. Beispiel: Donauversinkung bei Tuttlingen. (Die Wässer speisen die ca. 12 km südlich gelegene Aachquelle.)

**Versteinerungen,** andere Bezeichnung für → *Fossilien* (Überreste von Tieren und Pflanzen der geologischen Vergangenheit).

**Verwachsung,** Verbund gleich- oder verschiedenartiger Kristalle im Gefüge. Bei gleichartigen Kristallen spricht man, wenn es sich nicht um die Aggregatform handelt, von → *Zwillingsbildung.* Eine scharfe Trennung von Kristall-V. und Aggregatform ist nicht immer möglich. Verlaufen eine oder mehrere Kristallflächen parallel zueinander, spricht man von Parallel-V.

**Verwachsungszwillinge** → *Zwillingsbildung.*

**Verwerfung,** *Bruch, Sprung,* Bezeichnung für den Bewegungsvorgang und das Produkt einer vertikalen Verschiebung benachbarter Gesteinsschollen innerhalb der Erdkruste, entlang einer mehr oder weniger geneigten Gesteinsfuge, die als *Verwerfungsfläche* oder Bruchfläche bezeichnet wird. Die Schollen beiderseits einer solchen Trennfuge werden *Flügel* genannt und je nach Bewegungsrichtung als *gehobener* oder *gesenkter* Flügel bezeichnet. Den Schnitt einer Verwerfungsfläche mit der Erdoberfläche nennt man *Verwerfungslinie* (auch Bruchlinie). Der Verwerfungsbetrag beider Gesteinsschollen wird als → *Sprunghöhe* bezeichnet, wobei die *vertikale* Sprunghöhe lotrecht, die *flache* Sprunghöhe in der Neigung der Verwerfungsfläche gemessen wird. Unter *Sprungweite* versteht man den horizontalen Abstand der Oberkante beider Gesteinsschollen, der durch die Schräglage der Verwerfungsfläche entsteht. Je nach Beschaffenheit der Gesteine können sich durch die Bewegung an der Verwerfungsfläche → *Harnische* oder Gleitstriemung abzeichnen sowie infolge Zerbrechung → *Brekzien* oder → *Mylonite* bilden. Je nach Lage zur Streichrichtung der Schichten spricht man von *Längs-*, *Quer-* oder *Diagonalverwerfung.* Bei Verwerfungen, die in den Schenkeln oder dem Scheitel einer → *Falte* auftreten, unterscheidet man: *Mulden-, Sattel-, Schenkel-* oder *Gewölbescheitelbruch.* Treten mehrere Verwerfungen auf, so werden diese als *Verwerfungs-, Bruch-* oder *Sprungsysteme,* als *Staffelbrüche, Horste, Gräben* – je nach Eigenart – bezeichnet. Verwerfungen sind immer das Ergebnis tektonischer Vorgänge, s. auch → *Störung,* → *Lithoklase.*

**Verwerfungsbetrag,** → *Verwerfung,* → *Sprunghöhe.*

**Verwerfungsquelle** → *Quellentypen.*

**Verwitterung,** die Zerteilung und Zersetzung von Gesteinen und Gesteinsverbänden ausschließlich durch das Einwirken exogener Kräfte (z. B. Sonne, Wind, Niederschlag, Frost u. a.). Die V. ist abhängig vom Klima und der Beschaffenheit der Gesteine. Je nach Art der wirkenden Kräfte unterscheidet man *mechanische/physikalische, chemische, biologische* und *biochemische V.*

Die Wirkungsweise:

1. *mechanische/physikalische V.:* *Temperaturverwitterung* (→ *Insolation*), Wechselwirkung von Sonneneinstrahlung und starker Abkühlung. Merkmale: schalige Abtrennung, Abschuppung (→ *Desquamation*), Kernsprünge, → *Abgrusung.*
*Frostverwitterung* infolge Volumenvergrößerung beim Gefrieren eingedrungenen Wassers. Merkmale: Frostsprengung, Spaltenfrost, Lösen von Gesteinsbruchstücken bis zur Größe von Felsblöcken.
*Salzverwitterung,* → *Salzsprengung,* Sprengung von Gestein durch Auskristallisation von Salzen.

2. *Chemische V.:*
*Lösungsverwitterung,* die Lösung und Auflösung stofflicher Substanz durch das Wasser und durch im Wasser enthaltene Salze, Säuren, Basen oder gasförmige Stoffe. Merkmale: Auslaugung und Karstbildung.
*Oxidationsverwitterung,* durch den im Wasser enthaltenen Sauerstoff, durch Luftsauerstoff und atmosphärische Gase. Einwirkung auf die Schichten an der Erdoberfläche.
*Hydrolytische V.,* Zersetzung der Tonerdesilikate durch Lockerung des Molekulargefüges und des Kristallgitters durch Ionenaustausch u. a.

3. *Biologische V.,* durch mechanische Einwirkung von Pflanzen (z. B. Sprengung durch Wurzeln) oder Tieren (grabende oder bohrende Tätigkeit von Kleinlebewesen).

4. *Biochemische V.*, durch ätzende Wirkung von Säuren und Basen pflanzlicher oder tierischer Herkunft.

**Verwitterungsrinde,** die von der Verwitterung betroffenen (meist äußeren) Bereiche eines Gesteins.

**Verwurf** → *Verwerfung.*

**Vesuvian** (m), $Ca_{10}(Mg,Fe)_2Al_4[(OH)_4|(SiO_4)_5|(Si_2O_7)_2]$, *Idokras,* ein Silikat. H 6–7, D 3,3–3,4, X-System: tetragonal. Form: prismatische, säulige Kristalle, häufig in Längsrichtung gestreift; strahlige Aggregate; auch derb. Farbe: hell- bis schwarzbraun, gelb, grün; die blaue Varietät wird *Cyprin* genannt. Durchscheinend bis undurchsichtig; Glasglanz, auch fettig glänzend. Keine Spaltbarkeit, Bruch uneben. V. ist an der prismatischen Kristallform, an seiner Streifung und der speziellen Art des Vorkommens zu erkennen, kommt in kontaktmetamorphen Gesteinen (häufig in Kalk) sowie in kristallinen Schiefern vor und ist u. a. im Fassatal/Dolomiten, am Vesuv (Name!), bei Zermatt/Schweiz, in Piemont und im Pfitschtal (Italienische Alpen) anzutreffen. Der strahlige V. wird *Egeran* genannt. □

**Vielkanter** → *Windkanter.*

**Viellinge** → *Zwillingsbildung.*

**Vierkanter** → *Windkanter.*

**vikariieren,** Bezeichnung für Ausgleichsbewegungen in einem Bruchfeld bei mehrfacher Beanspruchung; auch beim Hebungs- und Senkungsverhalten benachbarter Sedimentationsräume gebraucht.

**Vindelizische Schwelle,** eine Schwellenzone, die sich im Mesozoikum von der böhmischen Masse über das Gebiet des Bodensees bis zur Region der späteren Westalpen erstreckte; bildet zugleich die Erklärung für die unterschiedliche Ausbildung der *alpinen* und *germanischen Trias.*

**Violan** (m), Bezeichnung für die blaue bis violette Varietät des → *Diopsid.*

**Virgation** (f), das fächerförmige Auseinanderstreben von Faltenzügen in einem Faltengebirge, wie z. B. am Ostrand der Alpen.

**Visé** (n), obere Stufe des Unterkarbons; s. auch → *geologische Formationen,* → *Karbon.*

**Visiergraupen** (pl), Bezeichnung für die → *Zwillingsbildung* bei → *Cassiterit.*

**Viskosität** (f), allgemeine Bezeichnung für die Zähigkeit flüssiger Stoffe oder Lösungen; im engeren Sinne der Zähigkeitsgrad einer *magmatischen Schmelze.* Es werden Magmen von geringer bis hoher V. unterschieden. Die V. erhöht sich mit steigendem Kieselsäuregehalt ($SiO_2$) und ist außerdem abhängig von der Temperatur und dem Gasgehalt der Schmelze.

**viskose Schmelze** → *Viskosität.*

**Vitriolbleierz,** andere Bezeichnung für → *Anglesit.*

**Vitrit** (m), *Glanzkohle,* die beim Querbruch der Steinkohle als streifenförmige Lage in Erscheinung tritt.

**Vivianit** (m), $Fe_3[PO_4]_2 \cdot 8H_2O$, *Blaueisenerz,* ein wasserhaltiges Eisenphosphat. H 1,5–2, D 2,6–2,7, X-System: monoklin. Form: langsäulige, nadelige, spanförmige Kristalle, strahlige, faserige Aggregate; kugelig, erdig, pulvrig. Farbe: blau, violett. Die Strichfarbe ist im frischen Zustand farblos-weiß, färbt sich jedoch sogleich blau. Durchscheinend bis undurchsichtig; Glasglanz, mitunter halbmetallischer Glanz. V. wird durch Einwirkung phosphorsäurehaltiger Lösungen auf Eisenverbindungen gebildet und ist u. a. bei Waldsassen in der Oberpfalz, in Bolivien, Colorado/USA, UdSSR anzutreffen; schöne Kristallstufen in Cornwall/England. Als Bestandteil in Tonen färbt V. diese bläulich ein.

**Vogesit** (m), ein → *Lamprophyr* (Ganggestein) mit relativ hohem Gehalt an Hornblende (→ *Amphibole*), die auch in Form von Einsprenglingen in Erscheinung tritt.

**Vollflächner** → *Holoeder.*

**Voltzia,** ein Nadelbaum des Mesozoikums, dessen fossile Reste besonders im oberen Buntsandstein Westdeutschlands und im Voltziensandstein der Vogesen anzutreffen sind.

**Volumenanteil,** Anteil der einzelnen Minerale oder Mineralgruppen in den Gesteinen; wird in Prozenten der Gemengeteile angegeben; s. auch → *Mineralbestand.*

**Vorfluter** (m), ein natürlicher oder künstlicher Wasserlauf, der aufgrund seiner Wassergeschwindigkeit (Gefälle), Wassermenge, Wasserspiegelhöhe u. a. den Abfluß einmündender Wasserläufe oder Kanäle regelt. Ein Flußlauf kann z. B. auch Vorfluterfunktionen für das Grundwasser ausüben. Im Tiefbau werden Abwasser-Sammelkanäle als Vorfluter dimensioniert.

**Vorkommen** (n), allgemeine Bezeichnung für das Auftreten von Mineralen, Gesteinen oder Erzen (auch Erdöl); im engeren Sinne jedoch für mengenmäßig geringe Anhäufungen nutzbarer Minerale und Gesteine, die einen wirtschaftlichen Abbau nicht gewährleisten.

*Vulkanbauten; Eifelmaar als Beispiel erloschener Vulkanaktivität.*

**Vortiefe,** *Randsenke, Saumtiefe,* die am Rande eines sich bildenden Orogens liegende Senke, die das Abtragungsmaterial des in Hebung befindlichen Gebirges aufnimmt; Beispiel: die Molassebecken des Alpennordrandes.

**Vorzeitformen,** Formen der Erdoberfläche, die unter Bedingungen entstanden sind, wie sie heute nicht mehr vorherrschen; Beispiele: Trockentäler, pleistozäne Glazialformen u. a.

**Vrulje** (j), Bezeichnung für eine Quelle, die an der Meeresküste unter dem Wasserspiegel austritt und an den Strömungsverhältnissen oder dem ,,Aufwallen" zu erkennen ist; besonders als Karsterscheinung anzutreffen.

**V-Tal,** andere Bezeichnung für ein Kerbtal, im Gegensatz zum glazial gebildeten *U-Tal* (Trogtal) durch andauernde Tiefenerosion eines Flußlaufes entstanden; s. auch → *Tal.*

**Vulkan,** die Stelle der Erdoberfläche (auch am Meeresboden), an der Magma und vulkanische Auswurfprodukte austreten. Dies kann aus einem → *Krater* (Schlot) heraus geschehen oder sich in Gesteinsspalten und Klüften vollziehen, die an der Erdoberfläche zutage treten. Die bei der Eruption geförderten Produkte (Lava, Lapilli, Asche u. a.) lassen einen Berg (morphologisch) bzw. Vulkanbau (geologisch) entstehen. Der Lavaaustritt erfolgt meist nach einer Explosion, bei der Lockermaterial, wie Aschen, Lapilli und größere, bereits erstarrte Lavateile, in große Höhe geschleudert wird. Die austretende Lava erstarrt zu vulkanischen Gesteinen, → *Effusivgesteinen.*
Zwischen den einzelnen Eruptionen liegen oft längere Ruhephasen, nur wenige V.e sind ohne größere Unterbrechungen tätig. Beim Nachlassen der Eruption nimmt die Fördermenge ab, die vulkanische Aktivität geht dann in Exhalation von Schwefeldämpfen (*Solfatare*) über. Die äußere Form der Vulkane wird durch jede Eruption verändert, häufig entstehen an den Flanken parasitäre Krater und Durchbrüche. Die meisten tätigen und in historischer Zeit tätig gewesenen Vulkane befinden sich in den Schwächezonen der Erdkruste.

**Vulkanaktivität,** die zeitweilige oder anhaltende Tätigkeit von Vulkanen. Man unterscheidet *tätige Vulkane,* deren Aktivitäten gegenwärtig andauern, *untätige Vulkane,* die sich in einer zeitlich begrenzten Ruhephase befinden und *erloschene Vulkane.* Mit *diffuser Dauertätigkeit* bezeichnet man andauernde Exhalationen (Solfataren u. a.), die stets wiederkehrenden gemischten Eruptionen werden *zentrale Dauertätigkeit,* Eruptionen mit kürzeren oder längeren Ruhephasen *Ausbrüche* genannt.

**Vulkanbauten,** *Vulkantypen,* durch Eruptionen entstandene Formen und Typen von Vulkanen. Die ausschließlich durch Lavaförderung gekennzeichneten *Lavavulkane* treten als *Schildvulkane, Stau-, Stoß-* und *Quellkuppen, Spaltenergüsse* und *Trappbildungen* in Erscheinung. *Stratovulkane* mit gemischten Eruptionen bilden einfache oder zusammengesetzte Kegelberge. Vulkane, die durch Gasausbrüche entstehen, sind überwiegend aus Lockerprodukten und Aschenmaterial aufgebaut. Sie bilden Explosionskrater mit wallförmiger Umrandung (z. B. Eifelmaare). □

**Vulkanembryo,** Bezeichnung für einen kleineren vulkanischen Schlot ohne bzw. mit nur sehr geringer Magmenförderung, wie sie als Tuffschlote beispielsweise in der Schwäbischen Alb anzutreffen sind.

**Vulkanherd,** in größerer (10–20 km) oder auch geringerer Tiefe gelegene Magmenkammer, aus der dem Vulkan Schmelze und Gase zugeführt werden.

**vulkanische Brekzie** → *Kimberlit,* → *Brekzie.*

**vulkanische Tätigkeit** → *Vulkanaktivität.*

**Vulkanismus,** allgemeine Bezeichnung für alle Vorgänge und Erscheinungsformen vulkanischer Tätigkeit und aufsteigenden Magmas.

**Vulkanite,** andere Bezeichnung für → *Effusivgesteine,* auch Ergußgesteine genannt.

**Vulkanreihe,** die reihenförmige Anordnung mehrerer vulkanischer Ausbruchspunkte, auch *Reihenvulkan* genannt, im Unterschied zum *Zentralvulkan* mit zentralem Ausbruchspunkt.

# W

**Wabenverwitterung,** Verwitterungsform an Gesteinen; durch Windausblasung oder Lösungen werden härtere bzw. widerstandsfähigere Partien des Gesteins plastisch herauspräpariert, so daß an Gesteinswänden (auch an Bauwerken) ein erhabenes Netzwerk (→ *Steingitter*) mit vertieften Zwischenpartien (Bröckellöcher) entsteht. Die W. ist häufig bei Sandsteinwänden anzutreffen.

**Wachstum** → *Kristallwachstum.*

**Wacke,** veraltete Bezeichnung für Gestein; nur noch in → *Grauwacke* enthalten.

**Wackelstein,** Volksausdruck für einen locker auf seiner Unterlage ruhenden Gesteinsblock, der wegen geringer Auflagefläche in schwingende Bewegung versetzt werden kann.

**Wad** (m), $MnO_2 \cdot n\ H_2O$, *Manganschaum,* ein Oxid mit unterschiedlichen Wasseranteilen. H 1–2, D 2–2,2, X-System: –. Form: dendritisch, derb, schaumig, schuppig, erdig, traubig, Überzüge. Farbe: dunkelbraun, schwarz; schwarz abfärbend. Undurchsichtig; matt. W. kommt in der Oxidationszone von Manganerzlagerstätten, in Sümpfen und marinen Sedimenten vor.

**Wagnerit** (m), $Mg_2[F|PO_4]$, ein Phosphat. H 5–5,5, D 3–3,2, X-System: monoklin. Form: kurz- oder langsäulige Kristalle mit flächenreichen Endungen und gestreiften Seitenflächen. Farbe: farblos, weiß, grau, honiggelb, rötlich. Durchsichtig oder durchscheinend; Glasglanz, Fettglanz. Spaltbarkeit nicht erkennbar, Bruch muschelig. W. kommt als hydrothermale Bildung u. a. in Quarzgängen und -adern vor und ist bei Werfen/Salzburg, am Vesuv (in Laven) und anderenorts anzutreffen.

**Walkerde,** andere Bezeichnung für → *Bentonit.*

**Wallberg** → *Os.*

**Wallriff,** ein der Küste vorgelagertes → *Riff.*

**Wanderschutt,** das → *Gekriech,* durch → *Solifluktion* hangabwärts sich bewegendes Abtragungsmaterial.

**Wanderdüne** → *Düne.*

**Wardit** (m), $NaAl_3[(OH)_4|(PO_4)_2] \cdot 2\,H_2O$, seltenes Phosphat. H 5, D 2,8, X-System: tetragonal. Form: konzentrisch-kugelige, nierenförmige, stalaktitische Aggregate; knollig, eingesprengt, dicht. Farbe: hellgrün bis blaugrün. Undurchsichtig; fettglänzend bis matt. Keine Spaltbarkeit, sprödes Bruchverhalten. W. kommt in Hohlräumen von zersetztem Variscit und in Kieselschiefern vor.

**Warmzeit,** durch zwei kühlere Zeiträume begrenzte Periode mit wärmerem Klima; nicht unbedingt identisch mit einem → *Interglazial;* s. auch → *Kaltzeit.*

**Warthevereisung,** *Warthestadium,*

Eisrandlage in Norddeutschland mit mächtigen glazialen Ablagerungen (Lüneburger Heide), wird z. T. als selbständige → *Eiszeit,* zum anderen als Teil der Saaleeiszeit angesehen, zum Ende der Rißeiszeit (Alpen) hin gelegen.

**Warve** (f). aus einer hellen und einer dunklen Lage gebildete, 0,5 bis 1 cm dicke Jahresschicht im → *Bänderton* (Warventon).

**Warvenschiefer** → *Warvit.*

**Warvit** (m), *Warvenschiefer,* ein im wesentlichen dem → *Bänderton* entsprechendes, diagenetisch verfestigtes Gestein präquartärer Entstehung.

**Warwickit** (m), $(Mg,Fe)_3Ti[BO_3|O]_2$, ein Borat. H 3–4, D 3,3, X-System: rhombisch. Form: kleine, gerundete, prismatische Kristalle; stengelige Aggregate; körnig. Farbe: dunkelbraun bis schwarz. Durchscheinend bis undurchsichtig; Glasglanz, Perlglanz, halbmetallisch. Ausgezeichnete Spaltbarkeit. W. kommt vorzugsweie in metamorphem Kalkstein vor und ist u. a. im Harz, in den USA und in Korea anzutreffen.

**Wasser,** $H_2O$, Schmelzpunkt: 0° C; Siedepunkt: 100° C (760 Torr); Dichte: 1,0 bei 4° C, 0,999868 bei 0° C; geht bei 0° in den festen Aggregatzustand (→ *Eis*) über und zerfällt bei hohen Temperaturen (1500° C) in Wasserstoff und Sauerstoff. Durch den Kreislauf des Wassers werden Verwitterung und Erosion entscheidend beeinflußt, als Transportmedium von Abtragungsmaterial besitzt es hervorragende Bedeutung, in den Meeren eröffnen sich riesige Sedimentationsräume.

**Wassergalle,** Bezeichnung für einen zu stauender Nässe neigenden Fleck in an und für sich sumpffreiem Gelände.

**Wasserscheide,** Bezeichnung für die Grenzlinie zwischen zwei oder mehreren Entwässerungssystemen; bei Oberflächengewässern durch morphologische Erhebungen gekennzeichnet.

**Wasserstuben,** Bezeichnung für große, wassergefüllte Hohlräume im Gletschereis.

**Wavellit** (m), $Al_3[(OH)_3|(PO_4)_2] \cdot 5H_2O$, ein Phosphat. H 3,5–4, D 2,3–2,4, X-System: rhombisch. Form: dünnadelige Kristalle, faserige, radialstrahlige, nierige Aggregate. Farbe: farblos, grau, weiß, gelblich, grünlich. Durchscheinend; Glasglanz, Seidenglanz. Gute Spaltbarkeit. W. kommt auf Kieselschiefer, in Klüften von Sandstein, in Quarzit und Grauwacke vor und ist u. a. im Lahn-Dill-Gebiet anzutreffen.

**Wealden** (n), eine limnisch-brackische Ablagerung in der Unterkreide Norddeutschlands; s. auch → *geologische Formationen.*

**Websterit** (m), ein dunkles, grünes, meist grobkörniges → *Intrusivgestein* der Pyroxenitgruppe (Hypersthen-Diopsid-Diallag-Pyroxenit), das meist gangförmig in Peridotit-Gabbro-Verbänden auftritt und häufig von anderen Pyroxenen begleitet ist; kommt u. a. in Jugoslawien, Albanien und USA vor.

**Wechsel** (m), andere Bezeichnung für eine → *Überschiebung.*

**Wechsellagerung,** bezeichnet den häufigen Wechsel verschiedenartiger, übereinanderlagernder Schichten.

**Wehrlit** (m), ein schwarzes, körniges → *Intrusivgestein* der Peridotit-

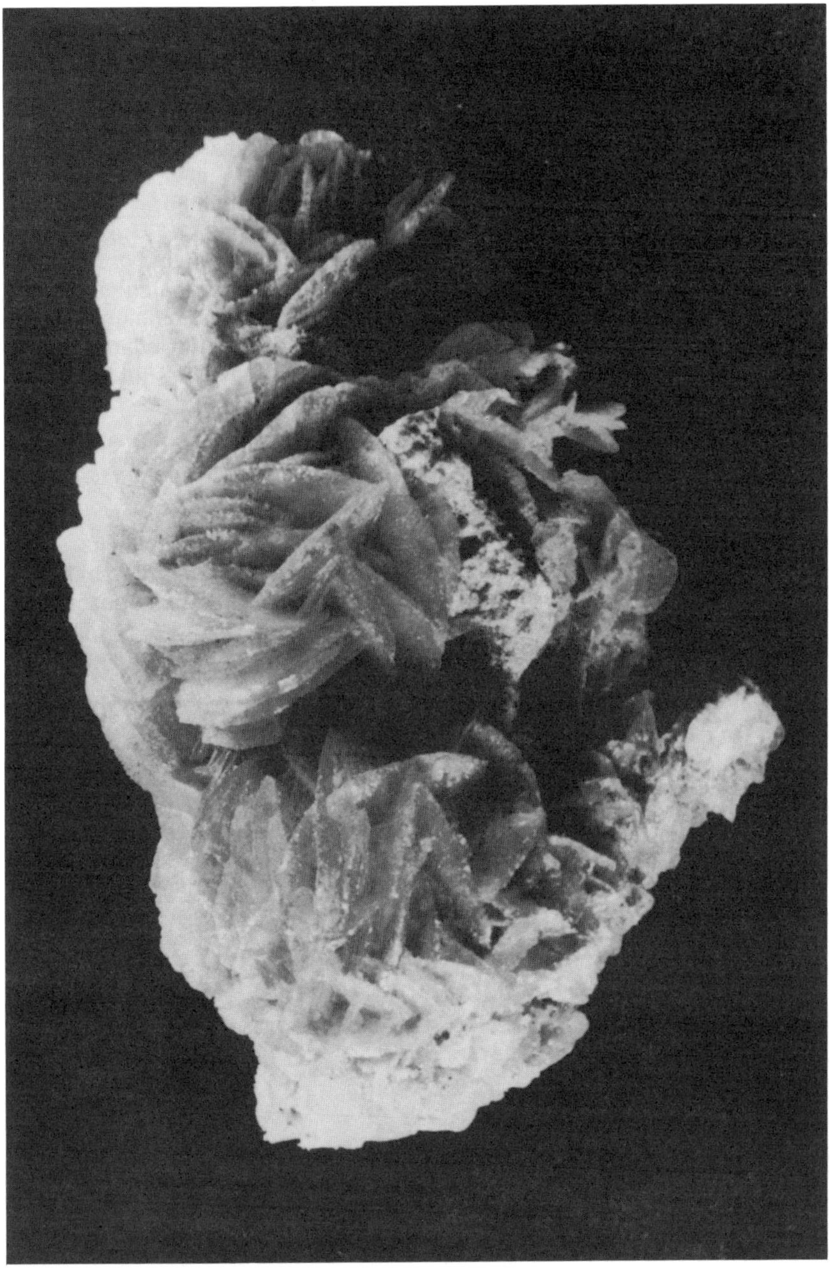

*Wüstenrose, Gips (Marokko).*

gruppe, mit Diallag und eisenreichem Olivin, der mehr oder weniger serpentinisiert ist. W. ist u. a. in Ungarn, Guinea und USA anzutreffen.

**Weichseleiszeit,** die letzte der pleistozänen Eiszeiten in Norddeutschland, weist drei Stadien auf und entspricht der Würmeiszeit im Alpenraum; s. auch → *Eiszeit.*

**Weißbleierz,** andere Bezeichnung für → *Cerussit.*

**Weißer Jura,** andere Bezeichnung für die Abteilung → *Malm* des Jura, s. auch → *geologische Formationen;* nach der vorherrschenden Gesteinsfarbe mächtiger Kalksedimente in Süddeutschland benannt.

**Weißnickelerz** → *Weißnickelkies.*

**Weißnickelkies,** auch *Weißnickelerz,* undeutlich abgegrenzte Definition, z. T. andere Bezeichnung für → *Chloanthit,* z. T. für → *Rammelsbergit* gebraucht.

**Weißspießglanz,** andere Bezeichnung für → *Valentinit.*

**Weißstein,** *Weißsteingranulit,* Sammelbezeichnung für helle → *Granulite.*

**Werfener Schichten,** Schichtengruppe der alpinen Trias (Stufe: Skyth) aus rötlichen und grünlichen, sandigen, glimmerhaltigen Schiefern; typische Vorkommen in den Dientener Bergen (Ostalpen) zwischen Werfen (Name!) und Maishofen/Salzburg.

**Westfal** (n), mittlere Stufe des Oberkarbons; s. auch → *geologische Formationen,* → *Karbon.*

**Wetzschiefer,** volkstümliche Bezeichnung für einen quarzhaltigen Tonschiefer, der sich besonders

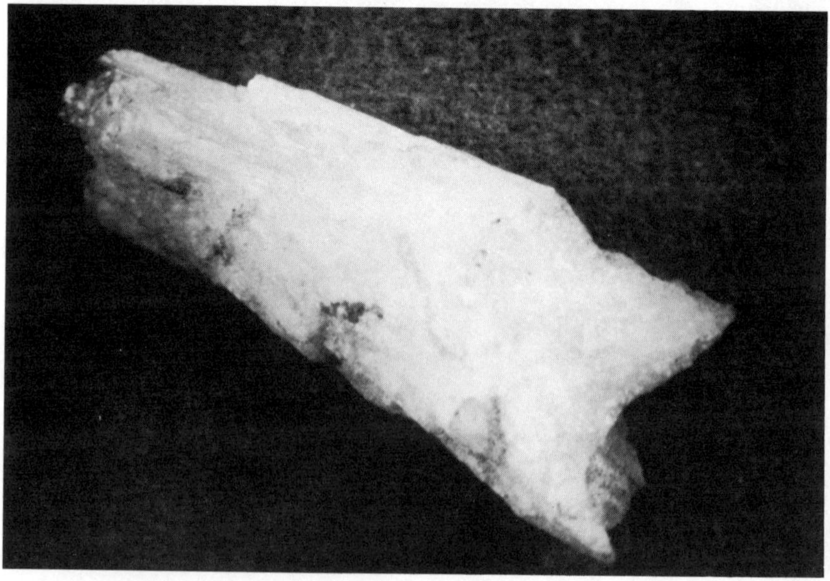

*Wollastonit, Aggregatform – weiß, durchscheinend.*

zum Schärfen von Stahlklingen verwenden läßt (Wetzstein).

**Wetzstein** → *Wetzschiefer.*

**Whewellit** (m), $CaC_2O_4 \cdot H_2O$, eine organische Verbindung, kommt in Form kleiner, oft herzförmiger, weißer Kristalle in Steinkohlenflözen vor, u. a. bei Dresden und Zwickau/Sachsen, in Geoden bei Hildesheim. H 2,5, D 2,3, X-System: monoklin. Durchsichtig; glasglänzend.

**Widmannstättensche Figuren,** im Anschnitt von Eisenmeteoriten beim Ätzen mit Salpetersäure erkennbare Struktur sich durchkreuzender Lamellen, die ein Charakteristikum für meteorisches Eisen darstellen; s. auch → *Meteorit.*

**Wiechert-Gutenberg-Diskontinuität,** Bezeichnung für die Unstetigkeitsfläche in 2900 km Tiefe, im Grenzbereich zwischen Erdkern und Erdmantel gelegen; hier erfolgt eine deutliche Verringerung der Geschwindigkeit von Erdbebenwellen; s. auch → *Erdbeben,* → *Erde, Aufbau.*

**Wiesenerz,** andere Bezeichnung für → *Raseneisenerz.*

**Wildbad,** andere Bezeichnung für → *Akratotherme.*

**Wildflysch,** dunkle, glänzende, schiefrige klastische Sedimentgesteine (Oberkreide und Alttertiär); enthalten Abtragungsmaterial von marinen Sedimenten, Sandsteinen und kristallinen Schiefern.

**Willemit,** $Zn_2[SiO_4]$, ein Silikat. H 5,5 D 4–4,2, X-System: trigonal. Form: kleine prismatische, säulige, nadelige Kristalle; grob- bis feinkörnig; auch derb. Farbe: farblos und in nahezu allen Farben. Durchsichtig bis durchscheinend; Glasglanz, auch fettig glänzend. Unterschiedlich gute Spaltbarkeit, muschelige Bruchflächen. W. kommt auf Zink- und Manganerzlagerstätten vor und ist u. a. bei Aachen, in Algerien, Rhodesien, Südwestafrika, Grönland und USA anzutreffen. Als Zinkerz ist W. von unterschiedlicher Bedeutung. Die durchsichtige, rosafarbene, manganhaltige Varietät wird *Troostit* genannt.

**Wiluit,** veraltete Bezeichnung teils für → *Vesuvian,* teils für → *Grossular.*

**Windabtragung** → *Deflation,* → *Korrasion.*

**Winderosion** → *Deflation.*

**Windkanter** (pl, m) Bezeichnung für Gesteinsbruchstücke, die durch Windschliff hervorgerufene, deutliche Kanten aufweisen. Man unterscheidet Ein-, Zwei-, Drei- und Vierkanter (Vielkanter).

**Windschliff** → *Korrasion,* → *Windkanter.*

**Winkeldiskordanz** → *Diskordanz.*

**Winkelkonstanz,** Bezeichnung für die gesetzmäßige Übereinstimmung der Winkel an den Kristallen eines Minerals. Die Abmessungen und recht unterschiedlichen Größenverhältnisse der Kristallflächen sind dabei ohne Bedeutung; die Winkelbeziehung der entsprechenden Flächen untereinander ist immer die gleiche.

**Wirtsgestein,** das Gestein, in welches eine Mineralanreicherung, wie Aggregat, Mineralstufe, Kristallstufe, Geode usw. eingebettet ist.

**Wirtsmineral,** Bezeichnung für ein Mineral, dessen Kristallkörper ein anderes Mineral (oft nur mit dem Mikroskop feststellbar) in sich birgt oder von diesem überzogen bzw. überkrustet ist. Bei → *Sagenit* beispielsweise ist Quarz das W. für kleine Rutilnädelchen.

**Wismut** (n, m), Bi, ein Element. H 2–2,5, D 9,7–9,8, X-System: trigonal. Form: selten würfelähnliche Kristalle, meist körnige und baumartig verzweigte, blättrige Aggregate. Farbe: silbrigweiß mit rötlichen Anlauffarben. Undurchsichtig; Metallglanz. Strichfarbe silberweiß glänzend. Vollkommene Spaltbarkeit. W. kommt in kleinen Mengen als pegmatitisch- pneumatolytische Bildung, meist jedoch in hydrothermalen Gängen zusammen mit Gold-, Silber-, Zinn-, Nickel-, Kobalt- und Bleierzen vor, u. a. im Erzgebirge, Schwarzwald, in Bolivien.

**Wismutglanz,** andere Bezeichnung für → *Bismuthinit.*

**Witherit** (m), $BaCO_3$, ein Carbonat. H 3,5, D 4,2, X-System: rhombisch. Form: die immer verzwillingten Kristalle weisen deutlich pseudohexagonale Formen auf; auch derb, körnig; strahlige, blättrige Aggregate. Farbe: weiß, grau, gelblich bis bräunlich. Durchsichtig bis durchscheinend; Glasglanz bis matt. Deutliche Spaltbarkeit. W. ist nicht sehr verbreitet; zusammen mit Anglesit und Baryt begleitet er manchmal Bleiglanz auf Bleierzgängen und ist u. a. im Salzburger Gebiet, in England und Kalifornien/USA anzutreffen. W. ist stark giftig.

**Wolframate,** Salze der Wolframsäure, werden zusammen mit den Sulfaten, Chromaten und Molybdaten in der → *Klassifikation der Minerale* der Klasse 6 zugeordnet.

**Wolframit** (m), $(Fe,Mn)WO_4$, ein Wolframat, Mischkristallreihe zwischen → *Ferberit* $FeWO_4$ und → *Hübnerit* $MnWO_4$. H 5–5,5, D 7–7,5, X-System: monoklin. Form: tafelige oder prismatische Kristalle, strahlige Aggregate, auch derb. Farbe: grauschwarz bis bräunlichschwarz. Undurchsichtig; nahezu metallischer Glanz. Spaltbarkeit in einer Richtung vollkommen. W. kommt in Quarzgängen, Granitpegmatiten und als hydrothermale Bildung vor, u. a. im Erzgebirge, in Sachsen, Spanien, Libyen, Südwestafrika, Brasilien, Kolumbien, USA, China (große Lagerstätten), Südkorea. W. ist wie Scheelit ein wichtiges Wolframerz.

**Wolframocker,** andere Bezeichnung für → *Tungstit.*

**Wollastonit** (m), $CaSiO_3$, ein Silikat. H 4,5–5, D 2,8–3,1, X-System: triklin. Form: tafelige, kurzprismatische Kristalle; faserige, nadelige Aggregate; dicht und in spätigen Massen. Farbe: farblos, weiß bis grau, gelblich. Durchscheinend bis nahezu durchsichtig; Glasglanz, Seidenglanz. Ausgezeichnete Spaltbarkeit; löst sich in Salzsäure. W. kommt vorzugsweise in kontaktmetamorphen Kalken und kristallinen Schiefern vor, u. a. bei Gengenbach im Schwarzwald und im Fassatal/Dolomiten. □

**Wollsackverwitterung,** Form der Verwitterung bei Massengesteinen, besonders Granit; entlang eines Kluftsystems entstehen gerundete, kissenförmige Gesteinsblöcke.

**Worthenia,** mittelgroße (3–5 cm) Schnecke (→ *Gastropoden*), vom Karbon bis zur Trias weltweit verbreitet; Gehäuse mit eckigen Windungen, die zu den Seiten hin abgeflacht sind; Kiel mit kleinen Knoten besetzt.

**Wühlgefüge,** Bezeichnung für Gefügemerkmale, die durch die Tätigkeit von Kleinlebewesen im Boden entstehen.

**Wulfenit** (m), $PbMoO_4$, *Gelbbleierz,* ein Molybdat. H 3, D 6,5–7, X-System: tetragonal. Form: Kristalle kurzsäulig mit pyramidalen Endungen, tafelig zu Gruppen verwachsen; auch derb und körnig. Farbe: orangegelb, grau, olivgrün, bräunlich. Durchsichtig bis durchscheinend; Diamantglanz, auch fettiger Glanz. Deutliche Spaltbarkeit bei mildem bis sprödem Bruchverhalten und muscheliger Bruchfläche. W. kommt in der Oxidationszone von Bleierzlagerstätten vor und ist u. a. in Kärnten, Jugoslawien, Südwestafrika, Mexiko und USA anzutreffen.

**Würfel,** von sechs Quadraten begrenzter Körper, Kristallform des kubischen Kristallsystems; typisch für → *Fluorit,* → *Galenit,* → *Halit* u.a.

**Würfelzeolith** → *Zeolithe.*

**Würgeboden,** Bezeichnung für gekröseartige Verknetungen oberflächennaher Bodenschichten in → *Frostböden;* diese und ähnliche Erscheinungen werden unter dem Sammelbegriff → *Kryoturbation* zusammengefaßt.

**Würmeiszeit,** nach einem Nebenfluß der Isar benannte, jüngste der pleistozänen Eiszeiten im Alpenraum; entspricht der Weichseleiszeit im Norden; s. auch → *Eiszeit.*

**Wurtzit** (m), ZnS, *Strahlenblende, Schalenblende,* ein Sulfid. H 3,5–4, D 4,0, X-System: hexagonal. Form: die recht seltenen Kristalle sind undeutlich ausgebildet, Zwillinge und Viellinge gestreift; meist faserige, strahlige Aggregate und schalige Krusten. Farbe: bräunlich-schwarz. Durchscheinend bis undurchsichtig; Harzglanz. W. ist die Hochtemperaturmodifikation von ZnS und kommt zusammen mit anderen sulfidischen Erzen vor, jedoch nicht häufig. Fundorte: Stolberg bei Aachen, Bolivien, Peru, USA.

**Wurzel,** im speziellen Sprachgebrauch Bezeichnung für: 1. *Deckenwurzel,* Ursprungsgebiet einer → *Überschiebungsdecke (Schubdecke, Gleitdecke);* 2. *Gebirgswurzel,* eine tief in den Untergrund eintauchende Krustenverdickung unter einem → *Orogen.*

**Wüste,** größeres und zusammenhängendes Gebiet ohne oder mit nur äußerst spärlicher Vegetation, das weder von Eis noch von Wasser bedeckt ist. Man unterscheidet W.n, die auf besondere Klimabedingungen zurückzuführen sind, wie *Wärme-W.* und *Kälte-W.,* und solche, die aufgrund außergewöhnlicher Bodenbedingungen entstehen, auch *edaphische W.n* genannt.

**Wüstenlack,** Bezeichnung für dünne, braune, krustenartige Überzüge auf Gesteinsoberflächen in Wüstengebieten, die durch Eisenoxide (gelegentlich auch Manganoxide) gebildet werden. Die Bezeichnung wird auch für einen durch Windschliff erzeugten Glanz auf Gesteinsoberflächen (besonders auf freigelegtem, verkieseltem Holz) angewendet. Diese Erscheinungsform des Windschliffes ist jedoch meist nicht sehr dauerhaft und auch in anderen Klimabereichen anzutreffen.

**Wüstenrose,** Bezeichnung für rosettenförmige Verwachsungen blättriger Gips- oder Barytkristalle, die unterschiedliche Mengenanteile Sand enthalten und in Wüstengebieten (besonders in der Sahara) anzutreffen sind. □

# XY

X, sinnbildliche Darstellung von Kristall, dementsprechend wird XX für mehrere Kristalle oder Kristallstufen in Anwendung gebracht. Diese schematische Kurzform ist heute in der fachbezogenen Literatur verbreitet.

**Xanthosiderit,** heute nicht mehr gebräuchliche Bezeichnung für ein Mineralgemenge aus → *Goethit* und → *Limonit.*

**Xenoblast,** Bezeichnung für ein bei der metamorphen Neukristallisation (→ *Metablastese*) unregelmäßig ausgebildetes Mineral, das keinerlei kristalline Eigengestalt erkennen läßt und im Wachstum durch benachbarte Minerale behindert war; s. auch → *xenoblastisch.*

**xenoblastisch,** Bezeichnung für ein Gesteinsgefüge metamorpher Gesteine, dessen körnige mineralische Bestandteile keinerlei kristalline Eigengestalt aufweisen; Gegensatz: *idioblastisch;* s. auch → *kristalloblastisch.*

**Xenolith** (m), der Fremdgesteinseinschluß in einem magmatischen Gestein; ist ein solcher Einschluß aus älterem Magma gebildet, der von jüngerem Magma umschlossen wird und stammen beide vom gleichen Muttermagma (Stammagma) ab, so wird hierfür gelegentlich die Bezeichnung *Autolith* verwendet.

**xenomorph,** *allotriomorph,* Bezeichnung für Minerale, die beim gleichzeitigen Erstarren aller Gemengeteile aus einer magmatischen Schmelze – infolge gegenseitiger Störung beim Wachstum – nicht die ihnen zukommende Eigengestalt entwickelt haben.

**Xenophora,** mittelgroße Schnecke (→ *Gastropoden*) mit flachkegeligem Gehäuse, dessen Oberfläche rauh ist und Vertiefungen aufweist; seit der Kreide weltweit verbreitet.

**Xenotim** (m), $Y[PO_4]$, *Ytterspat,* ein Phosphat. H 4–5, D 4,5–5,1, X-System: tetragonal. Form: kleine, dem Zirkon ähnliche Kristalle, prismatisch oder pyramidal; auch derb und eingesprengt. Farbe: grauweiß, gelblich, braun. Durchscheinend bis undurchsichtig; Glasglanz, auch fettig glänzend. Gute Spaltbarkeit, Bruch splittrig, uneben; unterscheidet sich von Zirkon durch die geringere Härte. X. ist ein akzessorischer Bestandteil granitischer und alkalireicher Intrusivgesteine und kommt in Pegmatiten sowie in Hohlräumen von Gneisen vor. Fundorte u. a.: im Gotthardgebiet und im Binnatal/ Schweiz, in Brasilien und USA.

**X-System,** Kurzform für → *Kristallsystem.*

**Xylit** (m), Bezeichnung für Holzbestandteile in der Braunkohle, in denen die Holzstruktur noch erhalten und deutlich erkennbar ist.

**Yama** (f), *Karstschlot,* natürliche, tiefe und unterschiedlich breite Schlote in Karstgebieten, die bevorzugt Kluftzonen folgen und unterirdische Abflußwege der Niederschlagswässer bilden.

**Yoldiameer,** durch Eisstausee-Phasen unterbrochene spät- und postglaziale marine Vorform im Gebiet der heutigen Ostsee; nach der Meeresmuschel *Yoldia arctica* benannt.

**Ypern** (n), unterste Stufe des Eozäns im Alttertiär; s. auch → *Tertiär, Gliederung.*

**Yttergranat,** yttriumhaltiger Eisen-Ton- → *Granat,* der u. a. vereinzelt in Norwegen vorkommt.

**Ytterspat,** andere Bezeichnung für → *Xenotim.*

# Z

**Zackeneis,** *Eispenitentes,* Ablationsform bei Gletschern; in Trockengebieten oder in besonders trockenen Jahren auch in anderen Hochgebirgsregionen; zackenförmige Ausbildung der Oberfläche.

**Zaratit** (m), $Ni_3[(OH)_4|CO_3] \cdot 4H_2O$, *Texasit,* ein Carbonat. H 3,5, D 2,6, X-System: kubisch. Form: kleine prismatische Kristalle; meist kugelige, stalaktitische Aggregate; Krusten und Überzüge. Farbe: smaragdgrün. Durchsichtig bis durchscheinend; Glasglanz, auch fettglänzend. Keine Spaltbarkeit erkennbar, Bruch muschelig. Z. tritt als Zersetzungsprodukt nickelhaltiger Erze auf; Vorkommen in Texas/USA (Zweitname!), Spanien, Tasmanien u. a.

**Zechstein** (m), obere Abteilung des Perms am Ende des Paläozoikums. Im Z. wurden u. a. die norddeutschen Kali- und Steinsalzlager sowie die Mansfelder Kupferschiefer gebildet; s. auch → *geologische Formationen.*

**Zehrgebiet,** Bezeichnung für den Bereich eines Gletschers, in dem das Eis zu schmelzen beginnt; s. auch → *Gletscher.*

**Zellendolomit,** *Zellenkalk,* andere Bezeichnung für → *Rauchwacke.*

**Zementationszone,** unterhalb der Oxidationszone von Erzlagerstätten gelegener Bereich, in dem sich an vorhandenen Primärerzen der Inhalt herabsickernder Lösungen niederschlägt. Im Sinne der elektrochemischen Spannungsreihe erfolgen die Ausscheidungen so, daß edlere Metalle, wie beispielsweise Silber, Gold, Kupfer, die Stelle vorhandener unedler einnehmen. Dabei werden typische Zementationserze, wie Argentit/Akanthit (Silberglanz), Chalkosin (Kupferglanz), Covellin und – seltener – Chalkopyrit (Kupferkies), gebildet.

**Zentraliden** → *Orogen.*

**Zeolithe** (pl), Gruppe von Silikaten, bei denen der lockere Gitterbau gewährleistet, daß der Wassergehalt sich bei Erhitzen verflüchtigen kann, ohne zur Zerstörung des Gitters zu führen. Dieses Wasser wird durch die Luftfeuchtigkeit wieder ersetzt. Deutliches Merkmal der Wasserabgabe ist das Aufblähen der Z.e bei starkem Erhitzen. Nach ihrer äußeren Form unterscheidet man *Würfel-Z.e* wie Chabasit, Phillipsit, Harmotom; *Blätter-Z.e* wie Heulandit, Desmin (Stilbit); *Faser-Z.e* wie Natrolith, Laumontit u. a.; s. auch unter den einzelnen Mineralnamen.

**Zerfallsreihen** → *Radioaktivität.*

**Zerklüftung,** das Auftreten von Klüften, Spalten und Rissen im Gestein infolge Schrumpfung oder tektonischer Vorgänge.

**Zerrachelung,** *Zerrunsung,* → *Rachel.*

**Zerscherung,** Bezeichnung für den Vorgang und das Ergebnis der Gesteinsumformung und -verformung

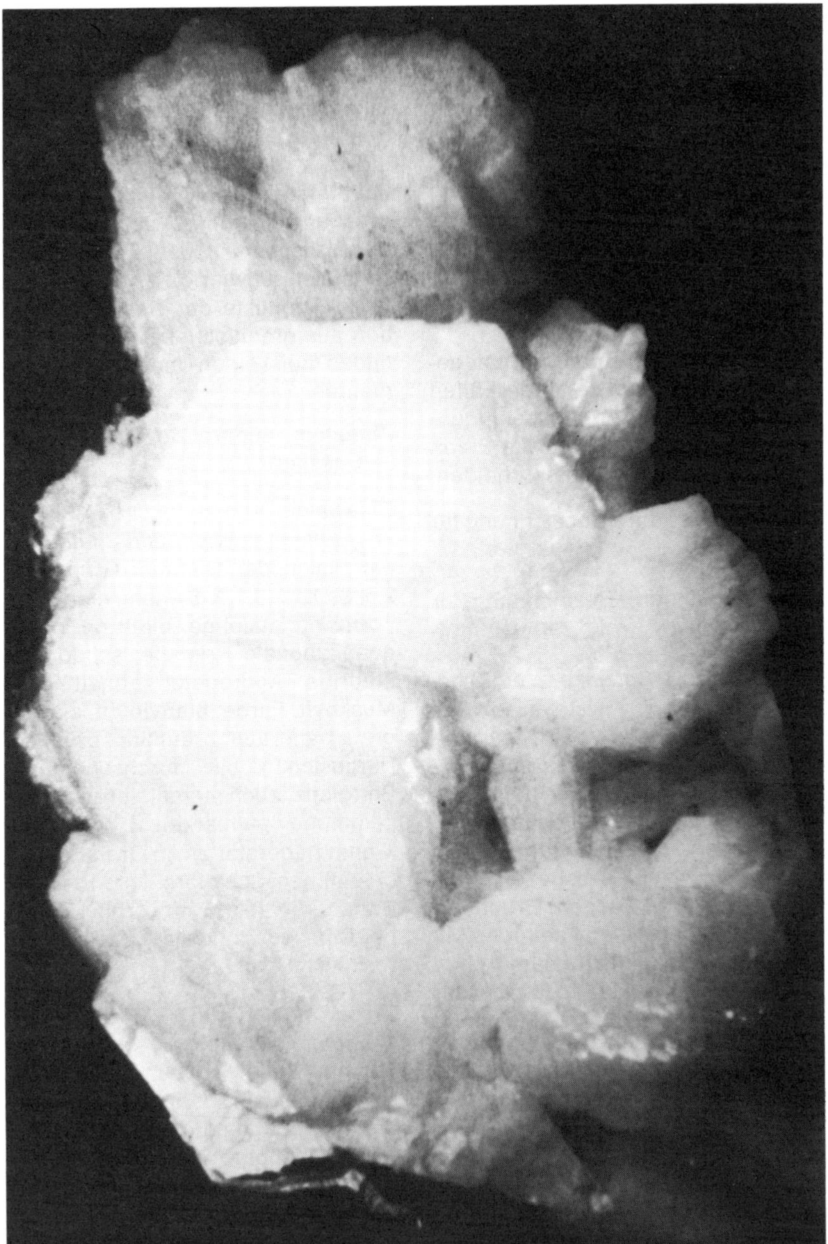

*Zeolith, Desmin (Bündelzeolith) – farblos, weiß, durchsichtig.*

durch Scherung. Dabei wird das Gestein zerlegt und verschoben, ohne daß es dabei seinen Zusammenhang als Ganzes verliert.

**Zertalung,** die Gliederung einer ursprünglich gleichmäßigen Landoberfläche in Berge (morphologisch) und Täler infolge fortschreitender Erosion durch fließende Gewässer.

**Zimtstein,** andere Bezeichnung für einen *Hessonit;* s. auch → *Granat.*

**Zink** (n), Zn, ein Element; kommt gediegen nur in ganz seltenen Fällen unter extremen Bildungsbedingungen vor und ist von dem aus Erzen gewonnenen nicht zu unterscheiden.

**Zinkblende,** andere Bezeichnung für → *Sphalerit.*

**Zinkblüte,** andere Bezeichnung für → *Hydrozinkit.*

**Zinkit** (m), ZnO, *Rotzinkerz,* ein Oxid. H 4,5, D 5,4–5,7, X-System: hexagonal. Form: Kristalle selten (pyramidenförmige Endungen); körnig, spätig, blättrig, derb. Farbe: tiefrot bis orangegelb. Durchscheinend bis undurchsichtig; Diamantglanz, auch halbmetallisch. Ausgezeichnete Spaltbarkeit bei sprödem Bruchverhalten. Z. ist ein relativ seltenes Mineral, das auf kontaktmetamorphen Kalkgesteinen vorkommt, u. a. in der Toskana, in New Jersey/USA.

**Zinkspat,** andere Bezeichnung für → *Smithsonit.*

**Zinkvitriol,** andere Bezeichnung für → *Goslarit.*

**Zinn** (n), Sn, ein Element, kommt wie Zink in der Natur gediegen nur sehr selten und unter extremen Bildungsbedingungen vor.

**Zinnkies,** andere Bezeichnung für → *Stannin.*

**Zinnober,** andere Bezeichnung für → *Cinnabarit.*

**Zinngranite** (pl), Bezeichnung für Intrusivgesteine der → *Granit*-Gruppe, die u. a. die Bildung von Zinnerz-Lagerstätten begünstigen. Die Abgrenzung einzelner Arten nach ihrer mineralischen Zusammensetzung ist meist schwierig. Z. sind in der Regel Produkte der Restkristallisation aus granitischer Schmelze und bilden meist einen Übergang zu Pegmatiten.

**Zinnstein,** andere Bezeichnung für → *Cassiterit.*

**Zinnwaldit,** $KLiFeAl[(F,OH)_2|AlSi_3O_{10}]$, (m), *Lithioneisenglimmer, Lithionit,* ein Silikat der *Glimmer-Gruppe.* H 2,5–3, D 2,9–3,1, X-System: monoklin. Form: dünntafelige, blättrige, pseudohexagonale Kristalle; schuppige, blättrige Aggregate; ähnelt dem Muskovit. Farbe: blaßviolett, silbriggrau, hellbraun, bräunlich, grünlich. Durchsichtig bis durchscheinend; Perlglanz, auch metallisierend. Vollkommene Spaltbarkeit. Z. kommt auf Zinnerzlagerstätten, in Graniten und kristallinen Schiefern vor, u. a. im Erzgebirge (bis 5 cm große Tafeln bei Cinovec/Zinnwald CSSR) und in Cornwall/England.

**Zippeit** (m) $[6UO_2|3(OH)_2|3SO_4] \cdot n\,H_2O$, *Uranblüte, Uranocker,* ein wasserhaltiges Sulfat. H 1–3, D 2,5, X-System: monoklin. Form: feinnadelige, blättrige oder tafelige Kristalle; faserige, schuppige Aggregate; erdig, Anflüge, Ausblühungen. Farbe: gelb in verschiedenen Tönungen. Durchscheinend; Seidenglanz, matt. Gute Spaltbarkeit. Z. ist ein Zersetzungsprodukt von Uranmineralen und kommt zusammen mit diesen vor, u. a. bei Wölsendorf/Oberpfalz.

**Zirkon** (m), $ZrSiO_4$, ein Silikat. H 7,5, D 3,9–4,8, X-System: tetragonal. Form: prismatische Kristalle mit quadratischem Querschnitt und pyramidalen Endungen; knieförmige Zwillingsbildung. Farbe: farblos, gelb, grün, meist jedoch hell- bis rötlichbraun. Durchsichtig bis durchscheinend; Glasglanz bis Diamantglanz, auch fettig glänzend. Spaltbarkeit undeutlich, Bruch muschelig. Z. ist ein akzessorischer Bestandteil vieler Magmatite und kommt in kristallinen Schiefern, besonders in alpinen Klüften vor. Fundorte u. a. im Siebengebirge, in der Eifel, bei Pfitsch/Südtirol, auf Ceylon, Madagaskar, in Australien, Kanada, USA, Norwegen, UdSSR. Durchsichtige Kristalle sind als Edelsteine geschätzt. Die gelbrote Edelsteinvarietät wird auch *Hyazinth* genannt. □

**Zirkon-Favas** (m), $ZrO_2$, *Zirkonglaskopf,* ein Oxid. H 7–7,5, D 4,9–5,4, X-System: monoklin. Form: kleine Kristalle selten; meist kryptokristallin, radialfaserige, glaskopfartige Aggregate; krustig, dicht. Farbe: dunkelgrau, braun bis schwarz. Undurchsichtig; Glasglanz, auch fettig glänzend. Keine Spaltbarkeit, Bruchverhalten spröde. Z. kommt als Zersetzungsprodukt von Zirkon u. a. in Brasilien vor.

**Zoisit** (m), $Ca_2Al_3[(OH)|(SiO_4)_3]$, ein Silikat. H 6, D 3,2–3,4, X-System: rhombisch. Form: stengelige, tafelige Kristalle; tafelige, stengelige, teilweise gekrümmte Aggregate; dicht, derb. Farbe: weiß, grau, grünlich, bräunlich, rosafarben. Durchscheinend bis undurchsichtig; Glas-

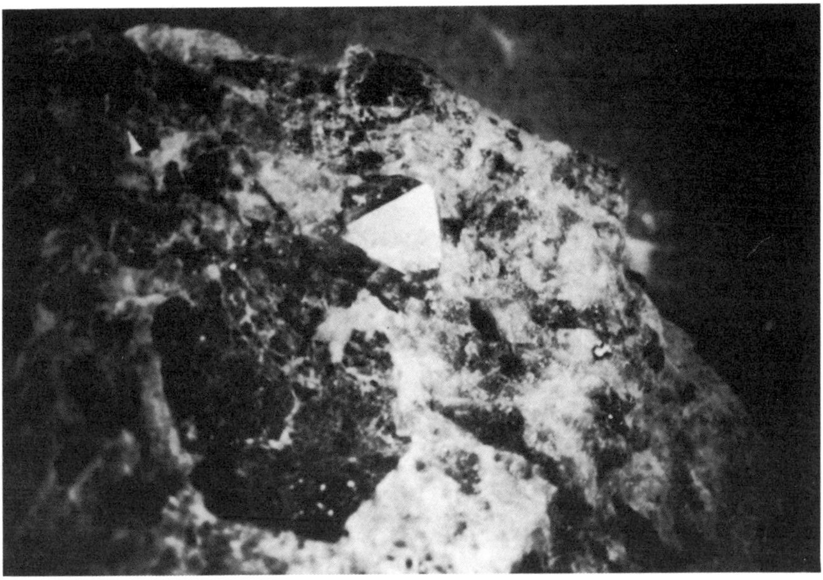

*Zirkon, teilweise eingewachsener Kristall – braun, durchsichtig.*

glanz, Perlglanz, auch fettig glänzend. Gute Spaltbarkeit, Bruch uneben. Z. kommt in kristallinen Schiefern, in kontaktmetamorphen Gesteinen, auf Eisen- und Kupfererzlagerstätten vor und ist u. a. an verschiedenen Orten des Alpenraumes anzutreffen, so bei Zermatt/Wallis, in den Hohen Tauern, in Kärnten, Piemont.

**Zone,** im engeren Sinne Bezeichnung für eine stratigraphische Einheit, die durch die vertikale Verbreitungsdauer von Leitfossilien charakterisiert bzw. abgegrenzt ist und sich überregional erfassen und verfolgen läßt.

**zoogen,** Bezeichnung für Sedimente, die ganz oder teilweise aus tierischen Resten aufgebaut sind.

**Zoolithe** (pl), aus tierischen Organismen hervorgegangene Sedimentgesteine; s. auch → *Biolithe.*

**Zungenbecken,** zwischen Gletscherzunge und Endmoräne befindliches Becken, in dem sich nach dem Gletscherrückzug oft Seen bilden; s. auch → *Gletscher.*

**Zweiglimmergranit,** Bezeichnung für einen → *Granit,* der als Glimmeranteile sowohl → *Biotit* als auch → *Muskovit* (dunkler und heller Glimmer) enthält.

**Zweispitzkörper,** andere Bezeichnung für → *doppelendig* ausgebildete Kristalle.

**Zwillingsbildung,** die gesetzmäßige Verwachsung von zwei oder mehreren Kristallindividuen. Kristalle können symmetrisch so miteinander verwachsen sein, daß sie sich spiegelbildlich gleichen oder aber bei einer angenommenen Drehung der Achse deckungsgleich wären. Die

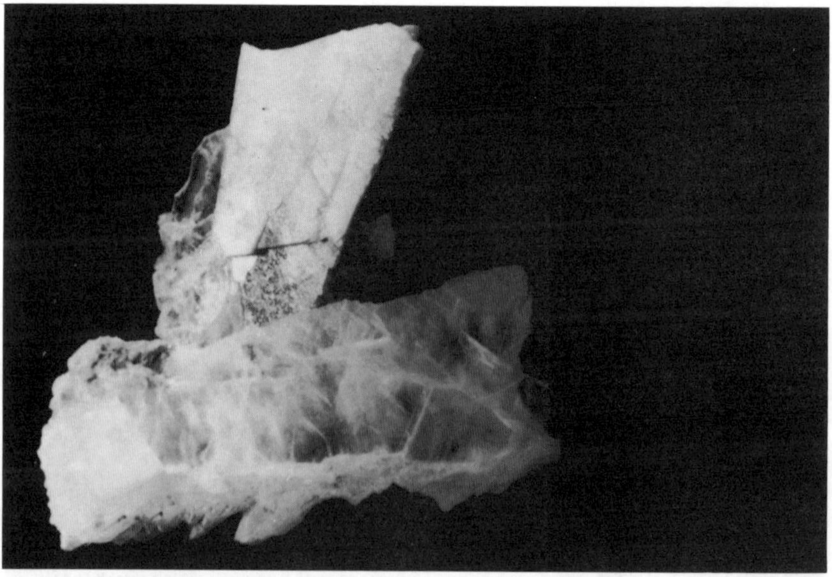

*Zwillingsbildung von Gips; neigt zu schwalbenschwanzförmiger Zwillingsbildung.*

Zwillingsverwachsung kann sich mehrfach wiederholen, dann spricht man von *Drillingen, Vierlingen* und *Viellingen.* Ist bei den Viellingen eine Aneinanderreihung der Zwillinge in gleicher Form zu beobachten, so werden diese als *Wiederholungsviellinge* oder *polysynthetische Zwillinge* bezeichnet. Nach der Art der Entstehung unterscheidet man *Wachstumszwillinge, Gleit-* oder *Druckzwillinge* und *Umwandlungszwillinge,* die sich in den kristallographischen Gesetzmäßigkeiten jedoch gleichen. Von den einfachen Kristallen unterscheiden sich die Zwillinge oft schon durch einspringende Winkel; wo dieses Merkmal fehlt, sind die Flächen gelegentlich durch eine *Zwillingsstreifung* gezeichnet. Zwillinge, deren Kristallkörper an der Verwachsungsfläche aneinandergefügt sind, bezeichnet man als *Berührungs-* oder *Kontaktzwillinge.* Durchdringen sich zwei Kristallindividuen, so handelt es sich um *Durchdringungs-* oder *Durchkreuzungszwillinge.* Nach der Form und dem äußeren Aussehen werden einige typische Z.en benannt, so die *Schwalbenschwanzzwillinge* bei Gips oder die dem *Eisernen Kreuz* ähnelnden *Durchdringungszwillinge* des Pyrit. Manche Minerale neigen zu einer Z., die eine höhere Symmetrie vortäuscht, sogenannte *Ergänzungszwillinge,* z. B. hexagonal erscheinende Kristallkörper des trigonalen Systems (→ *Quarz*). Die Gesetzmäßigkeit der Z. ist bei einigen Mineralen durch besondere Namen gekennzeichnet. Bei den Feldspäten kommen *Karlsbader, Bavenoer, Manebacher, Albit-* und *Periklingesetz* vor. Quarz ist nach dem *Dauphinéer* oder dem *Brasilianer Gesetz* verzwillingt. □

**Zwischeneiszeit** → *Interglazial.*

**Zwischengebirge** → *Orogen.*

**Zyklentheorie,** eine Theorie, die von der Annahme ausgeht, daß die Entwicklung der Erdkruste im Laufe geologischer Zeitalter in Zyklen erfolgt ist; danach hat ein Wechsel stattgefunden zwischen Zeiten einer ruhigen Entwicklung (*Evolution*) und solchen, die von einer wesentlichen Steigerung des geologischen Geschehens (*Revolution*) begleitet waren. Ein *geotektonischer* Zyklus beginnt mit der epirogenen Absenkung einer → *Geosynklinale,* verstärkt sich mit der Auffaltung eines Teiles der Erdkruste zum → *Orogen,* setzt sich in der Hebung fort und klingt mit Abtrag, Einebnung und eventueller Senkung aus. Parallel zu diesem geotektonischen läuft der → *Magmenzyklus* ab.

## Übersicht des Anhangs:

Anhang 1: Übersichtstabelle Gesteine.
Anhang 2: Die wichtigsten gesteinsbildenden Minerale.
Anhang 3: Hinweise zum Bestimmen der wichtigsten Minerale.
Anhang 4: Mineralien- und Gesteinssammlungen.

## Gesteine – Übersichtstabelle der wichtigsten Gesteinsarten

### A. Magmatische Gesteine, Eruptivgesteine

**1. Intrusivgesteine,** Tiefengesteine, Plutonite

*Merkmal:* Gleichmäßig körniges Gefüge, das in der Regel die einzelnen Gemengeteile (helle und dunkle Minerale) auch ohne besondere optische Hilfsmittel erkennen läßt.

| Gesteinsname | Arten | Gefüge = G. Farbe = F. | Hauptgemengeteile | Nebengemengeteile |
|---|---|---|---|---|
| **Granit** | Biotit-Gr., Zweiglimmer-Gr., Hornblende-Gr., Augit-Gr. | G.: mittelkörnig; fein- bis grobkörnig. F.: weißgrau, grau, rötlich, gelblich, grünlich | Quarz, Kalifeldspat, Plagioklas, Biotit, Muskovit, Hornblende. | Zirkon, Apatit, Hämatit, Magnetit, Pyrit, Chalkopyrit u. a. |
| **Granodiorit** | (Übergangsgestein zu den Dioriten) | G.: mittelkörnig. | Kalifeldspat, Plagioklas, Quarz, Biotit. | Zirkon, Apatit, Hämatit, Magnetit u. a. |
| **Diorit** | Quarz-D., Gabbro-D. | G.: fein- bis mittelkörnig, selten grobkörnig. F.: grau, dunkelgrau bis schwarz. | Plagioklas, Kalifeldspat, Quarz, Hornblende, Biotit, Augit u. a. | Apatit, Zirkon, Magnetit, Ilmenit, Pyrit, Chalkopyrit u. a. |
| **Syenit** | Syenodiorit, Pyroxensyenit, Monzonit, Nephelinsyenit, Chibinit, Leucitsyenit. | G.: mittelkörnig, mitunter feinkörnig. F.: grau, rötlich, grünlich-grau. | Kalifeldspat, Plagioklas, Biotit, (Quarz), Hornblende, Pyroxene, Nephelin, Leucit. | Apatit, Zirkon, Titanit, Magnetit, Ilmenit, Pyrit, Chalkopyrit, Hämatit u. a. |

| Gesteinsname | Arten | Gefüge = G. Farbe = F. | Hauptgemengeteile | Nebengemengeteile |
|---|---|---|---|---|
| **Gabbro** | Olivingabbro, Troktolith, Norit, Anorthosit | G.: fein- bis grobkörnig. F.: grauschwarz, hellgrau, dunkelgrau. | Plagioklas, Pyroxene, Olivin. | Chromit, Ilmenit, Magnetit, Apatit, Pyrrhotin u. a. |
| **Peridotit** | Dunit, Saxonit, Harzburgit, Wehrlit, Lherzolith. | G.: fein- bis mittelkörnig. F.: hell- bis dunkelgrün, bräunlich. | Olivin, Orthopyroxene, Klinopyroxene, Granat. | Chromit, Ilmenit, Titanomagnetit. |
| **Pyroxenit** | Hypersthenit, Bronzitit, Enstatitit, Websterit, Diallagit, Diopsidit. | G.: mittelkörnig. F.: dunkelgrün bis schwarz. | Orthopyroxene, Klinopyroxene. | Chromit, Sulfide u. a. |
| **Pegmatite** | (Restkristallisation von vielen Intrusivgesteinen) | G.: grob- bis riesenkörnig. F.: wie die entspr. Intrusivgesteine. | wie die entsprechenden Intrusivgesteine. | Neben vielerlei Erzmineralen u. a. Beryll, Topas . . . |

**2. Ganggesteine,** z. T. Aplite (Porphyre) und Lamprophyre

*Merkmal:* Ganggesteine sind Abkömmlinge der Intrusivgesteine, die aus magmatischer Restschmelze in vorgebildeten Spalten und Klüften plattenartig erstarrt sind. Sie weisen in der Regel fein- bis mittelkörniges Gefüge auf.

| Sammelname | Gesteinsart | Farbe = F. | Hauptgemengeteile | Nebengemengeteile |
|---|---|---|---|---|
| **Aplite** | Granitaplit, Dioritaplit, Syenitaplit, Gabbroaplit. | weiß-grau, grau, rötlich; helle Gesteine. | ähnlich den entsprechenden Intrusivgesteinen | |

| Sammelname | Gesteinsart | Farbe = F. | Hauptgemengeteile | Nebengemengeteile |
|---|---|---|---|---|
| **Lamprophyre** | Minette, Vogesit, Kersantit, Spessartit, Camptonit, Monchiquit. | dunkle Gesteine. | Plagioklas, Pyroxene, Hornblende, Olivin, Feldspatvertreter. | Apatit, Ilmenit, Titanomagnetit, Pyrit, Chalkopyrit u. a. |

**3. Effusivgesteine,** Ergußgesteine, Vulkanite

*Merkmal:* In die dichte Grundmasse, die ohne optische Hilfsmittel keine einzelnen mineralischen Bestandteile erkennen läßt, sind gelegentlich Einsprenglinge von unterschiedlicher Größe eingebettet. Einige der vulkanischen Gesteine sind porös ausgebildet, andere weisen größere Blasenräume auf, die mit Mineralen ausgekleidet oder ausgefüllt sind. In Gesteinsgläsern ist das Mineralgemenge zu Glas erstarrt, so daß sich auch unter dem Mikroskop keine Trennung der einzelnen Bestandteile vornehmen läßt.

| Sammelname | Gesteinsart | Gefüge | Farbe | Mineralbestand |
|---|---|---|---|---|
| **Gesteinsglas** | Obsidian | dicht | grün, braun bis schwarz; | Glas |
| | Bimsstein | porig | weiß, grau | Schaumglas |
| **Rhyolithe** | Rhyolith, Liparit, Quarzporphyr. | glasig-dicht, porphyrisch | weiß, grau, grünlich, rötlich, bläulich. | äquivalent zu Granit, mit Einsprenglingen |
| | Dazit, Quarzporphyrit. | | | äquivalent zu Granodiorit, mit Einsprenglingen |
| **Andesite, Porphyrite** | Glimmerandesit, Hornblende- bzw. Augitandesit, Porphyrit. | dicht, porös. | grau bis schwarz, rötlich. | äquivalent zu Dioriten, mit Einsprenglingen |

| Sammelname | Gesteinsart | Farbe = F. | Hauptgemengeteile | Nebengemengeteile |
|---|---|---|---|---|
| **Trachyte, Porphyrite, Keratophyre** | Trachyt, Leucittrachyt, Trachyandesit, Porphyrit, Keratophyr. | porös, dicht, z. T. glasig. | hellgrau, grau bis dunkelgrau | äquivalent zu Syenit, z. T. mit Einsprenglingen |
| **Basalte, Melaphyre, Diabase** | Feldspatbasalt, Nephelinbasalt, Leucitbasalt, Melaphyr, Diabas. | dicht, verschiedentlich mit Blasenräumen und Mandeln | grün-, braun- bis schwarzgrau. | äquivalent zu Gabbro, z. T. mit Einsprenglingen und Geoden |
| **Pikrit** | | dicht | grünlich | Olivin vorherrschend |

## B. Sedimentgesteine

Die Sedimentgesteine werden unterteilt in: klastische Sedimente – Verwitterungs- bzw. Abtragungsmaterial; organogene Sedimente (Biolithe) – Ablagerungen organischer Substanzen, z. B. Schalenreste; chemische Sedimente – durch chemische Lösung und Ausscheidung entstanden. Eine konsequente Abgrenzung ist jedoch nicht in allen Fällen möglich.
Das Gefüge dieser Gesteine kann dicht, fein- bis grobkörnig ausgebildet sein, Schalenreste und andere Fossilien enthalten und weist unterschiedliche Verfestigungsgrade auf. Die Farbe kann stark variieren. Mitunter sind Sedimentgesteine an einer schichtigen Lagerung zu erkennen.

| Zuordnung | Gesteinsart | Beschaffenheit |
|---|---|---|
| **Klastische Sedimentgesteine** | Konglomerat | runde Geröllstücke, mit kalkigen, kieseligen oder/und tonigen Bindemitteln verkittet; Fossilien äußerst selten. |
| | Brekzie | kantige Gesteinstrümmer, durch kalkige, kieselige oder/und tonige Bindemittel verkittet; Fossilien äußerst selten. |

| Zuordnung | Gesteinsart | Beschaffenheit |
|---|---|---|
| **Klastische Sedimentgesteine** | Geschiebemergel (Tillit) | durch tonige, kieselige, fein- bis mittelkörnige Grundmasse verkittete kantige Gesteinstrümmer und/oder gerundete Geröllstücke. |
| | Sandstein | aus Quarzsand (vorherrschend) und tonigen bzw. kalkigen Bestandteilen zusammengesetzt; Fossilien gelegentlich anzutreffen, ebenso die sogenannten Rippelmarken. |
| | Arkose | durch Kalk oder Eisenoxide verkittete Quarz- und Feldspatanteile. Gefüge mittelkörnig; Fossilien selten. |
| | Grauwacke | bis zu 2 mm große, scharf umgrenzte Körner in feinkörniger Grundmasse aus Quarz, Feldspat u. a.; teilweise gradierte Schichtung; Fossilien selten. |
| | Ton und Schieferton | sehr feinkörnig bis dicht; geschichtet; Ton unverfestigt, Tonstein und Schieferton verfestigt. Bestandteile: Quarz, Feldspat, Tonminerale (vorherrschend), z. T. Eisenoxide; Fossilien anzutreffen. |
| **Organogene Sedimentgesteine** (Biolithe) | Massenkalke | in der Regel dichte, fein- bis mittelkörnige, weiße, graue, gelbliche, bräunliche bis dunkelgraue Gesteine, die vorwiegend aus Calciumcarbonat bestehen und in unterschiedlichen Anteilen Fossilien enthalten. |
| | Dolomitgesteine | dichte, fein- bis mittelkörnige, weiße, gelbliche oder rötliche Gesteine, die im wesentlichen aus Dolomit bestehen. Organische Reste sind in der Regel durch Rekristallisation zerstört. |
| | Kreide | feinkörniges, weißes, gelbliches oder graues, z. T. poröses Gestein, das mit Ausnahme geringer anderer Anteile aus Calcit besteht. Sekundär gebildete Feuersteinknollen sind verbreitet. Kreide ist meist fossilführend. |

| Zuordnung | Gesteinsart | Beschaffenheit |
|---|---|---|
| **Organogene Sedimentgesteine** | Kalk-Tongesteine (Mergel) | feinkörnige, dichte, weiße, graue, gelbliche bis bräunliche Gesteine, die neben Calcit Tonminerale in unterschiedlichen Anteilen enthalten. Die Gesteine sind zuweilen geschichtet und weisen nur gelegentlich einen Bestand an Fossilien auf. |
| | Muschel- bzw. Korallenkalke | fein- bis mittelkörnige Kalkgesteine, die sich durch einen reichhaltigen Bestand an Fossilien (Mollusken- bzw. Brachiopodenschalen, Korallen u. a.) sowie durch ihre Mächtigkeit auszeichnen. |
| | Schill-Kalk, Lumachelle | im wesentlichen aus Mollusken- bzw. Brachiopodenschalen bestehender Kalk, der meist große Hohl- bzw. Porenräume besitzt. |
| | Oolithische Kalke | Kalkgesteine, die aus Ooiden (kugelförmigen, bis ca. 2 mm großen Körpern) zusammengesetzt sind. Fossilien sind nur als Fragmente erhalten. |
| | Kieselschiefer, Radiolarit, Kieselgestein | dichtes, feinkörniges, graues, rotes bis schwarzes kieselsäurehaltiges Gestein, das zu einem großen Teil aus den Kieselskeletten von Radiolarien aufgebaut ist. |

Kaustobiolithe (brennbare Biolithe) wie Braunkohle oder Steinkohle können in dieser Übersicht keine Berücksichtigung finden, es empfiehlt sich, die Stichworte → *Inkohlung,* → *Braunkohle,* → *Steinkohle* nachzuschlagen.

| | | |
|---|---|---|
| **Chemische Sedimente,** Evaporate, Ausfällungsgesteine | Salzgesteine | dichte, körnige, kristalline, farblose, weiße, graue, gelbliche oder rötliche, in der Regel wasserlösliche Gesteine, die aus Halit (Steinsalz), Sylvin und/oder Carnallit bestehen und von Anhydrit, Gips, Kieserit oder Polyhalit begleitet werden. |
| | Gipsgesteine | dichte, körnige oder spätige Gesteinsschichten von massigem Gips, weiß, rötlich, bräunlich, grünlich. Massiger Gips kommt zusammen mit Anhydrit auf Salzlagerstätten oder als selbständige Schichten im Alpenraum sowie in der Toskana (Alabaster) u. a. vor. |

| Zuordnung | Gesteinsart | Beschaffenheit |
|---|---|---|
| **Chemische Sedimente** | Phosphatgesteine | gebänderte, fein- bis grobkörnige Gesteine, z. T. knollig ausgebildet, die im wesentlichen aus Phosphaten von Calcium oder Eisen bestehen. Die Farbe dieser Gesteine reicht von weiß bis dunkelbraun. |
| | Kalksinter, Travertin, Kalktuff | körniges, poröses, weißes, gelbes, rotes oder bräunliches Kalkgestein, das durch Ausfällung aus kalkhaltigen Wässern gebildet wurde. |
| | Kieselsinter, Geyserit | durch Ausfällung an heißen Quellen gebildetes und meist als Krusten auftretendes Kieselgestein. |
| | | In den Grenzbereichen einer nach Bildungsbedingungen getrennten Aufteilung gibt es eine ganze Reihe von Gesteinen, die sowohl zur einen als auch zur anderen Gruppe zu rechnen wären. Klastische und organogene Substanzen sind z. B. in den Ölschiefern enthalten. Andere Gesteine sind auf biochemische Bildungsbedingungen zurückzuführen. |

## C. Metamorphite, metamorphe Gesteine

### 1. Kontaktgesteine

| Gesteinsart | Gefüge = G. Farbe = F. | Mineralbestand | Nebengemengeteile | Ausgangsgestein |
|---|---|---|---|---|
| Knotenschiefer, Fleck- und Fruchtschiefer | G.: dicht, feinkörnig. F.: grünlich, grau, braun, mit dunklen Flecken. | Plagioklase, Cordierit, Andalusit u. a. | | tonige Sandsteine, Arkosen |
| Hornfelse, Kalksilikathornfelse | G.: dicht, körnig. F.: grau, braun, bläulich | Plagioklas, Pyroxene, Cordierit, Andalusit, Quarz, Glimmer. | Sillimanit, Granat, Pyrit, Hämatit, Magnetit, Chlorit. | Tone, Mergel, vulkanische Tuffe. |

| Gesteinsart | Gefüge = G. Farbe = F. | Mineral-bestand | Nebenge-mengeteile | Ausgangs-gestein |
|---|---|---|---|---|
| Kalk-Silikatfelse (Skarne) | G.: dicht, mittel- bis grobkörnig. F.: grün in verschiedenen Tönungen. | Plagioklas, Grossular, Diopsid, Andradit, Vesuvian. | Amphibole, Orthit, Chlorit, Magnetit, Chalkopyrit. | Mergelkalk mit reichlich Calcium-anteilen |
| Marmore | G.: fein- bis grobkörnig. F.: weiß, grau, in verschiedenen Farben. | Calcit, Dolomit. | Glimmer, Quarz u. a. | Kalksteine, Dolomit-gesteine. |
| Quarzite | G.: mittel-körnig, granoblastisch. F.: weiß, grau, rötlich, grünlich. | Quarz. | Feldspat, Glimmer. | Sandsteine. |
| Smirgel | G.: körnig. F.: rötlich, bräunlich | Korund | | Bauxit, Laterit |

**2. Gesteine der Regionalmetamorphose,** kristalline Schiefer

| Gesteinsart | Gefüge = G. Farbe = F. | Mineral-bestand | Nebenge-mengeteile | Ausgangs-gestein, Metamor-phosegrad |
|---|---|---|---|---|
| **Gneise (Ortho-):** Biotitgneis, Zweiglimmergneis, Hornblendegneis, Augitgneis. | G.: massig, schiefrig, plattig, körnig. F.: hell- bis mittelgrau, rötlich. | Kalifeldspat, Plagioklas, Biotit, Muskovit, Hornblende, Quarz, Pyroxene. | Zirkon, Rutil, Apatit, Titanit, Pyrit, Cordierit, Sillimanit, Hämatit u. a. | saure Intrusiv- und Effusiv-gesteine, Granit u. a.<br><br>Mesostufe, Katastufe. |

| Gesteinsart | Gefüge = G.<br>Farbe = F. | Mineral-<br>bestand | Nebengemen-<br>geteile | Ausgangs-<br>gestein,<br>Metamor-<br>phosegrad |
|---|---|---|---|---|
| **Paragneise**<br>Zweiglim-<br>mergneis,<br>Cordierit-<br>gneis,<br>Sericitgneis | G.: schiefrig,<br>plattig,<br>flaserig,<br>unregel-<br>mäßig<br>ausgebildet.<br>F.: hell- bis<br>mittelgrau,<br>silbriggrau. | Kalifeldspat,<br>Plagioklas,<br>Quarz,<br>Glimmer,<br>Granat. | Sillimanit,<br>Disthen,<br>Granat,<br>Cordierit,<br>Titanit,<br>Hämatit,<br>Turmalin<br>u. a. | Grauwacken,<br>Tongesteine.<br><br>Katastufe,<br>Mesostufe. |
| **Granulite** | G.: dicht,<br>massig, fein-<br>körnig.<br>F.: hellgrau,<br>weiß-gelb-<br>lich bis<br>schwarz. | Kalifeldspat,<br>Plagioklas,<br>Quarz,<br>Granat,<br>Pyroxen,<br>Disthen,<br>Biotit. | Hämatit,<br>Chlorit,<br>Sillimanit<br>u. a. | Granit und<br>Oberflächen-<br>äquivalente,<br>Tonsteine,<br>Gabbro u. a.<br><br>Katastufe |
| **Glimmer-<br>schiefer:**<br>Quarz-<br>Glimmer-<br>schiefer,<br>Kalk-Glim-<br>merschiefer,<br>Staurolith-<br>Glimmer-<br>schiefer,<br>Granat-<br>Glimmer-<br>schiefer | G.: schiefrig,<br>blättrig,<br>plattig,<br>auch<br>gefältelt.<br>F.: weiß,<br>silbriggrau,<br>gelblich,<br>dunkelgrau. | Quarz,<br>Calcit,<br>Biotit,<br>Muskovit,<br>Staurolith,<br>Granat u. a. | Albit,<br>Chlorit,<br>Rutil,<br>Hämatit<br>u. a. | tonige und<br>sandige<br>Sedimente,<br>Mergelkalk.<br><br>Mesostufe |
| **Hornblende-<br>schiefer**<br>Aktinolith-<br>schiefer,<br>Garben-<br>schiefer. | G.: dicht,<br>körnig,<br>strahlig.<br>F.: grün bis<br>schwarz. | Plagioklas,<br>Hornblende,<br>Aktinolith,<br>Almandin. | | Diorit,<br>Gabbro und<br>Oberflächen-<br>äquivalente,<br>Mergelton.<br><br>Mesostufe |

| Gesteinsart | Gefüge = G. Farbe = F. | Mineralbestand | Nebengemengeteile | Ausgangsgestein, Metamorphosegrad |
|---|---|---|---|---|
| **Amphibolite** | G.: dicht, faserig, strahlig, z. T. schiefrig. | Hornblende, Aktinolith | Plagioklas, Granat | Gabbro und Oberflächenäquivalente<br>Mesostufe |
| **Eklogite** (Hornblende-eklogit) | G.: körnig. F.: dunkelgrün. | Pyroxene, Granat, (Hornblende). | Rutil, Spinell, Erzminerale u. a. | Gabbro und Oberflächenäquivalente.<br>Katastufe. |
| **Serpentinite** | G.: dicht, weich, schiefrig. F.: grün, braun, schwarzblau, geadert. | Serpentinminerale, Pyroxene, Granat, Chlorit. | | Peridotite, Pyroxenite.<br>Mesostufe. |
| **Phyllite** Quarzphyllit, Kalkphyllit | G.: schiefrig, plattig, feinschuppig. F.: grau, grünlich, bräunlich. | Sericit, Plagioklas, Chlorit, Epidot, Quarz, Calcit u. a. | Amphibole, Granat und viele andere Minerale. | Tongesteine, Mergel, tonige Sandsteine.<br>Epistufe. |
| **Grünschiefer** Chloritschiefer, Talkschiefer, Prasinit u. a. | G.: schiefrig, blättrig, weich. F.: grün. | Chlorite, Epidot, Sericit, Tonminerale, Amphibole, Plagioklas, Calcit u. a. | sehr unterschiedlich. | basische Magmatite, calcium- und magnesiumreiche Sedimente.<br>Epistufe. |
| **Tonschiefer** | G.: feinschiefrig, feinplattig. F.: dunkelgrau, schwarz. | Tonminerale, Sericit, Quarz | | Tongesteine, Ton, Schieferton.<br>Epistufe, schwach metamorph. |

| Gesteinsart | Gefüge = G.<br>Farbe = F. | Mineral-<br>bestand | Nebenge-<br>mengeteile | Ausgangs-<br>gestein,<br>Metamor-<br>phosegrad |
|---|---|---|---|---|
| **Marmor**<br>siehe<br>Kontakt-<br>gesteine | | | | Mesostufe,<br>Katastufe |
| **Quarzit-<br>schiefer**<br>siehe<br>Kontakt-<br>gesteine | Quarzit<br>kann sowohl<br>sedimentär<br>als auch<br>durch Meta-<br>morphose<br>entstanden<br>sein. | | | Mesostufe |

## Die wichtigsten gesteinsbildenden Minerale als Gesteinsgemengeteile

| | |
|---|---|
| **1. Elemente:** | |
| Graphit | Metamorphite |
| **2. Sulfide:** | |
| Pyrit | in vielen Gesteinen |
| Chalkopyrit | Magmatite, Kr. Schiefer |
| Pyrrhotin | Magmatite, Kr. Schiefer |
| Sphalerit | Kontaktgesteine |
| Löllingit | Kontaktgesteine |
| Markasit | Sedimentgesteine |
| **3. Halogenide:** | |
| Fluorit | Magmatite, Kr. Schiefer |
| Halit | Salzgesteine |
| **4. Oxide, Hydroxide:** | |
| Quarz | in vielen Gesteinen |
| Cassiterit | Magmatite, Pegmatite |
| Spinell | Magmatite |
| Magnetit | Magmatite, Kr. Schiefer |
| Rutil | Kr. Schiefer, Pegmatite |
| Ilmenit | Magmatite |
| Hämatit | Magmatite, Kr. Schiefer |
| Korund | Kontaktgesteine |
| Periklas | Kontaktgesteine |
| Limonit | Sedimentgesteine |
| **5. Carbonate:** | |
| Calcit | in vielen Gesteinen |
| Dolomit | Dolomitgesteine u. a. |
| Magnesit | Kr. Schiefer |
| Siderit | Sedimentgesteine |
| **6. Sulfate:** | |
| Anhydrit | Salzgesteine |
| Gips | Salzgesteine |
| **7. Phosphate:** | |
| Apatit | Magmatite, Kr. Schiefer |
| Monazit | Magmatite, Kr. Schiefer |
| **8. Silikate:** | |
| Kalifeld-späte: | |
| Orthoklas | Magmatite, Kr. Schiefer |
| Sanidin | Magmatite |
| Mikroklin | Magmatite, Kr. Schiefer |

| | |
|---|---|
| Plagioklase: | |
| Albit | Magmatite, Kr. Schiefer |
| Oligoklas | Magmatite, Kr. Schiefer |
| Andesin | Magmatite |
| Labradorit | Magmatite |
| Bytownit | Magmatite |
| Anorthit | Kontaktgesteine |
| Feldspatvertreter, Foide: | |
| Leucit | Magmatite |
| Nephelin | Magmatite |
| Nosean | Magmatite |
| Sodalith | Magmatite |
| Haüyn | Magmatite |
| Glimmer: | |
| Muskovit | in vielen Gesteinen |
| Biotit | in vielen Gesteinen |
| Zinnwaldit | Magmatite, Pegmatite |
| Phlogopit | Kontaktgesteine |
| Sericit | Kr. Schiefer |
| Amphibole: | |
| Hornblende | Magmatite, Kr. Schiefer |
| Riebeckit | Magmatite |
| Glaukophan | Kr. Schiefer |
| Cummingtonit | Kr. Schiefer |
| Aktinolith | Kr. Schiefer |
| Orthopyroxene: | |
| Enstatit | Magmatite |
| Hypersthen | Magmatite |
| Klinopyroxene: | |
| Diopsid | Magmatite |
| Diallag | Magmatite |
| Augit | Magmatite |
| Ägirin | Magmatite |
| Omphacit | Kr. Schiefer |
| Granate: | |
| Almandin | Kr. Schiefer |
| Pyrop | Kontaktgesteine, Kr. Sch. |
| Grossular | Kontaktgesteine |
| Andradit | Kontaktgesteine |
| Melanit | Kontaktgesteine |

| | |
|---|---|
| Olivin | Magmatite |
| Disthen | Kr. Schiefer |
| Topas | Magmatite, Pegmatite |
| Turmalin | Magmatite, Kr. Schiefer |
| Titanit | Magmatite, Kr. Schiefer |
| Zirkon | Magmatite |
| Sillimanit | Metamorphite |
| Andalusit | Kontaktgesteine |
| Staurolith | Kr. Schiefer |
| Cordierit | Kontaktgesteine |
| Vesuvian | Kontaktgesteine |
| Epidot | Kr. Schiefer |
| Zoisit | Kr. Schiefer |
| Chlorit | Kr. Schiefer |
| Chrysotil | Kr. Schiefer |
| Talk | Kr. Schiefer |
| Skapolith | Metamorphite |
| Smaragd | Pegmatite, Kr. Schiefer |
| Kaolinit | Tongesteine |
| Montmorillonit | Tongesteine |
| Glaukonit | Mergel, Sandstein |

# Hinweise zum Bestimmen der wichtigsten Minerale

## Undurchsichtige (opake) Minerale mit Metallglanz

| Name, chemische Formel | Härte | Dichte | X-System/ Spaltbarkeit | Farbe/ Strichfarbe |
|---|---|---|---|---|
| **Quecksilber** Hg | flüssig | 13,6 | | silbrigweiß |
| **Graphit** C | 1 (–2) | 2,1–2,3 | hexagonal/ gut | bleigrau bis schwarz/grau |
| **Molybdänit** $MoS_2$ | 1–1,5 | 4,6–4,8 | hexagonal/ sehr gut | bläulichgrau/ grünlichgrau |
| **Sylvanit,** *Schrifterz* $AgAuTe_4$ | 1,5–2 | 8–8,5 | monoklin/ sehr gut | zinnweiß bis gelblichgrau/ grau |
| **Covellin** CuS | 1,5–2 | 4,6 | hexagonal/ sehr gut | blau bis blauschwarz/ schwarz |
| **Argentit,** *Silberglanz* $Ag_2S$ | 2–2,5 | 7,3 | kubisch/ undeutlich | bleigrau bis schwarz/ grau |
| **Akanthit,** *Silberglanz* $Ag_2S$ | 2–2,5 | 7,3 | rhombisch/ undeutlich | bleigrau bis schwarz/ grau |
| **Antimonit** $Sb_2S_3$ | 2 | 4,5 | rhombisch/ gut | bleigrau/ grau |
| **Wismut** Bi | 2–2,5 | 9,7–9,8 | trigonal/ sehr gut | silbrigweiß/ Anlauffarbe/ silbrigweiß |
| **Galenit,** *Bleiglanz* PbS | 2,5 | 7,4–7,6 | kubisch/ gut | bleigrau/grau-schwarz |
| **Jamesonit** $Pb_4FeSb_6S_{14}$ | 2–3 | 5,5–5,7 | monoklin/ gut | bleigrau/grau-schwarz |
| **Stephanit** $Ag_5SbS_4$ | 2,5 | 6,2–6,3 | rhombisch/ schlecht | bleigrau bis schwarz/ schwarz |

| Name, chemische Formel | Härte | Dichte | X-System/ Spaltbarkeit | Farbe/ Strichfarbe |
|---|---|---|---|---|
| **Hessit,** *Tellursilber* $Ag_2Te$ | 2,5 | 8,3–9 | monoklin/ undeutlich | bleigrau/ hellgrau |
| **Chalkosin,** *Kupferglanz* $Cu_2S$ | 2,5–3 | 5,5–5,8 | rhombisch/ unterschiedlich | dunkelgrau/grau |
| **Gold** Au | 2,5–3 | 19,3 | kubisch/ keine | goldgelb/ goldgelb |
| **Silber** Ag | 2,5–3 | 10,5 (rein) | kubisch/ keine | silberweiß, grau bis schwarz/ silberweiß |
| **Kupfer** Cu | 2,5–3 | 8,5–9 | kubisch/ keine | kupferrot/ kupferrot |
| **Germanit** $Cu_3(Fe,Ge)S_4$ | 2,5–3 | 4,5 | kubisch/ keine | rötlichgrau, violett, braun/ grauschwarz |
| **Arsen** As | 3 | 5,7 | trigonal/ sehr gut | zinnweiß bis grauschwarz/ schwarz |
| **Bornit,** *Buntkupferkies* $Cu_5FeS_4$ | 3 | 5,1 | kubisch/ keine | rötlichbraun, bunt anlaufend/ blauschwarz |
| **Jordanit** $Pb_4As_2S_7$ | 3 | 6,4 | monoklin/ gut | dunkelbleigrau/ schwarz |
| **Bournonit,** *Rädelerz* $PbCuSbS_3$ | 2,5–3 | 5,7–5,9 | rhombisch/ undeutlich | bleigrau bis schwarz/grau |
| **Freibergit** $(Cu,Ag)_3(Sb, As)S_4$ | 3–4 | 4,5–5 | kubisch/ keine | bleigrau/grau-schwarz |
| **Tetraedrit** $(Cu,Zn,Ag,Fe)_2$ $(Sb,As)S_{3-4}$ | 3–4 | 4,5–5 | kubisch/ keine | grau bis schwarz/schwarz |
| **Chalkopyrit,** *Kupferkies* $CuFeS_2$ | 3,5–4 | 4,2 | tetragonal/ undeutlich | messinggelb, bunt anlaufend/ grünlichschwarz |
| **Millerit** NiS | 3–3,5 | 5,5 | trigonal/ gut | messinggelb/ grauschwarz |

| Name, chemische Formel | Härte | Dichte | X-System/ Spaltbarkeit | Farbe/ Strichfarbe |
|---|---|---|---|---|
| **Manganit** MnO(OH) | 4 | 4,2–4,4 | rhombisch/ gut | dunkelgrau bis schwarz/dunkelbraun |
| **Pyrrhotin,** *Magnetkies* FeS | 4 | 4,6 | hexagonal/ deutlich | bräunlich, bronzefarben/ grauschwarz |
| **Stannin,** *Zinnkies* $Cu_2FeSnS_4$ | 4 | 4,3–4,5 | tetragonal/ undeutlich | gelblich, bronzefarben/schwarz |
| **Platin** Pt | 4–4,5 | 14–19 | kubisch/ keine | silberweiß, stahlgrau/ stahlgrau |
| **Safflorit** $CoAs_2$ | 4,5–5,5 | 6,9–7,3 | rhombisch/ undeutlich | zinnweiß, dunkel anlaufend/ schwarz |
| **Pyrolusit** $MnO_2$ | 5(2–6,5) | 4,5–7,9 | tetragonal/ sehr gut | bläulichgrau bis schwarz/schwarz |
| **Maucherit** $Ni_{11}As_8$ | 5 | 8,0 | tetragonal/ keine | rötlich, silbrigweiß/schwarz |
| **Löllingit** $FeAs_2$ | 5 | 7,1–7,4 | rhombisch/ deutlich | zinnweiß/grauschwarz |
| **Nickelin,** *Rotnickelkies* NiAs | 5–5,5 | 7,8 | hexagonal/ undeutlich | blaß kupferrot/ bräunlichschwarz |
| **Cobaltin** CoAsS | 5,5 | 6–6,3 | kubisch/ sehr gut | silberweiß/ grauschwarz |
| **Breithauptit** NiSb | 5,5 | 8,2 | hexagonal/ schlecht | rötlich/braunschwarz |
| **Skutterudit,** *Speiskobalt* $CoAS_3$ | 5,5–6 | 6,8 | kubisch/ keine | zinnweiß/grauschwarz |
| **Chloanthit** $NiAs_3$ | 5,5–6 | 6,4–6,9 | kubisch/ undeutlich | zinnweiß bis grau/grauschwarz |
| **Arsenopyrit,** *Arsenkies* FeAsS | 5,5–6 | 6,0 | monoklin/ undeutlich | silberweiß/ grauschwarz |

| Name, chemische Formel | Härte | Dichte | X-System/ Spaltbarkeit | Farbe/ Strichfarbe |
|---|---|---|---|---|
| **Rammelsbergit** $NiAs_2$ | 5,5 | 7,1 | rhombisch/ deutlich | zinnweiß/ schwarz |
| **Pyrit,** *Schwefelkies* $FeS_2$ | 6–6,5 | 4,9–5,2 | kubisch/ schlecht | blaß messing- gelb bis gold- gelb/grünlich- schwarz |
| **Markasit,** *Speerkies* $FeS_2$ | 6–6,5 | 4,8–4,9 | rhombisch/ schlecht | messinggelb/ grünlichschwarz |
| **Braunit** $3Mn_2O_3 \cdot MnSiO_3$ | 6–6,5 | 4,8 | tetragonal/ deutlich | dunkelgrau bis schwarz/braun- schwarz |
| **Hämatit,** *Eisenglanz* $Fe_2O_3$ | 5–6 | 5,2–5,3 | trigonal/ keine Sp., Ablösung | stahlgrau bis schwarz, auch rot/rötlich |
| **Magnetit** $Fe_3O_4$ | 5,5–6,5 | 5,2 | kubisch/ keine | schwarz/ schwarz |
| **Cassiterit,** *Zinnstein* $SnO_2$ | 6–7 | 7 | tetragonal/ undeutlich | braun bis schwarz/grau |

**Durchsichtige bis undurchsichtige Minerale-Diamantglanz b. matt**

| Name, chemische Formel | Härte | Dichte/ Glanz | X-System/ Spaltbarkeit | Farbe/ Transparenz |
|---|---|---|---|---|
| **Talk** $Mg_3(OH)_2[Si_4O_{10}]$ | 1–1,5 | 2,6–2,8 Fettgl. | monoklin/ sehr gut | weiß, grau bis bräunlich/ durchscheinend |
| **Salammoniak** $NH_4Cl$ | 1–2 | 1,96 Fettgl. | kubisch/ schlecht | farblos, gelb, braun/durchsich- tig, durchschei- nend |
| **Mirabilit,** *Glaubersalz* $Na_2SO_4 \cdot 10H_2O$ | 1,5 | 1,49 Glasgl. | monoklin/ gut | farblos, weiß/ durchsichtig |

| Name, chemische Formel | Härte | Dichte/ Glanz | X-System/ Spaltbarkeit | Farbe/ Transparenz |
|---|---|---|---|---|
| **Kaolinit** $Al_4[(OH)_8Si_4O_{10}]$ | 1–2 | 2,4–2,6 Perlgl. matt | monoklin/ gut | weiß, gelblich bis bläulich/undurchsichtig |
| **Schwefel** S | 1,5–2,5 | 2,0 Diamant-, Fettgl. | rhombisch/ schlecht | gelb bis bräunlich/durchsichtig, durchscheinend |
| **Annabergit** $Ni_3(AsO_4)_2 \cdot 8H_2O$ | 1,5–2 | 3,0 matt, Fettgl. | monoklin/ gut | grünlich/durchscheinend, undurchsichtig |
| **Erythrin** $Co_3(AsO_4)_2 \cdot 8H_2O$ | 1,5–2 | 3,0 Diamant-, Perlgl. | monoklin/ sehr gut | kaminrot, violett/durchscheinend |
| **Auripigment,** *Rauschgelb* $As_2S_3$ | 1,5–2 | 3,4 Perlgl. | monoklin/ sehr gut | gelb bis bräunlich/durchscheinend |
| **Realgar,** *Rauschrot* AsS | 1,5–2 | 3,5–3,6 Diamant-, Perlgl. | monoklin/ gut | rot/durchsichtig, durchscheinend |
| **Gips** $CaSO_4 \cdot 2H_2O$ | 2 | 2,2 Glasgl. | monoklin/ sehr gut | farblos, weiß, verschieden getönt/durchsichtig, durchscheinend |
| **Vivianit** $Fe_3[PO_4]_2 \cdot 8H_2O$ | 1,5–2 | 2,6–2,7 Glasgl. halbmetallisch | monoklin/ gut | blau, violett, grünlich/durchscheinend, undurchsicht. |
| **Sylvin** KCl | 2 | 1,9–2 Glasgl. | kubisch/ sehr gut | farblos, weiß, gelblich/durchsichtig |
| **Halit,** *Steinsalz* NaCl | 2 | 2,1–2,2 Glasgl. | kubisch/ sehr gut | farblos und verschieden gefärbt/durchsichtig |
| **Aurichalcit** $(Zn, Cu)_5[(OH)_3[CO_3]_2$ | 2 | 3,6 Perlgl. | rhombisch/ sehr gut | hellblau, grünlich/ durchscheinend |

| Name, chemische Formel | Härte | Dichte/ Glanz | X-System/ Spaltbarkeit | Farbe/ Transparenz |
|---|---|---|---|---|
| **Cinnabarit,** *Zinnober* HgS | 2–2,5 | 8–8,2 Diamantgl. matt | trigonal/ sehr gut | zinnoberrot/ durchscheinend, undurchsichtig |
| **Proustit** $Ag_3AsS_3$ | 2,5 | 5,5 Diamantgl. | trigonal/ deutlich | rot, grau/ durchsichtig, durchscheinend |
| **Torbernit** $Ca[UO_2|PO_4]_2 \cdot 8\text{–}12 H_2O$ | 2–2,5 | 3,4 3,6 Perlgl. | tetragonal/ sehr gut | grün/ durchscheinend |
| **Linarit** $PbCu\,[(OH)_2SO_4]$ | 2,5 | 5,3–5,5 Glasgl. | monoklin/ gut | hellblau/ durchscheinend |
| **Autunit** $Ca(UO_2)_2 (PO_4)_2 \cdot 8\text{–}12 H_2O$ | 2–2,5 | 3,1 Glasgl. | tetragonal/ sehr gut | gelbgrün/ durchscheinend |
| **Borax** $Na_2B_4O_7 \cdot 10 H_2O$ | 2–2,5 | 1,8 Glasgl. | monoklin/ deutlich | farblos bis gelblich/durchsichtig, durchscheinend |
| **Epsomit** $MgSO_4 \cdot 7 H_2O$ | 2–2,5 | 1,7 Glasgl. | rhombisch/ gut | farblos, weiß/ durchsichtig, durchscheinend |
| **Kryolith** $Na_3AlF_6$ | 2,5–3 | 2,9 Glasgl., Perlgl. | monoklin/ gut – Absonderung | weiß und farbig getönt/durchscheinend |
| **Muskovit** $KAl_2(OH,F)_2(AlSi_3O_{10})$ | 2–3 | 2,8–2,9 Glasgl., Perlgl. | monoklin/ sehr gut | farblos und verschieden getönt/ durchsichtig, durchscheinend |
| **Phlogopit** $KMg_3(OH,F)_2(AlSi_3O_{10})$ | 2,5–3 | 2,7–2,9 Glasgl., Perlgl. | monoklin/ sehr gut | farblos, gelblich, grünlich, braun/ durchsichtig, durchscheinend |
| **Biotit** $K(Mg,Fe)_3(OH,F)_2 (AlSi_3O_{10})$ | 2,5–3 | 2,8–3,2 Glasgl., Perlgl., metallisch | monoklin/ sehr gut | goldgelb bis schwarz/durchscheinend |
| **Klinochlor** (Chloritgr.) $Mg_6[(OH)_8Al_2Si_2O_{10}]$ | 2 | 2,5–2,7 Glasgl. bis matt | monoklin/ gut | grün, grau/ durchscheinend, undurchsichtig |

| Name, chemische Formel | Härte | Dichte/ Glanz | X-System/ Spaltbarkeit | Farbe/ Transparenz |
|---|---|---|---|---|
| **Thuringit** (Chloritgr.) $(Fe,Mg)_6[(OH)_6AlSi_3O_{10}]$ | 2,5 | 3,2 Perlgl. bis matt | monoklin/ gut | olivgrün bis schwärzlich/ undurchsichtig |
| **Lepidolith** $KLi_2Al[(OH,F)_2 \mid Si_4O_{10}]$ | 2,5 | 2,8–2,9 Glasgl., Perlgl. | monoklin/ gut | farblos, blaßlila, rosa/durchscheinend |
| **Vanadinit** $Pb_5[Cl \mid (VO_4)_3]$ | 3 | 6,8–7,1 Diamantgl., fettig | hexagonal/ keine | gelbbraun, rötlich, orange/ durchscheinend |
| **Wulfenit** $PbMoO_4$ | 3 | 6,5–7 Diamantgl., fettig | tetragonal/ deutlich | orangefarben, grau, bräunlich/ durchsichtig, durchscheinend |
| **Calcit,** *Kalkspat* $CaCO_3$ | 3 | 2,7 Glasgl. | trigonal/ sehr gut | farblos und verschiedenfarbig/ durchsichtig, durchscheinend |
| **Anglesit** $PbSO_4$ | 3 | 6,2 Diamantgl., Glasgl. | rhombisch/ gut | farblos, weiß, grünlich/durchsichtig, durchscheinend |
| **Witherit** $BaCO_3$ | 3,5 | 4,2 Glasgl., matt | rhombisch/ deutlich | weiß, gelb, grau/durchsichtig, durchscheinend |
| **Anhydrit** $Ca(SO_4)$ | 3–3,5 | 3,0 Glasgl., Perlgl. | rhombisch/ sehr gut | farblos, grau und getönt/durchsichtig, durchscheinend |
| **Coelestin** $SrSO_4$ | 3–3,5 | 4,0 Glasgl. | rhombisch/ gut | blau, farblos, auch rötlich/ durchsichtig, durchscheinend |
| **Baryt,** *Schwerspat* $BaSO_4$ | 3–3,5 | 4,4 Glasgl. | rhombisch/ sehr gut | farblos, weiß und getönt/durchsichtig, durchscheinend |

| Name, chemische Formel | Härte | Dichte/ Glanz | X-System/ Spaltbarkeit | Farbe/ Transparenz |
|---|---|---|---|---|
| **Serpentin** $Mg_3[(OH)_4Si_2O_5]$ | 2,5–4 | 2,5–2,6 Seidenglanz, fettig | monoklin/ gut | grün, grau, gelblich, braun/ durchscheinend, undurchsichtig |
| **Chrysotil,** *Faserserpentin* $Mg_3[(OH)_4Si_2O_5]$ | 3–4 | 2,5 Seidenglanz | monoklin/ gut | grau, braun, grün/durchscheinend |
| **Aragonit** $CaCO_3$ | 3,5–4 | 2,9 Glasgl. | rhombisch/ undeutlich | farblos, weiß, grau, bräunlich/ durchscheinend |
| **Strontianit** $SrCO_3$ | 3,5–4 | 3,7 Glasgl. | rhombisch/ deutlich | farblos, grau, gelb, grün, rosa/ durchsichtig, durchscheinend |
| **Dolomit** $CaMg(CO_3)_2$ | 3,5–4 | 2,8–2,9 Glasgl. | trigonal/ sehr gut | farblos, weiß, gelblich, braun/ durchsichtig, durchscheinend |
| **Ankerit** $CaFe(CO_3)_2$ | 3,5–4 | 3,2 Glasgl. | trigonal/ sehr gut | braun/durchscheinend |
| **Desmin,** *Stilbit,* Bündelzeolith $Ca(Al_2Si_7O_{18}) \cdot 7H_2O$ | 3,5–4 | 2,1 Glasgl., Perlgl. | monoklin/ sehr gut | farblos, weiß, gelblich/durchsichtig/durchscheinend |
| **Heulandit,** *Blätterzeolith* $Ca(Al_2Si_7O_{18}) \cdot 6H_2O$ | 3,5–4 | 2,2 Glasgl., Perlgl. | monoklin/ gut | farblos, weiß, rot/durchsichtig, durchscheinend |
| **Cerussit** $PbCO_3$ | 3,5 | 6,5 Diamantgl. | rhombisch/ deutlich | weiß, grau/ durchsichtig, durchscheinend |
| **Malachit** $Cu_2CO_3(OH)_2$ | 3,5–4 | 3,5–4,0 Seidengl., Krist., Diamantgl. | monoklin/ gut | grün, z. T. schwarz gebändert/ durchscheinend |
| **Azurit** $Cu_3[OH/CO_3]_2$ | 3,5–4 | 3,9 Glasgl. | monoklin/ gut | azurblau/ durchsichtig, durchscheinend |

| Name, chemische Formel | Härte | Dichte/ Glanz | X-System/ Spaltbarkeit | Farbe/ Transparenz |
|---|---|---|---|---|
| **Magnesit** $MgCO_3$ | 3,5–4,5 | 3,0–3,2 Glasgl., matt | trigonal/ sehr gut | farblos, weiß, grau, bräunlich/ durchscheinend |
| **Rhodochrosit** $MnCO_3$ | 4 | 3,3–3,6 Glasgl. | trigonal/ sehr gut | himbeerrot, grau/ durchsichtig, durchscheinend |
| **Wavellit** $Al_2[(OH)_3\|(PO_4)_2] \cdot 5H_2O$ | 3,5–4 | 2,3–2,4 Glasgl. | rhombisch/ gut | farblos, weiß, gelblich, grünlich/ durchscheinend |
| **Mimetesit** $Pb_5Cl(AsO_4)_3$ | 3,5 | 7,1 Diamantgl., fettig | hexagonal/ gut | farblos, gelb, braun, grünlich, durchscheinend |
| **Sphalerit,** *Zinkblende* ZnS | 3,5–4 | 3,9–4,2 Diamantgl. | kubisch/ sehr gut | gelb, braun bis schwarz/durchscheinend, undurchsichtig |
| **Pyromorphit** $Pb_5[Cl\|(PO_4)_3]$ | 3,5–4 | 6,5–7,1 Diamantgl., Glasgl. | hexagonal/ keine | grün, braun/ durchscheinend |
| **Cuprit** $Cu_2O$ | 3,5–4 | 5,8–6,1 Diamantgl. | kubisch/ keine | rot bis schwarz/ durchscheinend, undurchsichtig |
| **Carnotit** $(K,Na,Ca,Pb)_2[(UO_2)_2\|V_2O_8] \cdot 3H_2O$ | 4 | 4,5 matt | monoklin/ sehr gut | gelblich/durchscheinend |
| **Hauerit** $MnS_2$ | 4 | 3,5 metallisch | kubisch | bräunlichrot/ undurchsichtig |
| **Fluorit,** *Flußspat* $CaF_2$ | 4 | 3,0–3,2 Glasgl. | kubisch/ sehr gut | farblos und in verschiedenen Farben/durchsichtig |
| **Zinkit** ZnO | 4,5 | 5,4–5,7 halbmetallisch | hexagonal/ sehr gut | tiefrot bis orangefarben/ durchscheinend, undurchsichtig |

| Name, chemische Formel | Härte | Dichte/ Glanz | X-System/ Spaltbarkeit | Farbe/ Transparenz |
|---|---|---|---|---|
| **Xenotim** $Y[PO_4]$ | 4–5 | 4,5–5,1 Glasgl. | tetragonal/ sehr gut | grau, weiß, gelblich, braun/ durchscheinend, undurchsichtig |
| **Siderit,** *Eisenspat* $FeCO_3$ | 4–4,5 | 3,7–4,0 Glasgl. | trigonal/ sehr gut | gelb bis braun/ durchscheinend, undurchsichtig |
| **Smithsonit** $ZnCO_3$ | 5 | 4,3–4,5 Glasgl. | trigonal/ sehr gut | farblos und verschiedenfarbig/ durchscheinend |
| **Colemanit** $Ca_2B_6O_{11} \cdot 5H_2O$ | 4–4,5 | 2,4 Glasgl. | monoklin/ sehr gut | farblos, weiß, gelblich, grau/ durchsichtig, durchscheinend |
| **Chabasit,** *Würfelzeolith* $(Ca,Na_2)Al_2Si_4O_{12} \cdot 6H_2O$ | 4–5 | 2,0 Glasgl. | trigonal/ unterschiedlich | weiß, gelblich, rötlich, auch farblos/durchsichtig, durchscheinend |
| **Apophyllit** $KFCa_4Si_8O_{20} \cdot 8H_2O$ | 4,5–5 | 2,3 Glasgl., Perlgl. | tetragonal/ sehr gut | farblos, weiß, gelblich, rötlich bis violett/durchscheinend |
| **Hemimorphit** $Zn_4[(OH)_2|Si_2O_7] \cdot H_2O$ | 5 | 3,3–3,5 | rhombisch/ gut | farblos und verschiedenfarbig/ durchsichtig, durchscheinend |
| **Wollastonit** $CaSiO_3$ | 4,5–5,5 | 2,8–3,1 Glasgl. | triklin/ sehr gut | farblos, weiß bis grau/ durchscheinend |
| **Scheelit** $CaWO_4$ | 4,5–5 | 5,9–6,1 Diamantgl. | tetragonal/ gut | weiß, grau, bräunlich/ durchscheinend |
| **Apatit** $Ca_5(PO_4)_3(F,Cl,OH)$ | 5 | 3,1–3,3 Glasgl., Harzgl. | hexagonal/ schlecht | farblos, in verschiedenen Farben/durchsichtig, durchscheinend |
| **Dioptas** $Cu_6Si_6O_{18} \cdot 6H_2O$ | 5 | 3,3 Glasgl. | trigonal/ gut | smaragdgrün/ durchsichtig |

| Name, chemische Formel | Härte | Dichte/ Glanz | X-System/ Spaltbarkeit | Farbe/ Transparenz |
|---|---|---|---|---|
| **Pektolith** $Ca_2NaSi_3O_8OH$ | 5 | 2,8–2,9 Glasgl., Perlgl. | triklin/ sehr gut | farblos, weiß/ durchscheinend |
| **Goethit** FeO(OH) | 5–5,5 | 3,3–4,3 Glasgl., samtartig | rhombisch/ gut | braun bis schwarz/durchscheinend, undurchsichtig |
| **Monazit** $(Ce,La,Th)PO_4$ | 5–5,5 | 4,8–5,5 Harzgl. | monoklin/ deutlich | gelb, braun/ durchscheinend |
| **Limonit** FeOOH | 5–5,5 | 3,6–3,7 Glasgl. b. matt | rhombisch/ keine | gelbbraun bis schwarz/ undurchsichtig |
| **Uraninit** $UO_2$ | 4–6 | 9–10,5 Fettgl. | kubisch/ keine | schwarzgrünlich, schwarzbraun, undurchsichtig |
| **Psilomelan** $(Ba,H_2O)_2Mn_5O_{10}$ | 4–7 | 3,3–4,7 Fettgl. | monoklin/ keine | braun bis schwarz/ undurchsichtig |
| **Wolframit** $(Fe,Mn)WO_4$ | 5–5,5 | 7,0–7,5 nahezu Metallgl. | monoklin/ gut | grauschwarz bis braunschwarz/ undurchsichtig |
| **Ilmenit** $FeTiO_3$ | 5–6 | 4,5–5,0 nahezu Metallgl. | trigonal/ keine | schwarzbraun, schwarz/ undurchsichtig |
| **Chromit** $FeCr_2O_4$ | 5,5 | 4,1–5,0 Glasgl. | kubisch/ keine | braunschwarz, schwarz/ undurchsichtig |
| **Anatas** $TiO_2$ | 5,5–6 | 3,9 Diamantgl. | tetragonal/ sehr gut | gelb, blau, rötlich, schwarz/ durchscheinend, undurchsichtig |
| **Titanit** $CaTi[O\|SiO_4]$ | 5–5,5 | 3,4–3,6 Glasgl., Diamantgl. | monoklin/ gut – Absonderung | gelb, grünlich, rötl., braun/ durchsichtig, durchscheinend |

| Name, chemische Formel | Härte | Dichte/ Glanz | X-System/ Spaltbarkeit | Farbe/ Transparenz |
|---|---|---|---|---|
| **Natrolith,** *Faserzeolith* $Na_2Al_2Si_3O_{10} \cdot 2H_2O$ | 5 | 2,2 Glasgl. | rhombisch/ sehr gut | farblos, weiß/ durchsichtig, durchscheinend |
| **Analcim** $NaAlSi_2O_6 \cdot H_2O$ | 5,5 | 2,2 Glasgl. | kubisch/ schlecht | weiß, gelblich, rötlich/durchscheinend, undurchsichtig |
| **Datolith** $CaB(OH\|SiO_4)$ | 5–5,5 | 3,0 Glasgl. | monoklin/ undeutlich | farblos, weiß, gelblich, grau/ durchsichtig, durchscheinend |
| **Willemit** $Zn_2[SiO_4]$ | 5,5 | 4,0–4,2 Glasgl. | trigonal/ unterschiedl. | farblos und verschieden getönt/ durchsichtig, durchscheinend |
| **Lasurit** $(Na,Ca)_8(SO_4,S,Cl)_2(AlSiO_4)_6$ | 5,5 | 2,4 Fettgl. | kubisch/ keine | hellblau, blau/ durchscheinend, undurchsichtig |
| **Ilvait** $CaFe^{2+}Fe^{3+}Si_2O_8(OH)$ | 5–6 | 4,1 halbmetallisch | rhombisch/ deutlich | schwarz/ undurchsichtig |
| *Amphibole:* | | | | |
| **Hornblende** $(Ca,Na)_2(Mg,Fe,Al)_5(Si,Al)_8O_{22}(OH)_2$ | 5–6 | 3–3,5 Glasgl. | monoklin/ gut | dunkelgrün bis braunschwarz/ durchscheinend, undurchsichtig |
| **Aktinolith** $Ca_2(Mg,Fe)_5Si_8O_{22}(OH)_2$ | 5–6 | 3,2 Glasgl. | monoklin/ gut | grün/durchsichtig, durchscheinend |
| **Nephrit** $Ca_2(Mg,Fe)_5Si_8O_{22}(OH)_2$ | 5–6 | 2,9–3,0 Fettgl. | monoklin/ gut | grün, graugrün, durchscheinend |
| **Tremolit** $Ca_2(Mg,Fe)_5Si_8O_{22}(OH)_2$ | 5–6 | 2,9–3,2 Glasgl., Seidenglanz | monoklin/ sehr gut | hellgrau, grünlich/ durchscheinend |
| **Glaukophan** $Na_2Mg_3Al_2(OH)_2Si_8O_{22}$ | 5–6 | 3,0–3,1 Glasgl. | monoklin/ deutlich | grau, graublau, blau/durchsichtig, durchscheinend |

| Name, chemische Formel | Härte | Dichte/ Glanz | X-System/ Spaltbarkeit | Farbe/ Transparenz |
|---|---|---|---|---|
| **Riebeckit** $Na_2Fe_4(OH)_2Si_8O_{22}$ | 5–6 | 3,0–3,4 Glasgl. | monoklin/ deutlich | dunkelblau bis schwarz/durchscheinend |
| *Pyroxene, Orthopyroxene:* | | | | |
| **Enstatit** $Mg_2[Si_2O_6]$ | 5,5 | 3,1–3,3 Glasgl. | rhombisch/ deutlich | grau, grünlich, bräunlich/ durchscheinend |
| **Hypersthen** $(Fe,Mg)SiO_3$ | 5–6 | 3,2–3,7 Glasgl. | rhombisch/ gut | grün, dunkelbraun/durchscheinend, undurchsichtig |
| *Pyroxene, Klinpyroxene:* | | | | |
| **Diopsid** $CaMgSi_2O_6$ | 5,5–6 | 3,3 Glasgl. | monoklin/ gut | grauweiß bis hellgrün/durchsichtig, durchscheinend |
| **Augit** $(Ca,Mg,Fe,Ti,Al)(Al,Si)_2O_6$ | 5–6 | 3,5 Glasgl. | monoklin/ gut | schwarz, grünlich oder bräunlich/durchscheinend, undurchsichtig |
| **Diallag** $Ca(Fe,Mg)[Si_2O_6](Al,Fe)$ | 5 | 3,2–3,3 Glasgl., Perlgl. | monoklin/ Ablösung | grünlichgrau, bräunlichschwarz/durchscheinend |
| **Türkis** $CuAl_6[(OH)_2|PO_4]_4 \cdot 4H_2O$ | 5–6 | 2,6–2,8 Wachsglanz | triklin/ keine | blaugrün, hellblau/durchsichtig |
| **Opal** $SiO_2 \cdot nH_2O$ | 5,5–6 | 2,1–2,2 Perlgl., Fettgl. | amorph/ keine | weiß, verschiedenfarbig/ durchscheinend |
| **Rhodonit** $CaMn_4[Si_5O_{15}]$ | 5,5–6,5 | 3,4–3,7 Glasgl. | triklin/ unterschiedlich | rosenrot mit schwarzen Stellen/durchscheinend |

| Name, chemische Formel | Härte | Dichte/ Glanz | X-System/ Spaltbarkeit | Farbe/ Transparenz |
|---|---|---|---|---|
| **Cyanit,** *Disthen* $Al_2SiO_5$ | längs 4–5 quer 6–7 | 3,6–3,7 Glasgl. | triklin/ sehr gut | weiß bis blau gezont/durchsichtig, durchscheinend |
| **Skapolith,** *Marialith,* *Mejonit* $(Na,Ca)_8[(Cl_2,SO_4,CO_3)_2\|(Al_2Si_2O_8)_6]$ | 5–6 | 2,6–2,8 Glasgl., Perlgl. | tetragonal/ deutlich | weiß, farblos, grüngrau, bläulich/durchsichtig, durchscheinend |
| **Nephelin** $NaAlSiO_4$ | 5,5–6 | 2,6–2,7 Fettgl., Glasgl. | hexagonal/ undeutlich | farblos, grünlichgrau, bräunlich/durchsichtig, durchscheinend |
| **Haüyn** $(Na,Ca)_{4-8}\|Al_6Si_6O_{24} \cdot (SO_4)_{1-2}$ | 5–6 | 2,3–2,5 Glasgl., Fettgl. | kubisch/ deutlich | grau, blau, gelblich, bräunlich/ durchsichtig, durchscheinend |
| **Nosean** $Na_8[SO_4\|(AlSiO_4)_6]$ | 5,5–6 | 2,2–2,4 Glasgl., Fettgl. | kubisch/ gut | weiß, grau, bläulich, bräunlich/ durchscheinend |
| **Sodalith** $Na_8[Cl_2\|(AlSiO_4)_6]$ | 5,5–6 | 2,3 Glasgl. | kubisch/ unterschiedlich | blau, grauweiß, gelb, rosa/ durchscheinend |
| **Leucit** $KAlSi_2O_6$ | 5,5–6 | 2,5 Glasgl. | tetragonal/ schlecht | weiß, grau/ durchscheinend |
| *Kalifeldspäte:* $KAlSi_3O_8$ | 6 | 2,5–2,6 Glasgl. | | |
| **Orthoklas** | | | monoklin/ sehr gut | weiß, grau, gelblich, rötlich/ durchscheinend |
| **Mikrolin** (grün: Amazonit) | | | triklin/ sehr gut | weiß, gelblich/ durchscheinend |
| **Sanidin** | | | monoklin/ sehr gut | farblos, grau/ durchscheinend |

| Name, chemische Formel | Härte | Dichte/ Glanz | X-System/ Spaltbarkeit | Farbe/ Transparenz |
|---|---|---|---|---|
| **Adular** | | | monoklin/ sehr gut | farblos, weiß, bläulich/durchsichtig, durchscheinend |
| *Kalk-Natron-Feldspäte, Plagioklase:* | 6–6,5 | 2,6–2,8 Glasgl. | triklin/ sehr gut | weiß, grünlich, gelblich, rötlich, bläulich oder bräunlich, Labradorit mit Farbenspiel/ durchscheinend |
| **Albit** $Na[AlSi_3O_8]$ | | | | |
| **Oligoklas** | | | | |
| **Andesin** | Zwischenglieder | | | |
| **Labradorit** | | | | |
| **Bytownit** | | | | |
| **Anorthit** $Ca[AlSi_3O_8]$ | | | | |
| **Amblygonit** $AlLi[F(OH|PO_4)]$ | 6 | 3,0–3,1 Glasgl., Fettgl. | triklin/ gut | weiß und in verschiedenen Farben/durchscheinend |
| **Rutil** $TiO_2$ | 6–6,5 | 4,2–4,3 Diamantgl., metallisch | tetragonal/ gut | rötlich, gelblich, braun/durchscheinend, undurchsichtig |
| **Zoisit** $Ca_2Al_3[(OH)|(SiO_4)_3]$ | 6 | 3,2–3,4 Glasgl., Fettgl. | rhombisch/ gut | weiß, grau, grünlich, bräunlich, rosa/durchscheinend, undurchsichtig |
| **Epidot** $Ca_2(Al,Fe)_3[(OH)|(SiO_4)_3]$ | 6–7 | 3,2–3,5 Glasgl. | monoklin/ sehr gut | gelbgrün, dunkelgrün, bräunlich, schwarz/durchsichtig bis undurchsichtig |

| Name, chemische Formel | Härte | Dichte/ Glanz | X-System/ Spaltbarkeit | Farbe/ Transparenz |
|---|---|---|---|---|
| **Benitoit** $BaTiSi_3O_9$ | 6,5 | 3,6 Glasgl. | trigonal/ keine | bläulich, blaugrau/undurchsichtig |
| **Prehnit** $Ca_2Al[(OH)_2\|AlSi_3O_{10}]$ | 6–6,5 | 2,8–3,0 Glasgl., Wachsglanz | rhombisch/ deutlich | farblos, weiß, gewöhnlich grün/durchsichtig, durchscheinend |
| **Sillimanit** $Al_2SiO_5$ | 5,5–7 | 3,2 Glasgl. | rhombisch/ sehr gut | weiß, grau, grünlich, rötlich, bläulich/durchsichtig, durchscheinend |
| **Spodumen** $LiAlSi_2O_6$ | 6,5–7 | 3,1–3,2 Glasgl. | monoklin/ sehr gut | weiß und in verschiedenen Farben/durchsichtig, durchscheinend |
| **Vesuvian** $Ca_{10}(Mg,Fe)_2Al_4[(OH)_4\|(SiO_4)_5\|(Si_2O_7)_2]$ | 6–7 | 3,3–3,4 Glasgl. | tetragonal/ keine | braun, gelb, grün/durchscheinend, undurchsichtig |
| **Jadeit** $NaAlSi_2O_6$ | 6,5 | 3,2–3,4 Glasgl., Harzgl. | monoklin/ schlecht | weiß, grün, gelblich/durchscheinend |
| **Olivin** $(Mg,Fe)_2SiO_4$ | 6,5–7 | 3,2–(4,4) Glasgl. | rhombisch/ undeutlich | gelbgrün, olivgrün, in der Verwitterung braun/ durchsichtig, durchscheinend |
| **Axinit** $Ca_2(Fe,Mn)Al_2[BO_3OH\|Si_4O_{12}]$ | 6,5–7 | 3,4 Glasgl. | triklin/ gut | grau, gelblich, braun, violett/ durchsichtig, durchscheinend |
| **Tridymit** $SiO_2$ | 6,5–7 | 2,2–2,3 Glasgl. | rhombisch/ gut | farblos, weiß, gelblich, grau/ durchsichtig, durchscheinend |
| **Quarz** $SiO_2$ | 7 | 2,65 Glasgl. | trigonal/ keine | farblos, weiß und in verschiedenen Farben/durchsichtig |

| Name, chemische Formel | Härte | Dichte/ Glanz | X-System/ Spaltbarkeit | Farbe/ Transparenz |
|---|---|---|---|---|
| **Chalcedon** $SiO_2$ | 7 | 2,6 Glasgl., fettig | trigonal/ keine | blaugrau und in verschiedenen Farben |
| *Granatgruppe:* | (6)–7,5 | 3,6–4,3 Glasgl. | kubisch/ keine | verschiedene Farben/durchsichtig bis durchscheinend |
| **Almandin** $Fe_3Al_2Si_3O_{12}$ | | | | rot, bläulich-violett |
| **Pyrop** $Mg_3Al_2Si_3O_{12}$ | | | | blutrot |
| **Grossular** (Varietät: Hessonit) $Ca_3Al_2Si_3O_{12}$ | | | | farblos, rosa, hellgrün |
| **Spessartin** $Mn_3Al_2Si_3O_{12}$ | | | | gelb bis rotbraun |
| **Andradit** (Varietät: Melanit) $Ca_3Fe_2Si_3O_{12}$ | | | | gelb, braun, schwarz |
| **Demantoid** $Ca_3Fe_2Si_3O_{12}$ | | auch Diamantglanz | | gelbgrün, grasgrün |
| **Uwarowit** $Ca_3Cr_2Si_3O_{12}$ | | | | grün |
| **Andalusit** $Al_2SiO_5$ | 6,5–7,5 | 3,1–3,2 Glasgl. | rhombisch/ unterschiedlich | grau, rötlich, braun, grünlich/ durchscheinend, undurchsichtig |
| **Staurolith** $Al_4[Fe(OH)_2O_2\|(SiO_4)_2]$ | 7–7,5 | 3,7–3,8 Glasgl., matt | rhombisch/ deutlich | braun/durchscheinend, undurchsichtig |

| Name, chemische Formel | Härte | Dichte/ Glanz | X-System/ Spaltbarkeit | Farbe/ Transparenz |
|---|---|---|---|---|
| **Danburit** $CaB_2(SiO_4)_2$ | 7–7,5 | 3,0 Glasgl., Fettgl. | rhombisch/ undeutlich | farblos, gelblichgrau, braun/ durchsichtig, durchscheinend |
| **Turmalin** $Na(Mg,Fe,Li,Al,Mn)_3$ $Al_6[(OH,F]_4(BO_3)_3/Si_6O_{18}]$ | 7,5 | 3,0–3,2 Glasgl. | trigonal/ keine | farblos und verschiedenfarbig, schwarz/durchsichtig bis undurchsichtig |
| **Cordierit** $Mg_2Al_4Si_5O_{18}$ | 7–7,5 | 2,6 Glasgl., Fettgl. | rhombisch/ wenig deutlich – Absonderung | blau, grau, grünblau, violett/ durchsichtig, durchscheinend |
| **Zirkon** $ZrSiO_4$ | 7,5 | 3,9–4,8 Glasgl., Diamantglanz | tetragonal/ undeutlich | hell- bis rötlichbraun, auch farblos, gelb, grün/ durchsichtig |
| **Beryll** $Be_3Al_2Si_6O_{18}$ | 7,5–8 | 2,6–2,8 Glasgl. | hexagonal/ undeutlich | farblos und in verschiedenen Farben/durchsichtig |
| **Phenakit** $Be_2SiO_4$ | 7,5–8 | 3,0 Glasgl. | trigonal/ undeutlich | farblos, gelblich, rötlich/durchsichtig |
| **Topas** $Al_2[Fe_2\|SiO_4]$ | 8 | 3,5–3,6 Glasgl. | rhombisch/ gut | farblos, gelb, blaßblau, blaßgrün, rosa/ durchsichtig |
| **Spinell** $MgAl_2O_4$ | 8 | 3,5 Glasgl. | kubisch/ undeutlich | nahezu alle Farben/durchsichtig, durchscheinend |
| **Chrysoberyll** (Alexandrit) $BeAl_2O_4$ | 8,5 | 3,5–3,8 Glasgl. | rhombisch/ deutlich | gelb, grün/ durchsichtig, durchscheinend |
| **Korund** $Al_2O_3$ | 9 | 3,9–4,1 Glasgl. | trigonal/ keine Sp., Absonderung | farblos und in verschiedenen Farben/durchsichtig, durchscheinend, undurchsichtig |

| Name, chemische Formel | Härte | Dichte/ Glanz | X-System/ Spaltbarkeit | Farbe/ Transparenz |
|---|---|---|---|---|
| **Diamant** C | 10 | 3,5 Dia-mantgl., Fettgl. | kubisch/ sehr gut | farblos, gelb, braun, schwarz, selten blau/ durchsichtig |

## Mineralien- und Gesteinssammlungen

Verzeichnis nach einer Ausarbeitung von *Dr. Rolf Mentzel,* Leiter der naturwissenschaftlichen Sammlungen im Museum Wiesbaden.

In der nachfolgenden Aufstellung wurde eine Auswahl von Sammlungen getroffen, die der Öffentlichkeit zugänglich sind. Außerhalb der Bundesrepublik werden nur die bedeutendsten Museen solcher Länder aufgeführt, die – aufgrund ihrer geologischen Struktur – reich an Mineralvorkommen sind. Mineralien- und Gesteinssammlungen sind auch häufig in den entsprechenden Instituten der Universitäten eingerichtet; viele von ihnen sind nach Verabredung zugänglich. Dies gilt insbesondere für die Bundesrepublik und Italien.

---

### Europa

---

**Bundesrepublik Deutschland**

8240 Berchtesgaden, Salz-Museum, Im Bergwerk
4800 Bielefeld, Naturkunde-Museum Bielefeld
4630 Bochum, Geologisches Museum des Ruhrbergbaues
5300 Bonn, Mineralogisch-Petrologisches Museum der Universität Bonn
3392 Clausthal-Zellerfeld, Oberharzer Bergwerks- und Heimatmuseum
8630 Coburg, Natur-Museum Coburg
6100 Darmstadt, Hessisches Landesmuseum, Abt. für Geologie, Paläontologie und Mineralogie
4600 Dortmund, Museum für Naturkunde der Stadt Dortmund
4000 Düsseldorf, Löbbecke Museum
6000 Frankfurt/Main, Naturmuseum Senckenberg
7800 Freiburg i. Br., Museum für Naturkunde
4048 Grevenbroich, Geologisches Museum Grevenbroich
3000 Hannover, Niedersächsisches Landesmuseum, Naturkunde-Abteilung
6580 Idar-Oberstein, Heimatmuseum
Idar-Oberstein, Deutsches Edelstein-Museum in der Diamant- und Edelsteinbörse
7500 Karlsruhe, Landessammlungen für Naturkunde
3500 Kassel, Naturkundemuseum der Stadt Kassel im Ottoneum
8000 München, Mineralogische Staatssammlung
4400 Münster, Museum für Kristalle und Gesteine, Institut für Mineralogie der Universität
2430 Neustadt i. Holst., Kreismuseum Ostholstein
7410 Reutlingen, Naturkundemuseum im Spendhaus
3424 St. Andreasberg (Oberharz), Historisches Silbererzbergwerk Grube Samson und Heimatmuseum
5900 Siegen, Museum des Siegerlandes, Abt. Mineralogie
7000 Stuttgart, Staatliches Museum für Naturkunde
8374 Viechtach, Kristallmuseum
6290 Weilburg (Lahn), Heimat- und Bergbaumuseum
6200 Wiesbaden, Museum Wiesbaden, Naturwissenschaftliche Sammlungen
5600 Wuppertal, Fuhlrott-Museum

**Deutsche Demokratische Republik**

10 Berlin, Museum für Naturkunde an der Humboldt-Universität zu Berlin

92 Freiberg/Sa., Stadt- und Bergbaumuseum

89 Görlitz, Staatliches Museum für Naturkunde

58 Gotha, Naturkundemuseum der Stadt Gotha

**Belgien**

1000 Brüssel, Institut royal des Sciences naturelles de Belgique

1980 Tervuren, Koninklijk Museum voor Midden-Afrika

**Dänemark**

8000 Aarhus, Naturhistorisk Museum

Kopenhagen, Mineralogisk og geologisk Museum

**Finnland**

00100 Helsinki, Mineralogisches Museum der Geologischen Forschungsanstalt (Geologinen Tutkimuslaitos Kivimuseo)

**Frankreich**

3300 Bordeaux, Musée d'Histoire naturelle de Bordeaux

6300 Clermont-Ferrand (Puy-de-Dôme), Musée Henri-Lecoq

0500 Gap (Hautes-Alpes), Musée départemental des Hautes-Alpes

75000 Paris, Ecole nationale supérieure des Mines de Paris, Collections de Minéralogie et de Pétrographie

75231 Paris, Musée national d'Histoire naturelle (Galerie de Minéralogie)

**Griechenland**

Athen, Museum für Mineralogie und Petrographie der Universität von Athen

**Großbritannien**

Glasgow, Hunterian Museum, Geology Department, W2, University of Glasgow

London, British Museum (Natural History)

London, Geological Museum (Institute of Geol. Sciences)

Manchester, Manchester Museum (Manchester University)

**Irland**

Dublin, National Museum of Ireland, Geology Department

**Island**

Reykjavik, Museum of Natural History

**Italien**

0910 Cagliari (Sard.), Museo di Mineralogia dell'Universita di Cagliari

95159 Catania (Siz.), Istituto di Volcanologia, Universita di Catania

16121 Genua, Museo Civico di Storia Naturale ,,G. Doria"

20121 Mailand, Museo Civico di Storia Naturale di Milano

34100 Triest, Museo di Mineralogia (Universita di Trieste)

30100 Venedig, Museo Civico di Storia Naturale di Venezia

**Jugoslawien**

6100 Ljubljana, Naturhistorisches Museum von Slowenien (Prirodoslovni muzej Slovenije)

7100 Sarajevo, Bosnisch-Herzegowinisches Landesmuseum, Naturwissenschaftl. Abt. (Zemaljski muzej Bosne i Hercegowine)

**Luxemburg**

Luxemburg, Musée d'Histoire naturelle du Grand-Duché de Luxembourg (Staatsmuseum Luxemburg)

**Niederlande**

1000 Amsterdam, Geologisch Museum (Institut der Universität van Amsterdam)

1500 Haarlem (N. H.), Teylers Museum (Paläontologisch-Mineralogisch Kabinett)

**Norwegen**

5000 Bergen, Geologisk Museum (Universitete i Bergen)

Oslo, Universitetets Mineralogisk-Geologiske Museum

**Österreich**

8790 Eisenerz/Steiermark, Bergmuseum der Bergdirektion Eisenerz (VOEST-ALPINE AG)

8010 Graz/Steiermark, Steiermärkisches Landesmuseum Joanneum

6020 Innsbruck/Tirol, Tiroler Landesmuseum Ferdinandeum

1014 Wien, Naturhistorisches Museum, Mineralogisch-Petrographische Abteilung

**Polen**

Krakau, Muzeum Geologiczne

Warschau, Muzeum Ziemi

**Portugal**

Coimbra, Museu de História Natural da Universidade de Coimbra

Lissabon, Museo dos Servicos Geologicos

**Rumänien**

Bukarest, Muzeul de Istorie Naturala „Grigore Antipa"

**Schweden**

10405 Stockholm, Naturhistoriska Riksmuseet

**Schweiz**

4000 Basel, Naturhistorisches Museum Basel, Mineralog. Abteilung

3005 Bern, Naturhistorisches Museum Bern, Mineralogische Sammlung

1700 Fribourg, Musée cantonal d'Histoire naturelle

1211 Genf, Musée d'Histoire naturelle de Genève

5012 Schönenwerd, Museum Bally-Priot

8006 Zürich, Mineralogische Sammlung der Eidgenössischen Technischen Hochschule Zürich

Außerdem mit Eröffnung des Gotthardtunnels im Herbst 1980 oder Frühjahr 1981:

Urner Mineralien-Museum in Seedorf (bei Altdorf, Kanton Uri).

**Sowjetunion**

Kiew, Geologisches Museum des Institutes der Geologischen Wissenschaften (Akademie der Wissenschaften)

Moskau, Geologisches Staatsmuseum der M. V. Lomonossov-Universität

**Spanien**
Madrid, Museo Nacional de Ciencias Naturales

**Tschechoslowakei**
Prag, Nationalmuseum (Naturgeschichte)
Außerdem neu eingerichtet: Museum „Českého-ráje" (Böhmisches Paradies), Turnov. Besonderheit: Granate (Pyrop) aus dem nahegelegenen bekannten Fundgebiet.

**Ungarn**
Budapest, Ungarisches Nationalmuseum für Naturgeschichte

## Außereuropäische Länder

*Ägypten (United Arab Republic)*
Kairo, Geological Museum

*Argentinien*
Buenos Aires, Museo de Mineralogia y Geologia

*Australien*
Melbourne, Geological Museum

Sydney, Geological and Mining Museum

*Brasilien*
Belém, Museu Paraense „Emilio Goeldi"

*Kanada*
Ottawa, National Museum of Canada, National History Branch

*Indien*
Kalkutta, Indian Museum, Department of Geology

*Südafrikanische Union*
Johannesburg, Geological Museum

Pretoria, Museum of the Geological Survey

*Vereinigte Staaten von Amerika*
Chicago/Ill., Field Museum of Natural History

New York/N.Y., American Museum of Natural History

Washington/D.C., Museum of Natural History, Smithsonian Institution

10.